Nr. 30
S. 6651—6874

1954
28. Juli

Chemisches Zentralblatt

Vollständiges Repertorium für alle Zweige der reinen und angewandten Chemie

1830 gegründet. 1897—1945 von der Deutschen Chemischen Gesellschaft fortgeführt.
Im Auftrage der Deutschen Akademie der Wissenschaften zu Berlin, der Chemischen Gesellschaft in der Deutschen Demokratischen Republik, der Akademie der Wissenschaften zu Göttingen und der Gesellschaft Deutscher Chemiker
herausgegeben von Prof. Dr. **Maximilian Pflücke**

125. Jahrgang

1954

Chefredakteure: Dr. Eugen Klever und Prof. Dr. Maximilian Pflücke

Akademie-Verlag GmbH., Berlin — Verlag Chemie, GmbH., Weinheim/Bergstr.

Inhalt

Ein vollständiger oder gekürzter Abdruck der Referate ist ohne Genehmigung der Redaktion und des Verlages verboten!

Namenregister

CHEMISCHES ZENTRALBLATT

VOLLSTÄNDIGES REPERTORIUM
FÜR ALLE ZWEIGE DER REINEN UND ANGEWANDTEN CHEMIE

GEGRÜNDET 1830

Im Auftrage der Deutschen Akademie der Wissenschaften zu Berlin,
der Chemischen Gesellschaft in der Deutschen Demokratischen Republik,
der Akademie der Wissenschaften zu Göttingen
und der Gesellschaft Deutscher Chemiker

herausgegeben von

Prof. Dr. **Maximilian Pflücke**

125. JAHRGANG

1954

SEITE 5445—6874

Chefredakteure Dr. Eugen Klever und Prof. Dr. Maximilian Pflücke

1954

AKADEMIE-VERLAG GMBH · BERLIN
VERLAG CHEMIE, GMBH, WEINHEIM/BERGSTR.

Heft Nr.	Seitenzahl	Ausgabedatum
25	5445–5676	23. Juni 1954
26	5677–5926	30. Juni 1954
27	5927–6158	7. Juli 1954
28	6159–6410	14. Juli 1954
29	6411–6650	21. Juli 1954
30	6651–6874	28. Juli 1954

Herausgeber und verantwortlich für den Inhalt: Prof. Dr. Maximilian Pflücke, Berlin NW 7, Schiffbauerdamm 19, Fernsprecher: 42 55 71. Redaktion: Chefredakteure Dr. Eugen Klever u. Prof. Dr. Maximilian Pflücke. Verlag: Akademie-Verlag GmbH, Berlin W 8, Mohrenstraße 39 (Fernsprecher 20 03 86, Postscheckkonto Berlin 35021), u. Verlag Chemie, GmbH., Weinheim/Bergstraße (Postscheckkonto Frankfurt/M. 145314 u. Berlin [West] 7430. Fernsprecher: Weinheim 2017).
Bestell- und Verlags-Nr. 1007/125.
Satz u. Druck: VEB Leipziger Druckhaus, Leipzig, III/18/203. II. 54.
Veröffentlicht unter der Lizenznummer 1212 des Amtes für Literatur u. Verlagswesen der Deutschen Demokratischen Republik.
Printed in Germany.

Chemisches Zentralblatt

1954 Nr. 30 28. Juli

A. Allgemeine und physikalische Chemie.

A_1. Kernphysik und Kernchemie.

M. Avramy Melvin, *Der Energieimpulstensor in der allgemeinen Stromelektrodynamik.* (Sitzungsbericht.) Theoret. Überlegungen. (Physic. Rev. [2] **91.** 241. 1/7. 1953. Florida State Univ.) GOTTFRIED. 80

T. L. Cottrell und **S. Paterson,** *Das Virialtheorem in der Quantenmechanik.* Vff. leiten eine Form des Virialtheorems in der Quantenmechanik ab, das sich für die Diskussion eines Teilchensyst. in einem abgeschlossenem Gefäß eignet. (Philos. Mag. [7] **42.** 391—95. April 1951. Stevenston, Ayrshire, Res. Dep., I. C. I. Ltd., Nobel Div.) GERHARD SCHMIDT. 80

S. A. Colgate und **F. C. Gilbert,** *Elektron–Positron-Vernichtung im Fluge.* Vff. bebestimmen die Positron–Elektron-Vernichtungsquerschnitte für mit 50, 100 u. 200 MeV Energie einfallende Positronen. Drei kleine Proportionalzähler in einem Magnetfeld bestimmen den einfallenden Elektronen- oder Positronenimpuls, u. ein großer Scintillationszähler unmittelbar hinter dem Absorber zeigt das Verschwinden eines Teilchens an. Der Positronvernichtungsquerschnitt wird durch Subtraktion der Elektronenverlustgröße, die hauptsächlich von Bremsstrahlungsenergieverlusten herrührt, von der Positronenverlustgröße bestimmt. Die bei 50, 100 u. 200 MeV erhaltenen Querschnitte sind $11{,}0 \pm 2{,}5$, $6{,}3 \pm 1{,}2$ bzw. $3{,}7 \pm 0{,}6$ mbarn pro Elektron in einem Be-Absorber in Übereinstimmung mit dem DIRACschen Zweiquantenvernichtungsquerschnitt. Das Auftreten von Vernichtungsstrahlung wird in Koinzidenz mit dem Verschwinden eines Positrons innerhalb eines kleinen Kegels in der Vorwärtsrichtung nachgewiesen. (Physic. Rev. [2] **89.** 790—92. 15/2. 1953. Berkeley, Calif., Univ. of California, Dep. of Phys., Radiat. Labor.) GERHARD SCHMIDT. 90

M. L. G. Redhead, *Die Erzeugung von Bremsstrahlung bei Elektron–Elektron-Zusammenstößen.* Es wird nachgewiesen, daß in der Formel von KATZENSTEIN (C. **1952.** 3115) für den Wirkungsquerschnitt für Erzeugung von Bremsstrahlung bei Zusammenstößen zwischen Elektronen $\Phi = 512 \cdot \Phi_0 \cdot E \cdot k^{-2} \cdot dk$ ($\Phi_0 = \alpha^3 \lambda^2$ „natürlicher" Wirkungsquerschnitt, α Feinstrukturkonstante, λ COMPTON-Wellenlänge des Elektrons, E u. k Energie eines Elektrons bzw. des emittierten Photons) der Faktor k^{-2} durch einen Ausdruck von der Form $k^{-1}(a + b\, ln k)$ zu ersetzen ist. (Proc. physic. Soc., Sect. A **66.** 196—97. 1/2. 1953. London, Univ. Coll., Phys. Dep.) WERNER SCHULZ. 90

R. Gáspár, *Kohärente Streuung von Röntgenstrahlen und Elektronen großer Geschwindigkeit durch Atome. Der Atomformfaktor.* Bei der kohärenten Streuung von Röntgenstrahlen u. Elektronen spielt der Atomformfaktor eine wesentliche Rolle. Er kann auf verschied. Wegen bestimmt werden, die vom Vf. beschrieben werden. Die bisher besten Werte wurden nach der Meth. des „self-consistent-field" erhalten. Vf. zeigt, wie man diese Meth. für Elemente verallgemeinern kann, für die ähnliche Berechnungen noch nicht bekannt sind. (Acta physica Acad. Sci. hung. **3.** 59—63. 1953. Budapest, Univ. für Techn. Wiss., Physikal. Inst.) GOTTFRIED. 90

William J. Byatt, *Methoden zur Berechnung angenäherter Wirkungsquerschnitte für Elektronenstreuung.* (Sitzungsbericht.) Bei der Abschätzung der differentiellen Wirkungsquerschnitte für Elektronenstreuung, entweder nach der BORNschen Approximation oder der stark verbesserten Meth. von MONTROLL, HART u. GREENBERG ist es empfehlenswert, mit einer einfachen geschlossenen Formel für das Potential des streuenden Atoms zu beginnen. In diesem Zusammenhang wird die Streuung der Elektronen durch *He*, *Ne*, *Ar* u. *Hg* diskutiert. Die HARTREE-Felder dieser Elemente werden analyt. dargestellt u. die differentiellen Wirkungsquerschnitte für Elektronenenergien von 100 eV bis 1 MeV behandelt. Eine Erweiterung der Meth. auf mittlere Atomzahlen ist im Prinzip einfach. (Physic. Rev. [2] **91.** 240. 1/7. 1953. Univ. of Alabama.) GOTTFRIED. 90

L. V. Spencer und **C. H. Blanchard,** *Spinrelativistische Effekte bei der Mehrfachstreuung von Elektronen.* (Sitzungsbericht.) Es wird eine neue Summierung der langsam konvergierenden LEGENDREschen polynom. Reihe beschrieben, welche die

Winkelverteilung der Elektronen darstellt, die bei Durchlaufen eines gegebenen Abstandes in einem Material mehrfache elast. Streuung erlitten haben. Die Meth. gestattet eine Auswertung bei Berücksichtigung der für den RUTHERFORDschen Wirkungsquerschnitt anzubringenden spinrelativist. Korrekturen, jedoch ohne Kleinwinkelapproximation. Die Ergebnisse zeigen, daß die spinrelativist. Korrektur die Übereinstimmung der Theorie mit den experimentellen Ergebnissen an einer dünnen Au-Folie bei 15,7 MeV verbessert. (Physic. Rev. [2] **91.** 240. 1/7. 1953. National Bureau of Stand.) GOTTFRIED. 90

L. I. Schiff, *Strahlungskorrekturen zur Verteilung von Kernrückstößen durch Elektronenstreuung.* (Sitzungsbericht.) Die Streuung schneller Elektronen an Kernen kann dadurch experimentell untersucht werden, daß man die Verteilung der Rückstoßkerne nach Winkel u. Energie mißt. Der Rückstoßkern ist nur nachweisbar, wenn die Impulsübertragung groß gegen mc ist. Wenn sowohl der Winkel als auch die Energie gemessen werden können, ist ein Vgl. mit der MOTT-RUTHERFORD-Formel möglich, wenn die Korrektur für die Kernausdehnung u. die Emission energiearmer Photonen angebracht wird. Wenn nur der Rückstoßwinkel gemessen werden kann, muß auch eine Korrektur für die Emission energiereicherer Photonen angebracht werden. Dieser Effekt wird auf Grund der BETHE-HEITLER-Formel abgeschätzt. Die Rechnung zeigt, daß im Fall großer Impulsübertragung das Photon nahezu in Richtung des einfallenden oder des gestreuten Elektrons emittiert wird. Entsprechend wird bei der Paarerzeugung entweder das Elektron oder das Positron nahezu in Richtung des einfallenden Photons emittiert, wenn der übertragene Impuls groß ist. (Physic. Rev. [2] **85.** 754. 15/2. 1952; Bull. Amer. physic. Soc. **26.** Nr. 8. 6. 27/12. 1951. Palo Alto, Calif., Stanford Univ.) LENZ. 90

M. E. Ebel und **W. F. Fry,** *Hüllelektronenaustritt bei der Weitwinkelstreuung.* Bei der Weitwinkelstreuung von μ-Mesonen, π-Mesonen u. Protonen in photograph. Emulsionen tritt häufig ein Elektron im keV-Bereich auf. Für μ-Mesonen einer Energie zwischen 1,6 u. 4,1 MeV, die in Winkeln $>28^0$ gestreut werden, wird ein Elektron einer Energie >10 keV in $21 \pm 6\%$ aller Streuprozesse beobachtet. Das Auftreten dieser Elektronen wird dadurch gedeutet, daß das eingestrahlte Teilchen mit der Elektronenhülle des betroffenen Atoms in COULOMB-Wechselwrkg. tritt u. hierdurch ein Hüllelektron abgedampft wird. Die hohe Wahrscheinlichkeit eines derartigen Prozesses wird in der Weise erklärt, daß ein eingestrahltes Teilchen, das einer Weitwinkelstreuung unterworfen wird, stets den Bereich größter Elektronendichte durchdringt. Die Elektronenaustrittswahrscheinlichkeit wird mittels Störungsansatz 2. Ordnung berechnet, wobei vor allem bei hohen Energien gültige Näherungen berücksichtigt werden. (Physic. Rev. [2] **88.** 1306—08. 15/12. 1952. Ames, Io., Iowa State Coll., Inst. for Atomic Res. and Dep. of Phys.; Chicago, Ill., Univ. of Chicago, Dep. of Phys.) WEIGEL. 90

M. G. K. Menon und **C. O'Ceallaigh,** *Eine Bemerkung zur Reichweite–Streuungs-Methode der Massenbestimmung ionisierender Teilchen.* Unters. der Anwendbarkeit der Meth. von MENON u. ROCHAT (C. **1953.** 3025) zur Best. der M. einfach ionisierender Teilchen, die in der Emulsion enden, u. Diskussion der notwendigen Modifizierung, um der Neigung der Bahnspuren sowie der Veränderung der Streukonstante mit der Größe der Meßzelle u. der Geschwindigkeit Rechnung zu tragen. Beschreibung einer „gleitenden Grenzwinkel"-Meth. zum Ausschluß großer nichtrepräsentativer Werte. (Philos. Mag. [7] **44.** 1291—96. Nov. 1953. Bristol, Univ., H. H. Wills Phys. Labor.) EICHHOFF. 90

David A. Kleinman, *Die Energieverteilung der in Kristallen gestreuten langsamen Neutronen.* (Sitzungsbericht.) Vf. führt eine theoret. Formel für den Wirkungsquerschnitt σ (E_0, E) der Energieverteilung für die Streuung bei einer einfallenden Energie E_0 in inkohärenter Näherung an. Für *Be* bei der Temp. Θ durchgeführte Berechnungen zeigen, wie sich die Streuung kontinuierlich von der Streuung am freien Atom bei hoher Energie in Einquantenstreuung bei niedriger Energie umwandelt. (Physic. Rev. [2] **90.** 355. 15/4. 1953. Brookhaven Nat. Labor.) GERHARD SCHMIDT. 90

G. T. Trammell, *Elastische Streuung von Neutronen an paramagnetischen Atomen der Seltenen Erden.* (Sitzungsbericht.) Die Berechnung des magnet. Streuquerschnittes paramagnet. Ionen für langsame Neutronen schließt komplizierte Integrationen ein, wenn die Ionen Bahnmomente ungleich Null haben. Vff. lösen die entsprechenden Operatoren, die in der BORNschen Näherung für elast. gestreute Wellen erscheinen, in ihre irreduzierbaren Tensorkomponenten auf. Durch Transformation dieser Operatoren in irreduzierbare, J enthaltende Tensoroperatoren mittels des WIGNER-ECKART-Theorems wird ein Ausdruck für den Wirkungsquerschnitt erhalten, der nur radiale

Integrale über die Ladungsverteilung des Atoms einschließt. Numer. Beispiele werden für die gleichartigen Systeme Nd^{3+} u. Er^{3+} gegeben. (Physic. Rev. [2] **90.** 355. 15/4. 1953. Oak Ridge, Tenn., Oak Ridge Nat. Labor.) Gerhard Schmidt. 90

E. C. Fowler, W. B. Fowler, R. P. Shutt, A. M. Thorndike und **W. L. Whittemore,** *Winkelverteilung der durch Protonen gestreuten positiven 53 MeV-Pionen.* Die Streuung positiver, mittels des Cyclotrons erzeugter π-Mesonen von 53 + 10 MeV im Gas einer mit H_2 u. Methanoldampf von 21 at gefüllten Diffusionsnebelkammer wurde beobachtet. Auf 8400 Bildern wurden 967 $\pi \rightarrow \mu$-Zerfälle festgestellt. Aus den 21 Streuereignissen wurde ein Gesamtwirkungsquerschnitt von 20 ± 4 mbarn berechnet. Es muß sich um elast. π^+-p-Streuung handeln. Die räumliche Verteilung ist nicht isotrop, sie könnte durch eine Beziehung $(1 + 3 \cos^2\Theta)$ wiedergegeben werden. (Physic. Rev. [2] **86.** 1053—54. 15/6. 1952. Upton, N. Y., Brookhaven Nat. Labor.) Wiedemann. 90

Harry Lustig und **John M. Blatt,** *Eine neue Methode zur Berechnung von Phasenverschiebungen des Kerns aus Wirkungsquerschnittsmessungen.* (Sitzungsbericht.) Zur Berechnung der Phasenverschiebungen aus experimentellen Daten werden n Gleichungen für n angenommene Phasenverschiebungen abgeleitet. Der differentielle Wirkungsquerschnitt für die elast. Streuung geladener Teilchen mit Spin 1/2 wird berechnet, die entsprechenden Integrationen werden durchgeführt. (Physic. Rev. [2] **91.** 453. 15/7. 1953. Univ. of Illinois.) Gerhard Schmidt. 95

O. Halpern und **B. A. Lippmann,** *Die Amplitudeninterferenz in Kaskadenprozessen.* Die Geschwindigkeit eines zweistufigen Kaskadenprozesses, der von einem definierten Ausgangszustand über 2j + 1 entartete Zwischenzustände zu einem Endzustand f führt, ist einem Interferenzterme enthaltenden Ausdruck proportional. Die Elimination der Interferenzterme wird diskutiert. Wenn der Zwischenzustand durch eine für das ausgesandte Quant verträgliche Messung bestimmt werden kann, red. sich die Summe auf ein einzelnes Glied. (Physic. Rev. [2] **87.** 1128. 15/9. 1952. Los Angeles, Calif., Univ. of Southern California; White Plains, N. Y., Nucl. Developm. Assoc.) Wiedemann. 95

James L. Anderson, *Über die Verwendung von Funktionsgleichungen bei der Abschätzung der S-Matrix.* (Sitzungsbericht.) Auf Grund einfacher funktionentheoret. Beziehungen läßt sich das Problem der S-Matrixbest. für die beteiligten Prozesse u./oder die Terme höherer Ordnung wesentlich reduzieren. Durch diese Betrachtungen werden einfache Beziehungen zwischen den S-Matrizen für die verschied. Prozesse erhalten, die in der Größenordnung $e/\hbar c$ korrekt sind. (Physic. Rev. [2] **90.** 373. 15/4. 1953. Rutgers Univ.) Gerhard Schmidt. 95

Ning Hu und **Yu Min,** *Weitere Untersuchung der S-Matrix in der Mesonentheorie.* (Vgl. C. **1952.** 6804.) Mathemat. Interpretation des Integrationsweges für Eigenenergieintegrale der Nucleonen. (Acta physica sinica **9.** 36—44. Febr. 1953. Peking, Acad. Sinica, Peking Univ. and Inst. of Mod. Phys., Dep. of Phys. [Orig.: chines., Auszug: engl.]) Gerhard Schmidt. 95

D. R. Yennie, *Quantenkorrekturen an der klassischen nichtlinearen Mesonentheorie.* Sitzungsbericht zu der C. **1953.** 7224 referierten Arbeit. (Physic. Rev. [2] **87.** 224. 1/7. 1952. Inst. for Adv. Stud.) Wiedemann. 95

R. J. Blin-Stoyle, *Die magnetischen Momente der Kerne mit dem Spin 1/2.* Es wird gezeigt, daß die Abweichungen der magnet. Momente aller Kerne mit dem Spin 1/2 von den Schmidt-Grenzen hinreichend erklärt werden kann durch einfache interkonfigurationale Mischung. (Proc. physic. Soc., Sect. A **66.** 1158—61. 1/12. 1953. Oxford, Clarendon Labor.) v. Harlem. 95

T. Eguchi und **M. Ohta,** *Einfang von μ-Mesonen durch Atomkerne.* Das Fermi-Gasmodell der Atomkerne wird zur Berechnung der Einfangwahrscheinlichkeiten von negativen μ-Mesonen durch Atomkerne unter Berücksichtigung des Neutronenüberschusses u. der Bewegung der μ-Mesonen im Kern benutzt. Für schwere Kerne ergibt die Berechnung bis zu 60% kleinere Werte als Wheelers Z^4-Gesetz u. nähert sich damit den experimentellen Werten, ohne jedoch quantitative Übereinstimmung zu erreichen. (Nuovo Cimento [9] **10.** 1415—23. 1/10. 1953. Fukuoka, Kyushu Univ., Fac. of Sci., Dep. of Phys.) Nelkowski. 95

Bernard L. Cohen, *Über die statistische Theorie der Kernreaktionen.* (Sitzungsbericht.) Vf. untersuchte theoret. den Weisskopfschen Ausdruck für die Energieverteilung von Teilchen, die von Kern-Rkk., welche über einen Compoundkern fortschreiten, emittiert werden. Vf. läßt die Voraussetzung fallen, daß die Wahrscheinlichkeit für die inverse Rk. unabhängig von der Energie ist. (Physic. Rev. [2] **91.** 241. 1/7. 1953. Oak Ridge, Tenn., Oak Ridge Nat. Labor.) Gottfried. 103

Aage Winther und **O. Kofoed-Hansen,** *Über die Kopplungskonstanten beim β-Zerfall. Beweis aus erlaubten Übergängen.* Die Unterss. der Kernmatrixelemente werden mit den experimentellen *ft*-Werten kombiniert, um die Kopplungskonstanten für die Fermi- u. Gamow-Teller-Wechselwrkg. beim β-Zerfall zu erhalten. Die Spiegelübergänge zwischen Kernen mit geschlossenen Schalen ± ein Nucleon stimmen mit angenähert gleichen Beträgen der beiden Kopplungen überein. Unter der Annahme einer Wechselwrkg. zwischen einem einzelnen Teilchen u. dem Innenkern besteht eine approximative Korrelation zwischen den Gamow-Teller-Kernmatrixelementen u. den magnet. Momenten der bei den Übergängen beteiligten Kerne. (Kgl. danske Vidensk. Selsk., mat.-fysiske Medd. **27.** Nr. 14. 1—22. 1953. Kopenhagen, Univ., Inst. for Theoret. Phys.) Gerhard Schmidt. 103

O. Kofoed-Hansen und **Aage Winther,** *Cross-terms beim β-Zerfall.* Kurze Teilwiedergabe der vorst. referierten Arbeit. (Physic. Rev. [2] **89.** 526. 15/1. 1953.) Kirschstein. 103

C. H. Millar und **A. G. W. Cameron,** *Photo-α-Reaktionen in Kernemulsionen.* Bei der Bestrahlung von Ilford E 1-Kernemulsionen mit Röntgenstrahlen bis zu 27 MeV wurden bei allen Hauptbestandteilen der Emulsion Rkk. festgestellt, bei welchen schwere Teilchen ($Z \geqq 2$) emittiert wurden. Für eine Reihe von Rkk. konnten Resonanzquerschnitte, wie sie für viele Kernphoto-Rkk. typ. sind, bestimmt werden. 17 Photo-α-Rkk. mit *Ag, Br, O, N* u. *C* mit ihren charakterist. Daten sowie Reichweite-Energie-Beziehungen für ^{12}C, ^{10}B u. ^{9}Be in E 1-Emulsionen im Bereich von 1—5 MeV werden angegeben. Zur Unterdrückung von Protonenbahnspuren u. der Verschleierung durch die Röntgenstrahlung wurde mit einem Hydrochinon–Na_2SO_3–KOH-Entwickler gearbeitet. (Canad. J. Physics **31.** 723—57. Juli 1953. Chalk River, Ontario, Can., A. E. of Canada Ltd., Chalk River Labor., Phys. Div.) Eichhoff. 103

L. E. Beghian, H. H. Halban, T. Husain und **L. G. Sanders,** *Energieniveaus von ^{12}C aus der Reaktion $^{9}Be(\alpha, n)^{12}C$.* Vff. beschießen eine Be-Folie (33 mg/cm²) von 1 cm² Fläche mit den α-Teilchen von 80 mC Po (auf 1 cm² Pt-Blech) u. untersuchen das γ-Spektr. aus $^{9}Be(\alpha, n)^{12}C^* \rightarrow {}^{12}C$. Gefunden wird neben dem **4,43 ± 0,05** MeV-Niveau von ^{12}C ein weiteres Niveau bei 7,59 ± 0,07 MeV, das entweder direkt zum Grundzustand oder über ein 3,16 ± 0,05 MeV-γ-Quant zum 4,43 MeV-Niveau zerfallen kann. (Physic. Rev. [2] **90.** 1129. 15/6. 1953. Oxford, Clarendon Labor.) Weigel. 103

R. G. Thomas und **T. Lauritsen,** *Magnetlinsenspektrometermessungen der Strahlungen aus Reaktionen leichter Kerne.* Die Strahlungen aus einer Reihe von Rkk. leichter Kerne werden mit Hilfe eines Magnetlinsenspektrometers untersucht u. die γ-Energien u. Intensitäten aus photoelektr. u. Compton-Konversionsprozessen bestimmt; die Intensitätsmessungen erfolgen mit „dicken" Compton-Konvertern. Die Komplikationen der Energiebestimmungen infolge von Doppler-Effekt u. Verbreiterung werden diskutiert. Die Übergangsenergien in keV für eine Reihe von Rkk. bei Beschußenergien von 1—2 MeV werden angegeben: $^{13}C(d, n)^{14}N$ 725 ± 4, 1638 ± 8, 2310 ± 12, 3381 ± 13, 5052 ± 25 u. 5690 ± 50; $^{13}C(d, p)^{14}C$ 6110 ± 30; $^{12}C(d, p)^{13}C$ 3082 ± 7; $^{15}N(p, \alpha)^{12}C$ 4443 ± 20; $^{10}B(p, \alpha)^{7}Be$ 428,5 ± 1,8; $^{6}Li(d, n)^{7}Be$ 428,9 ± 2; $^{6}Li(d, p)^{7}Li$ 477,4 ± 2 u. $^{16}O(d, p)^{17}O$ 870 ± 2 keV. Die durch innere Konversion gebildete Positronenverteilung des 3,08 MeV-Überganges bei ^{13}C stimmt mit der theoret. für einen elektr. Dipolübergang überein; die Positronenspektren von ^{13}C + d u. ^{9}Be + d werden beobachtet; sie lassen sich aber wegen des starken Untergrundes nicht eindeutig zuordnen. Das Konversionsspektr. des 870 keV-Überganges in ^{17}O deutet auf eine Mischung von elektr. Quadrupol- u. magnet. Dipol- oder aber auf reine elektr. Quadrupolstrahlung hin. Es werden halbempir. Formeln angegeben für die wahrscheinlichsten u. wirksamsten Energieverluste schneller Elektronen, die leichte Substanzen durchlaufen. (Physic. Rev. [2] **88.** 969—86. 1/12. 1952. Pasadena, Calif., California Inst. of Technol.) Weigel. 103

Sakae Shimizu, Yoshiaki Uemura, Ryutaro Ishiwari, Osamu Horibe und **Sunao Okamoto,** *Einige Versuche über ^{32}P. 1. Mitt. Physikalische Methoden und Messungen.* Die Herst. von ^{32}P nach $^{32}S(n, p)^{32}P$ durch Bestrahlung von 3,8 Liter CS_2 in einem Rundkolben aus Glas mit einer 50 mg Ra/Be-Neutronenquelle, die sich im Kolbenmittelpunkt befindet, wird beschrieben. Die mit einem Endfensterzähler (2π-Geometrie; 4 mg/cm² Glimmerfenster) gemessene ^{32}P-Aktivität beträgt ca. $^1/_{15}$ μC. (Bull. Inst. chem. Res., Kyoto Univ. [Kagaku Kenkyusho Hokoku] **22.** 72—73. Sept. 1950. [Orig.: engl.]) Weigel. 103

Senji Utzino, Syuzo Akashi, Minoru Fukuda, Hiroaki Akagi und **Tetsuya Hanai,** *Einige Versuche über ^{32}P. 2. Mitt. Chemische Methoden.* (1. vgl. vorst. Ref.) Die Abtrennung von ^{32}P aus mit Neutronen bestrahltem CS_2 u. Herst. einer Stammlsg.

werden beschrieben. Zu dem in einem 7 Liter-Kolben befindlichen CS_2 wird $^1/_3$ seines Vol. an HNO_3 zugegeben, eine geringe Menge J_2 zugefügt u. 3 Std. lang Luft durchgeblasen. Dann wird nach Zugabe von etwas W. die überstehende HNO_3-Lsg. im Scheidetrichter abgetrennt u. bis auf einen Rest von ca. 2—3 cm^3 abdestilliert. Der Destillationsrückstand wird in ein 50 ml-Reagensglas übergeführt u. nach Zugabe von 0,3 mMol KH_2PO_4 die Gesamtphosphorsäure mit NH_4-Molybdat gefällt. Das ausgefallene NH_4-Phosphomolybdat wird in NH_4OH gelöst, die Phosphorsäure als $NH_4 \cdot MgPO_4$ gefällt u. dieses mehrmals mit NH_4OH ausgewaschen. Das so gewonnene akt. NH_4MgPO_4 wird auf dem Wasserbad mit der stöchiometr. Menge NaOH digeriert, die Lsg. vom ausgeschiedenen $Mg(OH)_2$ abfiltriert u. nachgewaschen. Filtrat u. Waschlsg. werden in einer kleinen Kasserole gesammelt, mit 0,1 n HCl auf p_H 7,2 eingestellt, auf ein kleines Vol. eingedampft u. in einem graduierten Rohr auf 5 cm^3 zur Stammlsg. aufgefüllt. (Bull. Inst. chem. Res., Kyoto Univ. [Kagaku Kenkyusho Hokoku] **22**. 73—74. Sept. 1950. [Orig.: engl.]) Weigel. 103

P. H. Stelson und **W. M. Preston,** *Neutronengruppen aus Protonen auf ^{53}Cr, ^{59}Co und ^{37}Cl.* Vff. bestrahlen auf Ta-Trägern aufgebrachtes Co-Metall, angereichertes ^{53}Cr-Metall u. sehr reines NaCl mit monochromat. Protonen. Die aus (p, n)-Rkk. entstehenden Neutronen wurden mit Hilfe ihrer Rückstoßprotonen in Eastman NTB-Emulsionen von 200 μ Dicke im Abstand von ca. 18 cm vom Target unter Laboratoriumswinkeln von 0 u. 90° nachgewiesen. Die Energie–Reichweite-Beziehung innerhalb der Emulsion wurde mit Hilfe von bekannten Neutronenenergien der Li(p, n)-Rk. festgelegt. Beobachtet wurden 3 Neutronengruppen aus ^{53}Cr(p, n)^{53}*Mn* u. je 2 Gruppen aus ^{37}Cl(p, n)^{37}*Ar* u. ^{59}Co(p, n)^{59}*Ni*. Auf Grund der erhaltenen Daten werden Niveauschemata aufgestellt. (Physic. Rev. [2] **86**. 807—08. 1/6. 1952. Cambridge, Mass., MIT, Labor. for Nucl. Sci. and Engng.) Weigel. 103

R. M. Diamond, *Molybdän 90.* Vf. beschießt Nb-Metallfolien 1 Std. lang mit 55—60 MeV-Protonen aus einem 95 in. Synchrocyclotron, isoliert nach dem Auflösen des Metalls die entstandenen Mo-Aktivitäten durch Ae.-Extraktion aus 6 n HCl u. nimmt mit aliquoten Teilen dieser extrahierten Aktivitäten die Zerfallskurven in einem Endfensterzähler auf. Gefunden werden eine 5,5—6 Std.- u. eine 14,5—15,0 Std.-Aktivität. Durch in Abständen von 12 Std. wiederholte Trägerfällung von Nb aus der Mo-Lsg. läßt sich die dem ^{90}*Nb* zugehörige 14,7 ± 0,2 Std.-Aktivität abtrennen. Die Nachbldg. dieser Aktivität aus den Mo-Aktivitäten erfolgt mit $T_{1/2}$ = 5,7 ± 0,2 Std.; diese Halbwertszeit wird ^{90}Mo zugeordnet. Durch Al-Absorptionsmessungen wird gezeigt, daß ^{90}Mo unter β^+-Emission oder K-Einfang in ^{90}Nb übergeht, die β^+-Energie wird zu ca. 1,4 MeV abgeschätzt. Aus Pb-Absorptionsmessungen ergibt sich das Vorhandensein von γ-Quanten bei 1,1 MeV, 240—260 bzw. 100—125 keV, die teilweise konvertiert sind. (Physic. Rev. [2] **89**. 1149—50. 1/3. 1953. Cambridge, Mass., Harvard Univ., Chem. Dep.) Weigel. 103

D. E. Alburger und **S. Thulin,** *Nachweis des 7 Stunden-^{93}Mo-Isomers.* Vff. beschießen gepreßtes Nb-Pulver mit 80 μA-Std. 25 MeV-Cyclotrondeuteronen u. trennen das gebildete ^{93}Mo in einem Massenseparator von den übrigen Massen ab. Die Aktivität findet sich zusammen mit ^{93}Nb ausschließlich bei der Massenzahl 93 des Massenspektrums. An dem abgetrennten ^{93}Mo werden Spektrometermessungen der Konversionselektronen u. γ-Quanten ausgeführt; $T_{1/2}$ = 7 Std. wird bestätigt. Gefunden wird eine K-Konversionslinie, entsprechend einem 263,7 ± 1,0 keV-Übergang; das Verhältnis K/(L + M) beträgt 2,79 ± 0,15. Im γ-Spektr. finden sich 2 γ-Quanten bei 0,685 ± 0,003 u. 1,479 ± 0,005 MeV; die Gesamtzerfallsenergie ergibt sich zu 2,428 ± 0,006 MeV. (Physic. Rev. [2] **89**. 1146. 1/3. 1953. Stockholm, Nobel-Inst. für Phys.) Weigel. 103

L. Feldman und **C. S. Wu,** *Untersuchung der β-Spektren von ^{10}Be, ^{40}K, ^{99}Tc und ^{36}Cl.* Es werden die β-Spektren von ^{10}Be, ^{40}K, ^{99}Tc u. ^{36}Cl im Solenoidspektrometer untersucht, wobei festgestellt wird, daß alle untersuchten Spektren verbotene Gestalt zeigen. Eine Deutung der Ergebnisse mittels der Fermi-Theorie liefert folgende Ergebnisse: Das ^{10}Be-Spektr. ($\Delta J = 3$) kann ohne Paritätsänderung durch 2T- oder ZA-Typ, mit Paritätsänderung durch den 3T- oder 3V-Typ erklärt werden. Das ^{40}K-Spektr. ($\Delta J = 4$) läßt sich durch 3T oder 3A bei Paritätsänderung, durch 4T oder 4V ohne Paritätsänderung erklären. Für ^{99}Tc u. ^{36}Cl ist $\Delta J = 2$. Diese Spektren lassen sich nur durch 2T oder 2V deuten. Falls die wahre Wechselwrkg. beim β-Zerfall vorwiegend von einer der 5 linear unabhängigen Wechselwirkungstypen (S, V, T, A oder P) ist, so muß es die Tensorwechselwrkg. sein. Eine Linearkombination des Tensortyps mit einem oder mehreren der anderen Wechselwirkungstypen ist möglich. (Physic. Rev. [2] **87**. 1091—99. 15/9. 1952. New York, N. Y., Columbia Univ.) Weigel. 103

R. H. Nussbaum, A. H. Wapstra, N. F. Verster und **H. Cerfontain,** *Über den radioaktiven Zerfall von ^{112}Pd und ^{112}Ag.* Vff. untersuchen den radioakt. Zerfall von ^{112}Pd → ^{112}Ag → ^{112}*Cd* sowohl mit einer β-γ-Koinzidenzapp. als auch mit einem Einkanal-NaJ(Tl)-Scintillationsspektrometer. Beim β^--Zerfall von ^{112}Pd wurde ein γ-Strahl von ca. 18 keV gefunden. Koinzidenzabsorptionsmessungen mit ^{112}Ag lieferten ein komplexes β^--Spektr. mit einer maximalen Energie von 4,1 ± 0,3 MeV (∼25%), das zum Grundzustand von ^{112}Cd führt, u. mindestens zwei weitere Komponenten von ∼3,5 u. ∼1,5 MeV mit angenähert gleichen Intensitäten. Der Haupt-γ-Übergang in ^{112}Ag besitzt eine Energie von 620 ± 15 keV, während der Nachw. von mehreren schwächeren γ-Linien in den Energiebereichen unterhalb 500 keV u. zwischen 1 u. 2 MeV erbracht wird. Vff. schlagen ein Zerfallsschema u. Spinzuordnungen für die Niveaus vor, die zu den Hauptzerfallsarten gehören. Eine Neubest. von a_K des 87 keV-γ-Strahls in ^{109}Pd ergab 9,2 ± 1,5. (Physica **19.** 385–90. Mai 1953. Amsterdam, Inst. voor Kernphys. Onderz.) Gerhard Schmidt. 103

J. Goldemberg und **L. Katz,** *γ—γ-Wirkungsquerschnitt von ^{115}In für hohe Energien.* Unter den Kernphoto-Rkk. beim Auftreffen von 25 MeV-Betatronröntgenstrahlen auf ^{115}In wird bes. die Rk. ^{115}In(γ, γ)^{115}In* betrachtet. Bei Anwendung bestimmter Korrekturen zeigt diese Rk. einen Verlauf, der bei gewöhnlichen Kernphoto-Rkk. auftritt. Von 7 Abklingprozessen zerfällt nur einer unter γ-Emission. Der integrierte Wirkungsquerschnitt für die (γ, n)-Rk. in ^{115}In wird zu 0,42 MeV-barn in Übereinstimmung mit theoret. Voraussagen gefunden. Aus der Unters. des Verhältnisses der Erzeugungsquerschnitte von isomeren u. Grundzuständen von ^{114}In geht hervor, daß Übergänge zum isomeren Zustand von ^{114}In stark bevorzugt sind, was auch nach Analyse der betreffenden Spinwechsel erwartet wird. Der Wirkungsquerschnitt für die Rk. ^{115}In(γ, 2n)^{113}In* wird bestimmt u. das Verhältnis dieses Querschnittes zur (γ, n)-Rk. mit dem nach der statist. Theorie vorausgesagten verglichen. (Physic. Rev. [2] **90.** 308–14. 15/4. 1953. Saskatoon, Saskatchewan, Univ. of Saskatchewan, Dep. of Phys.) Gerhard Schmidt. 103

R. H. Nussbaum und **R. van Lieshout,** *Obere Grenze für einen zweiten β-Übergang in ^{114}In und die Lage des ersten angeregten Zustandes in ^{114}Sn.* Vff. wenden die Meth. von Goldhaber u. Sunyar zur Berechnung von log *ft*-Werten für den β-Übergang auf den β-Zerfall von ^{114}In an. Die Koinzidenzmessungen werden mit einer Geiger-Zählerkoinzidenzapp. durchgeführt. Aus der Koinzidenzgröße J_c/J_β = (4,0 ± 0,7) ·10^6 u. der Mindestquantenwirksamkeit des geeichten γ-Zählers wird eine genaue obere Grenze von 2% für die Gesamtintensität von β^-- u. β^+-Übergängen in Koinzidenz mit einem γ-Strahl gefunden. Die Intensität der totalen Positronenemission von ^{114}In ergibt sich aus seiner Vernichtungsstrahlung zu (1,5 ± 0,5) ·10^{-4} pro Zerfall. Es wird die Anregungsenergie der ersten angeregten Zustände in gerade–gerade-Kernen für 48 ≤ Z ≤ 54 als eine Funktion der Neutronenzahl angegeben. Aus der Extrapolation der Anregungskurve wird ein Wert von 1,2 MeV für die Anregungsenergie des ersten angeregten Zustandes in ^{114}Sn geschätzt. Die Intensität einer β^--Verzweigung, die zu dem ersten angeregten Zustand führt, vermindert sich dann auf weniger als 3·10^{-3} pro Zerfall. Wird log *ft* = 4,44 für den 1,98 MeV-Grundzustand-β-Übergang als ein für die zweite Verzweigung vertretbarer Wert angenommen, so kann die Intensität des β-Spektr. niedriger Energie zu 6·10^{-3} angegeben werden, während für log *ft* = 4,7 dieser Wert in 3·10^{-3} geändert werden müßte, wobei beide Angaben bzgl. des statist. Faktors für einen 1 → 2-Übergang korr. sind. Dieses Intensitätsverhältnis ist in guter Übereinstimmung mit dem experimentellen. (Physica **19.** 451–53. Mai 1953. Amsterdam, Inst. voor Kernphys. Onderz.) Gerhard Schmidt. 103

E. L. Fireman und **D. Schwarzer,** *Eine Neubestimmung des doppelten β-Zerfalls von ^{124}Sn.* Zur Best. des doppelten β-Zerfalls von ^{124}Sn werden Proben aus gewöhnlichem u. aus auf 95,04% ^{124}Sn angereichertem Sn (Folien) in einer mit He + A. gefüllten Wilson-Kammer (108 cm Hg) von 12¹/₂ in. Innendurchmesser u. 4⁵/₈ in. Tiefe beobachtet. Die Auslösung der Kammer erfolgt durch 2 eingebaute u. in Koinzidenz geschaltete G.-M.-Zähler; die Kammer selbst befindet sich in einem variablen Magnetfeld von ≤900 Gauß, um Elektronen von Höhenstrahlschauern unterscheiden zu können. Nur auf 3 von insgesamt mehr als 4000 Aufnahmen werden Bahnen beobachtet, die sowohl von einem doppelten β-Zerfall als auch von in Sn gestreuten Elektronen herrühren können. Die Ergebnisse liefern für den doppelten β-Zerfall von ^{124}Sn einen unteren Grenzwert von $T_{1/2}$ von 10^{17} Jahren. (Physic. Rev. [2] **86.** 451–53. 15/5. 1952. Upton, N. Y., Brookhaven Nat. Labor.) Weigel. 103

Sol Wexler und **T. H. Davies,** *Die mittlere elektrische Ladung von Tochteratomen aus β-Zerfall und isomerem Übergang.* (Vgl. C. **1951.** I. 684.) Die mittlere elektr. Ladung

von Tochteratomen aus dem β-Zerfall von ^{3}H (als H_2), ^{14}C (als CO_2) u. einem akt. Kr–Xe-Gasgemisch (^{85}Kr, ^{87}Kr, ^{88}Kr u. ^{135}Xe) sowie aus dem isomeren Übergang von 4,4 Std.-^{80}Br* (als C_2H_5Br) in 18 Min.-^{80}Br wurden mit einer sphär. u. zylindr. Ionisationskammer bestimmt. Mit beiden Kammern wurden die übereinstimmenden Werte (in Elementarladungen) gefunden: Beim Zerfall von ^{3}H 0,87, 1,00, 0,91, 0,91 u. 0,89, von ^{14}C 0,8, 1,2 u. 1,0, u. des Edelgasgemisches 1,7, 1,6, 0,8, 1,2, 1,6, 1,5 1,2, 1,2 u. 1,3. Beim isomeren Übergang ergaben sich die Werte 9, 11, 9, 8, 11, 8, 11, 9, 13, 10, 11 u. 13. Die Werte für das Edelgasgemisch sind wegen der komplexen Zerfallstruktur weniger zuverlässig. Der Wert 10 beim isomeren Übergang ist doppelt so groß als der theoret. erwartete. Der hohe Wert für die Ladung ist wahrscheinlich auf den zweistufigen, sich in beiden Fällen durch innere Konversion vollziehenden Zerfall zurückzuführen. (Physic. Rev. [2] **88.** 1203—04. 1/12. 1952. Chicago, Ill., Univ. of Chicago, Argonne Nat. Labor. and Inst. for Nucl. Stud.)
WERNER SCHULZ. 103

David E. Muller, Harry C. Hoyt, David J. Klein und **Jesse W. M. DuMond,** *Präzisionsmessungen der Wellenlängen von Kern-γ-Strahlen von ^{192}Ir, ^{182}Ta, RdTh, Rn, ^{187}W, ^{137}Cs, ^{198}Au und von Vernichtungsstrahlung.* Es wird ein γ-Spektrometer hoher Präzision mit gebogenem Kristall beschrieben, das durch Verwendung eines dicken Quarzkristalls für die Beugung der γ-Strahlung u. eines NaJ(Tl)-Scintillationszählers auf hohe Empfindlichkeit gebracht wurde. Die Präzision wird durch Vgl. der in verschied. Ordnungen gemessenen Wellenlängen untereinander u. mit den entsprechenden RITZ-Kombinationen bestätigt. Präzisionsmessungen der Wellenlängen u. Energien der Kern-γ- u. Röntgenstrahlen werden mitgeteilt, ebenso Messungen der Vernichtungsstrahlung von ^{64}Cu. Zur Auswertung sämtlicher möglichen Niveauschemata, die einem gegebenen Satz von RITZ-Kombinationen entsprechen, dient eine topolog. Meth., die auch zur Best. der möglichen Niveauschemata von ^{192}Ir u. ^{182}Ta herangezogen wird. Nach Anbringung aller Korrekturen entspricht die gemessene Wellenlänge der Vernichtungsstrahlung von ^{64}Cu innerhalb der Meßgenauigkeit den vorherrschenden Literaturwerten für $h/m_{-}c$. Es wird daher geschlossen, daß innerhalb der ersten 4 Dezimalen kein Unterschied für eine Massendifferenz zwischen e^+ u. e^- vorhanden ist. (Physic. Rev. [2] **88.** 775—93. 15/11. 1952. Pasadena, Calif., California Inst. of Technol.)
WEIGEL. 103

Stirling A. Colgate, *γ-Strahlenabsorptionsmessungen.* Unter Verwendung eines energieselektiven NaJ-Scintillationszählers als Nachweisgerät werden Absorptionsmessungen an γ-Strahlungen radioakt. Präpp. mit den Energien 0,411 MeV (^{198}Au, 50 mC), 0,664 MeV (^{137}Cs, 1 mC), 1,33 MeV (^{60}Co, 20 mC) u. 2,62 MeV (ThC″ aus 72 mC MsTh 1) durchgeführt. Als Absorber dienten Folien aus Polyäthylen, Al, Cu, Sn, Pt, Au, Pb, Bi u. U. Der endgültige Absorptionskoeff. wurde auf $\pm 0{,}2\%$ genau bestimmt. Weiterhin wurden die γ-Quanten aus verschied. Kern-Rkk. mit folgenden Energien untersucht: 4,47 MeV aus $^{15}N(p,\alpha)^{12}C^*(\gamma)^{12}C$; 6,13 MeV aus $^{19}F(p,\alpha)^{16}O^*\cdot(\gamma)^{16}O$ u. 17,6 MeV aus $^{7}Li(p,\gamma)$. Die Übereinstimmung mit den theoret. Werten ist befriedigend. (Physic. Rev. [2] **87.** 592—601. 15/8. 1952. Ithaca, N. Y., Cornell Univ.)
WEIGEL. 103

Earl K. Hyde und **Albert Ghiorso,** *Die α-Verzweigung von AcK und das Vorkommen von Astatin in der Natur.* Auf Grund der Voraussagen der α-Systematik über das Ausmaß der α-Verzweigung von AcK u. der Eigg. des resultierenden Tochterelements ^{219}At wurde die α-Verzweigung in der aus einer 20 mC ^{227}Ac-Quelle isolierten *Fr*-Fraktion gefunden. Das beobachtete Verzweigungsverhältnis ist $\sim 4 \cdot 10^{-5}$. Das beim α-Zerfall entstehende Tochterelement ^{219}At zerfällt vorwiegend unter 6,27 MeV-α-Emission mit $0{,}9 \pm 0{,}1$ Min. Halbwertszeit zu ^{215}Bi, das seinerseits als β^--Strahler mit 8 ± 2 Min. Halbwertszeit zerfällt. ^{219}At zerfällt unter β^--Strahlung zu ^{219}An (AcEm) im Verhältnis 1 : 30-Zerfällen. (Physic. Rev. [2] **90.** 267—70. 15/4. 1953. Berkeley, Calif., Univ. of California, Radiat. Labor.) GERHARD SCHMIDT. 103

P. H. Stoker, M. Heerschap und **Ong Ping Hok,** *Messungen der kontinuierlichen β-Spektren der Konversionslinien und der Auger-Linien von $U(X_1 + X_2)$.* Vff. vermessen die β-Spektren von $U(X_1 + X_2)$ in einem 16,2 cm doppeltfokussierenden Spektrometer mit einer Auflösung von 1,5%. Von den Elektronenlinien werden 25 Linien 11 γ-Strahlen zugeschrieben, während die Linien unterhalb 21 keV als L-AUGER-Linien auf Grund von Energie- u. Intensitätsbetrachtungen dargestellt werden können. Die FERMI-KURIE-Analyse der kontinuierlichen β-Spektren liefert 5 Komponenten mit Endpunkten bei 2305, 1500 u. 580 keV für UX_2 u. bei 193 u. 103 keV für UX_1. Die relativen Intensitäten sind 90, 9 bzw. 1% für UX_2 u. 66 bzw. 34% für UX_1. Der 91 keV-γ-Strahl von UX_1 ist ein E 2-Übergang, während der 810 keV-γ-Strahl von UX_2 ein M 1-Übergang sein kann. Das Zerfallsschema mit Spin- u. Paritätszuordnungen einiger Niveaus wird diskutiert. (Physica **19.** 433—44. Mai. Erratum: 1034. Okt. 1953. Amsterdam, Vrije Univ., Natuurkund. Labor.) GERHARD SCHMIDT. 103

Frank H. Slade, *Praktische Anwendungen der Atomenergie.* Einige Anwendungen der Atomenergie im Bergbau u. in der Mineralogie. (Machinery Lloyd [europ. Edit.] **25.** 53—62. 3/10. 1953.) GERHARD SCHMIDT. 110

Albert Ducrocq, *Die industriellen Anwendungen der Atomenergie.* Bericht über industrielle Anwendungen der radioakt. Tracermeth. bei Fließ-, Trenn- u. chem. Prozessen (z. B. FISCHER-TROPSCH-Synth.). (Usine nouv. **9.** Nr. 53. 29—32. Dez. 1953.) GERHARD SCHMIDT. 110

C. Croxson, *Einige industrielle Anwendungen von Radioisotopen.* Industrielle Verwendung der radioakt. Isotope als Strahlenquellen für Radiographie u. Dickenmessung sowie als Tracer. Die für diese Zwecke geeigneten Isotopenbehälter u. -träger werden wiedergegeben. (Welding Metal Fabricat. **22.** 15—20. Jan. 1954.) GERHARD SCHMIDT. 110

Abraham Many, *Ein verbessertes elektrisches Netzwerk zur Bestimmung der Eigenwerte und Eigenvektoren einer reellen symmetrischen Matrix.* Die Anlage ist eine verbesserte Ausführung der von MANY u. MEIBOOM (Rev. sci. Instruments **18.** [1947] 831) beschriebenen u. gestattet die Best. der Eigenwerte u. Eigenvektoren reeller symm. Matrizen bei spektroskop. Problemen bis zur 10. Ordnung. Die Genauigkeit der Eigenwerte liegt bei 0,01% der Differenz zwischen dem größten u. dem kleinsten Eigenwert u. die Genauigkeit jedes Eigenvektors ist besser als 1% der größten Komponente. (Rev. sci. Instruments **21.** 972—74. Dez. 1950. Jerusalem, Hebrew Univ., Dep. of Phys.) W. E. REICHARDT. 112

W. C. Kelly und **K. J. Metzgar,** *Automatische Arbeitsweise eines β-Spektrometers.* Ausführliche Darst. der C. **1951.** II. 1848 referierten Arbeit mit vollständiger Schaltskizze des Schleifmechanismus. (Rev. sci. Instruments **22.** 665—67. Sept. 1951. Pittsburgh, Pa., Univ. of Pittsburgh.) GERHARD SCHMIDT. 112

—, *Ein Massenspektrometer zur Gasanalyse.* Beschreibung eines Massenspektrometers vom NIERschen Typ mit magnet. Auflösung u. photograph. Registrierung, das für die Analyse von Gasen geeignet ist. Zur Aufnahme eines Massenspektr. sind nur 20 Min. nötig. (Abstr. Kagaku-Kenkyū-Jo Hōkoku [Rep. sci. Res. Inst.] **21.** 27—28. 1951. Nishina Labor., Heavy Nitrogen Res. Group.) CONRAD. 112

Asao Sugimoto und **Kiichi Hoshino,** *Über den Charakter der Ionenquelle beim Massenspektrometer vom Nierschen Typ.* Unterss. an der Ionenquelle eines NIERschen Massenspektrometers ergaben, daß eine durch Verdampfung des Glühfadens entstandene leitende Schicht auf der Innenwand der Ionisationskammer durch Raumladungen den Ionenstrom begrenzte. Durch Verbesserung der geometr. Konfiguration ließ sich der Ionenstrom 200fach steigern. (Abstr. Kagaku-Kenkyū-Jo Hōkoku [Rep. sci. Res. Inst.] **21.** 27. 1951.) CONRAD. 112

John H. Harley, Evelyn Jetter und **Merril Eisenbud,** *Eine Methode zur Darstellung der in der Ausatmungsluft befindlichen Radonmengen.* Die Schwierigkeit in der Routineunters. von mit radioakt. Stoffen arbeitenden Menschen veranlaßten Vff., die Brauchbarkeit der Rn-Best. in der Ausatmungsluft zu prüfen. Dabei entsprechen 10^{-12} C Rn in 1 Liter der ausgeatmeten Luft 0,1 γ Ra im Körper. Die Messung erfolgte mit einer Ionisationskammer. Durch Verwendung einer Atemmaske wurde die Strahlung der umgebenden Luft als Fehlerquelle ausgeschlossen. Es wird vorgeschlagen, nach 64 std. Expositionspause den Grundwert festzustellen. Die Rn-Schwankungen in der Ausatmungsluft geben dann ein sicheres Zeichen der Gefährdung. (A. M. A. Arch. ind. Hyg. occupat. Med. **4.** 1—9. Juli 1951. New York, N. Y., US A. E. C., Health and Safety Div., New York Op. Off.) BALZER. 112

O. R. Frisch, Ed., Progress in nuclear physics. Vol. 3. London: Pergamon Pr. 1953. (288 S.) 63 s.

Werner Heisenberg, Nuclear physics. New ed. New York: Philosophical Lib. 1953. (234 S. m. Abb., Diagr.) $ 4,75.

A_2. Optisches Verhalten der Materie.

Margherita Hack, *Spektrophotometrische Untersuchung von 55 Cygni.* Aus der Zahl der sichtbaren Linien der BALMER-Serie ergibt sich befriedigende Übereinstimmung der Elektronendichte N_e mit dem theoret. berechneten Wert log N_e = 13,21. Die Berechnung des Drucks P u. der Ionisationstemp. T gibt bei Verwendung der Linien Si II/Si III u. O II/O III etwas verschied. Werte: T = 15750° K, log P = 1,53 bzw. T = 24000° K, log P = 1,73. Die Gradienttemp. wird zu 4650° K zwischen 5575 u.

4675 Å u. 6460° K zwischen 4675 u. 3820 Å gefunden. Die Ursachen dieser niedrigen Werte werden erörtert. (Osservaz. Mem. Osservat. astrofisico Arcetri. Nr. 68. 63–91. 1953. Observ. Asiago.) R. K. MÜLLER. 113

Margherita Hack, *Vergleich zwischen einem Prismaobjektiv und einem Spektrographen in der quantitativen Analyse der Atmosphären von Sternen des Typs O, B.* Bei der Aufnahme des B 2-Spektr. von 55 Cygni werden mit einem Prismaobjektiv (Dispersion 185 Å/mm für $H\gamma$) bzgl. der Mengenbest. der *H*- u. *He*-Atome u. der Elektronendichte prakt. dieselben Ergebnisse erhalten wie mit einem Spaltspektrographen (40 Å/mm). Es genügt also, mindestens für Sterne vom Spektraltyp O u. B, auch die Messung mit Prismaobjektiv. (Osservaz. Mem. Osservat. astrofisico Arcetri Nr. 68. 125–34. 1953. Observ. Asiago.) R. K. MÜLLER. 113

Guenter Schwarz und **George L. Rogosa,** *Elektronische Anregung des L_{III}-Zustandes von 5 d-Elementen.* Die 5 d-Elemente *Ta*, *W* u. *Pt* wurden mit monoenerget. Elektronen beschossen, u. hinter einem Röntgenmonochromator die Röntgenstrahlungsintensität der Linie $L\alpha_1$ mit einem GEIGER-Zähler gemessen. Die entsprechenden Intensitätskurven, die ein Maß für die elektron. Anregung des L_{III}-Zustandes sind, weisen in Abhängigkeit von der Elektronenenergie ähnliche Strukturen wie die 3 d-Elemente auf. (Physic. Rev. [2] **92.** 88–89. 1/10. 1953. Tallahassee, Fla., Florida State Univ., Dep. of Phys.) HEINSOHN. 116

E. Je. Wainstein, *Zur Theorie der Feinstruktur von Röntgenabsorptionsspektren von Ionen in Lösungen.* Zur Anpassung seiner (u. Mitarbeiter) letzten experimentellen Ergebnisse an Zn^{2+} (u. Cu^{2+}) (vgl. C. **1954.** 5935) an seine Theorie der Röntgenabsorptionskante berücksichtigt Vf. den Einfl. des Lösungsm. auf die „Halbwertsbreite“ Γ u. die damit zusammenhängenden Größen. (Доклады Академии Наук СССР [Ber. Akad. Wiss. UdSSR] [N. S.] **91.** 1059–62. 11/8. 1953. Vernadski-Inst. für Geochem. u. analyt. Chem. der Akad. der Wiss. der UdSSR.) AMBERGER. 116

Judith Cassidy Gursky und **P. K. S. Wang,** *Bestimmung eines Röntgenspektrums aus Absorptionsmessungen durch Laplace-Transformation.* (Sitzungsbericht.) Es wurde die Abschwächung eines 50 kV-Röntgenstrahls aus einer Röhre mit Be-Fenster in Al u. C gemessen. Die Versuchsergebnisse wurden zur Best. des Spektr. des Röntgenstrahles benutzt. Unter Benutzung eines von GREENING (vgl. C. **1952.** 4257) entwickelten Integralausdrucks über die durchgelassene Intensität I_x als Funktion der Absorberdicke x erhielten Vff. durch eine inverse LAPLACEsche Transformation von $(I_x/I_0) \cdot \exp. \mu_0 x$ (μ_0 = Schwächungskoeff. der kürzesten Wellenlänge λ_0) direkt die Teilintensität $f(\lambda)$ des Primärstrahls. Hieraus wurde ein analyt. Ausdruck für die experimentell erhaltene Kurve I_x/I_0 gegen x erhalten. (Physic. Rev. [2] **91.** 239. 1/7. 1953. Vanderbilt Univ.) GOTTFRIED. 116

G. H. Dieke, S. P. Cunningham und **F. T. Byrne,** *Der Zeeman-Effekt im molekularen Spektrum von Wasserstoff.* Die mit Hochfrequenz angeregten Spektren von H_2, DH, D_2, TH, TD u. T_2 wurden unter dem Einfl. eines Magnetfeldes von 34500 Gauß mit Hilfe eines Gitterspektrographen hoher Auflösung aufgenommen u. analysiert. Die Ergebnisse zeigen zum geringen Teil keine, zum großen Teil gut entwickelte ZEEMAN-Aufspaltungen mit bis zu 17 Komponenten. Einzelne asymm. Aufspaltungen werden mit Rkk. erklärt, die mit dem PASCHEN-BACK-Effekt in Atomspektren verbunden sind. Die g-Werte der $3\,p^3\Pi$-, $3\,d^1\Sigma(3\,D)$-, $4\,d^1\Sigma(4\,D)$- u. $3\,d^1\Pi(3\,E)$-Zustände sind angegeben. (Physic. Rev. [2] **92.** 81–87. 1/10. 1953. Baltimore, Md., Johns Hopkins Univ.) HEINSOHN. 118

S. Chandrasekhar, Donna Elbert und **G. Herzberg,** *Die Verschiebung im 1^1S-Zustand des Heliums.* Die Energie des He-Grundzustandes wurde aus einer Wellenfunktion mit 10 Parametern unter Benutzung des Variationsprinzips zu −2,903603 Atomeinheiten berechnet. Nach Massen- u. relativist. Korrektur erhält man für das Ionisationspotential 198287,7 cm^{-1}, während der experimentelle Wert 198313 ± 5 cm^{-1} beträgt. Der Unterschied ist wesentlich größer als die LAMB-Verschiebung u. wirkt in entgegengesetzter Richtung wie diese. Das gleiche gilt für Li II, aber auch für alle anderen He-ähnlichen Ionen, nur daß bei ihnen die Verschiebung sehr rasch ansteigt u. die gleiche Richtung wie die LAMB-Verschiebung hat. Ob der Unterschied beim He von einer elektromagnet. Verschiebung oder von ungenauen Massen- oder relativist. Korrekturen stammt, bleibt offen. Eventuelle Fehler der Näherung 10. Ordnung werden zur Zeit durch Aufstellung einer Wellenfunktion mit 14 Parametern geprüft. (Physic. Rev. [2] **91.** 1172–73. 1/9. 1953. Williams Bay, Wis., Univ. of Chicago, Yerkes Observ., u. Ottawa, Can., Nat. Res. Counc., Phys. Div.) NELKOWSKI. 118

Fausto G. Fumi und **Robert G. Parr,** *Elektronenzustände zweiatomiger Moleküle: Das Sauerstoffmolekül.* Inhaltlich ident. mit der C. **1954.** 2330 referierten Arbeit. Es werden die Anregungsenergien für die folgenden Zustände des O_2-Mol. errechnet u. mit den experimentellen Werten gut übereinstimmend gefunden: $^1\Delta_g$, $^1\Sigma_g^+$, $^3\Sigma_u^+$ u. $^3\Sigma_u^-$. Weiterhin werden einige experimentell nicht bekannte Zustände errechnet. (J. chem. Physics **21**. 1864—68. Okt. **1953**. Pittsburgh, Pa., Carnegie Inst. of Technol., Dep. of Chem.) H. C. WOLF. 118

M. E. Pillow, *Intensitäten im Herzberg-System von O_2.* Vf. gibt das neue Schwingungsintensitätsschema von O_2 von v' = 0 bis v' = 7 u. v'' = 0 bis v'' = 10 zusammen mit den von BROIDA u. GAYDON geschätzten Intensitäten in einer Tabelle an. Die Identifizierung einer Anzahl Banden im Nachthimmelspektr. mit denen des HERZBERG-Syst. wird durchgeführt. In Absorption wird die v'' = 0-Progression allein beobachtet. (Proc. physic. Soc., Sect. A **66**. 1064—65. 1/11. 1953. London, North. Polytechnic.) D. HAHN 118

Alvin Meckler, *Elektronen–Energie-Niveaus von molekularem Sauerstoff.* Es werden Unterss. der niedrig liegenden Elektronenenergieniveaus von mol. O_2 durchgeführt. Die nach Auffüllung der 1 s- u. 2 s-Schalen übrigbleibenden 8 Elektronen werden zwischen 12 Spinbahnen verteilt, die aus den 2 p-Niveaus von jedem Atom entstehen. Die atomaren Funktionen, die mol. Bahnen sowie eine Gruppe von 9 Zuständen des $^3\Sigma_g^-$-Charakters u. 12 Zuständen des $^1\Sigma_g^+$-Charakters werden angegeben. Die Wechselwirkungsmatrix von jedem Block wird berechnet. Für den Triplettgrundzustand werden gute Ergebnisse erhalten. Die Energien u. Wellenfunktionen für das niedrigste Triplett u. Singulett werden berechnet u. mit verschied. Werten der zwischennuclearen Trennung verglichen. Um die Gültigkeit der Konfigurationstheorie zu bestätigen, wird sie vom HEITLER-LONDON- u. HUND-MULLIKAN-Gesichtspunkt aus diskutiert. (J. chem. Physics **21**. 1750—62. Okt. **1953**. Cambridge, Mass., Massachusetts Inst. of Technol.) D. HAHN. 118

R. F. Barrow und **A. D. Caunt,** *Die ultravioletten Absorptionsspektren von einigen gasförmigen Alkalimetallhalogeniden und die Dissoziationsenergie von Fluor.* Es werden die UV-Absorptionsspektren der Alkalihalogenide *NaF, KF, RbF, RbCl, RbBr, RbJ, CsF, CsCl, CsBr* u. *CsJ* untersucht u. die oberen Grenzen der Dissoziationsenergien von 12 K-, Rb- u. Cs-Halogeniden hergeleitet. Die Ergebnisse, Spektrenanalysen, thermochem. Cyclen u. Schwingungsfrequenzen werden angegeben. Die Dissoziationsenergie von F wird zu $D_{F_2} = 37{,}6 \pm 3{,}5$ kcal oder $157{,}3 \pm 14{,}6$ kJ (298° K) bestimmt. (Proc. Roy. Soc. [London], Ser. A **219**. 120—40. 11/8. 1953. Oxford, Univ., Phys. Chem. Labor.) D. HAHN. 118

Helmut Faissner, *Die anomale Dispersion an den Linien der gelbgrünen Bromdampfbanden.* Vf. untersucht quantitativ mit Hilfe der Hakenmeth. nach ROSHDESSTWENSKI die anomale Dispersion an Einzellinien der gelbgrünen Br-Dampfbanden. Bes. wird die Proportionalität des Effekts mit der D. u. seine Abhängigkeit von der Laufzahl der Bandenlinien nachgewiesen. Ferner wird die Oscillatorenstärke berechnet. Es werden die im Bereich zwischen 5600 u. 5800 Å liegenden $^{79,81}Br_2$-Banden des (v'' = 1)- u. (v'' = 0)-Bandenzuges zum Teil bei verschied. Br-Drucken ausgemessen. Zur Best. der Hakenabstände wird eine indirekte Meth. entwickelt (Interferenzstreifenverzerrung zu charakterist. „Bögen"). Mit Hilfe der LORENTZschen Stoßdämpfungstheorie wird das Verschwinden der Bögen erklärt. Die Linienintensitäten der oberen u. unteren Elektronenzustände hängen von den Schwingungsquantenzahlen so ab, wie es nach dem FRANCK-CONDON-Prinzip zu erwarten ist. (Z. Naturforsch. **8a**. 633—45. Okt. 1953. Heidelberg, Univ., I. Physikal. Inst., u. Max-Planck-Inst. für med. Forsch., Physikal. Inst.) D. HAHN. 118

I. L. Mador, J. J. Markham und **R. T. Platt jr.,** *Die Bandenbreite von F-Zentren in KBr.* (Sitzungsbericht.) Messungen der Halbwertsbreite d der F-Banden von KBr bei 5 u. 78° K ergeben entsprechend früheren Messungen, daß d keine spezif. Eig. der Kristallsorte ist, sondern von Probe zu Probe variiert. (Physic. Rev. [2] **91**. 219. 1/7. 1953. Johns Hopkins Univ.) RUDOLPH. 119

A. F. Kip, C. Kittel, R. A. Levy und **A. M. Portis,** *Elektronische Struktur von F-Zentren: Hyperfeinwechselwirkungen in der Elektronenspinresonanz.* (Vgl. C. **1954**. **6168**.) Vff. zeigen, daß Form u. Breite der Mikrowellen-Spinresonanzabsorptionslinien der F-Zentren in Alkalihalogeniden durch Hyperfeinwechselwrkg. zwischen den F-Zentrenelektronen u. den kernmagnet. Momenten der dem F-Zentrum benachbarten Ionen bestimmt werden. An natürlichen *KCl*-Kristallen (in der Hauptsache ^{39}KCl) u. an ^{41}KCl, die additiv oder durch Elektronen- u. Röntgenstrahlen verfärbt waren, ergeben Mikrowellen-Spinresonanzmessungen unterschiedliche Linienbreiten. Theoret. mit Hilfe des Molekularbahnmodells werden mit den Beobachtungen übereinstimmende Linienbreiten erhalten, wenn die F-Zentrenwellenfunktionen nur für die nächsten

6 K^+-Ionen u. die nächsten 12 Cl^--Ionen unter Annahme einer GAUSSschen Form der Resonanzlinie angesetzt werden. Das Experiment führt dann quantitativ zu den Ladungsdichten für die Kerne: $|\Psi(K)|^2 = 0{,}70 \cdot 10^{24}$ u. $|\Psi(Cl)|^2 = 0{,}12 \cdot 10^{24}\ cm^{-3}$. Über entsprechende Messungen an verfärbtem *NaCl* u. *KBr* wird kurz berichtet. (Physic. Rev. [2] **91.** 1066–71. 1/9. 1953. Berkeley, Calif., Univ., Dep. of Phys.) RUDOLPH. 119

A. M. Portis, *Elektronische Struktur der F-Zentren: Sättigung der Elektronenspinresonanz.* (Vgl. vorst. Ref.) Das ungewöhnliche Sättigungsverh. der Mikrowellen-Spinresonanzabsorption u. -dispersion an den F-Zentren enthaltenden Halogeniden *KCl, NaCl* u. *KBr* wird an Hand eines Modells betrachtet, das die Linienbreite einer Wechselwrkg. zwischen F-Zentren u. kernmagnet. Momenten der unmittelbaren F-Zentrenumgebung zuschreibt. Die experimentellen Ergebnisse, bes. die Tatsache, daß nur die Absorption eine Sättigung zeigt, lassen sich verstehen, wenn als Ursache für die Linienbreite Änderungen der lokalen Magnetfelder angesehen werden in dem Sinne, daß Energieübertragungen nur durch diejenigen Spins erfolgen, deren lokale Felder der Resonanzbedingung genügen, u. daß die Spin–Spin-Wechselwrkg. als langsam gegenüber der Spin–Gitter-Wechselwrkg. betrachtet wird. Aus einer Betrachtung der Art der Sättigung des Syst. in hohen Mikrowellenfeldern wird die Spin–Gitter-Relaxationszeit für KCl mit F-Zentren bei Raumtemp. zu $2{,}5 \cdot 10^{-5}$ Sek. ermittelt. Es wird gezeigt, daß die KRAMERS-KRONIG-Beziehungen für gesätt. Systeme nicht anwendbar sind u. daher das Sättigungsverh. nicht wiedergeben. (Physic. Rev. [2] **91.** 1071–78. 1/9. 1953. Berkeley, Calif., Univ., Dep. of Phys.) RUDOLPH. 119

J. J. Markham, R. T. Platt jr. und **I. L. Mador,** *Entfärbungsverhalten von F-Zentren in KBr bei 5° K.* (Sitzungsbericht.) Die Stabilität der F-Zentren gegenüber Entfärbungen bei 5 u. 78° K ist von der Art der F-Zentrenentstehung abhängig. Durch additive Verfärbung erzeugte Zentren sind stabil, bei Raumtemp. durch Röntgenbestrahlung entstandene sind leicht entfärbbar. Röntgenbestrahlung bei 5° K führt zu anfänglich sehr instabilen, bei 78° K zu mäßig entfärbbaren F-Zentren. (Physic. Rev. [2] **91.** 219. 1/7. 1953. Johns Hopkins Univ.) RUDOLPH. 119

R. T. Platt jr., I. L. Mador und **J. J. Markham,** *Erzeugung von F'-, M- und R-Zentren in NaCl bei Raumtemperatur.* (Sitzungsbericht.) Bei NaCl überdecken sich bei Raumtemp. die R-Banden u. ähneln der F'-Bande. Die experimentelle Unters. der Banden ergibt, daß bei Röntgenbestrahlung die F-, F'- u. M-Banden, bei Lichteinstrahlung in die F-Bande dagegen die R-Banden entstehen. Der „erregte" Zustand ist demnach den R-Banden u. nicht der F'-Bande zuzuschreiben. (Physic. Rev. [2] **91.** 219. 1/7. 1953. Johns Hopkins Univ.) RUDOLPH. 119

D. R. Westervelt, *Z-Zentren in Alkalihalogeniden.* (Sitzungsbericht.) Die Sekundärabsorptionsbanden, die bei therm. Behandlung F-Zentren enthaltender Alkalihalogenide entstehen, unterscheiden sich von den durch Lichteinstrahlung in F-Zentren erzeugten Banden. Bei Raumtemp. liegen diese Z-Banden für *NaCl, KCl* bzw. *KBr* bei 580, 765 bzw. 825 mμ. Sie sind in additiv verfärbten Kristallen unabhängig vom eingebauten Metall. Lage, Form u. Breite der Banden sind relativ temperaturunempfindlich. Die Ggw. von Z-Zentren („Zwischenzentren") ist ohne Einfl. auf die Bildungsgeschwindigkeit von R-Zentren bei F-Lichteinstrahlung. (Physic. Rev. [2] **91.** 218–19. 1/7. 1953. North American Aviation, Inc.) RUDOLPH. 119

A. M. Portis und **A. F. Kip,** *Sättigung der paramagnetischen Resonanz der Farbzentren in Alkalihalogeniden.* Die Sättigung des paramagnet. Resonanzsignals in verd. Proben aus zusätzlich verfärbten *KCl* u. *KBr* wurde bei 9000 MHz beobachtet. Über ein Gebiet von 20 db im Mikrowellenfeld bleibt χ' im wesentlichen konstant, χ'' ist umgekehrt proportional der Größe des Mikrowellenfeldes. Innerhalb der Meßgenauigkeit wurde keine Änderung der Breite der Absorption oder Dispersion gefunden. Es wird versucht, eine theoret. Deutung der Befunde zu geben. (Physic. Rev. [2] **91.** 207. 1/7. 1953. Berkeley, Calif., Univ. of California.) v. HARLEM. 119

R. Suhrmann und **H. Luther,** *Neuere Ergebnisse der Ultraspektroskopie.* Zusammenfassende Übersicht. — 368 Literaturzitate. (Fortschr. chem. Forsch. **2.** 758–879. 1953. Braunschweig, TH, Inst. für Physikal. Chem. u. Elektrochem. u. Inst. für Chem. Technol.) GOTTFRIED. 120

M. Kent Wilson und **Santiago R. Polo,** *Berichtigung: Die infraroten Spektren von NF_3 und PF_3.* Berichtigung zu der C. **1953.** 7722 referierten Arbeit. (J. chem. Physics **21.** 1426. Aug. 1953. Cambridge, Mass., Harvard Univ., Mallinckrodt Chem. Labor.) GOTTFRIED. 120

A. I. Stechanow, *Über das Auftreten der Wasserstoffbindung im Raman-Spektrum.* Im mit Hg 2537 Å angeregten RAMAN-Spektr. von CaSO ·2 H_2O führt eine Abkühlung auf -200^0 zu einer starken Intensitätserniedrigung der Bande $\sim 3500\ cm^{-1}$ u. zum Auftreten der 8 Linien 3230, 3273, 3349, 3408, 3486, 3564, 3626 u. 3673 cm^{-1} von denen die beiden mittleren ein Vielfaches intensiver sind, als die übrigen, zu diesen beiden symm. Linien, weswegen Vf. von 3408 u. 3486 als den Grundschwingungen der OH-Bindung ausgeht. Von den von Gross u. Walkow (C. **1950**. II. 970) im Kurzwelligen der H-Bindung zugeschriebenen Linien 110, 122, 134, 148, 164, 182 u. 210 cm^{-1} hält Vf. nur die auch von ihm gefundenen Linien 110, 122, 132 u. 146 cm^{-1} für durch H-Brückenbldg. bedingt. (Доклады Академии Наук СССР [Ber. Akad. Wiss. UdSSR] [N. S.] **92**. 281–84. 11/9. 1953.) Amberger. 120

J. B. Hasted, *Untersuchung der Wassermoleküle durch Radiofrequenzen.* Dielektr. Unterss. in elektr. Wechselfeldern des W., des Eises u. der W. enthaltenden Moll. haben zur Messung von charakterist. „Relaxationsfrequenzen" v_c geführt, bei denen sich die H_2O-Dipole im Mittel wieder orientieren. Zur Deutung der von verschied. Seiten für die verschied. Wasserzustände erhaltenen Werte von v_c benutzt Vf. ein einfaches Modell von fl. W., in dem angenommen wird, daß sich die Moll. in verschied. Bindungszuständen befinden, daß sie an 4, 3, 2, 1 oder keinen Nachbarn gebunden sind. Das fl. W. wird als ein statist. Ganzes von Moll. in diesen Zuständen angesehen, in denen die Moll. von einem Zustand in den anderen durch „Bruch" u. „Neubldg." von Bindungen übergehen. Für die bei W. beobachtete starke Zunahme der DK. im Gebiet der Mikrowellen nimmt Vf. an, daß das doppelt gebundene asymm. Mol. sich im Gebiet der mm-Wellen derart drehen kann, daß der die Reorientierung der dreifach u. vierfach gebundenen Moll. bestimmende Faktor die Geschwindigkeit ihrer Konversion in doppelt gebundene Moll. ist. Diese Geschwindigkeit hängt von der Wahrscheinlichkeit des Bruches einer Bindung u. der Anzahl der Bindungstypen ab, von denen dieser Zustand gebildet werden kann. Bei Eis besteht der Relaxationsprozeß aus dem Bruch von wenigstens 2 oder 3 Bindungen, was aus den aus der Relaxationszeit berechneten Aktivierungsenergien gefolgert werden kann. Der Prozeß der Relaxation in Ionen- u. anderen Lsgg. läßt sich ebenfalls mit Hilfe des statist. Modells deuten, was an einigen Beispielen aus der Literatur belegt wird. (J. Chim. physique Physico-Chim. biol. **50**. C 35–C 39. Juli/Aug. 1953. London, Univ. Coll.) Gottfried. 121

René Freymann, *Absorption des freien und gebundenen Wassers im Hertz-Spektrum in Verbindung mit der Orientierung der Moleküle und Gitterfehlern.* Im cm-Wellenlängenbereich zeigt W. im festen Zustand (Eis) keine Debye-Absorption. Im Gegensatz hierzu beobachtet man bei fl. W. Absorption, deren Maximum bei gewöhnlicher Temp. liegt. Für freies W. ist daher in dem obigen Wellenlängenbereich eine scharfe Absorptionskontinuität bei 0^0 festzustellen. Im km-Wellengebiet absorbiert fl. W. nicht, Eis dagegen stark; ein Maximum tritt z. B. bei 10 kHz bei einer Temp. von -5^0 auf. Die Absorption von gebundenem W. ist im cm-Gebiet fast Null. Bei Salzen mit einem Wassergeh. $>10\%$ ist diese Absorption $\varepsilon'' < 0{,}03$; würde dieses W. in freiem Zustand vorliegen, dann betrüge ε'' 2–3. Durch die Absorptionsmessung eines Salzes kann man demnach den Zustand des W. in diesem Salz ermitteln. Liegt das Salz als Kristallisationswasser vor, dann ist $\varepsilon'' \sim 0$, liegt es als adsorbiertes W. vor, dann wird $\varepsilon'' > 0$. Es ist daher nicht möglich, im cm-Gebiet bei Zimmertemp. zwischen freiem u. adsorbiertem W. zu unterscheiden; bei Tempp. unterhalb des E. gefriert das freie W. u. absorbiert nicht mehr, während das adsorbierte W. weiter absorbiert. An Silicagel durch Adsorption gebundenes W. zeigt 2 Absorptionsbereiche; für ein Octigel mit 21% W. z. B. liegen für 5 kHz diese Absorptionen bei -37 u. 97^0. Das zweite Absorptionsmaximum ist wenig empfindlich gegenüber einer Änderung des Wassergeh., seine Intensität nimmt n. mit sinkendem Wassergeh. ab, während die Lage des ersten Maximums sich stark ändert u. die Intensität zunimmt. Es wird noch die Beziehung zwischen der Hertzschen Absorption u. Gitterfehlern besprochen. (J. Chim. physique Physico-Chim. biol. **50**. C 27–C 34. Juli/Aug. 1953. Rennes, Fac. des Sci.) Gottfried. 121

René Freymann und **Raymond Rohmer,** *Mikrowellenabsorption und Gleichgewichte Wasser–Salz.* Vff. maßen an einem Gemisch von *NaCl* + 10% H_2O die Änderung der Mikrowellenabsorption ε'' beim Abkühlen von $+20^0$ auf -50^0. ε'' nimmt hierbei langsam ab u. nähert sich dem Wert Null, wenn das Gemisch vollkommen verfestigt ist. Läßt man das Gemisch sich langsam erwärmen, dann geht ε'' durch ein Maximum, wird wieder angenähert Null u. steigt hierauf oberhalb 0^0 stark an. Da nach der Löslichkeitskurve des Syst. $NaCl-H_2O$ NaCl zwischen $+0{,}2$ u. $-21{,}6^0$ als $NaCl \cdot 2H_2O$ auskrist., dürfte jedes Gemisch mit $<38{,}1\%$ W. zwischen $+0{,}2$ u. $-21{,}6^0$ keine Absorption zeigen, da sich das W. im „festen" Zustand – gebunden als Dihydrat – befindet. Aus der beobachteten Absorption muß geschlossen werden, daß sich das Syst. nicht im Gleichgewicht befand. Dies beweist der folgende Vers., bei dem das

gleiche Gemisch sehr schnell auf -10^0 abgekühlt, bei dieser Temp. belassen u. die Absorption in Abhängigkeit von der Zeit beobachtet wurde. ε'' nimmt allmählich ab u. wird Null bei Erreichen des Gleichgewichts, d. h. bei Beendigung der Rk. NaCl + Lsg. → NaCl · 2 H_2O. Die umgekehrte Erscheinung tritt auf, wenn man sehr schnell von -10^0 auf Zimmertemp. erwärmt. Bei dem ersten Vers. ist das Gemisch demnach von $+0{,}2^0$ an im falschen Gleichgewicht infolge eines großen Überschusses fester Substanz im Verhältnis zur Lösung. Man erreicht das instabile Eutektikum Eis + NaCl erst unterhalb $-21{,}6^0$. In diesem Augenblick ist die Verfestigung vollständig u. ε'' wird Null. Beim Wiedererwärmen erreicht man abermals das instabile Eutektikum beim Erscheinen der Lsg. u. beobachtet infolgedessen eine Absorption. In diesem Augenblick zerfällt das falsche Gleichgewicht Lsg. + NaCl u. es bildet sich das Dihydrat. Die Absorption wird wieder Null bis $+0{,}2^0$, der Umwandlungstemp. des Dihydrats in wasserfreies Salz + Lösung. Bei dieser Temp. setzt daher sofort wieder Absorption ein. (C. R. hebd. Séances Acad. Sci. **233**. 951–53. 22/10. 1951.)
GOTTFRIED. 121

Putcha Venkateswarlu, Richard C. Mockler und **Walter Gordy,** *Mikrowellenspektrum und Struktur von Trichlorgerman.* (Sitzungsbericht.) Es wurden von verschied. isotopen Kombinationen von $HGeCl_3$ mehrere Rotationslinien beobachtet. Die erhaltenen B-Werte sind 2165,78 MHz für $H^{74}Ge^{35}Cl_3$, 2169,18 MHz für $H^{72}Ge^{35}Cl_3$ u. 2172,69 MHz für $H^{70}Ge^{35}Cl_3$. Unter der Annahme eines Abstandes Ge—H = 1,52 Å wurden versuchsweise die folgenden Strukturparameter erhalten: Ge—Cl = 2,115 Å u. ∢ Cl—Ge—Cl = 108°18′. (Physic. Rev. [2] **91**. 222. 1/7. 1953. Duke Univ.)
GOTTFRIED. 121

A. L. Mikaeljan, *Magnetische Drehung der Polarisationsebene im Zentimeterwellenbereich.* Zusammenfassender Bericht unter besonderer Berücksichtigung der *Ferrite.* — 38 Zitate. (Успехи Физических Наук [Fortschr. physik. Wiss.] **51**. 205–51. Okt. 1953.)
AMBERGER. 121

E. I. Adirowitsch, Einige Fragen zur Theorie der Luminescenz der Kristalle. (Übers. aus d. Russ. v. Helmut Vogel. Wiss. Red. Dr. Lyons u. a.) Berlin: Akademie-Verl. 1953. (XII + 298 S. m. 123 Abb.) DM 19,—.

A₃. Elektrizität. Magnetismus. Elektrochemie.

G. L. Natansson, *Zur Fluktuationstheorie der Elektrisierung von Tropfen bei der Zerstäubung schlecht leitender Flüssigkeiten.* (*Erwiderung auf die Bemerkungen von I. S. Fischer.*) Während Vf. durch eine halbthermodynam. Meth. zu den Formeln zur Berechnung der Wärmeströmung an der Oberfläche der Entladung in elektrolyt. Lsgg. gelangt war, wurde von FISCHER (C. **1954**. **5461**) gezeigt, daß die Formeln auch durch eine statist. Meth. erhalten werden können. Zur Erklärung werden vereinfachte Betrachtungen über die Strömungsvorgänge im Innern von Tropfen angestellt. (Журнал Физической Химии [J. physik. Chem.] **27**. 1106–08. Juli 1953.)
A. KUNZE. 130

Jean Roig und **Maurice Bécart,** *Betriebskennlinien einer mit Luft oder Argon niedrigen Druckes gefüllten Entladungsröhre mit wassergekühlter Hohlkathode.* Die bereits früher beschriebene Anordnung (vgl. C. **1953**. 9388) wird unter Verwendung von Luft u. Ar als Füllgas erneut untersucht. Kennlinien u. Versuchsergebnisse werden mitgeteilt. (C. R. hebd. Séances Acad. Sci. **234**. 1606–08. 16/4. 1952.)
PIEPLOW. 131

J. Sharpe, *Energie pro Ionenpaar für Argon mit geringer Beimengung anderer Gase.* Vf. berichtet über Messungen der mittleren Energie w, die zur Erzeugung eines Ionenpaares in Ar, *Luft*, N_2, O_2, CH_4 u. CO_2 notwendig ist. Bei Anregung mit Pu-α-Teilchen wurde folgende Werte für w gefunden: Ar 26,3, Luft 35,6, O_2 32,9, N_2 36,4, CH_4 29,1, CO_2 34,2 u. Ar + 5% CO_2 26,1 eV. Die mutmaßlichen Gründe für die auffällige Herabsetzung von w beim Ar durch CO_2-Beimischung werden kurz diskutiert. (Proc. physic. Soc., Sect. A **65**. 859–60. 1/10. 1952. Harwell, Atom. Energy Res. Establ.)
R. STEIN. 131

John L. Magee, *Ladungsneutralisation durch Reaktion zwischen positiven und negativen Ionen.* Der Reaktionsmechanismus zwischen positiven u. negativen Ionen wird auf die Anwendung auf vielatomige Ionen hin untersucht. Es wird festgestellt, daß für vielatomige Ionen größere Neutralisationsquerschnitte u. eine größere Mannigfaltigkeit der Prodd. zu erwarten sind als für die entsprechenden atomaren Fälle. Vf. nimmt nicht an, daß metathet. Prozesse des Typs $A^+ + B^- \rightarrow C + D$ vorkommen. Weiter werden Abschätzungen der Neutralisationsquerschnitte für O^+ durch O^- u. durch O_2^- vorgenommen. (Discuss. Faraday Soc. Nr. **12**. 33–44. 1952. Notre Dame, Ind., Univ., Dep. of Chem.)
E.-L. JAHN. 131

H. S. W. Massey, *Gasförmige Ionen und ihre Reaktionen.* Es wird ein Bericht über die Unters. der Schwarmbldg. bei Alkalimetallionen gegeben. Die Geschwindigkeit der Assoziations-Rkk. ist so groß, daß sich Zwischenstufen zwischen Einzelionen u. vollständig zusammengeschlossenen Anordnungen nicht feststellen ließen. Es wird daraus abgeleitet, daß der geschwindigkeitsbestimmende Prozeß bereits der Beginn der Zusammenballung ist. Die Schwarmbldg. erfolgt nicht nur mit polaren Moll., sondern auch mit Edelgasatomen. Li^+ lagert 1—2 Atome Kr u. Xe bei Raumtemp. an. Die Dissoziationsenergie der Anordnung beträgt ~0,3 eV für Kr u. 0,4 eV für Xe. Eine Anlagerung von He wird bei Raumtemp. kaum beobachtet, jedoch wird bei Temp. des fl. H_2 die Anlagerung von einem Atom He festgestellt mit einer Dissoziationsenergie von ~0,07 eV. Weiter werden die neueren Arbeiten über mol. Ionen der Edelgase referiert, in denen die Existenz von He_2^+, Ne_2^+ u. Ar_2^+ nachgewiesen wird. $HeAr^+$-Mol.-Ionen sind entweder instabil oder nur sehr schwach gebunden. Einige besondere Merkmale von negativen atomaren u. mol. Ionen werden mitgeteilt. Weiter wird über Ionen in metastabilen Zuständen berichtet. — Gasförmige Ionen erzeugende Rkk. werden unter folgender Gliederung betrachtet: Prozesse, die zur Bldg. von positiven Ionen führen, Erzeugung negativer Ionen, Änderung der Natur der Ionen, Elektronenabspaltung von negativen Ionen u. Rekombinationen. Es werden die verschied. möglichen Prozesse aufgeführt u. einige schon mit Sicherheit feststehende Faktoren angegeben, die reaktionsbeeinflussend wirken. — Ausführliches Literaturverzeichnis. (Discuss. Faraday Soc. Nr. **12.** 24—33. 1952. London, Univ. Coll., Dep. of Phys.) E.-L. JAHN. 131

J. Ph. Poley, *Die effektive Dielektrizitätskonstante von festen Mischungen.* Bei den üblichen Mischungsregeln zur Berechnung der DK. fester Mischungen wird Gültigkeit über alle Raumerfüllungsverhältnisse der einen Komponente in der anderen, d. h. Vertauschbarkeit beider Komponenten angenommen. Tatsächlich trifft diese nicht zu, einmal wegen der Möglichkeit maximaler Raumerfüllung bei einer bestimmten Konz. der einen Komponente u. dann wegen der Gestalt. Der zu erwartende Verlauf der Mischungskurven unter Aufgabe der Vertauschbarkeit wird angegeben u. erweist sich als in Übereinstimmung mit Beobachtungen an festen Mischungen von *Titanaten* in *Polyvinylchlorid.* (Physica **19.** 298—300. März 1953. Den Haag, Nat. Defence Res. Council, Vlakte van Waalsdorp, Phys. Labor.) K. L. WOLF. 132

W. Känzig, *Wandenergie von ferroelektrischen Elementarbereichen.* Zur Erklärung des von Vf. u. PETER (C. **1954.** 5230) beobachteten Verh. kleiner ferroelektr. Teilchen wird der Aufbau eines KH_2PO_4-Einkristalles aus entgegengesetzt elektr. polarisierten Elementarbereichen genommen u. mit Hilfe der CURIE-Temp. u. der Konstanten C des CURIE-WEISSschen Gesetzes die Wandenergie zwischen zwei Elementarbereichen berechnet. Es ergibt sich, daß die Oberflächenenergie σ der Wand zwischen 20 u. 58 erg/cm² liegt. (Physic. Rev. [2] **87.** 385. 15/7. 1952. Zürich, Federal. Inst. of Technol.) v. HARLEM. 133

T. B. Tomlinson und **W. L. Price,** *Theorie des Funkeleffektes.* Es wird gezeigt, daß die SCHOTTKYsche Theorie des Funkeleffektes sowie die modifizierte Theorie von MACFARLANE (C. **1951.** I. 3301), die die Emissionsstromschwankungen auf momentane Erniedrigungen der Emission lokalisierter Bezirke der heterogenen Oberfläche infolge Dipolschichtbildungen bzw. Ggw. negativer Ionen zurückführen, nur für Sättigungsstrombedingungen gelten. Das Modell wird von Vff. auch für den verminderten Funkeleffekt unter Raumladungsbedingungen erweitert, wobei angenommen wird, daß nur durch momentane Erhöhung des Kathodenoberflächen-Potentialberges über die Höhe des Potentialsprungs an der Anodenoberfläche eine Anodenstromabnahme verursacht werden kann. Die Theorie gibt die Frequenzabhängigkeit des Rauschstromquadrates qualitativ wieder. Die Annahme lokaler Änderungen der Oberflächenpotentialsprünge steht in Einklang mit der allg. Annahme der Existenz von freiem *Ba* auf der Kristalloberfläche, wenn zugelassen wird, daß positives Ba mit negativen Ionen rekombiniert u. statt einer Wanderung negativer Ionen in die maßgeblichen Bezirke auch eine Abwanderung positiver Ba-Ionen aus diesen Bezirken möglich ist. (J. appl. Physics **24.** 1063—65. Aug. 1953. Southampton, Univ.) RUDOLPH. 134

A. van der Ziel, *Eine modifizierte Theorie der Erzeugung von Sekundärelektronen in Festkörpern.* Theoret. Betrachtungen in Fortsetzung der Arbeit von DEKKER u. VAN DER ZIEL (C. **1953.** 5775) u. Anwendung der Theorie auf Gitterelektronen mit starker u. mit schwacher Bindung sowie auf Isolatoren. (Physic. Rev. [2] **92.** 35—39. 1/10. 1953. Minneapolis, Minn., Univ. of Minnesota, Dep. of Electr. Engng.) R. STEIN. 134

Donald A. Melnick und **Leo J. Neuringer,** *Adsorbierter Sauerstoff bei der Zinkoxydphotoleitfähigkeit.* (Sitzungsbericht.) Ein Einfl. von adsorbiertem O_2 auf die Photoleitfähigkeit von ZnO-Sinterkörpern liegt vermutlich darin, daß O-Atome an engen Kornverbindungsstellen, deren Oberflächen im Verhältnis zum Vol. groß genug sind, Leitungselektronen einfangen. Unterss. der zeitlichen Änderungen der Photoleitfähigkeit über 10^6 Sek. in Luft geben kein eindeutiges Bild über den Ablauf des Prozesses der Adsorption u. Desorption, der indessen eindeutig vom O_2-Partialdruck abhängt. (Physic. Rev. [2] **91.** 229. 1/7. 1953. Univ. of Pennsylvania.) RUDOLPH. 134

T. S. Moss, *Photoelektromagnetische und Photoleitfähigkeitseffekte bei Bleisulfideinkristallen.* Vf. untersucht die photoelektr. Effekte (zum Teil unter transversalem Magnetfeld zur Aussonderung bolometr. Effekte) an PbS-Einkristallen verschied. Herkunft. Bei ausreichender Reinheit sind die Resultate vergleichbar. Die aus natürlichen Galenakristallen gespaltenen Proben hatten die Maße 5 × 0,5 × 0,2 mm. Die Enden waren verkupfert, u. angelötete Pt-Drähte dienten als Zuleitung. Bestrahlt wurden die Proben über einen Doppelmonochromator mit einer NERNST-Lampe, wobei die Strahlung zur Verstärkung mit einer Frequenz von 400—700 Hz zerhackt wurde. Es wurde gefunden, daß der Photostrom etwa linear mit der angelegten Spannung ansteigt. Je dünner die Probe war, desto eindeutiger war dieses Ergebnis. Die Quantenausbeute wurde aus der Beweglichkeit u. der Diffusionskonstante ermittelt. Sie liegt in der Größenordnung von 100%, d. h. jedes absorbierte Photon ergibt ein (Loch-) Elektronenpaar. Die Quantenausbeute war unabhängig von der Strahlungsenergie. — Die spektrale Empfindlichkeit der untersuchten PbS-Proben war relativ konstant im Gebiet von 1—3 μ u. fiel bei längeren Wellen scharf ab. — Die Lebensdauer der Quanten wurde nach drei verschied. Methoden in befriedigender Übereinstimmung in der Größenordnung von $6 \cdot 10^{-10}$ bis $9 \cdot 10^{-6}$ Sek. ermittelt. (Proc. physic. Soc., Sect. B **66.** 993—1002. 1/12. 1953. Great Malvern, Worcs. Telecomm. Res. Establ.) HAGEMANN. 134

S. S. Mandal und **P. C. Mahanti,** *Elektrische Eigenschaften von indischem Glimmer. 5. Mitt. Gleichstromwiderstand.* (4. vgl. Indian J. Physics Proc. Indian Assoc. Cultivat. Sci. **25.** [1951.] 111.) Vff. berichten über die Ergebnisse von Messungen der Volumen- u. Oberflächenwiderstände verschied. Arten der häufigeren roten u. grünen ind. *Muskovite* sowie über den Einfl. der Temp., der Feuchtigkeit u. einer vorherigen Temperung auf den Widerstand. (Indian J. Physics Proc. Indian Assoc. Cultivat. Sci. **27/36.** 294—304. Juni 1953. Calcutta, Univ., Coll. of Sci., Dep. of Appl. Phys.) R. STEIN. 135

Shozo Sawada, *Thermische und elektrische Eigenschaften und Kristallstruktur von Wolframoxyd bei hohen Temperaturen.* (Vgl. C. **1954.** 716.) Eine erneute calorimetr. Messung der spezif. Wärme von Wolframoxyd ergab 2 Anomalien bei ca. 730 u. 900° entsprechend ca. 450 bzw. 280 cal/Mol; die Entropieänderungen sind 0,45 bzw. 0,23 cal/Mol·Grad. Messungen des spezif. Gleichstromwiderstandes bei fallender Temp. zeigten ein niedriges Maximum bei ca. 890° u. einen Knick bei 720°. Ferner nimmt der spezif. Widerstand langsam mit fallender Temp. oberhalb 720° zu, obgleich er unterhalb dieser Temp. exponentiell zunimmt. Pulveraufnahmen ergaben, daß bei ca. 910° die a- u. c-Achsen beim Erhitzen etwas zunehmen; das Kristallsyst. ändert sich hierbei nicht. (Physic. Rev. [2] **91.** 1010—11. 15/8. 1953. Tokyo, Univ., Inst. of Sci. and Technol.) GOTTFRIED. 135

J. W. Granville und **A. F. Gibson,** *Die Verringerung des Gleichrichterrauschens durch Belichtung.* Theoret. Überlegungen auf Grund der Hypothese des Rauschens in Ge-Dioden von MONTGOMERY u. SITTNER ließen vermuten, daß die Rauschspannung durch Belichten des Kristalls verringert wird. Diese Vermutung wurde durch Messungen an verschied. Gleichrichterdioden bei Zimmertemp. u. verschied. Vorspannung bei einer Belichtung durch eine 240 W-Lampe bestätigt gefunden. Der Temperatureinfl. der Strahlung wurde durch ein Wärmefilter ausgeschaltet. Bei konstanter Spannung sinkt die Rauschspannung bei Belichtung, u. zwar ist die Wrkg. bei kleinen Vorspannungen größer. Vff. erklären die Erscheinung durch „Lochströme" u. halten die Erklärung in Übereinstimmung mit früheren Theorien. (Proc. physic. Soc., Sect. B **66.** 1118—19. 1/12. 1953. Great Malvern, Worcs., Radar Res. Establ.) HAGEMANN. 135

F. J. Hyde, *Messungen des Rauschspektrums am Punktkontakt-Germanium-Gleichrichter.* An einem handelsüblichen Ge-Gleichrichter (polykristalliner n-Ge-Kristall u. W-Spitze) der auf konstante Rauschgröße ausgesucht war, wurden Messungen der spektralen Verteilung des Rauschens gemacht. Der untersuchte Frequenzbereich ging von 0,117 Hz bis 14 MHz, wobei die Meßschaltung dem jeweiligen Bereich angepaßt war. Die Messungen wurden bei verschied. Gleichstromvorbelastungen von 5—25 μA vorgenommen. Vf. unterscheidet 3 deutlich getrennte Rauschkomponenten. Die gemessenen Werte steigen mit der Gleichstromstärke etwas an. Die Kurven zeigen aber im übrigen einen annähernd parallelen Verlauf. Bei den hohen Frequenzen ist ein Abfall erkennbar u. die Werte sind bei 10^7 Hz um 3 Zehnerpotenzen kleiner als bei 1 Hz. Es wird versucht, eine Analyse der Messungen vorzunehmen, u. die hohen Rauschspannungen durch Impulse bei der Relaxation zu erklären. (Proc. physic. Soc., Sect B **66**. 1017—24. 1/12. 1953. Slough, Bucks., Radio Res. Stat.) HAGEMANN. 135

A. W. Ewald, *Herstellung von Fäden aus grauem Zinn.* (Sitzungsbericht.) Vff. berichten über eine Methode zur Herst. von dünnen Fäden aus grauem Sn. Messungen der elektr. Leitfähigkeit an fünf Proben mit Durchmessern von 50—200 μ u. Längen von 1—3 mm ergaben folgende Werte: $(2{,}25 \pm 0{,}05) \cdot 10^3\ \Omega^{-1} \cdot cm^{-1}$ für die Leitfähigkeit bei 0° u. (0,088 ± 0,002) eV für die Aktivierungsenergie, die die Temperaturabhängigkeit im Gebiet der Eigenleitung bestimmt, in genügender Übereinstimmung mit den Ergebnissen von BUSCH, WIELAND, ZOLLER, erhalten aus Messungen der Wirbelstromverluste an Pulvern aus grauem Sn. (Physic. Rev. [2] **91**. 244. 1/7. 1953. Northwestern Univ.) v. HARLEM. 135

T. Broom und **W. K. Clothier,** *Die Anisotropie des elektrischen Widerstandes von kaltbearbeiteten Drähten aus einigen kubischen Metallen und Legierungen.* Es wird eine Meth. beschrieben, mittels Wechselstrom den Widerstand von Drähten senkrecht zur Richtung der Kaltbearbeitung zu messen u. zu vergleichen, da bei manchen Metallen u. Legierungen nach einer Kaltbearbeitung der elektr. Widerstand in Richtung der Kaltbearbeitung von dem senkrecht dazu abweicht. Bei *Cu* (untersucht Reinst-Cu u. Leitungs-Cu) ist der Widerstand in Bearbeitungsrichtung etwas kleiner als senkrecht dazu, bei *α-Messing* u. *α-Al-Bronze* dagegen um ca. 3% größer. Dieser Effekt ist ähnlich wie der früher an gewalzten Streifen gefundene; als Erklärung wird angenommen, daß Gitterstörungen, hervorgerufen durch Versetzungen, den Effekt hervorrufen. (Austral. J. sci. Res., Ser. A **5**. 119—27. März 1952. Univ. of Melbourne, Div. of Tribophysics; Sydney, Univ., Grounds, Div. of Electrotechnol.) v. HARLEM. 136

T. Broom, *Über die Anisotropie des elektrischen Widerstandes von deformierten kubischen Metallen und Legierungen.* (Vgl. vorst. Ref.) Die Änderung des Widerstandes beim Anlassen kaltbearbeiteter Metalle ist von der Meßrichtung abhängig bei *Cu-Ni*, *Stahl*, *α-Messing* u. *Münzsilber*, während bei *Al*, *Cu* u. *Ni* kein solcher Effekt gefunden wurde. Die Anisotropie sowohl bei Streifen wie bei Drähten läßt sich erklären durch Gitterstörungen, wie Versetzungen, Fehlstellen, Fehlordnungen, von denen einige zu einer Anisotropie des Widerstandes führen können, wenn eine Kristallvorzugsrichtung vorhanden ist. Der Einfl. der Deformation, der Erholung u. einer zweiten Phase auf die Anisotropie bei *Bronzen* wird an Hand von Beispielen gezeigt. (Austral. J. sci. Res., Ser. A **5**. 128—34. März 1952.) v. HARLEM. 136

M. P. Garfunkel, *Der Einfluß der Oberflächenenergie auf den supraleitenden Phasenübergang.* Im Anschluß an die Arbeit von GARFUNKEL u. SERIN (C. **1954**. 4782) wird mit dem dort benutzten Mechanismus allg. gezeigt, daß die beim Übergang in den supraleitenden oder den normalleitenden Zustand bei Ggw. eines Magnetfeldes auftretende Hysterese durch eine positive Zwischenphasenoberflächenenergie zu erklären ist. Das Ergebnis wird durch eine einfache thermodynam. Betrachtung der Phasenumwandlung erhalten. Die Magnetisierungskurven von Supraleitern verschied. einfacher geometr. Formen werden diskutiert. Die Überhitzung oder Unterkühlung des supraleitenden Zustandes hängt infolge dieser verschied. Magnetisierungskurve von der geometr. Form der Probe ab. (Physic. Rev. [2] **87**. 108—10. 1/7. 1952. East Pittsburgh, Pa., Westinghouse Res. Labor.) FAHLENBRACH. 136

G. L. Pearson und **M. Tanenbaum,** *Der magnetische Widerstandseffekt in InSb.* Inhaltlich ident. mit der C. **1954**. 6173 referierten Arbeit. (Physic. Rev. [2] **90**. 153. 1/4. 1953. Murray Hill., N. J., Bell Telephone Labor.) v. HARLEM. 137

G. B. Yntema, *Änderung des Widerstandes im Magnetfeld von Mg, Cu, Sb und Al bei Temperaturen im Gebiet des flüssigen Heliums.* Vf. bestimmte den elektr. Widerstand von reinem Mg, Cu, Sb u. Al im Temperaturbereich 1,1—4,22° K in transversalen Magnetfeldern zwischen 0 u. 22 kOe. Bei Mg ist die Abhängigkeit des Widerstandes vom Magnetfeld u. von der Temp. in voller Übereinstimmung mit der Regel von KOHLER, obwohl der Temperaturkoeff. des Widerstandes im Felde Null negativ war. Cu zeigte ebenfalls einen negativen Temperaturkoeff. des Widerstandes, die Temperaturabhängigkeit der magnet. Widerstandsänderung war qualitativ in Übereinstimmung mit der Regel von KOHLER. Die zweite Ableitung des Widerstandes nach der Temp. für Cu im Feld Null war in dem untersuchten Temperaturgebiet negativ. Sb zeigte im Felde Null einen positiven Temperaturkoeff., bei Al war der Widerstand innerhalb der Meßgenauigkeit (±0,5%) im untersuchten Bereich temperaturunabhängig. Die magnet. Widerstandsänderung ist in Übereinstimmung mit den Arbeiten von JUSTI u. Mitarbeitern. (Physic. Rev. [2] **91.** 1388–94. 15/9. 1953. New Haven, Conn., Yale Univ., Sloane Phys. Labor.) v. HARLEM. 137

C. J. Kevane, S. Legvold und **F. H. Spedding,** *Der Hall-Effekt in Yttrium, Lanthan, Cer, Praseodym, Neodym, Gadolinium, Dysprosium und Erbium.* Vff. bestimmten den HALL-Effekt an metall. Y, La, Ce, Pr u. Nd im Temperaturbereich 300–20,3° K. Die ferromagnet. Seltenen Erden Gd, Dy u. Er wurden quantitativ nur oberhalb ihres CURIE-Punktes untersucht, wobei sich die Messungen am Gd bis 350° erstreckten. Es wurde eine Wechselstrommeth. benutzt. Y, La, Gd u. Er haben bei allen untersuchten Tempp. einen negativen HALL-Effekt, Ce, Pr u. Nd einen positiven. Dy zeigt von 300 bis ca. 130° K einen negativen, darunter einen positiven Effekt. Dieser Vorzeichenwechsel wird erklärt durch eine Änderung des Vorzeichens des außerordentlichen HALL-Effektes. Der HALL-Koeff. von Ce zeigt in Abhängigkeit von der Temp. eine Hystereseschleife, ähnlich wie auch der elektr. Widerstand u. andere Eigenschaften. Aus den Messungen wurden Werte für den gewöhnlichen HALL-Koeff. berechnet. Diese wurden dann benutzt, um für jedes Metall die effektive Trägeranzahl $n^* = 1/NeR_0$ in einem einfachen Ein-Band-Modell zu berechnen. Zusätzlich wurde das Zwei-Band-Modell (Elektronenleitung im 5d-Band u. Lochleitung im 6s-Band) benutzt, um den positiven Effekt bei den drei Metallen zu verstehen u. um Kurven für die Anzahl der Löcher 6s-Band in Abhängigkeit von dem Verhältnis der Beweglichkeit der d-Elektronen zu der Beweglichkeit der s-Löcher zu erhalten. Eine regelmäßige Änderung der Größe u. des Vorzeichens in der Reihe der Seltenen Erden ist nicht vorhanden. (Physic. Rev. [2] **91.** 1372–79. 15/9. 1953. Ames, Io., Iowa State Coll., Inst. for Atomic Res. and Dep. of Phys.) v. HARLEM. 137

Kenzi Kondo, *Hall-Effekt bei ferromagnetischen Stoffen.* Der HALL-Effekt bei ferromagnet. Stoffen besteht aus zwei Anteilen, dem n. Anteil proportional zum äußeren Magnetfeld u. dem anomalen Anteil proportional zur Magnetisierung. Ein Vers., den anomalen Anteil durch eine Wellenfunktionsverteilung in Ggw. eines magnet. u. elektr. Feldes nach der Meth. von JONES u. ZENER (Proc. Roy. Soc. [London], Ser. A **144.** [1934.] 101) zu berechnen, hat mit den Meßergebnissen bei *Ni* nur eine Übereinstimmung in der Größenordnung erbracht, aber nicht den Vorzeichenwechsel bei tiefen Tempp. ergeben. Diese Diskrepanz wird auf die Nichtberücksichtigung der Gitterschwingungen zurückgeführt. (Sci. Rep. Saitama Univ., Ser. A **1.** 69–87. 1953. Urawa, Japan, Saitama Univ., Dep. of Phys. [Orig.: engl.]) FAHLENBRACH. 137

G. Suryan, *Selbstlöschender Überrückkopplungs-Audionempfänger für magnetische Kernresonanz.* Es wird ein selbstlöschender Überrückkopplungs-Audionempfänger zur Best. der magnet. Kernresonanz beschrieben. Die eine hohe Empfindlichkeit gewährleistende Selbstlöschung (Löschfrequenz 20 kHz) wird durch den großen Gitterverlustwiderstand der Audionröhre bewirkt. Die Tonfrequenz am Ausgang des Gerätes wird mit einem COSSOR-Kathodenstrahloscillographen aufgenommen. Die Besonderheit dieses einfachen Gerätes besteht darin, daß die die Probe enthaltende Hochfrequenzspule im erregenden magnet. Gleichfeld von der transversalen in die longitudinale Lage gedreht wird u. dadurch eine Änderung des effektiven HF-Feldes u. des von diesem Feld abhängigen Signals eintritt. Aus dem Abfall der Signalspannung läßt sich die Art der Kernresonanz erkennen. Sowohl Kerninduktion als auch Kernabsorption läßt sich nachweisen. Die Meßempfindlichkeit beträgt ca. $^1/_{10}$ der Höchstempfindlichkeit einer Brückenmethode. Das kleinste Wasservol. für die Best. der Kernresonanz von Protonen beträgt bei einem Störverhältnis von 4 u. einer Feldstärke von 1500 Oe 0,05 cm³. Deutliche Kernresonanzen konnten noch bei 200 Oe nachgewiesen werden. Eine Erniedrigung auf 50 Oe erscheint möglich. Das Gerät hat sich in jahrelangem Betrieb bewährt u. kann auch zur Messung u. Überwachung magnet. Felder benutzt werden. (J. Indian Inst. Sci. **35.** A25–30. Jan. 1953. Bangalore, Indian Inst. of Sci., Dep. of Phys.) WERNER SCHULZ. 137

G. E. Pake, *Anwendung der magnetischen Kernresonanz zur strukturellen Untersuchung von Kristallen, die Wassermoleküle enthalten.* Allg. Überblick über die Meth., aus der magnet. Kernresonanz von H_2O-haltigen Kristallen Auskünfte über den Einbau der H_2O-Moll. zu erhalten. Behandelte Beispiele: $CaSO_4 \cdot 2\,H_2O$, $Li_2SO_4 \cdot H_2O$ u. $K_2MgCl_4 \cdot H_2O$. Diskussionsbemerkung von WEIL. (J. Chim. physique Physico-Chim. biol. **50.** C 104–C 106. Sept. 1953. St. Louis, Mo., Washington Univ., Dep. de Phys.) v. HARLEM. 137

M. Soutif und **Y. Ayant,** *Untersuchung der Wassermolekel im Kristall $Li_2SO_4 \cdot H_2O$.* Inhaltlich ident. mit der C. **1952.** 5538 referierten Arbeit. Diskussionsbemerkungen von VASSAS-DUBUISSON. (J. Chim. physique Physico-Chim. biol. **50.** C107—C109. Sept. 1953. Grenoble, Fac. des Sci.) V. HARLEM. 137

C. Kikuchi, M. H. Sirvetz und **V. W. Cohen,** *Hyperfeinstruktur der paramagnetischen Resonanz von ^{50}V und ^{51}V.* (Vgl. C. **1953.** 5133.) Vff. untersuchten die paramagnet. Resonanz von magnet. verd. Kristallen aus *Vanadium-Tutton-Salz,* das 23% ^{50}V enthielt. Die Hyperfeinstruktur von ^{50}V war vollständig aufgelöst, es ergab sich der Spin I = 6. Das Verhältnis g (^{50}V)/g(^{51}V) ergab sich zu 0,3792 ± 0,0008, in guter Übereinstimmung mit dem Wert, der unmittelbar aus magnet. Kernresonanzverss. bestimmt wurde. (Physic. Rev. [2] **92.** 109—13. 1/10. 1953. Upton, N. Y., Brookhaven Nat. Labor.) V. HARLEM. 137

H. S. Gutowsky und **B. R. McGarvey,** *Die magnetische Resonanzverschiebung von ^{87}Rb und ^{133}Cs in festen Halogeniden.* In Fortsetzung ihrer Arbeiten (vgl. C. **1952.** 6019) bestimmten Vff. die Verschiebung der magnet. Resonanz von ^{87}Rb u. ^{133}Cs in festen Halogeniden. Als Bezugssubstanz wurde eine gesätt. wss. Lsg. der entsprechenden Chloride genommen. Für die Verschiebung $\Delta\,\sigma = (H_s - H_r)/H_r \cdot 10^4$ (H_s die für eine gegebene Frequenz notwendige Resonanzfeldstärke der Probe, H_r die entsprechende für die Vergleichssubstanz) wurden folgende Werte gefunden: *RbF* —0,6 ± 0,1, *RbCl* —0,89 ± 0,05, *RbBr* —1,29 ± 0,05, *Rb J* —1,49 ± 0,05, *CsF* —0,9 ± 0,2, *CsCl* —1,63 ± 0,05, *CsBr* —2,08 ± 0,05 u. *Cs J* —2,52 ± 0,05. Die Abhängigkeit der Verschiebung von der Kernladung erklärt, warum Vff. früher keine Resonanzverschiebung bei den Salzen der leichteren Alkalien, Li, Na, gefunden haben. Zum Schluß wird eine Erklärung auf Grund des Bindungscharakters gegeben. (J. chem. Physics **21.** 1423—24. Aug. 1953. Urbana, Ill., Univ. of Illinois, Noyes Chem. Labor.) V. HARLEM. 137

Frederick T. Wall und **Robert H. Doremus,** *Elektrolytische Überführungseigenschaften von Polyphosphaten.* Mit Hilfe einer früher beschriebenen Meth. (HUIZENGA, GRIEGER u. WALL, C. **1951.** I. 471) wurde aus Leitfähigkeits- u. Überführungsmessungen an Na_2HPO_4, $Na_4P_2O_7$, $Na_5P_3O_{10}$, $(NaPO_3)_n$ u. $(Na[½\,Sr]PO_3)_n$ der Anteil der an das Polyion gebundenen Kationen, die Äquivalentleitfähigkeiten des Polyions, die Überführungszahlen, die Beweglichkeiten u. die auf ein polymeres Ion entfallende Anzahl von Ladungen bestimmt. Der Bruchteil der an das Polyion gebundenen Na-Ionen steigt mit der Kettenlänge u. beträgt bei Na_2HPO_4 5%, beim Pyrophosphat 15—30%, beim Triphosphat 20—30% im Konzentrationsbereich von ca. 0,01—0,1 n. Für Polymetaphosphat mit einer Kettenlänge von ca. 150 beträgt er 70% u. ist von Temp. u. Konz. ziemlich unabhängig. Bei teilweiser Substitution der Na- durch Sr-Ionen sind fast alle Sr-Ionen an das Polyion gebunden, die Ladung u. die Beweglichkeit des Polyions bleiben jedoch prakt. unverändert. Weiter wurde die Austauschgeschwindigkeit von gebundenen zu freien Na-Ionen bei 0 u. 25° für Polymetaphosphatlsgg. bestimmt. Sie liegt in derselben Größenordnung wie die früher für Polyacrylsäure–NaOH-Lsgg. gefundene, ist nur wenig temperaturabhängig u. von der Dauer der Elektrolyse unabhängig. Hieraus wird geschlossen, daß sie vom Ort des gebundenen Ions in der Kette unabhängig ist. (J. Amer. chem. Soc. **76.** 868—70. 5/2. 1954. Urbana, Ill., Univ. of Illinois, Noyes Chem. Labor.) R. LEVI. 138

Je. M. Saretzki, *Einfluß der Verformung auf die Metallpotentiale.* 2. Mitt. (1. vgl. C. **1954.** 3552.) Untersucht wurde der Einfl. der Verformung auf die elektrochem. Kennwerte (Elektrodenpotential) von *Mg* u. *Mg-Legierungen*: *MA 1* (ca. 1,7% Mn), *MA 3* (ca. 6% Al, 0,3% Mn, 0,5% Zn) in einer 0,1 mol. NaCl-Lsg. sowie von *Al* in 0,3 mol. HCl-Lsg., *Stahl* in 1,5 mol. H_2SO_4-Lsg., *Cu* in 0,5 mol. H_2SO_4-Lsg., *Zn* in 0,0125 mol. H_2SO_4-Lösung. Die errechneten Werte für die Änderung des Elektrodenpotentials durch Verformung (Zugbeanspruchung oder Stauchung) lagen um ein Vielfaches niedriger als die Versuchswerte. Verformtes Mg wird in der NaCl-Lsg. kathod. stärker polarisiert (anod. in geringerem Maße) als nichtverformtes. Mit Erhöhung der Stromdichte bis ~0,6 mA/cm^2 nimmt diese Differenz ab. (Журнал Прикладной Химии [J. angew. Chem.] **24.** 614—23. Juni 1951.) VOLLENBRUCK. 140

T. G. Owe Berg, *Potentialmessungen an Eisen in Salpetersäure.* (Vgl. C. **1953.** 2234.) Das Potential von Armco-Eisen in HNO_3 wurde bei 21° als Funktion der Säurekonz. mit u. ohne Rührung bestimmt. Als Bezugselektrode wurde passives Armco-Fe gewählt. Im wesentlichen sind 2 Potentiale zu messen, die sich um 0,92 V unterscheiden, u. zwar je ein Potential im Passivitätsbereich u. im Aktivitätsbereich. Das Potential ist in jedem Bereich von der Konz. der Säure sowie von der Rührung unabhängig. Das Potential ist also auch von der Lösungsgeschwindigkeit des Fe unabhängig. (Z. anorg. allg. Chem. **273.** 286—90. Aug. 1953. Avesta, Schweden, Avesta Jernverks A. B.) R. MATTNER. 140

St. Minc und **R. Juchniewicz,** *Die Abhängigkeit des Potentials einer irreversiblen Elektrode (Stahl) vom p_H des Mediums als Maßstab für die Korrosionsbeständigkeit.* An Cr-, Cr–Ni-, W–V-, C-armem u. C-Stahl werden die Potentialänderungen (gegenüber Hg_2Cl_2-Elektrode) mit dem p_H untersucht. In den verwendeten Lsgg. (HCl, dest. W., 3% ig. NaCl, NaOH) besteht keine einfache Beziehung zwischen Potential u. Korrosionsgeschwindigkeit, u. das Potential ist daher kein eindeutiger Maßstab für die elektrochem. Aktivität der Stahlelektrode. Der Potentialabfall an der Grenze von Metall u. Lsg. ist nicht allein bestimmend für den Wert des Elektrodenpotentials u. kann daher nicht mit diesem identifiziert werden. (Przemysł chem. **9** (**32**). 176–81. April 1953.) R. K. MÜLLER. 140

Charles Goldberg, *Gleichzeitige elektrolytische Abscheidung von Kupfer und Blei aus Salpetersäure–Flußsäure–Berylliumnitrat-Lösung.* Bei der Analyse von Sn-haltigem Messing ist die gleichzeitige elektrolyt. Fällung von Cu (kathod.) u. Pb (als PbO_2 anod.) aus HNO_3–HF-Lsgg. möglich, wenn zur Bindung des F^- eine genügende Menge $Be(NO_3)_2$ zugesetzt wird. (Analytic. Chem. **25**. 1405. Sept. 1953. West Springfield, Mass., New England Smelting Works, Inc.) UMLAND. 141

Hans Falkenhagen, Elektrolyte. 2. neubearb. Aufl. Leipzig: Hirzel. 1953. (XI + 263 S. m. 94 Fig.) DM 15,60.

A_4. Thermodynamik. Thermochemie.

G. B. Shook, *Temperaturgradient bei Strahlungsabsorption.* Die örtliche u. zeitliche Temperaturverteilung in einem Medium, das einen kurzzeitigen Strahlungsfluß absorbiert, wird unter vereinfachenden Bedingungen berechnet. Theoret. u. gemessener zeitlicher Verlauf der Temperaturerhöhung in der Oberfläche eines Kunststoffes, der mit Lichtblitzen zweier Photoblitzlampen bestrahlt wurde, zeigen übereinstimmend einen Temperaturanstieg in 15 msec bis zu einem Maximum von 150°. (J. appl. Physics **23**. 931–32. Aug. 1952. Inyokern, China Lake, Calif., U. S. Naval Ordn. Test Stat., Michelson Labor.) RUDOLPH. 146

B. Salé, *Neue Methode zur Berechnung der Zusammensetzung, der inneren Energie, der Enthalpie und Entropie eines dissoziierbaren Gases.* Es sollen Rechentafeln aufgestellt werden, um die thermodynam. Vorgänge, die Zus. u. Gleichgewichte der Verbrennungsgase beim Verbrennungsmotor u. ähnlichen Vorgängen schnell u. mit einer Genauigkeit von ca. 1–2% berechnen zu können. Es wird von folgenden Rkk. ausgegangen: $2\,CO_2 \rightleftharpoons 2\,CO + O_2$; $O_2 \rightleftharpoons 2\,O$; $2\,H_2O \rightleftharpoons 2\,OH + H_2$; $2\,H_2O \rightleftharpoons 2\,H_2 + O_2$; $H_2 \rightleftharpoons 2\,H$; $N_2 + O_2 \rightleftharpoons 2\,NO$; $N_2 \rightleftharpoons 2\,N$, für die die Gleichgewichtskonstanten ermittelt u. entsprechend 10 Gleichungen aufgestellt werden, die als Grundkurven der graph. Rechnung dienen. Es wird dann mit Beispiel angegeben, wie die Rechentafeln verwandt werden, um für eine gegebene Temp. die Zus. des Gases, Enthalpie u. Entropie zu ermitteln. Beispielkurven für 2800° K sind wiedergegeben. Es wurden außerdem Tafeln in Abständen von 200° zwischen 2000 u. 3000° K berechnet, wobei ausführlich die Grundlagen für ihre Aufstellung angegeben werden. (Rev. Inst. franç. Pétrole Ann. Combustibles liquides **7**. 380–89. Okt. 1952. Inst. Franç. du Pétrole, Stat. Nat. de Rech. Claude Bonnier.) MIETHING. 154

A. C. Zettlemoyer, G. J. Young, J. J. Chessick und **F. H. Healey,** *Ein Thermistorcalorimeter zur Messung von Benetzungswärmen. Bestimmung der Entropie aus der Benetzungswärme und Adsorptionsmessungen.* Zur Messung der Benetzungswärmen von *Asbest, Rutil, Graphon* u. *Kieselsäure* beim Eintragen in W. wird ein geeignetes Calorimeter beschrieben, das eine besondere Thermistorlegierung mit hohem elektr. Leitfähigkeitskoeff. als temperaturempfindliches Element benutzt u. die zu benetzende Probe in einer dünnwandigen, mit einem beweglichen Stift zu zerbrechenden Glasröhre enthält. Der Thermistorwiderstand besaß eine sehr hohe Empfindlichkeit u. gute Beständigkeit. Es werden die verschied. Faktoren, die eine Reproduzierbarkeit der Wärmemessungen beeinflussen, wie Rührgeschwindigkeit, Temperaturmessung u. Ableseperiode, erörtert. Für Asbest wurden auch die Benetzungswärmen bestimmt, nachdem zuvor verschied. Anteile mit einer monomol. Wasserschicht überzogen waren, wobei diese Wärmen linear mit steigender Oberflächenbelegung abnehmen. Zusammen mit dem Verlauf der Kurven für die isostere Adsorptionswärme kann man dieses Verh. als einen Beweis für die Homogenität der Oberfläche ansehen. Die absol. Entropiewerte für das an Asbest adsorbierte W. werden nach zwei Methoden berechnet, nämlich aus den Werten der Adsorptionsisothermen bei zwei verschied. Tempp. u. aus den Benetzungswärmen in Verbindung mit einer einzigen Isotherme. Beide Verff. geben miteinander befriedigend übereinstimmende Ergebnisse, jedoch besitzt das zweite Verf. eine erheblich größere Genauigkeit. (J. physic. Chem. **57.** 649—52. Okt. 1953. Bethlehem, Pa., Lehigh Univ.) HENTSCHEL. 155

Robert Plunkett, *Eine Methode für die Berechnung des Wärmeüberganges in Festkörpern mit temperaturabhängigen Eigenschaften.* Die Schwierigkeiten, die einer einfachen Lösung der Differentialgleichung des Wärmetransports entgegenstehen, sind vor allem dadurch bedingt, daß die Koeffizienten keine einfachen Funktionen der Variablen sind. Für den Fall, daß die Leitfähigkeit k u. die spezif. Wärme pro Volumeneinheit allein von T abhängig sind, ist $k\,dT = k_m\,d\tau$ (k_m = const). Damit ergibt sich $\partial^2\tau/\partial x^2 + \partial^2\tau/\partial y^2 + \partial^2\tau/\partial z^2 + q/k_m = (c/k)(\partial\tau/\partial\Theta)$ (q = Geschwindigkeit des Wärmeflusses pro Volumeneinheit, Θ = Zeit). Die üblichen Grenzbedingungen bestimmen die Temp. oder den Wärmefluß entlang der Oberfläche. Im ersten Fall kann τ der Beziehung $k_m(\tau - \tau_0) = \int_{T_0}^{T} k\,dT$ entnommen werden, für den zweiten gilt $k_m\,\partial\tau/\partial n = q_A$ (q_A = Wärmefluß pro Oberflächeneinheit). Für den Wärmeübergang ergibt sich damit die Beziehung $Q = \int_A\int_B k(\partial T/\partial n)\,d\Theta\,dA = \int_A\int_B (\partial\tau/\partial n)\,k_m\,d\Theta\,dA$, deren Anwendung u. Genauigkeit Vf. am von DUSINBERRE gelösten Problem des Wärmeflusses durch eine Ziegelofenwand erläutert. (Trans. Amer. Soc. mechan. Engr. **73.** 605—08. Juli 1951. Houston, Tex., Rice Inst.) WOELK. 158

Max Kohler, *Einfluß der Austauschwechselwirkung auf die Wärmeleitfähigkeit von Metallen.* Die WIEDEMANN-FRANZ-LORENZsche Zahl $L = \lambda/\sigma T$ (λ = Wärmeleitfähigkeit, σ = elektr. Leitfähigkeit) liegt bei den Alkalien um ca. 8% tiefer als der theoret. Wert. Damit zeigen diese Metalle die stärkste Abweichung, obwohl die Theorie bei ihnen am besten erfüllt sein sollte. Es wird nun angenommen, daß die Abweichung durch Austauschkräfte der Metallelektronen hervorgerufen wird. Diese Austauschwechselwrkg. führt zu einer Erniedrigung der spezif. Wärme, welche unter Zugrundelegung eines halbempir. Potentialsatzes von LANDSBERG (Theorie der Röntgenemissionsbanden) nach WOHLFAHRTH berechnet werden kann. Der aus der Elektronentheorie der Metalle bekannte Zusammenhang zwischen spezif. Wärme u. Wärmeleitfähigkeit führt schließlich zu der Größe L. Es ergibt sich $L = (\pi^2/3)\cdot(k/e)^2[1/(1 + 4\pi m e^2\cdot g(s)/h^2\cdot K_0)]$. Es bedeuten k die BOLTZMANN-Konstante, e die Elementarladung, m die Elektronenmasse, h das Wirkungsquantum. $g(s) = [(2 + s^2)/4]\log(1 + 4/s^2) - 1$ mit $s = \mu/K_0$, wo K_0 das 2πfache der reziproken DEBROGLIE-Wellenlänge der Elektronen der FERMIschen Grenzenergie u. μ eine Abschirmungsgröße darstellen. Letztere besitzt für Na den empir. Wert $1{,}21\cdot 10^8\ cm^{-1}$. Die Formel, deren 2. Klammerausdruck als Korrekturfaktor gegenüber dem SOMMERFELDschen anzusehen ist, liefert für Na tatsächlich den experimentellen Wert. (Abh. braunschweig. wiss. Ges. **5.** 48—52. 1953. Braunschweig, TH, Lehrstuhl für theoret. Phys.) HEUMANN 158

Ronald J. Sladek, *Über ein neues Maximum des Wärmeleitwiderstandes bei supraleitenden Legierungen.* Während die Messungen der elektr. u. magnet. Eigg. an langen Einkristallen von *Tl–In*-Legierungen (20 At.-% Tl + 80 At.-% In) von STOUT u. GUTTMAN gemacht worden waren, untersuchte Vf. die Wärmeleitfähigkeit der gleichen Proben im longitudinalen Magnetfeld bei der Temp. des fl. He. Er fand ein ausgeprägtes Maximum zwischen 1 u. 4° K. Ohne Magnetfeld ist der Wert des Wärmeleitwiderstandes beträchtlich größer. Die Ursachen für das beobachtete Verh. werden kurz diskutiert. (Physic. Rev. [2] **91.** 1280—81. 1/9. 1953. Chicago, Univ., Inst. for the Study of Metals.) HAGEMANN. 158

Hermann Schunk, Thermodynamische Grundlagen der physikalischen Chemie. Darmstadt: Steinkopff. 1953. (VIII + 258 S. m. 108 Abb.) DM 33,—.

A₅. Kolloidchemie. Grenzschichtforschung.

Benjamin C. Bradshaw, *Die Wirkung des Mahlens auf die Teilchen.* Vf. sucht eine Erklärung für die Erreichung einer Grenzkorngröße beim Mahlprozeß zu geben, die auch nach langem Mahlen annähernd konstant bleibt. Die Theorie, daß sich die kleinen Teilchen beim längeren Mahlen zu größeren vereinigen u. so nach einer bestimmten erreichten Größe keine weitere Zerkleinerung mehr stattfindet, wird experimentell u. theoret. wahrscheinlich gemacht. (J. chem. Physics **19.** 1057—59. Aug. 1951. Fort Monmouth, N. J., Signal Corps Engng.) JÄGER 175

D. P. Benton und **G. A. H. Elton,** *Energiewerte für die Ionenadsorption.* 1. Mitt. *Die Adsorption aus einigen Elektrolytlösungen an Kieselsäure.* Auf Grund von Messungen der elektr. Leitfähigkeit unter Benutzung einer besonderen Doppelzelle wird die Adsorption der Ionen einfacher Elektrolyte (*HCl*, HNO_3, H_2SO_4, *KCl*, *NaCl* u. KNO_3) an geschmolzenem u. gemahlenem SiO_2 untersucht, wobei auch der Einfl. des W. auf SiO_2 berücksichtigt wurde. Zur Best. der Ionenaktivitäten in den einzelnen Lagen der STERNschen Doppelschicht werden vereinfachte Gleichungen aufgestellt. Die so erhaltenen Ergebnisse werden mit den elektrokinet. Werten (ζ-Potentiale aus Sedimentationsmessungen von DULIN u. ELTON) kombiniert, um die Adsorptionsenergien für die einzelnen Ionen an der unbeweglichen Lage der Doppelschicht zu berechnen. Während die Adsorptionsenergien für Cl^- u. NO_3^- im ganzen Konzentrationsbereich prakt. unverändert sind, zeigen diejenigen für SO_4^{2-} einen Übergang von kleinen negativen zu schwach positiven Beträgen. (Trans. Faraday Soc. **49**. 1213—24. Okt. 1953. London, Battersea Polytechn. Inst., Chem. Dep.) HENTSCHEL. 176

R. Griessbach, *Entwicklung und Probleme der Austauschadsorbentien.* Histor. Überblick über die Entw. der Ionenaustauscher sowie Überblick über ihre zahlreichen Anwendungen, bes. der modernen Typen auf Kunstharzbasis, in Wissenschaft u. Technik. Kurze Angaben über ihre Herst. u. ihre wichtigsten Eigg., wie Struktur, Reaktionsart usw. Richtlinien hinsichtlich der Weiterentw. ionenaustauschender Stoffe werden gegeben. — Zahlreiche Literaturangaben. (Z. Elektrochem., Ber. Bunsenges. physik. Chem. **57**. 147—62. April 1953. Wolfen, Farbenfabrik, Anorgan. Labor.) GEDSCHOLD. 177

J. L. Pauley, *Vorausberechnung von Kationaustauschgleichgewichten.* Es wird eine Theorie zur Best. von Gleichgewichtskonstanten für den Ionenaustausch an schwach vernetzten Austauschern entwickelt. Die Bindungskräfte werden mit dem COULOMBschen Gesetz beschrieben, u. aus der Änderung der freien Energie werden die Gleichgewichtskonstanten erhalten. Die Radien der hydratisierten Kationen werden aus der DEBYE-HÜCKELschen Theorie berechnet. Für die Festionen werden die Radien von O in seinen verschied. Bindungsformen benutzt. Die berechneten Werte der Gleichgewichtskonstanten werden mit experimentellen Werten aus der Literatur verglichen, wobei sich bis auf H^+ eine befriedigende Übereinstimmung ergibt. (J. Amer. chem. Soc. **76**. 1422—25. 5/3. 1954. Fayetteville, Ark., Univ. of Arkansas, Inst. of Sci. and Technol.) BLASIUS. 177

R. Schlögl, *Ionenbeweglichkeiten in Austauschern.* Vf. diskutiert verschied. Verff. zur Messung von Ionenbeweglichkeiten in Membranen aus Austauschermaterial. Messungen, die mit *NaBr* als Außenelektrolyt an Anionen- u. Kationenaustauschermembranen nach verschied. Methoden durchgeführt wurden, werden verglichen. Bei der Unters. wird gefunden, daß Ionen gleichen Vorzeichens wie die Membranladung bei zunehmender Konz. des Außenelektrolyten eine Abnahme der Beweglichkeit, Ionen entgegengesetzten Vorzeichens dagegen zunächst eine Zunahme der Beweglichkeit zeigen. (Z. Elektrochem., Ber. Bunsenges. physik. Chem. **57**. 195—201. April 1953. Göttingen, MPI für physikal. Chem.) GEDSCHOLD. 177

G. E. Boyd und **B. A. Soldano,** *Selbstdiffusion von Kationen in und durch Kationenaustauscher auf Basis sulfonierter Polystyrole.* Mittels radioakt. Indicatoren werden die Selbstdiffusionskoeffizienten von Na^+, K^+, Rb^+, Cs^+, Ag^+, Sr^{2+}, Zn^{2+}, Y^{3+}, La^{3+} u. Th^{4+} in Austauschern vom Typ *Dowex 50*, jedoch verschied. Vernetzung, in Abhängigkeit von Temp. u. Vernetzungsgrad gemessen. Hierzu wird das zeitliche Anwachsen der Radioaktivität einer anfangs inakt. Lsg. bestimmt, in die (kugelförmige) Austauscherkörner bei Beginn der Messung eingebracht werden, die sich vorher im Gleichgewicht mit einer mit radioakt. Isotopen der entsprechenden Elemente indizierten Lsg. gleicher chem. Zus. befunden hatten. Die Messungen erfolgten bei β-Strahlern mit GEIGER-MÜLLER-, bei γ-Strahlern mit Scintillationszählern. Die Selbstdiffusionskoeffizienten nehmen mit wachsender Ionenladung u. steigender Vernetzung des Austauschers ab, die Aktivierungsenergien mit Vernetzung zu. Aktivierungsentropien $\Delta S^{\neq}$ werden nach EYRING-BARRER berechnet u. qualitativ gedeutet. (J. Amer. chem. Soc. **75**. 6091—99. 20/12. 1953. Oak Ridge, Tenn., Oak Ridge, Nat. Labor., Chem. Div.) HELFFERICH. 177

B. A. Soldano und **G. E. Boyd,** *Selbstdiffusion von Anionen in stark basischen Anionenaustauschern.* Nach dem im vorst. Ref. beschriebenen Verf. werden die Selbstdiffusionskoeffizienten von Cl^-, Br^-, J^-, BrO_3^-, WO_4^{2-} u. PO_4^{3-} unter Verwendung von radioakt. ^{38}Cl, ^{82}Br, ^{131}J, ^{187}W u. ^{32}P an Anionenaustauschern vom Typ *Dowex 2* verschied. Vernetzung gemessen. Die Abhängigkeit von der Ionenladung u. der Vernetzung tritt nicht so hervor wie bei den Kationenaustauschern. Wegen der geringen Größe der Hydrathüllen an Fest- u. Anionen fehlen die bei Kationenaustauschern beobachteten negativen Beiträge zur Aktivierungsentropie $\Delta S^{\neq}$. Veränderung des Festions durch Einführen von Äthyl-, Butyl-, Phenyl-, Äthoxylgruppen,

Morpholin, Pyridin oder Chinolin in die quaternäre Ammoniumgruppe zeigt, daß die Größe des Festions stärkeren Einfl. ausübt als seine Polarisierbarkeit. (J. Amer. chem. Soc. **75.** 6099—6104. 20/12. 1953.) HELFFERICH. 177

G. E. Boyd und **B. A. Soldano,** *Selbstdiffusion von Wassermolekülen und beweglichen Anionen in Kationenaustauschern.* Nach in vorst. Reff. beschriebenem Verf. wird die Selbstdiffusion von W. mittels $H_2{}^{18}O$ im Austauscher (*Dowex 50*) gemessen. Die Analyse des ^{18}O-Geh. erfolgte im Massenspektrographen. Wie für die Ionen sind der Selbstdiffusionskoeff. geringer u. die Aktivierungsenergie größer als in Wasser. Kleinerer Wert der Aktivierungsentropie $\Delta S^{\neq}$ deutet darauf hin, daß innerhalb des Austauschers die regelmäßige Struktur des W. gestört ist. Die Effusion des indizierten W. verläuft für mit H^+ oder La^{3+} beladene Austauscher nach einem einfachen Diffusionsgesetz, für Cr^{3+}-beladene Austauscher überlagert sich ein langsamerer Vorgang (Abgabe komplex gebundenen W.). Selbstdiffusion von Br^- im Kationenaustauscher verläuft langsamer als die von W., jedoch schneller als die von einwertigen Kationen. (J. Amer. chem. Soc. **75.** 6105—07. 20/12. 1953.) HELFFERICH. 177

B. A. Soldano und **G. E. Boyd,** *Selbstdiffusion von Kationen in mit mehreren Ionen beladenen Kationenaustauschern.* Nach gleichem Verf. wie in den vorst. Reff. werden die Selbstdiffusionskoeffizienten von Na^+ u. Zn^{2+} bzw. von Na^+ u. La^{3+}, Na^+ u. H^+, Na^+ u. Rb^+, Na^+ u. K^+ sowie Na^+ u. Cs^+ in jeweils mit beiden Ionen in verschied. Mengenverhältnis beladenen Kationenaustauschern (mit Divinylbenzol behandelter *Dowex 50*) gemessen. Die Aktivierungsenergien u. -entropien werden berechnet. Es zeigt sich, daß die Selbstdiffusionskoeffizienten ziemlich linear vom Mengenverhältnis der Ionen abhängen, u. zwar wird ein „schnelles" Ion durch die Ggw. eines „langsamen" gebremst u. umgekehrt ein langsames durch Ggw. eines schnellen beschleunigt. (J. Amer. chem. Soc. **75.** 6107—10. 20/12. 1953.)
HELFFERICH. 177

K. Haagen, *Ionenaustausch an Carboxyl- und Sulfogruppen enthaltenden Kunstharzaustauschern.* In Kunstharzaustauschern erfolgt die Salzbldg. an Carboxylgruppen wesentlich langsamer als an Sulfogruppen. Der Einfl. der Quellung, der Poren- u. Korngröße des Austauschers, der Reaktionstemp. sowie die Wrkg. von Sulfogruppen auf die Geschwindigkeit der Salzbldg. an Carboxylgruppen werden an Hand von Titrationskurven gezeigt. Affinitätsunterschiede der beiden Arten von austauschakt. Gruppen gegenüber den Härtebildnern des W. kommen in dem Regeneriermittelaufwand zum Ausdruck, welcher zur Verdrängung der letzteren durch *Na*-Ionen erforderlich ist. (Z. Elektrochem., Ber. Bunsenges. physik. Chem. **57.** 178—83. April 1953. Leverkusen, Farbenfabriken Bayer, Forschungslabor.)
GEDSCHOLD. 177

A₆. Strukturforschung.

E. Zieler, *Über den Homogenitätsgrad von Röntgenstrahlen.* Die in der Praxis verwendete Kennzeichnung einer Röntgenstrahlung durch Angabe der Halbwertsschicht (HWS) in gewissen Standardmaterialien (meist Al) ist nicht ausreichend, da es möglich ist, Strahlungen gleicher HWS mit geringerer Spannung u. stärkerem Filter sowie mit höherer Spannung u. schwächerem Filter zu erzeugen. Eine prakt. eindeutige Beschreibung ergibt sich durch die zusätzliche Angabe des Homogenitätsgrades h = 1.HWS/2.HWS. Bei der Messung der Al-Schwächungskurve an einer Röhre mit 1,5 mm Be-Fenster wurde gefunden, daß bei zunehmender Filterung h zunächst abnimmt, um nach Durchlaufen eines Minimums wieder anzusteigen. (Naturwissenschaften **39.** 567. Dez. 1952. Hamburg, C. H. F. Müller A. G., Labor.)
CONRAD. 181

R. Glocker, *Über das Grundgesetz der physikalischen Wirkungen von Röntgenstrahlen verschiedener Wellenlänge.* 2. Mitt. (1. vgl. Z. Physik **43.** [1927.] 827; **46.** [1928.] 764.) Die Wellenlängenabhängigkeit verschied. Röntgenstrahleneffekte, z. B. Luftionisation, photograph. Schwärzung, Leuchtschirmhelligkeit, Widerstandsänderung von Halbleitern u. Isolatoren, chem. Rkk., kann im voraus angegeben werden, sobald die Gesamtmasse u. die chem. Zus. bekannt sind. Für große Reichweiten der ausgelösten Sekundärelektronen besteht die Grundgleichung der physikal. Wirkungen von Röntgenstrahlen aus drei Termen: Der erste enthält die in dem betrachteten Vol. erzeugte Elektronenenergie, der zweite den Teil dieser Energie, der nicht im Vol. verbleibt, u. der dritte den Energiezufluß durch Elektronen, die von außen in das Vol. eintreten. Unter vereinfachenden Voraussetzungen werden Gleichungen zur Berechnung dieser drei Terme abgeleitet u. ihre Ergebnisse durch experimentelle Beobachtungen der Wellenlängenabhängigkeit von Ionisationskammern u. Zählrohren mit verschied.

Wandmaterialien bestätigt. (Z. Physik **136.** 352—66. 1953. Stuttgart, TH, Röntgeninst.) GERHARD SCHMIDT. 181

R. Glocker, *Dosisbegriff und Röntgeneinheit.* (Vgl. vorst. Ref.) Vf. zeigt auf Grund von Betrachtungen der Energieabgabe der Sekundärelektronen, inwieweit sich der Dosisbegriff u. die Definition der Röntgeneinheit deckt; eine allg. Übereinstimmung ist nicht vorhanden. Die Gültigkeitsgrenzen der BRAGG-GRAYschen Bedingung (Dosismessung auf Grund der Luftionisation in einem sehr kleinen Hohlraum) werden angegeben. Da wegen der FERMI-Korrektur das Elektronenbremsvermögen von Gasen u. von festen Körpern bei sehr schnellen Elektronen in verschied. Weise von der Energie abhängt, ist bei ultraharten Röntgenstrahlen (Betatron) eine Dosismessung auf der Grundlage der Ionisation eines Gases nicht mehr möglich. (Z. Physik **136.** 367—73. 1953.) GERHARD SCHMIDT. 181

Z. Bojarski, *Identifizierung von Kristallphasen mittels der Streuung von Röntgenstrahlen.* Überblick über Grundlagen u. Ausführungsformen der Röntgenbest. von Kristallphasen mit zahlreichen Anwendungsbeispielen. (Przemysł chem. **9** (**32**). 193—200. April 1953. Inst. Metalurgii, Zakł. Fizyki.) R. K. MÜLLER. 181

C. A. Taylor, *Eine Erläuterung der optischen Grundlage der Wilsonschen Röntgenmethode zur Entdeckung von Symmetriezentren.* (Acta crystallogr. [Copenhagen] **5.** 141—42. Jan. 1952. Manchester, Coll. of Technol.) GOTTFRIED. 181

A. Guinier und **R. Graf,** *Eine Anordnung, die die durch die Höhe des von einem Monochromator kommenden Röntgenstrahls bedingte Asymmetrie der Diagramme unterdrückt.* Es ist bei Aufnahmen mit monochromat. Licht bekannt, daß nur die Interferenzen auf dem Äquator gleichzeitig intensiv u. fein sind; außerhalb des Äquators verbreitern sich die Interferenzen, bis sie die Höhe des einfallenden Strahls erreichen. Zur Ausschaltung dieser Asymmetrie schlagen Vff. ein Verf. vor, bei dem die zu untersuchende Probe u. der Film fest verbunden sind u. zusammen gedreht werden. Vor dem Film befindet sich ein Schirm mit einem Sektor mit 30° Öffnung, wobei die Horizontale Winkelhalbierende dieses Sektors ist. Hierdurch wird erreicht, daß auf dem Film nur die Interferenzen auftreten, die fein sind. (Acta crystallogr. [Copenhagen] **5.** 150. Jan. 1952. Paris, Office Nat. d'Etudes et de Rech. Aéronaut., Conserv. des Arts et Métiers.) GOTTFRIED. 181

H. J. Grenville-Wells, *Eine Methode zur Ableitung der Kristallgeometrie aus regellosen Drehdiagrammen.* Beschreibung der Methode. (Acta crystallogr. [Copenhagen] **5.** 147—48. Jan. 1952. London, Univ. Coll.) GOTTFRIED. 181

H. Hauptman und **J. Karle,** *Kristallstrukturbestimmung mit Hilfe einer statistischen Verteilung interatomarer Vektoren.* Vom geometr. Standpunkt aus kann man die Strukturfaktorgleichungen als ein Syst. von gekuppelten, geschlossenen Vektorpolygonen ansehen, deren Seiten die Größe des Strukturfaktors u. die atomaren Streufaktoren für den entsprechenden Winkel darstellen. Diese Deutung gestattet auf statist. Wege die Herleitung der Verteilungsfunktion für den Abstand zwischen dem ersten u. letzten Punkt in einem aus N Schritten bestehenden Gang, wobei jeder Schritt eine bekannte Länge darstellt, aber in derselben Ebene regellos orientiert ist. Wenn daher alle Seiten eines ebenen Polygons bis auf eine bekannt sind u. wenn diese regellos verteilt sind, dann liefert die Lsg. des Problems die Wahrscheinlichkeitsverteilung der Länge der letzten Seite. Ist jedoch die Länge der letzten Seite gegeben, dann sind die anderen Seiten nicht mehr länger regellos orientiert. Statt dessen haben die Winkel des Polygons definierte Wahrscheinlichkeitsverteilungen. Es wird sodann die Beziehung zwischen dem Kristallstrukturproblem u. der obigen statist. Behandlung besprochen u. die Lage der Atomkoordinaten in einem allg. asymm. Kristall hergeleitet. Ausführlich besprochen wird das Problem unter Annahme eines zentrosymm. Kristalls. Zum Schluß wird die Beziehung zwischen der Wahrscheinlichkeitsverteilung für die interatomaren Vektoren u. die PATTERSON-Synth. diskutiert. (Acta crystallogr. [Copenhagen] **5.** 48—59. Jan. 1952. Washington, D. C., U. S. Naval Res. Labor.) GOTTFRIED. 181

H. N. Campbell, *Die Absorption von Röntgenstrahlen in Kristallen unter dem Braggschen Glanzwinkel.* Vf. läßt parallele u. monochromat. CuK_β-Strahlen unter dem BRAGGschen Glanzwinkel auf Kristalle einfallen u. mißt die Intensitäten der reflektierten u. der hindurchgelassenen Strahlung mit Hilfe von GEIGER-Zählern. Im Gegensatz zu der üblichen Annahme, daß sich die Schwächung von Röntgenstrahlen beim Durchgang durch die Kristalle aus zwei Effekten, der gewöhnlichen Absorption u. der Reflexion an den oberen Netzebenen, zusammensetzt, stellt Vf. fest, daß bei Einstrahlung unter dem Reflexionswinkel sowohl die reflektierte als auch die hindurchtretende Strahlung ein Intensitätsmaximum erreicht. Diese Verss. wurden an *Calcit-*

Kristallen von 1 mm Dicke (geätzt) u. 0,7 mm Dicke (geschliffen) vorgenommen. Die Reflexionsfläche war (1 0 $\bar{1}$ 1). Die gleichen Verss. mit *Quarz-* u. *Hexamethylentetramin*-Kristallen zeigen im ersten Fall nur eine schwache Intensitätszunahme des hindurchgelassenen Strahles, wenn die Reflexionsbedingung erfüllt ist, u. bei der zweiten Kristallart konstante Intensität im ganzen Bereich. Die Abnahme der wirksamen Absorption der Röntgenstrahlen im Reflexionsbereich läßt sich unter Annahme von Resonanzerscheinungen verstehen. Die Beobachtungen scheinen im wesentlichen dem von VON LAUE (C. **1949.** II. 726) berechneten u. von BORRMANN (C. **1952.** 492) untersuchten Effekt zu entsprechen. (Acta crystallogr. [London] **4.** 180—81. März 1951. Passaic, N. J., U. S. Rubber Co.) KRÖNERT. 181

F. J. Llewellyn, *Die Röntgenaufnahme von flüchtigen oder zerfließenden Einkristallen.* Anläßlich der Unters. einer Reihe flüchtiger, aliphat. Nitrokörper gibt Vf. eine weitere Meth. an (vgl. DUKE u. LLEWELLYN, C. **1951.** II. 3420), wie diese u. ähnliche Substanzen unter Luftabschluß untersucht werden können. Dazu werden Röhrchen aus Perspexstäbchen hergestellt, die man ausbohrt u. anschließend in einem besonderen Verf. auf die gewünschte Wandstärke abdreht. Als geeignet für WEISSENBERG-Aufnahmen stellten sich Röhrchen folgender Abmessungen heraus: Länge 40 mm, innerer Durchmesser 5 mm, Wandstärke 0,15 mm u. äußerer Durchmesser an den Enden 10 mm. Der Kristall wird im Röhrchen befestigt u., nachdem die Enden luftdicht verschlossen sind, opt. justiert. Der Absorptionskoeff. für CuK_α-Strahlung ist sehr klein ($J/J_0 = 0{,}90$), u. die entsprechenden Korrekturen für die Intensitäten lassen sich einfach berechnen, sofern die Abweichungen zwischen Röhrchen- u. Kristallachse 3% nicht übersteigt. (Acta crystallogr. [London] **4.** 185. März 1951. Auckland, New Zealand, Auckland Univ. Coll., Dep. of Chem.) KRÖNERT. 181

R. Gáspár und **A. Kónya,** *Zur Theorie des HJ-Moleküls.* Vff. entwickeln unter der Annahme, daß das HJ-Mol. aus einem J^--Ion u. einem Proton aufgebaut ist, auf Grund des von GOMBÁS (vgl. Z. Physik **121.** [1949.] 523) mit der Korrelationskorrektion erweiterten statist. Modells des J^--Ions u. der ebenfalls von GOMBÁS für dieses erweiterte Modell entwickelten Störungsrechnung eine Theorie des HJ-Moleküls. Die auf Grund dieser Theorie berechneten Bindungskonstanten sowie der Kernabstand u. die Dissoziationsenergie, ferner das induzierte Dipolmoment des Mol. stimmen befriedigend mit den empir. Werten überein. (Acta physica Acad. Sci. hung. **3.** 31—44. 1953. Budapest, Univ. für techn. Wissenschaften, Physikal. Inst.) GOTTFRIED. 182

Inga Fischer, *Die Näherungen in der Molekültheorie, geprüft an LiH und BeH^+.* Vf. berechnet nach dem 1. u. 2. Näherungsverf. die Energieeigenwerte (E) u. Elektronenverteilung von LiH u. BeH^+, Überlappungsintegrale werden dabei in allen Fällen berücksichtigt, jedoch andere Näherungen nacheinander eingeführt u. ihre Auswrkg. auf die E-Werte diskutiert. Die nach beiden Methoden bei Berücksichtigung aller Elektronen berechneten Ergebnisse stimmen gut überein, wichtig ist dabei Beachtung einer strikten Orthogonalität aller Eigenfunktionen. Bei Berücksichtigung nur der Valenzelektronen bei der Berechnung sollen die ns-Eigenfunktionen auch bei $n > 1$ keine Knoten haben. Der durch Minimisierung bei Benutzung vorst. Eigenfunktionen erhaltene Kernabstand stimmt gut mit dem experimentellen Wert überein, dieser kann daher bei der Best. der Elektronenverteilung benutzt werden. — Für partiell-ion. Bindungen definiert Vf. einen Durchdringungsterm u. stellt eine Bedingung eines Maximums der Durchdringung auf, die dem PAULINGschen Prinzip maximaler Überlappung entspricht u. eine erste Kenntnis der Kombination der AO's liefert, welche die besten MO's bildet. (Ark. Fysik **5.** 349—76. 1952.) KRESZE. 182

H. J. M. Bowen, *Die Struktur von Selentetrafluorid.* Es wurden Elektronenbeugungsaufnahmen an SeF_4 hergestellt. Die radiale Verteilungskurve zeigte ein starkes Maximum bei 1,76 Å u. ein viel kleineres, asymm. Maximum bei ca. 3,0 Å. Das erste Maximum entspricht wahrscheinlich dem Abstand Se—F, das zweite den F—F-Abständen. Sollten die F-Atome regulär-tetraedr. mit Se—F = 1,76 Å angeordnet sein, dann sollte das zweite Maximum bei 2,87 Å liegen. Es wurden eine Reihe von Modellen durchgerechnet. Die beste Übereinstimmung zwischen berechneten u. beobachteten Intensitäten gab ein Modell mit einem verzerrten Tetraeder von F-Atomen um das Se-Atom mit 2 entgegengesetzten F—Se—F-Winkeln von 120° u. den restlichen 4 F—Se—F-Winkeln von 104,5°. Der Se—F-Abstand dieses Modells beträgt $1{,}765 \pm 0{,}025$ Å. (Nature [London] **172.** 171. 25/7. 1953. Oxford, Phys. Chem. Labor.) GOTTFRIED. 182

Wolfgang Kost, *Vorgänge bei der Eisbildung.* Aus der mit Thermoelementen festgestellten Temp. der Unterkühlung des W. wird der eigentliche E. entnommen. An einer senkrechten Wand wird die Dicke der Eisschicht, die sich unter dem Einfl. der kalten Platte bildet, u. die Gefriergeschwindigkeit in Abhängigkeit von Temp. u. Zeit ermittelt. Die Resultate sind in Kurven u. Tabellen wiedergegeben. Die Tempp. lagen zwischen −0,02 u. −0,11°, die Geschwindigkeiten zwischen 0,2 u. 2 mm/Minute. Die Verss. wurden beim Impfen von unterkühltem W. mit einem Eiskristall in einem waagerechten Rohr bestätigt. Die Kristallisationsgeschwindigkeit hängt von der Unterkühlungstemp. ab. Im Anhang werden die benutzten Apparaturen u. Schaltungen beschrieben, sowie die theoret. Rechnungsgrundlagen erörtert. Ausführliches Literaturverzeichnis. (Abh. dtsch. kältetechn. Ver. **1953**. Nr. 8. 1−84. Karlsruhe, TH, Kältetechn. Inst.) Miething. 190

J. J. Dowd und **R. L. Rouse**, *Verteilungskoeffizient von Indium in Germanium bei Kristallisation.* 14 g Ge vom n-Typ wurden mit $2,3 \cdot 10^{-3}$ g radioakt. In — erhalten durch Beschießen von In mit Neutronen — in Ar-Atmosphäre zusammengeschmolzen u. unter dauerndem scharfen Beblasen mit Ar langsam abgekühlt. Das Kristallisationsprod. erwies sich als ein Einkristall von 4 cm Länge u. 0,8 cm Durchmesser; er erwies sich als elektr. p-Typ. Der Kristall wurde schichtweise, senkrecht zur Längsachse geteilt u. die Aktivitäten jedes Schnitts zur Herst. der relativen Konzz. an In mit dem Geiger-Zähler untersucht. Zur Feststellung der absol. Konz. wurde ein Schnitt in Königswasser gelöst, auf ein Standardvol. aufgefüllt u. die Aktivität der Fl. mit der einer Standardlsg. verglichen, die eine bekannte Menge radioakt. In enthielt. Die Verteilung der In-Konz. in dem Kristall sollte unter der Voraussetzung, daß die Mischung in der fl. Phase vollkommen u. die Diffusion in der festen Phase zu vernachlässigen ist, der Beziehung $C/C_0 = k(1-g)^{k-1} \simeq k/(1-g)$ mit $k \ll 1$ folgen; es bedeuten C u. C_0 die In-Konzz. im Kristall u. der Schmelze, g der Teil der verfestigten Schmelze u. k der Verteilungskoeffizient. Trägt man die gemessenen Konzz. graph. als Funktion von $(1-g)^{-1}$ auf, dann ist aus der erhaltenen Geraden erkenntlich, daß die obige Gleichung erfüllt ist. Aus der Neigung der Geraden errechnet sich für den Verteilungskoeff. k ein Wert von $(1,25 \pm 0,15) \cdot 10^{-3}$. (Proc. physic. Soc., Sect. B **66**. 60−61. 1/1. 1953. Aldermaston, Assoc. Electr. Ind. Ltd., Res. Labor.) Gottfried. 190

Tokiti Noda, Hiroshi Tomita und **Kenichi Miyata**, *Elektronenmikroskopische Beobachtung von Kohlebürsten.* 1. Mitt. In Erweiterung der röntgenograph. Unterss. von Noda u. Sato (vgl. C. **1953**. 8530) an von der Nippon Carbon Co. dargestellten handelsüblichen Kohlebürsten berichten Vff. über elektronenmkr. Unterss. an dem gleichen Material. Es wurde gefunden, daß Bürsten vom Pechkokstyp aus Graphitkristallen bestehen, die irreguläre Formen u. flache Oberflächen haben. Die Größen der Graphitkristalle sind sehr unterschiedlich; gut graphitisierte Kristalle haben flache u. glatte, weniger graphitisierte Kristalle dagegen rauhe Oberflächen. Bürsten vom Rußtyp bestehen zum Teil aus kleinen Kohleteilchen zum Teil aus solchen, die Pechkoksursprungs sind. Die Größe der kleinen Teilchen ist angenähert dieselbe wie die der ursprünglichen Rußteilchen. (Bull. chem. Soc. Japan **26**. 40−43. Jan. 1953. Nagoya, Univ., Fac. of Engng., Dep. of Appl. Chem.) [Orig.: engl.]) Gottfried. 190

Dillon Mapother, *Einfluß von Röntgenbestrahlung auf den Selbstdiffusionskoeffizienten von Na in NaCl.* Mit der von Mapother, Crooks u. Mamer beschriebenen radioakt. Spurentechnik (vgl. C. **1951**. II. 945) wurde der Selbstdiffusionskoeff. für das Na-Ion in NaCl für Proben gemessen, die während des Diffusionsprozesses mit Röntgenlicht bestrahlt wurden. Experimentell wurde derart vorgegangen, daß zwei gleichgroße Kristalle, auf deren eine Seite NaCl mit radioakt. Na aufgedampft worden war, im Ofen bei der gleichen Temp. gehalten wurde. Während der Diffusion wurde der eine Kristall mit Röntgenlicht bestrahlt, während der andere gegen die Strahlen abgeschirmt wurde. Nach den Verss. wurden die Kristalle schichtweise geschnitten u. die Verteilung der Radioaktivität in Abhängigkeit von dem Abstand von der aufgedampften Schicht gemessen. Die Verss. wurden bei 427, 462, 496, 527, 567 u. 604° durchgeführt. Bei allen Tempp. bis auf die beiden höchsten Tempp. war die Diffusionsgeschwindigkeit des nichtbestrahlten Kristalls kleiner als die des bestrahlten. Oberhalb 550° wurde dieser Effekt nicht mehr beobachtet. (Physic. Rev. [2] **89**. 1231−32. 15/3. 1953. Pittsburgh, Pa., Carnegie Inst. of Technol.) Gottfried. 190

Klaus Brodersen und **Walter Rüdorff**, *Über das kubische und das „rhombische" Quecksilberamidobromid.* Im Gegensatz zu dem Ergebnis der Vff., daß $HgNH_2Br$ kub. krist. (vgl. C. **1953**. 2562 u. 4008), haben Nijssen u. Lipscomb kürzlich ein rhomb. $HgNH_2Br$ beschrieben (vgl. C. **1954**. 5953). Eine analyt. u. röntgenograph. Unters. der Fällungsprodd. von $HgBr_2$-Lsgg. mit NH_3 in Abhängigkeit von der NH_3-Konz. bestätigt nun das frühere Ergebnis der Vff., daß das reine $HgNH_2Br$ kub.

kristallisiert. Es bildet sich nur bei NH_3-Konzz. zwischen 0,09 u. 0,007 Mol/Liter. Dagegen entsteht das von NIJSSEN u. LIPSCOMB beschriebene rhomb. Prod. bei NH_3-Konzz. über 0,09 Mol/Liter, doch sind diese Präpp. kein reines $HgNH_2Br$, sondern enthalten sehr wahrscheinlich bis zu 5 Mol-% $HgBr_2$ in fester Lsg., wodurch erst die rhomb., dem $HgNH_2Cl$ analoge Struktur stabilisiert wird. (Z. anorg. allg. Chem. **275**. 141—46. Febr. 1954. Tübingen, Univ., Chem. Inst., Anorg. Abt.)
B. REUTER. 195

W. H. Zachariasen, *Kristallchemische Untersuchungen an Elementen der 5 f-Reihe.* 15. Mitt. *Die Kristallstruktur von Plutoniumsesquicarbid.* (14. vgl. C. **1952**. 4896.) Pulveraufnahmen an Pu_2C_3 ergaben eine raumzentriert-kub. Zelle mit a = 8,129 ±0,001 Å (8,113 ± 0,001 kX); Raumgruppe ist T_d^6—$I\bar{4}3d$; Z = 8; berechnete D. 12,70. In dem Gitter liegen 16 Pu in (0 0 0); ($^1/_2$ $^1/_2$ $^1/_2$) + x x $\bar{x}$; $^1/_4$ + x, $^1/_4$ + x $^1/_4$ + x; ($^1/_2$ + x, $^1/_2$ — x, $\bar{x}$) ↻; ($^3/_4$ — x, $^1/_4$ — x, $^3/_4$ — x) ↻ mit x = 0,050 ± 0,003 u. 24 C in 0 0 0; $^1/_2$ $^1/_2$ $^1/_2$ + (y 0 $^1/_4$) ↻; ($^1/_2$ — y, 0, $^3/_4$) ↻; ($^3/_4$ + y, 0, $^3/_4$) ↻; ($^3/_4$ — y, 0, $^1/_4$) ↻ mit y = 0,280. In dem Gitter ist jedes Pu-Atom von 3 mal 3 C-Atomen in den Abständen 2,48; 2,51 u. 2,84 Å umgeben. Der kürzeste Abstand Pu—Pu beträgt 3,35 Å. Die C-Atome sind durch kovalente Bindungen unter Bldg. von C_2-Gruppen verknüpft. (Acta crystallogr. [Copenhagen] **5**. 17—19. Jan. 1952. Chicago, Ill., Univ. Argonne National Labor., Dep. of Phys.) GOTTFRIED. 195

W. H. Zachariasen, *Kristallchemische Untersuchungen an Elementen der 5 f-Reihe.* 16. Mitt. *Identifizierung und Kristallstruktur von metallischem Protactinium und Protactiniummonoxyd.* (15. vgl. vorst. Ref.) PaF_4 wurde in Mengen von 50 µg mittels Ba reduziert. Das Reaktionsprod. in Form winziger, metall. aussehender Kügelchen wurde röntgenograph. untersucht. Auf den erhaltenen Diagrammen traten neben den stärksten Interferenzen von PaO_2 solche auf, die unter der Annahme zweier Phasen indiziert werden konnten. Die erste Phase erwies sich als zum NaCl-Typ gehörig mit der Elementarzelle a = 4,961 ± 0,003 Å (4,951 ± 0,003 kX). Es ist mit Sicherheit anzunehmen, daß es sich bei dieser Phase um PaO handelt; die berechnete D. ist 13,43. Die zweite Phase ist raumzentriert-tetragonal mit a = 3,925 ± 0,005 Å (3,917 ± 0,005 kX) u. c = 3,238 ± 0,007 Å (3,232 ± 0,007 kX). Die beobachteten Intensitäten verlangen 2 Metallatome pro Zelle. Das Vol. des Metallatoms ist 24,9 Å^3, während das von metall. Th 32,8 Å^3 u. das von metall. U 20,7 Å^3 beträgt. Es ist daher mit Sicherheit anzunehmen, daß es sich bei der zweiten Phase um metall. Pa handelt; die berechnete D. beträgt 15,37 ± 0,08. Die Struktur kann man sich aus einer raumzentriert-kub. Struktur durch Kompression der letzteren entlang einer vierzähligen Achse entstanden denken, so daß das Achsenverhältnis statt 1 0,825 beträgt. Mit dem Achsenverhältnis $\sqrt{^2/_3}$ = 0,817 hätte jedes Metallatom 10 nächste Nachbarn in gleichem Abstand. Mit dem wahren Achsenverhältnis hat jedes Pa-Atom 8 Nachbarn in einem Abstand von 3,212 Å u. 2 weitere in 3,238 Å. Die nächsten 4 Nachbarn liegen von dem Pa 3,925 Å entfernt. Der Radius des Pa für Koordinationszahl 10 beträgt 1,609 Å; dies entspricht einem Radius von 1,63 Å für die Koordinationszahl 12. Demgegenüber beträgt der Radius des Th 1,80 Å u. der des U 1,50 Å. Die Radien für Th, Pa u. U zeigen den schnellen Abfall mit der Atomzahl, der charakterist. für den Eintritt von Elektronen in die d-Unterschale ist. Die Ggw. von 5f-Elektronen in diesen Metallen ist vollkommen ausgeschlossen. (Acta crystallogr. [Copenhagen] **5**. 19—21. Jan. 1952. Chicago, Ill., Univ., Argonne National Labor., Dep. of Phys.)
GOTTFRIED. 195

Bertil Dahlman, *Die Kristallstruktur von Kröhnkit, $CuNa_2(SO_4)_2 \cdot 2H_2O$, und Brandtit, $MnCa_2(AsO_4)_2 \cdot 2\,H_2O$.* Es wurden röntgenograph. Kröhnkit, $CuNa_2(SO_4)_2 \cdot 2\,H_2O$ (**I**), u. Brandtit, $MnCa_2(AsO_4)_2 \cdot 2\,H_2O$ (**II**), untersucht. Die monoklinen Zellen haben die Dimensionen: **I** a = 5,78 Å; b = 12,58 Å; c = 5,48 Å; β = 108° 30′ u. **II** a = 5,65 Å; b = 12,80 Å; c = 5,65 Å; β = 99° 30′; Raumgruppe für beide Mineralien ist C_{2h}^5—$P\,2_1/c$; Z = 2. Die Struktur wurde mit Hilfe von PATTERSON-Funktionen u. einer FOURIER-Synth. festgelegt. In dem Gitter liegen je 2 Mn bzw. 2 Cu in 0 0 0; 0 $^1/_2$ $^1/_2$; alle anderen Atome liegen in der allgemeinsten vierzähligen Lage mit den folgenden Parametern: **I**: 4 Na (x =) 0,427; (y =) 0,126; (z =) 0,237; 4 S: 0,766; 0,118; 0,578; 4 O_1: 0; 0,165; 0,480; 4 O_2: 0,730; 0,049; 0,803; 4 O_3: 0,733; 0,049; 0,358; 4 O_4: 0,571; 0,186; 0,622; 4 H_2O: 0,173; 0,130; 0,987; **II**: 4 Ca (x =) 0,428; (y =) 0,120; (z =) 0,253; 4 As: 0,777; 0,122; 0,566; 4 O_1: 0,048; 0,165; 0,522; 4 O_2: 0,694; 0,055; 0,816; 4 O_3: 0,756; 0,030; 0,336; 4 O_4: 0,559; 0,208; 0,566; 4 H_2O: 0,208; 0,136; 0,935. In dem Gitter liegt das Mn- bzw. Cu-Atom im Mittelpunkt eines von 4 O-Atomen u. 2 H_2O-Moll. gebildeten Oktaeders. Die S- bzw. As-Atome sind tetraedr. von 4 O-Atomen umgeben. Jedes Mn- bzw. Cu-Oktaeder hat 1 O-Atom gemeinsam mit 4 verschied. Arsenat- bzw. Sulfattetraedern. Auf diese Weise sind die Kristalle aus unendlichen Ketten der Zus. $Mn(AsO_4)_2 \cdot 2\,H_2O$ bzw. $Cu(SO_4)_2 \cdot 2\,H_2O$ aufgebaut, die parallel der c-Achse verlaufen, u. zwar durch die Ecken u. die Mitten der Elementarzellen. Die Ca- bzw. Na-Atome besetzen die durch die Ketten freigelassenen Gitterpunkte u. sind von 6 O-Atomen u. 1 H_2O-Mol. umgeben: Jedes H_2O-Mol. ist an 1 Mn- bzw. Cu-Atom u. an 1 Ca- bzw. Na-Atom gebunden. Die Abstandsverhältnisse in beiden Gittern sind tabellar. zusammengestellt. Vf. diskutiert hierauf kurz die Beziehungen der beiden Kristalle zu Verbb. des Typs $A_3(XO_4)_2 \cdot 2\,H_2O$ u. kommt zu dem Ergebnis, daß die triklinen Glieder der Reihe ebenfalls aus unendlichen Ketten der Zus. $M(XO_4)_2 \cdot 2\,H_2O$ parallel zur c-Achse aufgebaut sind u. daß ihre Strukturen eine enge Verwandtschaft zu denen der monoklinen Reihe besitzen. Ausführlich wird hierauf noch die strukturelle Beziehung zu den TUTTONschen Salzen besprochen. (Ark. Mineralog. Geol. **1.** 339—66. 1952. Stockholm, Riksmuseet, Mineralog. Adv.; Högskola, Mineralog. Inst.) GOTTFRIED. 195

Chr. Menzel-Kopp und **E. Menzel,** *Elektronenbeugung an Metalleinkristallen bis 1000° C.* Bei der Unters. des Temperatureinfl. auf die Elektronenbeugung besteht eine experimentelle Schwierigkeit in dem magnet. Einfl. des Heizstromes auf den Elektronenstrahl. Bei Widerstandsheizung mit Wechselstrom oder Lichtbogenheizung kann daher nur nach Abschalten des Heizstromes beobachtet werden. Dabei ist die Temp. nicht mehr scharf definiert. Diese Schwierigkeit wird durch eine neue Anordnung vermieden, die eine rasche Aufeinanderfolge von Heiz- u. Beobachtungsperioden erlaubt. Die Anordnung (Einzelheiten s. Original) arbeitet zuverlässig für alle verwendeten Stromstärken u. damit Tempp. des Präparates. Auch bei sehr kleinen Proben wird durch den schnellen Wechsel die Temp. kaum schwanken. (Z. Naturforsch. **8a.** 499—500. Aug. 1953. Tübingen, Univ., Phys. Inst.) v. HARLEM. 197

Linus Pauling, *Atomabstände in Co_2Al_9.* Die Strukturunters. der intermetall. Verb. Co_2Al_9 durch DOUGLAS (C. **1950.** II. 866) ergab einen durchschnittlichen Abstand Co—Al von 2,47 Å. Demgegenüber liegt der nach der Meth. des Vf. berechnete Wert von 2,615 Å erheblich zu hoch. Diese Diskrepanz ist auf falsche Anwendung der Korrekturen für die Atomradien zurückzuführen. Vf. weist nach, daß man durch richtige Anwendung seiner Meth. einen Wert von 2,516 Å erhält, der besser dem experimentell gefundenen entspricht. Eine Berechnung unter Berücksichtigung der Elektronenverschiebung ergibt sogar den genauen experimentell bestätigten Wert von 2,474 Å für den Abstand Co—Al. Der Abstand Al—Al in Co_2Al_9 wurde im Mittel zu 2,84 Å bestimmt; die wie oben berechneten Werte sind 2,905 Å u. nach der genaueren Meth. 2,872 Å. (Acta crystallogr. [London] **4.** 138—40. März 1951. Pasadena, Calif., California Inst. of Technol., Gates and Crellin Labor. of Chem.) KRÖNERT. 197

Eugen Kappler und **Ludwig Reimer,** *Röntgenographische Untersuchungen über Eigenspannungen in plastisch gedehntem Eisen.* Die Theorie von GREENOUGH über Eigenspannungen II. Art in plast. verformten Metallen wird von Vff. für einen zur Probenachse schrägen Einfall der Röntgenstrahlen erweitert. Die aus der Abgleitung, den Neigungswinkeln u. den elast. Konstanten berechnete relative Änderung der Gitterkonstanten zeigt den im Experiment gefundenen Gang, jedoch liegt die angewandte Spannung um einen Faktor 7—8 höher als die berechnete. Diese Abweichung soll auf dem Einfl. der Verfestigung beruhen. Die Verwendung verschied. Strahlenarten (Cr u. Co) ermöglicht die Feststellung, daß die Körner unterschiedlich verfestigt werden. (Naturwissenschaften **40.** 360. Juli 1953. Münster i. W., Univ., Physik. Inst.) HEUMANN. 200

F. D. Rosi, *Homogene Dehnung von Einkristallen.* In Anlehnung an eine von RÖHM u. KOCHENDÖRFFER (vgl. C. **1951.** I. 3465) beschriebene Meth. zur möglichst homogenen Dehnung von Metalleinkristallen beschreibt Vff. einen Dehnungsapp., bei welchem die Einspannhalterungen während des Zugs durch eine besondere Vorr. derart nach entgegengesetzten Seiten verschoben werden, daß die Zugrichtung stets entlang der ganzen Länge des Versuchsstabes verläuft. Röntgenaufnahmen an einem gedehnten *Ag*-Stab zeigten dicht neben der Einspannvorr. keine Veränderung der LAUE-Interferenzen. (Rev. sci. Instruments **22.** 708—10. Sept. 1951. Bayside, Long Island, N. Y., Sylvania Electric Products, Inc.) GOTTFRIED. 200

Roger Jouty, *Messung der Änderung der freien Energie eines Metalls durch die Härtung.* Zur Best. der Änderung der freien Energie eines Metalls durch die Härtung maß Vf. die EMK. der Kette angelassenes Cu| gesätt. Lsg. von $CuSO_4$| durch Auswalzen gehärtetes Cu. Die beiden Elektroden hatten die gleichen Dimensionen u. wurden vor den Verss. elektrolyt. poliert. Während der Messungen wurde die Lsg. dauernd gerührt. Bei einem Auswalzgrad von 80% wurde eine EMK. von 10 μV gemessen.

Dies entspricht einer Änderung der freien Energie von 0,4 cal/Grammatom oder 0,007 cal/g. Der Wert ist von der gleichen Größenordnung wie der von EUGÈNE (vgl. C. **1954.** 2778) gefundene Wert. (C. R. hebd. Séances Acad. Sci. **237.** 488–89. 31/8. 1953.) GOTTFRIED. 200

D. McLean, *Wechselwirkung zwischen Kristallgleitung und Korngrenzenbewegung.* Zur Unters. der Zusammenhänge zwischen dem Kriechen von polykristallinen Metallen bei erhöhten Tempp. u. der Wanderung der Korngrenzen wurden an *Al* ca. 100std. Kriechverss. bei longitudinalen Zugspannungen zwischen $^1/_{20}$ u. $^1/_2$ t/in.^{2} bei 250, 300, 350 u. 400° durchgeführt. Graph. wurden hierauf die mittleren Korngrenzenverschiebungen gegen die angewandte Spannung aufgetragen. Es ergab sich hierbei, daß das Ausmaß dieser Wanderung bei allen Tempp. sehr empfindlich von der angelegten Spannung abhängig war. An einer Korngrenze wirkt während der Deformation auf Versetzungen, welche sich dieser Grenze nähern, eine Kraft ein, die darauf hinwirkt, sie zum Stillstand zu bringen. Auf die Korngrenzen wirkt die äquivalente entgegengesetzte Kraft ein. Bei genügend hohen Tempp. sind die Grenzen beweglich u. sollten sich auf Grund der angewandten Kraft bewegen; die Versetzungen dagegen werden gestoppt, bis die angewandte Spannung groß genug ist, um sie durch die Grenzen zu zwingen. Die Kraft auf 1 cm Länge Versetzung infolge der angewandten Spannung σ ist σb, wo b der BURGERS-Vektor der Versetzung ist. Wenn ein Querschnitt durch die Grenzfläche n Versetzungen zeigt, dann ist der mittlere Druck auf die Grenzfläche nσb. Die Spannung um eine Kantenversetzung ist nicht gleichmäßig. Auf der oberen Seite einer positiven Kantenversetzung ist die Spannung Druckspannung, auf der unteren Seite Zugspannung. Der nicht gleichmäßige Druck u. die Spannung wirken als einzelne Atome in der Grenzfläche, der Gesamtdruck aber wirkt auf die Anordnung der Atome, aus der die Grenze besteht. Diese Unterscheidung fällt mit der Tatsache zusammen, daß, wenn sich die Grenze um eine relativ große Entfernung bewegt, die einzelnen Atome sich nur um einen Bruchteil eines interatomaren Netzebenenabstandes fortbewegen. Ähnlich bewegte sich auch die Anordnung der Atome, die die Versetzung bilden, um eine relativ große Entfernung, während sich die Atome auf der oberen u. unteren Seite einer positiven Kantenversetzung um einen Bruchteil eines interatomaren Netzebenenabstandes in entgegengesetzten Richtungen verschieben. (Nature [London] **172.** 300–01. 15/8. 1953. Teddington, Middlesex, Nat. Phys. Labor., Metallurgy Div.) GOTTFRIED. 200

A. E. Deruyttere und **G. B. Greenough,** *Gleitungsbruch von Zinkeinkristallen.* Vff. stellten an Zn-Einkristallen Gleitungsbruchverss. an mit dem Ziel, festzustellen, ob die Zugspannung senkrecht zur Gleitebene das Kriterium für den Bruch ist. Zn-Einkristalle (99,99% Zn) wurden in Ar-Atmosphäre nach der Meth. von ANDRADE u. ROSCOE erhalten. Die Bruchverss. an diesen Kristallen wurden dann bei –196° durchgeführt, u. zwar in einer möglichst axialen Richtung. Vor dem Bruch deformierten die Kristalle plastisch. Graph. aufgetragen wurde hierauf die angewandte Zugspannung, sowie die aufgelöste Komponente der Spannung senkrecht zur Gleitebene gegen den Winkel zwischen der Richtung der angelegten Zugspannung u. der Gleitebene. Die Versuchsergebnisse sind graph. wiedergegeben. (Nature [London] **172.** 170–71. 25/7. 1953. Sheffield, Univ., Dep. of Metallurgy.) GOTTFRIED. 200

Elliot H. Weinberg, *Das Kriechen von Zinkeinkristallen unter Scherspannung.* (Vgl. C. **1953.** 7740.) Es wurden bei Zimmertemp. Zugverss. an sehr reinen Zn-Einkristallen durchgeführt. Die Kristalle lagen in Form rechteckiger Stäbe vor mit der $[1\,1\,\bar{2}\,0]$-Richtung parallel der Stabachse. Die Versuchsanordnung wird genau beschrieben. Ganz allg. ergab sich bei den Verss. eine Bestätigung des TYNDALLschen Gesetzen $S = at^m$ (vgl. C. **1951.** I. 2405), in dem S die Spannung unter einem gegebenen Zug, t die Zeit u. a u. m empir. Konstanten bedeuten. Nach TYNDALL hat m für alle Kristalle einen Wert von ca. 0,5, während a eine Funktion des Zuges ist. In den vorliegenden Unterss. wurde für m ein Wert von ca. 0,6 gefunden. Trägt man den log der Spannung graph. gegen den log der Zeit auf, dann erhält man bei aufeinanderfolgenden Zugbelastungen stets gerade Linien; in keinem Fall wurden Andeutungen über 2 oder 3 verschied. Kriechprozesse erhalten. Die von anderen Seiten beobachteten Diskrepanzen bei Zugkriechverss. sind wahrscheinlich auf ein Biegen der zu untersuchenden Probe während des Kriechprozesses zurückzuführen. Es wurde weiter der BAUSCHINGER-Effekt untersucht. Hierbei ergab sich, daß er dem gleichen Kriechgesetz unterliegt. (J. appl. Physics **24.** 734–44. Juni 1953. Iowa City, Io., State Univ., Dep. of Phys.) GOTTFRIED. 200

W. T. Read, Dislocations in crystals. London: McGraw-Hill. 1953. (228 S. m. Abb.) 36 s.

A_7. Gleichgewichte. Kinetik.

E. Berne und **I. Leden,** *Die Komplexbildung zwischen Silberionen und Bromidionen in wässerigen Lösungen.* Potentiometr. u. Löslichkeitsmessungen der Vff. zeigten, daß in AgBr-Lsgg. mit einer Bromid-Konz. von 10^{-5}—5 mol. Komplexe der allg. Zus. $AgBr_n^{(1-n)}$ (n = 1, 2, 3, 4) vorliegen. Die Bldg. dieser Komplexe geht schrittweise vor sich, wobei sich $AgBr_2^-$ als die stabilste Kombination erweist. Dies entspricht der Neigung des Ag^+, die „charakterist." Koordinationszahl 2 anzunehmen. Die Komplexkonstanten der genannten Komplexe wurden für verschied. Ionenstärken (J), errechnet. Die haben bei J = 0 für die Komplexe mit n = 0, 1, 2, 3, 4 die Werte $4{,}6 \cdot 10^{-13}$, $1{,}1 \cdot 10^{-8}$, $1{,}0 \cdot 10^{-5}$, $4{,}5 \cdot 10^{-5}$ u. $2{,}5 \cdot 10^{-4}$. Weitere Werte für J = 0,1 u. J = 5 im Original. Aus den erhaltenen Werten werden thermodynam. Löslichkeits- u. Komplexkonstanten berechnet. AgBr ist ein schwacher Elektrolyt mit einer Dissoziationskonstante von $4 \cdot 10^{-5}$. In den untersuchten Lsgg. sind Mehrkernkomplexe nur in kleiner Menge vorhanden, u. nach Vff. ist es wahrscheinlich, daß auch die Bldg. von Komplexen mit mehr als 2 Ag-Atomen stattfindet. Die Bldg. der Mehrkernkomplexe tritt bei der Bromid-Konz. = 3 mol. ein u. verläuft in erster Stufe wahrscheinlich nach $2\,AgBr_4^{3-} \rightleftharpoons Ag_2Br_6^{4-} + 2\,Br^-$. (Z. Naturforsch. **8a.** 719—26. Nov. 1953. Göteborg, Chalmers TH, Inst. für Kernchemie u. Inst. für anorg. Chem.)
PLUST. 223

J. Chatt und **L. A. Duncanson,** *Olefin-Koordinationsverbindungen.* 3. Mitt. *Ultrarotspektren und Struktur: Versuch einer Darstellung von Acetylenkomplexen.* (2. vgl. C. **1953.** 2889.) Die Ultrarotspektren der Verbb. $K[C_2H_4PtCl_3] \cdot H_2O$, $K[C_3H_6PtCl_3] \cdot H_2O$, $K_2[C_4H_6(PtCl_3)_2]$, $(C_2H_4PtCl_2)_2$ u. $(C_3H_6PtCl_2)_2$ ergeben, daß bei der Komplexbldg. die Olefingruppen erhalten bleiben u. dem Pt symm. koordiniert werden. Die C=C-Frequenz findet sich bei $\sim$1504 cm^{-1}, wird demnach durch die Koordination mit dem Metall um ca. 143 cm^{-1} erniedrigt. Da TAUFEN, MURRAY u. CLEVELAND (J. Amer. chem. Soc. **63.** [1941.] 3500) für Silberion-Olefinkomplexe nur eine Frequenzerniedrigung der C=C-Bindung um ca. 70 cm^{-1} finden, wird gefolgert, daß die Olefingruppe an Pt stärker als an Ag gebunden ist. Im Butadienkomplex liegt statt bei $\sim$1500 cm^{-1} eine starke Absorptionsbande bei **1475** cm^{-1}, für diese wird die Deutung als C=C-Frequenz, die sowohl durch Konjugation als auch durch Koordination mit dem Metall erniedrigt ist, für möglich gehalten. Bei symm. Koordinierung des Olefins um die Doppelbindung konnte die C=C-Frequenz nur schwach $[(C_2H_4PtCl_2)_2]$ oder gar nicht $[K(C_2H_4PtCl_3) \cdot H_2O]$ beobachtet werden. Aus Messungen des Dipolmoments von Verbb. des Typs $C_2H_4 \cdot am \cdot PtCl_2$ (am = Amin) schließen Vff., daß das $C_2H_4 \rightarrow$ Pt-Bindungsmoment um $\sim$2 D von dem der N $\rightarrow$ Pt-Bindung verschieden (wahrscheinlich niedriger) ist. Es wird vermutet, daß die Bindung zwischen Olefin u. Pt höchstens $^1/_3$ Doppelbindungscharakter besitzt. Vff. zeigen weiterhin, daß das Pt in den Olefinkomplexen als formal 2-wertig u. nicht, wie HELLMANN u. GORUSCHKINA (C. **1948.** I. 1287) u. HELLMANN u. RJABTSCHIKOW (C. R. [Doklady] Acad. Sci. URSS **24.** [1939.] 549) angenommen hatten, als formal 4-wertig anzusehen ist. Aus den Spektren u. den bisher in der Literatur beschriebenen Eigg. der Olefinkomplexe von Pd^{II}, Pt^{II}, Cu^{I}, Ag^{I} u. Hg^{II} ergibt sich eine Struktur, die auf der von DEWAR (C. **1953.** 509) angenommenen basiert. — Die Chlorierung von $(C_2H_4PtCl_2)_2$ sollte verlaufen nach: $(C_2H_4)_2Pt_2Cl_4 + 2\,Cl_2 = 2\,C_2H_4Cl_2 + 2\,PtCl_2$ (I) oder $(C_2H_4)_2Pt_2Cl_4 + 2\,Cl_2 = (C_2H_4)_2Pt_2Cl_8$ (II). Bei Zugabe der entsprechenden Menge Cl_2 zu einer Lsg. des Äthylenkomplexes in $CHCl_3$ entstand kein Nd. von $PtCl_2$, so daß wahrscheinlich die Rk. nach **II** verläuft. Wurde die doppelte Menge Cl_2 einer Nitrobenzollsg. des Komplexes zugefügt, bildete sich Äthylendichlorid. Weiter wird eine verbesserte Darstellungsmeth. von $(C_2H_4PtCl_2)_2$ beschrieben. Verss., $PtCl_2$-Komplexe von Dimethylacetylen u. Diphenylacetylen darzustellen, verliefen erfolglos. (J. chem. Soc. [London] **1953.** 2939—47. Okt.)
E.-L. JAHN. 223

Peter T. Landsberg, *Über die Theorie der Reaktionsgeschwindigkeiten.* Es wird gezeigt, daß, durch Verbesserung der von EYRING u. WALLENSTEIN (C. **1953.** 8292) unter Benutzung der Reaktionsgeschwindigkeitstheorie erhaltenen Ergebnisse über chem. u. physikal. Sättigungsphänomene, diese in eine der statist.-mechan. Theorie von BRILLOUIN (C. R. hebd. Séances Acad. Sci. **184.** [1927.] 589) ähnliche Form gebracht werden u. beide Theorien zu gleichen Resultaten für Gleichgewichtsverteilungen führen können. (J. chem. Physics **21.** 2228—29. Dez. 1953. Philadelphia, Pa., Univ., Randal Morgan Labor. of Physics.)
GNAUCK. 225

Stuart A. Rice, *Eine Bemerkung zur Kinetik unitarischer Prozesse.* Vf. stellt eine allg. Gleichung für die Kinetik unitar. Prozesse auf u. setzt dazu voraus, daß 1. nur Übergänge zwischen benachbarten Zuständen erlaubt sind u. 2. die Übergangswahrscheinlichkeit C_s vom Zustand E_s in E_{s+1} bzw. E_{s-1} in der Zeit Δt gleich $k_s\Delta t$ bzw. $l_s\Delta t$ ist. Es ergibt sich dann die Gleichung $\partial C_s/\partial t = -(k_s + l_s)C_s + k_{s-1}C_{s-1} + l_{s+1}C_{s+1}$, aus der alle anderen kinet. Gleichungen abgeleitet werden können. Die allg. Anwendbarkeit wird geprüft an den Beispielen der Kinetik der Adsorption in monomol. Schicht an Grenzflächen zwischen fester u. Gasphase sowie der Geschwindigkeit der Aufnahme von Farbstoffen durch Proteine. (J. chem. Physics **21.** 2227. Dez. 1953. Cambridge, Mass., Harvard Univ., Gibbs. Mem. Labor.) GNAUCK. 225

Günter Henrich, *Über den Einfluß der Gasatmosphäre und des Preßdrucks auf Reaktionen im festen Zustand.* Vf. untersucht den Einfl. von Fremdgasen u. Kontaktmöglichkeiten auf die Reaktionsgeschwindigkeit fester Substanzen in einem Silitstabofen. Es ist so möglich, den zeitlichen Verlauf von Rkk. im festen Zustand in definierten Gasatmosphären sowie im Vakuum zu verfolgen. Des weiteren gibt Vf. eine einfache analyt. Meth. zur Best. des Umsatzes von Spinellen mit einer Genauigkeit von $\pm$ 0,5% an. Die Temperaturabhängigkeit der Rkk. *MgO* + Cr_2O_3 (I), *ZnO* + Cr_2O_3 (II), *CdO* + Cr_2O_3 (III), MgO + Al_2O_3 (IV), ZnO + Al_2O_3 (V) u. MgO + Fe_2O_3 (VI) in N_2 u. der Einfl. des Preßdrucks, der Korngröße, des Vermischungsgrades verschied. Fremdgase wie O_2, H_2, CO_2, SO_2 u. NH_3 u. des Vakuums auf die Umsetzungsgeschwindigkeiten werden festgestellt. Es zeigt sich, daß der Preßdruck in 3 deutlich voneinander verschied. Effekten einwirkt, die sich unter Umständen überlagern. Die Systeme **IV** u. **III** ergeben kaum eine Abhängigkeit des Umsatzes vom Preßdruck. Dagegen übt die Korngröße des Al_2O_3 einen deutlichen Einfl. auf das Syst. **IV** aus, auf das Syst. **V** dagegen nicht. Bereits in geringen Spuren fördert O_2 die Rk. **I** sehr stark, was durch eine intermediäre Rk. der Art 2 MgO + Cr_2O_3 + $^3/_2$ O_2 $\rightarrow$ 2 $MgCrO_4$ bzw. 2 $MgCrO_4$ $\rightarrow$ MgO + $MgCr_2O_4$ + $^3/_2$ O_2 gedeutet wird. Während O_2 im Syst. **IV** ohne Wrkg. ist, wird die Rk. **VI** durch O_2 merklich gehemmt, wofür die Zurückdrängung der therm. Dissoziation des Fe_2O_3 u. damit die Aufhebung der aktivierenden Wrkg. des N_2 verantwortlich gemacht werden können. H_2 u. NH_3 sind im untersuchten Temperaturintervall ohne Einfl. auf das Syst. **IV**, während die Rk. **V** durch CO_2 deutlich beschleunigt wird. Dagegen erhöht SO_2 den Umsatz im Syst. **IV** beträchtlich. Für eine Änderung der Reaktionsgeschwindigkeit im Vakuum konnte kein eindeutiger Beweis erbracht werden. (Z. Elektrochem., Ber. Bunsenges. physik. Chem. **58.** 183—96. 1954. Mainz, Univ., Anorg.-chem. Inst.) SURAWSKI. 225

O. G. Ingles, *Die Wassergaskonvertierungsreaktion in Brennstoffsystemen.* 1. Mitt. *Die Wassergaskonvertierung an Kohle.* Um den Einfl. der Wassergas-Rk. CO + $H_2O \rightleftharpoons CO_2 + H_2$ auf die Vergasung von Brennstoffen beurteilen zu können, muß die Wrkg. der Kohleoberfläche u. der Aschebestandteile auf jene Rk. bekannt sein. Da die Einfll. bislang nicht auseinandergehalten wurden, untersuchte der Vf. die Rk. beim Überströmen über reine Zuckerkohle im Temperaturbereich von 750—850°. Die Umsetzung der Gase mit dem Kohlenstoff war bruttoreaktionsmäßig gering, im allg. unter 1%. Bes. bemerkenswert ist der autokatalyt. Einfl. des Wasserstoffs. Der dadurch nahegelegte Kettenmechanismus wird durch die Hemmung der Rk. durch Zusatz von NO oder J gestützt. Kettenzündend wirkt die Kohle durch Abgabe von H-Atomen an die Gasphase. Teilweiser Ersatz der Kohle durch Quarz wirkt hemmend. Die H-Atome reagieren in der Kette H + $H_2O \rightleftharpoons$ OH + H_2 u. OH + CO $\rightleftharpoons CO_2$ + H. Die Kettenlänge soll größenordnungsmäßig 10 sein. Die erste Rk. ist von BEHRENS (C. **1953.** 8796) schon zur Deutung anderer Rkk. herangezogen worden. Genauere Diskussionen des Reaktionsschemas geben auch einzelne Beobachtungen wieder, z. B. die Aktivierungsenergien bei Zugabe u. anfänglicher Abwesenheit von H_2 (30 bzw. 62 kcal/Mol). (Trans. Faraday Soc. **48.** 706—12. Aug. 1952. Melbourne, Australien, Commonwealth Sci. and Ind. Res. Organization, Div. of Ind. Chem.) THEILE. 225

F. S. Dainton und **H. C. Sutton,** *Wasserstoffperoxydbildung bei der Oxydation von verdünnten wässerigen Eisen(II)-sulfatlösungen durch ionisierende Strahlen.* Vff. untersuchen die Oxydation von luftfreien u. lufthaltigen, stark verd. $FeSO_4$-Lsgg. durch ionisierende Strahlen (Röntgenstrahlen). Die Oxydation des $FeSO_4$ erfolgt durch H_2O_2, welches sich unter der Wrkg. der Strahlung bildet. Der Mechanismus der Rk. wird diskutiert. (Trans. Faraday Soc. **49.** 1011—25. Sept. 1953. Leeds, Univ., Dep. of Inorg. and Physic. Chem.) R. MATTNER. 226

W. Kuczyński, *Katalyse an Aluminiumsilicaten.* In einem Überblick über neuere Arbeiten wird auf die Bedeutung des Geh. von Al-Silicat an sauren Bestandteilen für seine katalyt. Wirksamkeit u. auf deren Abhängigkeit von physikal. Eigg. hingewiesen. — 23 Literaturhinweise. (Przemysł chem. **9** (**32**). 279—83. Juni 1953. Posen [Poznań], Univ.) R. K. MÜLLER. 227

W. Celler, Z. Placzek und **St. Ciborowski,** *Untersuchungen über die Capillarstruktur von Katalysatoren und Katalysatorträgern.* Das angewandte Verf. beruht auf der Adsorption u. Desorption von CO_2 bei —78°. Die App. wird beschrieben (Abb.). Die Unters. von Katalysatorträgern für die FISCHER-TROPSCH-Synth. ergibt für eine poln. Erde K-49 36 m^2/g. (Przemysł chem. **9** (**32**). 97—101. Febr. 1953.)
R. K. MÜLLER. 227

B. Anorganische Chemie.

A. Potier, *Darstellung von reinem Stickstoffperoxyd im Laboratorium.* Es gibt eine Reihe von Methoden, Stickstoffperoxyd herzustellen, aber die entstandenen Oxyde sind unrein u. benötigen eine besondere Reinigung. Vf. schlägt eine Kolonnenapp. vor, die gestattet, ohne große Aufsicht die industriell erhaltenen Stickstoffperoxyde, die N_2O_4, N_2O_3 u. wss. HNO_3 enthalten, zu reinigen u. weiterhin die im Labor. durch Red. von HNO_3 gewonnenen Dioxyde in reiner Form darzustellen. Hierbei wird der Hauptanteil der Stickstoffoxyde, das N_2O_3, in einer Art Oxydationskolonne in strömendem O_2 oxydiert, u. anschließend an diese Oxydation werden die verflüssigten Peroxyde in einer Rektifikationskolonne, die weder mit Schliffen noch Hähnen versehen ist, dest., wobei jegliches Eindringen von Feuchtigkeit durch Fallen vermieden wird. Das so gewonnene Peroxyd sd. bei +21,1° u. schm. bei —11,2°. (Bull. Soc. chim. France, Mém. [5] **20.** 709—11. Juli/Aug. 1953. Toulouse, Inst. du Génie chim.)
KRAJEWSKI. 243

G. Brauer und **H. Distler,** *Über die Existenz des Fluoroniumperchlorats.* Vff. versuchten, die Darstellungsvorschrift von HANTZSCH (vgl. Ber. dtsch. chem. Ges. **63.** [1930.] 1789) für $FH_2 \cdot ClO_4$ zu reproduzieren, doch blieben alle Verss., die Verb. durch Vereinigung von absol. $HClO_4$ u. wasserfreiem HF zu gewinnen, erfolglos. In Übereinstimmung hiermit steht die Beobachtung von KWASNIK (unveröffentlicht), daß sich $HClO_4$ u. HF zwischen —95 u. +20° vollkommen mischen, ohne daß eine Rk. oder Wärmetönung auftritt, u. daß sich beide Substanzen hernach durch Vakuumdest. unverändert zurückgewinnen lassen. Aus all diesen Befunden muß vorläufig geschlossen werden, daß eine Verb. der Zus. $HF \cdot HClO_4$ u. der Konst. $FH_2 \cdot ClO_4$ unter allen bisher geprüften Versuchsbedingungen nicht existiert. (Z. anorg. allg. Chem. **275.** 157—60. Febr. 1954. Freiburg i. Br., Univ., Chem. Labor.)
B. REUTER. 246

G. H. Wagner und **A. N. Pines,** *Siliciumoxyhydrid.* Das durch Hydrolyse von techn. Trichlorsilan (I) in Bzl. (bzw. Ae. oder Dioxan) hergestellte *Siliciumoxyhydrid* (**IIa**), $SiHO_{3/2}$, besitzt einen Reinheitsgrad von 93%, der Rest ist SiO_2. An einem durch wiederholte Dest. gereinigten **I** wird gezeigt, daß die vollständige Entfernung des HCl sehr schwer ist. — Bei der Herst. durch Umsetzung von **I**-Dampf mit Wasserdampf bei 450° wird ein sehr feinverteiltes **II** (**IIb**) mit 27% Ausbeute u. 92% Reinheit erhalten (4 Elektronenmikrogramme von **II** nach beiden Methoden). **IIa**: Feines weißes amorphes Pulver, bestehend aus Kugeln u. Plättchen, Teichengröße von 0,1 bis 0,5 μ Durchmesser, 203 m^2/g Oberfläche, scheinbare D. 0,1, wahre D. 1,6. **IIb**: Größere Teilchen. — Die chem. Eigg. von **II** gehen allein auf die Silanwasserstoffgruppe Si—H zurück. H_2 kann durch Erhitzen mit wss. Alkali oder durch Oxydation entfernt werden, wobei *Siliciumsesquioxyd* erhalten wird: $2\ SiHO_{3/2} \rightarrow Si_2O_3 + H_2$. Das **H** in **II** kann durch Rk. mit Alkenen alkyliert oder chloriert werden.

V e r s u c h e : *Siliciumsesquioxyd*, Si_2O_3, durch Pyrolyse von **II** bei 900°, F 1635°, 50—60 m^2/g Oberfläche, scheinbare D. 0,16—0,22; Si_2O_3 scheint ein wahres Oxyd u. keine Mischung von Si u. SiO_2 zu sein. Durch Schmelzen bei 1650° unter Ar tritt jedoch Disproportionierung zu Si u. SiO_2 ein. — In Ggw. von 25%ig. wss. Alkali wird der H_2 nach der Gleichung $SiHO_{3/2} + H_2O \rightarrow SiO_2 + H_2$ vollständig abgespalten; die Umwandlung zu einer Verb. Si(OR) oder Si(OROH) gelingt mit Äthylenglykol oder A. nur zu 0,16 bzw. 0,06 Äquivalent je Si. — Die Alkylierung von **II** mit Penten-(1) in Ggw. von Benzoylperoxyd bei 80° bzw. 350° unter Druck gelingt nur zu 0,03 bzw. 0,06 Äquivalent. — Beim Überleiten von Cl über **II** steigt die Temp. rasch auf 360—425°, wobei chloriertes **II** entsteht. — Durch Hydrolyse von **I** auf Silicagel gelingt es, dieses mit **II** zu überziehen, wodurch es wasserabweisende Wrkg. erhält. Es kann gleichfalls alkyliert werden. Durch die Alkylierung wird die Fähigkeit, das W. abzustoßen gesteigert. Dem **II**-Überzug auf Silicagel wird vorst. Formel

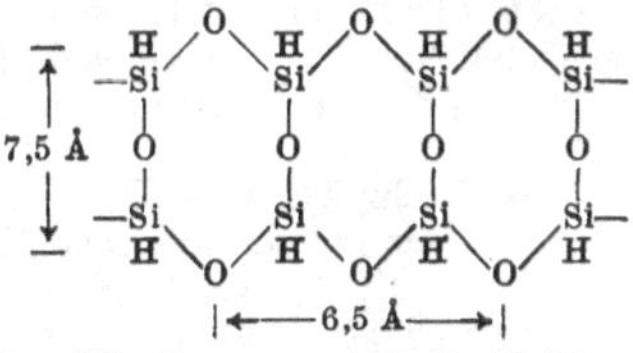

zugeschrieben. (Ind. Engng. Chem. **44.** 321—26. Febr. 1952. Tonawanda, N. Y., Linde Air Prod. Comp.) ROTTER. 261

Th. Nemetschek und **U. Hofmann,** *Feine Fasern aus Kieselsäure.* Die bei der Darst. von SiO durch Erhitzen von SiO_2 mit Si im Hochvakuum in der Nähe des Reaktionsgemisches in der ca. 1000° heißen Zone sich bildenden hell bis dunkelbraunen Kondensate werden untersucht. Sie bestehen zum großen Teil aus Fasern. Röntgenunterss. u. Elektronenbeugung an einzelnen bes. ausgeprägten Fasern ergaben den Interferenzring für amorphes SiO_2. Die chem. Behandlung der mit Kohlehüllen überzogenen Fasern mit warmer NaOH u. 20%ig. HF, worauf sich die Fasersubstanz löste, ist ebenso, wie Dichtemessungen, in Einklang mit obigem Befund. Daneben sind noch geringe Mengen von sehr fein verteiltem, metall. *Si* vorhanden. — Die Fasern des Kondensats selbst, das mehr Si enthält, dürften ebenfalls aus amorpher SiO_2 mit wenig Si als Fremdkörper bestehen. Die Hauptmenge dürfte in den dichten Teilen des Fasergeflechtes versteckt sein. — Die Fasern haben manchmal regelmäßige Spiralform mit Perioden von 400—800 Å. Besondere Strukturen werden wahrscheinlich durch opt. Effekte vorgetäuscht. — Ähnliche Fasern wurden im Staub aus den Abgasen eines Ferrosiliciumofens gefunden. (Z. Naturforsch. **8b.** 410—12. Aug. 1953. Darmstadt, TH, Eduard-Zintl-Inst.) SACKMANN. 261

George W. Morey und **James M. Hesselgesser,** *Das System H_2O–Na_2O–SiO_2 bei 400°.* Vff. untersuchen das Syst. H_2O–Na_2O–SiO_2, indem in eine Stahlbombe, die eine Na-Silicatprobe in einem Pt-Tiegel enthält, bei 400° W. bis zur Erreichung des gewünschten Druckes gepumpt wird (bis 2500 bar). Nach 1—3 Tagen wird nach dem Abkühlen die in der Bombe u. dem Pt-Tiegel kondensierte Gasphase sowie der fl. u./oder kristalline Rückstand im Tiegel analysiert. Der invariante Punkt Gas + Lsg. + $Na_2O \cdot 2\,SiO_2$ (I) + Quarz (II) besitzt bei 400° die Koordinaten p = 240 bar, Zus. der Gasphase $H_2O : Na_2O : SiO_2 = 0{,}998 : 0{,}001 : 0{,}001$ u. Verhältnis $SiO_2/Na_2O + SiO_2$ (SiO_2-Verhältnis) = 0,37. Zus. der Lsg. 0,229 : 0,200 : 0,571; SiO_2-Verhältnis 0,741. Dieser Punkt liegt auf der Grenzlinie der Gebiete **I** u. **II**, die im bin. Syst. bei 793° u. dem SiO_2-Verhältnis 0,793 beginnt. — Bei 233 bar wurde nur Gas u. kristalline Phase **I** u. **II** aufgefunden, dagegen keine Lösung. Bei 247 bar existieren Gas, Lsg. u. Spuren von **II**. — Bei höheren Drucken nimmt der Wassergeh. der Gasphase ab, der von SiO_2 u. Na_2O zu, so daß nur wenig **II** als feste Phase verbleibt. Bei weiterer Erhöhung des **I**-Geh. in der Ausgangssubstanz bleibt die Zus. des Gases u. der Lsg. konstant, u. nur die Verhältnisse von Gas zu Lsg. u. zu Bodenkörper ändern sich. Bei niedrigeren Drucken wird Na_2O extrahiert, u. der Unterschied zwischen den SiO_2-Verhältnissen der Gas- u. Flüssigkeitsphase ist größer als bei höheren Drucken: 0,37 bei 240 bar u. 0,72 bei 200 bar im Gas u. 0,76 in der fl. Phase. Bei genügend hohen Drucken scheint die Zus. von Gas u. Lsg. gleich zu werden. — Die isotherme, polybare Löslichkeitskurve von **I** wird aufgenommen u. diskutiert. Der F.-Druck von **I** wird bei 400° zu 2200 bar bestimmt. — Der bei konstanter Temp. invariante Punkt Gas + Lsg. + $Na_2O \cdot SiO_2$ (**III**) + **I**, der auf der univarianten Grenzlinie zwischen den Gebieten **II** u. **III** liegt, die beim Eutektikum des bin. Syst. bei 846° u. dem SiO_2-Verhältnis 0,621 beginnt, ist schwer zu bestimmen. Der Gleichgewichtsdruck beträgt ca. 380 ± 20 bar. Bei < 360 bar geben alle Mischungen vom SiO_2-Verhältnis 0,60—0,64 nur Gas u. Kristalle; bei 400 bar existieren Gas, fl. Phase, **I** u. **III**. — Zur Best. der isothermen, polybaren Löslichkeitskurve wurden wenig Verss. durchgeführt; auch konnte kaum Klarheit über die Verhältnisse im Gebiet höherer Na_2O-Gehh. gewonnen werden. — Das gesamte Syst. wird graph. mitgeteilt. Die **I**- u. **III**-Gebiete werden je von einer krit. Linie umgeben, die die krit. Punkte der 3 Komponenten verbindet. Ob diese geschlossenen Linien sich überschneiden u. einen doppelten krit. Endpunkt ergeben, oder getrennt liegen, konnte nicht eindeutig festgestellt werden. Anscheinend wird die krit. Fläche nicht von der Grenzlinie Gas + Lsg. + **I** + **III** geschnitten. Ein krit. Endpunkt der Verbindungslinie Gas + Lsg. + **I** liegt bei ca. 374° u. 212 bar, ein zweiter unterhalb 400° mit einem Druck > 2250 bar. Der krit. Endpunkt der Verbindungslinie Gas + Lsg. + **III** muß bei höherem Druck u. höherer Temp. liegen. (Amer. J. Sci. Bowen, Vol. **1952.** Part 2. 343—71. Washington, D. C., Carnegie Inst. of Washington, Geophys. Labor.) MOSLÉ. 274

N. S. Bayliss und **D. F. A. Koch,** *Untersuchung der Engel-Precht-Methode hinsichtlich der Herstellung von Kaliumcarbonat.* Unterss. im Bereich der Systeme K^+–Cl^-–Mg^{2+}–HCO_3^-–CO_3^{2-}–CO_2–H_2O u. K^+–Mg^{2+}–CO_3^{2-}–HCO_3^-–H_2O haben ergeben, daß bei Verwendung von MgO die Umsetzung von KCl in $KHCO_3 \cdot MgCO_3 \cdot 4\,H_2O$ (I) infolge Bldg. einer sehr steifen Paste nur sehr langsam erfolgt. Dagegen kann man mit $MgCO_3 \cdot 3\,H_2O$ u. einer 4,4 mol. KCl-Lsg. bei ca. 18° in 12 Std. bis zu 60% KCl in I umwandeln. Die Zers. des I zur Herst. von K_2CO_3 verläuft am besten bei niedriger Temp. in Ggw. von MgO. Zers. des I durch 30 Min. Erhitzen seiner wss. Suspension auf 100° ergibt u. a. ein schlecht filtrierbares amorphes bas. Mg-Carbonat von der Zus. $6 MgO \cdot 5 CO_2 + 9$ oder $10 H_2O$, das sich bei 25° in Lsgg., deren p_H größer als 8,6 ist, bildet. Die Brechungsindices des triklinen I sind $\alpha = 1,430$, $\beta = 1,51$, $\gamma = 1,542$. In Lsgg. mit hoher K_2CO_3-Konz. entsteht rhomb. $K_2CO_3 \cdot MgCO_3 \cdot 4 H_2O$ mit $\alpha = 1,465$, $\beta = 1,485$ u. $\gamma = 1,535$. (Austral. J. appl. Sci. **3.** 237—51. Sept. 1952. Nedlands, Univ. of Western Australia, Dep. of Chem.) OPPERMANN. 275

E. F. Osborn und **D. B. Tait,** *Das System Diopsid–Forsterit–Anorthit.* Das Syst. Diopsid (I) ($CaMgSi_2O_6$)—Forsterit (II) (Mg_2SiO_4)—Anorthit (III) ($CaAl_2Si_2O_8$) wird als Beispiel eines Syst. das aus einem Pyroxen, einem Olivin u. einem Feldspat besteht, im Rahmen von Arbeiten, die die Aufstellung des Syst. $CaO–MgO–Al_2O_3–SiO_2$ zum Ziele haben, untersucht, indem aus berechneten Mengen $CaCO_3$, MgO, Al_2O_3, SiO_2 ein Glas erschmolzen wird, das dann bei 1000° kristallisiert. Etwa 15 mg des gepulverten krist. Materials werden zur Erreichung des Gleichgewichtes in einem Pt-Tiegel erhitzt u. in Hg abgeschreckt. — Das teilweise bekannte Syst. II–III wird ebenfalls untersucht. Im Syst. I–II–III liegt bei 1270 ± 5° mit 43,5% III, 49% I u. 7,5% II der tiefste F., der in Annäherung als tern. Eutektikum betrachtet werden kann, obwohl er nicht invariant ist. Bei 1317 ± 5° u. ca. 59% III, 21,5% I u. 19,5% II ist die Lsg. im Gleichgewicht mit III, II u. *Spinell.* Bei tieferen Tempp. reagiert Spinell mit der Lsg. u. verschwindet, wenn sich das Gleichgewicht dann eingestellt hat. Die Ergebnisse werden tabellar. u. graph. mitgeteilt u. im Zusammenhang mit dem quaternären Syst. $CaO–MgO–Al_2O_3–SiO_2$ u. der natürlichen Entstehung der Minerale diskutiert. (Amer. J. Sci. Bowen, Vol. **1952.** Part 2. 413—33. State College, Pa., Pennsylvania State Coll., School of Min. Ind., Dep. of Earth Sci.) MOSLÉ. 294

Edwin Roedder, *Eine Untersuchung der Liquidusbeziehungen in dem System $K_2O \cdot 2 SiO_2–FeO–SiO_2$.* Vf. teilt die vorläufigen Ergebnisse der Unterss. des Syst. $K_2O–FeO–SiO_2$ mit einem $K_2O:SiO_2$-Verhältnis > 1:2 mit. Das Syst. wurde nach der Abschreckmeth. untersucht, indem bestimmte Mengen $K_2O \cdot 2 SiO_2$ bzw. $K_2O \cdot 4 SiO_2$ mit SiO_2 u. FeO unter Zusatz von metall. Fe unter 1 at N_2 auf 1450° $^1/_2$—1 Std. erhitzt u. abgeschreckt wurden. Die Ergebnisse werden graph. mitgeteilt. Das Gebiet *Tridymit* u. *Cristobalit* ist schmal, *Quarz* existiert in diesem Syst. nicht. Ein Gebiet zweier nicht mischbarer Silicatschmelzen mit hohem bzw. niedrigem Fe-Geh. längs der $FeO–SiO_2$-Linie wurden aufgefunden. Analog dem Syst. $K_2O–MgO–SiO_2$ liegen die Gebiete des *Fayalits* ($2 FeO \cdot SiO_2$) u. *Wüstits,* in denen MgO durch FeO ersetzt ist. Eine dem $MgO \cdot SiO_2$ entsprechende FeO-Verb. wurde nicht gefunden. Das Gebiet $K_2O \cdot SiO_2—SiO_2$ wurde nur unvollständig untersucht. — 2 bisher unbekannte tern. Verbb. $K_2O \cdot FeO \cdot 3 SiO_2$ (I) u. $K_2O \cdot FeO \cdot 5 SiO_2$ (II) wurden festgestellt. I schm. inkongruent bei 900 ± 10°, bildet runde bis längliche Kristalle, ist farblos mit einem Brechungsindex von ca. 1,575 u. einer Doppelbrechung von ca. 0,01. Die Struktur ist ähnlich der des $K_2O \cdot MgO \cdot 3 SiO_2$ bzw. des $K_2O \cdot Al_2O_3 \cdot 2 SiO_2$. II bildet große Tetrahexaeder, ist isotrop, bei längerem Erhitzen anisotrop. Der Brechungsindex für beide Formen beträgt ca. 1,535. II schm. inkongruent bei ca. 900 ± 10°. Die DEBYE-SCHERRER-Aufnahmen sind nahezu ident. mit denen des $K_2O \cdot MgO \cdot 5 SiO_2$. II besitzt die gleiche Struktur wie *Leucit* ($K_2O \cdot Al_2O_3 \cdot 4 SiO_2$). Die App. u. die Versuchsmeth. werden eingehend beschrieben. (Amer. J. Sci. Bowen, Vol. **1952.** Part 2. 435—56. Salt Lake City, Utah, Univ. of Utah, Dep. of Mineralogy.) MOSLÉ. 354

John Christian Bailar and others, eds., Inorganic syntheses. V. 4. New York: McGraw-Hill. 1954. (230 S., Diagr.) $ 5,—.

C. Mineralogische und geologische Chemie.

Harry V. Warren, Robert E. Delavault und **Ruth I. Irish,** *Biogeochemische Untersuchungen in dem pazifischen Nordwesten.* Eine Reihe von Pflanzen wurden auf ihren Cu- u. Zn-Geh. untersucht u. tabellar. zusammengestellt. (Bull. geol. Soc. America **63.** 435—84. Mai 1952. Vancouver, B. C., Univ. of Brit. Columbia.) ENSSLIN. 378

Max Escalon de Fonton, Roger Michaud und **Guy Périnet,** *Röntgenographische Untersuchung der Fossilisation prähistorischer Gebeine.* Die Röntgenunters. fossiler Gebeine zeigt einen zunehmenden Ersatz des Calciumphosphats durch Calcit, so daß es bis zu einem gewissen Grad mit dieser Meth. möglich ist, neolith., mesolith. u. rezente Knochenreste zu unterscheiden. Das $CaCO_3$ ist stets als Calcit, nie als Aragonit vorhanden. (C. R. hebd. Séances Acad. Sci. **233.** 706—07. 24/9. 1951.) ENSSLIN. 378

H. D. B. Wilson, *Geochemische Kontrolle von Chrom-, Vanadium- und Titanerzlagerstätten.* Die Zus. von *Chromit* (I), *Ilmenit* u. *Titaneisenstein* (II) ist verhältnismäßig unveränderlich; sie wird bestimmt durch die Zus. des Gesteins, dem die Mineralien entstammen. V trifft man in wirtschaftlich lohnenden Mengen in II-Schichten, begleitet von *Norit* an. Der Ti-Geh. liegt unter dem wirtschaftlich nutzbaren Wert. Hoch-Ti-haltige Erze kann man nur in Anorthositen u. Gabbros erwarten. Die I mit hohem Cr-Geh. enthalten Al, so daß der theoret. Cr-Geh. entsprechend der Zus. $FeO \cdot Cr_2O_3$ nicht erreicht wird. Da aber in I auch ein Teil des Fe durch Mg ersetzt ist, bleibt doch ein hohes Verhältnis Cr:Fe erhalten. V ist in diesen Erzen nicht in hoher Konz. zu erwarten, weil die V-Konz. in jedem Magma im Vgl. zu häufiger vorkommenden Elementen gering sein muß. Die Zus. der Cr-, V- u. Ti-Mineralien beweist, daß sie Teile einer n. Kristallisationsreihe von feuerfl. Gestein sind u. daß diese Lagerstätten magmat. Charakter aufweisen. (Canad. Mining metallurg. Bull. **46**. 57—60. Febr. 1953. Winnipeg, Can., Univ. of Manitoba.) WESLY. 378

A. G. Lowndes, *Nosean als Tracermineral.* Der 8 Meilen südlich Land's End gelegene Wolf Rock ist ein *Phonolith*, ein Gestein, das an der gesamten brit. Küste nicht mehr vorkommt. In dem Gestein tritt als Mineral Nosean auf, u. zwar in 2 verschied. Arten, einmal in Form von in Seewasser lösl. Phänokristallen u. ferner als Einschluß in dem farblosen Sanidin. In dieser Form ist es von Seewasser nicht angreifbar, selbst beim Kochen mit starker HCl bleibt es vollständig erhalten. Nach Ansicht des Vf. kann man diese Einschlußnoseane dazu verwenden, die Meeresströmungen um die brit. Inseln herum zu untersuchen. Bodenproben aus einer Tiefe von 40 Faden 5 Meilen östlich von Wolf Rock enthielten kleine Phonolithsteinchen bis zu einem Durchmesser von $^1/_3$ mm, die sich leicht auslesen ließen. Der in dem Sanidin eingeschlossene Nosean konnte ohne Schwierigkeiten identifiziert werden. Wenn Phonolithsteine bis zu 5 Seemeilen von der Strömung mitgerissen werden, dann sollten kleine Blättchen Hunderte von Meilen transportiert werden können. (Nature [London] **172**. 636. 3/10. 1953. Plymouth, Citadell Hill, Labor.) GOTTFRIED. 378

Francis T. Jones, *Irisachat.* Unter Iris- oder Regenbogenachat versteht man Achate, die in Dünnschliffen in durchfallendem Licht Spektralfarben zeigen, wobei diese Farben nicht Farben dünner Blättchen sind, wie man sie im Edelopal beobachten kann. Die mkr. Unters. ergab, daß es sich bei dieser Erscheinung um eine period. Bänderstruktur handelt, die interessante Beziehungen zu der Struktur des Chalcedons u. starke Schwankungen in der Feinheit u. Regelmäßigkeit aufwies. Ist die Bänderung sehr fein, dann treten Farben erster Ordnung auf, während etwas dickere Schliffe pastellfarbige Tönungen zeigten. Die in den Irisachaten beobachtete Feinstruktur schwankte zwischen ca. 15000 bis zu weniger als 400 Linien pro inch. Diese Linien verlaufen stets senkrecht zu der Länge der nadelähnlichen Kristalle des Chalcedons; es handelt sich bei ihnen um opt. Inhomogenitäten u. nicht um Schichten von undurchsichtigen Verunreinigungen. Die Kristalle scheinen ohne irgendwelche Störung ihrer opt. Eigg. durchschnitten zu werden. Die Linien werden dadurch sichtbar, daß eine plötzliche Änderung des Brechungsindex auf beiden Seiten jeder „Linie“ auftritt. Die Grenzflächen zwischen den Schichten verschied. Brechungsindices verursachen die in den Photomikrographien zu beobachtenden schwarzen Linien. Aus den opt. Eigg. sollte man schließen, daß der Chalcedon kein Quarz, sondern ein rhomb. oder monoklines Mineral ist. Röntgenaufnahmen ergaben jedoch einwandfrei die Interferenzen von α-Quarz. Der Irisachat verdankt seine Struktur verschied. Ursachen, u. zwar entsteht er durch Absonderung abwechselnder Schichten mit höheren u. niedrigeren Brechungsindices während der Kristallisation der Chalcedonfasern; ferner ist die Kristallisation ein rhythm. Prozeß, der das gesamte Aggregat des Kristalls gleichmäßig beeinflußt, u. schließlich verursachen die Veränderungen in der Wachstumsgeschwindigkeit u. in dem Prozentgeh. an Verunreinigungen die Unterschiede in der Feinheit der verschied. Bänderstrukturen. (Amer. Mineralogist **37**. 578—87. Juli/Aug. 1952. Berkeley, Calif.) GOTTFRIED. 380

Duncan McConnell, *Viseit, ein Zeolith mit der Analcimstruktur und mit verknüpften SiO_4-, PO_4- und H_xO_4-Gruppen. Viseit* hat nach MÉLON (vgl. Ann. Soc. géol. Belgique **66**. [1942.] B 53) die Zus. $5\ CaO \cdot 5\ Al_2O_3 \cdot 3\ SiO_2 \cdot 3\ P_2O_5 \cdot n\ H_2O$ ($30 > n > 25$). Nach Ansicht des Vf. ist der von MÉLON gefundene Wassergeh. um Prozente zu hoch, denn erstens fand Vf., daß das Mineral organ. Beimischungen enthält u. zweitens stellt die gefundene Entwässerungskurve nicht die Gleichgewichtsbedingungen dar. Analysen der nichtflüchtigen Bestandteile des Viseits ergaben die Zus. $5\ CaO$, $5\ Al_2O_3$, $3\ SiO_2$ u. $3\ P_2O_5$ u. ferner 1,77% Na_2O u. 0,67% F. Die weiteren Diskussionen fanden unter der Annahme vollkommener Analogie mit Analcim statt. Die strukturelle Formel des Analcims ist $Na_{16}[(Al_{16}Si_{32})O_{96}] \cdot 16\ H_2O$ oder allg. $X_{16}[(Y_{16}Z_{32})O_{96}] \cdot 16\ H_2O$. Für Viseit findet man unter Berücksichtigung der analyt. Daten: $16\ X = 2\ Na + 10\ Ca + 4$ Leerstellen u. $16\ Y + 32\ Z = 20\ Al + 6\ Si + 10\ P + 12\ (H_3)$; die Formel wird danach:

$(Na_2Ca_{10})[(Al_{20}Si_6P_{10}H_{36})O_{96}\cdot]16\,H_2O$ oder strukturell $(Na_2Ca_{10})[(AlO_2)_{20}(SiO_2)_6\cdot(PO_2)_{10}(H_3O_2)_{12}]\cdot 16\,H_2O$. Bei einem Vgl. der physikal. u. opt. Eigg. von Analcim u. Viseit zeigt sich, daß der Brechungsindex des letzteren Minerals größer, die Dichte kleiner ist. Der höhere Index des Viseits läßt sich durch das beträchtlich größere Ionenbrechungsvermögen des Ca gegenüber dem Na erklären. Die nicht sehr scharfen Pulverinterferenzen zeigten, daß viele der Interferenzen in bezug auf Intensität u. Netzebenenabstand denen des Analcims ähnlich sind. Hieraus kann man schließen, daß die Struktur des Viseits ähnlich dem offenen Gitterwerk der verknüpften AlO_4- u. SiO_4-Tetraeder ist, welches den Analcim aufbaut. Das Gitter des Viseits enthält wahrscheinlich ausschließlich des W. 96 O-Atome u. 16 Moll. H_2O. Da nun der SiO_2-Geh. des Viseits nicht ausreicht, um solch ein Gitterwerk mit dem Al_2O_3-Geh. aufzubauen, müssen in dem Gitter PO_4- u. H_xO-Tetraeder vorhanden sein, u. zwar mit den gleichen Verknüpfungen wie die der AlO_4- u. SiO_4-Tetraeder im Analcim. Nimmt man als kub. Kantenlänge des Viseits 13,65 Å an, dann errechnet sich unter den obigen Voraussetzungen eine D. von 2,17 gegenüber einer experimentellen D. von 2,2. Infolge der breiten u. diffusen Natur der niedrigen Interferenzen sowie auf Grund der Beobachtung, daß mehrere wenig intensive Interferenzen fehlen, muß man schließen, daß die Struktur des Viseits stark gestört ist. Obwohl ausgesprochene Ähnlichkeit zwischen den beiden Strukturen besteht, kann man nicht schließen, daß der Viseit wirklich kub. ist. Man kann jedoch annehmen, daß in beiden Gittern ein Gerüst von tetraedr. Gruppen vorhanden ist u. daß die Regellosigkeit des Viseits hauptsächlich auf die nicht systemat. Substitution des Si durch P u. H sowie auf die Leerstellen in den Na-Lagen zurückzuführen ist. (Amer. Mineralogist **37**. 609—17. Juli/Aug. 1952. Washington, D. C., Nat. Bur. of Standards; Columbus, O., State Univ.) GOTTFRIED. 380

George Baker, *Undurchsichtige Oxyde in einigen Gesteinen des Grundkomplexes, Torricelli Mountains, Neu-Guinea.* Mkr. wurden in Anschliffen die pluton. u. metamorphen Gesteine des obigen Gebietes auf ihren Geh. an opaken Mineralien hin untersucht. Bei den Gesteinen handelt es sich um Gabbros, Peridotite, Amphibolite, Diorite u. Granulite. Es wurden die folgenden opaken Mineralien identifiziert: Magnetit, Ilmenit, Hämatit, Rutil u. Spinell. Im allg. enthalten diese Gesteine nicht mehr als 4—5% an diesen Mineralien; nur in einzelnen Gabbrostücken betrug ihre Menge bis zu 25%. Die Mineralien treten teils allein, teils in orientierten oder mikrograph. Verwachsungen auf, wobei auch seltener beobachtete Verwachsungen festgestellt werden konnten. In einigen Gesteinen sind die Mineralien während oder kurz nach den dort auftretenden Silicatmineralien auskristallisiert, in manchen vor ihnen u. in manchen schließlich während oder vor ihnen. Die Ggw. von orientierten Verwachsungen, die durch Nichtmischung fester Lsgg. entstanden sind, die Ggw. von mikrograph. Verwachsungen in ein u. demselben Gestein, die eutekt. Kristallisation ihre Entstehung verdanken, deutet auf die komplexen Erscheinungen hin, die während der Kristallisation der Fe- u. Ti-Oxyde bestanden haben, während in den meisten Gesteinen die texturellen Beziehungen relativ einfach geblieben sind. (Amer. Mineralogist **37**. 567—77. Juli/Aug. 1952. Melbourne, Univ.) GOTTFRIED. 380

R. W. Toll, *Radioaktive Mineralien im Tavistock-Distrikt.* Im Tavistock-Distrikt in Cornwall sind bei früherem Bergbau radioakt. Mineralien gefunden worden, die damals nur Sammlungsinteresse hatten. Die Unters. der Vorkk. ergab zwar eine weite Verbreitung radioakt. Mineralien, aber keine nutzbare Konzentration. Die Unters. mittels photograph. Platte u. Scintilloskop wird beschrieben. (Mining Mag. **85**. 137—42. Sept. 1951.) HILLER. 380

—, *Telluride in Fiji.* Es werden die Telluridmineralien in den Goldlagerstätten Emperor, Loloma u. Dolphi bei Vatukoula besprochen. Sie sind an Andesitgänge, die Basalt durchsetzen, gebunden. Der Mineralbestand ist Emperor-Mine: *Pyrit, Markasit, Arsenopyrit, Kupferkies, Zinkblende, Magnetkies, Bleiglanz,* selten *Bornit, Sylvanit, Hessit, gediegenes Tellur* u. *Gold*; Dolphi-Mine: Pyrit, Markasit, Arsenopyrit, Kupferkies, Zinkblende, *Fahlerz,* Bornit, Bleiglanz, *Covellin, Kupferglanz, gediegenes Kupfer,* Sylvanit, Hessit, gediegenes Tellur. Nur wenig *Freigold* wurde beobachtet, meist ist das Gold an die Pyritzone gebunden. Seltenes Auftreten von *Amalgam* mag den Hg-Geh. aus zersetztem *Coloradoit* erhalten haben. Die Paragenese u. Bildungsbedingungen der Vorkk. werden geschildert u. ihre Klassifizierung behandelt. Offenbar hat das Fiji-Goldfeld die Aderstruktur u. Nachbargesteine, die für Einordnung in die epithermale Gruppe notwendig sind, nach den Kristallisationsstrukturen muß die Bildungstemp. jedoch viel größer gewesen sein. (Mining Mag. **85**. 186—88. Sept. 1951.) HILLER. 380

Richard Hunger, *Zur Frage der Tonsteine.* Sammelref. mit Verzeichnis der neueren Literatur. (Bergakademie [Freiberg] **5**. 367—68. Sept. 1953. Freiberg/Sa.)
ENSSLIN. 385

Henri Erhart, *Über die mineralogische Natur und die Genese der Sedimente des Tschadbeckens.* Die in dem obigen Gebiet vorkommenden Sedimente bestehen aus mehr oder weniger reinen *Diatomiten*, *Tonen* mit *Kalk*-Konkretionen, Alkalicarbonattonen, *Lehmen* u. opalführenden *Sanden*. Mineralog. wurden bes. die quatern. Ablagerungen entlang den Flüssen Logone u. Chari untersucht. In größeren Mengen tritt hier *Opal* auf, teils in gelartigem Zustand, teils mit Diatomeen verkrustet. Ebenso enthalten die vorkommenden Lehme beträchtliche Mengen an Diatomeen, die wohl aus dem Tschadsee stammen dürften. Die röntgenograph. Unters. der Tone ergab Vork. von *Kaolinit* u. *Metahalloysit*, was auch durch therm. Analyse bestätigt werden konnte. Diese Sedimente sind als Zersetzungsprodd. oder Böden anzusehen, die durch einen Prozeß forstlicher Pedogenese in dem feuchten Klima entstanden sind. Unterss. an Böden, die sich aus einigen dort anstehenden bas. Gesteinen, bes. Doleriten, gebildet haben, enthalten keinen Kaolinit, sondern *Montmorillonit*. Es wird noch kurz auf die Genese der verschied. Sedimente eingegangen. (C. R. hebd. Séances Acad. Sci. **237**. 401—03. 3/8. 1953.) GOTTFRIED. 385

George Brown und **Frank Smithson,** *Verteilung von Dickit in einigen britischen Sandsteinen.* In Dünnschliffen von brit. Sandsteinen, welche gut krist. Mineralien der Kaolingruppe enthielten, konnten prismat. Kriställchen mit querlaufender Spaltbarkeit beobachtet werden. In pulverisiertem u. gesiebtem Gestein konnten prismat. Körner u. hexagonale Platten mit Durchmessern von 5—50 μ festgestellt werden. Die röntgenograph. Unters. ergab, daß es sich in allen Fällen um Dickit handelte. Der Dickit tritt bes. in den Gesteinen auf, in denen Anzeichen für eine Zers. anderer Mineralien, z. B. die fortschreitende Lsg. von schweren Mineralien, wie Granat u. Bldg. von Anatas oder Brookit, zu beobachten ist. (Nature [London] **172**. 317. 15/8. 1953. Bangor, Univ., Coll. of North Wales.) GOTTFRIED. 385

W. Kisielow, *Die Petrochemie und ihre Bedeutung für die wirtschaftliche Entwicklung Polens.* Vf. gibt einen Überblick über das Gebiet der Gewinnung chem. Prodd. aus Erdöl u. Erdgasen, bes. von ungesätt., gesätt. u. aromat. KW-stoffen, oberflächenakt. Stoffen, Düngemitteln u. Schädlingsbekämpfungsmitteln, u. erörtert ihre Bedeutung für die poln. Industrie. (Przemysł chem. **9** (**32**). 200—06. April 1953.) R. K. MÜLLER. 390

K. R. Ramanathan und **Bh. V. Ramana Murthy,** *Tägliche Änderung des Ozongehaltes in der Atmosphäre.* Spektrophotometr. Messungen des O_3-Geh. in der Atmosphäre auf dem Mount Abu u. in Ahmedabad ergaben eine deutliche Zunahme des O_3-Geh. während der Nachtstunden gegenüber dem der Tagstunden. Die Versuchsergebnisse sind tabellar. u. graph. zusammengestellt. Die Zunahme von O_3 von dem Tag- zum Nachtwert findet innerhalb 1 Std. nach Sonnenuntergang statt. Ebenso schnell tritt die Änderung zwischen Nacht- u. Tagwert ein. Hieraus ergibt sich, daß der Sitz der beobachteten Änderungen hoch in der Atmosphäre zu suchen ist, wo die Rekombination von O-Atomen u. Moll. unter Bldg. von O_3 nach Sonnenuntergang u. die Photolyse von O_3 bei Sonnenaufgang sehr schnell verläuft. (Nature [London] **172**. 633—34. 3/10. 1953. Ahmedabad, Phys. Res. Labor.) GOTTFRIED. 396

D. Organische Chemie.

D_1. Allgemeine und theoretische organische Chemie.

Eugene Sawicki und **F. E. Ray,** *Absorptionsspektren und Basizität von 2.3-Diaminodibenzofuran.* Die UV-Absorptionsspektren von *Dibenzofuran* (I) u. seinen *3-Amino-* u. *2.3-Diaminoderivv.* wurden bei verschied. p_H-Werten in 50%ig. A. bestimmt. Die Ähnlichkeit der Spektren des *2-Amino-* u. des *2.3-Diaminodibenzofurans* in 0,08nHCl sowie von I mit dem 2.3-Deriv. in 6nHCl zeigt, daß die 2-Aminogruppe im Diamin stärker bas. ist als die 3-Aminogruppe u. zuerst das Proton aufnimmt. — Die pK_a-Werte der Amine wurden spektrophotometr. bestimmt. *Dibenzofuran* (I), F. 83—84°; λ_{max} 218; 241; 244; 249;, 280; 286 mμ; log ε 4,51; 4,04; 4,04; 4,26; 4,22; 4,19; 3,95. *3-Aminodibenzofuran*, F. 99°; λ_{max} 217—18; 237—38; 261; 313 mμ; log ε 4,44; 4,13; 4,11; 4,22. pK_a 3,3. *2.3-Diaminodibenzofuran*; F. 166°; λ_{max} 222—223; 259; 302; 333 mμ; log ε 4,44; 4,12; 3,99; 4,16; pK_a 4,1. (J. Amer. chem. Soc. **75**. 2519—20. 20/5. 1953. Gainesville, Fla., Univ., Cancer Res. Labor.) D. BRÜCK. D 118

R. C. Heckman und **H. Sponer,** *Das Dampfspektrum von Thianaphthen im nahen Ultraviolett.* (Sitzungsbericht.) Das Dampfspektr. von Thianaphthen im nahen UV entsteht aus 2, möglicherweise 3 Elektronenübergängen. Die 0.0-Bande dieser Übergänge zeigt die Frequenzen 34060 cm^{-1} (2935,2 Å), 38300 cm^{-1} (2610 Å) (oder möglicherweise 38240 cm^{-1} [2614 Å]) u. schwach 43070 cm^{-1} (2320 Å). Das erste Syst.

zeigt scharfe Schwingungsbanden, während die Banden der anderen Systeme diffus sind. Es werden die Beziehung der Schwingungsdifferenzen zu den RAMAN-Linien, hauptsächlich im scharfen Syst., aufgestellt u. das beobachtete Spektr. mit den Elektronenbandensystemen von Naphthalin im nahen UV verglichen. (Physic. Rev. [2] **91**. 242. 1/7. 1953. Duke Univ.) D. HAHN. D 118

George M. Wyman und **Wallace R. Brode,** *Der Zusammenhang zwischen den Absorptionsspektren und der chemischen Konstitution von Farbstoffen.* 22. Mitt. *cis-trans-Isomerie von Thioindigofarbstoffen.* (21. vgl. C. **1950.** I. 33.) Die Existenz einer cis-trans-Isomerie von 7 Thioindigofarbstoffen in Lsg. in Bzl. u. Chlf. wird aus den Absorptionsspektren im Sichtbaren u. UV gefolgert u. die Lage des Gleichgewichtes als Funktion der Temp. u. Bestrahlung untersucht. *5.5'-Dichlor-4.4'.7.7'-tetramethyl-* (I), *4.4'-Dimethyl-6.6'-dichlor-* (II), *5.5'-Dichlor-7.7'-dimethyl-* (III), *6.6'-Diäthoxy-* (IV), *5.5'-Dibrom-6.6'-diäthoxy-* (V), *Bis-[4.5-benzo]-thioindigo* (VI) u. *Thioindigo* (VII) werden im Spektralbereich zwischen 250 mμ u. 650 mμ gemessen. Bei 25° u. Bestrahlung mit Licht aus dem Wellenlängenbereich der langwelligen Absorptionsbande nimmt die Intensität dieser Bande ab, u. eine ca. 60 mμ kurzwellig verschobene Bande entsteht. Der Vorgang ist reversibel u. reproduzierbar. Bei Bestrahlung mit kurzwelligerem Licht wird dagegen die langwelligere Bande eher begünstigt u. alle Banden werden schärfer. Für jeden Farbstoff gibt es mehrere isosbest. Punkte. Erwärmung auf 60—70° führt im Tageslicht zum Intensitätsanstieg der kurzwelligeren Bande, im Dunkeln aber zur Begünstigung der langwelligeren Bande. Diese wird der trans-Form in bezug auf die zentrale C=C-Bindung zugeschrieben, im Einklang mit der chem. Erfahrung, mit energet. Überlegungen u. mit spektroskop. Befunden anderer Beobachter. Aus den gemessenen Spektren werden die Spektren der reinen Isomeren numer. berechnet u. für **I** u. **VII** mit den der chromatograph. an Silicagel getrennten Isomeren verglichen. Die Lsg. von **VII** in Bzl. ist orangegelb für die cis- u. purpurrot für die trans-Konfiguration. Die langwelligen Absorptionsbanden der in 6-Stellung substituierten Verbb. **II, IV** u. **V** zeigen eine anomale Blauverschiebung gegenüber **VII**, während **I, III, VI** rotverschoben werden. Vff. erklären dies durch folgende Überlegung: Im Elektronengrundzustand von **I** treten zu 4 unpolaren Resonanzstrukturen in geringerem Maße polare Strukturen mit negativem O u. positiver Ladung am 4- u. am 6-ständigen C. Einführung von Elektronendonatoren in diesen Stellungen begünstigt diese Strukturen u. erniedrigt die potentielle Energie des Grundzustandes. Am ersten angeregten Zustand beteiligen sich vornehmlich Strukturen mit O^- u. S^+ u. einer Einfachbindung zwischen den beiden zentralen C-Atomen. Da die 6-Stellung sich nicht in Konjugation mit den S-Atomen befindet, wird der Anregungszustand nicht durch 6-ständige Elektrondonatoren erniedrigt u. die Energiedifferenz zwischen Grund- u. Anregungszustand wird erhöht (hypsochromer Effekt). (J. Amer. chem. Soc. **73.** 1487—93. April 1951. Washington, D. C., Nat. Bur. of Standards.) LIPPERT. D 118

René de Mallemann und **François Suhner,** *Magnetorotation von Tetranitromethan.* Reines *Tetranitromethan* (Kp.$_{20}$ 41—48°; F. 12°, D.$^{20}_{20}$ 1,6355, n^{20}_{578} 1,4393) besitzt nach Messungen im Feld zwischen den Polen eines Elektromagneten ebenso wie im Felde eines Solenoids bei 20° u. 578 mμ eine VERDETsche Konstante (in Minuten) von $0{,}665^{-2}$ u. eine mol. Drehung von $23{,}3 \cdot 10^{-3}$ Radian. Das Ergebnis wird kurz mit dem Verh. von Nitromethan verglichen. (C. R. hebd. Séances Acad. Sci. **231.** 1389. 18/12. 1950.) K. L. WOLF. D 119

Fernand Gallais und **Robert Wolf,** *Magnetisches Rotationsvermögen und Konstitution einiger organischer Peroxymoleküle.* Es wird die Magnetorotation für *tert.-Butanol, Di-tert.-butyläther* (Kp. 105°, D.$^{25}_4$ 0,7604), *Benzoesäureanhydrid* u. *Benzoesäure* sowie der zugehörigen Peroxyde *tert.-Butylhydroperoxyd* (I, $C_4H_{10}O_2$, D.$^{22}_4$ 0,894), *Di-tert.-butylperoxyd* (II, $C_8H_{18}O_2$, D.$^{21}_4$ 0,800, neben I aus tert.-Butylhydrogensulfat), *Benzoylperoxyd* (III) sowie *Perbenzoesäure* (IV) gemessen. Der Peroxydsauerstoff bewirkt in **I, II** u. (verstärkt) in **III** ein positives, in **IV** dagegen ein negatives Inkrement. (C. R. hebd. Séances Acad. Sci. **236.** 2236—38. 8/6. 1953.) K. L. WOLF. D 119

J. Rud Nielsen, Howard H. Claassen und **D. C. Smith,** *Ultrarot- und Raman-Spektrum von fluorierten Äthanen.* 2. Mitt. *1.1.1-Trifluoräthan.* (Vgl. C. **1951.** I. 2134.) Von gasförmigem *1.1.1-Trifluoräthan* wurde das RAMAN-Spektr. mit geschätzten Intensitäten u. das Ultrarotspektr. von 450—5000 cm^{-1} neu vermessen, das letzte mit 120 Banden. Eine ausführliche Diskussion der Ergebnisse führt zu einer plausiblen Zuordnung zu den 12 möglichen Grundschwingungen der Moleküle. Da einige Ultrarotbanden nicht einwandfrei in das Schema eingeordnet werden können, so wird die Anwesenheit wahrscheinlicher Verunreinigungen angenommen. Aus der Mol.-Struktur u. den Grundschwingungen werden Wärmekapazität, Entropie, freie Energie u. Wärmeinhalt für die gasförmigen Moll. bei 250, 298, 400 u. 600° K berechnet u. in guter Übereinstimmung mit gemessenen Werten gefunden. (J. chem. Physics **18**. 1471—76. Nov. 1950. Norman, Okla., Univ. of Oklahoma, Dep. Phys., u. Washington, D. C., Naval Res. Labor.) GOUBEAU. D 120

D. C. Smith, George M. Brown, J. Rud Nielsen, Raymond M. Smith und **C. Y. Liang,** *Ultrarot- und Raman-Spektren von fluorierten Äthanen.* 3. Mitt. *Die Reihe* CH_3CF_3, CH_3CF_2Cl, CH_3CFCl_2 *und* CH_3CCl_3. (2. vgl. vorst. Ref.) Es wurden die Ultrarotspektren aufgenommen von gasförmigem CH_3CF_3 im Bereich von 20—38 μ, von gasförmigem CH_3CF_2Cl u. CH_3CFCl_2, von fl. u. gasförmigem CH_3CCl_3 im Bereich von 2—38 μ. Außerdem werden die RAMAN-Spektren mitgeteilt von gasförmigem u. fl. CH_3CF_2Cl u. CH_3CFCl_2 u. von fl. CH_3CCl_3 mit Depolarisationsfaktoren. Die Spektren werden ausgedeutet u. für jede Mol. eine Zuordnung der Frequenzen zu den Grundschwingungen vorgeschlagen. Daraus werden die thermodynam. Funktionen dieser Moll. zwischen 298 u. 600° K u. beim Kp. berechnet. (J. chem. Physics **20**. 473—86. März 1952.) GOUBEAU. D 120

E. Dallwigk, H. Paillard und **E. Briner,** *Untersuchungen über die Ultrarotabsorptionsspektren von Ozoniden.* 7. Mitt. *Die Ultrarotabsorptionsspektren von Ozonisationsprodukten organischer Verbindungen mit Dreifachbindung: Phenylacetylen, Methylester der Acetylenmonocarbonsäure und der Acetylendicarbonsäure und Heptin-(1).* (6. vgl. C. **1954**. 4120.) Die Ultrarotspektren der Ozonisationsprodd. von *Phenylacetylen*, von den *Methylestern* der *Acetylenmono-* u. *-dicarbonsäure* sowie von *Heptin-(1)* zeigen eine Bande zwischen 1720 u. 1770 cm^{-1}, also eine mit den von Verbb. mit Doppelbindungen erhaltenen Ozoniden ident. Schwingung. Diese zu einer C=O-Doppelbindung gehörige Bande darf demnach als charakterist. für alle Ozonide angesehen werden. (Helv. chim. Acta **36**. 1757—63. 1/12. 1953. Genf, Univ., Labor. Chim. techn., théor. et d'Électrochim.) GOUBEAU. D 120

Karl Freudenberg, Heinz Dietrich und **Wolfgang Siebert,** *Ultrarotspektren ligninverwandter Stoffe.* Die Ultrarotspektren von 13 Substanzen, die dem Lignin von Coniferen u. Laubhölzern nahestehen, werden verglichen. Im einzelnen sind angegeben die Spektren von *p-Cumaraldehyd*, *p-Cumaralkohol* (I), *Coniferylaldehyd*, *Coniferylalkohol* (II), *Pinoresinol* (III), *Sinapinaldehyd*, *Sinapinalkohol* (IV) u. *Dehydrodisinapinalkohol* sowie der Dehydrierungspolymerisate von **I, II, III, IV** u. einer 1 : 1-Mischung von **II** + **IV**. Die mögliche Zuordnung der einzelnen beobachteten Banden wird diskutiert. (Chem. Ber. **84**. 961—71. 1951. Heidelberg, Univ., Chem. Inst., Inst. für die Chem. des Holzes u. der Polysaccharide, u. Ludwigshafen, BASF, Physik.-techn. Labor. der Betriebskontrolle.) KATTENHORN. D 120

Richard C. Mockler und **Walter Gordy,** *Mikrowellenspektrum von Trimethylchlorsilan.* (Sitzungsbericht.) Nach Unterss. der Vff. besitzt Trimethylchlorsilan ein Mikrowellenrotationsspektr., welches für ein symm. Spitzenmol. charakterist. ist, u. zwar mit $B_0 = 2197,31$ MHz für $(CH_3)_3{}^{28}Si^{35}Cl$ u. $B_0 = 2147,88$ MHz. für $(CH_3)_3{}^{28}Si^{37}Cl$. Nimmt man Tetraederwinkel an u. den Abstand C—H wie in Methan, dann errechnen sich die Entfernungen Si—C = 1,871 Å u. Si—Cl = 2,029 Å. Die Rotationslinien sind durch Torsionsschwingungen oder eingeschränkte innere Rotation der CH_3-Gruppen in mehrere Komponenten aufgespalten. (Physic. Rev. [2] **91**. 222. 1/7. 1953. Duke Univ.) GOTTFRIED. D 121

J. Powling und **H. J. Bernstein,** *Innere Rotation.* 6. Mitt. *Eine Methode zur spektroskopischen Bestimmung der Energiedifferenz zwischen Rotationsisomeren aus Messungen an verdünnten Lösungen.* (5. vgl. BERNSTEIN, J. chem. Physics **18**. [1950.] 897.) Die Werte für die Energiedifferenz ΔE u. die Umwandlungswärme ΔH zwischen trans- u. gauche-Formen von Rotationsisomeren sind verschieden je nachdem, ob die spektroskop. Best. an gasförmigen oder fl. bzw. gelösten Substanzen durchgeführt worden ist. Zur Ausschaltung dieses Lösungsmitteleinfl. u. zur Berechnung der wahren, ΔE_{gas}-Werte geben Vff. jetzt ein Verf. an, das wie das von WATANABE, MIZUSHIMA u. MASIKO (Sci. Pap. Inst. physic. chem. Res. [Tokyo] **40**. [1943.] 425) auf der Anwendung der ONSAGERschen Theorie beruht. Danach werden bei verd. Lsgg. die Werte des Verhältnisses der opt. Dichten, die dem stabilen bzw. labilen Isomeren zugeordnet werden können, auf unendliche Verdünnung extrapoliert u. die daraus berechneten $\Delta H_{Lsg.}$ gegen die Größe $(\varepsilon - 1)/(2\varepsilon + 1)\cdot\varrho/M$ für die einzelnen Lösungsmittel aufgetragen. Dabei ergibt sich eine Gerade, die die ΔH-Achse bei ΔH_{gas} schneidet u. deren Anstieg proportional zu μ^2 (bzw. $\mu^2_{trans} - \mu^2_{gauche}$) ist. — Vff. prüfen die Meth. durch spektroskop. Unters. [untersuchte Frequenzen] von *1.2-Dichloräthan* (I) $Kp._{760}$ 83—83,5° [1231 cm^{-1}, trans; 1285 cm^{-1}, gauche]; *1.2-Dibromäthan* (II), $Kp._{760}$ 131,5—132° [1188 cm^{-1}, trans; 1245 cm^{-1}, gauche]; *1-Chlor-2-bromäthan* (III), $Kp._{760}$

107°, aus I u. II mit $AlCl_3$ während 48 Std. [1203 cm^{-1} u. 1250 cm^{-1}], *1.1.2-Trichloräthan* (IV), $Kp._{760}$ 113°, aus I u. SO_2Cl_2 [1044 cm^{-1}, 547 cm^{-1}, stabilere Form; 1008 cm^{-1}, 524 cm^{-1}, labilere Form] u. *1.1.2.2-Tetrachloräthan*(V), $Kp._{760}$146° [1279 cm^{-1}, instabilere Form in Lsg.; 1243 cm^{-1}, stabilere Form in Lsg.]. Als unpolare Lösungsmittel dienten Br_2, CS_2, $SnCl_4$ u. $CCl_2{=}CCl_2$; die zur Messung benutzten Apparate sind genau beschrieben. — In allen Fällen konnte die oben beschriebene Meth. angewandt werden, als ΔH_{gas}-Werte bzw. μ_{gauche}-Werte ergaben sich bei **I** 1480±160 cal/Mol u. $2{,}53 \cdot 10^{-18}$; bei **II** ~2000 cal/Mol u. $2{,}48 \cdot 10^{-18}$; bei **III** 1850±150 cal/Mol u. $3{,}0 \cdot 10^{-18}$; bei **IV** 1800±200 cal/Mol u. $(\mu_b^2 - \mu_a^2)$ $8{,}63 \cdot 10^{-36}$ u. bei **V** 280 cal/Mol u. (μ_b) $2{,}51 \cdot 10^{-18}$. Die Übereinstimmung mit den in der Gasphase selbst gemessenen ΔH-Werten ist meist befriedigend; bei **III**, für das die Best. im Gaszustand neu vorgenommen wurde, ergab sich ein niedrigerer Wert von 1430 cal/Mol; auch bei **II** liegt der extrapolierte Wert höher, jedoch innerhalb der Fehlergrenzen. (J. Amer. chem. Soc. **73.** 1815—20. April 1951. Ottawa, Ontario, Can., Nat. Res. Council.) KRESZE. D 123

F. E. Malherbe und **H. J. Bernstein,** *Innere Rotation.* 7. Mitt. *Die Energiedifferenz zwischen den Rotationsisomeren einiger halogensubstituierter Äthane.* (6. vgl. vorst. Ref.) Die Überprüfung bzw. Neuaufnahme der Infrarotspektren von *1.1.2.2-Tetrachloräthan* (I), $Kp._{760}$ 146°, *1.1.2-Trichloräthan* (II), Kp. 113°, *1.1.2.2-Tetrabromäthan* (III), Kp. 151°, u. *1.1.2-Tribromäthan* **IV**, Kp. 188,4° ergab für die Infrarotmeth. (vgl. l. c.) zum Nachw. von Rotationsisomeren im fl. Zustand u. zur Berechnung der Energiedifferenz der beiden isomeren Formen eine größere Fehlergrenze, als bei früheren Unterss. angenommen wurde. Die Annahme, daß die Höhe der Bandenspitzen ein Maß für ihre Konz. sei, muß noch gesichert werden. Bei Aufnahme der Spektren der Festkörper ist darauf zu achten, daß die fl. Verb. wirklich krist. u. nicht glasig erstarrt. Bandenpaare bei 1279 u. 1243 cm^{-1} von **I** gehören der gleichen isomeren Form an. Ihre vorgetäuschte Temperaturabhängigkeit hatte zu falschen Werten für ΔH geführt. Es werden jetzt keine passenden Bandenpaare gefunden, um ΔH erneut zu bestimmen. Die Spektren von **II** unterschieden sich von früher aufgenommenen bes. durch Fehlen einer Bande bei 547 cm^{-1}. Banden bei 1050 u. 1010 cm^{-1} gehörten verschied. Isomeren an. Durch Messung ihrer Temperaturabhängigkeit wurde ΔH zu ca. 0,1 kcal bestimmt. ΔH der Isomeren von **III** konnte wegen zu breiter Überlappung der Banden nicht bestimmt werden. Die Energiedifferenz zweier isomerer Formen von **IV**, deren Banden bei 1041 u. 1000 cm^{-1} liegen, wurde zu ca. 0,5 kalcal gefunden. (J. Amer. chem. Soc. **74.** 1859—60. 5/4. 1952.)

MANTHEY. D 123

Lieselott Herforth und **Dietrich Rosahl,** *Zur Fluorescenz organischer Substanzen bei Anregung mit schnellen Elektronen und γ-Strahlen unter besonderer Berücksichtigung der Konstitutionsspezifität.* In Fortsetzung der Unterss. der Fluorescenz organ. Stoffe bei Röntgenstrahlanregung (C. **1954.** 5483) werden die Fluorescenzausbeuten bei Anregung mit Elektronen u. harten γ-Strahlen mit Hilfe eines Sekundärelektronenvervielfachers gemessen für die polykristallinen Stoffe: *1.3.5-Triphenylpyrazolin* (**I**) sowie dessen *3-Cl-*, *3-Br-*, *5-Cl-* u. *5-Br-Derivv.*, *Dihydrocollidindicarbonsäurediäthylester* (**II**), u. als Vergleichssubstanzen *Naphthalin* (**III**), *Anthracen* (**IV**) u. *Stilben* (**V**). Die Ermittlung der physikal. Ausbeuten ergibt die besten Energie- u. Quantenausbeuten η für **V**; es folgen **I**, **II** u. dann die Derivv. des **I**, bei denen η mit steigendem Radius des Halogens abnimmt. Die geringsten Ausbeuten haben **III** u. **IV**. Wegen der guten Durchlässigkeit der polykristallinen Preßkörper im eignen Emissionsgebiet eignen sich am besten für Scintillationszwecke die die besten techn. Ausbeuten zeigenden Stoffe **V**, das 3-Cl-Deriv. des **I** sowie **II**. Der Zusammenhang zwischen Konst. u. Ausbeuten wird diskutiert. (Ann. Physik [6] **12.** 340—47. 1953. Berlin-Buch, Inst. für Festkörperforsch. u. Inst. für Med. u. Biol. der Deutsch. Akad. der Wiss.)

RUDOLPH. D 125

R. Grand, *Dipolmomente organischer Säuren, abgeleitet aus Messungen der Adsorption an der Oberfläche polarisierten Quecksilbers.* Aus Messungen der Adsorption bei p_H 3, bei welcher sich die Hg-Oberfläche als frei von adsorbiertem Sauerstoff erweist, werden unter der Annahme, daß hier vorzüglich Säurereste adsorbiert werden, die Dipolmomente von Carbonsäuren berechnet. Diese stimmen nach Mitt. des Vf. — nähere Angaben werden nicht gemacht — mit den sonst bekannten Momentwerten überein. (J. Physique Radium **14.** 22 S. Mai 1953.) K. L. WOLF. D 132

R. S. Phadke, *Studien über die Dielektrizitätskonstanten von Fettsäuren.* 1. Mitt. *Eine vergleichende Studie der Gleichungen von Onsager und von Jatkar in bezug auf experimentelle Daten an reinen Flüssigkeiten.* JATKAR hat (C. **1944.** II. 300) eine Gleichung entwickelt, welche zur Best. der Dipolmomente auf reine polare Fll. anwendbar sein soll. Die Gültigkeit dieser u. der ONSAGERschen Gleichung wird durch experimentelle Untersuchungen an folgenden unverd. Fll. untersucht: *Propionsäure, Buttersäure, Isobuttersäure, Isovaleriansäure, Capronsäure, Isocapronsäure, Caprylsäure, Ölsäure* (I), *Elaidinsäure* (II), *Ricinolsäure* (III), *Ricinelaidinsäure* (IV), *Propylbutyrat, Äthylcaprylat, Äthylricinoleat, Äthylelaidinat* u. *Äthyloleat.* Es ergibt sich, daß die nach ONSAGER berechneten Dipolmomente größer sind als die nach JATKAR berechneten. Gefundene Temperaturabhängigkeiten in den Momenten der Säuren werden auf Assoziation zurückgeführt. I u. II erweisen sich als assoziiert, III u. IV als viel weniger assoziiert. Bei den Estern besteht keine Assoziation. (J. Indian Inst. Sci. **34.** 189—207. Juli 1952. Bangalore, Inst. of Sci., Dep. of Gen. Chem.) K. L. WOLF. D 132

Nicole Lumbroso und **Henri François,** *Magnetische Anisotropie einiger organischer Kristalle bei tiefer Temperatur.* Es werden Messungen der magnet. Hauptsusceptibilitäten einiger aromat. monokliner Einkristalle bei der Temp. des fl. N_2 mitgeteilt. Es ergibt sich eine starke Änderung gegenüber den Werten bei gewöhnlichen Temperaturen. Es wurden untersucht: *p-Dibrombenzol, p-Benzochinon, Naphthalin, Dibenzyl, Stilben* u. *Azobenzol.* (C. R. hebd. Séances Acad. Sci. **236.** 2308—09. 15/6. 1953.) K. L. WOLF. D 137

Daniel Berg und **Andrew Patterson jr.,** *Die Leitfähigkeit bei hohen Feldstärken von wässerigen Lösungen von ε-Amino-n-capronsäure bei 25°.* Bei Feldstärken bis zu 200 kV/cm bestimmten Vff. nach der Meth. von GLEDHILL u. PATTERSON (J. physic. Chem. **56.** [1952.] 999) die Leitfähigkeit wss. *ε-Amino-n-capronsäure*-Lsgg. bei Konzz. 0,06 u. 0,14mol. u. 25°. Als Bezugselektrolyt diente 10^{-4}mol. HCl. Es konnten keine Orientierungs-, dielektr. oder Relaxationszeiteffekte als Funktion der wachsenden Feldstärke beobachtet werden. Dies gilt sowohl für ein ungereinigtes wie ein umkrist. Präp. (vgl. auch Ergebnisse bei Glycin, J. Amer. chem. Soc. **75.** [1953.] 1482). (J. Amer. chem. Soc. **75.** 4835—36. 5/10. 1953. New Haven, Conn., Yale-Univ., Dep. of Chem.) GABRIELE GÜNTHER. D 138

Ralph G. Pearson und **Forrest V. Williams,** *Ionisationsgeschwindigkeiten von Pseudosäuren.* 6. Mitt. *Katalytisches Verhalten von Alkylaminen bei der Ionisation von Nitroäthan.* (5. vgl. C. **1953.** 9426.) Um Solvatations- u. ster. Effekte bei der Katalyse der Ionisation von *Nitroäthan* (I) durch aliphat. Amine zu ermitteln, verfolgten Vff. die Kinetik dieser Rk. bei 0° in W. konduktometr. nach der früher angewandten (vgl. C. **1948.** II. 1050), aber verbesserten Meth. (die früheren Reaktionsgeschwindigkeitskonstanten k sind ca. 1—2% zu hoch!) u. bestimmten die pK_b-Werte folgender Amine: [in ( ) pK_b bei 0° in W., k in Liter/Mol · Min]: *Äthylamin* (3,31; 0,85 ± 0,02), *Diäthylamin* (II; 3,06; 2,78 ± 0,08), *Triäthylamin* (III; 3,46; 3,12 ± 0,24), *n-Propylamin* (3,36; 0,89 ± 0,13), *Isopropylamin* (3,40; 1,14 ± 0,07), *n-Butylamin* (3,35; 1,13 ± 0,15), *Diisopropylamin* (IV; 2,96; 2,60 ± 0,07), *Piperidin* (V; 3,01; 4,97 ± 0,03), *n-Hexylamin* (3,32; 1,13 ± 0,04), *tert.-Butylamin* (3,30; 1,13 ± 0,04) u. *Chinuclidin* (VI; 3,45; 5,91 ± 0,26). Die log k zeigen, gegen log K_b aufgetragen, für prim. Amine annähernd eine lineare Abhängigkeit, tert. weisen stärker als sek. positive Abweichungen der Reaktionsgeschwindigkeit auf, während das früher gemessene NH_3 langsamer reagiert. Cycl. Verbb., wie V u. VI, reagieren schneller als die entsprechenden offenkettigen Amine. Vff. führen die Abweichungen allg. auf Solvatationseffekte (vgl. l. c.) zurück, wobei durch Ersatz der NH- durch eine N-Alkylgruppe die K-Werte infolge geringerer Solvatationsenergie vermindert werden. Die geringeren Abweichungen von III bzw. II u. IV vgl. mit VI u. Trimethylamin (vgl. l. c.) bzw. V u. Dimethylamin (l. c.) werden mit Ggw. einer F-(frontalen) Spannung (vgl. BROWN u. Mitarbeiter, C. **1946.** I. 1192) erklärt, während die Wirksamkeit von B-Spannungen offenbar nur sehr gering ist. (J. Amer. chem. Soc. **76.** 258—60. 5/1. 1954. Evanston, Ill., Northwestern Univ., Chem. Labor.) GNAUCK. D 139

Walter Ciusa, Paolo M. Strocchi und **Giuseppe Adamo,** *Beitrag zur Kenntnis der Codehydrasen.* 4. Mitt. *Oxydations-Reduktionspotentiale einiger Derivate der 3-Pyridincarbonsäure.* (3. vgl. C. **1954.** 3487.) Die Redoxpotentiale verschied. Nicotinamid-N_1-Derivv. werden polarograph. in 10^{-3} mol. gepufferten Lsgg. bei p_H 9,65 (20°) gemessen. Die mikrophotometr. Auswertung der Polarogramme ergibt: Bei den Halogeniden des *Nicotinamids* läuft die Red. in einer einzigen Stufe ab bei einem Potential von —1,68 V; bei den am Pyridin-N durch Alkyl substituierten Derivv. zerfällt sie in 2 Stufen, die erste mit einem Halbwellenpotential, das mit zunehmender Länge des Alkyls stärker positiv wird (—1,075 für CH_3, —1,048 für C_4H_9, —1,003 für $C_6H_5CH_2$), während das der 2. unverändert bei —1,65 V liegt. Der Einfl. der verschied. Halogenide auf das Potential kommt bei der Meßmeth. nicht zum Ausdruck. Aus den Resultaten kann geschlossen werden, daß die untersuchten Stoffe ein Redoxsyst. bilden, das je Mol. 2 Elektronen betrifft, u. daß die Red. der N_1-Alkylderivv. eine

Zwischenstufe durchläuft, die in Übereinstimmung mit der Literatur als Bldg. einer Verb. mit semichinoider Struktur gedeutet werden kann.

Versuche: Nicotinamid-N_1-Alkyl-Verbb., aus dem Amid mit überschüssigem Halogenalkan in A., Chloride u. Bromide zum Teil aus den Jodiden + Ag-Salzen. Untersucht werden 10^{-2} bis 10^{-3} mol. Lsgg. in Borsäure–Tetramethylammoniumborat-Puffer von Chlorid, Bromid u. Jodid der N_1-Derivv. mit R = CH_3 (F. 237° bzw. 222° bzw. 204°), C_2H_5 (F. 210°, 208°, 198°), C_3H_7 (F. 191°, 174°, 181°), C_4H_9 (F. 208°, 169°, 154°) u. $C_6H_5CH_2$ (Chlorid, F. 235°) sowie von *Nicotinamidhydrochlorid* (F. 235°), *-bromid* (F. 236°) u. *-jodid* (F. 206°). — Löslichkeit dieser Verbb. in 95,5%ig. A. bei 20° vgl. Original. (Gazz. chim. ital. **80**. 604—09. Aug./Okt. 1950. Bologna u. Bari, Univ., Labor. di Chim. della Fac. di Economia e Commercio, u. Bologna, Univ., Ist. di Chim. appl.) v. DECHEND. D 142

S. A. Mumford und **J. W. C. Phillips**, *Die physikalischen Eigenschaften einiger aliphatischer Verbindungen.* Um einen repräsentativen Wert für das CH_2-Parachorinkrement u. detailliertere Aussagen über die Größe des Parachordefekts infolge einer Anhäufung negativer Gruppen („Spannungskonstante") geben zu können, untersuchten Vff. mehrere homologe Reihen aliphat. Verbb., bes. halogenhaltige. Das von VOGEL (J. chem. Soc. [London] **1948**. 1833) angegebene CH_2-Inkrement von 40 wird bestätigt, die Ergebnisse werden ausführlich unter Heranziehung weiterer Literatur diskutiert.

Versuche: Folgende Verbb. wurden untersucht ($D.^{20}_4$, $D.^{25}_4$, n_D^{20}, Mol.-Refr., Oberflächenspannung, Parachor u. Viscosität bei 20 u. 25° sowie Darstellungsmethoden vgl. Original; Kpp., wenn nicht anders angegeben, bei 760 mm): *2.5-Dimethylhexan*, Kp. 109,2°. — *n-Decan*, Kp. 173,3°. — *n-Hexadecan*, F. 17,6°, Kp. 285,8°. — *n-Hexadecen-(1)*, $Kp._{21}$ 159,5°. — Chloride: *n-Propyl-*, Kp. 46,5°. — *n-Butyl-*, Kp. 78,4°. — *Isobutyl-*, Kp. 68,4°. — *n-Amyl-*, Kp. 107,9°. — *tert.-Amyl-*, Kp. 85,6°. — *n-Hexyl-*, Kp. 134,3°. — *n-Heptyl-*, Kp. 160,0°. — *n-Octyl-*, Kp. 183,8°. — *sek.-Octyl-*, Kp. 171,9°. — *n-Hexadecyl-*, F. 7,4° (α-Form) bzw. 12,1° (β-Form), $Kp._{22,5}$ 195°. — *Allyl-*, Kp. 45°. — *Chlorbenzol*, Kp. 131,3°. — *Benzylchlorid*, $Kp._{14}$ 67°. — Bromide: *Äthyl-*, Kp. 38,2°. — *Isopropyl-*, Kp. 59,4°. — *n-Butyl-*, Kp. 101,5°. — *Isobutyl-*, Kp. 91,1°. — *n-Amyl-*, Kp. 129,4°. — *n-Hexyl-*, Kp. 154,6°. — *n-Heptyl-*, $Kp._{17}$ 69,5° — *n-Octyl-*, Kp. 202,2°. — *n-Hexadecyl-*, F. 16,3°, $Kp._{11}$ 190°. — Jodide: *Äthyl-*, Kp. 72,3°. — *n-Propyl-*, Kp. 102,5°. — *n-Butyl-*, Kp. 130,2°. — *n-Hexyl-*, $Kp._{23}$ 76,5°. — *n-Hexadecyl-*, F. 22,5°, $Kp._4$ 184°. — *Methylenchlorid*, Kp. 39,8°. — *Chloroform*, Kp. 61,2°. — *Tetrachlorkohlenstoff*, Kp. 76,75°. — *1.2-Dichloräthan*, Kp. 83,6°. — *1.3-Dichlorpropan*, Kp. 120,8°. — *1.4-Dichlorbutan*, Kp. 155,0°. — *1.5-Dichlorpentan*, Kp. 182,0°. — *1.1-Dichloräthan*, Kp. 57,3°. — *1.1.2-Trichloräthan*, Kp. 114,1°. — *1.1.2.2-Tetrachloräthan*, Kp. 146,1°. — *1.1.1.2.2-Pentachloräthan*, Kp. 160,5°. — *1.2.3-Trichlorpropan*, Kp. 156,0°. — *cis-1.2-Dichloräthen*, Kp. 48,4°. — *trans-1.2-Dichloräthen*, Kp. 60,1°. — *Trichloräthen*, Kp. 86,9°. — *Tetrachloräthen*, Kp. 121,2°. — *1.2-Dibromäthan*, Kp. 131,1°. — *1.3-Dibrompropan*, Kp. 166,2°. — Äther: *Äthyl-n-butyl-*, Kp. 92,0°. — *Äthyl-n-hexadecyl-*, F. 19,9°, $Kp._{21}$ 195°. — *Methyl-2-chloräthyl-*, Kp. 90,3°. — *2-Chlordiäthyl-*, Kp. 108,4°. — *1.2-Dichlordiäthyl-*, $Kp._{27}$ 51°. — *2.2'-Dichlordiäthyl-*, Kp. 177,9°. — *1.2.2-Trichlordiäthyl-*, $Kp._{13}$ 62°. — *1.2.2.2.2'-Pentachlordiäthyl-*, $Kp._{12,5}$ 112,5°. — Äthylester: *Ameisensäure-*, Kp. 54,3°. — *Essigsäure-*, Kp. 77,15°. — *Buttersäure-*, Kp. 121,4°. — *Valeriansäure-*, Kp. 145,1°. — *Capronsäure-*, Kp. 167,0°. — *Caprylsäure-*, Kp. 207,0°. — *Pelargonsäure-*, $Kp._{23}$ 119°. — *Laurinsäure-*, F. —3,4°, Kp. 275°. — *Myristinsäure-*, F. 10,85°, Kp. 308,8°. — *Palmitinsäure-*, F. 19,2° (α-Form) bzw. 23,2° (β-Form), $Kp._{13,5}$ 198,5°. — *Margarinsäure-*, F. 25,2° (α-Form), $Kp._{10}$ 200°. — Essigsäureester: *Methyl-*, Kp. 56,9°. — *n-Propyl-*, Kp. 101,6°. — *n-Butyl-*, Kp. 125,6°. — *Isobutyl-*, Kp. 117,1°. — *n-Amyl-*, Kp. 149,2°. — *n-Hexyl-*, Kp. 170,5°. — *n-Octyl-*, Kp. 211,5°. — *n-Hexadecyl-*, F. 18,5° (α-Form) bzw. 22,1° (β-Form), $Kp._{18}$ 204°. — Diäthylester: *Malonsäure-*, Kp. 199,3°. — *Bernsteinsäure-*, Kp. 216,6°. — *Adipinsäure-*, F. —22°, Kp. 251°. — *Korksäure-*, Kp. 283°. — *Azelainsäure-*, F. —19,8°, $Kp._{18}$ 172°. — *Sebacinsäure-*, F. 1,65°, $Kp._{18}$ 184°. — *Äthylmalonsäure-*, Kp. 208,2°. — *n-Butylmalonsäure-*, Kp. 239,0°. — *n-Hexadecylmalonsäure-*, F. 12,7° (α-Form) bzw. 25,1° (β-Form), $Kp._{9,5}$ 241°. — *Benzoesäureäthylester*, Kp. 212,2°. — *Chlorameisensäureäthylester*, Kp. 92,6°. — *Chloressigsäuremethylester*, Kp. 129,6°. — *-äthylester*, Kp. 143,1°. — *-n-propylester*, Kp. 162,9°. — *-n-butylester*, Kp. 181,7°. — *Dichloressigsäuremethylester*, Kp. 143,9°. — *-äthylester*, Kp. 157,3°. — *-n-propylester*, Kp. 175,5°. — *-n-butylester*, Kp. 194,8°. — *Trichloressigsäuremethylester*, Kp. 153,4°. — *-äthylester*, Kp. 167,3°. — *-n-propylester*, Kp. 185,5°. — *-n-butylester*, Kp. 206,0°. — 2-Chloräthylester: *Essigsäure-*, Kp. 145,1°. — *Chloressigsäure-*, Kp. 202,7°. — *Dichloressigsäure-*, Kp. 213,0°. — *Trichloressigsäure-* Kp. 217,5°. — *β-Chlorpropionsäureäthylester*, Kp. 162,4°. — Sulfide: *Diäthyl-*,

Kp. 92,1°. — *Di-n-butyl-*, Kp. 188,1°. — *Diisobutyl-*, Kp. 170,0°, — *Diisoamyl-*, Kp. 215,3°. — *2-Chlordiäthyl-*, $Kp._{20}$ 59°. — *2.2'-Dichlordiäthyl-*, F. 14,4°; $Kp._{15}$ 107°. — *2-Chloräthyl-1.2-dichlorvinyl-*, $Kp._{15}$ 107°. — *2-Chloräthyl-1.2.2-trichlorvinyl-*, $Kp._{15}$ 123°. — *1.1.2-Trichloräthyl-2-chlorvinyl-*, $Kp._{15}$ 122,5°. — *1.1.2-Trichloräthyl-1.2-dichlorvinyl-*, $Kp._{15}$ 134,5°. — *1.1.2.2.2.2'-Hexachlordiäthyl-*, $Kp._{15}$ 158,5°. — *1.1.1'.2.2'.2'-Hexachlordiäthyl-*, $Kp._{15}$ 159,5°. — *1.1.1'.2.2.2'.2'-Heptachlordiäthyl-*, $Kp._{15}$ 171°. — *n-Butylcyanid*, Kp. 141°. — *n-Hexadecylcyanid*, F. 31,7°, $Kp._{8}$ 195°. — *n-Amylamin*, Kp. 105,3°. — *n-Propanol*, Kp. 97,2°. — *n-Butanol*, Kp. 117,9°. — *Isobutanol*, Kp. 108,0°. — *n-Pentanol*, Kp. 137,5°. — *n-Hexanol*, Kp. 156,6°. — *n-Heptanol*, Kp. 175,9°. — *n-Octanol*, Kp. 194,6°. — *n-Buttersäure*, Kp. 163,4°. — *n-Valeriansäure*, Kp. 185,6°. — *n-Capronsäure*, Kp. 205,3°. — *n-Caprylsäure*, F. 15,9°, Kp. 237,7°. — *n-Pelargonsäure*, F. 12,0°, Kp. 254,0°. (J. chem. Soc. [London] **1950.** 75—84. Jan. Farley.) J. ROTHE. D 148

Robert E. Perry und **George Thodos**, *Dampfdrucke der leichten normalen gesättigten Kohlenwasserstoffe*. Die Dampfdrucke von n-Paraffinen im ganzen Bereich vom Tripelpunkt bis zum krit. Punkt lassen sich alle durch die Beziehung $\log P = A + B/T + C \log T + DP/T^2$ wiedergeben (vgl. auch THODOS, C. **1951.** I. 22). Es ergibt sich, daß die drei Konstanten B, C u. D der Gleichung einfache empir. Abhängigkeiten von dem Kp. der KW-stoffe zeigen, die sich oberhalb einer bestimmten Kohlenstoffzahl bei semilogarithm. Darst. in Linearität ausdrückt. Auch die Werte für A werden von *Methan* bis *n-Dodecan* mitgeteilt. Die mittlere Abweichung der Dampfdrucke von den errechneten Werten im ganzen Bereich der Phasenkoexistenz beträgt 0,27%, das Minimum 0,04% (Äthan) u. das Maximum 0,51% (n-Dodecan). (Ind. Engng. Chem. **44.** 1649—53. Juli 1952. Evanstone, Ill., Northwestern Technol. Inst.) THEILE. D 150

W. J. Svirbely und **Samuel Goldhagen**, *Eine Untersuchung des Systems cis- und trans-Cyclohexandiol-(1.2)*. Vff. untersuchten die Phasendiagramme des Syst. *cis-* (I) u. *trans-Cyclohexandiol-(1.2)* (II; beide aus Brenzcatechin [F. 104°] durch Hydrierung mit RANEY-Ni in A.) unter dem Polarisationsmikroskop. Zusätzlich wurde die Beugung von Röntgenstrahlen an reinem **I**, reinem **II** u. an 5 Mischungen (5—25% **II**) untersucht; die Abwesenheit von Netzebenenabständen, die weder **I** noch **II** zugeordnet werden können, schließt die Möglichkeiten einer Verb. oder einer festen Lsg. mit anderer als **I**-Struktur aus. Das resultierende Schmelzdiagramm zeigt ein Eutektikum bei 71,9° (56,6% **II**) u. ein Gebiet fester Lsgg. mit mehr als 55% **I**; reines **I** tritt in 3 Modifikationen auf (γ-I $\xrightarrow{80,5^\circ}$ β-I $\xrightarrow{87,34^\circ}$ α-I). Im einzelnen wurden folgende Mischungen untersucht [Zus. in % **II**; in ( ) FF. (korr.)]: 100,00 (= **II**; 102,8°); 90,80 (98,4°); 84,30 (94,7°); 77,67 (90,0°); 70,05 (84,6°); 65,05 (79,7°); 58,80 (73,5°); 56,95 (72,8°); 52,62 (73,8°); 49,26 (74,9°); 39,52 (78,6°); 31,59 (80,9°); 24,99 (83,5°); 22,00 (84,7°); 20,04 (86,5°); 13,92 (90,2°); 10,29 (92,7°); 4,99 (95,7°); 0,00 (= **I**; 99,2°). (J. physic. Chem. **57.** 597—99. Juni 1953. College Park, Md., Univ. of Maryland, Dep. of Chem.) J. ROTHE. D 150

C. F. Cullis und **L. S. A. Smith**, *Die thermische Oxydation der aliphatischen Amine*. Die Oxydation von aliphat. Aminen (*Methyl-*, *Äthyl-* (I), *n-Propyl-* (II) u. *n-Butylamin*) setzt ähnlich wie bei den entsprechenden Paraffinen zwischen 250—300° ein, ebenso nimmt wie bei diesen die Oxydationsbereitschaft mit steigender Kettenlänge zu. Es zeigt sich aber andererseits, daß der größere Unterschied im Reaktionsverh., wie er zwischen Äthan u. Propan zu verzeichnen ist, zwischen **I** u. **II** nicht festgestellt werden kann. Dies wird durch das Vorhandensein der CH_2-Gruppe in **I** erklärt. Weiter steht im Gegensatz zum Verh. der Paraffine, daß eine Änderung des Oberfläche–Vol.-Verhältnisses im Reaktionsgefäß (bei **I** u. **II**) u. N_2-Zusatz kaum einen Einfl. auf die Reaktionsgeschwindigkeit ausüben, Aldehyde haben keine stärkere katalyt. Wirksamkeit. Vff. nehmen an, daß die Oxydation an einer CH-Bindung einsetzt u. zur intermediären Bldg. der substituierten Peroxyde führt. Das möglicherweise auftretende NH_2-Radikal führt zur Bldg. von Stickoxyden, die im Gasraum am Kettenabbruch beteiligt sind. (Trans. Faraday Soc. **46.** 42—55. Jan. 1950. Oxford, South Parks Road, Phys. Chem. Labor.) G. WOLFF. D 157

W. F. Nosdrew, *Dispersion der Ultraschallgeschwindigkeit in überhitzten Dämpfen von n-Hexan*. Die Unterss. wurden nach einer früher beschriebenen opt. Meth. im Temperaturbereich von 180—330°, bei Drucken von 2—26 at u. Frequenzen von 450—3050 kHz durchgeführt. Das Zentrum der Dispersion in überhitzten Dämpfen von *n-Hexan* (z. B. bei 250°) befindet sich bei Frequenzen von 1,82·MHz. Es wird experimentell bestätigt, daß die Unters. der Dispersion in Dämpfen komplizierterer organ. Fll. bei höheren Frequenzen erfolgen muß, als es mit der interferometr. Meth. nach PIERCE möglich ist. (Доклады Академии Наук СССР [Ber. Akad. Wiss. UdSSR] [N. S.] **85.** 1005–07. 11/8. 1952. Moskau, Lomonossow-Univ., Physikal. Inst.) A. KUNZE. D 159

J. C. Ghosh und B. P. Gyani, *Viscosität von Glucose-, Harnstoff- und Gelatinelösungen und einige Eigenschaften der gelösten Teilchen.* Die Viscosität wss. *Glucose-, Harnstoff-, Gelatine* (**I**)- u. *Pflanzengummi* (**II**)-Lsgg. wurden sowohl nach der OSTWALDschen als auch nach der SCARPAschen Meth. bei verschied. Konzz. bei 35° untersucht. Das partielle spezif. Vol. Φ u. der Faktor für die Teilchenform a wurden nach den von SAKURADA (Kolloid-Z. **64.** [1933.] 195) gemachten Überlegungen abgeleitet. Im c/η_{sp}, c-Diagramm tritt nur bei **I** am isoelektr. Punkt eine Gerade auf, d. h. Φ u. a sind konstant. **I** bei anderem p_H u. **II**, speziell *Arabinsäure*-Lsgg., geben dagegen völlig anomale Kurven, aus denen sich für niedrige Konzz. negative Werte für Φ u. a ableiten lassen. (J. Indian chem. Soc. **30.** 349–54. Mai 1953. Patna, Univ., Sci. Coll.) KÖNIGSDORF. D 172

L. A. Wilcox und E. C. Lingafelter, *Die α-Phase einiger Natrium-1-alkansulfonate.* Es werden kristallograph. Daten nach Röntgenunterss. an der α-Phase der *Na-1-Alkansulfonate* mit ungerader C-Zahl (7–15) berichtet (Verbb. mit gerader C-Atomzahl vgl. JENSEN u. LINGAFELTER, C. **1945.** II. 773). Die Darst. der Verbb. erfolgte durch Einw. von wss. Na_2SO_3 auf die entsprechenden n-Alkylbromide u. Umkristallisieren aus 95%ig. Äthanol. Kristalle der α-Phase wurden durch Abkühlen der heiß gesätt. Lsgg. in 95%ig. A., oder auch (C_{13}–C_{15}) unreiner durch Abdampfen wss. Lsgg. bei 30–35° erhalten. Der Wassergeh. der C_{11}- u. C_{13}-Verb. betrug 0,126 u. 0,124 Mol W. pro Mol Sulfonat, gemäß $RSO_3Na \cdot {}^1/_8 H_2O$. Völlig trockene C_{11}-Verb. nahm unterhalb 95° (Umwandlungspunkt) 0,130 Mol W. auf, dabei erfolgte Rückbldg. der α-Phase (mit Röntgenaufnahmen verfolgt). Habitus der monoklinen Kristalle wie bei den Verbb. mit gerader C-Zahl (C. **1945.** II. 773). Röntgenaufnahmen nach Rotations-, WEISSENBERG-, Präzessionsmeth. mit CuKα-Strahlung, Eichung mit NaCl. Maße der Einheitszellen bei $C_7H_{15}SO_3Na \cdot {}^1/_8 H_2O$: $a_0 = 16{,}88$ Å, $b_0 = 10{,}18$ Å, $c_0 = 55{,}22$ Å, $\beta = 115°36'$; bei $C_{13}H_{37}SO_3Na \cdot {}^1/_8 H_2O$: $a_0 = 16{,}76$ Å, $b_0 = 10{,}07$ Å, $c_0 = 112{,}78$ Å, $\beta = 115°23'$. Die Einheitszelle enthält 32 Moll., mögliche Raumgruppen sind A a(C_s^4) oder A2/a(C_{2h}^6. [mit gerader C-Zahl I a(C_s^4) oder I2/a(C_{2h}^6)]. — Der Neigungswinkel der Kettenrichtung gegen die 0 0 1-Ebene wird aus der Schichtdickendifferenz zwischen Homologen zu 21°40′ bei $\Delta d = 4{,}739$ Å berechnet. Aufeinanderfolgende Ketten in c-Richtung schließen nicht linear aneinander an, sondern sind in a-Richtung um Δ a gegeneinander verschoben. Daher die Differenz zwischen 21°40′ u. (β —90°) [durchschnittlich 25°34′]. Bei größerer Kettenlänge verkleinert sich diese Differenz. Δ a wird zu 2,86 Å für ungeradzahlige u. 4,96 Å für geradzahlige Homologe berechnet; also unterscheiden sich gerade u. ungerade C-Ketten nicht durch die Kettenneigung, sondern durch Δ a. Der Wirkungsquerschnitt senkrecht zu den Ketten beträgt ca. 19,6 Å², bei wachsender Kette weniger, das Molarvolumeninkrement 29,6 cm^3/CH_2/Mol. (J. Amer. chem. Soc. **75.** 5761–62. 20/11. 1953. Seattle, Wash., Univ., Dep. of Chem.) BROD. D 190

J. A. J. Jarvis, *Kristallstruktur von Kaliumäthylsulfat.* Die Unters. von Kristallen von Kaliumäthylsulfat, $K(C_2H_5)SO_4$, ergab, daß es monoklin ist. Die Raumgruppe wurde mit $P\,2_1/c$ bestimmt. Die Größen der Elementarzelle, die 4 Moll. enthält, sind a = 11,62 Å, b = 6,99 Å u. c = 7,51 Å, β = 100,3°. Die D. betrug 1,843. Die Atomkoordinaten wurden durch die dreidimensionale FOURIER-Analyse bestimmt. Die Bindungslängen im Äthylsulfatradikal sind: $S-O_1 = 1{,}49$, $S-O_2 = 1{,}44$, $S-O_3 = 1{,}45$, $S-O_4 = 1{,}60$, $O_4-C_1 = 1{,}44$, $C_1-C_2 = 1{,}51$ Å. Weitere Atomabstände wurden angegeben für $O_1-O_2 = 2{,}43$, $O_2-O_3 = 2{,}36$, $O_3-O_1 = 2{,}50$, $O_1-O_4 = 2{,}41$, $O_2-O_4 = 2{,}46$ u. $O_3-O_4 = 2{,}44$ Å u. Valenzwinkel beim S-Atom für $O_1-S-O_2 = 112°$, $O_2-S-O_3 = 110°$, $O_3-S-O_1 = 116°$, $O_1-S-O_4 = 101°$, $O_2-S-O_4 = 109°$ u. $O_3-S-O_4 = 106°$. — Jedes K-Ion ist umgeben von 8 O-Atomen mit dem Abstand von 2,80–3,02 Å. (Acta crystallogr. [Copenhagen] **6.** 327–30. 10/4. 1953. Manchester, Imp. Chem. Ind. Ltd., Res. Labor.) SWINNE. D 195

T. R. Lomer, *Die Elementarkörperdimensionen von Kaliumseifen.* Es wurden bei 25 u. 75° Pulverdiagramme der *K-Salze* der folgenden Säuren hergestellt: *Buttersäure* (**I**), *Capronsäure* (**II**), *Caprylsäure* (**III**), *Caprinsäure* (**IV**), *Laurinsäure* (**V**), *Myristinsäure* (**VI**), *Palmitinsäure* (**VII**) u. *Stearinsäure* (**VIII**). Es wurden 3 verschied. kristalline Formen — A, B u. C — nachgewiesen. Seifen mit C_4–C_{10} krist. aus A. in der Phase A, die mit C_{12}–C_{18} in der Form B. Mit Ausnahme von **I** u. **II** wandeln sich alle Seifen beim Erhitzen in die dritte Phase C um. Beim Abkühlen tritt bei allen Seifen mit einer Ausnahme Umwandlung in die Form um, mit der sie aus A. kristallisieren. Diese Ausnahme ist **V**, die aus A. in der B-Phase kristallisiert. Beim Erhitzen tritt Umwandlung in die C-Phase ein, die sich beim Abkühlen in die A-Phase umwandelt. Diese Phase ist jedoch nicht stabil u. geht innerhalb einiger Monate in die ursprüngliche B-Phase über. Die einzelnen Umwandlungstempp. wurden röntgenograph. bestimmt u. sind tabellar. zusammengestellt. Von den K-Seifen wurden die folgenden Elementarkörperdimensionen (alle in kX) gemessen: **I** (25°, Phase A) a = 8,10; b = 5,68; c = 14,40; α = 90°; β = 92°; γ = 90°; **II** (25°, A) a = 7,98; b = 5,73; c = 18,90; α = 90°; β = 91,9°; γ = 90°; **III** (25°; A) a = 7,90; b = 5,67; c = 22,96; α = 90°; β = 92,1°; γ = 90°; **IV** (25°; A) a = 8,06; b = 5,67; c = 27,52; α = 90°; β = 93,5°; γ = 90°; **V** (25°; A) a = 7,95; b = 5,66; c = 31,72; α = 90°; β = 95,7°; γ = 90°; **V** (25°; B) a = 4,13; b = 5,59; c = 29,98; α = 97,4°; β = 92,0°; γ = 94°; **VI** (25°; B) a = 4,14; b = 5,60; c = 34,00; α = 91,6°; β = 91,5°; γ = 93°; **VII** (25°; B) a = 4,16; b = 5,60; c = 38,19; α = 92,7°; β = 91,3°; γ = 93°; **VIII** (25°; B) a = 4,15; b = 5,56; c = 42,03; α = 91,5°; β = 91,6°; γ = 94°; **I** (75°; A) a = 8,09; b = 5,70; c = 14,50; α = 90°; β = 92,2°; γ = 90°; **II** (75°; A) a = 8,05; b = 5,74; c = 19,10; α = 90°; β = 92,8°; γ = 90°; **III** (75°; C) a = 8,07; b = 5,72; c = 23,76; α = 90°; β = 91,7°; γ = 90°; **IV** (75°; C) a = 8,10; b = 5,67; c = 28,01; α = 90°; β = 91,8°; γ = 90°; **V** (75°; C) a = 8,06; b = 5,66; c = 32,30; α = 90°; β = 94,2°; γ = 90°; **VI** (75°; C) a = 8,06; b = 5,68; c = 36,87; α = 90°; β = 92,1°; γ = 90°; **VII** (75°; C) a = 8,03; b = 5,70; c = 40,95; α = 90°; β = 90,1°; γ = 90°; **VIII** (75°; C) a = 8,05; b = 5,66; c = 45,37; α = 90°; β = 93,2°; γ = 90°. Für die 3 Phasen wurden der Neigungswinkel, d. h. der Winkel, den die Achse des Mol. mit der Basisebene der Elementarzelle bildet, sowie die Querschnitte des Mol. berechnet. — Aufnahmen an **II** bei verschied. Tempp. ergaben, daß sich die Zelldimensionen kontinuierlich ändern; die einzige Zelldimension, die sich merkbar mit steigender Temp. ändert, ist die Länge der a-Achse; der Ausdehnungskoeff. parallel dieser Achse ergab sich hierbei zu $1,75 \cdot 10^{-4}$ pro Grad. Alle A-Phasen, mit Ausnahme der von **I**, krist. in der Raumgruppe $P\,2_1/a$. Die B-Phasen krist. triklin in der Raumgruppe P 1 oder P 1. Die C-Phase schließlich krist. wahrscheinlich wieder in der Raumgruppe $P\,2_1/a$. (Acta crystallogr. [Copenhagen] **5.** 11 bis 14. Jan. 1952. Port Sunlight, Unilever Res. Labor.) GOTTFRIED. D 195

T. R. Lomer, *Die Anwendung der Boothschen Methode des steilsten Abfalls auf die Bestimmung der Struktur von Kaliumcapronat.* Aus in einer fokussierenden Kamera hergestellten Pulveraufnahme von *Kaliumcapronat* wurde nach der Meth. von BOOTH (vgl. C. **1948.** II. 935) die Struktur bestimmt. Elementarkörperdimensionen u. Raumgruppe wurden früher (vgl. vorst. Ref.) bestimmt. Es ergaben sich die folgenden Parameter: K (x =) 0,2126; (y =) 0,2500; (z =) 0,0463; O_1 0,9615; 0,9668; 0,0815; O_2 0,9615; 0,5332; 0,0825; C_1 0,9656; 0,7429; 0,0963; C_2 0,9827; 0,7757; 0,1814; C_3 0,9911; 0,5554; 0,2153; C_4 0,0004; 0,5924; 0,2979; C_5 0,0144; 0,3673; 0,3283; C_6 0,0304; 0,4039; 0,4148. Mit diesen Parametern beträgt der Abstand C—C $1,53 \pm 0,04$ kX u. der mittlere Abstand zwischen abwechselnden C-Atomen $2,45 \pm 0,03$ kX. Der Valenzwinkel beträgt $100 \pm 2,5°$. (Acta crystallogr. [Copenhagen] **5.** 14—17. Jan. 1952.) GOTTFRIED. D 195

N. A. Pušin und **W. Lukavečki,** *Schmelzpunktdiagramm binärer Systeme, die Orcin enthalten.* 2. Mitt. (1. vgl. C. **1948.** E. 29.) Es wurden 28 bin. Systeme nach dem Verf. der therm. Analyse untersucht, wobei Orcin (**I**) die eine Komponente in 26 dieser Systeme bildete. **I** + *Benzamid* (**II**), Mol.-Verb. (MV) 1:1, F. 69°; eutekt. Punkt (EP) 59 u. 67° bei 33,5 u. 58,5 Mol-% **II**. **I** + *p-Aminoazobenzol* (**III**) MV 1:1, F. 105°; EP 90 u. 100,5° bei 23,5 u. 67 Mol-% **III**. **I** + *α-Naphthylamin* (**IV**), MV 1:1, F. 53°; EP 46 u. 32° bei 40 u. 72,5 Mol-% **IV**. **I** + *m-Toluylendiamin* (**V**): MV 1:2, F. 78°; EP 40 u. 76° bei 35 u. 75 Mol-% **V**. *Resorcin* + *p-Dimethylaminobenzaldehyd* (**VI**): MV 1:1, F. 75°; EP 67 u. 48° bei 33,5 u. 74 Mol-% **VI**. *Brenzcatechin* (**XXI**) + **VI**: MV 1:2, F. 62,5°; EP 48 u. 57° bei 45 u. 79 Mol-% **VI**. **I** + **VI**: MV 1:1, F. 68° sowie 1:2, F. 57°; EP 59, 56,5 u. 51° bei 35, 65 u. 77,5 Mol-% **VI**. **I** + *Diphenylamin*: keine MV, kein EP; die Kristalle sind mechan. Gemische. Die restlichen Systeme bilden keine MV u. weisen nur 1 EP auf. **I** + *β-Naphthylamin* (**VII**): EP 65° bei 45 Mol-% **VII**. **I** + *o-Toluolazo-o-toluidin* (*5-[o-Toluolazo]-2-aminotoluol*; **VIII**): EP 74° bei 47 Mol-% **VIII**. **I** + *p-Dimethylaminoazobenzol* (**IX**): EP 76° bei 32,5 Mol-% **IX**. **I** + *Hydrazobenzol* (**X**): EP 87° bei 34 Mol-% **X**. **I** + *p-Aminobenzoesäureäthylester* (**XI**): EP 34° bei 46 Mol-% **XI**. **I** + *Thiosinamin* (**XII**): EP 37° bei 60 Mol-% **XII**. **I** + *o-Nitranilin* (**XIII**): EP 47° bei 55 Mol-% **XIII**. **I** + *α-Nitronaphthalin* (**XIV**): EP 54° bei 85 Mol-% **XIV**. **I** + *m-Dinitrobenzol* (**XV**): EP 73° bei 47 Mol-% **XV**. **I** + *2.4-Dinitrophenol* (**XVI**): EP 79° bei 36,5 Mol-% **XVI**. **I** + *m-Nitrophenol* (**XVII**): EP 66° bei 50 Mol-% **XVII**. **I** + *p-Nitrophenol* (**XVIII**): EP 69° bei 47,5 Mol-% **XVIII**. **I** + *α-Naphthol* (**XIX**): EP 70° bei 46 Mol-% **XIX**. **I** + *β-Naphthol* (**XX**): EP 79° bei 40 Mol-% **XX**. **I** + **XXI**:

EP 68,5° bei 47,5 Mol-% **XXI**. I + *Pyrogallol* (**XXII**): EP 83° bei 35 Mol-% **XXII**. I + *Malonsäure* (**XXIII**): EP 89° bei 30 Mol-% **XXIII**. I + *Zimtsäure* (**XXIV**): EP 86° bei 30 Mol-% **XXIV**. I + *Naphthalin* (**XXV**): EP 77,5° bei 95 Mol-% **XXV**. I + *β-Naphthylbenzoat* (**XXVI**): EP 83° bei 41 Mol-% **XXVI**. (Гласник Хемиског Друштва Београд [Ber. chem. Ges. Belgrad] **16**. 65—80. 1951. Belgrad, Univ. Techn. Fak., Inst. für physikal. u. Elektrochem.) v. WILPERT. D 221

Israël Grundland, *Bildung von Additionskomplexen mit der Mycolsäure und Untersuchung ihres Dispersionsvermögens in einer wässerigen Phase.* In Fortführung früherer Unterss. (C. R. Séances Soc. Biol. Filiales **143**. [1949.] 981) über die Adhäsion zwischen paraffin. Ketten u. den Polymethylenketten der fettartigen Bestandteile des Tbc-Bacillus berichtet Vf. über die Komplexbldg. zwischen verschied. organ. Substanzen — *Butter-, Laurin-, Myristin-, Palmitin-* u. *Behensäure-β-dimethylaminoäthylesterhydrochloride* — mit der *Mycolsäure* (I) beim Zusammenfügen äquimol. Mengen. Diese Verb. wurde gewählt, weil sie einen ziemlich wichtigen Bestandteil des Bacillus darstellt. Die opt. Dichte der so hergestellten Suspensionen, aufgetragen in Abhängigkeit von der Kettenlänge der Ester, ist infolge Komplexbldg. dauernd verschieden u. größer als die Summe der opt. Dichten der jeweiligen Komplexpartner. Ihr Maximum liegt bei der Esterverb. mit 14 C-Atomen u. ist sowohl höher als die opt. Dichte für Mischungen von PAS u. I als auch von Streptomycin u. I. Unterhalb C_{14} scheint die Adhäsion zwischen den Paraffinketten nicht stark genug zu sein, um gegenüber der I genügend Festigkeit aufzuweisen u. ihr eine beständige Affinität zum W. zu geben. Oberhalb C_{14} ist die hydrophobe Kraft des Additionskomplexes zu groß u. die Zahl der polaren Gruppen zu klein, um den Komplex in Suspension im W. zu halten. Es konnte so gezeigt werden, daß die Additionskomplexbildungsfähigkeit der I reell ist. Die Messungen erlauben es, die optimalen Bedingungen für eine möglichst starke Dispersion in der wss. Phase durch Komplexbldg. mit einer geeigneten Verb. zu ermitteln. (C. R. hebd. Séances Acad. Sci. **230**. 838—40. 27/2. 1950.) NIEMITZ. D 223

R. N. Sen Sarma, *Metallkomplexe der Weinsäure und der Citronensäure.* 1. Mitt. *Kupfer-Weinsäure.* Durch Leitfähigkeitstitrationen u. Absorptionsmessungen (bei 640, 660, 700 u. 730 mμ für äquimol. u. bei 700 u. 730 mμ für nichtäquimol. Lsgg.) wird eindeutig nachgewiesen, daß Cu^{2+} u. *Weinsäure* in verd. Lsg. einen 1:1-Komplex bilden. Aus den Leitfähigkeits- u. Absorptionsmessungen wurde nach der Meth. von JOB (C. R. hebd. Séances Acad. Sci. **180**. [1925.] 928) die Instabilitätskonstante dieses Komplexes zu 0,0121 bestimmt. (J. Indian chem. Soc. **27**. 443—54. Sept. 1950. Jadavpur, Bengal., Coll. of Engng. and Technol., Chem. Engng. Dep., Inorgan. Chem. Labors.) K. F. MÜLLER. D 223

A. B. Sen und **R. C. Sharma**, *Untersuchungen über die Löslichkeit und Lichtechtheit von Azofarbstoffen.* 2. Mitt. (1. vgl. J. Indian chem. Soc. **28**. [1951.] 657.) 11 Azofarbstoffe der Benzolazophenolgruppe, die verschieden substituiert sind, werden auf ihre Löslichkeiten u. Farbechtheit gegenüber Sonnenlicht untersucht. Die mit einem LOVIBOND-Tintometer bestimmten Farben werden angegeben. Die Löslichkeiten werden in 95%ig. A., Bzl. sowie in Öl gemessen. Je höher die FF., um so geringer ist die Löslichkeit u. umgekehrt. Die Einführung von Alkyl u. Chlor erhöht die Löslichkeit in Bzl. u. in Öl, während Carboxyl- u. Hydroxylgruppen sie erniedrigen. Die Lichtechtheit wurden untersucht, indem eine 0,1%ig. Öllsg. der Sonne 26 Tage ausgesetzt wurde. Die Bleichwrkg. wurde photoelektr. mit einem KLETT-SUMMERSON-Colorimeter gemessen. Die Ergebnisse zeigen, daß die Einführung von Alkylgruppen die Stabilität gegen Sonnenlicht erhöht, während mit zunehmender Zahl von Cl-Atomen die Stabilität stärker abnimmt. — Die Verbb. wurden aus den Phenolen u. diazotiertem Anilin in üblicher Weise erhalten, im einzelnen wurden untersucht: *4-Benzolazo-3-äthyl-5-methylphenol*, F. 95°; *Benzolazo-p-tert.-butylphenol*, F. 68°; *Benzolazo-2.4-dichlorphenol*, F. 126°; *4-Benzolazo-2-chlorphenol*, F. 86°; *Benzolazo-o-*, F. 132°; *-m-*, F. 112°; *-p-kresol*, F. 108°; *2-Oxy-5-äthylazobenzol*, F. 47°; *4-Benzolazoresorcin*, F. 165°; *4-Benzolazosalicylaldehyd*, F. 128°; *4-Benzolazosalicylsäure*, F. 218°. (J. Indian chem. Soc. **29**. 931—33. Dez. 1952. Lucknow, Univ., Chem. Labor.) v. SCHIESZL. D 224

Donald J. Cram, *Untersuchungen über Stereochemie.* 16. Mitt. *Ionische Zwischenprodukte bei der Zersetzung einiger Alkylchlorsulfite.* (15. vgl. C. **1954**. 2792.) Die Rk. von *D-(—)-* u. *L-(+)-threo-* u. *D-(—)-erythro-3-Phenylbutanol-(2)* (**Ia, Ib, Ic**), *L-(+)-threo-*, *D-(+)-* u. *L-(—)-erythro-2-Phenylpentanol-(3)* (**IIa, IIb, IIc**), *L-(—)-threo-* u. *L-(—)-erythro-3-Phenylpentanol-(2)* sowie Mischungen von *DL-threo-3-Phenylpentyl-(2)-chlorid* u. *-2-Phenylpentyl-(3)-chlorid* mit $SOCl_2$ in überschüssigem $SOCl_2$, Dioxan oder Ameisensäure bei Tempp. von 0—100° während 0,5—12 Std. ergab Phenylalkyl-

ride, die durch Grignardierung in die entsprechenden Alkylbenzole übergeführt wurden. Diese wurden mittels opt. Drehung u. Infrarotspektren (Bande bei 10, 15, 11, 33 u. 12,02 μ) analysiert. Es wurden stets Mischungen von *2-* u. *3-Phenylpentan* erhalten.

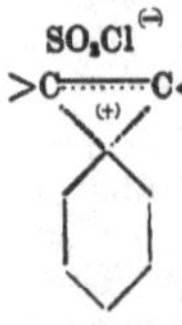
A

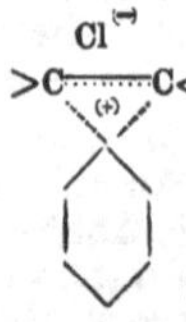
B

Aus den stereochem. Beziehungen zwischen Ausgangsalkohol u. Endprodd. schließt Vf. auf folgenden Mechanismus: 1. Es bilden sich die Brückenionenpaare Phenoniumchlorsulfit (**A**) oder -chlorid (**B**); diese fallen zusammen mit bzw. ohne Umlagerung, wobei im 3-Phenylbutyl-(2)-, threo-2-Phenylpentyl-(3)- u. threo-3-Phenylpentyl (2)-Syst. die Rkk. stereospezif. verlaufen, während in der erythro-2-Phenylpentyl-(3)- u. erythro-3-Phenylpentyl-(2)-Reihe ca. $^1/_3$ der Prodd. durch eine einfache Substitutions-Rk. entsteht. Zum Einfl. des Lösungsm. auf die Rk. stellt Vf. wie früher (vgl. C. **1953**. 8557) fest, daß die Rkk. um so besser u. stereospezif. ablaufen, je mehr das Lösungsm. ionisierend wirkt. — Der allg. Mechanismus nucleophiler Substitutions-Rkk. mit Inversion (S$_{Ni}$-Rkk.) wird diskutiert. (J. Amer. chem. Soc. **75**. 332—38. 20/1. 1953. Los Angeles, Calif., Univ., Dep. of Chem.) GNAUCK. D 225

Fathy Ahmed Abd Elhafez und **Donald J. Cram,** *Untersuchungen über Stereochemie.* 17. Mitt. *Der Verlauf solvolytischer Substitutionsreaktionen im 1.2-Diphenylpropyl-(1)-System.* (16. vgl. vorst. Ref.) Vff. untersuchten bei 25° die Solvolyse von *L-threo-* u. *L-erythro-1.2 Diphenylpropyl-(1)-chlorid* (**I, II**), *-bromid* (**III, IV**), von *L-erythro-* u. *D-threo-1.2 Diphenylpropyl-(1)-brosylat* (**V, VI**), von *D-erythro-* (**VII**) u. einer Mischung von *D-threo-* (80%) u. *D-erythro-* (20%) *1.2 Diphenylpropyl-(1)-formiat* (**VIII**) in Ameisensäure; **V** u. **VI** auch in Essigsäure. Die Prodd. wurden als Carbonsäureester isoliert, mit $LiAlH_4$ zu den entsprechenden Alkoholen red., von Olefinspuren durch Chromatographie befreit u. infrarotspektroskop. sowie polarimetr. analysiert. Ferner wurden *DL-erythro-*, *DL-threo-* sowie *L-erythro-* (**IX**) u. *L-threo-1.2-Diphenylpropanol-(1)* (**X**) mit $SOCl_2$, PCl_5, PBr_3 u. $HBr + H_2SO_4$ behandelt u. die diastereomeren Halogenide durch fraktionierte Kristallisation getrennt; nur die threo-Isomeren sind in A. bei 40° gut löslich. Bei sämtlichen solvolyt. Rkk. wurden keine mol. Umlagerungen festgestellt, nur eines der beiden Asymmetriezentren der Ausgangsstoffe wurde stereochem. verändert. Da bei der Solvolyse von **I, II, III, IV, VII** u. **VIII** in Ameisensäure die gleiche Verteilung von erythro- u. threo-Verbb. erfolgte, nehmen Vff. an, daß ein Gleichgewichtszustand erreicht wurde, der aber mehr auf der Seite der erythro-Reihe liegt. Für die threo- u. erythro-Formiate wird die Gleichgewichtskonstante zu 1,23 u. die freie Energie ΔF^0 zu —120 cal berechnet. Die Solvolysen in Essigsäure dagegen zeigten, daß die Rkk. zum Teil stereospezif. verlaufen, da eine verschied. Verteilung von erythro- u. threo-Verbb. gefunden wurde, wobei die letzten sich bevorzugt bildeten. Die stereochem. Verteilung bei der Bldg. der Halogenide läuft parallel den Ergebnissen der Acetylose, threo-Prodd. herrschen hier vor. Vff. nehmen daher an, daß die allg. Mechanismen beider Rkk. ähnlich sind u. sehen darin eine Unterstützung der in vorst. Arbeit aufgestellten Hypothese, daß die Halogenierung über Bldg. von Ionenpaaren verläuft. In der Folge $HBr + H_2SO_4 > SOCl_2 > PBr_3 > PCl_5$ nimmt die Fähigkeit ab, aus erythro-Material Halogenide mit gleicher Konfiguration zu bilden. Die entgegengesetzte Folge gilt für die Eigg. dieser Reagentien, gleiche Mischungen aus threo- oder erythro-Material zu bilden. — Die Infrarotspektren von **IX**, **X** sowie *1.2-Diphenylpropanol-(2)* u. *1.1-Diphenylpropanol-(2)* sind angegeben.

Versuche: *L-erythro-1.2-Diphenylpropyl-(1)-chlorid* (**II**), F. 141—142°, $[\alpha]_D^{22}$ +96,3° (c = 1,5; Chlf.); *L-threo-Verb.* (**I**), F. 43—44°, $[\alpha]_D$ +7,1° (c = 6; Chlf.); *rac.-threo-Verb.*, F. 53—54°; *rac.-erythro-Verb.*, F. 139—140°. — *DL-erythro-1.2-Diphenylpropyl-(1)-formiat*, $C_{16}H_{16}O_2$, F. 101—102° (A.); *D-erythro-Verb.* (**VII**), F. 88 bis 89° (A.), $[\alpha]_D^{22-25}$ —88,2° (c = 5; Chlf.); *L-erythro-Verb.*, F. 88—89° (A.), $[\alpha]_D^{22-25}$ +87,1° (c = 5; Chlf.). — *DL-erythro-1.2-Diphenylpropyl-(1)-acetat*, $C_{17}H_{18}O_2$, F. 109 bis 110°; *DL-threo-Verb.*, F. 38—39°; *L-erythro-Verb.*, F. 57—58°, $[\alpha]_D^{22-25}$ +66,4° (c = 5; Chlf.); *D-erythro-Verb.*, F. 59—60°, $[\alpha]_D^{22-25}$ —68,4° (c = 5; Chlf.); *L-threo-Verb.*, Öl, n_D^{25} 1,5414, $[\alpha]_D^{22-25}$ +7,0° (c = 8,5; Chlf.); *D-threo-Verb.*, Öl, n_D^{25} 1,5412, $[\alpha]_D^{22-25}$ —7,1° (c = 8,5; Chlf.). — *D-erythro-1.2-Diphenylpropanol-(1)*, F. 71,5—72,5°, $[\alpha]_D^{23}$ —67,1° (c = 5; Chlf.). — (+)-*L-erythro-1.2-Diphenylpropyl-(1)-bromid* (**IV**), F. 158—159°, $[\alpha]_D^{22}$ +136,5° (c = 4,5; Chlf.), ist polymorph; (—)-*L-threo-Verb.*, F. 60 bis 61°, $[\alpha]_D^{21}$ —54,2° (c = 5,1; Chlf.), zers. sich mit W.; *rac.-threo-Verb.* (**III**), F. 60 bis 61°; (+)-*L-threo-Verb.*, F. 158—159°, $[\alpha]_D^{20}$ +135,8° (c = 5,4; Chlf.); *rac.-erythro-Verb.*, F. 153—157°. — *1.1-Diphenylpropanol-(2)*, $C_{15}H_{16}O$, F. 63—64° (Pentan), aus 1.1-Diphenylaceton in Ae., Zutropfen von $LiAlH_4$ in Ae., mit Eis zers.; 92% (Ausbeute); *p-Brombenzolsulfonat*, $C_{21}H_{19}O_3BrS$, F. 98,5—99°; 84%. —

1.2-Diphenylpropanol-(2), F. 50—51°, Kp.$_{3-4}$ 131—132°, aus Desoxybenzoin u. CH_3MgJ; n_D^{25} 1,5730; 90%. (J. Amer. chem. Soc. **75.** 339—46. 20/1. 1953.)
GNAUCK. D 225

P. B. D. de la Mare, E. D. Hughes und **C. A. Vernon,** *Reaktionen von Chlorkationen mit Olefinen.* Eine 0,002 mol. *HOCl* (I) reagiert in Ggw. von 0,10 mol. $HClO_4$ u. $AgClO_4$ bei 25° mit *Allyläthyläther* (0,001—0,004 mol.) oder *Allylfluorid* (0,004 mol.) so, daß die Rk. hinsichtlich **I** von 1. Ordnung u. bzgl. der Konz. des Olefins von 0. Ordnung ist; die Reaktionsgeschwindigkeit ist abhängig vom p_H-Wert des Mediums. Eine Änderung der $[Ag^+]$ zwischen 0,01 u. 0,05 mol. verändert die Geschwindigkeit kaum. Für die benutzten Olefine berechnet sich bei $[H^+] = 0,1$ mol. k_1 zu $6,6 \cdot 10^{-4}$ sec^{-1}. Diese Resultate lassen sich nur unter Annahme des Auftretens von Cl-Kationen im Reaktionsknäuel verstehen. Primärschritt ist dabei Addition eines im langsamen Schritt entstehenden Cl^+ an die C=C-Doppelbindung, dem als schnelle Sekundär-Rkk. entweder OH^--Addition an das gebildete Carboniumion oder (aromat. Substitution) Eliminierung von H^+ folgen. Bei reakt. Olefinen u. Aromaten ist die Rk. mit $ClOH_2^+$ bzw. ClOH schneller als die Bldg. von Cl^+, die Umsetzung daher von 2. Ordnung. (Research **3.** 242—43. Mai 1950. London, Univ. Coll., Sir Williams Ramsay and Ralph Forster Labors.)
ZIMMER. D 225

Jack Hine und **Cyrus H. Thomas,** *Geschwindigkeit des Deuteriumaustausches von gewissen Aminen und Alkoholen.* Vff. untersuchten den Deuteriumaustausch zwischen deuteriertem *Äthylamin* (I) u. *n-Heptylamin*, deuteriertem *tert.-Butanol* (II) u. *Di-[tert.-butyl]-isopropylcarbinol* (vgl. BARTLETT u. SCHNEIDER, J. Amer. chem. Soc. **67.** [1945.] 141; n_D^{25} 1,4592) bzw. **I** u. *tert.-Amylalkohol.* In allen Fällen stellte sich das Gleichgewicht zu schnell ein, um Messungen vornehmen zu können. **I** absorbiert bei 2,9 μ bzw. **II** bei 3,86 μ stärker als die entsprechenden deuterierten Produkte. (J. Amer. chem. Soc. **76.** 612. 20/1. 1954. Atlanta, Ga., Inst. of Technol., School of Chem.)
J. ROTHE. D 225

Herbert C. Brown und **W. Hallam Bonner,** *Isomerenverteilung bei der Mononitrierung von Äthyl- und Isopropylbenzol. Ein weiterer Beweis für einen sterischen Einfluß auf die Isomerenverteilung.* (Vgl. JONES u. RUSSEL, C. **1947.** 1844, u. NELSON u. BROWN, C. **1952.** 6045.) Vff. untersuchen die Isomerenverteilung bei der Mononitrierung von *Äthyl-* u. *Isopropylbenzol.* Die Abnahme der o/p- u. o/m-Verhältnisse bei konstantem p/m-Verhältnis in der Reihe Toluol (I), Äthyl-, Isopropyl-, tert.-Butylbenzol kann nur einem starken ster. Einfl. der in o-Stellung befindlichen Alkylgruppen auf die Substitution zugeschrieben werden. — Die Tatsache, daß o-Substitution stark von den ster. Erfordernissen sowohl des Substituenten als auch des substituierenden Reagenses bedingt wird, könnte nach Vff. zur Aufklärung von Reaktionsmechanismen herangezogen werden. Z. B. wird die FRIEDEL-CRAFTS-Acylierung durch Angriff des Acyloniumions RCO^+ auf den Aromaten erklärt (INGOLD); da aber bei der Acylierung von **I** fast ausschließlich p-Isomeres gebildet wird u. der ster. Einfl. des Acyloniumions gering ist, folgt nach Vff., daß ein anderes Intermediäres von größeren ster. Erfordernissen an der Substitutions-Rk. beteiligt sein muß. — Die Nitrierungen wurden mit 2—4 Mol KW-stoff u. einem Nitriergemisch 22,3% HNO_3, 65,6% H_2SO_4, 12,1% H_2O durchgeführt, die Trennung der Isomeren erfolgte durch Fraktionierung, die Ausbeuten betrugen ca. 80%. — *o-Nitroäthylbenzol*, Kp.$_{13}$ 109°, n_D^{20} 1,5352; 45,0%; *m-Nitroäthylbenzol*, Kp.$_{13}$ 115,5°, n_D^{20} 1,5390; 6,5%; *p-Nitroäthylbenzol* Kp.$_{13}$ 120°, n_D^{20} 1,5459; 48,5%. — *o-Nitroisopropylbenzol*, Kp.$_{13}$ 115°, n_D^{20} 1,5248; 30,0%; *m-Nitroisopropylbenzol*, $C_9H_{11}O_2N$, Kp.$_{13}$ 125°, n_D^{20} 1,5303; 7,7%; *p-Nitroisopropylbenzol*, Kp.$_{13}$ 134°, n_D^{20} 1,5369; 62,3%. (J. Amer. chem. Soc. **76.** 605—06. 20/1. 1954. Lafayette, Ind., Purdue Univ., Dep. of Chem.)
G. WINKLER. D 225

Shigeru Oae und **Calvin A. Van der Werf,** *Relative Reaktivitäten organischer Halide in Verdrängungsreaktionen.* 2. Mitt. *Reaktion von Quecksilber(II)-nitrat mit einigen normalen Kettenalkyl- und Aralkylbromiden.* (1. vgl. C. **1954.** 282.) Vff. erhielten bei der Unters. der Rkk. von $Hg(NO_3)_2$ mit folgenden Verbb. in wss. 70%ig. Dioxan folgende Ergebnisse (in () Aktivierungswärmen [kcal]; Aktivierungsentropien [cal/Grad · Mol]): *Äthylbromid* (**I**; 15,3; 0,21); *1-Brompropan* (**II**; 17,0; 0,36); *1-Brombutan* (15,9; 0,39); *1-Brompentan* (15,9; 0,39); *ω-Bromäthylbenzol* (**III**; 17,0; 0,64); *ω-Brompropylbenzol* (**V**; 16,7; 0,60); *ω-Brombutylbenzol* (**IV**; 16,2; 0,48); *ω-Brompentylbenzol* (16,2; 0,47); *ω-Bromhexylbenzol* [($k \cdot 10^3$ bei 25,23° 0,78 Liter · Mol^{-1} · sec^{-1})]; die Rk. mit Benzylbromid (**VI**) war sogar bei 0° zu schnell zur Messung. — Die Rk. ist vom S_N1-Typ, geschwindigkeitsbestimmend ist die Bldg. des Carbeniumions: $Hg^{2+} + RCl \rightarrow HgCl^+ + R^+$ (vgl. ROBERTS u. HAMMETT, J. Amer. chem. Soc. **59.** [1937.] 1063; BENFEY, C. **1949.** I. 1343). Das unterschiedliche Verh. von **I** u. **II**

wird auf stärkere Stabilisierung des Übergangszustandes durch Hyperkonjugation infolge der größeren Anzahl der β-H-Atome in **I** zurückgeführt, die heftige Rk. von **VI** auf einen elektronenanziehenden I-Effekt der Phenylgruppe, der mit zunehmender Anzahl der CH_2-Gruppen abnimmt; alternierende Effekte zeigten sich nicht.

Versuche: *ω-Bromäthylbenzol* (**III**), n_D^{20} 1,5560. — *ω-Brompropylbenzol* (**V**), n_D^{20} 1,5438. — *4-Phenylbutanol-(1)*, $Kp._{14}$ 124—125°; aus der Grignard-Verb. von 185 g **III** u. Äthylenoxyd in Ae.-Bzl. bei —10 bis 0°; 106 g (Ausbeute). — *ω-Brombutylbenzol* (**IV**), $C_{10}H_{13}Br$, $Kp._6$ 107—107,5°; aus 76 g vorst. Verb. mit $SOBr_2$ in Chlf. (2std. Erhitzen); n_D^{20} 1,5382; 60 g [roh]. — *ω-Brompentylbenzol*, $C_{11}H_{15}Br$, $Kp._7$ 113 bis 114°; aus **IV** über 6-Phenylhexanol-(1) ($Kp._{2,5}$ 128—130°; 57%) wie vorst.; n_D^{20} 1,5295; 64%. (J. Amer. chem. Soc. **75**. 5037—39. 20/10. 1953. Lawrence, Kans., Univ. of Kansas, Dep. of Chem.) J. Rothe. D 225

F. W. Bennett und **A. G. Sharpe**, *Reaktion der Jodmonohalogenide in verschiedenen Lösungsmitteln.* Die Umsetzung von *JCl* mit *Salicylsäure* (**I**) bildet nach Unterss. der Vff. ein Beispiel für die Beeinflussung des Reaktionsverlaufs durch die DK. des Milieus: Während in Abwesenheit eines Lösungsm. Chlorierung u. Jodierung im Verhältnis f = 2 : 1 erfolgen, ist in CCl_4 f = 1 : 12, in Nitrobenzol findet ausschließlich Jodierung statt. Aus JCl u. $AgClO_4$ entsteht analog in Nitrobenzol sofort, in CCl_4 erst nach einiger Zeit ein Nd. von AgCl. Im Gegensatz dazu wirkt *JBr* bei Rk. mit Phenol oder **I** ausschließlich bromierend. Vff. erklären diese Ergebnisse durch die Annahme von J^+ bzw. freiem Cl_2 oder Br_2 als Agentien, die durch die — vom Lösungsm. abhängige — Dissoziation der Jodhalogenide entstehen. (J. chem. Soc. [London] **1950**. 1383—84. Mai. Cambridge, Univ., Chem. Labor.) Behne. D 225

C. K. Ingold, *Die salpetrige Säure in der organischen Chemie.* Vf. zeigt in diesem zusammenfassenden Ref., daß die C- bzw. N- u. O-Nitrosierung, die C-Isonitrosierung, die katalyt. Nitrierung, Diazotierung u. Desaminierung prim. unter die elektrophilen Substitutionen einzureihen sind. Die die Reaktionsgeschwindigkeit bestimmende Rk. ist dabei die Nitrosierung, der verschied. komplexe Rkk. folgen, die die Natur des Endprod. bestimmen. Bei der durch HNO_2 katalysierten Nitrierung entsteht zuerst langsam eine Nitrosoverb., die dann schnell das NO gegen NO_2 austauscht. In organ. Lösungsmitteln ist HNO_2 größtenteils als N_2O_4 vorhanden, das als NO^+ u. NO_3^- reagiert. Bei der Diazotierung lassen sich 3 Reaktionstypen je nach p_H, der Art der Amine u. der Konz. unterscheiden. In allen Fällen wirkt nicht HNO_2 selbst, sondern erst nach Assoziation mit einem H^+ zu $NO \cdot OH_2^+$ nitrosierend. In schwach saurer Lsg. bei Anwesenheit von $HClO_4$ war v proportional $[HNO_2]^2$ u. unabhängig von der Konz. des Amins, bei schwach bas. Aminen u. sehr geringer $[HNO_2]$ proportional $[Amin][HNO_2][H^+]$, bei Anwesenheit von Br^- proportional $[Br^-][Amin][HNO_2][H^+]$ bei der Diazotierung von Anilin. Die Rk. verläuft dann von $NO \cdot OH_2^+$ über $Br \cdot NO$ zu RNH_2^+NO, das sich in R—NNOH umwandelt. (Bull. Soc. chim. France, Mém. [5] **19**. 667—70. Juli/Aug. 1952.) du Mont. D 225

B. R. Brown, D. Ll. Hammick, B. H. Thewlis und **D. J. Walbridge**, *ω-Halogenmethylpyridine, -chinoline und -isochinoline.* 4. Mitt. *Der Mechanismus der Halogenierung von Chinaldinen.* (3. vgl. C. **1952**. 7013.) Der Verlauf der Bromierung von ω,ω-Dibromchinaldinen in Essigsäure in Ggw. von Na-Acetat wurde colorimetr. durch Messung der Abnahme der Br_2-Färbung verfolgt. Wegen der bei der Rk. gleichzeitig auftretenden Br^--Ionen, die mit Br_2 Br_3^--Ionen mit anderem Extinktionskoeff. bilden, gilt das Lambert-Beersche Gesetz nicht. Unter Verwendung entsprechender Eichkurven ergab sich für *ω.ω-Dibromchinaldin* eine Reaktionsgeschwindigkeitskonstante bei 30° für eine Rk. 1. Ordnung von $k = 1{,}70 \cdot 10^{-4}$ $Sek.^{-1}$. Für *ω.ω-Dibrom-8-nitrochinaldin* (hellgelbe Nadeln, F. 184°) wurde bei 30° $k = 8{,}0 \cdot 10^{-4}$ $Sek.^{-1}$ u. für *ω.ω-Dibrom-5-nitrochinaldin* ($C_{10}H_6O_2N_2Br_2$, F. 161°, gelbliche Nadeln) $k = 0{,}40 \cdot 10^{-4}$ $Sek.^{-1}$ gefunden. Die Bromierungs-Rk. ist danach unabhängig von der Brom- u. Acetationenkonzentration. Diese Bromierung wird in Analogie gesetzt zur durch Säure katalysierten Halogenierung von Ketonen; Schlußfolgerungen auf den Reaktionsmechanismus werden gezogen. (J. chem. Soc. [London] **1953**. 1369—72. Mai. Oxford, Univ., Dyson Perrins Labor.) Nezel. D 225

H. Spingler, G. Stoeck und **E. Rabald**, *Über die Veresterungsgeschwindigkeit der 3(β)-Oxy-$\Delta^{5,6}$-ätiocholensäure und der 3(β)-Oxy-$\Delta^{5,6}$-cholensäure.* Die Geschwindigkeit der säurekatalysierten Veresterung von Carbonsäuren RCOOH ist weitgehend abhängig von der Art des Substituenten R. Je stärker die Belastung des α-C-Atoms, um so geringer ist die Veresterungsgeschwindigkeit. *3(β)-Oxy-$\Delta^{5,6}$-ätiocholensäure* (**I**) u. *3(β)-Oxy-$\Delta^{5,6}$-cholensäure* (**II**) fügen sich in dieses Schema ein. Es wurde bei **I**

eine beträchtlich geringere Reaktionsgeschwindigkeit u. eine höhere Aktivierungsenergie E (= 13600 cal) als bei **II** (E = 10300 cal) gefunden. — Verss. bei 20—65° in methanol. HCl. (Naturwissenschaften **39.** 352—53. 1. Augustheft 1952. Mannheim-Waldhof, C. F. Boehringer & Soehne GmbH., Phys.-chem. Labor.) J. MATTNER. D 225

Louis Schmerling und **J. P. West,** *Der Mechanismus der Alkylierung von Paraffinen.* 3. Mitt. *Die Reaktion von Isobutan mit 2-Chlor-4.4-dimethylpentan, 3-Chlor-5.5-dimethylhexan und 2- und 3-Chlor-3.4.4-trimethylpentan.* (2. vgl. C. **1947.** 1457.) Vff. untersuchen den bei der Alkylierung von Paraffinen auftretenden Reaktionsmechanismus. Bei der Einw. von *2-Chlor-4.4-dimethylpentan* (**I**) auf *Isobutan* (**II**) bei —35 bis —7° u. Ggw. von $AlCl_3$ findet H–Cl-Austausch statt, es entstehen neben wenig *Pentan* u. viel *tert.-Butylchlorid* (**III**) *2.3-* (**IV**) u. *2.4-Dimethylpentan* in etwa gleichen Mengen, ferner ein nicht näher untersuchter höhersd. Rückstand. Außerdem lassen sich noch Spuren von *2.2-* u. *2.3-Dimethylbutan* (**V**) nachweisen, dagegen konnten in keinem Falle 2.2.3-Trimethylbutan, Methylpentan, Methylhexan oder 2.2-Dimethylpentan gefunden werden. Bei der Einw. von *3-Chlor-5.5-dimethylhexan* (**VI**) auf **II** bei Raumtemp. u. Ggw. von $AlCl_3$ unter 50 at N_2-Druck findet von H-Austausch-Rk. begleitete Kettenisomerisierung statt, es entstehen neben **III** ca. 35% *2.3-* u. ca. 65% *2.4-* u. *2.5-Dimethylhexan,* ferner ein nicht näher untersuchter höhersd. Rückstand u. Spuren von **IV, V** u. wenig *2.2-Dimethylhexan.* Bei der Einw. eines Gemisches (**VII**) von *2-* u. *3-Chlor-3.4.4-trimethylpentan* auf **II** bei —20 bis —8° u. Ggw. von $AlCl_3$ entstehen neben **III** 61% *2.2.4-*, 28% *2.3.4-* u. 11% *2.3.3-Trimethylpentan.* Außerdem ist Ggw. von Dimethylhexanen wahrscheinlich, dagegen scheint 2.2.3-Trimethylpentan abwesend zu sein. Die vorst. Ergebnisse werden von Vff. mit den bei durch $AlCl_3$–HCl katalysierten Alkylierungs-Rkk. von **II** mit Propylen u. 1- bzw. 2-Butylen erhaltenen verglichen u. der den Rkk. zugrunde liegende Mechanismus diskutiert.

V e r s u c h e : *2-Chlor-4.4-dimethylpentan* (**I**), $Kp._{39}$ 45°, $Kp._{760}$ 128°, durch Kondensation von tert.-Butylchlorid (**III**) mit Propylen bei Raumtemp. u. Ggw. von $BiCl_3$, dann 16std. Kochen mit W. am Rückfluß zur Entfernung der tert.-Alkylchloride sowie von 2- u. 3-Chlor-2.3-dimethylpentan; n_D^{20} 1,4192. — *3-Chlor-5.5-dimethylhexan* (**VI**), $Kp._{28}$ 60—61°, $Kp._{760}$ 156—157°, durch Kondensation von **III** mit Buten-(1) bei Ggw. von $FeCl_3$ wie vorst.; n_D^{20} 1,4268. — Gemisch (**VII**) aus *2-* u. *3-Chlor-3.4.4-trimethylpentan* (enthält vielleicht *Chlor-2.3.4-trimethylpentan*), $Kp._{20}$ 58—59°, $Kp._{760}$ 160—161°, durch Kondensation von **III** mit Buten-(2) bei —25 bis —35° u. Ggw. von $FeCl_3$; n_D^{20} 1,4427. (J. Amer. chem. Soc. **75.** 4275—77. 5/9. 1953. Riverside, Ill., Universal Oil Products Co.) KLASSKE. D 225

Robert L. Burwell jr., Lloyd M. Elkin und **Alfred D. Shields,** *Effekt von Promotern auf die Alkylierung von Benzol durch sekundär-Butylmethyläther in Gegenwart von Bortrifluorid.* Vff. untersuchen eingehend die Bedingungen bei der Benzolalkylierung durch *sek.-Butylmethyläther* (**I**) in Ggw. von BF_3. Es wird gefunden, daß Bzl. von **I** nicht alkyliert wird, wenn das Molverhältnis **I**:BF_3 r $<$0,9 ist, die Alkylierung verläuft langsam bei r = 1 u. viel schneller, wenn r $\sim$1,08 ist. Weiter wird gefunden, daß *W.*, *H_2SO_4* oder *Äthansulfonsäure,* in Mengen von wenigen Mol-% der Reaktionslsg. zugesetzt, stark die Alkylierung beschleunigen. Hochgereinigtes BF_3 u. käufliches, SO_2 u. $SiCl_4$ enthaltendes BF_3 besitzen keine unterschiedliche Wirkung. In allen Fällen wird kein Toluol als Reaktionsprod. gefunden, so daß die Rk. wahrscheinlich (mit überschüssigem BF_3) wie folgt verläuft: $C_4H_9OCH_3 \cdot BF_3 \rightleftharpoons [C_4H_9—O—CH_3 \cdot BF_2]^+ + BF_4^-$ u. $[C_4H_9OCH_3 \cdot BF_2]^+ \rightarrow C_4H_9^+ + CH_3OBF_2$. In Ggw. von starken Säuren sollte die Alkyierung dann über ein intermediäres Oxoniumion nach $C_4H_9\ (CH_3)OH^+ \rightarrow C_4H_9^+ + CH_3OH$ verlaufen. In einer Tabelle sind die Einflüsse der erwähnten Reaktionsbeschleuniger zusammengefaßt; die Reaktionszeit variiert hierbei zwischen $\sim$400 Std. ohne Zusatz u. 2,2 Std. in Ggw. von 5,5 Mol.% H_2SO_4. (J. Amer. chem. Soc. **74.** 4567—70. 20/9. 1952. Evanston, Ill., Northwestern Univ., Dep. of Chem.) ZIMMER. D 225

Robert L. Burwell jr., Lloyd M. Elkin und **Alfred D. Shields,** *Die Alkylierung von aromatischen Kohlenwasserstoffen durch optisch-aktiven sekundären Butylmethyläther in Gegenwart von Bortrifluorid.* Die Alkylierung von Bzl. durch opt.-akt. *sek.-Butylmethyläther* (**I**) in Ggw. von BF_3 ergibt *sek.-Butylbenzol* (**II**) von inverser Konfiguration, allerdings beträgt der Drehwert des erhaltenen **II** bestenfalls den 0,007. Teil des Drehwertes der reinen Substanz. Vff. zeigen, daß diese starke Racemisierung während des Alkylierungsschrittes erfolgt u. nicht zurückgeführt werden kann auf eine Racemisierung von **I** (vor der Alkylierung) oder eine solche von **II** nach erfolgter Alkylierung. Alles noch nicht in Rk. getretene **I** besaß bei vorzeitiger Unterbrechung der Rk. noch den ursprünglichen Drehwert. Bei Verwendung von inakt. **I** u. Zusatz von wenig opt.-akt. **II** zum Reaktionsgemisch ließ sich das letztere auch nach beendeter Rk. wieder nachweisen. Vff. nehmen an, daß die Racemisierung über einen Carboniumionmechanismus (vgl. vorst. Ref.) verläuft. Diese Auffassung steht in Einklang mit der Tatsache, daß bei der Alkylierung von Bzl. mit 2-Methoxypentan ein Gemisch von 75% 2- u. 25% 3-Phenylpentan entsteht. Dieses Verhältnis stellt etwa eine Gleichgewichtsmischung dar, wie man sie bei analogen Rkk. zwischen 2- u. 3-Pentanol u. Bzl. in Ggw. von $AlCl_3$ oder HF erhält. Solche Isomerisationen müßten dann immer eintreten, wenn die Rk. über einen „stabilen" π-Komplex als Intermediärprod. verläuft. (J. Amer. chem. Soc. **74**. 4570—72. 20/9. 1952. Evanston, Ill., Northwestern Univ., Dep. of Chem.) ZIMMER. D 225

A. F. Trotman-Dickenson, *Zersetzung von Radikalen, hervorgerufen durch Quecksilberphotosensibilisation.* Vf. rechnet früher erhaltene Werte (PHIBBS u. DARWENT, J. chem. Physics **18.** [1950.] 495) für die Aktivierungsenergien bei dem therm. Zersetzungsprozeß von organ. Radikalen, hervorgerufen durch Hg-Photosensibilisation von *Methylalkohol* u. *Dimethyläther,* in $cm^3/Mol\cdot sec$ um. Dabei wird die Annahme gemacht, daß die Rkk. gleichmäßig in der belichteten Zelle stattfinden. Verss. mit zirkulierenden Systemen werden unternommen. Diese Meth. ist eine der wenigen, durch die Kenntnis über die therm. Stabilität von freien Radikalen erhalten werden kann. (J. chem. Physics **19.** 261. Febr. 1951. Manchester, Univ.) JÄGER. D 226

R. E. Dodd, *Geschwindigkeitskonstanten der Photolyse von Acetaldehyd bei hohen Temperaturen.* Die photochem. Zers. von *Acetaldehyd* wurde im Temperaturbereich von 156—450° mit intermittierender Strahlung u. Intensitäten von $\sim 10^{-11}$ $N_L\, h\,\nu \cdot cm^{-3}\cdot sec^{-1}$ untersucht, während HADEN u. RICE (J. chem. Physics **10.** [1942.] 445) u. LUCAS u. RICE (C. **1954.** 5046) mit geringeren Intensitäten u. nur bei 2 verschied. Tempp. arbeiteten. Die Geschwindigkeitskonstanten für die Kettenfortpflanzungsstufe (k_2) u. die bimol. Endstufe (k_3) wurden ermittelt zu: $k_2 = 10^{12\pm0.4}\sqrt{T}\exp\cdot[(-10{,}7\pm0{,}5\,kcal)/RT]$; $k_3 = 10^{13.8\pm0.6}\sqrt{T}\exp[(-0{,}8\pm0{,}8\,kcal)/RT]\cdot Mol^{-1}\cdot cm^3\cdot sec^{-1}$, wobei k_2 der Rk. $CH_3CHO + CH_3 = CH_4 + CO + CH_3$ u. k_3 der Rk. $CH_3 + CH_3 = C_2H_6$ u. $CH_3 + CHO = CH_4 + CO$ entsprechen. Der Mechanismus der Acetaldehydphotolyse wird unter Berücksichtigung der bisherigen Unterss. diskutiert. (Trans. Faraday Soc. **47.** 56—62. Jan. 1951. Newcastle-on-Tyne, King's Coll., Coll. Walk, Chem. Labor.) E.-L. JAHN. D 226

Ss. R. Ssergijenko und **N. W. Shdanowa,** *Umwandlungen von 2-Methylbutadien-(1.3) am Aluminiumsilicatkatalysator.* Vff. haben früher (Доклады Академии Наук СССР [Ber. Akad. Wiss. UdSSR] [N. S.] **90.** [1953.] 803) am Beispiel des Dimethylbutadiens die Hauptrichtungen der Umwandlungen von Dien-KW-stoffen mit konjugierten Doppelbindungen am Aluminiumsilicatkatalysator (**I**) gezeigt: Cyclisierung vom Dimeren bis zum Octameren u. Wasserstoffumlagerung. Daneben treten sek. Rkk. auf, bes. Abspaltung von Alkylgruppen am Ausgangsdien u. an den Prodd. der Katalyse. Die vorliegende Unters. zeigt, daß analoge Umwandlungen des *2-Methylbutadien-(1.3)* (**II**) am **I** erfolgen, infolge des asymm. Baues des Mol. ist aber die Zahl der cycl. Dimeren größer. Die optimalen Arbeitsbedingungen sind 250° u. Raumgeschwindigkeit 0,25. Die Kondensationsprodd. des **II** werden vom **I** energ. adsorbiert u. festgehalten. Sie wurden mit Bzl. extrahiert u. bilden eine braune, bröcklige Masse. Nach der Elementaranalyse u. den Konstanten sind sie das Octamere bis Nonamere eines wasserstoffärmer gewordenen **II** von der empir. Formel $C_{4x}H_{48}$—$C_{45}H_{54}$. Die Menge an fl. Prodd. nimmt mit der Arbeitsdauer des **I** zu, d. h. mit dem Abklingen seiner Aktivität. Das fl. Katalysat ist eine gelbe Fl. mit der Siedekurve: bei 40° 25,8(%), 40—130° 6, 130—180° 23, über 180° 43, Verlust 3. In der Fraktion bis 40° befinden sich meist monomere teilhydrierte Prodd. des **II**, bes. *Trimethyläthylen,* aber auch vollhydriertes Isopentan. Die Fraktion 130—180° enthält die prim. Prodd. der dimeren Cyclisierung u. die daraus entstandenen sek. Produkte. Mit steigender Temp. nimmt der Geh. an Aromaten zu, über 170° fand sich vor allem *p-Cymol.* Unters. der spezif. Refraktion nach Hydrierung mit RANEY-Ni ergab die Ggw. von *Naphthenen,* der von 160—170° sd. Teil enthielt bes. *p-Menthan.* Vakuumdest. der über 180° sd. Prodd. ergab zunächst bemerkenswerte Mengen von *1.2.4.5-Tetramethylbenzol* (Durol), wodurch die von SSERGIJENKO früher (Известия Академии Наук СССР, Отделенние Химических Наук [Bull. Acad. Sci. URSS, Cl. Sci. chim.] **1941.** 185) aufgestellte These bzgl. der bevorzugten Richtung bei der katalyt. Hydrierung aliphat. KW-stoffe bestätigt wurde. Die Fraktion 230—245° enthielt bes. das Trimere von **II**. Für alle festgestellten Stoffe u. Stoffklassen stimmten die gefundenen Werte für D., Brechungsindex, JZ, u. elementare Zus. gut mit den

Daten aus der Literatur überein. (Доклады Академии Наук СССР [Ber. Akad. Wiss. UdSSR] [N. S.] **91.** 1147–50. 11/8. 1953. Erdöl-Inst. der Akad. der Wiss. der UdSSR.) BERNDT. D 227

D_2. Präparative organische Chemie. Naturstoffe.

Donald G. Kundiger und **Harold N. Haney,** *Katalysierte Allylumlagerung eines 1.1.1-Trichloralkens-(2) in ein 1.1.3-Trichloralken-(1). 1.1.1-Trichlor-2-methylpropen-(2)* (I) aus Chloreton (II) wird unter der katalyt. Wrkg. von $SOCl_2$ in *1.1.3-Trichlor-2-methylpropen-(1)* (III) umgelagert. Die Umlagerung von I in III findet auch in Ggw. von Glaspulver statt.

Versuche: *1.1.1-Trichlor-2-methylpropen-(2)* (I), Kp. 135–137°, durch 30std. Kochen von II u. $SOCl_2$ unter Einleiten von N_2; n_D^{25} 1,4831; 81% (Ausbeute). Daneben *1.1.3-Trichlor-2-methylpropen-(1)* (III), Kp. 153,5–157,2°; 11%. Bei 48std. Kochen (~79°) entstehen 50% I u. 50% III. III entsteht auch durch 12std. Kochen von I in Ggw. von Glaspulver; 90%. (J. Amer. chem. Soc. **76.** 615. 20/1. 1954. Manhattan, Kans., State Coll., Dep. of Chem.) JOHN. 520

Thomas K. Todsen, C. B. Pollard und **Edward G. Rietz,** *Einige β-Oxypropylsulfide und ihre Derivate.* Um physiol. wirksame Verbb. zu erhalten, stellen Vff. verschied. *Alkyl-β-oxypropylsulfide* u. Derivv. dar. Durch Rk. von Alkylmercaptanen mit Epichlorhydrin (I) werden in Ggw. von $ZnCl_2$ *Alkyl-3-chlor-2-oxypropylsulfide* (II), in Ggw. von KOH *Alkyl-2.3-epoxypropylsulfide* erhalten, die in Ggw. von $ZnCl_2$ mit weiterem Alkylmercaptan *1.3-Bis-[alkylmercapto]-propanole-(2)* (III) geben. Diese werden auch aus I u. überschüssigem Alkylmercaptan sowie aus II mit Mercaptan + KOH erhalten. Behandlung von II oder III mit H_2O_2 liefert die entsprechenden *Sulfone* (**IV** bzw. **V**). **IV** geben mit KOH *Alkyl-2.3-epoxypropylsulfone.* Daß sich bei der Rk. von I mit den Alkylmercaptanen die sek. Alkohole II u. nicht Verbb. des Typs $HOCH_2CH(SR)CH_2Cl$ bilden, wird dadurch bewiesen, daß II keine Blasen auf der Haut ziehen u. daß sich V nach STUFFER (Ber. dtsch. chem. Ges. **23.** [1890.] 3232) nicht hydrolysieren lassen. Außerdem entsteht bei der Hydrolyse von 1 Äthylmercapto-2.3-epoxypropan (VI) ein Glykol mit nachbarständigen OH-Gruppen, was durch nachfolgende Perjodsäureoxydation u. Isolieren des gebildeten *HCHO* mit Methon bewiesen wird.

Versuche: *1-n-Butylmercapto-3-chlorpropanol-(2)*, $Kp._{0,5}$ 77°, bei 2 Min. Kochen von 0,56 Mol n-Butylmercaptan u. 0,5 Mol I in Ggw. von $ZnCl_2$ unter Rühren, Abkühlen auf 100° u. 1std. Kochen; $D.^{25}_4$ 1,0883; n_D^{25} 1,4939; Mol.-Refr. ($[MR]_D$) 48,86; 64% (Ausbeute). — Entsprechend werden dargestellt: *1-Methylmercapto-3-chlorpropanol-(2)*, $Kp._{1,4}$ 55°, unter Verdünnen mit Dioxan; $D.^{25}_4$ 1,2250; n_D^{25} 1,5094; $[MR]_D$ 34,30; 40%. — *1-Äthylmercapto-3-chlorpropanol-(2)* (**VII**), $Kp._{1,5}$ 69°; $D.^{25}_4$ 1,1651; n_D^{25} 1,5047; $[MR]_D$ 39,36; 74%. — *1-n-Propylmercapto-3-chlorpropanol-(2)*, $Kp._{1,4}$ 80°; $D.^{25}_4$ 1,1268; n_D^{25} 1,4986; $[MR]_D$ 43,92; 73%. — *1-n-Amylmercapto-3-chlorpropanol-(2)*, $Kp._{0,5}$ 86°; $D.^{25}_4$ 1,0664; n_D^{25} 1,4900; $[MR]_D$ 53,34; 46%. — *1-n-Hexylmercapto-3-chlorpropanol-(2)*, $Kp._{0,5}$ 97°; $D.^{25}_4$ 1,0465; n_D^{25} 1,4880; $[MR]_D$ 58,02; 74%. — *1-Äthylsulfonyl-3-chlorpropanol-(2)*, F. 47°, beim langsamen Versetzen von **VII** in Eisessig mit 30%ig. H_2O_2; 83%. — Entsprechend werden dargestellt: *1-Methylsulfonyl-3-chlorpropanol-(2)*, F. 57°; 76,5%. — *1-n-Propylsulfonyl-3-chlorpropanol-(2)*, F. 49°; 90%. — *1-n-Butylsulfonyl-3-chlorpropanol-(2)* (**VIII**), F. 57,0–57,3°; 85%. — *1-n-Amylsulfonyl-3-chlorpropanol-(2)*, F. 58,4–58,7°; 90%. — *1-n-Hexylsulfonyl-3-chlorpropanol-(2)*, F. 59,5–59,8°; 40%. — *1-n-Butylsulfonyl-2.3-epoxypropan*, F. 170°, beim langsamen Versetzen einer Lsg. von **VIII** in 50%ig. A. mit NaOH in 50%ig. A. u. 1std. Stehen, Kristalle aus Aceton; 90%. — Entsprechend werden dargestellt; die niederen Glieder in W. anstatt in 50%ig. A.: *1-Methylsulfonyl-2.3-epoxypropan*, F. 261° (Zers.); 75%. — *1-Äthylsulfonyl-2.3-epoxypropan*, F. 226°; 30%. — *1-n-Propylsulfonyl-2.3-epoxypropan*, F. 194°; 61%. — *1-n-Amylsulfonyl-2.3-epoxypropan*, F. 161°; 65%. — *1-n-Hexylsulfonyl-2.3-epoxypropan*, F. 179°; 88%. — *1-Äthylmercapto-2.3-epoxypropan* (**VI**), $Kp._{3,5}$ 42°, nach NENITZESCU u. SCARLATESCU (C. **1935.** I. 3916) durch Dehydrohalogenieren von **VII** oder durch Versetzen von **I** mit C_2H_5SK; $D.^{25}_4$ 1,0170; n_D^{25} 1,4757; $[MR]_D$ 32,76; 62%. — Entsprechend werden nach ersterem Verf. dargestellt: *1-Methylmercapto-2.3-epoxypropan* (**IX**), $Kp._{70}$ 85°; $D.^{25}_4$ 1,0583; n_D^{25} 1,4817; $[MR]_D$ 28,04; 62%. — *1-n-Propylmercapto-2.3-epoxypropan*, $Kp._{2,0}$ 45°; $D.^{25}_4$ 0,9905; n_D^{25} 1,4730; $[MR]_D$ 37,44; 57%. — *1-n-Butylmercapto-2.3-epoxypropan* (**X**), $Kp._{70}$ 132°; $D.^{25}_4$ 0,9716; n_D^{25} 1,4723; $[MR]_D$ 42,17; 63%. — *1-n-Amylmercapto-2.3-epoxypropan*, $Kp._{1,6}$ 68°; $D.^{25}_4$ 0,9544; n_D^{25} 1,4707;

$[MR]_D$ 46,90; 50%. — *1-n-Hexylmercapto-2.3-epoxypropan*, $Kp._{0,7}$ 70°; $D.^{25}_4$ 0,9471; n_D^{25} 1,4702; $[MR]_D$ 51,36; 32%. — *1.3-Bis-[n-butylmercapto]-propanol-(2)*, $Kp._{1,0}$ 133°. beim Kochen von **X** u. n-C_4H_9SH, Versetzen mit $ZnCl_2$ u. Erhitzen, bis Temp. auf 200° steigt; $D.^{25}_4$ 0,9867; n_D^{25} 1,5007; $[MR]_D$ 70,48; 55%. — Entsprechend werden dargestellt: *1.3-Bis-[methylmercapto]-propanol-(2)*, $Kp._{50}$ 161°; $D.^{25}_4$ 1,1256; n_D^{25} 1,5359; $[MR]_D$ 42,17; 17%, erhalten als Nebenprod. bei der Darst. von **IX**. — *1.3-Bis-[äthylmercapto]-propanol-(2)* (**XI**), $Kp._{1,0}$ 94°; $D.^{25}_4$ 1,0528; n_D^{25} 1,5148; $[MR]_D$ 51,63; 55%. — *1.3-Bis-[n-propylmercapto]-propanol-(2)*, $Kp._{0,7}$ 105°; $D.^{25}_4$ 1,0144; n_D^{25} 1,5063; $[MR]_D$ 61,06; 64%. — *1.3-Bis-[n-amylmercapto]-propanol-(2)*, $Kp._{0,8}$ 148°; $D.^{25}_4$ 0,9692; n_D^{25} 1,4960; $[MR]_D$ 79,71; 67%. — *1.3-Bis-[n-hexylmercapto]-propanol-(2)*, $Kp._{1,5}$ 184°; $D.^{25}_4$ 0,9547; n_D^{25} 1,4927; $[MR]_D$ 89,00; 63%. — *1.3-Bis-[äthylsulfonyl]-propanol-(2)* (**XII**), F. 113°, beim langsamen Versetzen von **XI** in Eisessig mit 30% ig. H_2O_2, Kristalle aus 95% ig. A.; 70%. — Entsprechend werden dargestellt: *1.3-Bis-[methylsulfonyl]-propanol-(2)*, F. 136°; 93%. — *1.3-Bis-[n-propylsulfonyl]-propanol-(2)*, F. 156°; 84%. — *1.3-Bis-[n-butylsulfonyl]-propanol-(2)*, F. 134°; 71%. — *1.3-Bis-[n-amylsulfonyl]-propanol-(2)*, F. 144°; 60%. — *1.3-Bis-[n-hexylsulfonyl]-propanol-(2)* (**XIII**), F. 150°; 53%. — **V** werden in überschüssiger 0,1038nNaOH suspendiert u. 8 Std. gekocht: $(RSO_2CH_2)_2 \cdot CHOH + NaOH \rightarrow RSO_2Na + CH_2OHCHOHCH_2SO_2R$. Die NaOH wird mit 0,1134nHCl zurücktitriert. **XIII** wird dabei nicht hydrolysiert, am stärksten **XII** (16%). — *Methylen-bis-methon*, F. 188—189°, bei 3std. Kochen von **VI** mit 0,4nH_2SO_4 Behandeln mit KJO_4 nach HATCH u. NESBITT (C. **1946**. I. 2373) u. Versetzen des Filtrats mit Methon. (J. Amer. chem. Soc. **72**. 4000—02. Sept. 1950. Gainesville, Fla., Univ., Organ. Chem. Labors.) REISNER. 600

Edward G. Rietz, Thomas K. Todsen, Arthur S. Leon und **C. B. Pollard,** *Derivate von β-Oxypropylsulfiden.* 2. Mitt. *Alkylmercaptoalkoxypropanole.* (1. vgl. vorst. Ref.) Vff. stellen durch Rk. der 1-Alkylmercapto-2.3-epoxypropane (**I**) mit Alkoholen *1-Alkoxy-3-alkylmercaptopropanole-(2)* dar. Die sek. Alkoholstruktur der Additionsprodd. wird durch die Synth. von *1-Äthoxy-3-äthylmercaptopropanol-(2)* (**II**) aus 1-Äthoxy-3-chlorpropanol-(2) (**III**) u. C_2H_5SK bewiesen, das mit dem bei der Addition von A. an 1-Äthylmercapto-2.3-epoxypropan erhaltenen Prod. ident. ist.

Versuche: Folgende 1.3-disubstituierten *Propanole-(2)* werden durch Versetzen von 2 Mol des entsprechenden Alkohols mit 1,6 g Na, tropfenweises Versetzen mit 0,25 Mol des entsprechenden **I** unter Rühren, 1std. Rk., 5 std. Kochen, Neutralisieren mit 6nH_2SO_4, Versetzen mit 5 g wasserfreiem K_2CO_3, mehrstd. Stehen, Abfiltern u. Dest. des Filtrats unter vermindertem Druck, dargestellt: *1-Methoxy-3-äthylmercapto-*, $Kp._9$ 92,5—92,8°; $D.^{25}_4$ 1,0322; n_D^{25} 1,4734; $[MR]_D$ 40,86; 62% (Ausbeute). *1-Äthoxy-3-äthylmercapto-* (**II**), $C_7H_{16}O_2S$, $Kp._{40}$ 136—137°; $D.^{25}_4$ 1,0037; n_D^{25} 1,4679; $[MR]_D$ 45,49; 34%. *1-Propoxy-3-äthylmercapto-*, $Kp._2$ 78—78,5°; $D.^{25}_4$ 0,9837; n_D^{25} 1,4661; $[MR]_D$ 50,20; 65%. *1-Butoxy-3-äthylmercapto-*, $Kp._2$ 85,5—86,5°; $D.^{25}_4$ 0,9695; n_D^{25} 1,4652; $[MR]_D$ 54,91; 69,5%. *1-Methoxy-3-propylmercapto-*, $Kp._2$ 65—66°; $D.^{25}_4$ 1,0096; n_D^{25} 1,4719; $[MR]_D$ 45,55; 49%. *1-Äthoxy-3-propylmercapto-*, $Kp._{1,5}$ 69,5—70°; $D.^{25}_4$ 0,9850; n_D^{25} 1,4670; $[MR]_D$ 50,22; 63%. *1-Propoxy-3-propylmercapto-*, $Kp._{1,5}$ 81—81,5°; $D.^{25}_4$ 0,9676; n_D^{25} 1,4641; $[MR]_D$ 54,85; 31%. *1-Butoxy-3-propylmercaptopropanol-(2)*, $Kp._{1,5}$ 90,5—91°; $D.^{25}_4$ 0,9578; n_D^{25} 1,4639; $[MR]_D$ 59,44; 67%. — **II**, $Kp._{40}$ 137°, entsteht auch beim tropfenweisen Versetzen von 137 g **III** mit einer Lsg., die durch Versetzen von 60 g KOH in 160 ml W. mit 65 g C_2H_5SH dargestellt wird, unter Rühren u. 4std. weiteres Rühren; $D.^{25}_4$ 1,0038; n_D^{25} 1,4690; 60%. — *3.5-Dinitrobenzoesäure-1'-äthoxy-3'-äthylmercaptopropyl-(2')-ester*, $C_{14}H_{18}O_7 \cdot N_2S$, entsteht nach dem üblichen Verf. aus dem auf beiden Wegen dargestellten **II**. (J. Amer. chem. Soc. **74**. 1358—59. 5/3. 1952.) REISNER. 600

E. Earl Royals und **Kent C. Brannock,** *Oxymethylenketone.* 1. Mitt. *Die Darstellung von β-Ketodimethylacetalen und Methoxymethylenketonen.* Die Umsetzung von Methylketonen mit Methylformiat (**I**) in Ggw. von Na-Methylat führte zu *Na-Salzen* von *Oxymethylenketonen*, die durch Rk. mit methanol. HCl in *β-Ketodimethylacetale* übergeführt werden konnten. *Oxymethylenacetophenon* u. *-cyclohexanon* (**II**) lieferten an Stelle der β-Ketoacetale Methoxymethylenketone. Aus *Oxymethylendiäthylketon* (**III**) wurde ein Gemisch von β-Ketoacetal u. Methoxymethylenketon erhalten. Methyläthyl- u. Methyl-n-propylketon lieferten mit **I** sowohl Kondensationsprodd. der Methyl- als auch der Methylengruppe. Verss. mit Trimethyl (**IV**)- u. Triäthylorthoformiat ein β-Ketoacetal von **II** nach der Meth. von RUZICKA u. Mitarbeitern (C. **1948**. II. 50) darzustellen, schlugen fehl. Die Umsetzung von **III** mit **IV** nach der letztgenannten Meth. führte ebenfalls zu einem Gemisch von β-Ketoacetal u. Methoxymethylenketon. Die dargestellten Ketoacetale wie auch die Alkoxymethylenketone wurden durch wss. Alkali hydrolysiert. Die Dest. von Acetoacetaldehyddimethylacetal mit 10%ig. wss. NaOH lieferte die berechnete Menge Aceton u. Methanol, mit W. *1.3.5-Triacetylbenzol* in 75%ig. Ausbeute.

Versuche: Nachst. Verbb. wurden durch Zugabe von Keton u. I zu Na-Methylat in absol. Ae., 1 std. Rühren, Entfernung des Ae. im Vakuum, Zugabe von CH_3OH u. methanol. HCl, 1—2 std. Rühren bei 20°, Zugabe von alkoh. KOH, Abtrennen der Salze u. Dest. des Filtrats im Vakuum erhalten: *Acetoacetaldehyddimethylacetal*, $Kp._{2,3}$ 39°, aus Aceton; n_D^{25} 1,4143; 65,4% (Ausbeute). — *Isobutyrylacetaldehyddimethylacetal*, $Kp._{4,8}$ 60°, aus Methylisopropylketon, n_D^{25} 1,4193; 63,3%. — *Isovalerylacetaldehyddimethylacetal*, $Kp._{4,9}$ 73°, aus Methylisobutylketon; n_D^{25} 1,4212; 69,4%. — *Methoxymethylenacetophenon*, $Kp._{1,8}$ 112°, aus Acetophenon; n_D^{25} 1,5777; 56,3%. — *2-Methoxymethylencyclohexanon*, $Kp._{3,2}$ 85°, a) aus Cyclohexanon, n_D^{25} 1,5025; 34%; b) durch 48 std. Stehen von 0,19 Mol II, 0,23 Mol IV u. einigen Tropfen konz. HCl in absol. CH_3OH; 52%. — *Äthoxymethylencyclohexanon*, $Kp._{2-2,5}$ 95—96°, aus II u. Triäthylorthoformiat in absol. A., n_D^{25} 1,4940; 70%. — *2-Propionylpropionaldehyddimethylacetal*, $Kp._4$ 57—58°, aus Diäthylketon; n_D^{25} 1,4178; 51,7%, daneben *2-Methoxymethylendiäthylketon*, $Kp._{3-4}$ 62—65°, n_D^{25} 1,4733; 12,6%. — Die Kondensation von Methyläthylketon mit I u. Rk. mit HCl lieferte 60% Rohprod.; durch fraktionierte Dest. wurden erhalten: das *β-Ketodimethylacetal* $C_7H_{14}O_3$, $Kp._{7-7,5}$ 55—58°, u. das *Methoxymethylenketon* $C_6H_{10}O_2$, $Kp._2$ 53—56°, n_D^{25} 1,4693. — Entsprechend wurde aus Methyl-n-propylketon erhalten: das *β-Ketodimethylacetal* $C_8H_{10}O_3$, $Kp._{7-7,5}$ 58,5—60°, u. das entsprechende *Methoxymethylenketon* vom $Kp._{7-7,5}$ 64—66°. (J. Amer. chem. Soc. **75**. 2050—53. 5/5. 1953. Emory Univ., Ga., Dep. of Chem.) HORST BAGANZ. 740

Sigvard Wideqvist, *Über die Synthesen von Monobromcyanacetamid.* Bei der Bromierung von Cyanacetamid (I) finden folgende 3 Rkk. gleichzeitig statt: I + Br_2 → $CHBr(CN)\cdot CONH_2$ (II) + HBr (1); II + Br_2 → $CBr_2(CN)\cdot CONH_2$ (III) + HBr (2); I + III → 2 II (3). Bei niedriger Temp. verlaufen die Rkk. 1 u. 2 sehr rasch, während Rk. 3 langsam verläuft. Die beste Meth. zur Darst. von II ist demnach durch die Rk. von I mit III in der Hitze gegeben. II u. III werden quantitativ durch angesäuerte KJ-Lsg. zu I debromiert. Diese Rk. kann zur analyt. Best. von II u. III benutzt werden. — *Monobromcyanacetamid* (**II**), $C_3H_3ON_2Br$, F. 121—122° (A.), durch Erhitzen äquimol. Mengen I u. III in W. in 2 Min.; Nadeln; 80% (Ausbeute). (Acta chem. scand. **7**. 696. 1953. Uppsala, Schweden, Inst. of Chem.) L. FISCHER. 820

Erich Lehmann und **Bernhard Züge,** *Notiz über den β-Oxo-α.δ-dicyanadipinsäurediäthylester.* Aus Na-Cyanessigester u. Chloracetylchlorid erhielten Vff. das *Hydrat des β-Oxo-α.δ-dicyanadipinsäurediäthylesters* (I), der mit absol. A. bei 80—90° die wasserfreie Verb. u. das *Monohydrat eines Ammoniumenolats* (II) gibt, daneben fand sich noch ein *saurer Ester* $C_{13}H_{17}O_6N$, der sich wohl aus I unter NH_3-Abspaltung gebildet hatte, dessen Struktur aber noch nicht feststeht. Die Verseifung von I mit Säure gibt nicht die n. möglichen Säuren, sondern eine *Verb.* $C_7H_7O_5N$, die vielleicht Pyridinstruktur hat. Die alkal. Verseifung führt zu einem *Estersäurenitril*, $(COOH)_2CHCH_2\cdot COCH(CN)COOC_2H_5$ oder einer isomeren Anordnung der funktionellen Gruppen, u. zu einem *Ester* $C_9H_{10}O_3N_2$.

Versuche: *β-Oxo-α.δ-dicyanadipinsäurediäthylester* (I), $C_{12}H_{14}O_5N_2\cdot H_2O$, F. 134,5°, durch Umsetzen von 100 g Cyanessigsäureäthylester in Ae. mit 24 g Na-Draht u. Versetzen mit 45 g Chloracetylchlorid in Ae., 5 tägigem Stehen unter gelegentlichem Schütteln, Zers. mit verd. H_2SO_4 u. Absaugen der Kristalle (15 g *Cyanmalonsäuremonoäthylester*, $C_6H_7O_4N$, F. 115°, unter Zers. u. Grünfärbung); nach 24 Std. Absaugen des 2. Kristallisats; aus Chlf. 20 g I. Aus der Chloroformmutterlauge II, $C_{12}H_{13}O_5N_2\cdot NH_4\cdot H_2O$, F. 173° (Zers.; W.); 3 g (Ausbeute); II entsteht auch bei der Entwässerung von I mit absol. C_2H_5OH. Dest. des Rückstandes der ursprünglichen äther. Lsg. bei 14 Torr gab zwischen 80 u. 120° *Cyanessigester* u. *Cyanpropionsäureester*. Wasserfreies I schm. bei 134°. — *Säure* $C_7H_7O_5N$, F. 107°, durch Verseifung von I mit 30%ig. H_2SO_4. — *Estersäurenitril* $C_{10}H_{11}O_7N$, F. 143° (Zers.), durch 3 std. Kochen von 15 g I mit KOH in A., Ausfällen des Pb-Salzes u. Zers. mit H_2S; Eindampfen u. Aufnehmen mit Aceton, Umfällen mit Ae.; Spieße aus PAe.; 0,4 g. — *Ester* $C_9H_{10}O_3N_2$, F. 142°, aus dem Filtrat der Fällung des Pb-Salzes durch Einleiten von H_2S, Eindampfen u. Extrahieren mit Aceton; 0,2 g. (Chem. Ber. **87**. 443—46. 1954. Berlin, ehem. Friedrich-Wilhelm-Univ., Landwirtschaftl. Fak., Chem. Inst.) ROSDORFF. 870

Paul E. Gagnon, Jean L. Boivin und **Jacques Giguere,** *Synthese von Aminosäuren aus substituierten Cyanessigestern.* (Vgl. Canad. J. Res., Sect. B. **28**. [1950.] 207.)

Nachst. Aminosäuren wurden aus den entsprechenden substituierten Cyanessigestern über die Hydrazide, Azide u. Carbäthoxyaminonitrile dargestellt: *dl-α-Amino-β-methylcaprylsäure* (**II**), *dl-α-Amino-β-methylpelargonsäure* (**III**), *dl-α-Aminomyristinsäure, dl-α-Amino-γ-oxybuttersäure* (**I**), *dl-α-Amino-γ-[p-methylphenoxy]-buttersäure, dl-α-Amino-δ-[p-methylphenoxy]-valeriansäure, dl-α-Amino-γ-[p-äthylphenoxy]-buttersäure, dl-α-Amino-δ-[p-äthylphenoxy]-valeriansäure, dl-α-Amino-γ-[p-chlorphenoxy]-buttersäure* (**IV**), *dl-α-Amino-δ-[p-chlorphenoxy]-valeriansäure* u. *dl-α-Amino-δ-[p-bromphenoxy]-valeriansäure.* Die Ausbeute betrug 10–50%. Beim Erhitzen von α-Carbäthoxyamino-γ-äthoxybutyronitril mit 20%ig. HCl wurde an Stelle der erwarteten α-Amino-γ-äthoxybuttersäure **I** erhalten. Die Darst. der benötigten Phenoxyalkylbromide erfolgte durch Umsetzung von Phenol-Na mit Alkyldibromiden.

Versuche: Darst. der Phenoxypropylbromide durch Zutropfen von 1,87 Mol NaOH zu 2,47 Mol Trimethylenbromid u. 1,95 Mol substituiertem Phenol innerhalb 1 Std., 10–15std. Kochen, Isolierung der unteren Schicht, Waschen mit 5%ig. NaOH u. W. u. Vakuumdestillation. Bei der Darst. der Phenoxyäthylbromide wurden 5,4 Mol Äthylenbromid, 1,5 Mol Phenol u. 4,68 Mol NaOH zur Rk. gebracht: *β-[p-Methylphenoxy]-äthylbromid,* $C_9H_{11}OBr$, Kp.$_{18}$ 130–138°, F. 40°; 56% (Ausbeute). — *γ-[p-Methylphenoxy]-propylbromid,* $C_{10}H_{13}OBr$, Kp.$_{21}$ 155–160°, 66%. — *β-[p-Äthylphenoxy]-äthylbromid,* $C_{10}H_{13}OBr$, Kp.$_{20}$ 156–160°; 58%. — *γ-[p-Äthylphenoxy]-propylbromid,* $C_{11}H_{15}OBr$, Kp.$_{24}$ 173–178°; 70%. — *β-[p-Chlorphenoxy]-äthylbromid,* C_8H_8OClBr, Kp.$_{18}$ 155–163°; F. 41–42°; 50%. — *γ-[p-Chlorphenoxy]-propylbromid,* $C_9H_{10}OClBr$, Kp.$_{24}$ 178–181°; 66%. — *γ-[p-Bromphenoxy]-propylbromid,* $C_9H_{10}OBr_2$, Kp.$_{18}$ 180–190°, F. 49,5; 65%. — Die Darst. der substituierten Cyanessigester erfolgte durch Zugabe von Cyanessigester zu Na-Äthylat u. nach Kühlen Zugabe des Bromids oder Chlorids. Nach Kochen bis zur Neutral-Rk. wurde der A. verdampft, der ölige Rückstand in W. gegossen, mit HCl angesäuert u. mit Ae. extrahiert. Erhalten wurden folgende Cyanessigester: *sek.-Heptyl-,* $C_{12}H_{21}O_2N$, Kp.$_{17}$ 153–158°, n_D^{26} 1,4360; 71%. — *sek.-Octyl-,* $C_{13}H_{23}O_2N$, Kp.$_{13}$ 154–162°, n_D^{25} 1,4359; 63%. — *n-Dodecyl-,* $C_{17}H_{31}O_2N$, Kp.$_{13}$ 194–204°, n_D^{24} 1,4465; 75%. — *β-Äthoxyäthyl-,* $C_9H_{15}O_3N$, Kp.$_{15}$ 128–135°, n_D^{23} 1,4282; 65%. — *o-Chlorbenzyl-,* $C_{12}H_{12}O_2NCl$, Kp.$_{20}$ 196–204°, n_D^{25} 1,5162; 42%. — *β-[p-Methylphenoxy]-äthyl-,* $C_{14}H_{17}O_3N$, Kp.$_{13}$ 202–210°, n_D^{24} 1,5052; 62%. — *γ-[p-Methylphenoxy]-propyl-,* $C_{15}H_{19}O_3N$, Kp.$_{13}$ 210–215°, n_D^{24} 1,5035; 74%. — *β-[p-Äthylphenoxy]-äthyl-,* $C_{15}H_{19}O_3N$, Kp.$_{13}$ 200–210°; 60%. — *γ-[p-Äthylphenoxy]-propyl-,* $C_{16}H_{21}O_3N$, Kp.$_{13}$ 212–218°, n_D^{27} 1,5019; 70%. — *β-[p-Chlorphenoxy]-äthyl-,* $C_{13}H_{14}O_3NCl$, Kp.$_{14}$ 212–218°, n_D^{22} 1,5220; 52%. — *γ-[p-Chlorphenoxy]-propyl-,* $C_{14}H_{16}O_3NCl$, Kp.$_{14}$ 216–226°, n_D^{24} 1,5143; 66%. — *γ-[p-Bromphenoxy]-propyl-,* $C_{14}H_{16}O_3NBr$, Kp.$_{12}$ 230–238°, n_D^{24} 1,5276; 65%. — Die nachst. Cyanacethydrazide wurden durch Rühren mit Hydrazinhydrat u. Kristallisation aus verd. A. dargestellt. Die Anisalderivv. wurden durch Rühren mit Anisaldehyd dargestellt u. aus A. umkrist.: *sek.-Heptyl-,* $C_{10}H_{19}ON_3$, viscose Flüssigkeit. *Anisalderiv.,* $C_{18}H_{25}O_2N_3$, F. 111–112°. — *sek.-Octyl-,* $C_{11}H_{21}ON_3$, viscose Flüssigkeit. *Anisalderiv.,* $C_{19}H_{27}O_2N_3$, F. 108°. — *n-Dodecyl-,* $C_{15}H_{29}ON_3$, F. 92–94°. *Anisalderiv.,* $C_{23}H_{35}O_2N_3$, F. 110–111°. — *β-Äthoxyäthyl-,* $C_7H_{13}O_2N_3$, viscose Flüssigkeit. *Anisalderiv.,* $C_{15}H_{19}O_3N_3$, F. 110–111°. — *o-Chlorbenzyl-,* $C_{10}H_{10}ON_3Cl$, F. 113–114°. *Anisalderiv.,* $C_{18}H_{16}O_2N_3Cl$, F. 168–169°. — *β-[p-Methylphenoxy]-äthyl-,* $C_{12}H_{15}O_2N_3$, F. 111–112°. *Anisalderiv.,* $C_{20}H_{21}O_3N_3$, F. 169°. — *γ-[p-Methylphenoxy]-propyl-,* $C_{13}H_{17}\cdot O_2N_3$, F. 87–88°. *Anisalderiv.,* $C_{21}H_{23}O_3N_3$, F. 157–158°. — *β-[p-Äthylphenoxy]-äthyl-,* $C_{13}H_{17}O_2N_3$, F. 104–106°. *Anisalderiv.,* $C_{21}H_{23}O_3N_3$, F. 166–167°. — *γ-[p-Äthylphenoxy]-propyl-,* $C_{14}H_{19}O_2N_3$, F. 94–95°. *Anisalderiv.,* $C_{22}H_{25}O_3N_3$, F. 128–129°. — *β-[p-Chlorphenoxyl]-äthyl-,* $C_{11}H_{12}O_2N_3Cl$, F. 111–112°. *Anisalderiv.,* $C_{19}H_{18}O_3N_3Cl$, F. 143 bis 144°. — *γ-[p-Chlorphenoxy]-propyl-,* $C_{12}H_{14}O_2N_3Cl$, F. 100–101°. *Anisalderiv.,* $C_{20}H_{20}\cdot O_3N_3Cl$, F. 174–175°. — *γ-[p-Bromphenoxy]-propyl-,* $C_{12}H_{14}O_2N_3Br$, F. 132–133°. *Anisalderiv.,* $C_{20}H_{20}O_3N_3Br$, F. 172–173°. — Die Hydrazide wurden in 15%ig. HCl aufgenommen, mit Ae. gemischt, $NaNO_2$ bei 0° zugesetzt, die Ae.-Lsg. abgetrennt u. mit A. versetzt, Ae. verdampft, die alkoh. Lsg. 1 Std. gekocht u. das Urethan mit 20%ig. HCl verseift. Die Lsg. wurde mehrmals zur Trockne eingedampft, der Rückstand in W. aufgenommen u. mit NH_3 auf p_H 6 eingestellt. **I, II, III**, dl-o-Chlorphenylalanin u. **IV** wurden durch die PbO_2-Meth. isoliert. *dl-α-Amino-β-methylcaprylsäure* (**II**), *Phenylharnstoffderiv.,* $C_{16}H_{24}O_3N_2$, F. 157–159°; 20%. — *dl-α-Amino-β-methylpelargonsäure* (**III**), *Phenylharnstoffderiv.,* $C_{17}H_{26}O_3N_2$, F. 154–156°; 17%. — *dl-α-Amino-γ-oxybuttersäure* (**I**), *Cu-Deriv.,* $C_8H_{16}O_6N_2Cu$; 55%. — *dl-o-Chlorphenylalanin, Hydantoinderiv.,* $C_{10}H_9O_2N_2Cl$, F. 238–240°; 42%. — *dl-α-Amino-γ-[p-methylphenoxy]-buttersäure, Hydantoinderiv.,* $C_{12}H_{14}O_3N_2$, F. 174–175°; 28%. — *dl-α-Amino-δ-[p-methylphenoxy]-valeriansäure, Hydantoinderiv.,* $C_{13}H_{16}O_3N_4$, F. 157–158°; 21%. —

dl-α-Amino-γ-[p-äthylphenoxy]-buttersäure, Hydantoinderiv., $C_{13}H_{16}O_3N_2$, F. 174—175°; 14%. — *dl-α-Amino-δ-[p-äthylphenoxy]-valeriansäure, Phenylharnstoffderiv.*, $C_{20}H_{24}O_4N_2$, F. 152—153°; 10%. — *dl-α-Amino-γ-[p-chlorphenoxy]-buttersäure* (**IV**), *Hydantoinderiv.*, $C_{11}H_{11}O_3N_2Cl$, F. 176—178°; 15%. — *dl-α-Amino-δ-[p-chlorphenoxy]-valeriansäure, Phenylharnstoffderiv.*, $C_{18}H_{19}O_4N_2Cl$, F. 172—173°; 13%. — *dl-α-Amino-δ-[p-bromphenoxy]-valeriansäure, Phenylharnstoffderiv.*, $C_{18}H_{19}O_4N_2Br$, F. 183—184°; 18%. (Canad. J. Res., Sect. B **28**. 352—57. Juli 1950. Quebec, Can., Laval Univ., Dep. of Chem.) HORST BAGANZ. 950

Robert Rothstein, Kurt Binovic und Odile Stoven, *Über die Öffnung von Aminoepoxyden durch Natriummalonester.* Sowohl die Rk. von Na-Malonester (**I**) mit 3-Dialkylamino-1.2-epoxypropanen als auch die Rk. von δ-Chlor-γ-valerolacton (**II**) mit sek. Aminen führen zu *δ-Dialkylamino-γ-valerolactonen.* Von der Regel, daß bei der Öffnung von Epoxyden durch **I** das Äthersauerstoffatom stets mit dem am meisten substituierten C-Atom verbunden bleibt, scheint es keine Ausnahme zu geben.

Versuche (FF. im MAQUENNE-Block): *δ-Dimethylamino-γ-valerolacton*, $C_7H_{13}O_2N$, Kp.$_3$ 81—82°, a) durch 8std. Kochen von 3-Dimethylamino-1.2-epoxypropan u. **I** in absol. A., Neutralisieren mit H_2SO_4 (Eiskühlung), Verseifen des aus der Mischung isolierten Aminoesterlactons mit alkoh. KOH u. Decarboxylieren bei 10—15 mm; ca. 40% (Ausbeute); b) durch mehrstd. Erhitzen (150°) von Dimethylamin u. **II** im geschlossenen Rohr (70—80%); n_D^{20} 1,4580; D.$^{20}_4$ 1,0302; Mol.-Refr. 37,82. *Hydrochlorid*, F. 188°. *Pikrat*, F. 156°. — *δ-Diäthylamino-γ-valerolacton*, $C_9H_{17}O_2N$, Kp.$_5$ 112—113°. Darst. u. Ausbeuten wie vorst.; n_D^{19} 1,4605; D.$^{19}_4$ 0,9950; Mol.-Refr. 47,12. *Hydrochlorid*, F. 119°. *Pikrat*, F. 111—111,5°. —*δ-Di-n-butylamino-γ-valerolacton*, $C_{13}H_{25}O_2N$, Kp.$_3$ 125°; n_D^{18} 1,4610; D.$^{18}_4$ 0,9500; Mol.-Refr. 65,57. — *δ-Piperidino-γ-valerolacton*, $C_{10}H_{17}O_2N$, Kp.$_7$ 140—142°; Darst. wie oben (a) ca. 40%, (b) 50%; n_D^{24} 1,4850; D.$^{24}_4$ 1,0540; Mol.-Refr. 49,77. *Hydrochlorid*, F. 193°. *Pikrat*, F. 158,5°. (Bull. Soc. chim. France, Mém. [5] **20**. 401—02. April 1953. I. S. H. Roussel, Labor. de Chimiothérapie.) J. ROTHE. 950

Georges Martin, *Wirkung des Kupfers auf die Oxydation von Aminosäuren mit Permanganat; ihre Veränderungen mit der Reaktion des Mediums: Fall von zwei Monoaminodicarbonsäuren.* Im Anschluß an frühere Verss. (vgl. C. R. hebd. Séances Acad. Sci. **232**. [1951.] 1213) untersuchte Vf. die Wrkg. von $CuSO_4$ auf die Oxydation von *Asparaginsäure* u. *Glutaminsäure* (**I**) durch $KMnO_4$. Bei p_H 3,2 wirkt Cu^{2+} als Inhibitor; das Minimum des $KMnO_4$-Verbrauchs wird etwa beim Äquivalentverhältnis Cu^{2+}: Aminosäure 1:1 erreicht. Bei p_H 7,8 ist für (Cu^{2+}:Aminosäure) <1 der $KMnO_4$-Verbrauch konstant u. gering; bei höherem Cu^{2+}-Geh. steigt er proportional der Cu^{2+}-Menge an bis zu einem Maximum. **I** ist auch bei Anwesenheit von Na_2SO_3 oxydierbar. Vf. führt das unterschiedliche Verh. der Aminodicarbonsäuren u. Aminomonocarbonsäuren auf die zweite COOH-Gruppe zurück; *Asparagin* (mit blockierter COOH-Gruppe) verhält sich wie eine Monocarbonsäure. Die zugesetzten Salze drängen die Ionisation der COOH-Gruppen, bes. derjenigen, die von der Aminogruppe entfernt ist, zurück. (C. R. hebd. Séances Acad. Sci. **236**. 2517—19. 29/6. 1953.) J. ROTHE. 950

Stuart W. Tanenbaum, *Darstellung von Isoasparagin durch die Phthaloylmethode.* N-Phthaloylasparaginsäureanhydrid (**I**) lieferte bei der Behandlung mit NH_3 in wss. A. *N-Phthaloylisoasparagin* (**II**), in wss. Ae. ein Gemisch von *N-Pthaloylasparagin* (**III**) u. **II** u. in wasserfreiem Ae. **III**. Die Best. von *Asparagin* (**V**) neben *Isoasparagin* (**IV**) kann mikrobiol., mkr. u. durch Papierchromatographie erfolgen.

Versuche: *N-Phthaloylasparaginsäureanhydrid* (**I**), $C_{12}H_7O_5N$, F. 227—228° (Dioxan–Ae.), durch 2std. Kochen von L-Asparaginsäure mit Phthalsäureanhydrid in Pyridin, Eindampfen im Vakuum u. Behandlung mit Essigsäureanhydrid bei Raumtemp.; 76% (Ausbeute). — *N^α-Phthaloylisoasparagin* (**II**), $C_{12}H_{10}O_5N_2$, F. 220—222° (W.), durch Behandlung von 0,041 Mol **I** mit 0,09 Mol 1n alkoh. NH_3, Eindampfen im Vakuum unterhalb 40° u. Zutropfen von 6nHCl (Kongorot); 80%. — *Isoasparagin* (**IV**), $C_4H_8O_3N_2$, durch 1std. Kochen von **II** mit 64%ig. Hydrazinhydrat in absol. A., Eindampfen im Vakuum, Zugabe von W. u. 6nHCl (p_H 2,6), Abtrennen des Phthalhydrazids, Behandlung des Filtrates mit Amberlite IR–4B Harz (Na-Salz) bis p_H 6, langsames Hindurchlaufen des Filtrats durch eine mit dem gleichen Harz gefüllte Kolonne, Einengen der Eluate im Vakuum u. Zugabe von absol. A.; Nadeln aus W.–A.; 36%. — Durch Behandlung von **I** in Ae. mit wss. NH_4OH u. Aufarbeitung wie oben wurde ein Gemisch von **II** u. **III** erhalten, F. 219—224°; 60%. — *Asparagin* (**V**), $C_4H_8O_3N_2 \cdot H_2O$, durch Ammonolyse von **I** nach KING u. KIDD (C. **1950**. II. 2543) u. Abspaltung der Phthaloylgruppe wie oben; Prismen; 40%. — Die papierchromatograph. Trennung von **IV** u. **V** erfolgte durch Lösen in Butanol–W.–CH_3COOH u. Behandlung mit Ninhydrin. **V** bildete gelbe Flecke, die nach einigen Tagen purpurfarben wurden, **IV** weinfarbene. — Der biol. Nachw. von **V** neben **IV** erfolgte durch Zugabe der Substanz zu *Neurospora mutant S 1007* auf Agarplatten u. 18std. Stehen bei 30°. **V** ruft Wachstumserscheinungen hervor. (J. Amer. chem. Soc. **75.** 1754—56. 5/4. 1953. Stanford, Calif., Stanford Univ., Dep. of Biol. Sci.) HORST BAGANZ. 950

Robert L. Burwell jr., Alfred D. Shields und **Harold Hart,** *(+)-α-Phenäthylchlorid und (—)-2-Phenylpentan.* Bei der Darst. von *(+)-α-Phenäthylchlorid* (**I**) aus opt.-akt. α-Phenäthylalkohol (**II**) wurde für die untere Grenze der Drehung von **I** α_D^{25} + 109° ermittelt. **I** ließ sich über *4-Phenylpenten-(1)* in *(—)-2-Phenylpentan* (**III**) überführen. Unter Berücksichtigung des Drehwertes von opt. reinem **III** (vgl. CRAM, C. **1953.** 8560) wurde für **I** der obere Drehwert α_D^{25} + 126° berechnet. Die Differenz zwischen 109 u. 126° wird auf teilweise Racemisierung bei der Bldg. des Olefins zurückgeführt.

V e r s u c h e (α-Messungen in Substanz, l = 1 dm): *(+)-α-Phenäthylchlorid* (**I**), $Kp._{17}$ 78—82°, a) nach GERRARD (J. chem. Soc. [London] [1945.] 110) aus **II** (α_D^{25} —38,93°); 43% (Ausbeute), α_D^{25} +97,4°; umgerechnet auf opt. reines **II** (α_D^{25} 43,7°) α_D^{25} + 109°; b) durch Einleiten von HCl in eine Lsg. von Pyridin u. **II** in Chlf. bei —15°, dann Zugabe von $POCl_3$; nach 1-tägigem Stehen Zers. mit Eis; 70%, aber stärker racemisiert. — *(—)-4-Phenylpenten-(1)*, Kp. 187—188°, durch Umsetzung von **I** (α_D^{25} + 77,89°) mit Allylnatrium bei —45 bis —20° (vgl. LETSINGER u. TRAYNHAM, C. **1948.** E. 729); n_D^{25} 1,5020, α_D^{25} —16,1° (auf opt. reines **I** umgerechnet); 80%. Umsetzung von **I** mit Allyl-MgBr ergab stärker racemisiertes Olefin. — *(—)-2-Phenylpentan* (**III**), durch Hydrierung vorst. Verb. (α_D^{25} —5,92°) in Ggw. von RANEY-Ni, 3 at H_2; n_D^{20} 1,4872; α_D^{25} —9,26°. (J. Amer. chem. Soc. **76.** 908—09. 5/2. 1954. Evanston, Ill., Northwestern Univ., Dep. of Chem., u. East Lansing, Mich., State Coll., Kedzie Chem. Labor.) JOHN. 1010

M. F. Schosstakowski und **M. G. Selenskaja,** *Untersuchung der Eigenschaften und Umwandlungen von Vinylguajacyläther. Butylguajacylacetal* (**I**) wurde aus Vinylguajacyläther (**II**) u. n-Butylakohol (**III**) in Ggw. von konz. HCl oder aus Vinylbutyläther (**IV**) u. Guajacol (**V**) synthetisiert. Die Ausbeute an **I** war bei der 2. Synth. besser, da bei der 1. durch Disproportionierung von **I** auch *Dibutylacetal* u. *Diguajacylacetal* (**VI**) entstanden. **VI** konnte auch aus **II** u. **V** hergestellt werden. Bei der therm. Zers. von **I** entstanden **IV** u. **V.**

V e r s u c h e : *Butylguajacylacetal* (**I**), $C_{13}H_{20}O_3$, $Kp._5$ 119—119,5°; zu 50 g **II** u. 24 g **III** wurden unter Rühren in 5—10 Min. 0,6 g 34%ig. HCl in Anteilen von 0,05 g zugegeben; man rührt 3—4 Std. u. neutralisiert nach 48 Std. mit K_2CO_3; $D.^{20}_4$ 1,0159; n_D^{20} 1,4924; Mol.-Refr. ($[MR]_D$) 63,99; 12,3 g (Ausbeute) neben 14 g **VI** u. 4,1 g *Dibutylacetal*, Kp. 184—186°; $D.^{20}_4$ 0,8270; n_D^{20} 1,4094. Aus 124 g **V** u. 100 g **IV** werden in Ggw. von 0,05 g 34%ig. HCl 144,3 g **I** erhalten. — *Diguajacylacetal* (**VI**), $C_{16}H_{18}O_4$, F. 53—53,5°, $Kp._{2,5-3}$ 170—171°; aus 25 g **V** u. 30 g **II** in Ggw. von 0,7 g 34%ig. HCl; aus Ae. Kristalle; 23,2 g. — Bei langsamer Dest. von 90,2 g **I** im Metallbad werden 3,9 g **IV**, Kp. 92—94°; n_D^{20} 1,4020 u. 20,1 g **V**, F. 27—28°; Kp. 203—205° neben 11 g nicht zers. **I** erhalten. (Журнал Прикладной Химии [J. angew. Chem.] **25.** 1221—25. Nov. 1952. Inst. für organ. Chem. der Akad. der Wiss. der UdSSR, Labor. für Vinylverbb.) WÖRFFEL. 1060

K. Raman und **M. Raghavan,** *Eine neue Synthese von p-Nitrobenzolsulfonylchlorid.* Sulfanilsäure wurde diazotiert u. das Diazoniumsalz mit HNO_3 u. Cu_2O zur *p-Nitrobenzolsulfonsäure* umgesetzt. Deren K-Salz ergibt mit PCl_5 das gewünschte *p-Nitrobenzolsulfonylchlorid*, F. 79°. (Current Sci. **22.** 147—48. Mai 1953. Bangalore, Indian Inst. of Sci., Dep. of Organ. Chem.) FECHTER. 1090

H. J. Barber, H. J. Cottrell, R. F. Fuller und **M. B. Green,** *Neue ω-substituierte Anisole.* 1. Mitt. *Aryloxymethansulfonate: Kondensation von Halogenmethansulfonaten mit Phenolen und Thiophenolen. Na-Aryloxymethansulfonate* werden durch Umsetzung von Na-Chlormethansulfonat mit dem entsprechenden Phenol u. NaOH bei 200—220° erhalten; Thiophenole reagieren schon bei 170—180°. Die Rk. ist auf eine große Zahl von Phenolen anwendbar u. wird als *Sulfomethylierung* bezeichnet. Acetoxymethansulfonsaures Na reagiert nicht, wird unter den Bedingungen vielmehr zersetzt. *Chlor-* u. *Alkylphenole* reagieren glatt u. geben über 80% Ausbeute; 2 zur OH-Gruppe o-ständige Substituenten vermindern die Ausbeute, *Nitrophenole* setzen sich wegen Zers. nur in geringem Maße um; *4-Oxybenzaldehyd, 4-Oxybenzolsulfonsäure* u. *4-Oxybenzoesäure* reagieren nicht im Gegensatz zu dem *Äthylester* der letzteren Verb. u. *4-Oxybenzonitril. 8-Oxychinolin* gibt keine identifizierbare Verb., wahrscheinlich weil es quaterniert wird; *Hydrochinon* u. *Resorcin* ließen sich an beiden OH-Gruppen veräthern. Die gut krist. Na-Aryloxymethansulfonate werden durch die entsprechenden Aryloxymethylchloride u. in einzelnen Fällen durch die S-Benzylthiuroniumsalze charakterisiert. Die Löslichkeit der Na-Aryloxymethansulfonate in W. nimmt mit wachsender Substitution des Kernes ab. — α-Chlor (I) u. -bromäthansulfonsaures Na gibt mit Phenolat nicht das erwartete α-aryloxyäthansulfonsaure Salz, sondern die β-substituierte Verb., die auch aus β-bromäthansulfonsaurem Na erhalten werden kann u. ein Sulfonylchlorid bildet, das beim Erhitzen kein SO_2 abspaltet; wahrscheinlich ist *Na-Äthylensulfonat* Zwischenprod. bei der Rk., an das sich Phenolat addiert. — Di-Na-Jodmethandisulfonat reagiert nicht mit Phenolaten zu Aryloxymethandisulfonaten; es wurden nur Salze der *Oxymethandisulfonsäure* isoliert. — Di- u. trijodmethansulfonsaures Na u. das Salz der Dijodmethandisulfonsäure konnten ebenfalls nicht mit äquimol. Mengen Phenolat umgesetzt werden; in letzterem Fall wurde eine Verb. isoliert, die wahrscheinlich *Dioxymethandisulfonsaures Ba* ist.

Versuche: Allg. Darst. der *Na-Phenoxymethansulfonate* durch Umsetzung äquivalenter Mengen Phenol mit Na-Chlormethansulfonat (Monohydrat) u. 50%ig. NaOH bei 200—220° unter Abdest. von W.; $BaCl_2$ fällt nach der Gewinnung des Na-Salzes noch geringe Mengen *Ba-Salz.* Folgende Na-Methansulfonate wurden dargestellt (die zweite Ausbeuteprozentzahl bezieht sich auf zusätzlich isoliertes *Ba-Salz*): — *4-Chlorphenoxy-*, $C_7H_6O_4ClSNa$, Blättchen; 83%. *S-Benzylisothiuroniumsalz*, $C_{15}H_{17}O_4N_2ClS_2$, Nadeln aus wss. A., F. 136,0—137,5°. — *2.4-Dichlorphenoxy-*, $C_7H_5O_4 \cdot Cl_2SNa$, Blättchen; 87%, 11%. *S-Benzylisothiuroniumsalz*, $C_{15}H_{16}O_4N_2Cl_2S_2$, Nadeln aus wss. A., F. 135—136°. — *2.4-Dichlorphenylmercapto-*, $C_7H_5O_3Cl_2S_2Na$, Blättchen; 98%. — *Phenoxy-*, 82% als *Ba-Salz.* — *4-Methylphenoxy-*, 77%, 5%. — *4-tert.-Octylphenoxy-*, 87%. — *2-Methoxyphenoxy-*, 70%, 9%. — *4-Methoxyphenoxy-*, 73%, 8%.— *4-Cyanphenoxy-*, 39%, 17%. — *4-Carbäthoxyphenoxy-*, 26% als *Ba-Salz.* — *4-Bromphenoxy-*, 80%, 5%. — *2-Chlorphenoxy-*, 85%. — *3-Chlorphenoxy-*, 79%, 3%. — *2.5-Dichlorphenoxy-*, 80%, 3%. — *2.6-Dichlorphenoxy-*, 32%, 5%. — *3.4-Dichlorphenoxy-*, 78%. — *3.5-Dichlorphenoxy-*, 66%. — *2.3.4-Trichlorphenoxy-*, 20%, 12%. — *2.4.5-Trichlorphenoxy-*, 76%, 5%. — *2.4.6-Trichlorphenoxy-*, 51%, 4%. — *Pentachlorphenoxy-*, 50%. — *4-Chlor-2-methylphenoxy-*, 79%. — *4-Chlor-3-methylphenoxy-*, 82%, 4%. — *2-Chlor-4-methylphenoxy-*, 81%. — *3-Chlor-4-methylphenoxy-*, 77%. — *4-Chlor-3.5-dimethylphenoxy-*, 85%. — *2.4-Dichlor-6-methylphenoxy-*, 17%. — *4-Chlor-2-methoxyphenoxy-*, 75%. — *4-Chlor-3-methoxyphenoxy-*, 78%. — *4-Chlor-3-nitrophenoxy-*, 12% als *Ba-Salz.* — *α-Naphthoxy-*, 66%, 6%. — *β-Naphthoxy-*, 79%. — *1-Chlor-2-naphthoxy-*, 77%. — *Phenylen-1.3-bisoxy-*, 18% als *Ba-Salz.* — *Phenylen-1.4-bisoxy-*, 70% als *Ba-Salz.* — *Phenylmercapto-*, 75%. — *4-Methylphenylmercapto-*, 67%, 26%. — *4-Chlorphenylmercapto-*, 73%. — *2.5-Dichlorphenylmercapto-*, 95%. — *3.4-Dichlorphenylmercapto-*, 93%. — *4.6-Dichlor-1.3-phenylenbismercapto-*, 48%. — Bei 16std. Erhitzen der Reaktionsteilnehmer mit W. auf 220—230° im geschlossenen Rohr entsteht neben Phenoxymethansulfonat in wechselnden Mengen auch das *Ba-Salz* der *Dimethyläther-α.α'-disulfonsäure*, $C_2H_4O_7S_2Ba$, aus W. weiße Blättchen. Diese Verb. wird auch beim Erhitzen von Na-Jodmethansulfonat in W. bei p_H 10—11 im geschlossenen Rohr erhalten. — Durch Erhitzen von α-Chloräthansulfonylchlorid mit Sodalsg. erhält man *Na-α-Chloräthansulfonat* (I), Blättchen; 64%. — Durch 17std. Erhitzen auf dem Wasserbad gewinnt man aus 34 g Äthylidenbromid, 46 g $Na_2SO_3 \cdot 7H_2O$, A. u. W. *Na-α-Bromäthansulfonat*, $C_2H_4O_3BrSNa$, glänzende Platten; 14,5 g. — 8,4 g **I** werden mit 35 g 2.4-Dichlorphenol (**II**) u. 2 g NaOH 4 Std. auf 180—200° erhitzt. Das Reaktionsprod. wird in warmem W. gelöst, angesäuert u. mit Ae. extrahiert. Aus dem wss. Teil wird das *Ba-Salz* gefällt; 4,2 g. 1 g wird 2 Std. mit 5 cm³ $POCl_3$ gekocht u. dann auf Eis gegossen. Anschließend wird mit Ae. extrahiert; es entsteht *β-[2.4-Dichlorphenoxy]-äthansulfonylchlorid*, $C_8H_7O_3Cl_3S$, Nadeln aus Bzn., F. 62—63°; 0,7 g. Bei der Umsetzung von 14 g **II** mit 4,2 g Na-α-Bromäthansulfonat wie vorst. wird ebenfalls *β-[2.4-Dichlorphenoxy]-äthansulfonsaures Ba*, $C_{16}H_{14}O_8Cl_4S_2Ba \cdot 2H_2O$, erhalten; Platten aus W.; 1,4 g; 11,5 g Na-β-bromäthansulfonat geben mit 36 g **II** u. NaOH beim 2std. Erhitzen auf 195—200° u. Aufarbeitung wie vorst. die gleiche Verb.; 7,8 g. — Beim Verschmelzen von 0,06 Mol 4-Methoxyphenol (**III**) mit 0,004 Mol KOH u. 0,02 Mol Dikalium-Jodmethandisulfonat erhält man nach Umsetzung des Reaktionsprod. mit $BaCl_2$ das *Ba-Salz* der *Oxymethandisulfonsäure*, $CH_2O_7S_2Ba \cdot 1^1/_2H_2O$. — **III** u. Dikalium-Dijodmethandisulfonat geben unter ähnlichen Bedingungen *Ba-Dioxymethandisulfonat*, $CH_2O_8S_2Ba$. — **III** u. Na-Dijodmethansulfonat geben ein schwer zu bearbeitendes Prod., desgleichen **III** oder **II** mit Na-Trijodmethansulfonat, Na-Jodmethansulfoacetat oder Na-Acetoxymethansulfonat. (J. appl. Chem. **3**. 253—58. Juni 1953. Dagenham, Essex, May & Baker Ltd., Res. Labors.) Preiss. 1090

H. J. Barber, H. J. Cottrell und **M. B. Green,** *Neue ω-substituierte Anisole.* 2. Mitt. *Aryloxymethansulfonate: Reaktionen.* (1. vgl. vorst. Ref.) Die *Aryloxymethansulfonsäuren* u. ihre Salze sind gegen Hydrolyse ziemlich widerstandsfähig u. lassen sich nitrieren u. chlorieren. Die $-OCH_2SO_3H$-Gruppe wirkt o-p-dirigierend (vornehmlich p-Substitution). Bei der Nitrierung von *Na-Phenoxymethansulfonat* (**II**) entstehen z.B. die 2- u. 4-nitrosubstituierten Verbb. im Verhältnis 1:10. Chlorphenoxymethansulfonate lassen sich schwerer nitrieren, auch tritt dabei Spaltung zum Phenol in stärkerem Ausmaß ein; *2.4-Dichlorphenoxymethansulfonsäure* lieferte nur *4.6-Dichlor-2-nitrophenol.* Die *4-Nitrophenoxymethansulfonsäure* läßt sich zur *4-Aminophenoxymethansulfonsäure* (**IV**) reduzieren, deren Aminogruppe diazotiert u. gekuppelt u. auch zum Chinolinring cyclisiert werden kann. Alkylsubstituierte Aryloxymethansulfonsäuren lassen sich zu den entsprechenden Carbonsäuren oxydieren. Bei der Behandlung von Aryloxymethansulfonsäuren mit chlorierenden Mitteln wird die $-SO_3H$-Gruppe durch Cl ersetzt unter Bldg. von *Phenoxymethylchloriden.* Die Ester der Aryloxymethansulfonsäuren erhält man aus den Ag-Salzen durch Behandlung mit Alkyljodid; mit NH_4OH werden sie schnell zum NH_4-Salz der Säure u. dem entsprechenden Alkylamin hydrolysiert.

Versuche: Nitrierung von 350 g **II** mit konz. HNO_3 bei 33—37° (145 Min.), Neutralisieren u. Einengen (226 g [Ausbeute] Rohprod.) gibt ein Gemisch von *Na-2-Nitrophenoxymethansulfonat* (**V**) u. *Na-4-Nitrophenoxymethansulfonat* (**VI**), $C_7H_6O_6 \cdot NSNa \cdot 3H_2O$, Nadeln aus A.; aus der wss. Lsg. wird durch Ansäuern u. Ausäthern etwas *Nitrophenol* entfernt; 6 g. Trennung von **V** u. **VI** durch Neutralisation, Eindampfen u. Ausziehen mit sd. A.; aus diesem Extrakt durch Fällen mit W. **V**. **VI**-*S-Benzylthiuroniumsalz,* $C_{15}H_{17}O_6N_3S_2$, gefärbte Platten aus 50%ig. A., F. 147—148°. **V**-*S-Benzylisothiuroniumsalz,* pfirsichrote Platten aus 50%ig. A., F. 173—174°. — *2-Nitrophenoxymethylchlorid* (**VII**), aus **V** u. PCl_5, gelbes Öl; daraus *2-Nitrophenoxymethyl-4-nitrobenzoat,* $C_{14}H_{10}O_7N_2$, F. 125—126°, mit Na-4-Nitrobenzoat in CH_3OH; Nadeln aus Methanol. — *N-Benzyl-N.N-dimethyl-N-[2-nitrophenoxymethyl]-ammoniumchlorid,* $C_{16}H_{19}O_3N_2Cl$, aus **VII** u. Dimethylbenzylamin (**VIII**) u. Digerieren mit Äthylacetat, F. 145—146° (Chlf./Essigester). — Beim Kochen von **VII** mit 2nHCl entsteht *2-Nitrophenol,* F. 44—45°; 93%. — *4-Nitrophenoxymethylchlorid* (**IX**), $C_7H_6O_3NCl$, aus **VI** u. PCl_5; gelbe Prismen aus Leichtbenzin, F. 36—37°; 88%. — *4-Nitrophenoxymethyl-4-nitrobenzoat,* Nadeln aus Methanol, F. 127—128°. — *N-Benzyl-N.N-dimethyl-N-[4-nitrophenoxymethyl]-ammoniumchlorid,* $C_{16}H_{19}O_3N_2Cl$, aus **IX** u. **VIII**; Kristalle aus Chlf./Äthylacetat, F. 159—160°. — Beim Kochen von 1,9 g **IX** mit 2nHCl entsteht *4-Nitrophenol,* Nadeln, F. 111—113°; 0,11 g. — Nitrierung von 23,2 g Na-4-Chlorphenoxymethansulfonat (**X**) bei 39—42° gibt nach Neutralisation u. Ausziehen mit Bzl. in der Wärme [zur Entfernung von *4-Chlor-2-nitrophenol* (**XII**), F. 79—80° (roh); 5 g] *Na-4-Chlor-2-nitrophenoxymethansulfonat* (**XI**), $C_7H_5O_6NClSNa \cdot {}^1/_2\,H_2O$, pfirsichrote Platten aus A., die beim Trocknen bei 90° das Kristallwasser verlieren; 38%. — *4-Chlor-2-nitrophenoxymethylchlorid,* $C_7H_5O_3NCl_2$, aus **XI** u. PCl_5, blaßgelbe Nadeln aus Leichtbenzin, F. 45—47°; 96%. Beim Kochen mit 2nHCl entsteht **XII**, F. 87 bis 89°. — Nitrierung von 100 g Na-3-Chlorphenoxymethansulfonat mit rauchender HNO_3 bei 6—10° u. Neutralisation gibt zunächst *Na-3-Chlor-4.6-dinitrophenoxymethansulfonat* (**XIII**), $C_7H_4O_8N_2ClSNa$; 55,6 g; aus den Mutterlaugen durch Ausziehen mit Bzl. (4,4 g Phenol), Neutralisation u. Einengen *Na-3-Chlor-6-nitrophenoxymethansulfonat* (**XIV**), $C_7H_5O_6NClSNa$. — *3-Chlor-6-nitrophenoxymethylchlorid,* $C_7H_5O_3NCl_2$, aus 1,85 g **XIV** u. PCl_5, gelbe Kristalle aus Leichtbenzin, F. 74—80°; 1,25 g. Beim Kochen mit 2nHCl entsteht *3-Chlor-6-nitrophenol,* F. 38—40°. — *3-Chlor-4.6-dinitrophenoxymethylchlorid,* $C_7H_4O_5N_2Cl_2$, aus 22 g **XIII** u. PCl_5, blaßgelbe Blättchen aus Leichtbenzin. F. 82—84°; 13,8 g. Beim Kochen mit 2nHCl entsteht *3-Chlor-4.6-dinitrophenol,* F. 90—92°. — Monochlorierung von **II**, a) in W. mit Cl_2 u. b) in verd. H_2SO_4 mit Chlorat-Chlorid, gibt 60 bzw. 65% **X** u. ein Gemisch von **X** u. *2-Chlorphenoxymethansulfonsaurem Na,* in dem letzteres durch Überführung in *2-Chlorphenoxymethylchlorid* u. weiter in *N-Benzyl-N.N-dimethyl-N-[2-chlorphenoxymethyl]-ammoniumpikrat,* F. 126—127°, identifiziert wurde; Identifizierung von **X** durch Überführung in *4-Chlorphenoxymethylchlorid,* F. 23—28°, u. *N-Benzyl-N.N-dimethyl-N-[4-chlorphenoxymethyl]-ammoniumpikrat,* F. 124—125°. — Dichlorierung von **II** mit $KCl \cdot KClO_3$ in verd. H_2SO_4, Lösen der Kristalle in warmem W. u. Rk. mit NH_4Cl führt zu *Ammonium-2.4-Dichlorphenoxymethansulfonat,* F. 291—292°, u. **X**; 49 bzw. 29%. — Durch Umsetzung von **II** mit KJ u. KJO_4 in W. bei tropfenweiser Zugabe von $2nCH_3COOH$ in der Hitze erhält man 65% *Monojodphenoxymethansulfonat.* — Na-2.4-Dichlorphenoxymethansulfonat (**XVI**) gibt durch Erhitzen mit Dimethylsulfat auf 170—180°, Gießen in verd. NH_4OH, Lösen des Festprod. in warmem Bzl. u. Zugabe von Leichtbenzin

Methyl-2.4-dichlorphenoxymethansulfonat (III), $C_8H_8O_4Cl_2S$, Kp.$_{0,3}$ 150—151°, F. 48 bis 49°; 52%. Letzteres enthält man auch aus dem Ag-Salz der 2.4-Dichlorphenoxymethansulfonsäure u. Methyljodid; 55%. — In ähnlicher Weise gibt Äthyljodid *Äthyl-2.4-dichlorphenoxymethansulfonat* (XV), $C_9H_{10}O_4Cl_2S$, Kp.$_{0,3}$ 158—159°, F. 57 bis 58°; 50%. — III u. XV geben mit NH_4OH (D. 0,88) *Ammonium-2.4-dichlorphenoxymethansulfonat*, $C_7H_9O_4NCl_2S$, F. 291—292°. — 5 g XVI geben durch Rk. mit FSO_3H bei —20°, Gießen auf Eis, Ausziehen mit heißem Bzl., Abdampfen u. Digerieren mit Leichtbenzin *2.4-Dichlor-6-fluorphenol*, $C_6H_3OCl_2F$; 0,4 g. — Oxydation von Na-4-Methylphenoxymethansulfonat mit $KMnO_4$ gibt *Na-4-Carboxyphenoxymethansulfonat*; 85%. *Ba-Salz*, $(C_8H_7O_6S)_2Ba \cdot 2\ H_2O$. Aus Na-4-Chlor-3-methylphenoxymethansulfonat erhält man *Na-3-Carboxy-4-chlorphenoxy-methansulfonat*, $C_8H_6O_6ClSNa$, 72%, u. aus Na-4-Chlor-3.5-dimethylphenoxymethansulfonat, *K-4-Chlor-3.5-dicarboxyphenoxymethansulfonat*, $C_9H_6O_8ClSK$; 56%. — Katalyt. Red. von VI mit PtO_2 in W. bei 65° u. 5 at oder Red. mit $Fe(OH)_2$ gibt *4-Aminophenoxymethansulfonsäure* (IV), $C_7H_9O_4NS$, bräunliche Nadeln aus W.; 85% bei der katalyt. Hydrierung. — Aus V u. aus XI wurden bei der PtO_2-Red. trotz guter H_2-Aufnahme keine Aminoderivv. erhalten. — Aus IV u. Essigsäureanhydrid wurde in 2n NH_4OH *Ammonium-4-acetamidophenoxymethansulfonat* (I), $C_9H_{14}O_5N_2S$, violette Platten aus 50%ig. CH_3COOH, dann 80%ig. A., F. 272—274°, erhalten; 62%. — Umsetzung von 10,2 g IV mit Äthylchloroformiat u. Sodalsg., Ansäuern u. Rk. mit $BaCl_2$ in der Hitze führt zum *Ba-Salz* der *4-[Äthoxycarbonylamino]-phenoxymethansulfonsäure*, $C_{20}H_{24}O_{12}N_2S_2Ba$, kleine, glänzende Platten aus W.; 11,7 g. — Bromierung von IV in Eisessig bei 40—45°, kurz bei 95°, gibt eine *Brom-4-aminophenoxymethansulfonsäure*, $C_7H_8O_4NBrS$, die keinen F. zeigt; aus W. malvenfarbene Platten. — Nitrierung von I bei 29—40°, Neutralisieren, Eindampfen, Ausziehen mit A., des Rückstands mit W., Ansäuern, Eindampfen u. Ausziehen mit sd. A. gibt eine *Nitro-4-acetamidophenoxymethansulfonsäure*, $C_9H_9O_7N_2SNa$. — Diazotierung von IV, Kupplung mit β-Naphthol u. Überführung in das K-Salz gibt das Salz der *4-[β-Naphtholazo]-phenoxymethansulfonsäure*, $C_{17}H_{13}O_5N_2SK$. — Aus IV, Glycerin, As_2O_5 u. konz. H_2SO_4 erhält man beim Erhitzen auf 150—160° *[Chinolyl-(6)-oxy]-methansulfonsäure*, $C_{10}H_9 \cdot O_4NS$, 20%, aus IV, Paraldehyd u. konz. HCl *[Chinaldinyl-(6)-oxy]-methansulfonsäure*, $C_{11}H_{11}O_4NS$; 40%. (J. appl. Chem. 3. 259—65. Juni 1953.) PREISS. 1090

H. J. Barber, R. F. Fuller, M. B. Green und **H. T. Zwartouw**, *Neue ω-substituierte Anisole. 3. Mitt. Aryloxymethylhalogenide: Ihre Darstellung und Reaktionen.* (2. vgl. vorst. Ref.). Aryloxymethansulfonsäuren u. ihre Salze reagieren bei Zimmertemp. mit PCl_5 oder $SOCl_2$ unter Bldg. von *Aryloxymethylchloriden* u. Abspaltung von SO_2. Die von POLLACK u. RUDICH (1922) aus 4-Methoxybenzolsulfonylchlorid u. $SOCl_2$ bei 250° erhaltene u. als *Pentachlorphenoxymethylchlorid* angesehene Verb. ist mit authent. Material nicht identisch. 2.4.6-Trichlorphenol gibt mit HCHO u. HCl kein 2.4.6-Trichlorphenoxymethylchlorid. Die Rk. der Aryloxymethansulfonate mit PCl_5 oder $SOCl_2$ ist allg., aber mit wenigen Ausnahmen beschränkt auf solche Vertreter, die keine weiteren Gruppen enthalten, welche mit chlorierenden Agentien reagieren können: 4-Aminophenoxy-, Chinolyl-(6)-oxy-, Chinaldinyl-(6)-oxymethansulfonsäure u. die Na-Salze der 4-Acetamido- u. der 4-[Äthoxycarbonylamino]-phenoxymethansulfonsäure reagieren zwar heftig, aber nur unter Bldg. von Harzen oder polymeren Produkten. Für die leichte Abspaltung von SO_2 muß die $—OCH_2SO_3$-Gruppierung verantwortlich sein, denn β-Phenyl- u. β-Phenoxyäthansulfonsäure bilden das Sulfonylchlorid. $SOCl_2$ reagiert im angegebenen Sinne nur mit den freien Säuren; $POCl_3$ u. PBr_5 verhalten sich wie PCl_5; PBr_5 bildet *Aryloxymethylbromide*. Einige Aryloxymethylchloride zers. sich mehr oder weniger schnell unter HCl-Abspaltung zu roten Harzen, kernchlorierte Verbb. sind am stabilsten; zersetzlicher als die Chloride sind die Bromide, u. die Jodide noch mehr. Gegenüber W. sind die Chloride recht stabil, 10% W. enthaltender A. spaltet jedoch HCl ab unter Bldg. der *Aryloxymethyläthyläther*, des entsprechenden Phenols u. HCHO. In 10% W. enthaltendem Dioxan ist die Hydrolyse wesentlich langsamer, es entstehen das Phenol u. HCHO. Absol. A. bildet den Aryloxymethyläthyläther u. das Phenol, sd. NaOH zers. schnell zu dem Phenol u. dem *Bisaryloxymethan*; letzteres entsteht bei der Hydrolyse mit sd. verd. Säuren nur in geringer Menge. Na-Alkoxyde geben die entsprechenden Äther, Na-Phenolate das Bisaryloxymethan. Na-Salze von Carbonsäuren bilden in sd. absol. A. bei gleichzeitiger Alkoholyse die entsprechenden *Aryloxymethylester* der Säuren. Das Cl-Atom der Chloride läßt sich weder mit KF in W. noch mit AgF in wss. A. gegen das F-Atom austauschen; im letzteren Fall entsteht das Phenol. Mit NaBr in A. wird aus dem Chlorid kein Bromid gebildet, wohl jedoch das Jodid mit NaJ in Aceton. Schmelzen der Chloride mit Na_2SO_3 oder Erhitzen mit Na_2SO_3 in A. führt zur Zers.

u. Bldg. des Phenols u. des Bisaryloxymethans. KSCN reagiert jedoch in guter Ausbeute zu den *Aryloxymethylthiocyanaten,* ebenso KCN in Aceton zu dem *Aryloxyacetonitril.* Friedel-Crafts-Rkk. führten nur zu harzigen Prodd., Na-Malonester oder -Acetessigsester in A. reagieren leicht, aber nur unter Bldg. des Bisaryloxymethans, des Phenols u. *Methylenbismalonester.* Mit Mg in Ae. gehen die Chloride keine Rk. ein, wohl jedoch die Jodide, wobei das *Bisaryloxyäthan* entsteht. Prim. u. sek. Amine bilden in exothermer Rk. das Bisaryloxymethan, das Phenol, das Aminhydrochlorid u. Harze, *Aryloxymethylamine* scheinen nicht existenzfähig zu sein. Tert. Amine geben jedoch stabile *quartäre Salze,* Phthalimid-K in C_6H_5Cl die *Aryloxymethylphthalimide,* die mit $N_2H_4 \cdot H_2O$, auch unter mildesten Bedingungen, nur das Phenol liefern.

Versuche: Allg. Darst. der *Aryloxy-*(bzw. *-mercapto*)*-methylchloride*: a) 1 Mol Na-Aryloxy(bzw. mercapto)-methansulfonat u. 2 Mol PCl_5 werden in Ggw. von etwas $POCl_3$ verrieben. Das ölige Reaktionsprod. wird in Ae. aufgenommen u. in Eiswasser geschüttet, das Aryloxymethylchlorid wird dest. oder aus Leichtbenzin umkrist.; b) durch 4std. Kochen mit $POCl_3$; c) nach dem Zerlegen des Ba-Sulfonates mit verd. H_2SO_4. wird im Vakuum zur Trockene verdampft u. 4 Std. mit überschüssigem $SOCl_2$ erhitzt. — Folgende Methylchloride wurden gewonnen: *Phenoxy-*, $Kp._{15}$ 88—90°, F. —3 bis —4°; 81% (Ausbeute). — *4-Methylphenoxy-*, $Kp._{20}$ 106—108°, F. —16 bis —15°; 79%. — *4-tert.-Octylphenoxy-*, $Kp._{0,4}$ 106—110°; 94%. — *2-Methoxyphenoxy-*, $Kp._{18}$ 135—136°; 40%. — *4-Methoxyphenoxy-*, $Kp._{18}$ 140—141°; 44%. — *4-Cyanphenoxy-*, F. 38—40°, $Kp._{18}$ 156—157°; 31%. — *2-Nitrophenoxy-*, F. ca. 0°; 85%. — *4-Nitrophenoxy-*, F. 36—37°; 88%. — *4-Bromphenoxy-*, F. 54—56°; 81%. — *2-Chlorphenoxy-*, $Kp._{18}$ 101—103°, F. 1—2°; 90%. — *3-Chlorphenoxy-*, $Kp._{18}$ 112—113°, F. 10°; 78%. — *4-Chlorphenoxy-* (I), F. 29—30°, $Kp._{18}$ 120—124°; 74%. — *2.4-Dichlorphenoxy-* (II), F. 55—56°, $Kp._{18}$ 137—138°; 95%. — *2.5-Dichlorphenoxy-*, F. 52,5 bis 54,5°, $Kp._{18}$ 128—129°; 74%. — *2.6-Dichlorphenoxy-*, $Kp._{20}$ 131—132°, F. 6—7°; 61%. — *3.4-Dichlorphenoxy-*, F. 33—34°, $Kp._{20}$ 141—142°; 95%. — *3.5-Dichlorphenoxy-*, F. 38,5—40,5°; 86%. — *2.3.4-Trichlorphenoxy-*, F. 61—62°; 44%. — *2.4.5-Trichlorphenoxy-*, F. 83—84°, $Kp._{0,5}$ 103—105°; 50%. — *2.4.6-Trichlorphenoxy-*, F. 34—35°, $Kp._{0,1}$ 80—90°; 72%. — *Pentachlorphenoxy-*, F. 93—94°; 55%. — *4-Chlor-2-methylphenoxy-*, F. 29—30°; 82%. — *4-Chlor-3-methylphenoxy-*, F. 18,5°, $Kp._{18}$ 128—132°; 79%. — *2-Chlor-4-methylphenoxy-*, F. 52,0—53,5°; 71%. — *3-Chlor-4-methylphenoxy-*, $Kp._{22}$ 121—122°, F. 3—4°; 70%. — *4-Chlor-3.5-dimethylphenoxy-*, F. 70,5—72,0°; 80%. — *2.4-Dichlor-6-methylphenoxy-*, F. 27—28°; 62%. — *4-Chlor-2-methoxyphenoxy-*, F. 60,5—62,0°; 60%. — *4-Chlor-3-methoxyphenoxy-*, F. 27—28°, $Kp._{18}$ 141 bis 150°; 60%. — *4-Chlor-2-nitrophenoxy-*, F. 45—47°; 96% — *4-Chlor-3-nitrophenoxy-*, F. 42—45°; 63%. — *3-Chlor-6-nitrophenoxy-*, F. 74—80°; 88%. — *3-Chlor-4.6-dinitrophenoxy-*, F. 82—84°; 98%. — *1-Naphthoxy-*, F. 37—38°, $Kp._{18}$ 164—165°; 62%. — *2-Naphthoxy-*, F. 39—41°, $Kp._{0,15}$ 90—110°; 70%. — *1-Chlor-2-naphthoxy-*, F. 74 bis 75°; 75%. — *p-Phenylendioxy-*, F. 91—94°; 48%. — *Phenylmercapto-*, $Kp._{18}$ 102 bis 107°; 88%. — *4-Methylphenylmercapto-*, $Kp._{15}$ 126,5—129,0°; 98%. — *4-Chlorphenylmercapto-* (III), F. 19,0—21,5°, $Kp._{22}$ 147,5—148,5°; 94%. — *2.4-Dichlorphenylmercapto-*, F. 64—66°; 79%. — *2.5-Dichlorphenylmercapto-*, F. 38—40°, $Kp._{18}$ 165 bis 169°; 84%. — *3.4-Dichlorphenylmercapto-*, F. 19—20°, $Kp._{15}$ 159—164°; 85%. — *4.6-Dichlor-m-phenylendimercapto-*, F. 87—88°; 64%. — *4-Chlormethoxybenzoylchlorid*, $C_8H_6O_2Cl_2$, F. 32—34°, aus 4-carboxyphenoxymethansulfonsaurem Na (V) u. PCl_5; $Kp._{0,1}$ 100—102°; 35%. — Wird bei vorst. Vers. in W. gegossen u. vor dem Ausziehen mit Ae. 1 Std. stehengelassen, entsteht *4-Carboxyphenoxymethylchlorid*, $C_8H_7 \cdot O_3Cl$, F. 150—151°, Blättchen aus Bzl.; 75%. Hydrolyse mit sd. n-NaOH gibt *4-Oxybenzoesäure* u. eine hochschm., polymere Substanz. Mit Dimethylbenzylamin entsteht ein hygroskop. quartäres *Salz*, F. 70—80°. — *4-Carbäthoxyphenoxymethylchlorid*, $C_{10}H_{11}O_3Cl$, aus V, A. u. PCl_5; Eingießen in A., Verdünnen u. Ausäthern; $Kp._{0,1}$ 106 bis 107°; 70%. — *2-Chlor-5-chlormethoxybenzoylchlorid*, $C_8H_5O_2Cl_3$, $Kp._{0,3}$ 106—108°, aus Na-3-Carboxy-4-chlorphenoxymethansulfonat u. PCl_5; 40%. — *3-Carboxy-4-chlorphenoxymethylchlorid*, $C_8H_6O_3Cl_2$, F. 159—160° (Bzl.), aus vorst. Verb. u. W.; bei der Hydrolyse entstehen *2-Chlor-5-oxybenzoesäure* u. polymeres Material. — *3.5-Dicarboxy-4-chlorphenoxymethylchlorid* (VII), $C_9H_6O_5Cl_2$, aus K-3.5-Dicarboxy-4-chlorphenoxymethansulfonat u. PCl_5, F. 168—169° (Bzl.); als Zwischenprod. *2-Chlor-5-chlormethoxy-1.3-dicarbonsäurechlorid*, $C_9H_4O_3Cl_4$, $Kp._{0,3}$ 121—122°; 43%. Hydrolyse von VII mit n-NaOH führt zu *2-Chlor-5-oxybenzol-1.3-dicarbonsäure.* — *2.4-Dichlorphenoxymethyläthyläther* (VI), $C_9H_{10}O_2Cl_2$, $Kp._{20}$ 145—146°, aus II, A.-W. (4 : 1) bei Zugabe von NaOH, um eine neutrale Rk. zu erhalten, Alkalisieren nach 24 Std. u. Ausäthern; 54%. Aus der alkal. Lsg. durch Ansäuern *2.4-Dichlorphenol* (VIII), 46%, das auch durch Hydrolyse von II in wss. Dioxan entsteht; 95%. — II spaltet mit wss. A. *HCHO* ab; *Dimedonderiv.*, F. 188—189°. — **VI** läßt sich beim 18std. Kochen mit alkoh. HCl zu **VIII** spalten; 96%; *Bis-[2.4-dichlorphenoxy]-methan* (**IV**). F. 102 bis 103°, a) aus **II** durch 5std. Kochen mit 2nNaOH; 53%; daneben **VIII**; 47%; b) aus **II** durch $4^1/_2$std. Kochen mit 2nH_2SO_4; 10%; daneben **VIII**; 90%; c) aus **II** in Aceton u. der **VIII**-Na-Verb.; 95%; aus A. Nadeln. — **VI**, auch aus **II** u. Na in A.; 88%. — *2.4-Dichlorphenoxymethylformiat*, $C_8H_6O_3Cl_2$, aus **II** durch $2^1/_2$std. Kochen mit Na-Formiat in CH_3OH, Kp.$_{18}$ 132—133°; 25%. — *2.4-Dichlorphenoxymethylacetat*, $C_9H_8 \cdot O_3Cl_2$, ebenso aus **II** u. Na-Acetat, Kp.$_{18}$ 140—142°; 27%. — *2.4-Dichlorphenoxymethylbenzoat*, $C_{14}H_{10}O_3Cl_2$, aus **II** u. K-Benzoat, aus CH_3OH Platten, F. 65—66°; 34%. — *2.4-Dichlorphenoxymethyl-4-nitrobenzoat*, $C_{14}H_9O_5NCl_2$, Nadeln aus Methanol, F. 107—108°; 35%. — *2.4-Dichlorphenoxymethyljodid* (**IX**), $C_7H_5OCl_2J$, aus **II** u. NaJ in Aceton, Nadeln aus Leichtbenzin, F. 59—62°; 68%. — *2.4-Dichlorphenoxymethylthiuroniumchlorid*, $C_8H_9ON_2Cl_3S$, aus **II** u. Thioharnstoff bei 160°, Nadeln aus A.–Ae., F. 160—165°; 65%. — *2.4-Dichlorphenoxymethylthiuroniumjodid*, $C_8H_9ON_2Cl_2JS$, mit KJ Prismen aus W., F. 165—170°. — *4-Chlorphenoxymethylthiuroniumchlorid*, $C_8H_{10} \cdot ON_2Cl_2S$, aus **I** u. Thioharnstoff, Prismen aus A.–Ae., F. 152—154°; 31%. — *2.4-Dichlorphenoxymethylthiocyanat*, $C_8H_5ONCl_2S$, aus **II** u. K-Thiocyanat in Aceton, F. 43 bis 44° (Leichtbenzin); 81%. — *2.4-Dichlorphenoxyacetonitril* (**X**), aus **II** u. KCN in wss. Aceton bei 65°, dann bei 80°, F. 44—46° (Leichtbenzin); 57%. — *2.4-Dichlorphenoxyessigsäure* aus **X** u. 25%ig. NaOH durch 2std. Kochen, Lösen des Na-Salzes in sd. W., Abfiltrieren von **IV** (25%) u. Ansäuern, F. 140—142°; 66%. — *Bis-[2.4-dichlorphenoxy]-äthan*, $C_{14}H_{10}O_2Cl_4$, aus **IX**, Mg u. Ae., F. 133—134° (Leichtbenzin); 57%. — *N-Benzyl-N.N-dimethyl-N-[2.4-dichlorphenoxymethyl]-ammoniumchlorid*, $C_{16}H_{18} \cdot ONCl_3$, aus **II** u. N.N-Dimethylbenzylamin in Bzl., Prismen aus Äthylacetat–Chlf., F. 139—140°; 71%. *Pikrat*, $C_{22}H_{21}O_8N_4Cl_2$, gelbe Nadeln aus A., F. 134—135°. — *2.4-Dichlorphenoxymethylphthalimid*, $C_{15}H_9O_3NCl_2$, aus **II** u. K-Phthalimid in C_6H_5Cl bei 140°, Prismen aus Bzl., F. 167—168°; 32%; gibt bei der Hydrolyse **VIII**. — *4-Chlorphenylchlormethylsulfon*, aus **III** u. Cr_2O_3 in Essigsäure, Prismen aus Bzl.–Leichtbenzin, F. 120—121°; 70%. (J. appl. Chem. **3**. 266—74. Juni 1953.) PREISS. 1090

Roger Adams und **B. H. Braun**, *Chinonimide*. 22. Mitt. *Die Reaktion primärer aromatischer Amine mit 2.3.5.6-Tetrachlor-p-chinondibenzolsulfonimid*. (21. vgl. C. **1954**. 5284.) Während *2.3.5.6-Tetrachlor-p-chinondibenzolsulfonimid* (**I**) mit Anilin, o-, m-Toluidin u. 2.6-Dimethylanilin *äquimol. Additionsprodd.* (**II**) gibt, wird es von p-Toluidin, 2.4-Dimethylanilin u. Mesidin zum entsprechenden *Diamid* reduziert. Mit 2.4.6-Trichloranilin reagiert es nicht. Die **II** entstehen unter 1.6-Addition der p-Stellung der Basen an die beiden N-Atome von **I**; sie haben eine freie NH_2-Gruppe. In gleicher Rk. addiert sich auch $C_6H_5N(CH_3)_2$.

Versuche (FF. korr.): *2.3.5.6-Tetrachlor-p-phenylendibenzolsulfonamid* (**III**), F. 303—305° (Zers.), nach ADAMS u. BRAUN (J. Amer. chem. Soc. **74**. [1952.] 3171), aber nach Aufnahme der berechneten Cl_2-Menge HCl-Gas eingeleitet; Selbsterwärmung; bei 110° mit 2 Vol. sd. CH_3COOH verd.; 87% (Ausbeute). — *2.3.5.6-Tetrachlor-p-chinondibenzolsulfonimid* (**I**), F. 247—249° (Zers.), aus 38,5 g **III** in 300 cm³ $(CH_3CO)_2O$ u. 32,5 g $(CH_3COO)_4Pb$ ($^1/_2$ Std., 60—70°), kalt abgesaugt, orangefarbene Nadeln aus CH_3COOH; 97%. — *2.3.5.6-Tetrachlor-4-[benzolsulfonamido]-4'-amino-N-benzolsulfonyldiphenylamin, $CHCl_3$-Solvat* (**IV**), $C_{24}H_{17}O_4N_3Cl_4S_2 \cdot CHCl_3$, F. 227—228° (Zers.), aus 5,34 g **I** in 50 cm³ Chlf. u. 1,4 cm³ Anilin; schwache Selbsterwärmung, Filtrat mit PAe. verd., hellbraune Kristalle; 96%; bei 200° eingetaucht Aufschäumen u. Festwerden, verliert das Chlf. bei langsamem Erhitzen auf 130—140° unter schwachem Sintern, FF. beide Male gleich. *Acetonsolvat* (**V**), $C_{24}H_{17}O_4N_3Cl_4S_2 \cdot C_3H_6O$, F. 234° (Zers.). Infrarotspektren von **IV** u. **V** sehr ähnlich, für NH-Gruppe bei **IV** 3170 cm⁻¹, 3363 u. 3471, bei **V** 3170, 3355 u. 3640. **IV** wird in HCl diazotiert (keine Lsg.), mit β-Naphthol-Na gekuppelt, amorpher Nd., trocken dunkelrot, konnte nicht umkrist. werden. —*2.3.5.6-Tetrachlor-4-[benzolsulfonamido]-N-benzolsulfonyldiphenylamin*, $C_{24}H_{16}O_4N_2Cl_4S_2$, F. 203—205° (Zers.), **IV** mit wss. HCl (1 : 1) erwärmt u. $< 5°$ in 20 Min. mit wss. $NaNO_2$ versetzt, Zugabe in 15 Min. von 50%ig. HPO_2, nach 1std. Rühren mit W. verd., 20 Std. im Eisschrank belassen u. filtriert, mit Eisessig vom unlösl. **IV** getrennt; im Infrarot λ_{max} 3259 cm⁻¹ (NH). — *2.3.5.6-Tetrachlor-4.4'-bis-[benzolsulfonamido]-N-benzolsulfonyldiphenylamin* (**VI**), $C_{30}H_{21}O_6 \cdot N_3Cl_4S_3$, F. 249° (Zers.; Eisessig), **IV** in Pyridin mit $C_6H_5SO_2Cl$ $^1/_2$ Std. gekocht, Lösungsm. verdampft u. viscoses Harz mit CH_3COOH verrieben, Filtrat verd.; 94% roh. — *2.3.5.6.3'.5'-Hexachlor-4.4'-bis-[benzolsulfonamido]-N-benzolsulfonyldiphenylamin*, $C_{30}H_{19}O_6N_3Cl_6S_3$, F. 262—263° (Zers.; CH_3COOH), in Dimethylformamid-Lsg. von 1,01 g **VI** bei 50° 1,15 g Cl_2 eingeleitet, kalt in konz. HCl gegossen u. verd., beim Erhitzen wird abgeschiedenes Öl bald fest, in 10 cm³ Dimethylformamid gelöst, mit 30 cm³ CH_3COOH versetzt u. mit 23 cm³ warmem W. langsam verd., Mikrokristalle; 0,65 g. — **III**, $C_{18}H_{12}O_4N_2Cl_4S_2$, F. 307—308° (Nitrobenzol), F. 273 bis 274° (CH_3COOH), Grund der verschied. FF. in beiden Fll. nicht untersucht, 5,24 g **I** in 25 cm³ Chlf. tropfenweise mit 1,36 g Mesidin versetzt, **I** löste sich unter schwacher Selbsterwärmung, mit PAe. über Nacht Nd., Umfällen aus 5%ig. NaOH + Säure; 100% roh. Gleiche Rk. mit 2.4-Dimethylanilin u. p-Toluidin. — *2.3.5.6-Tetrachlor-4-benzolsulfonamido-3'.5'-dimethyl-4'-amino-N-benzolsulfonyldiphenylamin*, $C_{26}H_{21}O_4N_3Cl_4S_2$, F. 249—250° (Zers.; Dioxan–W.), wie vorst., aber mit 1,21 g 2.6-Dimethylanilin, Mikrokristalle; λ_{max} 3199 cm^{-1}, 3385, 3482 (N—H); 100% roh. — *2.3.5.6-Tetrachlor-4-benzolsulfonamido-3'-methyl-4'-amino-N-benzolsulfonyldiphenylamin*, $C_{25}H_{19}O_4 \cdot N_3Cl_4S_2$, F. 238—240° (Zers.), aus **I** u. o-Toluidin wie oben, krist. mit Chlf., das bei 130° entweicht, keine Änderung des F. aus Aceton u. PAe.; λ_{max} 3221 cm^{-1}, 3376, 3485 (N—H), in $CHCl_3$–PAe.-Solvat 3172, 3360, 3456. — *2.3.5.6-Tetrachlor-4-benzolsulfonamido-2'-methyl-4'-amino-N-benzolsulfonyldiphenylamin*, $C_{25}H_{19}O_4N_3Cl_4S_2$, F. 207 bis 209° (Zers.; Aceton + PAe.), mit *m*-Toluidin wie oben; λ_{max} 3217 cm^{-1}, 3382, 3482 (N—H); 97% roh. — *2.3.5.6-Tetrachlor-4'-benzolsulfonamido-4'-dimethylamino-N-benzolsulfonyldiphenylamin*, $C_{26}H_{21}O_4N_3Cl_4S_2$, F. 221—222° (Zers.; Aceton + PAe.), mit $C_6H_5N(CH_3)_2$ wie oben, fällt als $CHCl_3$-Solvat aus (Zers. 120—130°); λ_{max}3200 cm^{-1}, (N—H); 6,05 g. (J. Amer. chem. Soc. **74**. 5869—71. 5/12. 1952. Urbana, Ill., Univ. of Illinois, Noyes Chem. Labor.) LEHMSTEDT. 1190

Roger Adams und **D. S. Acker**, *Chinonimide.* 23. Mitt. *Anlagerungsreaktionen von p-Chinondibenzimid und verwandten Verbindungen.* (22. vgl. vorst. Ref.) p-Chinondibenzimid (**I**) u. ähnliche Diimide lagern Mercaptane unter Bldg. der entsprechenden 2-Thioäther der Diamide an. Analog addiert **I** aromat. u. sek. aliphat. Amine. **I** lagert Butadien nicht, wohl aber Cyclopentadien (**II**) zu einem *Monoaddukt* an. CH_3OH u. A. werden in Ggw. von BF_3, Diäthylmalonat u. Acetylaceton in Ggw. von CH_3ONa addiert. Phenol gibt ein *2-p-Oxyphenyldiamid* (**III**). Bzl. reagiert nicht. Mit H_2SO_4 in Bzl. liefert **I** als Hauptprod. *2-Phenyl-6-benzamidobenzoxazol* (**IV**). Das Reaktionsvermögen von **I** u. p-Chinondibenzolsulfonimid mit verschied. Reagentien wird verglichen.

Versuche (Ausbeuten roh; FF. korr.): *2-Phenylmercapto-p-phenylendibenzamid* (**V**), $C_{26}H_{20}O_2N_2S$, F. 197—197,5°, 0,5 g **I** in 5 cm³ Dioxan u. 0,21 g Thiophenol in 5 cm³ Dioxan + 2 Tropfen konz. H_2SO_4 gegossen u. nach 18 Std. mit W. gefällt, aus verd. A., dann A.; 90% (Ausbeute); ohne H_2SO_4 10% *p-Phenylendibenzamid* (**VI**) u. 75% **V**; mit Chlf. 0,11 g **VI** u. 0,5 g **V**; mit 1 Tropfen Morpholin 68% **VI** u. 25% **V**. — *2.x-Diphenylmercapto-p-phenylendibenzamid*, $C_{32}H_{24}O_2N_2S_2$, F. 223—224° (A., dann Essigester), **V** wird in Chlf. mit $(CH_3COO)_4Pb$ 1 Std. oxydiert u. Filtrat eingedampft, roter Rückstand in PAe. gelöst u. mit Trockeneis–CH_3OH gekühlt, orangefarbene Kristalle, die sofort (da Zers. an der Luft) in Ae. gelöst wurden, Äther- u. PAe.-Lsgg. mit C_6H_5SH in Dioxan + 2 Tropfen konz. H_2SO_4 vermischt u. im Vakuum eingedampft; 48%. — *2-Benzylmercapto-p-phenylendibenzamid*, $C_{27}H_{22}O_2N_2S$, F. 173—174° (Essigester–PAe.), aus 0,5 g **I** u. 0,2 g $C_6H_5CH_2SH$ in je 5 cm³ Chlf. + 1 Tropfen Morpholin, nach 16 Std. **VI** (10%) abfiltriert u. Lsg. eingedampft; 89%. — *2-Phenylmercapto-p-phenylen-bis-[carbaminsäureäthylester]*, $C_{18}H_{20}O_4N_2S$, F. 131° (Cyclohexan), aus p-Chinondicarbäthoxyimid (**VII**) in Chlf. + C_6H_5SH (10 Min., Raumtemp.) neben 16% *p-Phenylen-bis-[carbaminsäureäthylester]*; 78%. — *2-Phenylmercapto-p-phenylen-bis-[carbaminsäurebenzylester]*, $C_{28}H_{24}O_4N_2S$, F. 110—112° (Cyclohexan), aus p-Chinondicarbobenzoxyimid (**VIII**) u. C_6H_5SH in Chlf. (2 Std., Raumtemp.) neben 16% *p-Phenylen-bis-[carbaminsäurebenzylester]* (**IX**); 82%. — *2-Methoxy-p-phenylendibenzamid*, $C_{21}H_{18}O_3N_2$, F. 214—215° (Chlf.–PAe.), a) aus 0,5 g **I** in CH_3OH u. 2 Tropfen 40%ig. BF_3–Ae., nach 1 Std. mit W. gefällt; 0,48 g; b) aus 5-Nitro-2-aminoanisol nach Red. in reinem Bzl. (H_2, PtO_2, 40 Min.) mit C_6H_5COCl in Pyridin; nach 2 Std. aus A. umkrist.; 84%. — *2-Äthoxy-p-phenylendibenzamid*, $C_{22}H_{20}O_3N_2$, F. 211—211,5° (CH_3OH), analog vorst. Verb. nach a) in A.; 68%. — *2-Morpholino-p-phenylendibenzamid*, $C_{24}H_{23}O_3N_3$, F. 213—214° (Essigester), aus **I** in Chlf. u. Morpholin, nach 24 Std. mit PAe. verd., neben 5% **VI** aus verd. A.; 58%. — *2-Piperidino-p-phenylendibenzamid*, $C_{25}H_{25}O_2N_3$, F. 177,5—178,5° (Methylcyclohexan), aus **I** u. frischem Piperidin, beide in Chlf. vermischt (20 Std.); 6% **VI** u. aus sd. Filtrat mit PAe.; 89%. — *2-Anilino-p-phenylendibenzamid*, $C_{26}H_{21}O_2N_3$, F. 222—223,5° (Toluol), aus **I** u. Anilin, beide in Chlf., nach 15 Std. neben 4% **VI**, aus Essigester–PAe.; 56%. — n-Butylamin u. **I**, beide in Chlf. oder CS_2 → 80% **VI**. — *2-Morpholino-p-phenylen-bis-[carbaminsäureäthylester]*, $C_{16}H_{23}O_5N_3$, F. 163,5—165° (Cyclohexan), aus **VII** in Chlf. u. Morpholin in 20 Std. u. Zugabe von PAe. zur sd. Lsg.; 71%. — *2-Morpholino-p-phenylen-bis-*

[*carbaminsäurebenzylester*], $C_{26}H_{27}O_5N_3$, F. 155—156° (CH_3OH), aus **VIII** analog vorst. Verb. neben 15% **IX** ohne Zugabe von PAe.; 75%. — *2-[2'.4'-Diketopentyl-(3')]-p-phenylendibenzamid*, $C_{25}H_{22}O_4N_2$, F. 228,5—229,5° (CH_3OH), a) aus **I** in Dioxan, Acetylaceton u. Spur CH_3ONa, nach 24 Std. mit PAe. gefällt u. aus Essigester umkrist.; 76%; b) aus 1 g **I** in Chlf. u. 0,4 g Acetylaceton mit 2 Tropfen $(C_2H_5)_3N$ 8 Tage, aus Filtrat von 0,25 g **VI** durch Eindampfen, aus Chlf.-CCl_4; 0,28 g. — *2-[Dicarbäthoxymethyl]-p-phenylendibenzamid*, $C_{27}H_{26}O_6N_2$, F. 170—171° (Chlf.-PAe.), analog vorst. Verb. mit Malonester, nach 30 Std. mit PAe. gefällt u. aus Bzl.-PAe. krist.; 75%; mit $(C_2H_5)_3N$ in Chlf. nach 8 Tagen 60% **I** u. 12% **VI**. — *1.4-Dibenzoylamino-5.8-endomethylen-5.8-dihydronaphthalin*, $C_{25}H_{20}O_2N_2$, F. 229—231° (A.), aus **I** in trocknem Bzl. u. **II**; nach 70 Std. Nd., orangefarbenes Filtrat gekocht, schnelles Bleichen, Nd.; zusammen 90%. In Chlf. nur bei Sieden Rk.; 77%. Mit Butadien in Chlf. oder Bzl. nur nach Wochen **I** u. **VI** isoliert. — *1.6-Dihydrotriptycen-2.5-dibenzimid* (?, Formel vgl. C. **1953**. 8852), $C_{34}H_{24}O_2N_2$, aus **I** u. Anthracen in sd. Bzl. (2 Wochen), unlösl. Prod. (F. 321—333°) mit absol. A., Aceton u. Chlf. ausgekocht, F. 317 bis 324°, enthielt je 1 Mol **I** u. Anthracen nur =N-Gruppen (Infrarot), also nicht umgelagertes DIELS-ALDER-Addukt. — *Triptycen-2.5-dibenzamid*, $C_{34}H_{24}O_2N_2$, F. 321 bis 323° (absol. A.), aus Triptycen-2.5-diamindihydrochlorid in Pyridin + C_6H_5COCl, nach 40 Std. auf 25 cm³ eingedampft u. mit Eiswasser gefällt; 54%; Infrarotspektr. von dem der vorst. Verb. ganz verschieden. — *2-[p-Oxyphenyl]-p-phenylendibenzamid* (**III**), $C_{26}H_{20}O_3N_2$, F. 285—286°, aus Phenol in Chlf. + BF_3-Ae. u. **I** in Chlf., nach 3 Std. mit sd. Aceton verd., mit Darco u. heißem W. behandelt, aus Aceton, Dioxan, Chlf. u. Essigester umkrist., in verd. NaOH unlösl.; 78%; gibt mit $PO_4 \cdot (NH_4)_3 \cdot 12\, MoO_3 \cdot 6\, H_2O + NH_4OH$ keinen Nd., mit $(CH_3CO)_2O$ in Pyridin entsteht eine *Verb.* $C_{28}H_{22}O_4N_2$, F. 193,5—194° (Toluol), deren F. bei Kristallisationsverss. absinkt, mit C_6H_5NCO in sd. Pyridin gibt sie die *Verb.* $C_{33}H_{25}O_4N_3$, F. 219—220° (A.). — *2-Phenoxy-p-phenylendibenzamid*, $C_{26}H_{20}O_3N_2$, F. 212—213° (A.), 5-Nitro-2-aminodiphenyläther in reinem Bzl. über PtO_2 hydriert, Filtrat nach 1 Std. mit Pyridin verd., je 1 std. Rk. mit C_6H_5COCl in Bzl. bei Raumtemp. u. auf dem Dampfbad u. Bzl. durch sd. W. entfernt; 96% rein. — **I** u. $AlCl_3$ in CS_2 geben *2-Chlor-p-phenylendibenzamid*, aber in Bzl. oder Anisol mit BF_3 nur amorphes Produkt. — *2-Phenyl-6-benzamidobenzoxazol* (**IV**), $C_{20}H_{14}O_2N_2$, F. 199—200° (Chlf.-PAe.), a) aus 0,5 g **I** in 20 cm³ reinem Bzl., 0,5 cm³ konz. H_2SO_4 u. 10 cm³ Bzl. durch 5 Min. Schütteln, nach 40 Std. verd. u. aus A. u. dann Toluol umkrist.; 0,21 g; b) durch 5 Min. Erhitzen von 2-Oxy-p-phenylendibenzamid im Rohr (300°, 30 mm); 99%. (J. Amer. chem. Soc. **74**. 5872—76. 5/12. 1952.) LEHMSTEDT. 1190

Roger Adams und John Morrow Stewart, *Chinonimide*. 24. Mitt. *o-Chinonmonoimide*. (23. vgl. vorst. Ref.) N-Acetyl-, N-Benzoyl- u. N-Benzolsulfonylderivv. gewisser o-Aminophenole werden mit $(CH_3COO)_4Pb$ oxydiert. Die entstandenen *o-Chinonmonoimide* (**I**) können meist nicht vor ihrer Zers. oder Polymerisation isoliert werden. Substituenten des Benzolkerns in p-Stellung zur Aminogruppe scheinen die Prodd. beständig u. isolierbar zu machen. Es werden dargestellt: *4-Methyl-o-chinon-* (**II**), öliges *4.6-Dimethyl-o-chinon-*, *5-Chlor-4.6-dimethyl-o-chinon-* (**IV**) u. *1.2-Naphthochinon-1-benzimid* (**V**). Die **I** lagern HCl zu den entsprechenden *Monochloramiden* an. Die Monobenzimide sind beständiger als ihre Acetyl- oder Benzolsulfonylanaloge.

Versuche (FF. korr.; Ausbeuten roh): *6-Acetamido-m-kresol* (**VI**), $C_9H_{11}O_2N$, F. 169—170°, aus 1,6 g 6-Amino-m-kresolhydrochlorid (**VII**) in 20 cm³ W. u. 1,05 g $(CH_3CO)_2O$ bei 50° bis zur Lsg.; wss. Lsg. von 1,5 g $CH_3COONa \cdot 3\, H_2O$ zugefügt; glänzende, leicht sublimierende Tafeln aus Toluol; 1,2 g (Ausbeute). — *6-Benzolsulfonamido-m-kresol* (**III**), $C_{13}H_{13}O_3NS$, F. 139,5—140,5°, aus **VII** in α-Picolin unter Eiskühlung u. Eintropfen von $C_6H_5SO_2Cl$, nach 15 Min. auf Eis + HCl gegossen, Prismen aus Toluol; 65%. — *2-Benzolsulfonamido-p-kresol* (**VIII**), $C_{13}H_{13}O_3NS$, F. 147,5—148,5°, aus 2-Amino-p-kresol wie vorst.; 98%; Prismen aus Toluol. — *2-Benzamido-4-chlorphenol* (**IX**), $C_{13}H_{10}O_2NCl$, F. 223,5—224°, aus C_6H_5COCl in Pyridin u. 2-Amino-4-chlorphenol in Pyridin bei Raumtemp., nach 4 Std. in Eis + HCl gegossen, filtriert u. mit HCl gefällt, aus A. Prismen; 68%. — *2-Benzamido-4.6-dichlorphenol*, $C_{13}H_9O_2NCl_2$, F. 215—216°, aus 2-Amino-4.6-dichlorphenolhydrochlorid wie **IX**, aus A. Nadeln, lösl. in NaOH; 1,75 g. Daneben 3,65 g *Benzoat*, $C_{20}H_{11}O_3NCl_2$ F. 170,5—171°, Nädelchen aus A., unlösl. in NaOH. — *4-Methyl-o-chinon-1-benzimid* (**II**), $C_{14}H_{11}O_2N$, F. 65,6—66°, 6-Benzamido-m-kresol in Chlf. bei 0° durch $(CH_3COO)_4Pb$ in 25 Min. oxydiert, noch 5 Min. gerührt u. Filtrat eingedampft, Ätherextrakt häufig in Aceton–Trockeneis gekühlt; 49%; nach 1 Tag Stehen F. 215—225° (Zers.), dunkel orangefarben. — *x-Chlor-6-benzamido-m-kresol*, $C_{14}H_{12}O_2NCl$, F. 161,5—162°, aus den äther. Filtraten von **II** mit HCl, aus Chlf.-PAe. Nadeln. — *4-Chlor-6-benzamido-*

m-kresol (**X**), $C_{14}H_{12}O_2NCl$, F. 231—232°, aus 4-Chlor-6-amino-m-kresol wie **IX**, aus A. Tafeln. — 2-Benzamido-3.5-dimethylphenol gab in Bzl. mit $(CH_3COO)_4Pb$ nach 20 Min. bei Raumtemp. nur ein rotorangefarbenes Öl. — *2-Benzamido-4-chlor-3.5-dimethylphenol* (**XI**), $C_{15}H_{14}O_2NCl$, F. 224—225,5°, a) aus vorst. Öl in Chlf.–PAe. mit HCl-Gas, Nadeln aus Toluol; 92%; b) aus 2-Amino-4-chlor-3.5-dimethylphenol u. C_6H_5COCl wie **IX**; 81%. — *5-Chlor-4.6-dimethyl-o-chinon-1-benzimid* (**IV**), $C_{15}H_{12}O_2NCl$, F. 133—134°, aus **XI** u. $(CH_3COO)_4Pb$, aus Ae. orangefarbene Nadeln; 99%. — *2-Benzamido-4.6-dichlor-3.5-dimethylphenol*, $C_{15}H_{13}O_2NCl_2$, F. 213—213,5°, aus der $CHCl_3$-Lsg. von 0,5 g **IV** u. HCl-Gas, aus Chlf.–PAe. Nädelchen; 95%. — *1.2-Naphthochinon-1-benzimid* (**V**), $C_{17}H_{11}O_2N$, F. 190—190,5°, aus 1-Benzamidonaphthol-(2) in Chlf. 1 Std. bei Raumtemp. mit $(CH_3COO)_4Pb$, aus Chlf.–PAe. orangefarbene Nadeln; 94%. — *x-Chlor-1-benzamidonaphthol-(2)*, $C_{17}H_{12}O_2NCl$, F. 235°, aus **V** u. wenig Chlf. mit HCl-Gas, Nadeln aus Toluol; ca. 100%. — Folgende Phenole wurden analog **IX** synthetisiert u. durch $(CH_3COO)_4Pb$ in trocknem Chlf. oxydiert: o-Benzamidophenol → Polymerisat; o-Benzolsulfonamidophenol u. o-Acetamidophenol → Teer. **VI**, **III**, **X**, **VIII**, 2-Benzamido-p-kresol, **IX**, 3-Benzamido-4-oxydiphenyl, 2-Benzamido-4.6-dichlorphenol u. 6-Benzamido-2.4-dimethylphenol gaben keine definierten Produkte. (J. Amer. chem. Soc. **74**. 5876—80. 5/12. 1952.) LEHMSTEDT. 1190

Malcolm Crawford und F. H. C. Stewart, *Sterische Effekte der tert.-Butylgruppe.* Nitrierung von o-tert.-Butylbenzoesäure gibt *2-tert.-Butyl-5-nitrobenzoesäure* (Nadeln, F. 170°). Weitere Nitrierung dieser Säure oder ihres Esters war genau so unmöglich wie die Bromierung. Dagegen bereitet die 2.6-Disubstitution um eine Äthylgruppe keine Schwierigkeiten, denn 2.4-Dinitroäthylbenzol kann leicht zum *2-Brom-4.6-dinitroäthylbenzol* (goldgelbes Öl, $Kp._{15}$ 190°) bromiert werden. Aus ihren Verss. u. Beispielen aus der Literatur schließen Vff., daß eine weitere Substitution in o-Stellung zu einer tert.-Butylgruppe durch einen größeren Substituenten unmöglich ist. Sie vergleichen die tert.-Butylgruppe mit einem aufgespannten Regenschirm, von dem zwei Speichen den ersten o-Substituenten umschließen, die dritte aber gegen die andere o-Stellung gerichtet ist u. so den Eintritt eines zweiten o-Substituenten ausschließt. (Nature [London] **170**. 322—23. 23/8. 1952. Belfast, Coll. of Technol.)
GRALHEER. 1210

N. K. Maheshwary, O. P. Vig und **S. M. Mukherji,** *Friedel-Crafts-Reaktion zwischen Allylessigsäureäthylester und Cumol.* Die FRIEDEL-CRAFTS-Rk. von Allylessigsäureäthylester mit Cumol (0—5°, $AlCl_3$-Katalysator) ergab u. a. *γ-[p-Cumyl]-valeriansäureäthylester* ($Kp._{10}$ 160°). Hydrolyse führte zur *freien Säure* ($Kp._5$ 164°; *S-Benzylisothiuroniumsalz*, $C_{22}H_{30}O_2N_2S$, F. 125°), deren Cyclisierung ergab *4-Methyl-7-isopropyltetralon-(1)* [$Kp._{10}$ 146°; *2.4-Dinitrophenylhydrazon*, $C_{20}H_{22}O_4N_4$, F. 147°; *Semicarbazon*, $C_{15}H_{21}ON_3$, F. 176° (Zers.)], wodurch die p-Orientierung nachgewiesen ist. Das Keton wurde red. (CLEMMENSEN) u. das Reaktionsprod. mit S dehydriert zu *1-Methyl-6-isopropylnaphthalin* ($Kp._8$ 130°; *Pikrat*, F. 148°, orangerote Nadeln aus A.). (Current Sci. **22**. 147. Mai 1953. Hoshiarpur, Panjab Univ., Dep. of Chem.)
FECHTER. 1210

Magnus Matell, *Über den Gebrauch von 2-Amino-1-phenylpropan (Benzedrin) für die optische Spaltung von Säuren.* Vf. untersuchte die Möglichkeit, die folgenden Säuren mittels (+)-2-Amino-1-phenylpropan in die opt.-akt. Antipoden zu trennen, in dem jeweils die 1. Salzfraktion (Ausbeute in %) zers., die spezif. Drehung der Säure bestimmt u. daraus der Überschuß an akt. Säure (in %) berechnet wurde. *α-Phenoxypropionsäure*, aus 50%ig. Bzl.–PAe.-Gemisch 50%, 12% der (—)-Komponente. *α-[2-Naphthoxy]-propionsäure*, aus 85%ig. A. 34%, 85% der (—)-Säure. *α-[2-Methyl-4-chlorphenoxy]-propionsäure*, aus 20% ig. A. 73%, 0%. *α-[2.4-Dichlorphenoxy]-propionsäure*, aus 20% ig. A. Öl. *α-[3.4-Dichlorphenoxy]-propionsäure*, aus 30% ig. A. 66%, 15% der (—)-Säure. *α-[2.4.5-Trichlorphenoxy]-propionsäure*, aus 35% ig. A. 55%, 40% der (—)-Säure. *α-Phenoxybuttersäure*, aus 10% ig. A. 35%, 7% der (+)-Säure. *α-[1-Naphthoxy]-buttersäure*, aus 40% ig. A. Öl. *α-[2-Naphthoxy]-buttersäure*, aus 96% ig. A. 30%, 71% der (—)-Säure. *α-[2.4-Dichlorphenoxy]-buttersäure*, aus 30% ig. A. Öl. *α-[Naphthyl-(2)-methyl]-propionsäure*, aus 35% ig. A. 47%, 18% der (+)-Säure. *Propylmercaptobernsteinsäure* (saures Salz), aus 10% A.–Aceton 54%, 10% der (—)-Säure. *β-Oxy-β-phenylpivalinsäure*, aus 96% ig. A. 42%, 29% der (—)-Säure. *α-Brompropionsäure*, aus Aceton 41%, 20—25% der (—)-Säure. (Acta chem. scand. **7**. 698—99. 1953. Uppsala, Schweden, Royal Agricult. Coll., Dep. of Organ. Chem.)
L. FISCHER. 1250

J. H. Boyer und **D. Straw,** *Azidocarbonylverbindungen. 2. Mitt. Die Pyrolyse von α-Azidocarbonylverbindungen.* (1. vgl. C. **1954**. 535.) Die Pyrolyse von Phenacylazid (I) bzw. I-Derivv. des Typs $C_6H_5COCRR'N_3$ (R bzw. R' = H, CH_3 oder C_6H_5)

bei 200 ± 20° (in Diphenyläther) führt in Ggw. von o-Phenylendiamin (II) zu *α-Iminocarbonylverbb.* vom Typ $C_6H_5COCR'{=}NR$, die aber nur isoliert werden können, wenn mindestens ein Substituent C_6H_5 ist; anderenfalls erfolgt unter Abspaltung von NH_3 bzw. CH_3NH_2 Weiter-Rk. mit II zu *Chinoxalinen.* Die Anile des Typs $C_6H_5COCR'{=}NC_6H_5$ reagieren nicht mit II u. werden durch Hydrolyse identifiziert. Die Pyrolyse der I-Derivv. erfolgt unter N_2-Abspaltung u. Wanderung eines Substituenten von C an N. Ist R von R' verschieden, so gilt für die Wanderungsbereitschaft stets: H > C_6H_5 > CH_3. Analoges Verh. zeigt auch α-Azido-α-phenylessigsäureäthylester (III), der nach Pyrolyse u. Rk. mit II *2-Oxy-3-phenylchinoxalin* liefert. Die erforderlichen I-Derivv. werden teils durch Bromierung der entsprechenden Ketone in α-Stellung u. Rk. der entstandenen Phenacylbromide mit NaN_3, teils durch Rk. der entsprechenden Benzoinderivv. mit $SOCl_2$ über die Phenacylchloride dargestellt.

Versuche: *α-Brompropiophenon* (IV), $Kp._1$ 96°, aus Propiophenon a) durch 24std. Erhitzen mit N-Bromsuccinimid in CCl_4 auf dem Dampfbad, Filtriern, Einengen u. Dest.; 75% (Ausbeute); b) durch Zugabe von Br_2 in CCl_4 bei 0—5° innerhalb ½ Std., 1std. Stehen bei 25°, Einengen u. Dest.; 88%. — *α-Bromisobutyrophenon*, $Kp._{13}$ 130°, analog IV (Meth. b) aus Isobutyrophenon; 82%. — *α-Brom-α-phenylessigsäureäthylester*, $Kp._8$ 130°, analog IV (Meth. a) aus Phenylessigsäureäthylester; 91%. — Benzoin, α-Phenylbenzoin (F. 86—88°, aus Benzil [V] u. C_6H_5MgBr; 85%) bzw. α-Methylbenzoin (F. 64—67°; analog; 81%) geben mit $SOCl_2$ *Desylchlorid*, F. 66—68°; 81%; *α-Phenyldesylchlorid*, F. 83—84°; 73%; bzw. *α-Methyldesylchlorid*, F. 57—58°; 75%. — *Phenacylazid* (I), $C_8H_7ON_3$, F. 17° (A.), aus Phenacylbromid (F. 49—50°) u. NaN_3 in der Kälte; 93%. — Analog aus den entsprechenden vorst. Halogenverbb.: *Desylazid* (VI), $C_{14}H_{11}ON_3$, F. 85° (A.); 39%; zers. sich bei mehrmonatiger Lichteinw. (Bldg. von *Benzaldehyd*). — *α-Azidopropiophenon* (VII), $C_9H_9ON_3$, $Kp._{0,5}$ 75°, n_D^{25} 1,5484, $D._4^{25}$ 1,1375; 77%. — *α-Azidoisobutyrophenon* (VIII), $C_{10}H_{11}ON_3$, $Kp._{0,5}$ 74°, n_D^{25} 1,5309, $D._4^{25}$ 1,0954; 88%. — *α-Azido-α.α-diphenylacetophenon* (IX; roh 82%) u. *α-Azido-α-phenylpropiophenon* (X; Darst. in sd. Methanol in Ggw. von wenig Essigsäure; roh 88%) zers. sich bei Vakuumdest. vollständig; N_3-Gruppe im Infrarotspektr. (4,67 μ) erkenntlich. — *α-Azido-α-phenylessigsäureäthylester* (III), $C_{10}H_{11}O_2N_3$, $Kp._8$ 130°, n_D^{25} 1,5188, $D._4^{25}$ 1,1478; 84%. — *2-Phenylchinoxalin*, F. 77°, durch ¼std. Erhitzen von I u. II in Diphenyläther auf 220°, Einengen u. Kristallisation aus 50%ig. A.; 47%. — Durch analoge Pyrolyse: *2.3-Diphenylchinoxalin*, F. 125°, aus VI; 59%. — *2-Oxy-3-phenylchinoxalin*, F. 244°, aus III; 40%. — *2-Methyl-3-phenylchinoxalin*, $C_{15}H_{12}N_2 \cdot H_2O$, F. 64—65° (wss. A.; dann CCl_4), aus VII oder VIII; 47 bzw. 54%; entsteht auch nach VON AUWERS [1917] durch Rk. von IV oder Acetylbenzoyl (nicht aber α-Isonitrosopropiophenon [XI]) mit II; 87 bzw. 90%; nach scharfem Trocknen F. 40—50°. Neben vorst. Verb. ergibt die Pyrolyse von VII Spuren von *2-Phenylbenzimidazol* ($C_{13}H_{10}N_2$, F. 289—290°) u. *Benzoesäure* (F. 121—122°). — Die Pyrolyse von IX liefert *Benzilanil*, F. 106—107°; 19%. Daraus bei 17std. Erhitzen in wss. HCl, Ausäthern u. Einengen V (F. 93—94°), aus wss. A. cremefarbene Nadeln; 40%; durch Alkalisieren der wss. Mutterlauge, Ausäthern, Einengen u. Behandeln mit Essigsäureanhydrid *Acetanilid* (F. 112—114°); aus wenig A. enthaltendem W. Blättchen; 68%. — Aus X entsteht bei der Pyrolyse das *Anil* $C_6H_5COC(CH_3){=}NC_6H_5$, $C_{15}H_{13}ON$, F. 170—172°; 14%. Gibt bei Hydrolyse u. anschließender Behandlung mit $HONH_2 \cdot HCl$ in 10%ig. NaOH XI (*Acetylbenzoylmonooxim*), F. 108—109°, aus wss. A. Nadeln; 25%. (J. Amer. chem. Soc. **75**. 1642—44. 5/4. 1953. Ann Arbor, Mich., Univ., Chem. Dep.) W. HOFFMANN. 1340

Roger Boudet, *Über das N-Benzyl-4-aminobenzthiamid und einige seiner Derivate.* N-Benzyl-4-nitrobenzthiamid (II) wurde zum *N-Benzyl-4-aminobenzthiamid* (I) red., das die Eigg. eines N-Benzylthiamids (vgl. C. **1952**. 834. 6047) besitzt. Seine NH_2-Gruppe läßt sich acylieren u. diazotieren.

Versuche: *N-Benzyl-4-aminobenzthiamid* (I), $C_{14}H_{14}N_2S$, F. 120,5—121° (korr.; Bzl.), durch Erwärmen einer Mischung von II, konz. HCl u. Sn-Spänen unter Rühren auf dem Wasserbad, später etwas kühlen; Behandlung des gebildeten *Hydrochlorids* [F. 152—154° (A.), gelb, wird an der Luft rot] mit Soda; hellgelbe Plättchen; 95% Ausbeute. *N-Acetylderiv.*, $C_{16}H_{16}ON_2S$, F. 210—211° (A.), gelbe Nadeln. *N-Benzoylderiv.*, $C_{21}H_{18}ON_2S$, F. 231—232° (A.), gelbe Nadeln. *Pikrat*, F. 124° (Erweichung bei 70—80°), durch Schmelzen von äquimol. Teilen I u. Pikrinsäure; glasartig, rot. — Beim Diazotieren von I entstehen harzige Nebenprodd., Erwärmen der Diazoniumsalzlsg. führt zu völliger Verharzung. — Das *Diazoniumsulfat* von I bildet in alkal. Lsg.: mit Phenol *rote Alkaliverb.*, F. 170—172°, bzw. gelbbraune *phenol. Verb.*, F. 175 bis 176°; mit β-Naphthol rote Verbb., Zers. unterhalb 100°; mit β-Naphthol-6-sulfonsäure in W. lösl. *Farbstoff* (freie Säure rot; Na-Salz gelborange). Das *Diazonium-*

acetat von **I** bildet in essigsaurer Lsg.: mit β-Naphthylamin *rotviolette Verb.*, F. 114 bis 115°, *freie Base*, F. 73—73,5°; mit 1-Naphthylamin-4(bzw. 5)-sulfonsäure *Farbstoffe* (Basen gelborange; Salze violett. Umschlagsintervalle p_H 2—9,6 bzw. 2—6). (C. R. hebd. Séances Acad. Sci. **238.** 1327—29. 22/3. 1954.) U. JOHN. 1350

C. H. Hassall und **A. E. Lippman,** *Die Struktur der Nitrene.* Die von TAYLOR u. Mitarbeitern (J. chem. Soc. [London] **1938.** 207) für *Nitrene* (vgl. STAUDINGER u. MIESCHER [1919]) angenommene Äthyleniminstruktur erwies sich als falsch. Bei der katalyt. Hydrierung von Triphenyl-N-phenylnitren (**II**) entstand eine *Dihydroverb.* **X**, die auch u. a. bei der Red. mit Al-Amalgam erhalten wurde. **X** ist nicht ident. mit 1-Anilino-1.2.2-triphenyläthan oder 1-Anilino-1.1.2-triphenyläthan, die bei einer Formulierung von **II** als Äthyleniminderiv. als Reduktionsprodd. zu erwarten wären, sondern mit synthet. *o-Benzylaminophenyldiphenylmethan.* **II** wird daher als *o-Benzylidenaminophenyldiphenylmethan,* das analoge *Pentaphenylnitren* (**I**) als *o-Diphenylmethylenaminophenyldiphenylmethan* formuliert. Die Primärprodd. der Rk. von Diphenylketen (**IV**) mit Benzaldoxim-N-phenyläther (Benzylidenanilinoxyd) bzw. N-Diphenylmethylidenanilinoxyd sind dann *o-Benzylidenaminophenyldiphenylessigsäure* (**III**) bzw. *o-Diphenylmethylidenaminophenyldiphenylessigsäure* (**V**), aus denen **II** u. **I** durch Decarboxylierung entstehen. **III** gibt bei der Hydrierung *1-Benzyl-3.3-diphenyloxindol.* Als Nebenprod. von **I** u. **II** bildet sich *3.3-Diphenyloxindol* (**VI**), vermutlich entstanden durch Lactonisierung von **III** bzw. **V** u. Spaltung in **VI** u. Benzophenon (**IX**) bzw. Benzaldehyd.

Versuche: *1-Anilino-1.1.2-triphenyläthan,* $C_{26}H_{23}N$, F. 142—143°, aus Benzyl-Na u. **IX**-Anil durch 1std. Kochen, Behandeln mit A. u. Gießen in W.; hellbraune Nadeln aus A.; 41 % (Ausbeute); ließ sich nicht darstellen aus Anilin u. 1.1.2-Triphenyläthanol oder 1-Chlor-1.1.2-triphenyläthan oder durch CLEMMENSEN-Red. von α-Benzoyldiphenylmethylanilin (**VII**). — Bei 5std. Kochen von **VII** mit $LiAlH_4$ in Ae. u. Zers. mit W. entstand nicht Triphenyl-N-phenyläthylenimin, sondern *2-Anilino-1.2.2-triphenyläthanol,* $C_{26}H_{23}ON$, F. 176—178°, Prismen aus A.; 50% (roh); ließ sich weder durch Erhitzen noch über das mit $SOCl_2$ dargestellte Chlorderiv. cyclisieren. — *o-Benzylidenaminophenyldiphenylessigsäure* (**III**), $C_{27}H_{21}O_2N$, F. 185—188° (Zers.), aus **IV** u. Benzylidenanilinoxyd; 44%. — *o-Benzylidenaminophenyldiphenylmethan* (**II**; „*Triphenyl-N-phenylnitren*"), $C_{26}H_{21}N$, F. 104—105°, aus **III** bei 215° (CO_2-Entw.) u. Chromatographie an Al_2O_3 aus Bzl. + PAe. (1:1); Nadeln; 93%; entsteht auch aus **VIII** u. C_6H_5CHO durch 1std. Erwärmen. — *o-Aminophenyldiphenylmethan* (**VIII**), $C_{19}H_{17}N$, F. 127—128°, aus **II** durch Kochen in 2n H_2SO_4 unter Dampfeinleiten; aus dem Rückstand durch Neutralisation u. Chromatographie, Nadeln aus PAe. + Äthylacetat. *Acetylderiv.*, F. 152—155°. Aus dem Dampfdestillat *Benzaldehyd.* — *o-Benzylaminophenyldiphenylmethan* (**X**), $C_{26}H_{23}N$, F. 160—161°, a) aus **VIII** u. Benzylchlorid (1 Std. kochen); b) durch Hydrierung von **II** mit ADAMS-Katalysator in A.; Prismen; c) durch 48std. Stehen von 1,43 g **II** in feuchtem Ae. mit Al-Amalgam, Filtrieren, Ausäthern, Chromatographieren des Ae.-Rückstandes aus Bzl. an Al_2O_3; aus dem mit Bzl. eluierten Hauptprod. durch fraktionierte Kristallisation, erneute Chromatographie der niedriger schm. Komponente (F. 200—210°; 289 mg; fluoresciert im UV blau) u. Elution mit Bzl. + PAe.; 268 mg. Daneben bei Elution mit Bzl. + 1 % Äthylacetat 221 mg **VIII** u. bei der fraktionierten Kristallisation eine Verb. vom F. 242—244° (CH_3OH + Äthylacetat; 588 mg). — [*o-Diphenylmethylenaminophenyl*]-*diphenylmethan* (**I**; *Pentaphenylnitren*), $C_{32}H_{25}N$, F. 136—137°, durch Erhitzen von **V** auf 215°; gelbe Nadeln; 73%; hydrolysiert in n-H_2SO_4 in 10 Std. zu **VIII** u. **IX**; liefert bei der Hydrierung wie oben *o-Diphenylmethylaminophenyldiphenylmethan,* $C_{32}H_{27}N$, F. 158 bis 159,5°. — Beim Stehen von **III**, schneller in Lsg. in A., Essigsäure oder konz. H_2SO_4, entsteht C_6H_5CHO u. *3.3-Diphenyloxindol* (**VI**), $C_{20}H_{15}ON$, F. 228°. Hydrierung von **III** mit ADAMS-Pt liefert *1-Benzyl-3.3-diphenyloxindol,* $C_{27}H_{21}ON$, F. 161—162°, Platten aus PAe.-Essigester; entsteht auch durch 4std. Erhitzen von 0,7 g **VI** mit Benzylchlorid, Na u. Benzylalkohol, Abdampfen u. Gießen in W.; 0,54 g. — [*o-Diphenylmethylidenaminophenyl*]-*diphenylessigsäure* (**V**), $C_{33}H_{25}O_2N$, F. 170—172° (Zers.), nach STAUDINGER gelbe Kristalle. *Na-Salz,* $C_{33}H_{24}O_2NNa$, gelbes Pulver; ergibt bei Ansäuern u. Erwärmen **VI**. Beim Kochen von **V** mit BRADYs Reagens entstehen **VI** u. **IX**-*2.4-Dinitrophenylhydrazon*; katalyt. Hydrierung von **V** gibt *1-Diphenylmethyl-3.3-diphenyloxindol,* $C_{33}H_{25}ON$, F. 219,5—220° (Aceton oder Essigester). — UV-Maxima von vorst. Verb., **I**, **II** u. **V** vgl. Original. (J. chem. Soc. [London] **1953.** 1059—63. April. Jamaica, West Indies, Univ. Coll.) LEHWALD. 2510

P. M. James und **D. Woodcock,** *Synthese von Pflanzenwachstumsregulatoren.* 2. Mitt. *Dichlor-β-naphthyloxyessigsäuren.* (1. vgl. C. **1954.** 3926.) *1.6-Dichlor-2-naphthol* (**III**) wurde auf 3 verschied. Wegen hergestellt u. zeigte entgegen früheren Angaben einen

F. von 99—100°. Es ist nicht durch Diazotierung u. Verkochen von 1.6-Dichlor-2-naphthylamin zugänglich, wobei nur eine dunkelrote, alkaliunlösl. M. entsteht, obwohl die Sandmeyer-Rk. glatt zu *1.2.6-Trichlornaphthalin* führt. Auch die Tetrazotierung von 1.6-Diamino-2-naphthol oder seines Methyläthers liefert nur Harze. — Vff. stellten fest, daß HJ bei der Entmethylierung von Chlormethoxynaphthalinen α-ständiges, nicht jedoch β-ständiges Cl abspaltet. In manchen Fällen kann dies durch Ersatz von HJ durch HBr–Eisessig vermieden werden; beim *1.8-Dichlor-2-methoxynaphthalin* (**VII**) wurde jedoch statt des entsprechenden Dichlornaphthols *8-Brom-1-chlornaphthol-(2)* erhalten. — *1-Chlor-6-nitro-2-naphthol* konnte nicht aus dem Amin dargestellt werden. Eine universelle Meth. zur Herst. von *1.x-Dichlor-2-naphtholen* wird beschrieben, einige neue *Dichlor-β-naphthoxyessigsäuren* werden zur Unters. auf ihre biol. Wrkg. dargestellt.

Versuche: *6-Chlornaphthol-(2)* (**I**), F. 117—118°: Aus 6-Nitro-2-naphthylamin entstand durch Diazotieren u. Sandmeyer-Rk. *2-Chlor-6-nitronaphthalin*, F. 170 bis 172° (Dioxan), welches bei der Red. mit H_2 (Raney-Ni) in Tetrahydrofuran *6-Chlor-2-naphthylamin*, F. 121—123°, ergab; hieraus wurde durch Diazotieren, Gießen in 20%ig. H_2SO_4 u. Ausziehen des roten Prod. mit 5%ig. NaOH **I** erhalten; 37% (Ausbeute); daneben *6-Chlor-1-[6-chlornaphthyl-(2)-azo]-naphthol-(2)*, $C_{20}H_{12}ON_2Cl_2$, F. 234 bis 236°, rote Nadeln aus Dioxan. — *6-Chlor-1-nitronaphthol-(2)*, $C_{10}H_6O_3NCl$, F. 136 bis 137°, aus 2 g **I** u. rauchender HNO_3 in Eisessig unter Kühlung; dunkelgelbe, rechteckige Prismen aus wss. Methanol; 1,6 g. *Acetat*, $C_{12}H_8O_4NCl$, F. 130—131°, monokline Prismen aus Essigsäure. *Methyläther*, $C_{11}H_8O_3NCl$, F. 153—154°, aus dem trockenen Na-Salz u. Dimethylsulfat; fahlgrüne, rechteckige Prismen aus Dioxan. — *1-Amino-6-chlornaphthol-(2)* (**II**), $C_{10}H_8ONCl$, F. 177—178°, aus 3 g vorst. Verb. in Tetrahydrofuran durch Hydrieren (Raney-Ni); Rhomben aus wss. Methanol; 2,2 g. *Diacetylderiv.*, $C_{14}H_{12}O_3NCl$, F. 144—145°, rhomb. Prismen aus wss. Methanol. — *1.6-Dichlornaphthol-(2)* (**III**), F. 99—100°, aus **II** in Eisessig–konz. H_2SO_4 durch Diazotieren u. Sandmeyer-Rk.; aus Leichtbenzin rechteckige Prismen. Aus diazotiertem 1.6-Dichlor-2-naphthylamin konnte kein **III** erhalten werden; bei der Sandmeyer-Rk. wurden aus 1 g 0,9 g *1.2.6-Trichlornaphthalin*, F. 91—92°, erhalten. — *1.2-Dichlor-6-nitronaphthalin*, $C_{10}H_5O_2NCl_2$, F. 170—171°, aus 5 g 1-Chlor-6-nitro-2-naphthylamin durch Diazotieren u. Sandmeyer-Rk.; orangefarbene, rechteckige Prismen aus wss. Dioxan; 5,1 g. — *5.6-Dichlor-2-naphthylamin*, $C_{10}H_7NCl_2$, F. 123—124°, aus vorst. Verb. in Tetrahydrofuran durch Hydrieren (Raney-Ni); hellbraune, monokline Prismen aus wss. Methanol. — *5.6-Dichlornaphthol-(2)*, $C_{10}H_6OCl_2$, F. 151—152° (Leichtbenzin), aus vorst. Verb. durch Diazotieren u. Verkochen wie bei **I**; 40%. *Acetylderiv.*, $C_{12}H_8O_2Cl_2$, F. 92—93° (wss. CH_3OH). — Bei der Nitrierung von 15,5 g 1-Chlor-2-methoxynaphthalin in Eisessig durch langsames Eingießen (45 Min.) in ein Gemisch von rauchender HNO_3 (D. 1,5) u. Eisessig bei 5—10° u. Weiterrühren bei Zimmertemp. (2½ Std.) wurde nach Verdünnen mit W. ein krist. Nd. erhalten: *1-Chlor-2-methoxy-6-nitronaphthalin* (**IV**), $C_{11}H_8O_3NCl$, F. 181—182°, aus Aceton–A. monokline Prismen. Bei weiterem Verdünnen mit W. krist. *1-Chlor-2-methoxy-8-nitronaphthalin* (**V**), F. 106—108°, aus wss. A. rhomb. Prismen. — *5-Chlor-6-methoxy-2-naphthylamin* (**XI**), $C_{11}H_{10}ONCl$, F. 117—118°, aus **IV** in Tetrahydrofuran durch Hydrieren (Raney-Ni); Rhomben aus Methanol. — *8-Chlor-7-methoxy-1-naphthylamin* (**VI**), F. 91—92°, ebenso aus **V**; monokline Prismen aus Methanol. — *1.6-Dichlor-2-methoxynaphthalin*, $C_{11}H_8OCl_2$, F. 70—71°, aus **XI** durch Diazotieren u. Sandmeyer-Rk.; aus PAe. monokline Prismen; $KMnO_4$-Oxydation in Pyridin gibt *4-Chlorphthalsäure*, F. 150°. Die Verb. ließ sich beim 4std. Kochen mit HJ (D. 1,7) u. etwas rotem P nicht n. entmethylieren, es wurde statt des erwarteten **III I** erhalten. Hingegen führte die Rk. mit Eisessig–HBr (D. 1,7)-Gemisch glatt zu **III**. — *1.8-Dichlor-2-methoxynaphthalin* (**VII**), F. 71—72°, aus **VI** wie vorst. Verb.; aus PAe. rechteckige Prismen. $KMnO_4$-Oxydation in Pyridin liefert *3-Chlorphthalsäure*, F. 179—181°. Bei der Entmethylierung von **VII** mit HJ entsteht *β-Naphthol*. — *8-Brom-1-chlor-2-methoxynaphthalin* (**VIII**), $C_{11}H_8OClBr$, F. 58—59°, aus diazotiertem **VI** u. CuBr in HBr bei Zimmertemp. (1 Std.); aus PAe. rechteckige Prismen. — *8-Brom-1-chlornaphthol-(2)*, $C_{10}H_6OClBr$, F. 144—145°, aus **VII** oder **VIII** durch 4std. Kochen mit Eisessig–HBr (D. 1,7) (2:1); rechteckige Prismen aus Eisessig. *Acetylderiv.*, $C_{12}H_8O_2ClBr$, F. 97—98°, rechteckige Prismen aus wss. Methanol. — *1.3-Dichlor-2-methoxynaphthalin* (**IX**), $C_{11}H_8OCl_2$, F. 49—50°, aus wss. CH_3OH Prismen. — *3-Chlornaphthol-(2)*, F. 92—93°, aus **IX** durch Entmethylierung mit HJ. — *1.3-Dichlornaphthol-(2)*, F. 71—73°, aus **IX** mit HBr-Eisessig. — *1.4-Dichlor-2-methoxynaphthalin* (**X**), $C_{11}H_8OCl_2$, F. 84—85°, aus A. rechteckige Prismen. Gibt bei HJ-Entmethylierung *β-Naphthol*, F. 120—121°. — *1.4-Dichlornaphthol-(2)*, F. 121—122°, aus **X** mit HBr–Eisessig. — *1-Chlor-6-nitronaphthol-(2)*,

$C_{10}H_6O_3NCl$, F. 194—195°, aus 1 g 1-Chlornaphthol-(2) in Eisessig durch langsames Zugeben (15 Min.) zu HNO_3 (D. 1,5) u. Eisessig, 1 Std. Weiterrühren bei Zimmertemp., Verdünnen mit W.; gelbe rechteckige Prismen aus wss. Methanol; 0,2 g. — *2-Acetoxy-1.6-dinitronaphthalin*, $C_{12}H_8O_6N_2$, F. 172—173°, aus 1.6-Dinitronaphthol-(2); aus Bzl. Plättchen. — Bei der Chlorierung von I in Tetrahydrofuran bei 0° wurde eine alkaliunlösl. Verb. erhalten, wahrscheinlich ein *Tetrachlordihydroketonaphthalin*, $C_{10}H_4OCl_4$, F. 157—159°, bräunliche, monokline Prismen aus Methanol. — *1.3.6-Trichlornaphthol-(2)*, $C_{10}H_5OCl_3$, F. 98—99°, aus vorst. Verb. durch 1std. Kochen mit Zn-Staub in Eisessig; aus verd. CH_3COOH Nadeln. *Acetylderiv.*, $C_{12}H_7O_2Cl_3$, F. 109—110°, monokline Prismen aus wss. Methanol. — *3.6-Dichlornaphthol-(2)*, F. 124—125°, aus vorst. Verb. durch Kochen mit HJ; rechteckige Prismen aus Leichtbenzin. *Acetylderiv.*, F. 98—99°, Plättchen aus wss. Methanol. — Folgende α.x-Dichlor-2-naphthole wurden aus dem entsprechenden Monochlornaphthol in NaOH (1 Äquivalent) durch tropfenweisen Zusatz von NaOCl-Lsg. (4%ig. an akt. Cl, 1 Äquivalent) bei 0—5° u. Ansäuern nach 0,5 Std. gewonnen: *1.5-Dichlor-*, F. 143—144° (wss. Essigsäure). *Acetylderiv.*, F. 100—101° (Methanol). — *1.6-Dichlor-*, F. 99—100° (PAe.). *Acetylderiv.*, F. 98—99° (wss. Essigsäure). — *1.7-Dichlor-*, F. 121—122° (wss. Essigsäure). *Acetylderiv.*, F. 111 bis 112° (wss. Methanol). — *1.8-Dichlor-*, F. 126—127° (wss. Methanol). *Acetylderiv.*, F. 87—88° (wss. Methanol). — Nachst. *Dichlor-2-naphthyloxyessigsäuren*, $C_{12}H_8O_3Cl_2$ wurden nach dem in der 1. Mitt. beschriebenen Verf. gewonnen: *1.5-Dichlor-*, F. 206 bis 207° (Methanol). — *1.6-Dichlor-*, F. 162—163° (wss. Methanol). — *1.7-Dichlor-*, F. 176—177° (wss. CH_3OH). — *1.8-Dichlor-*, F. 156—157° (wss. CH_3OH). — *3.6-Dichlor-*, F. 179—180° (wss. CH_3OH). — *5.6-Dichlor-*, F. 192—193° (wss. CH_3OH). (J. chem. Soc. [London] **1953**. 2089—93. Juli. Bristol, Univ., Res. Stat., Dep. of Agric. and Horticulture.) v. PILINSZKY. 2700

Wilkins Reeve und **Herbert Myers**, *Synthese eines mit Podophyllotoxin verwandten substituierten Phenylnaphthalinderivats.* Bei dem Vers., ein Isomeres der *Podophyllotoxin–Pikropodophyllin* (I)-Reihe zu synthetisieren, wurde *3-Carbomethoxy-4-[3'.4'.5'-trimethoxyphenyl]-6.7-methylendioxynaphthol-(1)* dargestellt, das sich von I dadurch unterscheidet, daß es keine Oxymethylgruppe, sondern statt einer Lacton- eine Methylestergruppe u. einen Naphthalin- an Stelle eines Tetralinringes besitzt.

V e r s u c h e (FF. korr.): *3'.4'.5'-Trimethoxy-4.5-methylendioxybenzophenoncarbonsäure-(2)* (II), F. 214—216°, durch Erhitzen von 50 g 2-[3'.4'.5'-Trimethoxybenzoyl]-4.5-methylendioxystyrol u. 42 g NaOH in tert.-Butanol auf 60°, Hinzufügen von in warmem W. gelöstem $KMnO_4$ u. 20 Min. Kochen; das Filtrat mit HCl ansäuern, den Nd. mit 10%ig. $NaHCO_3$ behandeln u. die Lsg. nochmals mit HCl (1:1) ansäuern; 18 g (Ausbeute). Daneben in $NaHCO_3$ unlösl. *3'.4'.5'-Trimethoxy-4.5-methylendioxybenzophenonaldehyd-(2)*, $C_{18}H_{16}O_7$, F. 222° (Essigsäure). — Mit $KMnO_4$ Oxydation zu II. — *2-[3'.4'.5'-Trimethoxybenzoyl]-4.5-methylendioxybenzoesäuremethylester*, F. 131 bis 132° (Methanol), durch Methylierung von II mit Diazomethan in Methylendichlorid u. Behandeln mit 5%ig. $NaHCO_3$; 95%. — *3-Carbomethoxy-4-[3'.4'.5'-trimethoxyphenyl]-6.7-methylendioxynaphthol-(1)*, $C_{22}H_{20}O_8$, F. 204—205° (95%ig. A.), durch 2std. Erhitzen vorst. Verb. mit Toluol, Bernsteinsäuredimethylester u. NaOH unter N_2 u. Rühren auf 115°; im Eisbad kühlen, W. hinzufügen, mit konz. HCl versetzen u. ausäthern, den Ae. verdampfen u. den Rückstand mit 10%ig. NaOH u. 5%ig. HCl behandeln; 16%. Aus der $NaHCO_3$-Lsg. durch Ansäuern ein Gemisch der beiden isomeren *γ-[3.4.5-Trimethoxyphenyl]-γ-[2'-carboxy-4.5-methylendioxyphenyl]-itaconsäuren*, $C_{22}H_{20}O_{11}$, von denen die eine vom F. 185° (wss. Methanol) isoliert wurde; Entfärbung von $KMnO_4$. Aus der NaOH-Lsg. durch Ansäuern *1.4-Cyclohexandiondicarbonsäuredimethylester-(2.5)*, $C_{10}H_{12}O_6$, F. 155,5—157° (wss. A.); mit $FeCl_3$ violett. (J. Amer. chem. Soc. **75**. 4957—58. 20/10. 1953. College Park, Md., Univ., Chem. Dep.)

E. FRANCK. 2700

I. L. Chmelnitzkaja, *Über die Hydrolyse von p-Toluolthiosulfonsäurederivaten. 3. Mitt. über Hydrolyse von Polyschwefelverbindungen.* (2. vgl. C. **1954**. 5736.) *[Anthrachinonyl-(1)]-1-methylbenzolthiosulfonat-(4)* (I) wurde aus dem Ag-Salz (II) der p-Toluolsulfinsäure u. Anthrachinonyl-(1)-brommercaptan (III) synthetisiert. Beim Behandeln von I mit alkoh. Lauge wurde *Dianthrachinonyl-(1.1')-disulfid* (IV) erhalten. Intermediär entstand dabei offenbar *Anthrachinonsulfensäure-(1)* (V), da die Reaktionslsg. blaugrün war u. auf Ansäuern eine rote Fällung gab, beides charakterist. für V. Die Bldg. von IV aus V kann als Redox-Rk. gedeutet werden: 2 RSOH → RSO_2H + RSH; RSOH + RSH → RS—SR + H_2O. Beim Behandeln von I mit C_2H_5ONa- bzw. CH_3ONa-Lsg. wurden *Anthrachinonsulfensäure-(1)-äthyl-* u. *-methylester* erhalten.

Versuche: *[Anthrachinonyl-(1')]-1-methylbenzolthiosulfonat-(4)* (I), $C_{21}H_{14}O_4S_2$, F. 176—177° (bei schnellem Erhitzen); 1,4 g III werden mit 2 g II in 50 ml Bzl. 2 Std. gekocht; aus Bzl. u. Aceton + A. hellgelbe Kristalle; 60% (Ausbeute, auf III bezogen), neben etwas IV. — *Dianthrachinonyl-(1.1')-disulfid* (IV), F. >228°; bei $^1/_4$std. Kochen von 1,25 g I mit einer Lsg. von 2 ml 50%ig. KOH in 40 ml CH_3OH; 0,5 g. — *Anthrachinonsulfensäure-(1)-äthylester*, F. 148—149° (bei schnellem Erhitzen); 0,5 g I werden mit C_2H_5ONa-Lsg. (25 ml absol. A.; 1 g Na) bei 5° 3—5 Min. geschüttelt; aus Bzl. + A., dann A. rote Nadeln. Bei höherer Temp. (50°) oder längerer Reaktionsdauer wird neben anderen nicht identifizierten Verbb. IV gebildet. — *Anthrachinonsulfensäure-(1)-methylester*; F. 188—189° (bei schnellem Erhitzen); aus CH_3OH orangerote Kristalle. (Журнал Прикладной Химии [J. angew. Chem.] **25.** 1201—08. Nov. 1952. Inst. für angew. Chem.) WÖRFFEL. 2800

M. F. Hebbelynck und **R. H. Martin**, *Synthesen auf dem Gebiet der carcinogenen Kohlenwasserstoffe.* 11. Mitt. *11.14-Dimethylpicen. Versuch der Synthese von 1.8-Dimethyl-2.3.6.7-dibenzophenanthren.* (10. vgl. Bull. Soc. chim. belges **61.** [1952.] 513.) Für neue Testverss. zur Prüfung der Hypothesen von LETTRÉ (C. **1944.** II. 22) u. ROBINSON (Brit. med. J. **1946.** I. 945) wird versucht, 1.8-Dimethyl-2.3.6.7-dibenzophenanthren (I), das nicht carcinogen sein soll, darzustellen. — Ausgehend von *1-Brom-2-brommethylnaphthalin* (II), das durch Bromieren von 1-Brom-2-oxymethylnaphthalin entstand, konnte mit Fe in sd. W. *1.2-Bis-[1'-bromnaphthyl-(2')]-äthan* erhalten werden, das durch nacheinanderfolgende Behandlung mit Butyllithium u. Dimethylsulfat in *1.2-Bis-[1'-methylnaphthyl-(2')]-äthan* (III) übergeführt werden konnte. Die Cyclisierung von III nach RUZICKA u. HÖSLI (Helv. chim. Acta **17.** [1934.] 474) mit $AlCl_3$ in CS_2 lieferte einen KW-stoff der Zus. $C_{24}H_{22}$, der mit III isomer zu sein scheint u. der in seiner Konst. auch nicht annähernd aufgeklärt werden konnte; I wurde nicht gefunden. — *11.14-Dimethylpicen* (IV) konnte dagegen auf folgendem Wege dargestellt werden. Die Chlormethylierung von 1-Methylnaphthalin liefert *4-Chlormethyl-1-methylnaphthalin*, das nach BUU-HOI (J. org. Chemistry **14.** [1934.] 474) zu *1.2-Bis-[4'-methylnaphthyl-(1')]-äthan* (V) kondensiert werden konnte. Seine Cyclodehydrierung nach RUZICKA (l. c.) lieferte III. Ebenso entstand aus 2-Methylnaphthalin über *2-Methyl-1-chlormethylnaphthalin 1.2-Bis-[2'-methylnaphthyl-(1')]-äthan* (VI). — Die UV-Absorptionsspektren von III, IV, V u. VI vgl. Original.

Versuche: *1-Brom-2-methylnaphthalin*, Kp.$_{15}$ 157°, durch Bromieren von 2-Methylnaphthalin in CS_2 mit Br_2 in CS_2 bei Zimmertemp.; hellgelbes Öl; 91%. — *1-Brom-2-brommethylnaphthalin* (II), F. 106—108° (CCl_4), aus Vorst. u. N-Bromsuccinimid in sd. CCl_4 in Ggw. von Benzoylperoxyd; nach dem Einengen des Filtrats als Nd.; 88%. — *1-Brom-2-acetoxymethylnaphthalin*, $C_{13}H_{11}O_2Br$, F. 33—34° (Methanol), aus Vorst. u. Na-Acetat in Eisessig (2 Std.), zunächst als Öl. — *1-Brom-2-oxymethylnaphthalin*, $C_{11}H_9OBr$, F. 103—104° (A. + wenig W.), aus der Acetylverb. in sd. wss.-alkoh. KOH. — *1.2-Bis-[1'-bromnaphthyl-(2')]-äthan*, $C_{22}H_{16}Br_2$, F. 190° (Bzl.), aus II u. Fe-Pulver in sd. W. u. Extrahieren der Festanteile mit Bzl. im Soxhlet; 52%. — *1.2-Bis-[1'-methylnaphthyl-(2')]-äthan* (III), $C_{24}H_{22}$, F. 166,5—167° (Eisessig), durch Umsetzen der vorst. Verb. mit Butyllithium (erhalten aus Li u. Butylchlorid in Ae.) u. anschließende Behandlung der entstandenen Li-Verb. mit Dimethylsulfat in sd. Ae. (1 Std.); Nadeln; 64%. — *Verb. $C_{24}H_{22}$*, F. 173—174° (Bzl. + A.), aus III u. $AlCl_3$ in CS_2 bei Zimmertemp. (3 Tage) u. Zers. mit Eis + HCl zunächst als Harz, nach dem Reinigen über das Pikrat hellgelbe Kristalle; zeigt mit III eine F.-Depression, *Dipikrat*, $C_{24}H_{22} \cdot 2\ C_6H_3O_7N_3$, F. 209,5° (Bzl.), rot. — *Verb. $C_{24}H_{20}Br$*, F. 208—210° (Eisessig), aus III, N-Bromsuccinimid u. Benzoylperoxyd in sd. CCl_4 (20 Min.). Eine Dehydrierung von III zu 1.2-Bis-[1'-methylnaphthyl-(2')]-äthylen wurde nicht beobachtet; die Dehydrierung mit Chloranil wurde nicht erreicht. — *1-Chlormethyl-2-methylnaphthalin*, Kp.$_1$ 136°, durch Chlormethylierung von 2-Methylnaphthalin nach DARZENS u. LEVY (C. R. hebd. Séances Acad. Sci. **202.** [1936.] 73) mit Eisessig, Trioxymethylen u. HCl bei 60° (20 Std.), Zers. mit W. u. Extrahieren mit Bzl.; 56%. — *1.2-Bis-[2'-methylnaphthyl-(1')]-äthan* (VI), $C_{24}H_{22}$, F. 176—177° (Bzl.), aus Vorst. u. Fe-Pulver in sd. W. (3 Std.) u. Extrahieren mit Bzl.; 33%. *Dipikrat*, $C_{24}H_{22} \cdot 2\ C_6H_3O_7N_3$, F. 209°, gelb. — *1-Methyl-4-chlormethylnaphthalin*, Kp.$_{0,8}$ 131°, aus 1-Methylnaphthalin nach DARZENS u. LEVY (l. c.); 46%. — *1.2-Bis-[4'-methylnaphthyl-(1')]-äthan* (V), $C_{24}H_{22}$, F. 152 bis 153° (Bzl. + Eisessig), aus Vorst. u. Fe-Pulver in sd. W.; 41%. — *11.14-Dimethylpicen* (IV), $C_{24}H_{18}$, F. 286—287° (Pyridin), sublimiert bei 240—250°/5 $\cdot 10^{-3}$ mm, aus V u. $AlCl_3$ in CS_2 nach RUZICKA (l. c.); Nadeln; 35%. (Bull. Soc. chim. belges **61.** 635—50. Dez. 1952. Bruxelles, Univ. libre, Fac. des Sci., u. Fac. de Med.) GOLD. 2950

A. M. Islam und **R. A. Raphael,** *Eine bequeme Synthese von Bicyclo-[5.3.0]-decen-(1,7)-on-(8) und verwandten Verbindungen.* (Vgl. auch BRAUDE u. FORBES, C. **1952.** 6522.) Die Kondensation von Cycloheptanon (**I**) mit dem Li-Salz von 3-Diäthylaminopropin-(1) (**II**) in fl. NH_3 liefert *1-[3-Diäthylaminopropinyl-(1)]-cycloheptanol-(1)* (**III**), das mit H_3PO_4 + Ameisensäure unter Abspaltung von W. in *1-[3-Diäthylaminopropinyl-(1)]-cyclohepten-(1)* (**IV**) übergeht. Neben **IV** entstand *Bicyclo-[5.3.0]-decen-(1,7)-on-(8)* (**V**) in geringer Ausbeute, das aus **III** in Ggw. von wenig

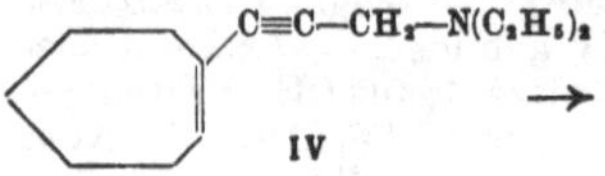

IV

Mercuriacetat unter Addition von W. zu **VI**, Abspaltung von Diäthylamin zu **VII** u. NASAROW-Cyclisierung (vgl. NASAROW u. Mitarbeiter, C. **1953.** 3875 u. früher) zum Hauptreaktionsprod. wird. Die gleiche

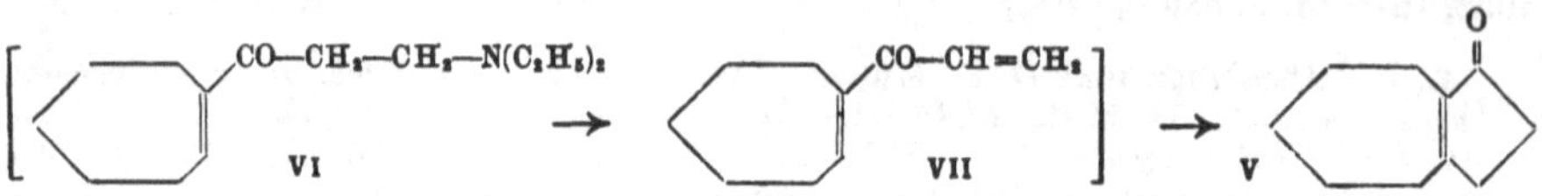

VI → VII → V

Synth. ergab aus dem **II**-Homologen 3-Diäthylaminobutin-(1) (**VIII**) das 10-CH_3-Substitutionsprod. von **V**; die NASAROW-Cyclisierung verläuft in diesem Falle schon in Abwesenheit von Mercurisalz. *4.5.6.7-Tetrahydroindanon* (**IX**) u. sein 3-CH_3-Homologes entstehen nach dem gleichen Schema; **IX** bildete sich auch bei der NASAROW-Cyclisierung von 1-[3-Oxypropinyl-(1)]-cyclohexanol-(1) (**X**). *1-[3-Diäthylaminopropinyl-(1)]-cyclopentanol-(1)*, das aus Cyclopentanon u. **II** neben viel Cyclopentylidencyclopentanon nur in unzureichenden Mengen gebildet wurde, entstand aus 1-Acetoxy-1-äthinylcyclopentan (**XI**) nach der MANNICH-Rk. als Acetylverb., die bei der NASAROW-Cyclisierung zu *Bicyclo-[3.3.0]-octen-(1,5)-on-(2)* (**XIII**) führte.

V e r s u c h e: *1-[3-Diäthylaminopropinyl-(1)]-cycloheptanol-(1)* (**III**), $C_{14}H_{25}ON$, Kp.$_{0,3}$ 102°, n_D^{19} 1,4985, aus **II** u. $LiNH_2$ (aus Li u. $Fe(NO_3)_3$ in fl. NH_3) in fl. NH_3 u. **I** in Ae. (4 Std.), Zers. mit NH_4Cl, Eindampfen u. Behandeln des Rückstandes mit Ae. u. 2 n H_2SO_4; aus der H_2SO_4-sauren Lsg. als Öl; 72%. — *Bicyclo-[5.3.0]-decen-(1,7)-on-(8)* (**V**), Kp.$_{0,2}$ 73°, n_D^{18} 1,5241, a) aus **III** in einer sd. Mischung von 90% ig. Ameisensäure u. 85% ig. H_3PO_4 (6 Std.), b) besser in Ggw. von Mercuriacetat (4 Std.), Fällen mit W. u. Extrahieren mit Ae., Öl; 8% bzw. 35%. *Semicarbazon,* F. 236°. *2.4-Dinitrophenylhydrazon,* $C_{16}H_{18}O_4N_4$, F. 230° (Essigester + A.), gereinigt durch Chromatographieren in Bzl. an Al_2O_3; rote Nadeln. — *1-[3-Diäthylaminopropinyl-(1)]-cyclohepten-(1)* (**IV**), $C_{14}H_{23}N$, Kp.$_{0,2}$ 88°, n_D^{17} 1,5088, neben **V** nach a) aus sauren wss. Lsgg. u. NH_3; 80%. — *1-[3-Diäthylaminobutinyl-(1)]-cycloheptanol-(1)*, $C_{15}H_{27}ON$, Kp.$_{0,5}$ 104°, n_D^{15} 1,4962, aus **VIII** u. **I** wie **III**; 80%. Die GRIGNARD-Verb. von **VIII** lieferte nur 35%. — ***10-Methylbicyclo-[5.3.0]-decen-(1,7)-on-(8)***, Kp.$_{15}$ 140°, n_D^{20} 1,5138, aus Vorst. wie **V**; 35%. *2.4-Dinitrophenylhydrazon,* F. 236°, rote Nadeln. — *1-[3-Diäthylaminopropinyl-(1)]-cyclohexanol-(1)* (**XII**), $C_{13}H_{23}ON$, Kp.$_{0,2}$ 84°, n_D^{19} 1,4959, aus Cyclohexanon u. 2-Brom-3-diäthylaminopropen-(1) mit $LiNH_2$ in fl. NH_3. — *4.5.6.7-Tetrahydroindanon* (**IX**), Kp.$_{16}$ 154°, n_D^{16} 1,5022, aus **XII** wie **V** nach b) oder aus **X** (vgl. ZEILE u. MEYER, Ber. dtsch. chem. Ges. **75.** [1942.] 356) wie **V** nach a); 52% bzw. 50%. *2.4-Dinitrophenylhydrazon,* F. 238°. — *1-[3-Diäthylaminopropinyl-(1)]-cyclohexen-(1)*, $C_{13}H_{21}N$, Kp.$_2$ 78°, n_D^{18} 1,5001, aus **XII** wie nach a); 90%; λ_{max} 2300 Å (ε = 9500). Liefert bei der Behandlung mit Mercuriacetat 48% **IX**. — *1-[3-Diäthylaminobutinyl-(1)]-cyclohexanol-(1)*, $C_{14}H_{25}ON$, Kp.$_{0,6}$ 100°, n_D^{21} 1,4910, aus **VIII** u. Cyclohexanon wie **III**; viscoses Öl. — *3-Methyl-4.5.6.7-tetrahydroindanon*, Kp.$_{16}$ 135°, n_D^{19} 1,5116, aus Vorst. wie **V** nach a); 51%. *2.4-Dinitrophenylhydrazon,* F. 242°, rote Nadeln. — *1-Acetoxy-1-äthinylcyclopentan* (**XI**), $C_9H_{12}O_2$, Kp.$_{15}$ 68°, n_D^{16} 1,4595, mit Essigsäureanhydrid; 86%. — *1-Acetoxy-1-[3-diäthylaminopropinyl-(1)]-cyclopentan*, $C_{14}H_{23}O_2N$, Kp.$_{0,2}$ 76°, n_D^{18} 1,4722, aus **XI**, Diäthylamin u. Paraformaldehyd in sd. Dioxan (3 Std.), Ansäuern u. Extrahieren der Neutralanteile mit Ae.; aus der wss. Lsg. mit NaOH; 83%. — *Bicyclo-[3.3.0]-octen-(1,5)-on-(2)* (**XIII**), Kp.$_{15}$ 122°, n_D^{21} 1,5226, aus Vorst. wie **V** nach a); 7%. *Semicarbazon,* F. ca. 205°, verunreinigt mit nicht cyclisiertem Keton. *2.4-Dinitrophenylhydrazon,* $C_{14}H_{14}O_4N_4$, F. 196°, rote Nadeln; λ_{max} 3800 u. 2550 Å (ε = 27500 u. 16500). — *1-[3-Diäthylaminopropinyl-(1)]-cyclopenten-(1)*, $C_{12}H_{19}N$, Kp.$_{0,2}$ 57°, n_D^{16} 1,4995, als Nebenprod. von **XIII**; 87%. Liefert bei der Behandlung mit Mercuriacetat 6% **XIII**. (J. chem. Soc. [London] **1953.** 2247 bis 2250. Aug. Glasgow, Univ.) GOLD. 2950

A. G. Sserebrennikowa, *Zur Gewinnung von Furylidenaceton und über seine quantitative Bestimmung.* Es werden optimale Bedingungen für die Herst. von *Furylidenaceton* (**I**) aus Furfurol (**II**) u. Aceton (**III**) angegeben. — Reines **I** gibt mit 60% ig. H_2SO_4 keine Färbung; wenn **I**-Präpp. Färbungen geben, so liegen Verunreinigungen vor. Die Angaben von TSCHELINZEW u. NIKITIN (Химический Журнал. Серия А. Журнал Общей Химии [Chem. J. Ser. A, J. allg. Chem.] **2**) **64**). [1932.] 224; **3** (**65**). [1933.] 319; **4** (**66**). [1934.] 438) u. NIKITIN (Химический Журнал. Серия А. Журнал Общей Химии [Chem. J. Ser. A, J. allg. Chem.] **6** (**68**). [1936.] 1278), die diese Farb-Rk. zur quantitativen Best. von **II** u. **III** benutzen wollen, entbehren daher der Grundlage. Auch die Prüfung der von PLATONOW u. PLADIKINA (Химический Журнал. Серия А. Журнал Общей Химии [Chem. J. Ser. A, J. allg. Chem.] **4** (**66**). [1934.] 472) angegebene Meth., nach Hydrolyse von **I** mit HCl **III** zu bestimmen, gab kein befriedigendes Resultat. Als brauchbar zur Best. von **I** erwies sich die von MESSINGER (Ber. dtsch. chem. Ges. **21**. [1880.] 3366) angegebene Meth. zur Best. von Ketonen.

V e r s u c h e: *Furylidenaceton* (**I**), F. 38—39°; zu einer Mischung von 61 g 95%ig. **III** u. 60 cm³ 2%ig. NaOH wurden unter Rühren 24 g **II** unter Kühlung (maximal 35°) zugesetzt, worauf noch 30 Min. gerührt wird; **I** wird im Vakuum dest. ($Kp._{10}$ 105—120°); aus W. Nadeln; 65—70% (Ausbeute). (Журнал Прикладной Химии [J. angew. Chem.] **25**. 1238—40. Nov. 1952.) WÖRFFEL. 3061

John F. Scully und **Ellis V. Brown,** *Die Diels-Alder-Reaktion von 2-Vinylthiophen.* 2-Vinylthiophen bildet mit Maleinsäureanhydrid ein n. DIELS-ALDER-Addukt; bei dessen Hydrolyse entstehen die cis–trans-Isomeren der *Tetrahydrothianaphthendicarbonsäure* (**Ia** bzw. **Ib**). Die höherschm. **Ib** konnte nach BACHMANN u. SCOTT (C. **1949**. II. 55) in die niedrigerschm. (**Ia**) umgewandelt werden. Dehydrierung u. Decarboxylierung der beiden Säuren lieferte *Thianaphthen.*

V e r s u c h e: *Thienyl-(2)-äthanol*, $Kp._7$ 99—100°, aus Thienyl-(2)-magnesiumjodid u. Äthylenoxyd in Bzl. bei —10°, dann Raumtemp.; 50% (Ausbeute). — Daraus *2-Vinylthiophen.* — *4.5.6.7-Tetrahydrothianaphthendicarbonsäure-(4.5)*, $C_{10}H_{10}O_4S$, F. 188—189° (**Ia**; Methanol) bzw. 194—195° (**Ib**; Nadeln aus Methanol), durch 4std. Kochen von 60 g vorst. Verb. mit Maleinsäureanhydrid in Bzl. u. gelindes Erwärmen des Addukts mit 30%ig. KOH; Trennung von **Ia** (22 g) u. **Ib** (20 g) mittels Essigesters, in dem **Ib** unlösl. ist. — **Ib** gab nach 4std. Kochen mit HCl–Eisessig **Ia**, **Ia** blieb bei gleicher Behandlung unverändert. — Durch Erhitzen von **Ia** mit S (200°) bis zum Ende der H_2S-Entw. u. Dest. nach Zugabe von $Ba(OH)_2$ entstand *Thianaphthen* (*Pikrat*, F. 145—147°). (J. Amer. chem. Soc. **75**. 6329—30. 20/12. 1953. New York, N. Y., Fordham Univ., Dep. of Chem.) J. ROTHE. 3071

N. P. Buu-Hoï, Pierre Demerseman und **René Royer,** *Vergleich der Reaktivitäten von 2.4-Diphenylthiophen und 2.4-Diphenylselenophen.* Vff. untersuchten das Verh. des 2.4-Diphenylthiophens (**I**) u. des 2.4-Diphenylselenophens (**II**) bei der FRIEDEL-CRAFTS-Rk. mit Säurechloriden u. bei der Formylierung mittels N-Methylformanilids. Die Reaktivitäten von **I** u. **II** sind von der gleichen Größenordnung; **II** ist gegenüber $AlCl_3$ beständiger, der aromat. Charakter des Selenophenkerns scheint ausgeprägter zu sein.

V e r s u c h e: *5-Acetyl-2.4-diphenylthiophen*, F. 96° (Prismen aus A.), $Kp._{0,5}$ 218—220°, aus **I** u. CH_3COCl in Bzl. ($SnCl_4$); 75% (Ausbeute). *Oxim*, F. 147° (Nadeln aus Methanol). — *5-Propionyl-2.4-diphenylthiophen*, F. 88° (Nadeln aus A.); 72%. *Oxim*, F. 120° (Prismen aus Methanol). — *5-Phenacetyl-2.4-diphenylthiophen*, F. 71° (Nadeln aus A.); 40%. — *5-Acetyl-2.4-diphenylselenophen*, F. 84° (Prismen aus A.), $Kp._{0,4}$ 215—218°; 75%. *Oxim*, F. 145° (Flitter aus A.). — *5-Propionyl-2.4-diphenylselenophen*, F. 87° (Nadeln aus A.), $Kp._{0,8}$ 230—232°; 73%. *Oxim*, F. 106° (Flitter aus Methanol). — *5-Formyl-2.4-diphenylthiophen*, F. 94° (Nadeln aus A.), $Kp._{0,5}$ 216—218°, aus **I** u. N-Methylformanilid in o-Dichlorbenzol ($POCl_3$); 72%. *Semicarbazon*, F. 230° (Zers. oberhalb 210°; blaßgelbe seidige Nadeln aus A.). *Thiosemicarbazon*, F. 257°, gelbe Nadeln. *Oxim* (**III**), F. 139° (glänzende Flitter aus A.). — *5-Formyl-2.4-diphenylselenophen*; F. 101° (Prismen aus A.), $Kp._{0,6}$ 228—230°; 85%. *Semicarbazon*, F. ca. 210° (gelbliche Nadeln aus A.). *Thiosemicarbazon*, F. ca. 250° (gelbe Nadeln aus A.). *Oxim* (**IV**), F. 159°, Nadeln. — *5-Cyan-2.4-diphenylthiophen*, F. ca. 118°, im Hochvakuum destillierbar, aus **III** u. $SOCl_2$. Verseifung mit alkoh. KOH → *2.4-Diphenylthiophencarbonsäure-(5)*, F. 224° (Nadeln aus CH_3COOH). — *5-Cyan-2.4-diphenylselenophen*, F. ca. 130°, aus **IV**. — Daraus *2.4-Diphenylselenophencarbonsäure-(5)*, F. 232°, Nadeln. (C. R. hebd. Séances Acad. Sci. **237**. 397—99. 3/8. 1953.) J. ROTHE. 3071

Milton C. Kloetzel, Jess E. Little jr. und **David M. Frisch,** *Synthese von 4-substituierten Thianaphthenderivaten.* Vff. erhielten durch Red. von *β-[Thenoyl-(2)]-propionsäure* u. folgende Cyclisierung der erhaltenen *γ-[Thienyl-(2)]-buttersäure* über ihr Chlorid nach FIESER u. KENNELLY (J. Amer. chem. Soc. **57**. [1935.] 1611) *4-Keto-4.5.6.7-tetrahydrothianaphthen* (**I**). **I** konnte zu *4.5.6.7-Tetrahydrothianaphthen* red. werden; eine modifizierte LEUCKART-Rk. ergab aus **I** *4-Amino-4.5.6.7-tetrahydrothianaphthen*, dessen *Acetylderiv.* nicht mit S dehydriert werden konnte. Mit GRIGNARD-

Verbb. wurden aus **I** die entsprechenden Carbinole erhalten, aus denen nach Wasserabspaltung u. Dehydrierung *4-Methyl-* bzw. *4-Phenylthianaphthen* entstanden. Das letztgenannte wurde zum *Sulfon* oxydiert. Die REFORMATSKI-Rk. mit Bromessigester lieferte aus **I** ein Gemisch (**II**) isomerer Ester, wahrscheinlich *4-[Carbäthoxymethylen]-4.5.6.7-tetrahydrothianaphthen* u. *4-[Carbäthoxymethyl]-6.7-dihydrothianaphthen*, aus dem nach Verseifung 2 isomere Säuren (FF. 107—109 bzw. 186—187°) entstanden; Dehydrierung von **II** lieferte in beiden Fällen *Thianaphthen-4-essigsäure*. Diese kann zum *Sulfon* oxydiert werden u. besitzt geringe oder gar keine Formbildungsaktivität, aber sehr hohe Auxinaktivität.

Versuche: *β-[Thenoyl-(2)]-propionsäure*, F. 117,5—118,5°, aus Succinanhydrid u. Thiophen oder Thienyl-(2)-magnesiumjodid [mit diesem 18% (Ausbeute)]. — *4-Keto-4.5.6.7-tetrahydrothianaphthen* (**I**), *Oxim*, C_8H_9ONS, F. 128—129° (40% ig. A.). *Oximacetat*, $C_{10}H_{11}O_2NS$, F. 133—134°, Nadeln (A.-W.), aus dem Oxim, HCl u. Acetanhydrid in Bzl. (2 Std. bei 25°; 67%); Verseifung mit wss.-alkoh. NaOH → Oxim. — *4.5.6.7-Tetrahydrothianaphthen*, $C_8H_{10}S$, Kp.$_3$ 58—59°, aus **I** nach CLEMMENSEN (6½ Std.); 59%. — *4-Amino-4.5.6.7-tetrahydrothianaphthen*, $C_8H_{11}NS$, Kp.$_2$ 74—78°, aus **I** u. Formamid (3—5 Std. bei 165—185°) u. Hydrolyse des entstandenen *4-Formylamino-4.5.6.7-tetrahydrothianaphthens* (76%) durch 1std. Erhitzen mit 10% ig. HCl; 52%, bezogen auf **I**. *Acetylderiv.*, $C_{10}H_{13}ONS$, F. 168—169° (20% ig. A.). *Benzoylderiv.* $C_{15}H_{15}ONS$, F. 123,5—124,5° (verd. A.). — *4-Oxy-4-methyl-4.5.6.7-tetrahydrothianaphthen*, $C_9H_{12}OS$, F. 75—76°, Würfel (Skellysolve B), aus **I** u. CH_3MgJ in Ae., Hydrolyse mit gesätt. NH_4Cl-Lsg.; 91%; gibt mit H_2SO_4 tiefe Rotfärbung. — *4-Methylthianaphthen*, C_9H_8S, F. zwischen —6 u. —4°, Kp.$_3$ 55—57°, aus vorst. Verb. durch Erhitzen mit S (150°, dann 20 Min. bei 230°, dann 10 Min. bei 250°); 81%. *Pikrat*, $C_{15}H_{11}O_7N_3S$, F. 135—136°, orangefarbene Nadeln (A.). — *4-Oxy-4-phenyl-4.5.6.7-tetrahydrothianaphthen*, $C_{14}H_{14}OS$, F. 65—67°, Nadeln (Skellysolve F), aus **I** u. $C_6H_5 \cdot MgBr$ wie oben; 89% (roh.) — *4-Phenylthianaphthen*, $C_{14}H_{10}S$, F. 46—47° (95% ig. A. oder Skellysolve F), Kp.$_3$ 125—127°, aus vorst. Verb. wie oben; 82%. Bildet kein Pikrat oder Trinitrobenzolderivat. — *4-Phenylthianaphthen-1-dioxyd*, $C_{14}H_{10}O_2S$, F. 139°, Nadeln (verd. A.), aus vorst. Verb. u. 30% ig. H_2O_2 in Eisessig (1std. Kochen); 80%. — *Gemisch von 4-[Carbäthoxymethylen]-4.5.6.7-tetrahydrothianaphthen u. 4-[Carbäthoxymethyl]-6.7-dihydrothianaphthen* (?) (**II**), $C_{12}H_1 O_2S$, Kp.$_3$ 135—150°, aus **I**, Bromessigester u. amalgamiertem Zn in Ae.-Bzl. (4½ std. Kochen, Zusatz von J_2); 73%. — Erhitzen von **II** mit 20% ig. NaOH → *Säure $C_{10}H_{10}O_2S$*, F. 186—187° (Eisessig); 80%, u. nach Verdünnen des essigsauren Filtrats mit W., *Säure $C_{10}H_{10}O_2S$*, F. 107—109°, Nadeln; 11%. — *Thianaphthen-4-essigsäureäthylester*, Kp.$_3$ 130°, aus **II** u. Chloranil in Xylol (36std. Kochen); 55%. — *Thianaphthen-4-essigsäure*, $C_{10}H_8O_2S$, F. 146—146,5°, Nadeln (W.), durch Verseifung vorst. Esters wie oben; 72%. — *Sulfon der Thianaphthen-4-essigsäure*, $C_{10}H_8O_4S$, F. 181° (W.), aus vorst. Verb. wie oben; 70%. (J. org. Chemistry **18**. 1511—15. Nov. 1953. Los Angeles, Calif., Univ. of South California, Dep. of Chem.) J. ROTHE. 3071

Jacques Metzger und **Bernd Koether**, *Organometallische Derivate des Thiazols. 1. Mitt. Gemischte Organomagnesiumderivate.* Thiazol u. einige seiner Homologen (Darst. u. Bezifferung vgl. C. **1953**. 215 u. **1954**. 3022) wurden mit C_2H_5MgBr in Ae. bei 27° zu *Thiazolyl-(2)-magnesiumhalogeniden* umgesetzt; die Gasentw. (C_2H_6) ist selten quantitativ. Mit Acetanhydrid entstanden daraus bei —5 bis 0° außer im Fall des 2-Methylthiazols, die entsprechenden *2-Acetylthiazole* mit Ausbeuten von 10—20%. *2-Acetyl-5-methylthiazol* (**I**) wurde nach CLEMMENSEN zu *2-Äthyl-5-methylthiazol* red., das auch durch Ringschluß erhalten wurde.

Versuche (Darst. der Thiazole vgl. l. c.): *Thiazol*, Kp.$_{746}$ 117—118°, Kp.$_{400}$ 90°. *Pikrat* (*P*), F. 159,5—160°. *Chloracetylderiv.*, F. 112—114° (Zers.). — Ferner folgende *Thiazole*: *2-Methyl-*, Kp.$_{743}$ 127—128°. *P*, F. 153°. — *4-Methyl-*, Kp.$_{745}$ 141—142°. *P*, F. 163°. *Hydrochlorid*, F. 81°. — *5-Methyl-*, Kp.$_{748}$ 130—131°, Kp.$_{400}$ 110°. *P*, F. 183 bis 183,5°. — *2-Äthyl-5-methyl-*, Kp.$_{17}$ 61—62°. *P*, F. 102,5—103°. — *4.5-Dimethyl-*, Kp.$_{742}$ 158°, Kp.$_{400}$ 132°. *P*, F. 186,5—187°. — *5-Äthyl-*, Kp.$_{743}$ 151,5—152°. *P*, F. 172,5 bis 173°. — *4.5-Diäthyl-*, Kp.$_{741}$ 182°. *P*, F. 117°. — *4-Äthyl-5-n-propyl-*, Kp.$_{15}$ 82—83°. *P*, F. 108°. — *2-Chlor-*, Kp.$_{744}$ 145—146°. — *2-Amino-5-äthyl-*, F. 30°, Kp.$_{23}$ 140—141°. *P*, F. 217—218° (Zers.). *Hydrochlorid*, F. 185—186°. *Acetylverb.*, F. 117°. — *2-Amino-4.5-diäthyl-*, F. 45°, Kp.$_{25}$ 155°. *P*, F. 189,5—190°. *Acetylverb.*, F. 163°. — *2-Amino-4-äthyl-5-n-propyl-*, F. 48—49°, Kp.$_{30}$ 174—176°. *P*, F. 168°. *Acetylverb.*, F. 148,5°. Folgende *2-Acetylthiazole* wurden dargestellt durch Rk. von C_2H_5MgBr mit dem entsprechenden Thiazol in Ae. bei 27° u. nachfolgende Einw. von Acetanhydrid bei —5 bis 0° (App. sowie Verss. bei 0° u. 18° vgl. Original): *2-Acetylthiazol*, Kp.$_{12}$ 89—91°; 14% (Ausbeute). *Oxim*, F. 159°. — *4-Methyl-*, C_6H_7ONS, Kp.$_{12}$ 92—94°; 17%. Bildet kein krist. Oxim. — *5-Methyl-* (I), Kp.$_{12}$ 95—96°; 19%. *Oxim*, $C_6H_8ON_2S$, F. 139°. — *5-Äthyl-*, C_7H_9ONS, Kp.$_{12}$ 101—102°; 11%. Kein krist. Oxim. — *4.5-Dimethyl-*, Kp.$_{12}$ 105—106°; 8%. *Oxim*, $C_7H_{10}ON_2S$, F. 139,5°. — *4.5-Diäthyl-*, $C_9H_{13}ONS$, Kp.$_{12}$ 114°; 7%. Kein krist. Oxim. — Die Acetylthiazole sind hellgelbe Fll. von eigentümlichem Geruch, die in konz. alkoh. Lsgg. blau fluorescieren u. keine in A. unlösl. Pikrate geben. — *2-Äthyl-5-methylthiazol*, auch aus I nach CLEMMENSEN; Pikrat F. 102,5—103°. (Bull. Soc. chim. France, Mém. [5] **20.** 702—07. Juli/Aug. 1953. Univ. des Saarlandes, Chem. Inst.) J. ROTHE. 3142

Jacques Metzger und **Bernd Koether,** *Organometallische Derivate des Thiazols.* 2. Mitt. *Organolithiumderivate.* (1. vgl. vorst. Ref.) Durch Rk. von C_6H_5Li mit Thiazol bei —60° entsteht *Thiazolyl-(2)-lithium*, das nur unterhalb —40° stabil ist u. mit festem CO_2 *Thiazolyl-(2)-carbonsäure* [F. 101° (Zers.); 40% Ausbeute, bezogen auf Thiazol; *Äthylester*, F. 46° (A.)] liefert. Eine Bldg. von 2-Phenylthiazol wurde nicht beobachtet. (Bull. Soc. chim. France, Mém. [5] **20.** 708—09. Juli/Aug. 1953.) J. ROTHE. 3142

Thomas E. Londergan, Norman L. Hause und **William R. Schmitz,** *Eine neue Synthese des Thiazolfragments von Vitamin B_1.* Mittels folgender 4-Stufen-Synth. stellten Vff. *4-Methyl-5-[β-oxyäthyl]-thiazol* (I) dar: *2-Methylfuran*, erhältlich durch Hydrierung von Furfurol, wurde durch weitere Hydrierung u. Hydrolyse in *5-Oxypentanon-(2)* übergeführt, wobei Vff. durch eingehende Unters. der Reaktionsbedingungen die Ausbeute verbesserten. Durch Wasserabspaltung entstand daraus *4.5-Dihydro-2-methylfuran*, das zu *2.3-Dichlortetrahydro-2-methylfuran* chloriert wurde. Hieraus wurde mit Thioformamid (II) in Ameisensäure I erhalten. — II entsteht aus Formamid u. P_2S_5 in besserer Ausbeute unter Verwendung von Tetrahydrofuran als Lösungsmittel.

V e r s u c h e (FF. korr.): *5-Oxypentanon-(2)*, Kp.$_3$ 74—75°, aus 2-Methylfuran durch Hydrierung (Aceton + 0,2n HCl, Pd-Kohle, 42—15 lbs./sq.in. H_2) u. anschließende Neutralisierung mit Na_2CO_3 (30 Min. Rühren); n_D^{20} 1,4360; 75% (Ausbeute). Bei Verwendung anderer Lösungsmittel (Dioxan, Methanol, A., Tetrahydrofuran, Ameisensäure) schlechtere Resultate. — *4.5-Dihydro-2-methylfuran*, Kp. 79—80° durch Erhitzen vorst. Verb. mit 0,3n H_3PO_4 (175 → 260°); n_D^{20} 143,12; 86%. — *2.3-Dichlortetrahydro-2-methylfuran*, $C_5H_8OCl_2$, Kp.$_{15}$ 49—51°, durch Chlorierung vorst. Verb. in CH_2Cl_2 bei —78 bis —58° (2 Std.); n_D^{20} 1,4780; 74,5% (65—75% bei —58 bis —40°; 50% bei —20°; 32% bei 20°). — *4-Methyl-5-[β-oxyäthyl]-thiazol* (I), C_6H_9ONS, Kp.$_{0,20}$ 99—100°, aus vorst. Verb., Pyridin u. II in 88%ig. HCOOH (20 Std. bei 55—60°, dann Entfernen der überschüssigen HCOOH im Vakuum, Zufügen von W. u. 2std. Rühren bei 95—100°, um den in geringer Menge gebildeten Ameisensäureester von I zu hydrolysieren); 76%, bei Benutzung von HCOONa an Stelle von Pyridin; 68%. *Pikrat*, F. 164—164,8°. *p-Nitrobenzoat*, F. 124—125°. — *Thioformamid* (II), F. 32—33,8° (aus Essigester bei Trockeneistemp.), durch 1½std. Behandeln von Formamid in Tetrahydrofuran mit P_2S_5 bei 30—35°, dann 6std. Rühren bei n. Temp.; 50%. (J. Amer. chem. Soc. **75.** 4456—58. 20/9. 1953. Niagara Falls, N. Y., E. I. du Pont de Nemours and Co., Electrochem. Dep., Res. Div.) J. ROTHE. 3142

E. G. Curphey, *Hydrazinverbindungen bei organischen Synthesen.* Vf. bespricht den Mechanismus der Bldg. von *4-Amino-3.5-dialkyl-1.2.4-triazolen* aus Monoacylhydrazinen (vgl. OBERHUMMER, C. **1934.** I. 3729, u. PINNER [1897]) u. geht dann auf die Bldg. von *5-Mercapto-1.2.4-triazolen* ein, die über die Synth. von 4-Alkylthiosemicarbaziden aus Alkylisothiocyanaten u. Hydrazinhydrat in A., Acylierung zu 4-Alkyl-1-acylthiosemicarbaziden u. Ringschluß dieser Verbb. unter Einw. von NaOH zu *3.4-Dialkyl-5-mercapto-1.2.4-triazolen* verläuft. (Chem. Products chem. News **16.** 384—85. Okt. 1953.) RUSKE. 3153

Gilm Kamai und **S. L. Chissamowa,** *Ester der äthylenglykolarsenigen Säure.* (Vgl. C. **1952.** 1002.) Die Arbeit enthält weiteres experimentelles Material über cycl. Arsenigsäureäthylenglykolester. Nachzutragen ist, daß der *cycl. Bis-[äthylenglykolester] des Äthylenglykoldiarsenits* (I) in bes. guter Ausbeute aus Äthylenglykol (II) u. As_2O_3 erhalten wird. Mit $AsCl_3$ reagiert I unter Bldg. des *cycl. Arsenigsäureäthylenglykolesterchlorids* (III). Bei der Rk. von I mit Br_2 werden der von ENGLUND (J. prakt. Chem. [2] **120.** [1928.] 179) beschriebene *cycl. Orthoarsensäure-bis-[äthylenglykolester]*, $(C_2H_4O_2{>})_2As(OH)$, u. die Verb. $Br_2AsOCH_2CH_2OAsBr_2$ gebildet; die l. c. angegebene Verb. $(C_2H_4O_2{>})_2As-OCH_2CH_2O-As({<}C_2H_4O_2)_2$ entsteht nicht, was von Vff. richtiggestellt wird; möglicherweise ist letztere aber Zwischenprod., das hydrolyt. gespalten wird.

V e r s u c h e : *Cycl. Arsenigsäureäthylenglykolesterchlorid* (III), $C_2H_4O_2ClAs$, F. 44 bis 45°; Kp.$_{11}$ 71—72°; man läßt zu 37,5 g II in 87,2 g Pyridin u. 400 ml Ae. unter Rühren u. Kühlen mit Eis 100 g $AsCl_3$ zutropfen, erhitzt 1 Std. auf dem Wasserbad, dekantiert nach mehreren Std. von dem Nd. ab u. fraktioniert im Vakuum; Nadeln; ca. 61 g (Ausbeute) neben wenig nachst. Verbindung. — *Cycl. Bis-[äthylenglykolester] des Äthylenglykoldiarsenits* (I), $C_6H_{12}O_6As_2$, Kp.$_2$ 160—161°; a) aus 4,2 g **II** in 10,4 g Pyridin u. 200 ml Ae. auf Zusatz von **III**; b) man erhitzt 86,4 g **II** mit 60 g As_2O_3 ½ Std. im Bad auf 140—150°, entfernt das Reaktionswasser durch Dest. bei 20 mm u. fraktioniert bei 2 mm; 80,2 g. Öl; Kp.$_4$ 166—167°; D.$^{20}_4$ 1,8951; n_D^{20} 1,5433; Mol.-Refr. ($[MR]_D$) 56,18. — *Verb.* $Br_2AsOCH_2CH_2OAsBr_2$, Kp.$_{11}$ 86°; man tropft 28 g Br_2 unter Kühlung mit Schnee zu 51 g **I** in CCl_4 zu, filtriert die nach einiger Zeit ausfallenden Kristalle nachst. Verb. ab u. fraktioniert das Filtrat im Vakuum; grünliche Fl. von senfartigem Geruch u. die Augen reizende Wrkg.; D.$^{20}_0$ 2,5668; n_D^{20} 1,6568; 32,2 g—. *Cycl. Orthoarsensäure-bis-[äthylenglykolester]*, $C_4H_9O_5As$, F. 127°; aus Toluol Nadeln; Äquivalentgewicht 210,82 (titrimetr.); Mol.-Gew. 210,41, 211,25 (nach RAST), 378,4 375,6 (kryoskop.; $CHBr_3$). *Brucinsalz*, $C_{23}H_{26}O_4N_2 \cdot (C_2H_4O_2>)_2AsOH \cdot CH_3OH$, F. ca. 204°; aus CH_3OH. — *Cycl. Arsenigsäureäthylenglykolesteralkylester* $C_2H_4O_2>AsOR$ werden aus **III** u. den entsprechenden Alkoholen in Ggw. von Pyridin in äther. Lsg. hergestellt; sie sind fl. u. geruchlos, mit Ausnahme des angenehm riechenden n-Nonylesters. Nachst. sind nur diejenigen aufgeführt, die l. c. noch nicht beschrieben sind oder deren Konstanten abweichend angegeben werden. *Methylester*, $C_3H_7O_3As$, Kp.$_{11}$ 50—51°; D.$^0_0$ 1,6453; D.$^{20}_0$ 1,6310; n_D^{20} 1,4935; 8,6 g aus 20 g **III**. *n-Butylester*, $C_6H_{13} \cdot O_3As$, Kp.$_{16}$ 93°; D.$^0_0$ 1,4024; D.$^{20}_0$ 1,3764, n_D^{20} 1,4785. *n-Heptylester*, $C_9H_{19}O_3As$, Kp.$_{11}$ 130—131°; D.$^0_0$ 1,2671; D.$^{20}_0$ 1,2465; n_D^{20} 1,4736. *n-Nonylester*, $C_{11}H_{23}O_3As$, Kp.$_2$ 117—118°; D.$^0_0$ 1,2240; D.$^{20}_0$ 1,2041; n_D^{20} 1,4748. *Phenylester*, $C_8H_9O_3As$, Kp.$_{12}$ 143—144°; D.$^0_0$ 1,5687; D.$^{20}_0$ 1,5440; n_D^{20} 1,5716. (Журнал Общей Химии [J. allg. Chem.] **23** (**85**). 1323—30. Aug. 1953. Kasan, Zweigstelle der Akad. der Wiss. der UdSSR, Chem. Arbusow-Inst.) DAWYDOFF. 3194

D. Hoch und **P. Karrer**, *Synthesen einiger Piperidinmethylhomologen.* Aus *Di-* u. *Trimethylglutarsäureimiden*, erhalten aus den nach teilweise verbesserten, bekannten Methoden gewonnenen Glutarsäuren über ihre Anhydride, wird durch Red. mit $LiAlH_4$ eine Anzahl *Di-* u. *Trimethylpiperidine* dargestellt.

Versuche: *α.α'-Dimethylglutarsäure* (**I**), F. 106°, nach RUHL (C. **1950**. II. 1681) aus Methacrylsäuremethylester u. Methylmalonsäurediäthylester, Verseifung des *Pentan-2.2.4-tricarbonsäureesters* [88,2% (Ausbeute)] mit wss.-alkoh. KOH zur *Pentan-2.4.4-tricarbonsäure* u. ½std. Erhitzen auf 160—180°; 94%. *Anhydrid*, durch Erwärmen mit Acetylchlorid auf 40°, dann auf 60° u. mehrstd. Stehen. — *α.α'-Dimethylglutarsäureimid*, F. 173—174° (50%ig. A., dann W.), durch Einleiten von trockenem NH_3 in das in einem geschlossenen Gefäß befindliche geschmolzene Anhydrid bei 180° unter Abdestillieren des gebildeten W., wobei das Imid im oberen Teil des Kolbens sublimiert; 87%. — *3.5-Dimethylpiperidin* (**II**), Kp. 141—143°, durch Zutropfen von 2 g vorst. Verb. in Ae. zu einer sd. äther. $LiAlH_4$-Lsg. während 2 Std., 6std. Kochen, mehrstd. Stehen, Zers. mit etwas W., Abgießen, Waschen des Rückstandes mit Ae., Lösen in 40%ig. NaOH, Extrahieren mit Ae., Trocknen über KOH u. CaH_2 u. Dest.; n_D^{25} 1,4430; 1,1 g. *Pikrat*, $C_{13}H_{18}O_7N_4$, F. 185—186° (Methanol-W.). Überführen letzterer Verb. durch den Ionenaustauscher Amberlite IR A 400 in 80%ig. Methanol in das *Hydrochlorid*, $C_7H_{16}NCl$, F. 221—222°; aus A.-Ae., dann Chlf.-Ae. feine Nädelchen. — *α.α-Dimethyl-γ-cyanbutyraldehyd*, Kp. 106—108°, nach F. P. 886 846 durch Erwärmen von Isobutyraldehyd, Acrylnitril u. Hydrochinon unter N_2-Druck auf 80°/300 mm, Zugabe von 25%ig. KCN-Lsg. während 1 Std. unter Rühren, 1 Std. Stehen bei 80 bis 90°, Neutralisieren mit konz. HCl, Zugabe von Ae., Abtrennen u. Fraktionieren unter N_2; 79%, nach BRUSON u. RIENER (C. **1945**. II. 1592) nur 28%, nach A. P. 2409086; C. **1947**. 1040 nur ca. 10%. — *α.α-Dimethylglutarsäure*, F. 84—85°, durch Zugabe vorst. Verb. zu konz. H_2SO_4 u. 65%ig. HNO_3, Erwärmen, Zugabe der Hauptmenge des Aldehyds bei ca. 40° während 2 Std., mehrstd. Stehen u. 2std. Erwärmen unter Rühren bis 70°; 72%. — Aus 25 g vorst. Verb. werden wie bei **I** das *Anhydrid* u. 20 g *Imid*, F. 150°, aus W. Nadeln, dargestellt. — Aus 2 g Imid durch Red. wie bei der Darst. von **II** 1,06 g *3.3-Dimethylpiperidin*, Kp. 136—138°; n_D^{25} 1,4452. *Pikrat*, $C_{13}H_{18}O_7N_4$, F. 179—181° (Methanol-W.). Daraus das *Hydrochlorid*, F. 163—164° (Chlf.-Ae.) wie bei **II**. — *β.β-Dimethylglutarsäure*, durch Oxydation von Dimedon mit H_2O_2 nach RUHL (l. c.) — Aus 15 g vorst. Verb. über das *Anhydrid* 11,5 g *Imid*, F. 146 bis 147°. Daraus *4.4-Dimethylpiperidin*, $C_7H_{15}N$, Kp. 139—141°, Kp.$_{12}$ 30—32°; n_D^{25} 1,4489; 71%. *Pikrat*, $C_{13}H_{18}O_7N_4$, F. 201—203°. Daraus das *Hydrochlorid*, $C_7H_{16}NCl$, F. 227—228°, Nadeln. — *α.α-Dimethyl-γ-valerolacton*, F. 49—51° (Ae.-PAe.), durch Eintragen von Na in eine sd. Lsg. von 12 g Mesitonsäure (erhalten nach LAPWORTH [1902]) in absol. A. unter fortwährendem A.-Zusatz, Zugabe von W., Abdestillieren des A., Versetzen mit 50%ig. H_2SO_4 u. 5 Min. Kochen; 8,6 g. — Durch

Verreiben gleicher Teile vorst. Verb. u. KCN, 10std. Erhitzen im Bombenrohr auf 280°, Lösen in wenig W., Zugabe von konz. HCl, 12std. Stehen, ½std. Kochen, Entfernen eines harzähnlichen Prod., Behandeln mit Tierkohle u. Abkühlen entsteht *α.α.α'-Trimethylglutarsäureimid*, F. 138–140°, Nadeln; 62%. — Daraus durch $LiAlH_4$-Red. *3.3.5-Trimethylpiperidin*, Kp. 148–150°, $Kp._{32}$ 58°; n_D^{25} 1,4433; 65%. *Pikrat*, $C_{14}H_{20}O_7N_4$, F. 191–193°. Daraus das *Hydrochlorid*, $C_8H_{18}NCl$, F. 165–166°. — *α.β.β-Trimethylglutarsäure*, durch mehrstd. Stehen einer Lsg. von 20 g des durch Methylierung von α.α'-Dicyan-β.β-dimethylglutarsäureimids erhaltenen α.α'-Dicyan-α.β.β.N.tetramethylglutarsäureimids in konz. H_2SO_4, Zugabe von W., vorsichtiges Erwärmen, dann 12std. Stehen bei 180° Ölbadtemp., Abkühlen, Filtrieren, Verdünnen mit W., Sättigen mit $(NH_4)_2SO_4$, Aufnehmen in Ae. u. Umkristallisation aus HCl; 11 g. — Daraus über das *Anhydrid* das *Imid*, $C_8H_{13}O_2N$, F. 126–127°, nach Chromatographieren des Rohprod. an einer Säule von $ZnCO_3$ u. Celite (3:1) u. Entw. mit Bzl., Bzl.-Aceton u. Aceton–Methanol; 1,9 g; daneben eine nicht näher untersuchte *Verb.*, F. 137–138°. — *3.4.4-Trimethylpiperidin*, Kp. 160–162°, $Kp._{50}$ 79–81°, durch $LiAlH_4$-Red. vorst. Verb.; n_D^{25} 1,4536. *Pikrat*, $C_{14}H_{20}O_7N_4$, F. 198–200°. Daraus das *Hydrochlorid*, $C_8H_{18}NCl$, F. 150–151°. (Helv. chim. Acta **37**. 397–402. 15/3. 1954. Zürich, Univ., Chem. Inst.) BUCHTA. 3231

J. H. Boyer, D. I. McCane, W. J. McCarville und **A. T. Tweedie**, *Pyrido-2.3-furoxan. Pyridotetrazol* sowie seine *6-* u. *8-Nitroderivv.* werden durch Rk. von Halogen- bzw. Halogennitropyridinen mit HN_3 in sd. wss. A. hergestellt, während bei der Einw. von HN_3 auf diazotiertes α-Aminopyridin (**III**) nur *α-Pyridon* (**II**) bzw. aus einer Mischung von 10%ig. NH_4OH u. dem Perbromid des α-Pyridyldiazoniumbromids lediglich *α-Brompyridin* (**V**) u. **II** erhalten werden. *8-Nitropyridotetrazol* (**IV**) wird durch Pyrolyse in *Pyrido-2.3-furoxan* (**I**) übergeführt, das typ. Furoxaneigg. zeigt u. von dem in Analogie zu asymm. Benzfuroxanen nur ein Isomeres erhalten wird. Die Annahme einer chinonähnlichen Struktur mit asymm. Anordnung der N_2O_2-Gruppe wird durch die Parachorwerte u. durch Vgl. der Infrarotspektren 5%ig. Lsgg. von Benzfuroxan u. *5.6-Tetramethylenbenzfuroxan*, dargestellt aus *2-Azido-3-nitrotetralin*, mit dem einer 5%ig. Lsg. von **I** u. CCl_4 oder Chlf. unterstützt.

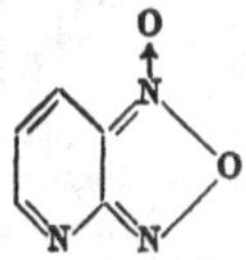

I

Versuche: Nach tropfenweiser Zugabe von 24 ml Br_2 zu 48%ig. HBr + 15 g **III** bei 0–10°, dann von $NaNO_2$-Lsg., Behandeln des Öles mit 10%ig. NH_4OH u. Ausäthern wurden *α-Pyridon* (**II**), F. 95–98°, 1 g (Ausbeute), u. *α-Brompyridin* (**V**), $Kp._{18}$ 84°, n_D^{20} 1,5710, 37%, isoliert. — Diazotieren von **III**, Zugabe von NaN_3-Lsg., Alkalisieren mit $NaHCO_3$, Eindampfen des Filtrats, Ausziehen mit A., Eindampfen, Aufnehmen in Bzl. u. Fällen mit PAe. führt zu **II**, F. 104–106°; 49%. — Durch Versetzen einer 10%ig. wss.-alkoh. Lsg. von 2-Chlor-5-nitropyridin bzw. 2-Chlor-3-nitropyridin mit wss.-alkoh. NaN_3-Lsg., Zugabe von 10%ig. HCl, 30–45std. Kochen u. Einengen wurden *6-Nitropyridotetrazol*, $C_5H_3O_2N_5$, F. 138–140° (Zers.), aus A., hellgelb; 74%, bzw. *8-Nitropyridotetrazol* (**IV**), F. 167–168° (Zers.), aus A. gelbbraun; 81%, erhalten. Analog *Pyridotetrazol* aus **V**, F. 156–158°; 69%. Durch Pyrolyse letzterer Verb. sowie ihres 6-Nitroderiv. in Dekalin, Diphenyläther oder ohne Lösungsm. entstehen rötlichbraune, nicht näher untersuchte, wahrscheinlich polymere Verbb.; F. nicht unter 220°. — *Pyrido-2.3-furoxan* (**I**), $C_5H_3O_2N_3$, F. 52–53° (gelb), durch Pyrolyse von **IV** in einem Temperaturbad von sd. m-Dichlorbenzol (170°, 10 Min.) u. Aufnehmen in Ae.; 97%; daneben eine rötlichbraune Masse. — Durch 12std. Kochen einer methanol. Lsg. vorst. Verb. mit $Na_2S \cdot 9\,H_2O$ u. $NaHCO_3$, Zugabe von W., Filtrieren u. Eindampfen wird *2.3-Diaminopyridin*, F. 112° (A.), erhalten; 17%; daneben ein öliges Prod., vielleicht *Pyrido-2.3-furazan*. — *2-Azido-3-nitrotetralin*, $C_{10}H_{10}O_2N_4$, F. 85–86°, durch 15 Min. Kochen von 2-Acetylamino-3-nitrotetralin in alkoh. HCl, Abkühlen auf 0–5°, Zugabe von wss. $NaNO_2$-Lsg., ½std. Stehen, Filtrieren u. Zugabe wss. NaN_3-Lsg.; aus A. orangegelbe Nadeln; 91,4%. — *5.6-Tetramethylenbenzfuroxan*, $C_{10}H_{10}O_2N_2$, F. 106–107°, durch ca. 1std. Erhitzen vorst. Verb. u. Xylol auf 110–120° u. Eindampfen; aus A. orangegelbe Platten; 92%. (J. Amer. chem. Soc. **75**. 5298–5300. 5/11. 1953. Ann Arbor, Mich., Univ. of Michigan, Chem. Dep.) BUCHTA. 3231

William S. Emerson, Robert A. Heimsch und **Tracy M. Patrick jr.**, *Heterocyclische Verbindungen aus Äthylanilinen.* Während die Kondensation von Benzoin (**I**) mit p-Äthylanilin (**II**) nur zu *N-[1.2-Diphenyl-2-oxyäthyliden]-p-äthylanilin* führt, erfolgt nach Rk. von **I** mit o-Äthylanilin (**III**) Ringschluß zu *2.3-Diphenyl-7-äthylindol.* Durch SKRAUPsche Synth. werden aus **II** bzw. **III** *6-* (**IV**) bzw. *8-Äthylchinolin* sowie einige Derivv. dargestellt.

Versuche: *o-Äthylanilin* (III), $Kp._{18}$ 99—105°, durch Hydrierung von o-Äthylnitrobenzol mit Raney-Ni; n_D^{25} 1,5562; 73% (Ausbeute). — *2.3-Diphenyl-7-äthylindol*, $C_{22}H_{19}N$, F. 113—114° (Hexan, dann A.), durch 3std. Erhitzen von I u. III mit $ZnCl_2$ in Bzl. auf 130° im Autoklaven, Aufnehmen in A. u. Fällen mit W.; 49%. — *8-Äthylchinolin*, $Kp._{20}$ 132—135°, durch abgewandelte Skraup-Rk. (vgl. Glenn u. Bailey, J. Amer. chem. Soc. **63**. [1941.] 639) aus III; n_D^{25} 1,5993; 74% (bezogen auf umgesetztes [36%] III). Daraus durch 18std. Erhitzen mit CH_3J auf 100° im Druckgefäß das *Methojodid*, $C_{12}H_{14}NJ$, F. 138—139° (Essigester–Methanol); 47%. — *p-Äthylanilin* (II), $Kp._{14}$ 98°, $Kp._{19}$ 108°, analog III; n_D^{25} 1,5520; 93%. — *N-[1.2-Diphenyl-2-oxyäthyliden]-p-äthylanilin*, $C_{22}H_{21}ON$, F. 103—104°, durch 3std. Erhitzen von I u. II mit $ZnCl_2$ in Bzl. auf 130° im Autoklaven, Behandeln mit A. u. Aufkochen in Hexan, wobei etwas *II-Zn-Salz* ($C_8H_{11}N \cdot \frac{1}{2} ZnCl_2$, Zers. bei 244—247° [A.]; 2 g [aus 60 g II]) ungelöst bleibt; 20%. — *6-Äthylchinolin* (IV), $C_{11}H_{11}N$, $Kp._{14}$ 135—136°, nach Glenn (l. c.) aus II; n_D^{25} 1,6009; $D.^{25}_{25}$ 1,043; 45% (bezogen auf umgesetztes [23%] II). *Pikrat*, $C_{17}H_{14}O_7N_4$, F. 205,0—205,5°. *Methojodid*, $C_{12}H_{14}NJ$, F. 194,0 bis 194,5° (Methanol); 99%. — *IV-N-Oxydacetat*, $C_{13}H_{15}O_3N$, F. 66—67°, durch 24std. Rk. von IV mit Eisessig u. 30%ig. H_2O_2 bei 50° u. Dest. bei 110°/25 mm (Bad); roh 78%; ließ sich nicht völlig rein erhalten. *IV-N-Oxydpikrat*, $C_{17}H_{14}O_8N_4$, F. 156 bis 157°. (J. Amer. chem. Soc. **75**. 2256—57. 5/5. 1953. Dayton, O., Monsato Chem. Co., Central Res. Dep.) W. Hoffmann. 3231

R. G. W. Hollingshead, *5-Fluor-8-oxychinolin (5-Fluoroxin) und seine Empfindlichkeit gegenüber gewissen Metallen.* Vf. untersuchte die analyt. Verwendbarkeit von *5-Fluoroxin* (I) in 0,02 mol. Lsg. in absol. A., indem er nach der Meth. von Irving, Butler u. Ring (C. **1950**. II. 151) die Empfindlichkeitsgrenze gegenüber Cu^{2+}, Al^{3+}, UO_2^{2+}, Co^{2+}, Mg^{2+} u. Hg^{2+} prüfte. Es zeigte sich, daß sich I sehr ähnlich wie Oxin verhält. — Zur Darst. von I erwies sich nach Mißerfolgen mit bereits beschriebenen Verff. (vgl. Helin u. Vanderwerf, C. **1952**. 7175) am zweckmäßigsten die Kupplung von Oxin mit diazotierter Sulfanilsäure u. Red. zu *5-Aminooxin* u. dessen Fluorierung nach dem Diazoniumborfluoridverfahren.

Versuche: *5-Aminooxinhydrochlorid*, durch Zugabe einer Lsg. von 69 g $NaNO_2$ in 200 cm³ W. zu einer Lsg. von 173 g Sulfanilsäure u. 53 g wasserfreiem Na_2CO_3 in 1500 cm³ W., Abkühlen auf 0°, Zutropfen einer eiskalten Mischung von 150 cm³ konz. HCl u. 100 cm³ W., Einrühren einer Lsg. von 145 g Oxin in 100 cm³ konz. HCl + 100 cm³ W., Abpressen des tiefroten Nd., Red. mit 1000 cm³ konz. HCl u. 1100 g $SnCl_2 \cdot 4 H_2O$ bei 95° in 30 Min., Lösen des beim Abkühlen ausgeschiedenen gelben Nd. in 5000 cm³ W., Ausfällen des Sn mit H_2S, Ansäuern der Lsg. mit ca. 150 cm³ konz. HCl u. Eindampfen im H_2S-Strom; 90,3% (Ausbeute). — *5-Fluoroxin (5-Fluor-8-oxychinolin, I)*, C_9H_6ONF, F. 110°; durch tropfenweise Zugabe einer Lsg. von 12 g $NaNO_2$ in 40 cm³ W. zu einer auf 0—3° abgekühlten Lsg. von 40 g der vorst. Verb. in 150 cm³ 45%ig. HBF_4 + 50 cm³ W., Waschen des Nd. mit eiskaltem A.–Ae. (1 : 1) u. zuletzt mit Ae., Trocknen im Vakuum bei 35—40°, therm. Zers. durch Berührung mit einer Sparflamme, Aufnehmen des Rückstands in warmem W., Neutralisation der filtrierten Lsg. mit gesätt. Na-Acetatlsg., Trocknen des Nd. im Vakuum bei 40—50° u. Sublimation bei 110° (0,01 mm); 39,2%. (Chem. and Ind. **1954**. 344—46. 20/3. Poole, Dorset, British Drug Houses Ltd., B. D. H. Labor. Chem. Group.) Forche. 3231

Alexander Galat, *Synthese von Isochinolinen unter Verwendung von Acetamidomalonester.* Der aus Acetamidomalonsäurediäthylester (I) u. Benzylchlorid (II) in CH_3OH leicht zugängliche *α-Acetamido-α-carbomethoxy-β-phenylpropionsäuremethylester* läßt sich nach Bischler-Napieralski zu *1-Methyl-3.3-dicarbomethoxy-3.4-dihydroisochinolin* cyclisieren, welches nach Hydrolyse u. Decarboxylierung zu *1-Methylisochinolin* dehydriert werden kann. Auf die Möglichkeit der Darst. weiterer Isochinoline durch Anwendung entsprechender II-Derivv. wird hingewiesen.

Versuche: *α-Acetamido-α-carbomethoxy-β-phenylpropionsäuremethylester*, $C_{14}H_{17}O_5N$, F. 164—165°, aus I u. II in Methanol; 85% (Ausbeute). — *1-Methyl-3.3-dicarbomethoxy-3.4-dihydroisochinolin*, $C_{14}H_{15}O_4N$, F. 94° (Methanol), durch 1—1½std. Kochen vorst. Verb. in $POCl_3$, Einengen, Behandeln mit W., dann Sodalsg. u. Reinigen durch Lösen in verd. HCl u. Fällen mit NH_4OH; 70,5%. — *1-Methyl-3-carboxy-3.4-dihydroisochinolin* (III), $C_{11}H_{11}O_2N \cdot H_2O$, F. 160—165° (Zers.; W.), durch Suspendieren von 1 g vorst. Verb. in sd. W., langsame Zugabe von 20%ig. NaOH, bis Verseifung vollständig; dann Ansäuern mit HCl u. Kochen, bis CO_2-Entw. beendet; 0,65 g. — *1-Methyl-3.4-dihydroisochinolin*, durch Erhitzen von III unter CO_2 auf 170—180° (Bad); blumenartig riechendes Öl; daraus in Methanol *Pikrat*, F. 190°. — *1-Methylisochinolin*, aus vorst. Verb. oder direkt aus III durch Dehydrierung mit

Pd-Kohle in Tetralin. *Pikrat*, F. 208—210°. *Sulfat*, F. 248—250°. (J. Amer. chem. Soc. **75**. 1738—39. 5/4. 1953. Yonkers, N. Y.) W. HOFFMANN. 3231

Armiger H. Sommers und **Bruce W. Horrom,** *Neue Synthesen von Thiomorpholin. Die Reduktion von Mono- und Diketothiazanen durch Lithiumaluminiumhydrid.* Durch Red. von 3-Keto-1.4-thiazan oder (schlechter) 3.5-Diketo-1.4-thiazan mit $LiAlH_4$ entsteht *Thiomorpholin* (**I**). Rkk. von **I** mit Phosgen (→ *4.4'-Carbonyl-bis-[thiomorpholin]*), HCHO + HCOOH (→ *4-Methylthiomorpholin*), CH_3J (→ *Dimethylthiomorpholiniumjodid*) u. C_2H_5J (→ *4-Äthylthiomorpholinhydrojodid*) werden beschrieben.

Versuche (FF. korr.): *Thiomorpholin* (**I**), C_4H_9NS, $Kp._{746}$ 174°, $Kp._{100}$ 110°, a) aus 3-Keto-1.4-thiazan u. $LiAlH_4$ in Ae. unter N_2 [6std. Kochen; 68% (Ausbeute)]; b) analog aus 3.5-Diketo-1.4-thiazan (21%); n_D^{20} 1,5386; n_D^{25} 1,5368; $D.^{20}_4$ 1,0882. *Hydrochlorid*, $C_4H_{10}NClS$, F. 174—175°, Nadeln. *Pikrat*, $C_{10}H_{12}O_7N_4S$, F. 204—205°, gelbe Nadeln (A.). *Pikrolonat*, $C_{14}H_{17}O_5N_5S$, F. 246°, gelbe Nadeln (A.). — *4-Methylthiomorpholin*, $Kp._{751}$ 164—165°, aus **I**, Formalin (40% ig) u. 98% ig. HCOOH (1½ Std. bei 100°); n_D^{25} 1,5068; 72%. *Hydrochlorid*, $C_5H_{12}NClS$, F. 248—249°, Nadeln (Isopropanol). — *4.4-Dimethylthiomorpholiniumjodid*, $C_6H_{14}NJS$, F. 297° (A.), aus vorst. Verb. oder **I** u. CH_3J in A. (12 Std. Stehen). — *4-Äthylthiomorpholin, Hydrojodid*, $C_6H_{14}NJS$, F. 140—141°, Nadeln, aus **I** u. C_2H_5J in A. (einige Tage Stehen, dann Einengen). *Pikrat*, $C_{12}H_{16}O_7N_4S$, F. 189—190°. — *4.4'-Carbonyl-bis-[thiomorpholin]*, $C_9H_{16}ON_2S_2$, F. 143—144° (wss. Methanol), aus **I** u. Phosgen in Toluol–Pyridin–Ae. (30 Min. Rühren); 47%. (J. Amer. chem. Soc. **76**. 1187—88. 20/2. 1954. North Chicago, Ill., Abbott Labors.) J. ROTHE. 3292

Henry Gilman und **R. David Nelson,** *Oxydation von 10-Acyl- und 10-Alkylphenothiazinen.* Durch Rk. von Phenothiazin (**I**) mit Säurechloriden in Dioxan in Ggw. von Soda werden einige *10-Acylphenothiazine* dargestellt, die ebenso wie einige *10-Alkylphenothiazine* durch Oxydation mit 30% ig. H_2O_2 in A. bzw. überschüssigem 30% ig. H_2O_2 in Eisessig in *10-Acyl-* bzw. *-Alkylphenothiazin-5-oxyde* bzw. *-dioxyde* übergeführt werden. Bei der Oxydation von *10-Chloracetylphenothiazin* (**III**) mit HNO_3 in Eisessig entstehen *3-Nitrophenothiazin-5-oxyd* u. *10-Chloracetylphenothiazin-5-oxyd* (**VIII**), nicht aber das Nitroderiv. von **VIII**. Die Oxydation mit HNO_3 wird auf andere 10-Acylderivv. ausgedehnt u. in Übereinstimmung mit BERNSTEIN u. ROTHSTEIN (C. **1945**. II. 812) festgestellt, daß die mit dem N-Atom des **I** verknüpfte Gruppe den Verlauf der Oxydation beeinflußt. Im Gegensatz zu PUMMERER u. GASSNER [1913], welche *Phenothiazin-5-oxyd* (**VII**) durch Oxydation von **I** mit 30% ig. H_2O_2 in heißem A. in Ggw. von KOH in 75% ig. Ausbeute erhielten (die Angaben konnten nicht reproduziert werden), wird gezeigt, daß die Rk. nur in Abwesenheit von KOH, dann aber mit fast quantitativer Ausbeute durchführbar ist. In Ggw. von Alkali erfahren die in 10-Stellung acylierten *Phenothiazin-5-oxyde* u. *-dioxyde* Hydrolyse. — Die 10-Na-Verb. von **I** ließ sich nicht mit Jodbenzol umsetzen.

Versuche: *10-Acetylphenothiazin* (**II**), F. 197—198° (A.), durch Zugabe von Acetylchlorid in Dioxan unter Rühren zu **I** in Dioxan mit suspendierter, wasserfreier Soda, 40 Min. Erhitzen u. Gießen in sehr verd. HCl; hellgelb; 79% (Ausbeute). — Analog folgende Phenothiazine: *10-Chloracetyl-* (**III**), $C_{14}H_{10}ONClS$, F. 113,5 bis 114,5° (Bzl.-PAe.); 45%. — *10-Dichloracetyl-*, $C_{14}H_9ONCl_2S$, F. 149—151° (A.); 23%, bei Verwendung von Dichloressigsäureanhydrid, F. 154—155°; Reinigung durch chromatograph. Adsorption an Al_2O_3; 32%. — *10-Phenacetyl-* (**V**), $C_{20}H_{15}ONS$, F. 152 bis 153° (Bzl.); 66%. — 10-Acylphenothiazin-5-oxyde, a) durch Zugabe von konz. HNO_3 zu dem entsprechenden 10-Acylphenothiazin in Eisessig im Eisbad, ½std. Stehen, Rühren, Gießen in W., Filtrieren u. Gießen des Filtrats auf Eis; b) durch 5std. Kochen des entsprechenden 10-Acylphenothiazins in A. u. 30% ig. H_2O_2, weitere Zugabe von H_2O_2, ½std. Kochen, mehrstd. Stehen bei Raumtemp., Abdest. des größten Teiles des Lösungsm. u. Zugabe von H_2O. — *10-Acetyl-* (**VI**), $C_{14}H_{11}O_2NS$ F. 169,5—170°, aus **II** nach Meth. a); aus A. flache Nadeln; 19%; daneben *3-Nitrophenothiazin-5-oxyd*; nach Meth. b) 88% **VI**. Durch Hydrolyse von **VI** in A. u. 10% ig. NaOH entsteht *Phenothiazin-5-oxyd* (**VII**), F. 250—251° (Zers.); 72%. Die folgenden 10-Acylphenothiazin-5-oxyde werden in gleicher Weise zu **VII** hydrolysiert. **VII** entsteht außerdem durch 7std. Kochen von **I**, A., 10% ig. alkoh. KOH u. 30% ig. H_2O_2 unter Rühren, Abdest. des Lösungsm. u. Gießen in W.; 96%. — *10-Chloracetyl-* (**VIII**), $C_{14}H_{10}O_2NClS$, F. 186—187°, aus **III** nach Meth. a); 86%. — *10-Phenacetyl-*, $C_{20}H_{15}O_2NS$, F. 141—141,5° (A.), aus **V** nach Meth. a); Reinigung durch Chromatographie; 50%, nach Meth. b) 70%. — Durch Zugabe von 30% ig. H_2O_2 zu einer heißen Lsg. von 10-Äthylphenothiazin in absol. A., 8std. Kochen, nach 5 Std. Zugabe von weiterem H_2O_2, 15std. Stehen, Einengen u. Gießen in Eiswasser entsteht *10-Äthylphenothiazin-*

5-dioxyd, F. 161—163°; 15,5%, u. *10-Äthylphenothiazin-5-oxyd*, $C_{14}H_{13}ONS$, F. 162 bis 163°; 62%; Trennung durch Lösen in Bzl., Chromatographie an Al_2O_3 u. Eluieren mit Bzl., dann absol. C_2H_5OH. — *10-Acetylphenothiazin-5-dioxyd* (**IV**), $C_{14}H_{11}O_3NS$, F. 216—217° (A.), durch Zugabe von 30%ig. H_2O_2 zu **II** in Eisessig unter Rühren bei Raumtemp., 15 Min. Erhitzen auf 60—70°, Zugabe von weiterem H_2O_2, 1½std. Erhitzen unter Rühren u. Abdest. des Lösungsm. im Vakuum; 68%; ebenfalls durch Oxydation von **VI** mit H_2O_2 in Eisessig; 30%. — Analog folgende Phenothiazin-5-dioxyde: *10-Methyl-*, $C_{13}H_{11}O_2NS$, F. 220—221° (Zers.); 44%. — *10-Äthyl-*, $C_{14}H_{13}O_2NS$, F. 162—164°; 95%. — *10-Chloracetyl-*, $C_{14}H_{10}O_3NClS$, F. 211° (Zers.); 51%. — *10-Dichloracetyl-*, $C_{14}H_9O_3NCl_2S$, F. 211—212° (Zers.); 80%. — *10-Phenacetyl-*, $C_{20}H_{15}O_3NS$, F. 215—216° (Zers.; Xylol); 70%; ebenfalls durch Oxydation des Monooxyds mit H_2O_2 in Eisessig; 77%. — *Phenothiazin-5-dioxyd*, F. 255—257° (Zers.), durch Hydrolyse von **IV** in heißem absol. A. mit 10%ig. NaOH, Einengen u. Zugabe von W.; 100%. Analog werden die anderen 10-substituierten Phenothiazin-5-dioxyde hydrolysiert. — *10-Methylphenothiazin*, F. 99—100°, durch Zugabe von Dimethylsulfat zu **I**, gelöst in Dioxan, u. wasserfreiem K_2CO_3, 3½std. Kochen unter Rühren u. weitere Zugabe von Dimethylsulfat, insgesamt 24std. Kochen, Gießen in warmes W., mehrstd. Stehen u. Extrahieren mit heißem A.; aus 95%ig. A. gelbe Nadeln; 26% (J. Amer. chem. Soc. **75**. 5422—25. 5/11. 1953. Ames, Io., Iowa State Coll., Dep. of Chem.) Buchta. 3292

Dennis Collins und **John Graymore**, *Die Einwirkung von Schwefelwasserstoff auf gewisse aromatische Amine in Gegenwart von Formaldehyd.* Durch Kondensation von Anilin bzw. p-Toluidin mit H_2S u. Formaldehyd in verschied. Mengenverhältnissen wurden *Tetrahydrothiadiazine, Thiazetidine* u. *Dihydrodithiazine* erhalten. m-Toluidin gab kein Tetrahydrothiadiazin, aus o-Toluidin entstanden nur Öle. Mit HCl erhitzt, zers. sich alle hergestellten Verbb. zu Trithioformaldehyd u. dem Hydrochlorid des Amins.

Versuche: *3.5-Diphenyltetrahydro-1-thia-3.5-diazin*, $C_{15}H_{16}N_2S$, F. 103° (A.), durch Einleiten von 0,5 Mol H_2S in eine wss.-alkoh. HCHO-Lsg. u. Zufügen zu der Lsg. von 10 g Anilin in A. bei 0°; 10,3 g. — Analog *3.5-Di-p-tolyltetrahydro-1-thia-3.5-diazin*, $C_{17}H_{20}N_2S$, F. 105° (A.); 8,6 g neben 1,5 g **I** (vgl. unten). — *3-Phenyl-1-thia-3-azetidin*, C_8H_9NS, F. 172° (Platten aus A.), a) wie oben, aber 2 Mol H_2S (2,8 g); b) aus 2 g Benzylidenanilin in A. u. H_2S–HCHO-Lsg. bei 0° (1,26 g). — Daneben *5.6-Dihydro-5-phenyl-1.3-dithia-5-azin*, $C_9H_{11}NS_2$, F. 174° (A.); 13,9 g, von vorst. Verb. durch Kristallisieren aus A. oder Aceton getrennt. — Analog *3-p-Tolyl-1-thia-3-azetidin* (**I**), $C_9H_{11}NS$, F. 174° (Nadeln aus A.); 2,6 g. — *5.6-Dihydro-5-p-tolyl-1.3-dithia-5-azin*, $C_{10}H_{13}NS_2$, F. 142° (wss. A.). — *3-m-Tolyl-1-thia-3-azetidin*, F. 183° (Nadeln aus Aceton). — *5.6-Dihydro-5-m-tolyl-1.3-dithia-5-azin*, F. 120° (Aceton oder A.). (J. chem. Soc. [London] **1953**. 4089—90. Dez. Plymouth and Devonport Techn. Coll.) J. Rothe. 3333

C. I. Brodrick, M. L. Donaldson, J. S. Nicholson, W. F. Short und **D. G. Wibberley**, *Heterocyclische Derivate von 1.2;5.6-Dibenzocycloheptatrien-(1.3.5).* 1. Mitt. *2.3;6.7-Dibenz-1-oxa-4-azacycloheptatriene-(2.4.6).* Durch Cyclisierung der benzolsulfonsauren Salze oder der Acylderivv. von 2-Aminodiphenyläthern mit $POCl_3$ (bzw. PCl_5) u. Nitrobenzol nach Bischler-Napieralski wird eine Reihe von Derivv. des *2.3;6.7-Dibenz-1-oxa-4-azacycloheptatriens-(2.4.6)* (**I**) dargestellt. Vff. schlagen für diese die angegebene Zählung vor u. empfehlen für die Derivv. von *3.4;6.7-Dibenz-1-azacycloheptatrien-(1.3.6)* u. *2.3;6.7-Dibenzo-1.4-diaza-* bzw. *-1-thia-4-azacycloheptatrien-(2.4.6)* analoge Bezifferung. Das *3'-Amino-2''-methoxy-5-phenylderiv.* von **I** wird durch reduktive Cyclisierung von 2-[2.4-Dinitrophenoxy]-5-methoxybenzophenon erhalten. Beim Vers. das *2''.3'-Dicyan-5-phenylderiv.* (**II**) mit Na in A. zu reduzieren, erfolgt Spaltung der Ätherbindung; die dabei entstehenden Prodd. werden durch entsprechende Verss. identifiziert. Die Rk. von *3'-Nitro-5-p-nitrophenyl-2.3;6.7-dibenz-1-oxa-4-azacycloheptatrien-(2.4.6)* (**III**) mit Dimethylsulfat (bearbeitet von **A. E. S. Fairfull**) führt ebenfalls zur Spaltung; ein Mechanismus für die Bldg. des dabei wahrscheinlich entstehenden *2-[2-Methylamino-4-nitrophenoxy]-4'-nitrobenzophenons* wird diskutiert. Mit der Darst. von **III** aus dem $SnCl_2$-Reduktionsprod. von 2.4-Dinitrodiphenyläther wird die Auffassung von Brewster u. Strain (J. Amer. chem. Soc. **56**. [1934.] 117) bestätigt, daß bei dieser Red. entgegen der Ansicht von Bogert u. Evans [1926] nicht 4-Amino-2-nitro-, sondern *2-Amino-4-nitrodiphenyläther* (**IV**) entsteht.

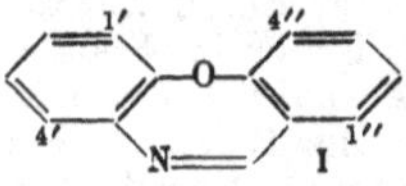

I

Versuche: Diphenyläther: *2-Amino-* (**V**), roh aus 2-Nitro- nach Ullmann [1896]; daraus *2-Benzamido-* (**VI**), $C_{19}H_{15}O_2N$, F. 76,5—77°; 61% (Ausbeute). — *2-Amino-4'-brom-, Hydrochlorid*, F. 183—185°, durch 1std. Erhitzen von 4'-Brom-

2-nitro- mit red. Fe-Pulver u. $FeCl_3$ in W., Ausäthern u. Fällen mit konz. HCl; daraus *2-Acetamido-4'-brom-*, F. 105—106°; u. durch Benzoylierung in 10%ig. wss. NaOH bei Raumtemp. *2-Benzamido-4'-brom-*, $C_{19}H_{14}O_2NBr$, F. 98—99°; 53%. — *4-Brom-2-nitro-*, nach HENLEY (J. chem. Soc. [London] **1930**. 1223); 85%; daraus wie vorst. *2-Amino-4-brom-* (**VII**), F. 53—54°; 37%. — *2-Benzamido-4'-methoxy-*, $C_{20}H_{17}O_3N$, F. 135,5—136,5° (A.), aus 2-Amino-4'-methoxydiphenyläther (**VIII**)-Hydrochlorid u. Benzoylchlorid in n-NaOH; 88%. — *4-Nitro-2-[p-nitrobenzamido]-*, $C_{19}H_{13}O_6N_3$, F. 173°, aus **IV**; aus A. Nadeln. — *4'-Methoxy-2-p-nitrobenzamido-*, $C_{20}H_{16}O_5N_2$, F. 132—133°, aus A. gelbe Blättchen; 82%. — *p-Cyanbenzoylchlorid*, F. 65—66° (Bzl.–PAe.), nach ASHLEY u. Mitarbeitern (J. chem. Soc. [London] **1942**. 115); 83%. Daraus mit **VIII** *2-[p-Cyanbenzamido]-4'-methoxy-*, $C_{21}H_{16}O_3N_2$, F. 119—121°; 74%. — *4'-Methoxy-2-nicotinamido-*, $C_{19}H_{16}O_3N_2$, F. 93—94°, durch Rk. von Nicotinoylchlorid-hydrochlorid (aus der Säure mit $SOCl_2$) mit **VIII** in sd. Chlorbenzol, Aufnehmen in 5nHCl u. Zugabe von NH_4OH; aus viel PAe. Stäbchen; 43%. — *2-Amino-4.4'-dibrom-*, *Hydrochlorid*, F. 176—177°, aus 2-Nitro-4.4'-dibrom- (dieser nach HENLEY [l. c.]; 71%) mit Fe u. wss. $FeCl_3$; 83%; *Base*, F. 68—69°. Daraus in 10%ig. NaOH *2-Benzamido-4.4'-dibrom-*, $C_{19}H_{13}O_2NBr_2$, F. 132—133°. — *2-Benzamido-4.4'-dicyan-* (**IX**), $C_{21}H_{13}O_2N_3$, F. 177°, durch Benzoylierung von 2-Amino-4.4'-dicyan- in sd. Pyridin; aus Essigester Prismen; 73%. — *2-[2.4-Dinitrophenoxy]-5-methoxybenzophenon*, $C_{20}H_{14}O_7N_2$, F. 126,5—128,5°, durch 1std. Kochen von 2-Oxy-5-methoxybenzophenon u. 1-Chlor-2.4-dinitrobenzol in Ggw. von C_2H_5ONa in A.; aus A. Prismen; roh 61%. — 2.3; 6.7-Dibenz-1-oxa-4-azacycloheptatriene-(2.4.6): *3'-Amino-2''-methoxy-5-phenyl-*, $C_{20}H_{16}O_2N_2$, F. 141,5—143° (Methanol), durch 16std. Hydrieren vorst. Ketons in Ggw. von RANEY-Ni bei Raumtemp. u. 1 at in Essigester, Aufnehmen in 5nHCl, Alkalisieren mit NH_4OH u. Ausäthern; 47%. *Pikrat*, $C_{26}H_{19}O_9N_5$, F. 175° (Zers.); aus A. gelbe Nadeln. — *2''-Methoxy-5-[p-methylsulfonylphenyl]-*, $C_{21}H_{17}O_4NS$, F. 150—152°, durch 2std. Erhitzen von **VIII**-Benzolsulfonat u. p-Cyanphenylmethylsulfon auf 210°, Aufnehmen in sd. W., Behandeln mit Alkali u. Chlf. u. 5std. Kochen des entstandenen *N-[o-(4-Methoxyphenoxy)-phenyl]-p-methylsulfonylbenzamidins* ($C_{21}H_{20}O_4N_2S$, F. 146—147°, aus 95%ig. A. Nadeln; 13%) in $POCl_3$; aus Methanol hellgelbe Nadeln; 30%. — *5-Phenyl-* (**X**), $C_{19}H_{13}ON$, F. 81°, a) durch 2½std. Erhitzen von *o-Phenoxyphenylammoniumbenzolsulfonat* ($C_{18}H_{17}O_4NS$, F. 150—151° [A.–Ae.], aus **V**; 95%) u. Phenylcyanid auf 200°, 4std. Kochen des entstandenen *N-[o-Phenoxyphenyl]-benzamidins* ($C_{19}H_{16}ON_2$, F. 120—121° [Bzl.–PAe.]; 72%) mit $POCl_3$ in Nitrobenzol, Einengen, Behandeln mit 5nNaOH u. Ausäthern; 78%; b) durch 3—7std. Erhitzen von **VI** in $POCl_3$–Nitrobenzol auf 170—190°; 80%. *Hydrochlorid*, $C_{19}H_{14}ONCl$, F. 135—136°. *Pikrat*, $C_{25}H_{16}O_8N_4$, F. 149—150°, aus A. gelbe Nadeln; 64%. — Analog **X** (Meth. b) nachst. Verbb.: *2''-Methoxy-5-phenyl-*, $C_{20}H_{15}\cdot O_2N$, F. 138—139,5°, Darst. ohne Nitrobenzol; 54%. — *3'-Nitro-5-p-nitrophenyl-* (**III**), $C_{19}H_{11}O_5N_3$, F. 264°; 55%. — *2''-Methoxy-5-p-nitrophenyl-*, $C_{20}H_{14}O_4N_2$, F. 182—184°, Darst. ohne Nitrobenzol; 83%. Daraus bei 15std. Hydrieren in Ggw. von RANEY-Ni unter n. Bedingungen in Essigester *5-p-Aminophenyl-2''-methoxy-*, $C_{20}H_{16}O_2N_2$, F. 177—179°; gelbe Prismen; 79%. — *2''-Brom-5-p-cyanphenyl-* (**XI**), $C_{20}H_{11}ON_2Br$, F. 216—217°; 66%. — *3'-Brom-5-p-cyanphenyl-* (**XII**), $C_{20}H_{11}ON_2Br$, F. 208—209°; 45%. — *5-p-Cyanphenyl-2''-methoxy-*, $C_{21}H_{14}O_2N_2$, F. 180—182°, Darst. ohne Nitrobenzol; 85%. — *2''-Methoxy-5-[pyridyl-(2)]-*, $C_{19}H_{14}O_2N_2$, F. 127—129,5°, in 20std. Rk.; 62%. — *3'-Brom-5-phenyl-* (**XIII**), $C_{19}H_{12}ONBr$, F. 120,5—121,5° (2-Äthoxyäthanol), durch Zugabe von Benzoylchlorid zu **VII** in Bzl.–Nitrobenzol bei 185° innerhalb 20 Min., ¹/₄std. Erhitzen auf 212°, Zugabe von $POCl_3$, 2std. Kochen, Einengen, Alkalisieren u. Aufnehmen in Chlf.; 37%. — *2''-Brom-5-phenyl-*, $C_{19}H_{12}ONBr$, F. 141—142°, a) analog **X** (Meth. b); 33%; b) analog **XIII**; 56%. — *2''.3'-Dibrom-5-phenyl-*, $C_{19}H_{11}ONBr_2$, F. 204—205°, a) analog **X** (Meth. b); 58%; b) analog **XIII**; 74%. — *2''.3'-Dicyan-5-phenyl-* (**II**), $C_{21}H_{11}ON_3$, F. 265—267°, a) analog **X** aus **IX**; 23%; b) durch 2std. Kochen von **IX** u. PCl_5 in Ggw. von etwas $SnCl_4$ in Nitrobenzol; aus A. Blättchen; 60%; c) durch Eintragen vorst. Verb. u. CuCN in sd. Chinolin, ½std. Kochen, Gießen in 3nHCl, Umkristallisieren des Nd. aus 2-Äthoxyäthanol u. Vakuumsublimation; 36%. — *3'-Cyan-5-p-cyanphenyl-*, $C_{21}H_{11}ON_3$, F. 233—234° (2-Äthoxyäthanol), analog **II** (Meth. c) aus **XII**; 38%. — *2''-Cyan-5-p-cyanphenyl-*, F. 243—244° (2-Äthoxyäthanol), ebenso aus **XI**; 62%. — *2''-Amidino-5-p-amidinophenyl-*, *Dihydrochlorid*, $C_{21}H_{19}ON_5Cl_2$, durch Sättigen einer Suspension vorst. Verb. in absol. A.–Nitrobenzol mit HCl-Gas bei 0°, nach 48 Std. Fällen des intermediären *Imidoätherhydrochlorids* mit Ae., Aufnehmen in 10%ig. alkoh. NH_3, nach 3 Tagen Filtrieren, Eindampfen im Vakuum, Aufnehmen in W., Ansäuern u. Trocknen des entstandenen *Hydrats* (2½ H_2O; F. 280—283° [verd. HCl]); 25%. — *2''.3'-Diamidino-*

5-phenyl-, Dihydrochloriddihydrat, $C_{21}H_{17}ON_5 \cdot 2\,HCl \cdot 2\,H_2O$, F. 290—293° (2n HCl), analog vorst. Verb. aus **II**; cremefarben; 32%. — Bei langsamer Zugabe von Na zu **II** in sd. absol. A. u. 2std. Kochen wird eine rotbraune Lsg. (**A**) erhalten, die je nach Aufarbeitung verschied. Prodd. liefert: Bei Neutralisation mit 36%ig. HCl bei 0°, Filtrieren u. Einengen entsteht *5-Cyan-2-äthoxybenzophenon* (**XIV**), $C_{16}H_{13}O_2N$, F. 104—105° (A.); 35,5%. — Bei Zugabe von W. zu **A** u. Einengen wird ein gelbes Na-Salz erhalten, aus dessen Filtrat nach Ansäuern mit konz. HCl *5-Carboxy-2-äthoxybenzophenon* (**XV**), $C_{16}H_{14}O_4$, F. 176—177°, isoliert wird; 18,5%. Bei Neutralisation des Salzes mit 2n HCl u. Aufnehmen des Nd. in A. scheidet sich zuerst *5-Carbamyl-2-äthoxybenzophenon-N-[5-cyan-2-oxyphenyl]-imin*, $C_{23}H_{19}O_3N_3$, F. 209—210°, ab; aus A. Nadeln. Nach einigen Tagen krist. aus der Mutterlauge *5-Carbamyl-2-äthoxybenzophenon*, $C_{16}H_{15}O_3N$, F. 157—158° (*2.4-Dinitrophenylhydrazon*, F. 258—264°); entsteht auch aus dem gelben Salz mit sd. verd. HCl; 33,6%; gibt mit Essigsäureanhydrid **XIV** u. bei 5std. Kochen in 5n NaOH **XV**. Identifizierung von **XV** durch 4std. Kochen von 2-Oxy-5-methylbenzophenon mit Äthylbromid in Ggw. von C_2H_5ONa in absol. A. u. 5std. Erhitzen von 17 g des erhaltenen *2-Äthoxy-5-methylbenzophenons* ($C_{16}H_{16}O_2$, F. 44—45°; 55%) mit $KMnO_4$; 1,1 g **XV**. — Bei kurzem Kochen von **III** in Dimethylsulfat, Zugabe von Bzl. u. Behandeln der gummiartigen M. mit Ae., dann Methanol wird *2-[2-Methylamino-4-nitrophenoxy]-4'-nitrobenzophenon*, $C_{20}H_{15}O_6N_3$, F. 152—153°, gebildet; orangerote Prismen; 66,5%. *Hydrobromid*, $C_{20}H_{16}O_6N_3Br$, F. 200—202°. *Sulfat*, F. 191—192°. *2.4-Dinitrophenylhydrazon*, $C_{26}H_{19} \cdot O_9N_7$, F. 234—235°, aus Eisessig orangefarbene Prismen. (J. chem. Soc. [London] **1953**. 1079—85. April. Nottingham, Boots Pure Drug Co. Ltd., Res. Labors.)

W. Hoffmann. 3370

R. S. Staunton und **A. Topham**, *Die Konstitution von Cibagelb 3 G*. Die von de Diesbach u. Mitarbeitern (vgl. Helv. chim. Acta **32**. [1949.] 1214 u. früher) für den durch Rk. von Indigo mit Benzoylchlorid u. Cu-Pulver in Nitrobenzol erhältlichen Küpenfarbstoff *Cibagelb 3 G* vorgeschlagene Konst. **Ia** wird durch eine Reihe von Abbau-Rkk. bestätigt. Außer einigen von verschied. Autoren früher in Betracht gezogenen, inzwischen widerlegten Strukturen diskutieren Vff. noch Formel **Ib**, die die von de Diesbach bei der Alkalischmelze beobachtete Bldg. von *Indolo-[3'.2': 3.4]-chinolin* (von Vff. bestätigt) besser als **Ia** erklärt. Die $KMnO_4$-Oxydation des Farbstoffs führt zu einer *Dicarbonsäure* $C_{23}H_{16}O_7N_2$ (**II**), die bei der Hydrolyse 1 Mol *Phthalonsäure* (**III**) u. 2 Mol *Anthranilsäure* (**IV**) liefert. Mit Hydrazinhydrat (**V**) ergibt **II** unter milden Bedingungen *4-Phthalazon-1-carbonsäure-[o-carboxyanilid]* (**VI**), welches auch durch Rk. von Phthalonsäureanhydrid (**IIIa**) mit **IV** u. Cyclisierung der dabei gebildeten *Phenylglyoxylanilid-2.2'-dicarbonsäure* in eindeutiger Synth. erhalten wird. Die bei der Rk. **II** → **VI** erfolgende Abspaltung von 1 Mol **IV** beweist nach Ansicht der Vff. deren Bindung (über —NH—) an das ursprüngliche Carbonyl-C-Atom des Phthalonsäurebruchstückes in **II**; damit wird Konst. **Ib** ausgeschlossen. Bei der Oxydation von **Ia** ist zwar die Tricarbonsäure **IIa** zu erwarten; diese kann sich jedoch zum „Pseudoanilid" **II** cyclisieren, welches damit als *3-[o-Carboxyanilino]-phthalid-3-carbonsäure-[o-carboxyanilid]* erkannt wird. Für die von Hope u. Richter (J. chem. Soc. [London] **1932**. 2783) aus **Ia** durch Hydrolyse einer Lactamgruppe, N-Methylierung u. Decarboxylierung erhaltene *Verb.* $C_{23}H_{16}ON_2$ wird Konst. **VII** angenommen. Sie reagiert mit **V** zu einem *prim. Amin* $C_{23}H_{18}N_4$, das als *6-[o-Aminophenyl]-1'-methyl-3-phenylindolo-[2'.3': 4.5]-pyridazin* angesehen u. durch Diazotieren u. Rk. mit H_3PO_2 zu *1'-Methyl-3.6-diphenylindolo-[2'.3': 4.5]-pyridazin* abgebaut wird; dieses wird unabhängig aus 3-Benzoyl-1-methylindol-2-carbonsäure über *2.3-Dihydro-3-keto-1'-methyl-2.6-diphenylindolo-[2'.3': 4.5]-pyridazin* u. *1'-Methyl-2.3.6-triphenylindolo-[2'.3': 4.5]-pyridaziniumbromid* (**VIII**) synthetisiert. In einem analogen Modellvers. wird *1.4-Diphenylphthalazin* dargestellt.

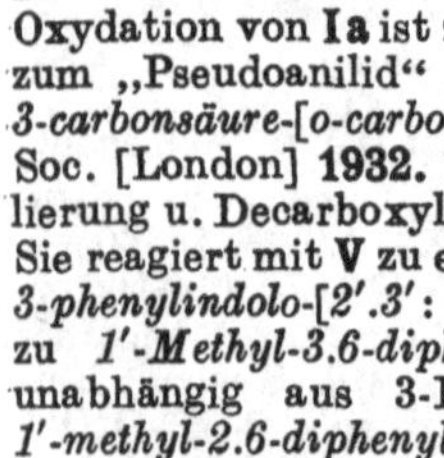

Ia

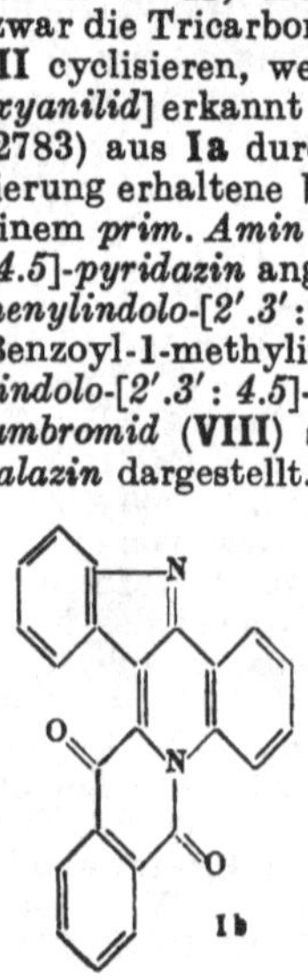

Ib

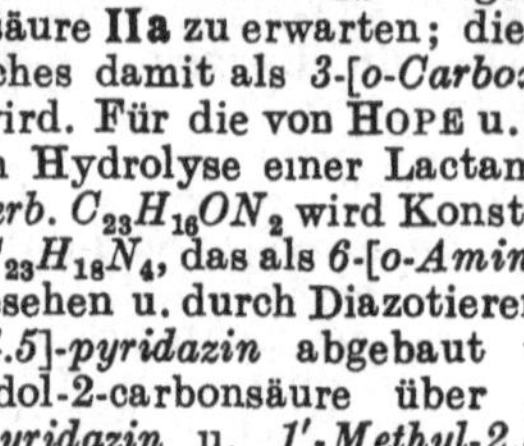

IIa

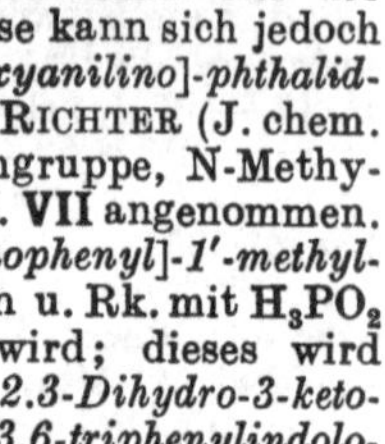

VII

Versuche: *Cibagelb 3 G* (**Ia**), $C_{23}H_{12}O_2N_2$, F. 280—283° (Pyridin, dann Xylol), durch ½std. Erhitzen von 225 g Indigopulver mit Cu-Bronze u. CuCl in Benzoylchlorid–Nitrobenzol auf 160°, Gießen in A., mehrstd. Stehen, 6std. Kochen der in 3 derartigen Ansätzen erhaltenen Ndd. in 4nNaOH, Filtrieren u. Ansäuern mit 5nHCl; 133 g (Ausbeute). — *Indolo-[3'.2':3.4]-chinolin*, beim Schmelzen von **Ia** mit NaOH oder nach CLEMO u. PERKIN (J. chem. Soc. [London] **125.** [1924.] 1608); Bldg. des von diesen Autoren bei der Rk. von Toluol-p-sulfonanilid mit β-Chlorpropionsäure neben *N-Phenyl-N-toluol-p-sulfonyl-β-alanin* erhaltenen unidentifizierten Nebenprod. wird verhindert bei 1std. Mischen der Ausgangsprodd. bei 20° vor dem 5std. Erhitzen. — *3-[o-Carboxyanilino]-phthalid-3-carbonsäure-[o-carboxyanilid]* (**II**), $C_{23}H_{16}O_7N_2$, F. 226° (Zers.), bei 16std. Kochen von 30 g **Ia** in 4nNaOH, mehrstd. Behandeln mit kalter wss. $KMnO_4$-Lsg., Zugabe von A., Einleiten von CO_2, Filtrieren u. Ansäuern des Filtrats; aus A. Prismen; 5 g; gibt bei 5std. Kochen in 2nHCl oder n-NaOH (3 Std.) **IV**, F. 140—142° (daraus durch Diazotieren u. Kuppeln mit β-Naphthol *Azoverb.*, F. 269° [Zers.]); ferner durch Ansäuern der alkal. Hydrolyseprodd. von **II** u. mehrstd. Extraktion mit Ae. **III**. Daraus mit Phenylhydrazin in verd. HCl (20 Min. Erhitzen) *1.2-Dihydro-1-keto-2-phenylphthalazin-4-carbonsäure*, $C_{15}H_{10}O_3N_2$, F. 208° (Zers.). — *4-Phthalazon-1-carbonsäure-[o-carboxyanilid]* (**VI**), $C_{16}H_{11}O_4N_3$, F. 333° (Zers., Essigsäure), a) bei ¼std. Erhitzen von 0,5 g **II** mit **V** in W. u. Ansäuern; 0,3 g b) analog aus 0,5 g nachst. Verb. u. **V**; 0,27 g. — *Phenylglyoxylanilid-2.2'-dicarbonsäure*, $C_{16}H_{11}O_6N$, F. 193—195° (Zers., Anisol), durch ½std. Rk. von 2 g **IIIa** mit 4 g **IV** bei 95° in Pyridin u. Ansäuern; 2,8 g. — *Verb.* $C_{23}H_{16}ON_2$ (**VII**), F. 174—175° (Essigester), durch kurzes Kochen von 4,7 g der nach HOPE u. RICHTER (l. c.) aus **Ia** erhaltenen, N-methylierten Carbonsäure in Ggw. von Cu-Bronze in Chinolin, Zugabe von Ae. u. Behandeln mit 2nHCl; roh 3,6 g. Daraus (2,6 g) bei 6std. Kochen mit 60%ig. **V** in 2-Äthoxyäthanol *6-[o-Aminophenyl]-1'-methyl-3-phenylindolo-[2'.3':4.5]-pyridazin*, $C_{23}H_{18}N_4$, F. 256—257° (A.); 1,7 g. — *1'-Methyl-3.6-diphenylindolo-[2'.3':4.5]-pyridazin*, $C_{23}H_{17}N_3$, F. 229—230° (Toluol), a) durch Diazotieren von 1 g vorst. Verb., mehrstd. Rk. mit 30%ig. H_3PO_2 bei anfangs 0°, dann 20° u. Umfällen aus Pyridin mit W.; 0,25 g; weiterer Anteil (0,25 g) durch Alkalisieren der Mutterlauge; b) durch 2std. Kochen von rohem **VIII** (s. unten) mit 60%ig. **V** in 2-Äthoxyäthanol, mehrstd. Stehen bei 20° u. Einengen. — *3-Benzoyl-1-methylindol-2-carbonsäure*, $C_{17}H_{13}O_3N$, F. 165—166°, a) durch Zugabe von 2,8 g 1-Methylindol-2.3-dicarbonsäureanhydrid in Bzl. zu Diphenylcadmium (durch 1std. Rk. von C_6H_5MgBr mit $CdCl_2$ in sd. Ae.) in Ae., 2std. Kochen, Ansäuern, Aufnehmen in $NaHCO_3$-Lsg. u. Ansäuern; aus 60%ig. A. hellgelbe Blättchen; roh 2,7 g ; b) durch ½std. Erhitzen von 8 g N-Methyl-N-phenylhydrazin u. 15 g Benzoylbrenztraubensäureäthylester auf dem Dampfbad, dann bei 100° bei vermindertem Druck, Rk. mit $ZnCl_2$ (Temp. steigt auf 160°), Zugabe von W. u. HCl bei 100°, Kühlen, Aufnehmen des Nd. in A., ½std. Kochen in 10nNaOH, Zugabe von W., Heißfiltrieren, Aussalzen mit NaCl u. Umfällen mit 10nHCl aus W.; 8,7 g. Daraus (10 g) mit Phenylhydrazin (80 Min. Erhitzen in A.) *2.3-Dihydro-3-keto-1'-methyl-2.6-diphenylindolo-[2'.3':4.5]-pyridazin*, $C_{23}H_{17}ON_3$, F. 157° (Bzl.); 11,3 g. — *1'-Methyl-2.3.6-triphenylindolo-[2'.3':4.5]-pyridiniumbromid* (**VIII**), $C_{29}H_{22}N_3Br$, F. ca. 310° (Pyridin–Bzl.), durch Zugabe von C_6H_5MgBr in Ae. zu 5,7 g vorst. Verb. in Bzl., Fällen mit W. u. verd. HCl u. Aufkochen des Nd. in Bzl., wobei das größtenteils unverbrauchte Ausgangsprod. in Lsg. geht; 0,21 g rohes **VIII** (enthält ca. 15% des entsprechenden *Chlorids*) u. weitere 1,2 g durch nochmalige Grignardierung des benzol. Filtrats, wenn man vor der Aufarbeitung ¾ Std. kocht u. mehrere Std. bei 20° stehenläßt. — *1.4-Diphenylphthalazin*, F. 193—194°, analog **VIII** aus 1.2-Dihydro-1-keto-2.4-diphenylphthalazin über *1.2.4-Triphenylphthalaziniumbromid*. (J. chem. Soc. [London] **1953.** 1889—94. Juni. Blackley, Manchester, Imp. Chem. Ind. Ltd., Dyestuffs Div.)

W. HOFFMANN. 3370

A. B. Foster und **M. Stacey**, *Ionophorese einiger Kohlenhydratderivate*. Eine größere Anzahl einfacher Zuckerderivv. wird in Boratpuffer bei p_H 10 der Filtrierpapierionophorese unterworfen (Technik vgl. FOSTER, C. **1953.** 5889). Es ergibt sich, daß einzelne Zuckerderivv. Boratkomplexe bilden, deren Wanderungsgeschwindigkeit scheinbar stark mit der Neigung abgestuft ist, als Aldehydoform zu reagieren. Einzelne Verbb. bilden keine Komplexe. — Mit der angewandten Meth. ist eine wesentlich schnellere u. vollständigere Trennung als anders möglich. Im einzelnen untersucht wurden: *2.3-*, *2.4-* u. *3.4-Dimethyl-L-rhamnose* u. *-D-glucose*, *D-Glucose* (**I**), *D-Galaktose* (**II**), *D-Glucuronsäure* (**III**), *D-Galakturonsäure* (**IV**), **I**-, **II**-, **III**-, **IV**-*1-Phosphat*, *3.5.6-* u. *2.3.4-Trimethyl-D-glucose*, *2.3.4.6-Tetramethyl-D-glucose*, *2-*, *3-* u. *6-Methylglucose*, *2-Desoxyglucose*, *2-Methyl-D-galaktose*, *2-Desoxygalaktose*, *N-Acetyl-D-glucos-*

*amin, N-Acetyl-*D*-chondrosamin,* D*-Ribose* u. *2-Desoxy-*D*-ribose.* (J. appl. Chem. **3.** 19—21. 3/1. 1953. Birmingham, Univ.) TIEDEMANN. 3400

M. Abdel Akher, F. Smith, J. E. Cadotte, J. W. Van Cleve, R. Montgomery und **Bertha A. Lewis,** *Ein neues Verfahren zum Strukturvergleich bei Glykosiden.* Durch katalyt. Red. der Dialdehyde, die durch Perjodatoxydation von Hexopyranosiden, Pentofuranosiden bzw. Pentopyranosiden entstanden sind, werden die *Alkohole* I u. **II** mit nur einem asymm. C-Atom erhalten.

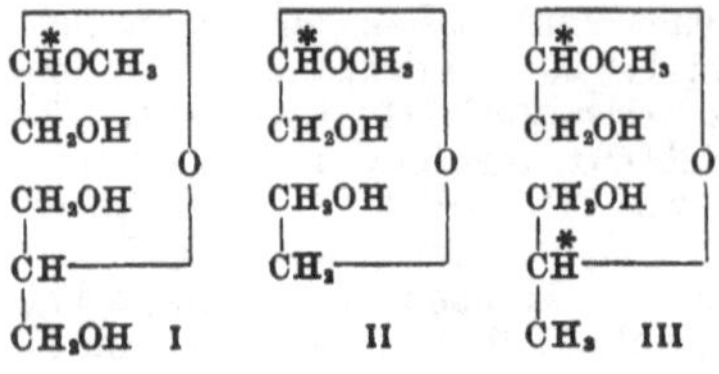

Alle α-Methyl-D-hexopyranoside u. alle β-Methyl-L-hexopyranoside geben denselben *opt.-akt. Alkohol* **Ia,** u. alle β-Methyl-D-hexopyranoside geben ebenso wie die α-Methyl-L-hexopyranoside denselben *opt.-akt. Alkohol* **Ib.** Ebenso werden aus den α- u. β-Methyl-D- u. -L-pentopyranosiden die *Alkohole* **IIa** u. **IIb** erhalten. Die **a**-Form ist jeweils enantiomorph mit der **b**-Form. — Aus 6-Desoxyhexopyranosiden entstehen die stereoisomeren *Alkohole* **III** mit 2 asymm. C-Atomen. Aus den Methylglykosiden von D-Glucose, D-Mannose, D-Galaktose, D-Xylose u. L-Arabinose: **Ia** u. **Ib** [identifiziert als *Tribenzoate,* F. 66°; +21° bzw. —21° (A.), u. als *Tri-p-nitrobenzoate,* F. 110°, $[\alpha]_D^{20}$ +24° bzw. —24° (Chlf.)] bzw. **IIa** u. **IIb,** identifiziert als *Bis-p-nitrobenzoate,* F. 113°, $[\alpha]_D^{20}$ +10° bzw. —10° (Chlf.). Die saure Hydrolyse von I ergibt *Glycerin* u. *Glykolaldehyd,* von II *Äthylenglykol* u. *Glykolaldehyd.* — **III** aus α-Methyl-L-rhamnopyranosid ergibt bei saurer Hydrolyse *Glykolaldehyd,* identifiziert als *2.4-Dinitrophenylhydrazon,* F. 86°, u. ein opt.-akt. *Propandiol-(1.2),* identifiziert als *Bis-p-nitrobenzoat,* F. 109°, $[\alpha]_D^{23}$ +48,5° (Aceton), das mit dem aus L-Milchsäure u. ihrem Methylester erhaltenen Prod. ident. ist. — Die Meth. ist auch auf die bei der Perjodatoxydation von Oligosacchariden entstehenden Aldehyde anwendbar. (Nature [London] **171.** 474—75. 14/3. 1953. St. Paul, Minn., Univ., Div. of Agricult. Biochem.) ROSSOW. 3400

R. J. Woods und **A. C. Neish,** *Die Herstellung von* D*-α-Fructoheptose.* Krist. D*-α-Fructoheptose* (*2-C-Oxymethyl-α-*D*-glucose*) wurde durch Na-Amalgamreduktion von D*-α-Fructoheptolacton* (aus Fructosecyanhydrin) gewonnen. Einige Derivv. u. das *Heptaacetat* des D*-Fructoheptits* werden beschrieben.

V e r s u c h e (FF. korr.): D*-α-Fructoheptolacton,* F. 129,5°, durch 2½std. Hydrolyse von Fructosecyanhydrin (F. 108—109°) mit HCl, Reinigen der Säure über das *Brucinsalz* u. Erhitzen auf 130°; 57% (Ausbeute). D*-α-Fructoheptose-2.5-dichlorphenylhydrazon,* $C_{13}H_{18}O_6N_2Cl_2$, F. 190° (Plättchen aus wss. Pyridin), durch Red. vorst. Verb. mit Na-Amalgam bei Tempp. unter 15° u. p_H 4 (Oxalatpuffer) über die rohe *Aldose* (65% (Ausbeute), die, in CH_3OH gelöst, mit 2.5-Dichlorphenylhydrazin behandelt wird; $[\alpha]_D^{22}$ +7,9 → +5,05° (c = 3,6 in Pyridin). — D*-α-Fructoheptose,* $C_7H_{14}O_7$, F. 172,5—173,5° (W. + Eisessig), aus vorst. Verb. in A. + W. durch 18std. Erhitzen mit Benzaldehyd u. Benzoesäure; nach dem Abkühlen die wss. Phase abtrennen, waschen u. eindampfen; $[\alpha]_D^{18,2}$ +51,9° → $[\alpha]_D^{20,5}$ 42,95° (c = 5 in W.). *Phenylhydrazon,* $C_{13}H_{20}O_6N_2$, F. 144,5° (Plättchen aus CH_3OH); $[\alpha]_D^{22,2}$ +9,81 → +1,46° (40 Std.) (c = 1,6 in A.). *p-Nitrophenylhydrazon,* $C_{13}H_{19}O_8N_3$, F. 178,5° (gelbe Nadeln aus W.); $[\alpha]_D^{22,2}$ —26,3±0,8° → $[\alpha]_D^{21,5}$ —21,6±0,4° (95 Std.) (c = 0,5 in W.). — D*-Fructoheptitheptaacetat,* $C_{21}H_{30}O_{14}$, F. 70,5° (Nadeln aus A. aus vorst. Heptose in W. durch 4std. Hydrieren in Ggw. von RANEY-Ni, Aufarbeiten, u. Acetylieren des Sirups durch 3½std. Erhitzen mit Na-Acetat u. Essigsäureanhydrid u. Extraktion mit $CHCl_3$. — D*-Fructoheptit,* Sirup, $[\alpha]_D^{21,8}$ —5,69° (c = 11 in W.), aus vorst. Verb. durch Lösen in CH_3OH + Na. (Canad. J. Chem. **31.** 471—75. Mai 1953. Nat. Res. Council of Canada.) ROSSOW. 3400

J. S. D. Bacon und **D. J. Bell,** *Ein aus Saccharose durch Pilzinvertase erzeugtes neues Trisaccharid.* Nach der Einw. von „Takadiastase" (einem Pilzenzympräp. des Handels) auf Saccharose konnte aus dem Reaktionsprod. ein nicht reduzierendes *Trisaccharid* (**I**) isoliert werden. Durch Methylierung u. Hydrolyse ergibt sich die Struktur eines *O-α-*D*-Glucopyranosyl-(1 → 2)-O-β-*D*-fructofuranosyl-(6 → 2)-β-*D*-fructofuranosids.* Die β-Bindung scheint durch die Spezifität der Hefeinvertase bewiesen.

V e r s u c h e : Eine wss. Saccharoselsg. (p_H 7) wurde 20 Std. bei Raumtemp. mit einer „Takadiastase"-Lsg. behandelt, das Enzym durch Kochen inaktiviert u. die Lsg. bei —20° aufbewahrt. Durch chromatograph. Trennung wurde I als Sirup ($[\alpha]_D$ +25,6° → +28,0°; 10 Proben berechnet auf den trockenen Sirup) isoliert. Wird durch Hefeinvertase oder durch Säurehydrolyse in Glucose u. Fructose gespalten; durch Hydrolyse mit 20 Vol.-%ig. Essigsäure bei 40° konnten beachtliche Mengen

Saccharose, F. u. Misch-F. 184—185°, isoliert werden. — *Undeka-O-methyltrisaccharid*, $C_{29}H_{54}O_{16}$, n_D^{20} 1,4613; $[\alpha]_D^{20}$ +27,9° (c = 2,5 in W.), aus I durch vollständige Methylierung; 59% (Ausbeute). Die Hydrolyse der vorst. Verb. mit 0,05n H_2SO_4 bei 100° u. Chromatographie an Silicagel führt zu 3 Methylierungsprodd. in äquimol. Mengen: Durch Eluierung mit Toluol werden *2.3.4.6-Tetra-O-methyl-D-glucose*, F. u. Misch-F. 95 bis 98°, u. ein Sirup mit den chromatograph. Eigg. einer *1.3.4.6-Tetra-O-methylfructose* erhalten. Aus dem methanol. Eluat ein Sirup ($[\alpha]_D^{20}$ +29,3°, n_D^{20} 1,4652), nachgewiesen als *3.4.6-Tri-O-methyl-D-fructose* durch Oxydation mit $NaJO_4$ (→ *CH_2O—Dimedonderiv.*, F. 190—192° [korr.]) u. als *Phenylosazon*, F. u. Misch-F. 125—126°. (J. chem. Soc. [London] **1953**. 2528—30. Sept. Sheffield u. Cambridge, Univv., Biochem. Depp.) ROSSOW. 3400

M. N. Schtschukina, G. M. Borodina und Ju. N. Scheinker, *Synthese und Struktur einiger Derivate des Colchicins.* Durch Umsetzung von NH_3 u. Aminen mit Colchicin (I) wurden *Aminocolchicein* (II), *Methylaminocolchicein* (III), *Diäthylaminocolchicein* u. *Benzylaminocolchicein* erhalten. *Carbäthoxyaminocolchicein* wurde nach der CLAISENschen Meth. aus II gewonnen. Die Umsetzung mit NH_3 u. anderen Aminen besteht im Ersatz der CH_3O-Gruppe am 7gliedrigen Ring C von I durch NH_2 u. Aminogruppen. Gestützt wird die Konst. von II u. III durch ihre Absorptionsspektren, bei denen zwar ein neues Maximum bei 4100 Å erscheint, aber die für I charakterist. Maxima bei 2400 u. 3600 Å erhalten bleiben. Bei der Einw. von Na-Alkoholatlsgg. auf I erfolgte dagegen bei Zimmertemp., schneller beim Erhitzen, neben der Verseifung der CH_3O-Gruppe des Ringes C dessen Aromatisierung unter Bldg. von *Colchicinsäure* (IV), deren Ester mit Alkylhalogeniden erhalten wurden. Die Absorptionsspektren von IV u. ihren Estern entsprechen dieser tiefgehenden Veränderung des Mol., da die für I typ. Maxima fehlen; das neu auftretende Maximum bei 2800 Å ist für Trimethoxyderivv. des Diphenyls charakteristisch.

Versuche: *Aminocolchicein* (II), $C_{21}H_{24}O_5N_2$, F. 260—262°; aus 1 g I u. 1,5 ml 5%ig. alkoh. NH_3 durch 4std. Erhitzen in zugeschmolzener Ampulle auf 100°; aus Bzl. + A. hellgelbe Kristalle; $[\alpha]_D$ —144,31° (0,0492 g; 5 ml Chlf.); 0,76 g (Ausbeute). — *Methylaminocolchicein* (III), $C_{22}H_{26}O_5N_2$, F. 172—178°; aus 0,5 g I in 0,75 ml A. u. 2,23 ml 10%ig. alkoh. Methylaminlsg., 3 Tage bei Zimmertemp.; aus Ae. + 5% A. gelbe Kristalle; $[\alpha]_D$ —160,82° (0,0342 g; 5 ml Chlf.); 0,3 g. — *Diäthylaminocolchicein*, $C_{25}H_{32}O_5N_2$, F. 208—209°; aus Aceton + 2—3% A. gelbe Kristalle; $[\alpha]_D$ +521,62° (0,0509 g; 5 ml Chlf.). — *Benzylaminocolchicein*, $C_{28}H_{30}O_5N_2$; erweicht bei 120—124°; gelbes Pulver; $[\alpha]_D$ —123,18° (0,0414 g; 5 ml Chlf.). — *Carbäthoxyaminocolchicein*, $C_{24}H_{28}O_7N_2$; erweicht bei 112—120°; ein Gemisch von 0,6 g Chlorkohlensäureester, 0,85 g II, 1,2 g K_2CO_3 u. 30 ml Dioxan wird unter Rühren 8 Std. auf 80—85° erhitzt; man chromatographiert das Reaktionsprod. in Chlf. + Ae. (1:2) über Al_2O_3 u. eluiert mit A.; amorphes, gelbes Pulver; $[\alpha]_D$ —127,09° (0,0598 g; 5 ml Chlf.); 0,66 g. — *Colchicinsäuremethylester*, $C_{22}H_{25}O_6N$, F. 254—255°; 1 g I wird mit C_2H_5ONa-Lsg. (0,1 g Na; 5 ml absol. A.) im Einschmelzrohr 4 Std. auf 100° erhitzt, das Lösungsm. im Vakuum bei Zimmertemp. verdampft u. der Rückstand mit 10 g CH_3J im Rohr 4 Std. auf 100° erhitzt; aus absol. A. Kristalle; $[\alpha]_D$ —132,71° (0,0534 g; 5 ml Chlf.); 0,5 g. — *Colchicinsäure* (IV), F. 257—258°, aus I u. Natriummethylat-Lsg. (0,1 g Na + 5 ml absol. Methanol) 4 Std. bei 100°; aus wss. A. u. Aceton Kristalle; 0,6 g aus 1 g I. — *Colchicinsäureäthylester*, $C_{23}H_{27}O_6N$, F. 217°; $[\alpha]_D$ —133,7° (0,0546 g; 5 ml Chlf.); 0,3 g aus 2 g I. (Журнал Общей Химии [J. allg. Chem.] **21** (**83**). 735—39. April 1951. Allunions Wiss. Chem.-Pharmazeut. Ordshonikidse-Forschungsinst.) H. v. PEZOLD. 3500

Norbert Neuss, Harold E. Boaz und James W. Forbes, *Die Struktur von Reserpin.* Das erstmalig von MUELLER, SCHLITTLER u. BEIN (vgl. Experientia [Basel] **8**. [1952.] 338) aus *Rauwolfia serpentina Benth.* isolierte *Reserpin* (I), $C_{33}H_{40}O_9N_2$, F. 264—265° (Zers.), pK'a 6,6 in 66%ig. Dimethylformamid, wurde von Vff. durch Chromatographie der Oleoresin-Fraktion an mit Säure gewaschenem Al_2O_3 gewonnen. *Maleat*, $C_{33}H_{40}O_9N_2 \cdot C_4H_4O_4$, F. 226—227° (Zers.). Durch Hydrolyse von I mit verd. methanol. NaOH erhält man *3.4.5-Trimethoxybenzoesäure* u. *Reserpinsäure* (II) (als *Hydrochlorid*), $C_{22}H_{28}O_5N_2 \cdot HCl \cdot CH_3OH$, F. 274—275° (Zers.), pK'a 6,2 u. 8,2 in 66%ig. Dimethylformamid. Die Red. von I mit $LiAlH_4$ in Tetrahydrofuran ergibt *3.4.5-Trimethoxybenzylalkohol* (*p-Nitrobenzoat*, $C_{17}H_{17}O_7N$, F. 143°) u. *Reserpinalkohol* (III), $C_{22}H_{30}O_4N_2 \cdot H_2O$, F. 216—217°. Für I, II u. III werden partielle Strukturformeln aufgestellt, deren $C_{19}H_{22}N_2$-Kern auf Grund der spektralanalyt. Daten ein substituiertes Indolalkaloid vom Typ des *Yohimbins* sein könnte. Das neuerdings von STOLL u. HOFMANN (vgl. Helv. Chim. Acta **36**. [1953.] 1143) aus *Rauwolfia ser-*

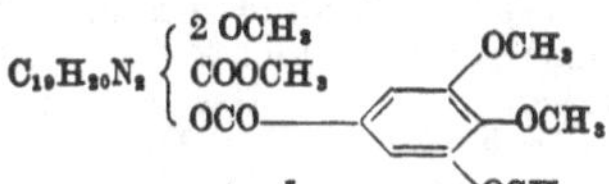

I

pentina Benth. isolierte Alkaloid *Sarpagin*, $C_{19}H_{22}O_2N_2$, zeigt ein ähnliches Verh. wie das Entmethylierungsprod. von **III**: es red. FEHLINGsche u. ammoniakal. $AgNO_3$-Lsg. u. zeigt positiven Phenoltest nach FOLIN-CIOCALTEU (Blaufärbung). (J. Amer. chem. Soc. **75**. 4870–71. 5/10. 1953. Indianapolis Ind., Lilly Res. Labor.) E. FRANCK. 3500

S. M. Mukherji und **N. K. Bhattacharyya,** *Terpenoide*. 1. Mitt. *Synthese der Gerüststruktur von Zingiberen.* Für das aus dem Ingweröl von *Zingiber officinale Roscoe* isolierte natürliche *Zingiberen* (**I**) hatten RUCICKA u. VAN VEEN (vgl. Liebigs Ann. Chem. **468**. [1929.] 143) die seitdem bekannte Strukturformel aufgestellt. Auf Grund ihrer Unterss. kamen ESCHENMOSER u. SCHINZ (vgl. C. **1950**. II. 1820) zu der Ansicht, daß **I** ein *6-[4'-Methylcyclohexadien-(2'.4')-yl]-2-methylhepten-(2)* (**II**) sein müsse. Mit Hilfe der BIRCH-Red. wurde **II** von Vff. synthetisiert. Das synthet. Prod. bestand aus einem Gemisch von **II** u. dem isomeren *6-[4'-Methylencyclohexen-2'-yl]-2-methylhepten-(2)*, deren Spektren u. sonstige chem. Eigg. mit **I** übereinstimmten, so daß damit die von RUZICKA u. VAN VEEN angenommene Struktur widerlegt worden ist.

V e r s u c h e : *6-[p-Methoxyphenyl]-2-methylhepten-(2)*, Kp.$_3$ 135–138°. Zu dem in einem Dreihalskolben befindlichen fl. NH_3 wird in absol. A. gelöstes 6-[p-Methoxyphenyl]-2-methylheptadien-(2.5) u. anschließend trockenes Na innerhalb 2$^1/_2$ Std. unter Rühren zugefügt; nach Verschwinden der blauen Farbe W. unter Außenkühlung des Kolbens hinzufügen, mit Ae. extrahieren u. den Ätherrückstand im Vakuum dest.; 78% (Ausbeute). — *6-[4'-Methoxycyclohexadien-(1'.4')-yl]-2-methylhepten-(2)*, Kp.$_4$ 135°, durch Red. vorst. Verb. mit Na in absol. A. in NH_3; 85%. — *6-[4'-Ketocyclohexen-(1')-yl]-2-methylhepten-(2)*, Kp.$_5$ 138°, durch 40 Min. Erhitzen vorst. Verb. in 5% ig. H_2SO_4 auf dem Wasserbad, Extraktion mit Ae. u. 12std. Schütteln der äther. Lsg. mit $NaHSO_3$-Lsg., Zers. des Additionsprod. mit verd. NaOH, Extraktion mit Ae. u. Vakuumdest. des Ätherrückstandes; 72%. *Semicarbazon*, F. 111–112° (A.). — *6-[4'-Ketocyclohexen-(2')-yl]-2-methylhepten-(2)*, $C_{14}H_{22}O$, Kp.$_4$ 148–152°, durch tropfenweises Hinzufügen von Na-Äthylat in A. zu einer Lsg. vorst. Verb. in absol. A., 5 Min. Erhitzen auf 60° u. Eingießen in Eis–Essigsäure; mit NaCl versetzen u. mit Ae. extrahieren; 78%. Beim Stehen Gelbfärbung; λ_{max} 225 u. 285 mμ (log ε = 3,76 u. 2,48; in A.). — *6-[4'-Methyl-4'-oxycyclohexen-(2')-yl]-2-methylhepten-(2)*, Kp.$_3$ 133–135°, $C_{15}H_{26}O$, durch Umsetzung vorst. Verb. mit CH_3MgJ in Ae. über Nacht, Zers. mit Eis u. NH_4Cl u. Extraktion mit Ae., 65%. — *6-[4'-Methylcyclohexadien-(2'.4')-yl]-2-methylhepten-(2)* (**II**) u. *6-[4'-Methylencyclohexen-(2')-yl]-2-methylhepten-(2)*, $C_{15}H_{24}$, Kp.$_2$ 110°, Zufügen vorst. Verb. zu einer warmen Lsg. von Oxalsäure, 2$^1/_2$std. Kochen u. Ätherextraktion; Ätherrückstand dest. (118°/4 mm), 25 Min. unter N_2 mit Phthalsäureanhydrid auf 170 bis 180° erhitzen u. in Ae. lösen; n_D^{22} 1,4948; 75%; λ_{max} = 232 u. 265 mμ (log ε = 3,52 u. 3,26; in A.). *Diäthylphthalat*, Kp.$_7$ 188–193°, durch 2std. Erhitzen von 4,65 g vorst. Verb. mit Acetylendicarbonsäurediäthylester auf 200–210°; gelbliche Fl.; 3,1 g. — *4-Methylphthalsäure*, F. 149–150° (Bzl.), durch 6std. Kochen vorst. Verb. mit methanol. KOH, Verdampfen des Methanols, Lösen des Rückstandes mit W., ausäthern u. ansäuern, das rote viscose Öl in Ae. aufnehmen u. bei 195–200°/6 mm sublimieren. *Anhydrid*, F. 90–91° (Bzl.), durch 15std. Erhitzen auf 170° u. Dest., Lösen in Bzl. u. Waschen mit $NaHCO_3$; Kp.$_8$ 150–160°. (J. Amer. chem. Soc. **75**. 4698–700. 5/10. 1953. Jadavpur, Calcutta, India, Dep. of Organ. Chem., Indian Association for the Cultivation of Science.) E. FRANCK. 3600

B. A. Arbusow und **S. G. Issajewa,** *Über die Isomerisierung von Terpenkohlenwasserstoffen durch Silicagel unter den Bedingungen der Adsorptionsanalyse.* α-Pinen (**I**), Dipenten (**II**) u. Δ^3-Caren (**III**) werden im Kontakt mit Silicagel unter den Bedingungen der chromatograph. Analyse isomerisiert. Aus **I** entstehen **II**, *Camphen* (**IV**) u. *Terpinolen* (**V**), letzteres durch weitergehende Isomerisierung aus **II**. Es wird auf die entgegenstehende Angabe von TISCHTSCHENKO u. RUDAKOW (Химичеэкий Журнал. Серия Б. Журнал Прикладной Химии [Chem. J. Ser. B. J. appl. Chem.] **6**. [1933.] 691) hingewiesen, wonach **I** im Kontakt mit „stark akt. Silicagel“ nicht isomerisiert werden soll. **II** gibt eine Anzahl von Reaktionsprodd., von denen **V** u. *p-Cymol* (**VI**) identifiziert wurden; außerdem entstand ein Prod., dessen Konstanten denen von α-*Terpinen* (**VII**) nahekommen; doch konnten das Nitrosit u. das Addukt mit Maleinsäureanhydrid nicht erhalten werden. Bei der Isomerisierung von **III** wurden von den entstehenden Prodd. **II** u. **V** identifiziert. Die Isomerisierung von **I**, **II** u. **III** ist schon früher an akt. Tonen in der Nähe des Kp. mit ähnlichem Ergebnis untersucht worden.

V e r s u c h e : Benutzt wird eine Kolonne von 1500 mm Höhe; das Gewichtsverhältnis von Terpen zu Silicagel beträgt 1:1,4 bis 1:2, die Temp. 6–10°; zum Eluieren dient A. u. Wasser. — Das Katalysat (379 g) aus **I** sd. zwischen 52,5° (21 mm) u. 47,5° (6,5 mm) u. wird in einzelne Fraktionen zerlegt; die Fraktion (3,75%) vom Kp.$_{25}$ 64–76° enthält **II** (*Tetrabromid*, F. 122–123°), ebenso die Fraktion (6,64%) vom Kp.$_{7,5}$ 44°; in der Fraktion (3,02%) vom $Kp._{6,5}$ 41,5—44° ist **V** (*Tetrabromid*, F. 115—116°), in der Fraktion (1,63%) vom $Kp._{21}$ 52,5—53° **IV** enthalten, das durch Umwandlung in Isobormylacetat u. Verseifen als *Isoborneol* (F. 194—197°) nachgewiesen wird. — Das Katalysat (140 ml) aus **II** enthält in der Fraktion (12,18%) vom $Kp._{12}$ 57,5° Spuren von **VI** u. **VII** (?) ($D.^{20}_4$ 0,8395; n_D^{20} 1,4772; gibt bei der Oxydation *Terephthalsäure*), in der Fraktion (12,72%) vom $Kp._6$ 45—48° **V.** — Das Katalysat (219 g) aus **III** enthält in der Fraktion (10,67%) vom $Kp._{17,5}$ 66° **II**, in der Fraktion (2,63%) vom $Kp._{6,5}$ 46,5—48° **V.** (Известия Академии Наук СССР, Отделение Химических Наук [Nachr. Akad. Wiss. UdSSR, Abt. chem. Wiss.] **1953**. 843—49. Sept./Okt. Kasan, Uljanow-Lenin-Univ., Wiss. Chem. Butlerow-Forschungsinst.) R. KNOBLOCH. 3600

R. Norman Jones und **A. R. H. Cole**, *Die ultrarotspektroskopische Charakterisierung von Methyl- und Methylengruppen in Steroiden.* 1. Mitt. *Beziehungen zwischen den Deformationsschwingungen und der Molekülstruktur.* Von *Sterinderivv.* (KW-stoffen, Alkoholen, Acetaten, anderen Estern, Mono-, Di- u. Polyketonen, Oxyketonen, Ketoestern u. Sterinen mit aromat. Ringen) werden die Ultrarotabsorptionsbanden von 1350 bis 1500 cm^{-1} mitgeteilt. Diese werden den CH_3- u. CH_2-Gruppen zugeordnet u. in großen Tabellen zusammengestellt. Die genaue Frequenz dieser Schwingungen erlaubt Rückschlüsse auf die Mol.-Struktur. So unterscheiden die sich in den die Ringen befindlichen CH_2-Gruppen von denen der Seitenkette. Methylengruppen in Nachbarschaft von C=O- u. C=C-Doppelbindungen besitzen für sie charakterist. Frequenzen. Aber auch die Art der C=O-Gruppe beeinflußt noch die Frequenz der benachbarten Methylengruppe. Von Bedeutung ist auch die Unterscheidbarkeit von angulären, endständigen Methylgruppen u. von solchen der Acetoxygruppe. An Hand einiger Beispiele wird die Anwendung dieser Befunde zur Ausdeutung von Mol.-Strukturen aufgezeigt. (J. Amer. chem. Soc. **74**. 5648—61. 20/11. 1952. Ottawa, Can., Nat. Res. Counc., Div. pure Chem.) GOUBEAU. 3700

R. Norman Jones, A. R. H. Cole und **B. Nolin**, *Die ultrarotspektroskopische Charakterisierung von Methyl- und Methylengruppen in Steroiden.* 2. Mitt. *Methyl- und Methylen-Deformationsfrequenzen in deuteriummarkierten Sterinen.* (1. vgl. vorst. Ref.) Um die vorst. abgeleiteten Gesetzmäßigkeiten zu bestätigen, werden im gleichen Bereich die Ultrarotspektren teilweise deuterierter Sterine aufgenommen. Aus dem durch Deuterierung bedingten Verschwinden von charakterist. Deformationsschwingungen kann mit großer Sicherheit die Zuordnung zu bestimmten CH_2- bzw. CH_3-Gruppen vorgenommen werden. In zahlreichen Beispielen werden die Spektren deuterierter u. nichtdeuterierter Verbb. einander gegenübergestellt, z. B. Acetate u. im Acetatrest deuterierte Prodd., Ketone u. Pregnenolonderivv. in Nachbarschaft der C=O-Bindung deuteriert. Die Befunde werden mit einer minimalen Kopplung der CH_2- bzw. CH_3-Deformationsschwingungen mit den Schwingungen benachbarter Gruppen u. mit den Gerüstschwingungen erklärt. (J. Amer. chem. Soc. **74**. 5662—68. 20/11. 1952.) GOUBEAU. 3700

E. J. Corey, *Die Stereochemie von α-Halogenketonen.* 3. Mitt. *Voraussagen über die Stereochemie von α-bromierten Ketosteroiden.* (2. vgl. C. **1954**. 1439.) An Hand der molekularen Konfigurationen geeigneter monocycl. Vergleichssubstanzen {*2-Brom-*, *2-Brom-3.3-*, *-4.4-* u. *-6.6-dimethyl-* u. *cis-2.6-Dibromcyclohexanon-(1)*, *7-Bromspiro-*[*4.5*]*-decanon-(6)*} leitet Vf. die relative Stabilität aller epimeren n. u. Allobromketosteroide mit der Ketogruppe im Ring A, B oder C ab. In gewissen Bromketosteroiden liegt das Bromatom vorzugsweise polar, in andern vorzugsweise äquatorial vor. Die Konfiguration am $C_{(Br)}$ kann vorausgesagt werden, wenn sie für das Bromierungsprod. thermodynam. bestimmt ist. Liefert die Bromierung nicht das thermodynam. bestimmte Prod., so liegt das Bromatom immer polar vor; das Bromatom orientiert sich also offenbar immer polar, sofern das Bromierungsprod. kinet. bestimmt ist. Als Beispiele bromierter Ketosteroide sind genannt: *2α-Bromcholestanon-(3)*, *4β-Bromkoprostanon-(3)*, *4α.5α.6β-Tribrom-* (F. 138°) u. *4β.5α.6β-Tribromcholestanon-(3)* (F. 106°), *5α-* (F. 162°) u. *7α-Brom-* (F. 145°), *5α.7α-* (F. 152°), *5α.7β-Dibrom-3-acetoxycholestanon-(6)* (F. 129°), *6α-* (F. 143°) u. *6β-Brom-3-acetoxycholestanon-(7)* (F. 175°), *6α-Brom-7-keto-3α.12α-diacetoxy-*, *12α-Brom-11-keto-3α-acetoxy-*, *11α-* (F. 182°) u. *11β-Brom-12-keto-3α-acetoxy-cholansäuremethylester* (F. 222°). (Experientia [Basel] **9**. 329—31. 15/9. 1953. Urbana, Univ., Div. of Organ. Chem.) SCHORRE. 3700

F. W. Heyl und **M. E. Herr**, *„Enamin"-Derivate von Steroid-Carbonyl-Verbindungen.* 2. Mitt. (1. vgl. C. **1953**. 6694.) Im Gegensatz zu $C_{(17)}$- u. $C_{(20)}$-Ketosteroiden kondensieren $C_{(3)}$-Ketosteroide leicht mit Pyrrolidin zu 3-Pyrrolidinoenaminen. Die Regeneration der Ketone aus den Enaminen erfolgte bei dem aus Cholestan-3-on erhaltenen durch Kochen mit A., bei dem aus Stigmastadienon erhaltenen besser durch Essigsäure-Na-Acetat. Das aus Δ^4-Androsten-3.17-dion dargestellte *3-Pyrrolidino-$\Delta^{3.5}$-androstadien-17-on* (**I**) wurde mit $LiAlH_4$ red. zum Testosteron hydrolysiert.

Versuche (FF. auf FISHER-JOHNS Block (±1°); Drehungen in Chlf.): Verf. zur Darst. von $C_{(3)}$-Pyrrolidinoenaminen: 0,01 Mol des 3-Ketosteroids wurde in 50 cm³ Bzl. suspendiert, mit 4 Äquivalenten Pyrrolidin versetzt u. so lange am Rückfluß gekocht, bis ein Mol H_2O abgeschieden war; die Lsg. wurde im Vakuum eingedampft, mit Methanol oder Aceton behandelt u. aus Methylendichlorid/Methanol, Essigester oder Ae.–Bzl. umkristallisiert. — *3-Pyrrolidino-Δ^{3.5}-pregnadien-20-on*, $C_{25}H_{37}ON$, F. 170 bis 175° (Zers.), aus Progesteron; $[\alpha]_D$ —22°; 97% (Ausbeute); λ_{max} 281 mμ. — *3-Pyrrolidino-Δ^{3.5}-cholestadien*, $C_{31}H_{51}N$, F. 138—140° (Zers.), aus Δ⁴-Cholesten-3-on; $[\alpha]_D$ —110°; 79%; λ_{max} 280 mμ. — *3-Pyrrolidino-Δ^{3.5.22}-stigmastatrien* (II), $C_{33}H_{53}N$, F. 153—155° (Zers.), aus Stigmastadienon; $[\alpha]_D$ —121°; 94%; λ_{max} 280 mμ. — *3-Pyrrolidino-Δ^{3 (oder 2)}-cholesten* (III), $C_{31}H_{53}N$, F. 105—110° (Zers.), aus Cholestan-3-on; $[\alpha]_D$ +45°; 94%; λ_{max} 229 mμ. — *3-Pyrrolidino-Δ^{3.5}-pregnadien-11.20-dion*, $C_{25}H_{35}\cdot O_2N$, F. 180—185° (Zers.), aus 11-Ketoprogesteron; $[\alpha]_D$ +34°; 94%; λ_{max} 282 mμ. — *3-Pyrrolidino-Δ^{3.5}-pregnadien-11α-ol-20-on*, $C_{25}H_{37}O_2N$, F. 145—152° (Zers.), aus 11α-Oxyprogesteron; $[\alpha]_D$ —126°; 86%; λ_{max} 281 mμ. — *3-Pyrrolidino-7.12-diketo-Δ^{2 (oder 3)}-cholensäuremethylester*, $C_{29}H_{43}O_4N$, F. 160—165° (Zers.), aus Dehydrocholsäuremethylester; 86%; λ_{max} 233 mμ. — *3-Pyrrolidino-17α-methyl-Δ^{3.5}-androstadien-17β-ol*, $C_{24}H_{37}ON$, F. 160—170° (Zers.), aus 17α-Methyltestosteron; $[\alpha]_D$ —93°; 91%; λ_{max} 281 mμ. — *3-Pyrrolidino-Δ^{3.5}-androstadien-17-on* (I), $C_{23}H_{33}ON$, F. 200—205° (Zers.), aus Δ⁴-Androsten-3.17-dion; $[\alpha]_D$ —135°; 90%; λ_{max} 281 mμ. — *3-Pyrrolidino-Δ^{3.5}-androstadien-17β-ol* (IV), $C_{23}H_{35}ON$, F. 133—137° (Zers.), aus Testosteron; $[\alpha]_D$ —116°; 86%; λ_{max} 280 mμ. —*Cholestan-3-on*, F. 128°, aus III durch 5 Min. Kochen in 95% ig. Alkohol. — *Stigmastadienon*, F. 123—124°. 0,5 g II in einer Lsg. von 1 cm³ Eisessig, 1,5 cm³ W., 10 cm³ Methanol u. 1,5 g Na-Acetat wurden 4 Std. zum Sieden erhitzt. *Semicarbazon*, F. 235° (Zers.), aus II in einer Lsg. von Methanol, W., Semicarbazidhydrochlorid u. Na-Acetat durch 1 Std. Kochen. — *Testosteronsemicarbazon*, F. 264° (Zers.), aus IV wie vorstehend. — *Testosteron*, F. 148—150°. I in Tetrahydrofuran wurde in 4 Min. zu einer Suspension von $LiAlH_4$ in Ae. gegeben, 10 Min. am Rückfluß gekocht u. mit W. zu IV zersetzt. Das Enamin wurde 4 Std. in einer Lsg. von Eisessig, W., Methanol u. Na-Acetat gekocht, mit W. verd. u. eingeengt; 76%; λ_{max} 241 mμ (log ε = 4,20; in A.). (J. Amer. chem. Soc. **75**. 1918—20. 20/4. 1953. Kalmazoo, Mich., Upjohn Co., Res. Labors.) SCHORRE. 3700

M. E. Herr und **F. W. Heyl**, „*Enamin*"*-Derivate von Steroid–Carbonyl-Verbindungen*. 3. Mitt. *Die Synthese $C_{(11)}$-oxydierter Testosterone.* (2. vgl. vorst. Ref.) Die Red. der $C_{(17)}$-Carbonylgruppe des aus 11α-Oxy-Δ⁴-androsten-3.17-dion (I) mit Pyrrolidin (II) erhaltenen *3-Pyrrolidino-Δ^{3.5}-androstadien-11α-ol-17-ons* (III) mit $LiAlH_4$ führte nach Hydrolyse zum *11α-Oxytestosteron* (IV). Das aus I mit CrO_3 gewonnene Adrenosteron (V) reagierte mit II sowohl zum $C_{(3)}$-Monoenamin (VI) als auch zum $C_{(3,17)}$-Bis-pyrrolidinoenamin (VII). Die Red. von VII u. VI mit $LiAlH_4$ u. Hydrolyse lieferte *11β-Oxy-Δ⁴-androsten-3.17-dion* bzw. *11β-Oxytestosteron* (VIII). VIII wurde zum *$C_{(17)}$-Acetat* (IX) acetyliert u. das nach CrO_3-Oxydation erhaltene *11-Ketoacetat* zum *11-Ketotestosteron* verseift.

Versuche (FF. auf FISHER-JOHNS Block): *3-Pyrrolidino-Δ^{3.5}-androstadien-11α-ol-17-on* (III), $C_{23}H_{33}O_2N$, F. 161—166°, aus 1,21 g I in Bzl. durch 3²/₃ std. Kochen mit II in Ggw. eines BIDWELL-STERLING-Wasserabscheiders; aus Ae. Nadeln; 0,81 g (Ausbeute); $[\alpha]_D^{23}$ —165° (Pyridin); λ_{max} 282 mμ (log ε = 4,39). — *11α-Oxytestosteron* (IV), $C_{19}H_{28}O_3$, F. 180—181°. Die vorst. erhaltene Benzollsg. von III wurde zu einem Gemisch von $LiAlH_4$ in Ae. gegeben, 5 Min. gekocht, gekühlt u. nach Zugabe von W. eingedampft, der Rückstand 4 Std. mit einer wss.-methanol. Lsg. von Na-Acetat in Eisessig gekocht u. das nach Einengen erhaltene Gemisch mit HCl angesäuert u. mit Methylendichlorid extrahiert; aus Essigester Prismen; $[\alpha]_D^{24}$ +92° (Chlf.). — *Adrenosteron* (V), F. 223—225°, aus I in Eisessig mit CrO_3 in Essigsäure durch 4¹/₂std. Stehen bei Raumtemperatur. — *3.17-Dipyrrolidino-Δ^{3.5.16}-androstatrien-11-on* (VII), $C_{27}H_{38}\cdot ON_2$, F. 182—190° (Zers.); das aus V in Bzl. mit II u. p-Toluolsulfonsäure durch 3¹/₂-std. Kochen erhaltene Gemisch wurde mit Skellysolve C versetzt u. eingeengt; 87%; $[\alpha]_D^{24}$ —26° (Dioxan). — *11β-Oxy-Δ⁴-androsten-3.17-dion*, $C_{19}H_{26}O_3$, F. 200°. VII in Tetrahydrofuran wurde analog IV mit $LiAlH_4$ red. u. das nach der Hydrolyse erhaltene Prod. (78%) in Bzl. an Al_2O_3 chromatographiert u. mit Aceton–Bzl. (1:10; 1:5 u. 1:1) eluiert; aus Chlf.–Skellysolve C Nadeln; $[\alpha]_D^{23}$ + 220° (Chlf.); λ_{max} 242 mμ (log ε = 4,19). *Disemicarbazon*, $C_{21}H_{32}O_3N_6$, F. 300° (Zers.). — *3-Pyrrolidino-Δ^{3.5}-androstadien-11.17-dion* (VI), $C_{23}H_{31}O_2N$, F. ~180° (Ae.). 6 g V wurden in Bzl. mit 1,84 cm³ Pyrrolidin u. 20 mg p-Toluolsulfonsäure 2 Std. gekocht, wobei das Kondensat durch eine CaC_2-Schicht zurückgeführt wurde; 88%; $[\alpha]_D^{24}$ —46° (Pyridin); λ_{max} 282 mμ (log ε = 4,37). — *11β-Oxytestosteron* (VIII), $C_{19}H_{28}O_3$, F. 233—235° (Bzl.). Ein aliquoter Teil der vorst. Benzollsg. wurde analog **IV** mit $LiAlH_4$ red. u. hydrolysiert; 73% (bezogen auf V), $[\alpha]_D^{25}$ +159° (Chlf.); λ_{max} 242 mμ (log ε = 4,19). — *11β-Oxytestosteron-17-acetat* (**IX**), $C_{21}H_{30}O_4$, F. 150° (Ae.–Hexan), aus **VIII** in Pyridin mit Essigsäureanhydrid; $[\alpha]_D^{22}$ + 125° (Chlf.). *Propionat*, $C_{22}H_{32}O_4$, F. 157—158°; analog **IX** mit Propionsäureanhydrid; 81%; $[\alpha]_D^{22}$ + 122° (Chlf.). *Benzoat*, $C_{26}H_{32}O_4$, F. 275—277° (Zers.), aus Essigester Prismen; $[\alpha]_D^{22}$ + 178° (Chlf.). — *11-Ketotestosteronpropionat*, $C_{22}H_{30}O_4$, aus vorst. Propionat in Eisessig u. CrO_3 durch 5 std. Stehen bei Raumtemp.; 76%; $[\alpha]_D^{22}$ + 169° (Chlf.). — *11-Ketotestosteron*, $C_{19}H_{26}O_3$, F. 187—188° (Methylendichlorid–Ae.), aus vorst. Verb. durch $^1/_2$ std. Kochen mit 1 n methanol. KOH; 88%; $[\alpha]_D^{22}$ + 224° (Chlf.). (J. Amer. chem. Soc. 75. 5927—30. 5/12. 1953.) SCHORRE. 3700

Jack W. Ralls, ***Die konjugierte Addition von Malonsäurediäthylester an $\Delta^{3,5}$-Cholestadien-7-on.*** Die Addition von Malonsäurediäthylester an $\Delta^{3,5}$-Cholestadien-7-on (I) in Ggw. eines Äquivalents Na-Äthylat führte zu *7-Keto-3β-cholesterylmalonsäurediäthylester* (**II**), dessen Konst. durch Überführung in *3β-Cholesterylmalonsäure* über das *7-Äthylenmercaptol* bewiesen wurde. Die aus **II** durch Verseifung erhaltene *7-Keto-3β-cholesterylmalonsäure* wurde zu *7-Keto-3β-cholesterylessigsäure* decarboxyliert.

Versuche: *7-Keto-3β-cholesterylmalonsäurediäthylester* (**II**), $C_{34}H_{54}O_5$, F. 105 bis 106° (A.); die aus 460 mg Na u. 7 cm³ A. hergestellte Lsg. wurde mit 3,1 cm³ Malonester u. 7,64 g **I** in 10 cm³ A. versetzt, $1^1/_4$ Std. unter N_2 gekocht u. nach dem Erkalten in ein Gemisch von 20 cm³ W. u. 2 cm³ Essigsäure gegossen, die mit Bzl. extrahierte Lsg. nach Trocknen über Na_2SO_4 eingedampft u. 2 g des öligen Rückstandes in PAe. (30—60°) an Silicagel chromatographiert; aus der mit Bzl.–PAe. (3:1) eluierten Fraktion 43% **I**, aus dem Benzoleluat 50% **II**; $[\alpha]_D^{25}$ —78° (1% in Chlf.); λ_{max} 238 mμ (E_m = 14700; in A.). — *7-Keto-3β-cholesterylmalonsäurediäthylester-7-äthylenmercaptol*, $C_{36}H_{58}O_4S_2$, F. 169,5—170,5°, aus **II** in Essigsäure u. Äthandithiol in Ggw. von p-Toluolsulfonsäuremonohydrat. — *3β-Cholesterylmalonsäure*, F. 199—203° (Ae.–PAe.); eine Suspension von RANEY-Ni in Dioxan wurde mit einer Lsg. von vorst. Verb. in Dioxan 6 Std. erhitzt, das nach dem Abdampfen des Lösungsm. erhaltene Öl in Methanol mit KOH in W. behandelt u. 1 Std. gekocht; nach dem Abkühlen wurde mit verd. H_2SO_4 angesäuert u. mit Ae. extrahiert; $[\alpha]_D$ —30,5°. — *3β-Cholesterylmalonsäuredimethylester*, F. 84,5—89,5° (Methanol), aus vorst. Säure in Ae. mit Diazomethan. — *7-Keto-3β-cholesterylmalonsäure*, $C_{30}H_{46}O_5$, F. 192° (Essigsäure–W.), aus **II** in W.–Methanol (1:3) durch 1 std. Kochen mit KOH u. Ansäuern mit 6 n H_2SO_4. — *7-Keto-3β-cholesterylessigsäure*, $C_{29}H_{46}O_3$, F. 167—169° (Methanol), aus vorst. Ketosäure durch 15 Min. Erhitzen auf 195°/0,05 mm; $[\alpha]_D^{25}$ —103,5° (c = 1% in Chlf.); λ_{max} 238 mμ (E_m = 13300; in A.). — *7-Keto-3β-cholesterylessigsäuremethylester*, $C_{30}H_{48}O_3$, F. 103,5 bis 105° (Methanol). Das Filtrat von vorst. Säure wurde in Methanol gelöst, mit 3 Tropfen konz. H_2SO_4 versetzt, 16 Std. bei Raumtemp. stehengelassen u. 5 Std. gekocht; die mit Bzl. extrahierten Anteile wurden nach Trocknen über Na_2SO_4 an Silicagel chromatographiert u. mit Bzl.–Essigester (9:1) eluiert; $[\alpha]_D^{25}$ —87° (c = 1% in Aceton); λ_{max} 238 mμ (E_m 14100; in A.). (J. Amer. chem. Soc. 75. 2123—25. 5/5. 1953. Chicago, Ill., Div. of Chem. Res., G. D. Searle & Co.) SCHORRE. 3700

W. V. Ruyle, T. A. Jacob, J. M. Chemerda, E. M. Chamberlin, D. W. Rosenburg, G. E. Sita, R. L. Erickson, L. M. Aliminosa und M. Tishler, ***Die Darstellung von $\Delta^{7,9,11}$-Allosteroiden durch Einwirkung von Mercuriacetat auf Δ^7-Allosteroide.*** Vff. führten an einigen Beispielen bei verschied. Temp. u. mit verschied. Lösungsmitteln die Darst. von $\Delta^{7,9,11}$-Allosteroiden durch Einw. von Mercuriacetat auf Δ^7-Allosteroide durch. Z. B. wurde $\Delta^{7,22}$-Ergostadien-3β-ol-acetat (I) in *$\Delta^{7,9,11,22}$-Ergostatrien-3β-ol-acetat* (**II**) übergeführt. Der Reaktionsmechanismus wird diskutiert.

Versuche (FF. korr.; Drehungen in 1%ig. Chloroformlsg.): *$\Delta^{7,9,11,22}$-Ergostatrien-3β-ol-acetat* (**II**), F. 178—181° (verunreinigt mit **I**). Zu einer Lsg. von **I** in Chlf. wurde eine essigsaure Lsg. von Mercuriacetat (**III**) zugegeben, nach 23 std. Rühren bei 25—30° das Mercuroacetat abfiltriert u. das Filtrat bei 70—80° im Vakuum eingeengt u. gekühlt. — *$\Delta^{8,22}$-Ergostadien-3β.7ξ-diol*, $C_{28}H_{46}O_2$, F. 193—196°. a) **I** in Chlf. wurde mit **III** in Essigsäure $2^1/_2$ Std. bei Zimmertemp. stehengelassen, der Nd. abfiltriert, das Filtrat mit W. verd., die Chloroformlsg. abgetrennt u. mehrmals mit W. gewaschen; der Chloroformrückstand wurde mit Methanol behandelt, der aus **I** u. **II** bestehende Nd. abfiltriert u. das durch weiteres Einengen erhaltene Öl mit methanol. KOH verseift. b) Aus $\Delta^{8,22}$-Ergostadien-3β-ol-7-on in Ae. mit $LiAlH_4$; $[\alpha]_D$ + 34,2° (c = 0,6 in Chlf.). — *$\Delta^{7,9,11,22}$-Ergostatrien-3β-ol*, aus vorst. Verb. in Chlf.–Eisessig (5:1) durch 17 std. Kochen. — *$\Delta^{7,9,11}$-5α.22a-Spirostadien-3β-ol-acetat*, $C_{29}H_{42}O_4$, F. 213—218°. a) 8,05 g Δ^7-5α.22a-Spirosten-3β-ol-acetat in 80 cm³ Chlf. wurden in einer Lsg. von 13,5 g **III** in 220 cm³ Essigsäure 18 Std. bei Raumtemp. gerührt, das Mercuroacetat wurde abfiltriert, das Filtrat mit 500 cm^3 W. versetzt u. die Chloroformlsg. zur Trockne eingedampft, der Rückstand in 6 cm^3 Tetralin gelöst u. 5 Min. auf 200° erhitzt; 71% (Ausbeute); $[\alpha]_D$ —15,5°; λ_{max} 242,5 mμ (E_m = 17500; in A.). Durch fraktionierte Kristallisation des Chloroformrückstandes aus A. wurde *Δ^8-5α.22a-Spirosten-3β.7ξ-diol-acetat*, $C_{31}H_{46}O_6$, F. 174—178°, in nicht ganz reiner Form erhalten. — *Δ$^{7.9,11}$-3β-Acetoxybisnorallocholadiensäuremethylester* (IV), $C_{25}H_{36}O_4$, F. 162—165,5°, aus Δ^7-3β-Acetoxybisnorallocholensäuremethylester in Chlf. u. III in Essigsäure durch 16 Std. Rühren bei Zimmertemp.; die nach dem Umkristallisieren aus Aceton erhaltene *Verb.*, $C_{25}H_{36}O_4 \cdot CH_3COCH_3$, F. 162—165°, $[\alpha]_D$ +54,7°, gab aus Methanol reines **IV**; $[\alpha]_D$ +31,3°; λ_{max} 235, 242,5 u. 250 mμ (E_m = 16500, 18100, 11900; in A.). Als Nebenprod. *Δ^8-3β.7ξ-Diacetoxybisnorallocholensäuremethylester*, $C_{27}H_{40}O_6$, F. 169—170° (aus Methanol, Skellysolve B/Aceton u. Skellysolve B). — *Δ$^{7.9,11}$-Allopregnadien-3β-ol-20-onacetat*, $C_{23}H_{32}O_3$, F. 165—167°, aus Δ^7-Allopregnen-3β-ol-20-onacetat wie vorst.; Chromatographie an Al_2O_3 (aus Bzn./Ae. 9:1 u. 4:1); $[\alpha]_D$ +82°; λ_{max} 235, 242,5, 251 mμ (E_m = 14500, 16000, 10400; in A.). Als Nebenprod. *Δ^8-Allopregnen-3β.7ξ-diol-20-ondiacetat*, $C_{25}H_{36}O_5 \cdot {}^1/_2 H_2O$, F. 175—177° (wss. Pyridin). — *Δ^8-Allopregnen-3β.7ξ-diol-20-on*, $C_{21}H_{32}O_3 \cdot CH_3COCH_3$ (Aceton/Skellysolve B), F. 151—155°, aus vorst. Diacetat durch Kochen mit 1n methanol. KOH. (J. Amer. chem. Soc. **75**. 2604—09. 5/6. 1953. Rahway, N. J., Merck & Co., Inc., Res. Labors.)

SCHORRE. 3700

Sylvia Teich, Jean Rogers, Seymour Lieberman, Lewis L. Engel und **John W. Davis,** *Die Herkunft des 3.5-Cycloandrostan-6β-ol-17-ons (Isoandrosten-6β-ol-17-ons) in Urinextrakten.* Da das aus menschlichem Harn isolierte 3.5-Cycloandrostan-6β-ol-17-on (I) durch wss. HCl bei Raumtemp. leicht in 3-Chlor-Δ^5-androsten-17-on u. Dehydroisoandrosteron (II) übergeht, stellten Vff. nach dem von DINGEMANSE u. Mitarbeitern (Nature [London] **161**. [1948.] 848 u. J. clin. Endocrinol. **12**. [1952.] 66) für die Isolierung von I aus Harn angegebenen Verff. aus Na-(III) u. K-Dehydroisoandrosteronsulfat (IV) I her u. zogen daraus den Schluß, daß **IV** als Vorläufer von **I** zu betrachten sei.

V e r s u c h e: *K-Dehydroandrosteronsulfat* (IV), $C_{19}H_{27}O_5SK$, F. 218—220°, aus II u. Pyridin–SO_3 nach SOBEL u. SPOERRI (J. Amer. chem. Soc. **63**. [1941.] 1259); $[\alpha]_D^{19}$ +6,9°+2° [10,25 mg in 2 cm^3 eines Propylenglykol-A. (1:3)-Gemisches]. — *3.5-Cycloandrostan-6β-ol-17-on* (I), F. 135—139°. 0,1 g **III**, in 90 cm^3 W. suspendiert, wurden mit 5%ig. Na_2CO_3-Lsg. auf p_H 7 gebracht, mit 30 cm^3 Bzl. versetzt u. 3 Std. unter Rühren gekocht. Die Benzollsg. wurde abgetrennt u. lieferte nach Trocknen u. Einengen 35 mg eines krist. Prod.; durch weiteres 5 std. Erhitzen mit 30 cm^3 Bzl. wurden nochmals 28 mg isoliert u. die Gesamtmenge aus Ligroin umkristallisiert; $[\alpha]_D^{23}$ +111°±2° (9,21 mg in 2 cm^3 Chlf.). Wurde **III** unter ähnlichen Bedingungen bei p_H 1,2 u. 3,2 mit Toluol gekocht, wurde nur **II** gewonnen; bei p_H 4,7 dagegen wurden gleiche Mengen von **I** u. **III** isoliert u. bei p_H 6,8 **II** u. die doppelte Menge **I**. —*3.5-Cycloandrostan-6β-ol-17-onacetat*, F. 110—113°, aus **I** in Essigsäureanhydrid–Pyridin. (J. Amer. chem. Soc. **75**. 2523—25. 20/5. 1953. New York, N. Y., Columbia Univ., Coll. of Physicians and Surgeons, Dep. of Biochem., Dep. of Obstetrics and Gynecology, u. Boston, Mass., Harvard Univ., Collis P. Huntington Mem. Hospital, Med. Labors.)

SCHORRE. 3750

C. S. Barnes, D. H. R. Barton und **G. F. Laws,** *Die Darstellung des 15 Oxostanols.* Das aus Δ$^{7.14.22}$-Ergostatrien-3β-ylacetat mit Perphthalsäure in Ae. erhaltene *Monophthalat* [$C_{38}H_{52}O_7 \cdot CH_3OH$, undefinierter F.; $[\alpha]_D$ —91° (c = 3,4; alle Drehwerte in Chlf.); λ_{max} 275 mμ (ε = 1400; alle UV-Spektren in A.)] wurde mit CrO_3 zum *Keton* **I** oxydiert, das dann mit Zn-Staub u. Essigsäure zu *15-Oxo-Δ$^{8.14.22}$-ergostadien-3β-ylacetat* [II, $C_{30}H_{46}O_3$, F. 179—180°; $[\alpha]_D$ +66° (c = 3,3); λ_{max} 259 mμ (ε = 15700); 1734, 1235 (Acetat); 1703 (α.β-CO); 967 cm^{-1} (transäthylen. Bindung); alle Infrarot-Spektren in CS_2] red. wurde.

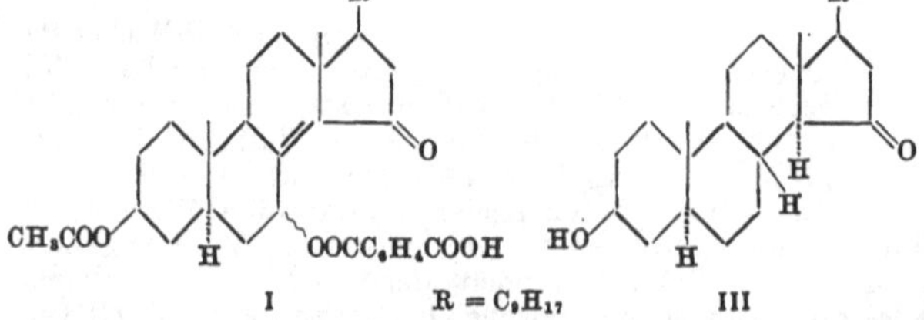

I R = C_9H_{17} III

— Die Red. von **II** mit Li in fl. NH_3 führte zu *15-Oxo-Δ^{22}-ergosten-3β-ol* (III), $C_{28}H_{46}O_2$, F. 180—181°; $[\alpha]_D$ +11° (c = 3,1); 3620, 1036 (OH); 1738 (CO); 968 cm^{-1} (transäthylen. Bindung). *Acetat*: $C_{30}H_{48}O_3$, F. 176—177°; $[\alpha]_D$ + 3° (c = 1,6). *Benzoat:* $C_{35}H_{50}O_3$, F. 194—195°; $[\alpha]_D$ 1[illegible]° (c = 2,7). — Die WOLFF-KISHNER-Red. von **III** lieferte *Δ^{22}-Ergosten-3β-ol.* — Die Hydrierung von **III**-Acetat in Essigester in Ggw.

von Pd/$CaCO_3$ führte zu *15-Oxoergostan-3β-ylacetat*, $C_{30}H_{50}O_3$, F. 173—174° $[\alpha]_D$ + 29° (c=2,0). *15-Oxoergostan-3β-ol*, $C_{28}H_{48}O_2$, F. 189—190°; $[\alpha]_D$ + 39° (c = 2,3). *Benzoat*, $C_{35}H_{52}O_3$, F. 173°; $[\alpha]_D$ + 34° (c = 1,9). — Die Red. des vorst. Alkohols nach WOLFF-KISHNER gab *Ergostan-3β-ol*. — Analog wurde 15-Oxo-$\Delta^{8,14}$-cholesten-3β-ylacetat zu *15-Oxocholestan-3β-ol* [$C_{27}H_{46}O_2$, F. 174—175° (langsames Erhitzen); $[\alpha]_D$ + 47° (c = 0,87)] reduziert. *Acetat*: $C_{29}H_{48}O_3$, F. 141—143°; $[\alpha]_D$ + 38° (c = 0,9). *Benzoat*, $C_{34}H_{50}O_3$, F. 148—149°; $[\alpha]_D$ + 40° (c = 0,86). *2.4-Dinitrophenylhydrazon*, $C_{33}H_{50}O_5N_4$, F. 214—216° (langsames Erhitzen). Hieraus durch WOLFF-KISHNER-Red. *Cholestan-3β-ol*. (Chem. and Ind. **1953**. 616. 20/6. London, W. C. 1, Birkbeck Coll.) SCHORRE. 3750

F. Sanger, *Eine Disulfidaustauschreaktion*. Bei Verss. zur Best. der Lage der S—S-Bindung in *Insulin* (I) wurden im partiellen Säurehydrolysat nach Oxydation zu den entsprechenden Cysteinsäurepeptiden mehr Cystinpeptide gefunden, als bei einer einheitlichen Struktur von I möglich sind. Danach wird eine Austausch-Rk. vom Typ $R^1—S—S—R^2 + R^3—S—S—R_4 \rightleftharpoons R^1—S—S—R^3 + R^2—S—S—R^4$ angenommen u. durch einen Modellvers. bewiesen. Danach bildet sich *Mono-2.4-dinitrophenylcystin* (II) aus einem Gemisch von Cystin (III) u. Bis-2.4-dinitrophenylcystin (IV). — Im Gemisch von III u. IV wird nach 24 Std. bei 37° in 12nHCl durch Gelbfärbung der wss. Schicht die Ggw. von II nachgewiesen. — Möglicherweise bildet sich dabei durch Red. oder Hydrolyse intermediär eine SH-Verb., so daß die Rk. über $—R^1—SH + R^2—S—S—R^3 = R^2—SH + R^1—S—S—R^3$ verläuft, wobei das $R^2—SH$ mit weiterem Disulfid reagieren kann (vgl. HUGGINS u. Mitarbeiter, C. **1951**. II. 2468). (Nature [London] **171**. 1025—26. 6/6. 1953. Cambridge, Mass., Univ., Biochem. Labor.) H.-J. KOCH. 3750

Friedrich Weygand, *Folsäure*. Der 2. Teil des Berichtes (1. Teil vgl. C. **1954**. 1499) behandelt Synthesen der *Folsäure* (I), natürliche, mit I eng verwandte Verbb., Antagonisten der I u. die mikrobiol. Wirkungen der I (57 Literaturangaben). (Österr. Chemiker-Ztg. **54**. 39—44. Febr. 1953. Heidelberg, Univ., Chem. Inst.) K. F. MÜLLER. 3800

J. E. Casida, T. C. Allen und **M. A. Stahmann,** *Die Reaktion einiger Octamethylpyrophosphoramidderivate mit Chymotrypsin*. Gereinigtes *Octamethylpyrophosphoramid* (I) bewirkte in 1,5 mol. Konz. keine Hemmung einer Lsg. von 10 γ *Chymotrypsin* (II)/cm³. Durch Oxydation mit $KMnO_4$, Bebrütung mit Leberschnitten oder wachsenden Erbsenpflanzen entstanden jedoch aus I II-Inhibitoren, die in den beiden ersten Fällen in ca. $5 \cdot 10^{-5}$ mol. Konz. hemmten. Mit I behandeltes II enthielt weder P, Amin noch Formaldehyd, mit oxydiertem I behandeltes II diese Komponenten im Mol-Verhältnis 0,95, 1,48 [$(CH_3)_2NH$], 0,60 (CH_3NH_2) u. 0,51, das heißt 1 Mol Organophosphat des oxydierten I ist in Bindung mit 1 Mol II, wobei die Hälfte der daran gebundenen Gruppen bei Säureeinw. CH_3NH_2 u. CH_2O abspaltet. Die Oxydation aktiviert die Säureanhydridbindung, da sie I in eine mit II reagierende Verb. überführt, wobei möglicherweise eine *Aminoxyd*-ähnliche Struktur entsteht. Die inakt. Verbb. *Bis-[dimethylamino]-p-nitrophenylphosphat* u. *Bis-[dimethylamino]-fluorphosphinoxyd* gingen durch Oxydation ebenfalls in Verbb. über, die II inaktivierten. Partiell oxydierte I-Proben zeigten sowohl Kontakt- wie innertherapeut. insekticide Wrkg., ohne erhöhte Toxizität für weiße Ratten. (J. Amer. chem. Soc. **74**. 5548. 5/11. 1952. Madison, Univ. of Wisconsin, Dep. of Biochem. and Entomol.) K. MAIER. 3850

Earl W. Davie und **Hans Neurath,** *C-endständige Gruppen von Trypsinogen, DFP-Trypsin und Carboxypeptidase*. *Trypsinogen* (I) wurde in Ggw. von *Diisopropylfluorphosphat* (*DFP*) krist. u. restliches *Trypsin* (II) durch krist. Sojabohnen-II-Inhibitor inaktiviert, 2fach rekrist. *DFP*-II analog inaktiviert, 7fach umkrist. *Carboxypeptidase* (III) durch Waschen mit dest. W. von restlichen Aminosäuren (IV) befreit u. restliche trypt. Aktivität durch *DFP* entfernt. Nach Bebrütung von I oder *DFP*-II mit III bei p_H 7,5 u. 25° waren keine IV papierchromatograph. nachweisbar, ebenso nicht nach 3std. Autolyse von III (2%ig. Lsg.) bei p_H 7,5 u. 25°. Die Verss. deuten darauf hin, daß die freien *C*-endständigen Gruppen nicht von III angegriffen werden, da sie nicht spezif. auf III eingestellt oder aus ster. Gründen nicht angreifbar sind. Hiermit steht im Einklang, daß nach Denaturierung von *DFP*-II durch HCl bei 0° u. p_H 1 (48 Std.) u. Dialyse gegen HCl bei p_H 3 (24 Std.) dieses von III unter Bldg. von *Lysin* u. kleineren Mengen *Leucin, Methionin, Glutaminsäure, Asparaginsäure, Threonin, Serin* u. *Glykokoll* angegriffen wird. Vorliegende Befunde lassen die Annahme zu, daß die I-Aktivierung von der Abspaltung eines Peptides vom Aminoende der Polypeptidkette begleitet ist. (J. Amer. chem. Soc. **74**. 6305—06. 20/12. 1952. Seattle, Univ. of Washington, Dep. of Biochem.) K. MAIER. 3850

E. R. H. Jones und **J. D. Bu'Lock,** *Bestandteile höherer Pilze*. 3. Mitt. *Agrocybin*. (2. vgl. C. **1942**. I. 1511.) Als zweites Polyacetylen-Antibioticum nach dem *Myco-*

mycin (vgl. CELMER u. SOLOMONS, C. **1954.** 1500 u. früher) wurde ein *Octatriin-(2.4.6)-amid* isoliert, das *Agrocybin*, C_8H_5ON, explosionsartige Zers. bei 130—140° (wss. A.); Gewinnung aus den nach KAVANAGH (vgl. Proc. nat. Acad. Sci. USA **36.** [1950.] 102) gezüchteten Pilzkulturen von *Agrocybe dura* durch Extraktion mit Essigester, Waschen mit $NaHCO_3$ u. Verdampfen des Esters im Vakuum; 30 mg/Liter Kultur-Fl. an Ausbeute. λ_{max} 2150, 2240, 2690, 2860, 3040 u. 3250 Å; 10^{-3} ε = 68,0, 86,5, 1,75, 2,40, 3,05 u. 1,95. Nach Behandlung mit 1%ig. alkoh. KOH vergrößert sich die Absorption im Gebiet um 3000 Å um das Zehnfache. — *Octanamid*, F. 105—106°, durch katalyt. Hydrierung von 10 mg *Agrocybin* mit PtO_2 in A.; 11,2 cm^3 H_2-Aufnahme (theoret. Menge für 3 Dreifachbindungen). (J. chem. Soc. [London] **1953.** 3719—20. Nov. Manchester, Univ.) E. FRANCK. 3900

S. H. Lipton, S. A. Morell, Alexander Frieden und **Robert M. Bock,** *Uridin-5'-triphosphat.* Nachdem die elektrophoret. u. chromatograph. Unterss. mehrerer Handelspräpp. von *Adenosin-5'-triphosphat* (**I**) die Existenz von Nucleotiden mit größeren Beweglichkeiten u. Ladungen, als sie **I** zukommen, ergeben hatte, wurde aus Hefe-Nucleotiden mittels Ionenaustauschchromatographie die schnellere Fraktion isoliert u. als das Pyrimidinanalogon von **I**, *Uridin-5'-triphosphat* (**II**), *Mono-Na-Salz-Tetrahydrat*, $C_9H_{22}O_{19}N_2P_3Na$, identifiziert. Die Konst. als **II** ergab sich durch Hydrolyse unter verschied. Bedingungen u. papierchromatograph. Identifizierung der Spaltprodd. (*Uracil, Uridin, Uridin-5'-phosphat*). Die Säurehydrolyse lieferte keine reduzierenden Zucker, woraus sich die Abwesenheit von *Uridindiphosphoglucose* u. ähnlicher komplexer Uridinnucleotide ergibt. Elektrometr. Titration von **II** zeigte, daß dieses im wesentlichen als *Mono-Na-Salz* vorliegt. Die *pK*-Werte für das sek. Phosphat u. Uracilenol waren 7,1 u. 9,7. (J. Amer. chem. Soc. **75.** 5449—50. 5/11. 1953. Milwaukee, Wis., Pabst Brewing Comp., Labors., u. Madison, Univ. of Wisconsin, Dep. of Biochem.) K. MAIER. 3950

Ph. Traynard und **A. Robert,** *Über ein kristallisiertes Nitrolignin.* Aus Pappelholzspänen konnte durch Extraktion mit HNO_3 in Ggw. von Essigsäure (I) ein gelbes kristallines Nitrolignin mit einem Mol.-Gew. von 1150 extrahiert werden. Sein Infrarotspektr. entspricht dem des Lignins. 4 Säuregruppen u. 2 Phenolgruppen im Mol. konnten nachgewiesen werden. Versuchsverlauf: Zu 600 g Pappelspänen in 6 Litern I werden bei 40° im Verlauf von 4 Tagen 165 cm^3 rauchende konz. HNO_3 zugetropft. Zur Vermeidung von Oxydations-Rkk. muß die HNO_3-Konz. gering bleiben. Die Absorption der HNO_3 wird durch p_H-Messung verfolgt. Sie bricht bei einem genau definierten Punkt ab (Kurve). 3% Ausbeute an krist. Material (berechnet auf Holz), 12% (auf Lignin). Weitere 3 Fraktionen werden bei 60, 80 u. 100° erhalten. Danach bleibt reine Cellulose zurück. Untersucht wurde nur „Lignin 40°", weitere Unterss. folgen. (Papeterie **73.** Dez. 1951. Suppl. Assoc. Techn. Ind. Papetière **5.** Bull. Nr. 7. 401—05. Nov. 1951.) ROSSOW. 3950

D_3. Makromolekulare Chemie.

G. Salomon, *Reaktionsfähige Zwischenprodukte bei Polymerisationsreaktionen.* Die Bedeutung von instabilen Zwischenprodd., Radikalen u. Carboniumionen für einfache u. verwickelte Rkk. (Polymerisationen) wird erörtert. Verwicklungen können bes. bei Ionen-Rkk. auftreten als Folge von Wechselwirkungen zwischen Lösungsm. u. instabilem Zwischenprodukt. (Plastica [Delft] **6.** 506—08. Nov. 1953.) WESLY. 4000

J. W. Ryan, *Bestrahlung von Polytetrafluoräthylen. Zersetzung durch energiereiche γ-Strahlen.* Bei der Bestrahlung von *Polytetrafluoräthylen* (*Teflon*) mit γ-Strahlen (aus ^{60}Co) werden Fluoridionen in Freiheit gesetzt u. die mechan. Eigg. des Polymeren verändert. Die aus 1 g Teflon von Y Röntgen entwickelten μg Fluor (X) errechnen sich aus der empir. Gleichung $X = 3{,}78 \cdot 10^{-7} (Y)^{1,151}$. Das Ultrarotspektr. des bestrahlten Teflons enthält zwei Maxima bei 5,7 u. 6,5 μ, die in dem nichtbestrahlten Material nicht vorhanden sind u. auf die Entstehung von $CF_2{=}CF$- u. $-CF{=}CF$-Bindungen zurückgeführt werden können. Die Bldg. von Doppelbindungen geht auch aus der Entfärbung von saurer $KMnO_4$-Lsg. hervor. (Mod. Plastics **31.** Nr. 2. 152. Okt. 1953. Gen. Electric Comp., Gen. Engng. Labor.) FORCHE. 4010

Herbert Bauss und **R. F. Boyer,** *Zufälliges Auftreten von Tönen in Dielektrica.* (Vgl. C. **1953.** 6500.) Die Untersuchunngsergebnisse an *Vinylidenchlorid–Vinylcyanid-Mischpolymerisat* (Saran F115, Einfriertemp. —10°) über die Abhängigkeit der Tonhöhe (noise level) in Dezibel von der Temp. (—60 bis 20°) bei 3 verschied. Frequenzen (25, 500 u. 5000 Hz) werden als Diagramm wiedergegeben. Ähnliche Befunde wurden bei Nylon erhalten. (J. appl. Physics **23.** 802—03. Juli 1952. Midland, Mich., Dow Chem. Co.) SCHÄFF. 4010

R. W. Hall, *Spontane Oxydation von Phenol–Formaldehyd-Novolaken im festen Zustand.* Für den Abfall der spezif. Viscosität der Lsg. eines Novolaks (I) mit einem Mol.-Gew. von ca. 3000 in n-Butanol, für die Verminderung des Mol.-Gew. u. die Verfärbung des festen **I** macht Vf. einen oxydativen Abbau verantwortlich. Ein therm. Abbau tritt nicht ein, da Erhitzen im Vakuum auf 100° keine Wrkg. hat. In Ggw. von O_2 bei 70° wird hochmol. **I** stark, niedrigmol. **I** geringer abgebaut. 30% des aufgenommenen O_2 werden zur Bldg. von organ. Peroxyden verbraucht; ferner scheinen sich chinoide Strukturen u., wie die Infrarotunters. zeigt, Bindungen nach Art des Benzophenons durch Oxydation von Methylengruppen zu bilden. Insgesamt werden 2 bis 3 Atome O zur Zerstörung einer Kette verbraucht. (Chem. and Ind. **1952.** Nr. 28. 693–94. 12/7. 1952. Great Burgh, Epsom, Surrey, Distillers Co., Ltd., Res. & Development Dep.) H. BECKER. 4010

C. S. Marvel und **G. H. McCain,** *Polymerisation von Zimtsäureestern.* Vff. beschreiben die Polymerisation von *Zimtsäuremethyl-* (**I**) u. *-äthylester* (**II**) mit Benzoylperoxyd (**III**) oder 2.2'-Azo-bis-isobutyronitril (**IV**) bei 60°, wobei die entstandenen Polymeren mit den hochschm. Prodd. der therm. Polymerisation ident. scheinen. Der N_2-Geh. der Polymeren von **I** u. **II** bei Verwendung von **IV** als Initiator entsprach dem Nitril-N-Geh. von **IV**, woraus sich bei polymerem **I** ein Mol.-Gew. von 2300, bei polymerem **II** von 7600 errechnete. Beide Polymeren zeigten eine amorphe Röntgenstruktur. Infrarotabsorptionsspektren vgl. Original.

Versuche: *Polyzimtsäureäthylester,* $(C_{11}H_{12}O_2)_n$, F. > 300°, a) durch Erhitzen von 20 g **II**, 0,1 g **IV** u. 0,025 g techn. Laurylmercaptan (**V**) (1 Monat) u. Ausfällen des Polymerisats mit A.; 10% (Ausbeute); b) analog a) in Cyclohexan; geringe Ausbeute; c) aus 10 g **II**, 0,12 g **III** u. 0,025 g **V** analog a); 11,3%; Pulver, unlösl. in organ. Lösungsmitteln, lösl. in **II**. — *Polyzimtsäuremethylester,* $(C_{10}H_{10}O_2)_n$, F. > 300°, durch Erhitzen von 20 g **I** u. 0,1 g **IV**, erst auf 60° (10 Tage) u. dann auf 85° (3 Tage), u. anschließend Isolierung analog vorst. Verb.; Pulver, unlösl. in organ. Lösungsmitteln; 2%. Eine alte Probe von polymerem **II** in faseriger Form zeigte ähnliche physikal. Eigg., jedoch höheres Mol.-Gewicht. (J. Amer. chem. Soc. **75.** 3272–73. 5/7. 1953. Urbana, Ill., Univ. of Illinois, Noyes Chem. Labor.) W. MEYER. 4010

A. C. Cooper, A. Keller und **J. R. S. Waring,** *Textur einiger kristalliner synthetischer Polymerer durch Elektronenmikroskopie.* Vff. haben Filme aus *Nylon 66* (**I**; *Polyhexamethylenadipindiamid*) u. Nylon *610* (**II**; *Polyhexamethylensebacindiamid*) nach verschied. Verff. (aus $^1/_4$%ig. Lsg. in m-Kresol u. 0,1%ig. Lsg. in 85%ig. HCOOH) hergestellt u. elektronenmkr. untersucht, ebenso Präpp., die durch Ultraschalldesintegrierung unverstreckter Fasern erhalten wurden. Die Bilder zeigen eine bündelartige Anordnung der Mikrofibrillen. Der Mittelteil der Bündel (von der Länge von ca. 1–3,5 μ) hat einen „seilartigen" Charakter, aus dessen Enden fransenartig die schraubenförmigen Mikrofibrillen ragen. Die Größe der Bündel scheint mit der Präparationsmeth. etwas zu variieren. Vff. halten es daher für verfrüht, aus den auftretenden period. Strukturen Schlüsse auf den Kristallisationsvorgang zu ziehen. Die Darst. von **II** war schwieriger als die von **I**, in Übereinstimmung mit den bei **I** auftretenden größeren Kohäsionskräften. (J. Polymer Sci. **11.** 215–20. Sept. 1953. Manchester, England, Imperial Chem. Ind. Ltd.) H. STEFFENS. 4010

Walter Schlesinger und **H. M. Leeper,** *Gutta.* 1. Mitt. *Einkristalle aus α-Gutta.* Vff. züchteten Einkristalle aus *Shicle-Gutta* (**I**; Herst. vgl. C. **1952.** 1092) u. *Guttapercha-Gutta* (**II**). Das niedrige Mol.-Gew. von **I** (16000–18000) u. dessen Einheitlichkeit boten Erfolgsaussichten. Um optimale Kristallisationsbedingungen zu erreichen, muß die Lsg. immer leicht übersättigt sein, andererseits darf ihre Konz. nicht so hoch sein, um ausreichende Beweglichkeit der Polymerketten zu gewährleisten. Vff. erreichten dies durch geeignete Kombination von Lösungsm. u. Nichtlösungsmittel. Durch Diffusion, entweder über die Gasphase oder auch in der fl. Phase bei konstanter Temp., wurde Lösungsm. entzogen u. Nichtlösungsm. zugeführt, um den leicht übersättigten Zustand zu erhalten. Auf diesem Wege u. auch durch langsame Abkühlung erhielten Vff. aus **I** bis 0,35 mm lange, aus **II** bis 0,10 mm lange, opt.-akt. Einkristalle, die opt. anisotrop sind u. als *α-Gutta* identifiziert werden konnten. (J. Polymer Sci. **11.** 203–13. Sept. 1953. Chicago, Ill., Wm. Wrigley jr. Co.) H. STEFFENS. 4030

M. L. Wolfrom, Gordon Sutherland und **Max Schlamowitz,** *Molekularstruktur des Galaktogens aus Rinderlunge.* Vff. fanden bei der Darst. von *Heparin* aus Rinderlunge als Nebenprod. ein *Galaktogen,* als *Pneumogalaktan* (**I**) bezeichnet, das nach Reinigung u. saurer Hydrolyse 100 ± 2% *D-Galaktose* (**II**) u. keine nennenswerte Menge L-Galaktose ergab. Nach Behandlung mit Ionenaustauschharzen zeigte **I** eine geringe, aber deutliche Acidität u. eine vergrößerte Viscosität. Bei der Elektrophorese wurde

Anionenwanderung u. fast völlige Homogenität beobachtet. Infolge der Alkaliempfindlichkeit von I war die Methylierung schwierig. Sie erfolgte nach HIRST u. JONES (J. chem. Soc. [London] **1938.** 496) u. durch wiederholte Anwendung von PURDIEs Meth. [1903]. Methanolyse, Hydrolyse u. papierchromatograph. Analyse des I-*Trimethyläthers* führten zu ungefähr gleichen Mengen *2.4-Di-O-methyl-D-galaktose*, *2.3.4-Tri-O-methyl-D-galaktose* u. *2.3.4.6-Tetra-O-methyl-D-galaktose*. Perjodoxydation von I unter kontrollierten Bedingungen zeigte einen Verbrauch von 4 Mol pro Anhydrotrisaccharideinheit unter Bldg. von 2 Mol HCOOH an. So ist obenst. Wiederholungseinheit für I bewiesen, in der wahrscheinlich β-D-Glykosidbindungen vorliegen.

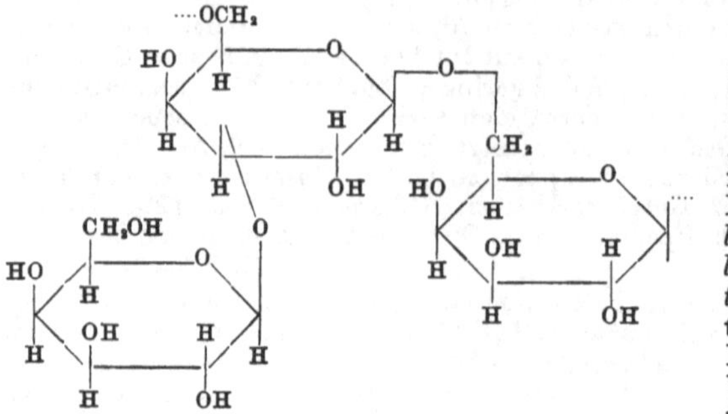

Versuche: *Pneumogalaktan* (I), $(C_6H_{10}O_5)_x$, aus 95%ig. u. absol. A., $[\alpha]_D^{29}$ $+19^0$ (c = 3 in W.), nach Lösen in 30%ig. KOH bei Zimmertemp. fast quantitativ (96%) mit A. u. einer Spur CH_3COONH_4 fällbar, nach 2std. Erhitzen unter N_2 aber nur noch zu 10%, kein Nd. mit alkal. Cu-Reagens nach MAY (Z. Biol. **95.** [1934.] 277), keine Gelbldg. mit Borax. Polarimetr. Verfolgung der Hydrolyse bei 0,39 n H_2SO_4 (98⁰): k = 0,37 ± 0,03; keine DL-*Galaktose* im Hydrolysat nachweisbar, 2 Kristalltypen erwiesen sich als die anomere Formen von II. — *O-Triacetylpneumogalaktan*, $[C_6H_7O_5(CH_3CO)_3]_x$, F. 187—190⁰. Frisch gefälltes I mit Pyridin u. Essigsäureanhydrid acetylieren; $[\alpha]_D^{24}$ $-28,4^0$ (c = 6,8 in Chlf.); lösl. in Chlf., Pyridin, unlösl. in Aceton, A., Ae. u. W.; Ausbeute 80%. Biol. Abbau von I nach NELSON (C. **1945.** II. 1076) mit Galaktosidase aus keimenden Alfalfasamen bei p_H 4,4 (Citratphosphatpuffer) ergab eine 12%ig. Steigerung des Reduktionsvermögens von I. — *Tri-O-methylpneumogalaktan*, $[C_6H_7O_5(OCH_3)_3]_x$, schaumige, hellgelbe M., $[\alpha]_D^{26}$ -54^0 (c = 0,8 in Chlf.). — Identifizierung der Prodd. von Methanolyse u. Hydrolyse des vorst. Prod. durch Papierchromatographie nach HIRST, HOUGH u. JONES (J. chem. Soc. [London] **1949.** 928). Aus dem Hydrolysat wurden die Anilide dargestellt u. chromatographiert. *2.4-Di-O-methyl-D-galaktoseanilid*, aus A., F. 214—217⁰ (korr.); *2.3.4-Tri-O-methyl-D-galaktoseanilid*, aus A., F. 167—168⁰ (korr.); *2.3.4.6-Tetra-O-methyl-D-galaktoseanilid*, aus A., F. 192—194⁰ (korr.); $[\alpha]_D^{24}$ $-64^0 \rightarrow +36^0$ (c = 0,5 in Aceton). (J. Amer. chem. Soc. **74.** 4883—86. 5/10. 1952. Columbus, O., State Univ., Dep. of Chem.)

AMELUNG. 4050

Cl. Fromageot und M. Jutisz, *Chemie der Aminosäuren, Peptide und Proteine.* Überischtsbericht (bis Nov. 1952). *Aminosäuren* (**A**): neue oder ungewöhnliche natürlich vorkommende **A** (*C_3—C_7-***A**, *Tyrosinderivv.*), Synth. von **A** u. **A**-Derivv., Spaltung von **A** in enantiomorphe Formen, **A**-Best., Chromatographie, Bldg. von Metallkomplexen, Zers., Bindung verschied. Gruppen an Amino-N (1193 Literaturangaben); *Peptide* (**P**): allg. synthet. Methoden, Synth. spezif. **P**, Chromatographie, chem. Konst., physikal. Eigg. (93 Literaturangaben); *Proteine* (**Pr**): Darst., **A**-Zus., Hydrolyse, Abbau, Denaturierung, Wechselwirkungen zwischen **Pr** u. verschied. Substanzen, Mol.-Gew., Assoziation, Dissoziation, Struktur u. physikal. Eigg., Absorptionsspektren, chem. Konst. (267 Literaturangaben). (Annu. Rev. Biochem. **22.** 629—78. 1953. Paris, Fac. des Sci., Labor. de Chim. biol.) K. MAIER. 4070

Kazutomo Imahori, *Die Struktur von oberflächendenaturiertem Protein.* 1. Mitt. *Molekulargewicht und Oberfläche des Pferdeserumalbuminmoleküls.* Wird festes oder gelöstes Protein in kleiner Menge auf die Oberfläche einer konz. Salzlsg. oder einer wss. Propylalkohollsg. gebracht, so wird das Protein in die β-Form übergeführt; diese Art der Denaturierung wird als Oberflächendenaturierung bezeichnet. Nach BULL (J. Amer. chem. Soc. **67.** [1945.] 4) läßt sich in diesem Fall das Mol.-Gew. des betreffenden Proteins aus der Kurve Oberflächendruck/Filmoberfläche gegen Filmoberfläche errechnen. Für das Pferdeserumalbumin ergab sich hieraus 70000. Aus Kompressibilitätsmessungen ergab sich eine Oberfläche von 9820 Å für 1 oberflächendenaturiertes Serumproteinmolekül. (Bull. chem. Soc. Japan **25.** 7—10. Febr. 1952. Tokyo, Univ., Coll. of gen. Educat., Chem. Labor. [Orig.: engl.]) NEHRING. 4070

William G. Gordon, William F. Semmett und Jacob Ziegler, *Kristallines α-Lactalbumin: Eine verbesserte Methode zur Isolierung. Schwefelverteilung.* Ausgehend von roher

Magermilch wird zunächst Casein u. das rohe Molkenglobulin entfernt. Die nach der Kristallisation des β-Lactoglobulins erhaltene klare Lsg. wird mit n HCl auf p_H 4,0 eingestellt u. Ammoniumsulfat (187 g/Liter) zugegeben. Die Fällung wird abzentrifugiert u. in W., das durch n NH_4OH auf p_H 8,0 gebracht wurde, gelöst, klar filtriert u. mit n H_2SO_4 auf p_H 4 gebracht, wobei das *α-Lactoglobulin* (I) ausfällt, das krist. u. weitergereinigt wird; Ausbeute an einmal umkrist. I 18,5 g aus 15 Gallonen Magermilch. Der Cystingeh. von I beträgt 6,4 ± 0,1 % u. der Methioningeh. 0,95 ± 0,05 %. Die Summe von Cystin-S u. Methionin-S deckt sich mit dem Gesamt-S von I. (J. Amer. chem. Soc. **76.** 287. 5/1. 1954. Philadelphia, Pa., Bur. of agricult. and ind. Chem., Agric. Res. Administr., Eastern Reg. Labor.) NEHRING. 4070

Richard Kuhn und **Reinhard Brossmer** (unter Mitarbeit von: **Walter Schulz**), *Über die prosthetische Gruppe der Mucoproteine des Kuhcolostrums.* Aus der durch Dialyse gereinigten, mit EHRLICH-Reagens direkt farbstoffbildenden Mucoproteinfraktion des Kuh-*Colostrums* konnte mit verd. Säure eine kristallisierende Substanz abgespalten werden, die von Vff. als *Methoxyverb. der Lactaminsäure* benannt wurde: $C_{11}H_{19}O_9N$, $[\alpha]_D^{20}$ −35° (c = 1,00 in absol. Methanol), F. 199–200° (Zers.) (aus Methanol–Ae.–PAe.). Sie enthält eine OCH_3-Gruppe, eine CH_3CO-Gruppe, gibt bei der Chromsäureoxydation 1 Mol flüchtige Säure (Essigsäure), ebenso bei der Verseifung mit p-Toluolsulfonsäure. Bei der katalyt. Hydrierung werden 2 Mol H_2 aufgenommen. Sie gibt mit EHRLICH-Reagens starke Rotfärbung, mit BIAL-Reagens (Orcin) violettrote Farbe, ist Ninhydrin-negativ, u. beim Kochen mit Säure scheiden sich braunschwarze Flocken ab. Ultrarotspektr. u. DEBYE-SCHERRER-Aufnahme der Verb. sind abgebildet. In den Farb-Rkk. ähnelt die Lactaminsäure der von KLENK (Hoppe-Seyler's Z. physiol. Chem. **291.** [1952.] 147) aus Gangliosiden isolierten Methoxyverb. der *Neuraminsäure* u. der von BLIX (Hoppe-Seyler's Z. physiol. Chem. **240.** [1936.] 43) aus *Submaxillaris* isolierten *Sialinsäure.* Zwischen den drei Stoffen, welche miteinander verglichen werden, scheinen nahe chem. Beziehungen zu bestehen. (Chem. Ber. **87.** 123–127. 1954. Heidelberg, Max-Planck-Inst. für Med. Forsch., Inst. für Chem.) HEYNS. 4070

E. Gorter und **L. Nanninga,** *Komplexe aus Heparin und Proteinen. Heparin* (I), das SO_3^--Gruppen enthält, bildet mit Proteinen Komplexe, indem seine negativen SO_3^--Gruppen an die positiven Gruppen der Proteine gebunden werden. Diese Komplexe bilden sich oberhalb des isoelektr. Punktes. Diese Komplexbildungen wurden nachgewiesen durch Elektrophorese, Trübungsmessungen, Analyse des Nd. u. der überstehenden Fl., Spreitverss. bei verschied. p_H, Best. der Gerinnungszeit u. Spaltung von Lipoproteinen. *Suramin* (II), ein Antikoagulationsmittel der I. C. I., verhält sich ähnlich wie I, indem es ebenfalls mit Proteinen Komplexe bildet. *Chondroitinschwefelsäure* kann an Albumin gebunden werden; die Komplexbldg. folgt denselben Gesetzen wie die Bldg. der I- u. II-Komplexe. Es wurden folgende Proteine untersucht: *Serumalbumin, Ovalbumin, Thrombin,* einige *Lipoproteine, Thromboplastin* u. ein *Phosphatidylserin–Albumin-Komplex.* (Discuss. Faraday Soc. Nr. **18.** 205–17. 1952. Leiden, Univ., Hosp., Childrens' Clinic.)

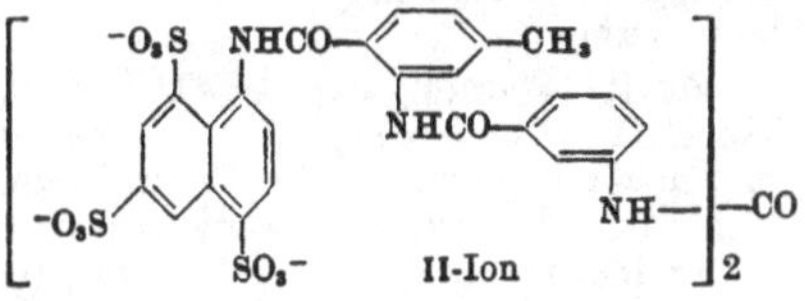

K. F. MÜLLER. 4070

Irving M. Klotz und **Janet Ayers,** *Reaktionen zwischen Proteinen und organischen Molekülen.* Eine Anzahl verschiedenster Anionen (z. B. Chlorid, Rhodanid, Acetat, Octylsulfat, Methylorange, Azosulphathiazol) können mit Serumalbumin Komplexe bilden; ebenso bilden Kationen (z. B. kationcapillarakt. Stoffe) Komplexe mit Serumalbumin, Ovalbumin, Wolle usw. *p-Aminoazobenzol* (I) wird durch Rinderserumalbumin oder menschliches Serumalbumin gebunden. Die Affinität des Albumins zu I bei p_H 7 ist etwas geringer als diejenige zum Methylorangeanion. In Ggw. von 0,1 mol. NaSCN wird die Bindungsfähigkeit für I herabgesetzt; NaCl hat diese Wrkg. nicht. Acetyliertes Albumin, in dem die kation. Gruppen des Lysins blockiert sind, hat eine geringere Affinität für I. Eine noch geringere Affinität zeigt jodiertes Albumin, d. h., daß Tyrosingruppen an der Rk. zwischen Albumin u. I beteiligt sind. Die Bindung des neutralen I durch Serumalbumin wird mit steigendem p_H fester. Verss. mit *Chrysoidin* (II), die sich über den p_H-Bereich 4—9 erstreckten, ergaben dasselbe. Bei p_H 9 wird II mit einer Affinität gebunden, die der des Methylorange entspricht; bei p_H 4 wurde kaum noch eine Komplexbldg. beobachtet. Das Verh. von Serumalbumin gegenüber neutralen Moll. bestätigt die früher durch Verss. mit Anionen erhaltenen Schlußfolgerungen, daß die Konfiguration des Albumins sich mit dem p_H verändert, wodurch neue Bindungsstellen frei werden. — Bei Rkk. mit kleinen Anionen ist Serumalbumin wirksamer als andere native Proteine; β-Lactoglobulin hat eine geringe Affinität zu Anionen. Mit relativ großen Anionen bilden auch andere Proteine Komplexe. Vff. führen die Affinität des Albumins auf dessen relativ geringen Geh. an *Oxyaminosäuren* zurück. Da α- u. β-*Casein* ebenfalls relativ wenig OH-Seitenketten besitzen, wurde ihr Verh. gegenüber Methylorange untersucht. Sie binden ebenfalls Methylorange, wenn auch schwächer als Rinderserumalbumin. Die einzige Annahme, daß die Oxyaminosäureseitenketten das Verh. von Proteinmoll. gegenüber kleinen Moll. bestimmen, erklärt eine Anzahl nichtspezif. Eiweißreaktionen. (Discuss. Faraday Soc. Nr. **13.** 189—96. 1953. Evanston, Ill., Northwestern Univ., Dep. of Chem.) K. F. MÜLLER. 4070

Richard J. Goldberg und **J. W. Williams,** *Antigen–Antikörper-Reaktionen in Theorie und Praxis.* Die Antigen–Antikörper-Rk. wird mit der Umwandlung eines Sols in ein Gel, die zu 3-dimensionalen Kondensationspolymeren führt, verglichen. Die Theorie von FLORY (C. **1946.** I. 309) u. von STOCKMAYER (J. chem. Physics **11.** [1943.] 45; **C. 1946.** I. 309), die statist. Methoden zur Festlegung des Gelierungspunktes u. zur Berechnung der Mol.-Gew.-Verteilung als Folge der polyfunktionellen Natur der Reaktionspartner verwenden, wird zur Grundlage einer neuen Theorie der Präcipitin-Rk. gemacht (GOLDBERG, Federat. Proc. **10.** [1951.] 409). Die Ergebnisse dieser Theorie werden dargelegt. Sie zeigen, wie diese Theorie die Hemmung bei gewissen Stadien der Fällung im Bereich des Antigenüberschusses vorhersagen kann. In diesem Bereich werden die Antigen–Antikörper-Verhältnisse für die lösl. Komplexe berechnet. Diese Verhältnisse sind in guter Übereinstimmung mit Ergebnissen von Sedimentations- u. Elektrophoreseverss., die zur Best. der „Valenz" der fällenden Pferdeantikörper angestellt wurden. Demnach scheint die „Valenz" des fällenden Antikörpers des Syst. menschliches Serumalbumin–Pferdeantikörper gleich zwei zu sein. Die Grenzen der Anwendbarkeit obiger Meth. auf das Antigen–Antikörper-Problem werden diskutiert; sowohl die Meth. der Sedimentationsgeschwindigkeit wie der Elektrophorese sind bei der Anwendung zur Best. des freien Antigens einigen Unsicherheiten unterworfen. Die erstere hat insofern einen Vorteil, indem sie einen direkten Beweis für die Existenz mehrerer verschied. in den Lsgg. befindlicher Antigen–Antikörper-Komplexe gibt, die bei der Elektrophorese nicht getrennt werden. Die Elektrophoresemeth. scheint jedoch genauer zu sein, bes. im Bereich hohen Antigenüberschusses. (Discuss. Faraday Soc. Nr. **13.** 224—30. 1953. Madison, Wis., Univ. of Wisconsin, Physic. Chem. Labor.) K. F. MÜLLER. 4070

Muriel Fleming und **D. O. Jordan,** *Nucleinsäure- und Proteinwechselwirkungen. Eine elektrophoretische Untersuchung von Kalbsthymusdesoxypentosenucleoprotein und von Tabakmosaikvirus.* Die Veränderungen der elektrophoret. Beweglichkeit 0,2%ig. Lsgg. von *Desoxypentosenucleoprotein* (I) aus Kalbsthymus wurde innerhalb eines p_H-Bereiches von 7,1—12,0 bei den Ionenstärken 1,0 u. 0,02 beobachtet, u. die nach verlängerter Elektrophorese erhaltenen beiden Fraktionen wurden auf ihren Geh. an Nucleoprotein u. Nucleinsäure analysiert. **I** dissoziiert in eine langsam wandernde u. eine schneller wandernde Fraktion. Die erstere hat bei hohen p_H-Werten einen niedrigeren Nucleinsäuregeh.; bei p_H 12 besteht sie aus reinem Protein. Aus den Verss. wird geschlossen, daß **I** unter den Versuchsbedingungen nach folgendem Mechanismus $(np)' \rightleftarrows p + (np)''$ dissoziiert, wobei das Nucleoprotein $(np)''$ die schnell wandernde Komponente mit relativ hohem Nucleinsäuregeh. u. die langsam wandernde Komponente, je nach dem p_H, entweder ein Gemisch aus dem Nucleoprotein $(np)'$ u dem Protein p darstellt oder aus reinem Protein p besteht. — Mit *Tabakmosaikvirus* (**II**) wurden bei p_H 5,0 u. 9,5, der Ionenstärke 1,0 u. bei p_H 7,6 u. der Ionenstärke 0,02 ebenfalls elektrophoret. Verss. durchgeführt. **II** ist ziemlich homogen; es enthält eine kleine Nebenfraktion, die etwas langsamer als die Hauptfraktion wandert. Die elektrophoret. Beweglichkeit von **II** ist geringer als die von **I.** Das elektrophoret. Verh. von **II** unterscheidet sich beträchtlich von dem des **I; II** dissoziiert (in einer Lsg. der Ionenstärke 1,0 bis zu dem Punkt, wo Fällung eintritt) nicht nach dem obigen Mechanismus. (Discuss. Faraday Soc. Nr. **13.** 217—23. 1953. Nottingham, Univ., Chem. Dep.) K. F. MÜLLER. 4090

J. Timmermans, Les Constantes physiques des composés organiques cristallisés. Paris: Masson et Cie. (558 S. m. 80 Abb.) fr. 5200,—.

L. Velluz, Substances naturelles de synthèse. Préparations et méthodes de laboratoire. Vol. VIII. Paris: Masson et Cie. (158 S. m. Tab.) fr. 2200,—.

László Zechmeister, Hrsg., Fortschritte der Chemie organischer Naturstoffe. Bd. 10. Wien: Springer-Verl. 1953. (IX + 529 S. m. 19 Abb.) DM 83,—.

E. Biologische Chemie. Physiologie. Medizin.

E_1. Allgemeine Biologie und Biochemie.

S. R. Pelc und **Alma Howard,** *Der Chromosomenstoffwechsel auf Grund von Autoradiographien.* Unterss. an der im Wachstum befindlichen Hauptwurzel von *Vicia faba*-Keimlingen, die bei 19° in belüftetem W. gezogen wurden, mit anorgan. ^{32}P (0,2 μc/cm³/24 Std. mit 16 mg/Liter Trägerphosphat) ergaben: 1. Eine Zelle, die im Begriffe steht, sich zu teilen, synthetisiert während des 1. Teils der Interphase *Desoxyribonucleinsäure* (**I**). Zwischen Ende der Synth. u. Beginn der sichtbaren Prophase liegt ein 6—8std. Zeitraum. Während der Teilung findet keine I-Synth. statt. 2. Eine Zelle, die ihre letzte Teilung vollendet hat u. sich differenziert, synthetisiert keine **I**. 3. Eine sich differenzierende Zelle hält von der Elternzelle übertragene **I** zurück. 4. Der in **I** enthaltene *P* läßt während der 48std. Versuchsdauer keinen nachweisbaren Austausch mit ^{32}P erkennen. Bei Verwendung (Vers. mit Bohnenwurzeln) von anorgan. ^{35}S (1,0 μc/cm³) war der %-Satz an Zellen, der Kernautoradiographie zeigte, für ^{35}S- u. ^{32}P-behandelte Wurzeln gleich. Dies deutet darauf hin, daß ^{35}S in Verbb., wahrscheinlich in Aminosäuren höherer Proteine, eingebaut wird, die annähernd gleichzeitig mit **I** synthetisiert werden. Einw. einer Dosis von 13·10³ erg/g Röntgenstrahlung (= 140 r) bewirkte bei Bohnenwurzeln während der darauffolgenden 24 Std. eine Verminderung der I-synthetisierenden Zellen auf $^1/_3$. Der ^{35}S-Einbau wurde nicht beeinflußt. Anscheinend kann demnach ein Chromosom noch weiter *S*-haltige Proteine synthetisieren, auch wenn der I-Anteil des Gesamtnucleoproteins nicht mehr zunimmt. Der sich hierdurch anbahnende Zustand einer Störung des Gleichgewichtes bietet möglicherweise eine Erklärung einiger Wirkungen subletaler Röntgendosen auf sich teilende Zellen. Eine Deutung für die Hemmung der I-Synth. durch Röntgenstrahlung wird diskutiert. (Exp. Cell Res., Suppl. **1952**. 269—78. London, Med. Res. Council, Radiotherapeut. Res. Unit.) K. Maier. 4150

G. Glimstedt und **S. Lagerstedt,** *Die Wirkung von „Versene" auf die submikroskopische Struktur isolierter Rattenlebermitochondrien.* Die Wrkg. von „*Versene*", *Äthylendiamintetraessigsäure* (Di-Na-Salz; I) auf die Ultrastruktur isolierter Rattenlebermitochondrien bei Suspendierung in Lsgg. verschied. osmot. Drucks wurde elektronenmkr. untersucht. Alle Mitochondrien wiesen einen von einer Membran umgebenen, granulären Innenkörper auf. In hypoton. Lsgg. u. ohne **I** zerfielen bei 45 Min. langer Incubation bei 26° die Innenkörper. In Ggw. von 0,01 mol. **I** wurde der Zerfall überwiegend verhindert. Die Frage, ob die granuläre Struktur des Innenkörpers fixierter Mitochondrien auch im lebenden Zustand vorliegt, wird diskutiert. (Kungl. fysiogr. Sällsk. Lund Förh. **23.** Nr. 14. 1—8. 1953. Lund, Univ., Histolog. Inst.) K. Maier. 4150

Gunnar Ågren, *Die Aminosäurenzusammensetzung von Bence-Jones-Protein.* Die Aminosäurenzus. des Bence-Jones-Körpers wurde chem. u. mikrobiol. untersucht, nachdem Dent u. Rose [1948] u. Agren [1949] ein Fehlen von ***Methionin*** (**I**) u. Oxyprolin festgestellt hatten. — Tumorpartikel wurden mit 0,9% NaCl-Lsg. extrahiert, die Lsg. mit Essigsäure auf p_H 5 gebracht, auf 100° erhitzt u. filtriert. Bei ca. 60° fiel beim Erkalten das Bence-Jones-Protein aus. Das Präcipitat wurde gewaschen u. getrocknet. Entsprechend wurde der Urin behandelt. Die Best. der Aminosäuren erfolgte nach Hydrolyse mikrobiologisch. — Das Eiweiß von Tumor u. Urin wies einen niedrigen Geh. an **I** auf u. hatte einen hohen ***Serin***- u. ***Threonin***-Gehalt. Bei der Berechnung wurden 100% des Eiweißes aus dem Urin u. nur 75% des Tumorproteins gefunden. Die Ergebnisse werden diskutiert u. die Möglichkeit einer Virusinfektion bei der Entstehung des Myeloms besprochen. (Acta chem. scand. **6.** 1232—36. 1952. Uppsala, Univ., Dep. of Med. Chem.) Wolfgang Albrecht. 4160

P. L. de V. Hart, *Carcinomkomplikation durch proximale Bewegungsneuropathie infolge Vitamin-B-Mangels.* Ausführlicher Bericht über 2 Fälle, bei denen eine proximale Bewegungsneuropathie in Verbindung mit Krebs bestand. Anwendung von *Vitamin B*, vor allem *Pyridoxin*, führte zu einer Besserung der neurolog. Beschwerden u. wird allg. bei der Behandlung ähnlicher Erkrankungen, die von Fällen wirklicher peripherer Neuropathie geschieden werden müssen, empfohlen. (Brit. med. J. **1954**. I. 606—09. 13/3. London, Royal Cancer Hosp.) R. König. 4160

Sergio di Pietro und **Virgilio Giacomelli,** *Theoretische und klinische Probleme der Chemotherapie der Tumoren mit antimitotisch wirksamen Substanzen.* Vff. besprechen Indikationsbereich, Dosierung u. Effekt der bisher in der Chemotherapie der malignen Gewächse angewandten Präpp., wie Stickstofflost, Chloramin (Methyl-bis-[β-chloräthyl]-amin), Cloronaftina, Triäthylenmelamin, Colchicin, Triäthylenphosphoramin, Myleran. Vgl. mit den Ergebnissen der Strahlentherapie. Es wird diskutiert, ob sich bei entsprechender Dosierung eine Tumorresistenz entwickeln kann. (Minerva med. [Torino] **45.** I. 373—78. 7/2. 1954. Milano, Ist. Naz. Studio e Cura dei Tumori.) P. G. SCHEURLEN. 4160

Hyman J. Zimmerman, Louis K. Alpert und **John S. Howe,** *Die Wirkung von Stickstofflost (β-Dichloräthylamin) auf die Funktion und Struktur der Leber bei Patienten mit Krebserkrankung.* Bei 15 Trägern verschied. Tumoren werden vor u. nach Verabreichung von 0,1 mg *β-Dichloräthylamin* Leberfunktionsprüfungen angestellt. In 4 Fällen werden biopt. Leberproben entnommen. Histolog. finden sich in keinem Falle Veränderungen, obwohl in einem Fall von Lymphom sich lymphat. Infiltrate in der Leber finden. Die Leberproben zeigen meist Besserung u. nur in einem Falle eine leichte Verschlechterung der Leberfunktion. Demnach ist selbst eine durch die Tumorkrankheit verschlechterte Leberfunktion keine Gegenindikation gegen N-Losttherapie. (J. Lab. clin. Med. **40.** 387—89. Sept. 1952. Omaha, Neb., Veterans Admin. Hosp., Washington, Veterans Admin. Hosp.) WRBA. 4160

Heinz Drescher, *Zur Testosteronbehandlung weiblicher Genitalcarcinome.* In 4 Fällen von fortgeschrittenen Corpus- u. Ovarialcarcinomen gelang es, durch Testosteronbehandlung die Schmerzen zu beseitigen, das Allgemeinbefinden zu bessern u. die Gewichtskurve günstig zu beeinflussen. Eine Hemmung des Tumorwachstums konnte nicht erreicht werden. (Strahlentherapie **89.** 52—60. 1952. Stuttgart, Württ. Landeshebammenschule u. Staatl. Frauenklin.) H. SCHEURLEN 4160

H. N. Green, *Der Antagonismus von Cortison und der tumorhemmenden Wirkung von 1.2;5.6-Dibenzanthracen.* 1.2;5.6-Dibenzanthracen (I) zeigt starke Hemmwrkg. auf das Wachstum des Rattensarkoms RB 1, welches ursprünglich durch I induziert u. dann transplantiert wurde. Bei Dosen von 2 mg I pro 100 g Körpergewicht durch intraperitoneale Injektion am 2. Tage nach der Transplantation tritt bei 9 von 12 Tieren eine völlige Rückbldg. der Geschwulst ein; die 3 tumortragenden Tiere sterben durchschnittlich nach 43 Tagen. Die Zugabe von 20 mg Cortisonacetat (II) subcutan bei gleicher Dosierung von I hebt die Hemmwrkg. von I auf. Alle Tiere sterben nach 28 Tagen am Tumor. Die gleiche Dosierung von II allein bewirkt excessives Tumorwachstum u. Tod aller Tiere nach 25 Tagen. Die Behandlung mit II bewirkt neben allg. Resistenzzusammenbruch die Hemmung von I, woraus geschlossen wird, daß die tumorhemmende Wrkg. von I in einer die allg. Resistenz steigernden zu suchen ist u. nicht in einer direkten auf die Tumorzelle. (J. Pathol. Bacteriol. **65.** 618—20. April 1953. Sheffield, Univ., Dep. Pathol.) WRBA. 4160

R. J. O'Connor, *Glykogen in den Teilungszellen der Leber des Kükenembryos.* Der Glykogengeh. während der Zellteilung der embryonalen Kükenleber ist nach Behandlung mit *Buttergelb* größer als 70% gegenüber 42% in der Rattenleber. Ferner besteht kein bemerkenswerter Unterschied in der Verteilung des Glykogens in der Teilungs- u. Ruhephase der Leberzellen embryonaler Küken. (Nature [London] **172.** 678—79. 10/10. 1953. London, Westminster School of Med., John Burford Carlill Pathol. Labor.) E. HAAS. 4160

Camillo Lenti, Manuale di biochimica. Torino: Ed. Minerva medica. 1952. (619 S.) L 5000,—.

E$_2$. Enzymologie. Gärung.

M. Girelli und **G. Panagia,** *Biochemische Bedeutung einiger cytoenzymatischer Reaktionen der Hämatologie.* (Minerva med. [Torino] **45.** I. 407—13. 10/2. 1954. Milano, Ist. di Clin. Med. Gen.) P. G. SCHEURLEN. 4210

Christa Kirberger, *Untersuchungen über die Temperaturabhängigkeit von Lebensprozessen bei verschiedenen Wirbellosen.* Atmung u. Ferment-Rkk. verschied. Wirbelloser (*Helix pomatia L. Lumbriculus variegatus Müll., Eisenia foetida Sav.,* Larven von *Cephaleia abietis L.*) werden bei unterschiedlichen Tempp. gemessen, um aus den Ergebnissen auf die Adaptionsfähigkeit der Tiere zu schließen. (Z. vergleich. Physiol. **35.** 175—98. 1953. Kiel, Univ.) BAUMANN. 4210

Koozoo Kaziro, Goroo Kikuchi, Heizoo Nakamura und **Masura Yoshiya,** *Die Frage nach der physiologischen Funktion der Katalase im menschlichen Organismus; Notiz über die Entdeckung einer Konstitutionsanomalie „Anenzymia catalasea".* Von 13 Fällen mit einer durch Fehlen der *Katalase* im Blut gek. Konstitutionsanomalie des Menschen waren 2 vollständig gesund, während 11 Fälle durch eine Erkrankung des Zahnstützgewebes, der „TAHARAschen Krankheit" auffällig waren. Es handelt sich dabei um eine progressive Alveolargangrän, die erst nach Entfernung der Zähne zum Stillstand kommt. (Chem. Ber. **85.** 886—91. 14/10. 1952. Hongo-Sendagicho, Tokio, Med. Schule Nippon, Physiol. chem. Labor.) SCHWEIGER. 4210

Viggo Faber und **Kai Schmith,** *Antistreptokokkenhyaluronidase.* Es wird eine Modifikation der turbidimetr. Antistreptokokken-*Hyaluronidase*-Best. (ASH) im Serum beschrieben. Eine Einheit neutralisiert unter bestimmten Bedingungen 1 cm^3 Serum. Auf Grund des Materials von 160 gesunden, erwachsenen Spendern wurden Grenzen für n., zweifelhaft erhöhte u. erhöhte Werte aufgestellt. Mit dem gleichen Material ausgeführte Bestimmungen des Streptolysintiters ergaben kein konstantes Verhältnis der beiden Bestimmungen. Dies war auch beim Material von 47 Patienten mit rheumat. Fieber der Fall, wenn auch bei der Mehrzahl eine Erhöhung der Rkk. zu verzeichnen war. (Ugeskr. Laeger **115.** 37—43. 8/1. 1953.) B. KRAFT. 4210

Jean-Pierre Duesberg, *Fehlen von Hemmung der Diffusionswirkung der Hyaluronidase durch Phenergan.* Vf. untersucht die Wrkg. der *Hyaluronidase* (**I**) auf die Diffusion gefärbter physiol. Lsgg. unter der Haut von Albinokaninchen, 1. in Abhängigkeit von der Konz. von **I** (25, 50, 100, 150 u. 450 Einheiten pro cm^3), 2. nach subcutaner Injektion von *Phenergan* (**II**). Die Ergebnisse zeigen, daß die Diffusion oberhalb einer bestimmten Grenze von der Konz. von **I** unabhängig ist u. daß **II** die Diffusion verschieden konz. Lsgg. von **I** nicht hemmt. (Arch. int. Pharmacodynam. Thérap. **92.** 39—43. 1/10. 1952. Paris, Hôp. de Broussais, Labor. de Pathol. experiment.) NIESWANDT. 4210

B. Magrassi, *Alkalische Phosphatase im Serum und in Organen nach Thyroxinbehandlung und bei Tieren, denen Nebennieren oder Schilddrüse bzw. beide Drüsen entfernt wurden.* Bei Ratten steigt nach Thyroxinzufuhr der Geh. an *alkal. Phosphatase* (**I**) in Blut u. Nieren an. Nach Entfernung der Nebennieren, der Schilddrüse oder beider Organe ist **I** im Blut vermehrt, in den Nieren jedoch vermindert. (Arch. Scienze med. **94** (**77**). 65—78. Jan. 1953. Pavia, Univ., Ist. Pat. Gen.) SPEYER. 4210

K. A. Lord und **C. Potter,** *Hydrolyse von Estern durch Insektenextrakte.* Aus einer Anzahl von Insektenarten (Tribolium castaneum Hbst., Dysdercus fasciatus Sign., Tenebrio molitor L., Blatella germanica L., Phaedon cochleariae F., Locusta migratoria L., Oryzaephilus surinamensis L., Diataraxia olearacea) werden rohe Extrakte hergestellt u. deren hydrolyt. Wrkg. auf Acetylcholin u. Phenylacetat untersucht. Die Insekten werden in eiskaltem W. homogenisiert u. die *Esterase*-Wirksamkeit nach WARBURG bestimmt. In den Extrakten aus Kopf bzw. Kopf u. Brust des ausgewachsenen Insektes T. castaneum wird Acetylcholin hydrolysiert, während in den Extrakten des ganzen Insektes keine Hydrolyse nachzuweisen ist; das spricht nicht für die Abwesenheit von *Cholinesterase,* sondern für die Ggw. eines Inhibitors, der hauptsächlich im Unterleib des Insektes lokalisiert ist. Nach Dialyse u. Zentrifugieren von Homogenaten ganzer Insekten wird jedoch in der festen Phase Cholinesterasewirksamkeit nachgewiesen. Die obere Schicht enthält einen Inhibitor. Dieser ist beständig in kochendem Wasser. Auch bei D. fasciatus- u. T. molitor-Larve ist im rohen Extrakt der ganzen Insekten keine Cholinesterasewirksamkeit nachzuweisen; bei D. fasciatus wird nach dem Dialysieren Acetylcholin hydrolysiert. (Nature [London] **172.** 679—81. 10/10. 1953. Harpenden, Herts., Rothamsted Exp. Stat., Insecticides Dep.) E. HAAS. 4210

Patrio Caselli und **Heinz Schumacher,** *Über den Nachweis des Tränenlysozyms mittels Mikroelektrophorese.* Vff. beschreiben eine neue Meth. zum Nachw. des Tränen-*Lysozyms* (**I**). Mittels Papier- oder Mikroelektrophorese nach ANTWEILER wandert **I** kathodisch. **I** bildet hierbei eine eigene homogene Zacke, die sich nicht mit der des γ-Globulins überschneidet. Das gesamte **I** ist in dieser Fraktion enthalten. Es wird auf die klin. Bedeutung der Eiweißfraktionsbest. in Tränen für die Pathogenese der Corneadegeneration hingewiesen. Der Nachw. von **I** auf Filtrierpapier SCHLEICHER u. SCHÜLL Nr. 2045 gelingt bereits bei Lsgg. von 0,02 mg krist. **I** mit Bromphenolblauanfärbung. (Klin. Monatsbl. Augenheilkunde augenärztl. Fortbild. **124.** 148—54. 1954. Cagliari, Univ., Inst. für Allg. Pathol., Frankfurt/M., Univ., Augenklin.) BRATFISCH. 4210

Quentin N. Myrvik, Russell S. Weiser und **Margaret C. Kelly,** *Versuche zum Wirkungsmechanismus des Lysozyms bei Mycobakterien.* Tuberkelbakterien sind auf DUBOS-Nährboden mit 5% Serum bei p_H 7,0 resistent gegen die bakteriostat. Wrkg. von *Lysozym.* Die wirksame Serumkomponente wird weder an Bentonit noch an BCO-Bakterien adsorbiert. Der Wirkungsmechanismus des Lysozyms ist der eines Enzyms, gegen das Mycobakterien anscheinend in Ggw. von Serum einen Schutzstoff zu bilden vermögen. *J* inaktiviert die Wrkg. des Lysozyms auf Mycobact. phlei u. Serratia lutea, jedoch nicht die ähnliche, aber grundsätzlich verschiedene Wrkg. des *Protamins.* Es gelang nicht, Mycobakterien durch Züchtung lysozymresistent zu machen. (Amer. Rev. Tubercul. **68.** 564—74. Okt. 1953. Charlotteville, Va., Univ. of Virginia, School of Med., Dep. of Microbiol.) FISCHOEDER. 4210

Alex B. Novikoff, *Histochemischer Nachweis von Zellkernenzymen.* Falls *alkal. Phosphatase* (I) in Zellkernen vorhanden, ist dies in so niedriger Konz. der Fall, daß ein histochem. Nachw. durch die gewöhnliche Färbemethodik mit Azofarben oder durch die GOMORI-TAKAMATSU-Technik (kurzfristige Incubation) nicht möglich ist. In ziemlich hohen Konzz. wurden in isolierten Kernfraktionen 2 andere Phosphatasen aufgefunden: *5-Adenylsäurephosphatase* (II) u. *Adenosintriphosphatase* (III; vgl. Federation Proc. **9.** [1950.] 210). Eine histochem. I–II-Differenzierung ist in Ggw. von 10^{-2} mol. NaCN möglich, wodurch I von Leberschnitten völlig gehemmt wird. Die *5-Adenylsäure*-Färbung ist durch Verwendung von $3 \cdot 10^{-2}$ mol. $MgCl_2$ verstärkbar. III wird durch Fixierung usw. vollständig inaktiviert, während ca. 60, 40 u. 45% I, *saure Phosphatase* u. II diese Behandlung überdauern. In Kernen wurden ferner eine *Desoxyribonucleinsäurephosphatase* u. *Bernsteinsäuredehydrogenase* histochem. nachgewiesen. (Exp. Cell Res., Suppl. **1952.** 123—43. Burlington, Univ. of Vermont, Coll. of Med., Dep. of Pathol. and Oncol., u. Dep. of Biochem.) K. MAIER. 4210

H. Holter und **B. M. Pollock,** *Verteilung einiger Enzyme im Cytoplasma des Myxmyceten, Physarum polycephalum.* Abgeschnittene Plasmodiumstücke von Physarum polycephalum wurden einzeln zentrifugiert u. in einen zentripetalen u. einen zentrifugalen Abschnitt geteilt. In den noch lebenden Hälften wurde die *Peptidase-* u. *Dehydrogenase*-Aktivität bestimmt. Die Peptidase ist offensichtlich nicht an eine granuläre Komponente gebunden. Mit der QUASTEL-WHEATLEY-Ferricyanidmeth. wurden 75% der Gesamtwerte der Bernsteinsäuredehydrogenaseaktivität als wahre *Bernsteinsäuredehydrogenase* gefunden. Die Dehydrogenase wandert — wie Kern u. Mitochondrien — zum zentripetalen Pol, ihre Aktivität geht der Zahl der Mitochondrien annähernd parallel. (C. R. Trav. Lab. Carlsberg, Sér. chim. **28.** 221—44. 1952.) W.-D. WEINMANN. 4210

Hans Lück, *Einfluß von komprimiertem Sauerstoff auf einige Stoffwechselvorgänge in Bakterien.* Bericht über Verss. mit Angabe der Meth. zur Feststellung des Einfl. von komprimiertem O_2 von 8 atü auf Stoffwechselvorgänge in Mikroorganismen. Die hydrolyt. wirkenden Enzyme *Proteinase, Lipase, Katalase* werden nicht merklich gehemmt, bei der *alkal. Phosphatase* tritt eine stärkere Inaktivierung während der Substratspaltung auf, *Katalase*-Aktivität ist vermehrt. *Dehydrogenasen* erleiden bereits bei 3 atü irreversible Schädigungen, die mit zunehmendem Druck zunehmen. *Milchsäure-* u. *CO_2*-Bldg. wird gleichfalls gehemmt. Die Erscheinungen sind mit der Blockierung des Zellstoffwechsels unter erhöhtem O_2-Druck zu erklären. (Schweiz. Z. allg. Pathol. Bakteriol. **17.** 106—17. 1954. Windhoek, S.W. Afrika, Dairy Industry Control Board.) DOSSMANN. 4210

Virgilio Bolcato, La chimica delle fermentazioni. Microbiologia, enzimologia, chimica e tecnica delle fermentazioni. 2a edizione. Bologna: N. Zanichelli. 1952. (XXIV + 665 S.) L. 5000.—.

E₃. Mikrobiologie. Bakteriologie. Immunologie.

Richard Kuhn und **Heinz Tiedemann,** *Zum Stoffwechsel des Lactobacillus bifidus; die Umsetzung von radioaktiver $^{14}C_{(1)}$-Glucose.* Vff. untersuchten den Mechanismus der *Milchsäure* (I)- u. *Essigsäure* (II)-Bldg. durch *Lactobac. bifidus* mit Hilfe von $^{14}C_{(1)}$-Glucose. I u. II entstehen nicht über Pentosen u. anschließende Aufspaltung in ein 2-2- u. ein 3-3-Bruchstück (GUNSALUS-Schema). Die II (aus $C_{(2)}$ u. $C_{(3)}$) dürfte dann nicht radioakt. sein. Da I u. II aber etwa gleiche Aktivität zeigen u. eine cysteinbedürftige *Aldolase* vorliegt (MICHAELIS-MENTEN-Konstante der Enzym–Substrat-Bindung 0,003 mol.), dürften beide Säuren aus $C_{(1)}$ u. $C_{(2)}$ sowie $C_{(5)}$ u. $C_{(6)}$ der Glucose, also nach dem MEYERHOF-Schema entstehen. Der schlechte Abbau von Pentosen spricht außerdem gegen die Annahme, daß aus Hexosen zunächst Pentosen entstehen. Da eine *Milchsäuredehydrase* vorliegt, dürfte *Brenztraubensäure* die gemeinsame Vorstufe von I u. II sein. Ein Teil vom $C_{(3)}$ u. $C_{(4)}$ der Glucose dient wahrscheinlich zum Aufbau der Zellsubstanz. $^{14}CO_2$ wird fixiert u. findet sich dann vorwiegend in der Bakteriensubstanz. (Z. Naturforsch. **8b.** 428—36. Aug. 1953. Heidelberg, Max-Planck-Inst. für Med. Forsch., Inst. für Chem.) HANS THIELE. 4320

S. R. Elsden und **J. G. Ormerod,** *Der Einfluß von Monofluoracetat auf den Stoffwechsel von Rhodospirillum rubrum.* Unterss. über den Licht- u. Dunkelstoffwechsel des photosynthet. Organismus Rhodospirillum rubrum ergaben, daß Monofluoracetat (I) (Konz. $8,3 \cdot 10^{-4}$ mol.) den Photostoffwechsel von *Acetat, n-Butyrat, Pyruvat, Oxalacetat* u. *Wasserstoff* stark hemmt, jedoch nur von mäßiger Wrkg. ist, wenn *Propionat*, DL-*Lactat, Succinat, Fumarat* u. DL-*Malat* als Substrate vorliegen. Dagegen wird die Dunkeloxydation von Acetat, Propionat, n-Butyrat, Succinat, Fumarat u. Pyruvat durch die gleiche Konz. von I stark gehemmt. Bei der Photosynth. des Organismus mit Propionat oder Oxalacetat als Substrat findet in Ggw. von I eine Anreicherung von *Citrat* statt, während mit Acetat, Succinat, Fumarat oder einem Gemisch von H_2 u. CO_2 als Substrat nur Spuren Citrat gefunden wurden. Bei der Dunkeloxydation von Succinat u. Pyruvat wird in Ggw. von I ebenfalls Citrat angereichert. (Biochem. J. **55.** III. Aug. 1953. Sheffield, Univ., A. R. C. Unit. of Microbiol., Dep. of Microbiol.) HEYNS. 4320

W. Verhoeven und **J. J. C. Goos,** *Untersuchungen über echte dissimilatorische Nitratreduktion.* 1. Mitt. *Schicksal des Wasserstoffdonators bei bakterieller Nitratreduktion.* Es wird über quantitative Unterss. des Verh. von *Glucose* als H-Donator bei der dissimilator. Nitratred. durch *Pseudomonas aeruginosa* berichtet. Die Ergebnisse der gleichzeitigen Best. von N-, C- u. Oxydoreduktionsgleichgewichten machen wahrscheinlich, daß der Anteil der verbrauchten *Glucose*, der nicht in Zellmaterial übergeführt wird, vollständig zu CO_2 u. H_2O verbrannt wird. (Antonie van Leeuwenhoek **20.** 93—101. 1954. Delft, Holland, Technolog. Univ., Labor. of Microbiol.) GOEBEL. 4320

A. Charlotte Ruys, *Wachstumshemmung von Tuberkelbacillen durch Aliesterase-inhibitoren in verschiedenen Kulturmedien.* Die Wrkg. des starken Aliesteraseinhibitors *E 600* (*Paraoxon, Diäthyl-p-nitrophenylphosphat,* I) auf das Wachstum von Tuberkelbacillen (Tbc) wird durch Zugabe von Tween 80 zum Medium verstärkt; der Effekt dürfte auf einer Permeabilitätsänderung der Bakterien gegenüber dem Inhibitor beruhen; das Wachstum von Tbc aus Sputum in hämolysiertem menschlichen Blutmedium nach PRICE wird durch I ebenfalls gehemmt. Tbc-Kulturen in I-haltigen Medien beginnen nach einiger Zeit, wenn der Hemmstoff zerstört ist, zu wachsen; dieses Wachstum ist nicht auf die Population einiger weniger resistenter Tbc-Zellen zurückzuführen. Aliesterase ist für das Wachstum von Tbc unbedingt notwendig. Nachtrag: I ist für in vivo-Verss. zu tox.; es wurde aber eine Verb. *Methylaminophosphonat*), dargestellt, die 1000mal stärker hemmend auf Aliesterase wirkt als I u. die gegebenenfalls in vivo anwendbar ist. (Antonie van Leeuwenhoek **20.** 145—52. 1954. Amsterdam, Univ., Labor. of Hygiene.) GOEBEL. 4330

Dulong de Rosnay und **Cl. Martin-Dupont,** *Untersuchungen über die Wirkung des INH in vitro.* Vff. berichten über in vitro-Verss. mit INH, wobei sie bes. sich mit dem antibakteriellen Spektr., der antituberkulösen Aktivität u. dem Einfl. der Versuchsbedingungen (Größe des Inoculums, spontane Inaktivierung des INH) beschäftigen. Die Wrkg. von INH ist bakteriostat. u. baktericid. Resistenz gegen INH scheint in gewissen Fällen auf dem Anpassungsphänomen zu beruhen. Ein Synergismus zwischen *Streptomycin* (I) u. INH konnte bei Verss. mit I-resistenten u. INH-resistenten Keimen nicht festgestellt werden. (J. Méd. Bordeaux Sud-Ouest **130.** 1236—40. Nov. 1953. Bordeaux, Clin. méd. des Maladies infect. du Labor. de la Caisse régionale des Séc. sociale.) K. BÖHM. 4330

N. P. Buu-Hoï, Ng. Dat Xuong und **Ng. H. Nam,** *Eine neue Gruppe tuberkulostatischer Verbindungen: 1-Acyl-4-arylthiosemicarbazide. 1-Acyl-4-arylthiosemicarbazide* (I) entstehen in prakt. quantitativer Ausbeute bei der Umsetzung von *Aryliso-thiocyanaten* mit Hydraziden in alkoh. Lösung. I (R—CO—NH—NH—CS—NH—Ar) besitzen tuberkulostat. Wirksamkeit, die möglicherweise auf ihrer chelatbildenden Eig. beruht. — Z. B. geben *1-Isonicotinyl-4-arylthiosemicarbazide* mit $FeCl_3$ tiefgrüne Färbungen, mit $CuCl_2$ braune Ndd., mit $CoCl_2$ u. $NiCl_2$ Gelb- oder Gelborangefärbungen, *1-(5'-Chlorsalicyl)-4-arylthiosemicarbazide* mit $FeCl_3$ intensive Braunviolettfärbungen u. mit $CuCl_2$ braune Niederschläge. I krist. aus A. in Nadeln u. zers. sich in der Hitze. I: *1-Isonicotinyl-4-p-tolylsemicarbazid,* $C_{14}H_{14}ON_4S$, F. 206°. — *1-Isonicotinyl-4-p-methoxyphenyl-,* $C_{14}H_{14}O_2N_4S$, F. 199°. — *1-Isonicotinyl-4-p-äthoxyphenyl-,* $C_{15}H_{16}O_2N_4S$, F. 202°. — *1-Isonicotinyl-4-o-äthoxyphenyl-,* $C_{15}H_{16}O_2N_4S$, F. 203°. — *1-Isonicotinyl-4-p-isoamyloxyphenyl-,* $C_{18}H_{22}O_2N_4S$, F. 217°. — *1-Isonicotinyl-4-(2'.4'-xylyl)-,* $C_{15}H_{16}ON_4S$, F. 200°. — *1-Isonicotinyl-4-α-naphthyl-,* $C_{17}H_{14}ON_4S$, F. 232°. — *1-Isonicotinyl-4-β-naphthyl-,* $C_{17}H_{14}ON_4S$, F. 208°. — *1-Isonicotinyl-4-p-fluorphenyl-,* $C_{13}H_{11}ON_4SF$, F. 217°. — *1-Isonicotinyl-4-[2'.3'-xylyl]-,* $C_{15}H_{16}ON_4S$, F. 214°. — *1-Isonicotinyl-4-[2'-diphenylyl]-,* $C_{19}H_{16}ON_4S$, F. 203°. — *1-Nicotinyl-4-p-methoxyphenyl-,* $C_{14}H_{14}O_2N_4S$, F. 169°. — *1-Nicotinyl-4-p-äthoxyphenyl-,* $C_{15}H_{16}\cdot O_2N_4S$, F. 168°. — *1-Nicotinyl-4-p-isoamyloxyphenyl-,* $C_{18}H_{22}O_2N_4S$, F. 170°. — *1-Nicotinyl-4-α-naphthyl-,* $C_{17}H_{14}ON_4S$, F. 208°. — *1-Nicotinyl-4-β-naphthyl-,* $C_{17}H_{14}\cdot ON_4S$, F. 210°. — *1-Nicotinyl-4-[2'-diphenylyl]-,* $C_{19}H_{16}ON_4S$, F. 195°. — *1-Salicyl-4-p-tolyl-,* $C_{15}H_{15}O_2N_3S$, F. 218°. — *1-Salicyl-4-p-fluorphenyl-,* $C_{14}H_{12}O_2N_3SF$, F. 210°.

— *1-Salicyl-4-[2'.3'-xylyl]-*, $C_{16}H_{17}O_2N_3S$, F. 189°. — *1-Salicyl-4-[2'.4'-xylyl]-*, $C_{16}H_{17}O_2N_3S$, F. 201°. — *1-Salicyl-4-p-methoxyphenyl-*, $C_{15}H_{15}O_3N_3S$, F. 214°. — *1-Salicyl-4-p-äthoxyphenyl-*, $C_{16}H_{17}O_3N_3S$, F. 212°. — *1-Salicyl-4-p-isoamyloxyphenyl-*, $C_{19}H_{23}\cdot O_3N_3S$, F. 209°. — *1-Salicyl-4-α-naphthyl-*, $C_{18}H_{15}O_2N_3S$, F. 215°. — *1-Salicyl-4-β-naphthyl-*, $C_{18}H_{15}O_2N_3S$, F. 208°. — *1-[5'-Chlorsalicyl]-4-p-methoxyphenyl-*, $C_{15}\cdot H_{14}O_3N_3SCl$, F. 216°. — *1-[5'-Chlorsalicyl)-4-p-äthoxyphenyl-*, $C_{16}H_{16}O_3N_3SCl$, F. 213°. — *1-[5'-Chlorsalicyl]-4-p-isoamyloxyphenyl-*, $C_{19}H_{22}O_3N_3SCl$, F. 215°. — *1-[5'-Chlorsalicyl]-4-[2''.4''-xylyl]-*, $C_{16}H_{16}O_2N_3SCl$, F. 202°. — *1-[5-Chlorsalicyl]-4-p-fluorphenyl-* $C_{14}H_{11}O_2N_3SClF$, F. 231°. — *1-[5'-Chlorsalicyl)-4-α-naphthyl-*, $C_{18}H_{14}O_2N_3SCl$, F. 201°. — *1-[5'-Chlorsalicyl]-4-β-naphthyl-*, $C_{18}H_{14}O_2N_3SCl$, F. 208°. —*1-[5'-Chlorsalicyl]-4-[2''-diphenylyl]-*, $C_{20}H_{16}O_2N_3SCl$, F. 188°. — *1-[3''.5''-Dichlorsalicyl]-4-p-tolyl-*, $C_{15}H_{13}O_2N_3SCl_2$, F. 197°. — *1-[3'.5'-Dichlorsalicyl]-4-p-methoxyphenyl-*, $C_{15}H_{13}O_3N_3\cdot SCl_2$, F. 195°. — *1-[3'.5'-Dichlorsalicyl]-4-p-äthoxyphenyl-*, $C_{16}H_{15}O_3N_3SCl_2$, F. 184°. — *1-[3'.5'-Dichlorsalicyl]-4-α-naphthyl-*, $C_{18}H_{13}O_2N_3SCl_2$, F. 190°. — *1-[5'-Bromsalicyl]-4-p-methoxyphenyl-*, $C_{15}H_{14}O_3N_3SBr$, F. 216°. — *1-[5'-Bromsalicyl]-4-p-äthoxyphenyl-*, $C_{16}H_{16}O_3N_3SBr$, F. 212°. — *1-[5'-Bromsalicyl]-4-[2''.4''-xylyl]-*, $C_{16}H_{16}O_2N_3SBr$, F. 192°. — *1-[5'-Bromsalicyl]-4-α-naphthyl-*, $C_{18}H_{14}O_2N_3SBr$, F. 217°. — *1-[5'-Bromsalicyl]-4-β-naphthyl-*, $C_{18}H_{14}O_2N_3SBr$, F. 204°. — *1-[5'-Bromsalicyl]-4-[2''-diphenylyl]-*, $C_{20}H_{16}O_2N_3SBr$, F. 189°. — *1-[3'.5'-Dibromsalicyl]-4-p-äthoxyphenyl-*, $C_{16}H_{15}O_3N_3SBr_2$, F. 178°. — *1-Lauryl-4-p-isoamyloxyphenyl-*, $C_{24}H_{41}O_2N_3S$, F. 149°. — *1-Palmityl-4-p-äthoxyphenyl-*, $C_{25}H_{43}O_2N_3S$, F. 143°. — *1-Palmityl-4-p-isoamyloxyphenyl-*, $C_{28}H_{49}O_2N_3S$, F. 147° — *1-Phenoxyacetyl-4-p-äthoxyphenyl-*, $C_{17}H_{19}O_3N_3S$, F. 140°. — *1-Phenacetyl-4-p-äthoxyphenyl-*, $C_{17}H_{19}O_2N_3S$, F. 167°. — *1-Cumariloyl-4-p-äthoxyphenyl-*, $C_{18}H_{17}O_3N_3S$, F. 188°. — *1.1 -Adipoyl-bis-[(4-p-äthoxyphenyl)-thiosemicarbazid]*, F. 212°. — *1.1'-Adipoyl-bis-[(4-p-isoamyloxyphenyl)-thiosemicarbazid]*, F. 204°. (C. R. hebd. Séances Acad. Sci. **238.** 295—97. 11/1. 1954.) K. MAIER. 4330

François Jacob, *Wirkungen des Zuckermangels auf die Induktion eines lysogenen Stamms von Pseudomonas pyocyanea.* Die Kulturen von *Pseudomonas pyocyanea* lösen sich nach UV-Bestrahlung (45 Min., 1 m Entfernung, 500 erg mm^2) auf; ein kleinerer Teil bildet Bakteriophagen, die sich erst nach ca. 70 Min. aus einer geringen Anfangsmenge zu einer wirksamen Konz. entwickeln u. zur Lyse führen; die Trübung der Kulturen sinkt dann wieder. Zu dieser Produktion von Phagen mit Lyse ist die Ggw. von Glucose erforderlich. (Ann. Inst. Pasteur **82.** 433—57. April 1952. Inst. Pasteur, Serv. de Physiol. microb.) KLINGMÜLLER. 4331

Ursula Hanf, S. Heinrich und **F. Legler**, *Zur Frage der Antibioticaresistenz des Erregers der Aktinomykose.* Resistenzbest. mit Plattentest von 9 Stämmen Actinomyces Israeli gegen *Penicillin, Streptomycin, Aureomycin, Chloromycetin* u. *Terramycin* ergaben nach 48std. Bebrütung, daß die Empfindlichkeit des Erregers gegenüber den Antibioticis innerhalb der erreichbaren Blutspiegelwerte liegt. (Med. Klin. **49.** 250—51. 12/2. 1954. Köln, Univ., Hygien. Inst.) DOSSMANN. 4340

A. Bekierkunst und **T. Szulga**, *Eine neue Methode zur Bestimmung der Wachstumsrate von M. tuberculosis und ihre Anwendung zur Untersuchung der toxischen Wirkungen von Streptomycin und Isonicotinsäurehydrazid auf Tuberkelbacillen.* Bericht über Ausarbeitung einer Meth. mit Objektträgerkulturen von Tuberkelbacillen, mit der eine relativ schnelle Best. der Wachstumsrate in Abhängigkeit von der Incubationszeit möglich ist u. Angabe von Verss. zur Best. des Einfl. von *Streptomycin* (I) u. *Isonicotinsäurehydrazid* (II) auf den Verlauf der Wachstumskurve; Unterss. bei Konzz. I (II) 1—20 (0,02—10) γ/ml bei verschied. Kontakt- u. Beobachtungszeiten zur Feststellung des Nachlassens der Hemmwrkg. von I u. II. Es genügt intermittierende Beeinflussung der Tuberkelbacillen mit I u. II, um ihre Vermehrung zu vermeiden. Die aus den Verss. für die klin. I- u. II-Anwendung zu ziehenden Schlüsse werden eingehend diskutiert. (Schweiz. Z. allg. Pathol. Bakteriol. **17.** 47—72. 1954. Wroclaw, Inst. of Med. Microbiol., u. Oborniki Slaskie, Assoc. of the State Antituberculosis Sanatoria.) DOSSMANN. 4340

Fritz B. Schweinburg, Elsie M. Sylvester und **Alexander M. Rutenburg**, *Das Verhältnis des in vitro-Empfindlichkeitstestes zur klinischen Wirkung bei der Aureomycintherapie.* Method. Angaben zur Best. der Empfindlichkeit verschied. Bakterienstämme gegen *Aureomycin* (I) in vitro. Eine Wachstumshemmung der Bakterien durch I-Konzz. = 6,25 $\mu g/cm^3$ verspricht einen guten therapeut. Erfolg. Sind Konzz. $>50\ \mu g/cm^3$ notwendig, so ist der betreffende Bakterienstamm als therapieresistent anzusehen. (Surgery **35.** 204—12. Febr. 1954. Boston, Mass., Harvard Med. School, Dep. Surg.) SCHELER. 4340

Harrison F. Flippin und **George M. Eisenberg**, *Beobachtungen über eine ausgewählte antibiotische Kombination.* Bericht über systemat. in vitro-Verss. mit *Chlortetra-*

cycline = *Aureomycin* (**I**), *Oxytetracycline* = *Terramycin* (**II**), *Chloramphenicol* (**III**), *Penicillin* (**IV**) u. *Streptomycin* je allein oder in 26 verschied. Kombinationen gegenüber Micrococcus pyogenes var. aureus u. Kl. pneumoniae Typ A zur Feststellung der geeignetsten Kombination. Als beste resultierte **I** + **II** + **III**-Kombination, die in ihrer Wrkg. die der einzelnen Komponenten übertraf; sie wurde gegenüber 2173 grampositiven u. gramnegativen Stämmen aus klin. Proben geprüft. Ferner klin. Prüfung von **I** + **II** + **III** bei 95 Pneumokokkenpneumonien im Vgl. zu **IV**, 15 Harnweg- u. verschied. anderen Infektionen mit gutem Erfolg. Vff. halten eine weitere Überprüfung der klin. Brauchbarkeit von **I** + **II** + **III** für aussichtsreich. (Amer. J. med. Sci. **227.** 117—27. Febr. 1954. Philadelphia, Pa., Philadelphia Gen. Hosp., u. Univ. of Pennsylvania, School of Med., Sect. of Infect. Diseases.) DOSSMANN. 4340

Frederick Bernheim und **William E. De Turk,** *Die Wirkung von Chloramphenicol und bestimmten anderen Verbindungen auf die Oxydation von aromatischen Aminosäuren durch einen Stamm von Pseudomonas aeruginosa.* Chloramphenicol, *Streptomycin*, *Terramycin* u. *Aureomycin* hemmen die Oxydation u. teilweise auch die Desaminierung von *Phenylalanin*, *Tyrosin* u. *Phenylserin* durch einen Stamm von Pseudomonas aeruginosa. Anscheinend verhindern die Antibiotica die Bldg. von Substanzen, die für die Ammoniumassimilation bzw. für die Oxydation (Phenylalanin) nötig sind. *DL-Mandelsäure* hat in saurer Lsg. nur wenig Einfl. auf diese Vorgänge. (J. Pharmacol. exp. Therapeut. **105.** 246—51. Juni 1952. Durham, N. C., Duke Univ., School of Med., Dep. of Physiol. and Pharmac.) KLINGMÜLLER. 4340

M. A. Gohar, *Empfindlichkeit der Cholerabacillen gegenüber Antibioticis.* In in vitro-Verss. wurde die bakteriostat. (bst. Wrkg.) bzw. die baktericide (bc. Wrkg.) Wrkg. der folgenden Chemotherapeutica auf Cholerabacillen, allein oder in Kombination angewandt, ermittelt: *Dihydrostreptomycin* (**I**), *Chloromycetin* (**II**), *Aureomycin* (**III**), *Terramycin* (**IV**), *Sulfadiazin*, *Sulfaguanidin*, *Sulfasuccidin*, *Formocibazol* u. *Trulfamycin* (**V**; Dihydrostreptomycin mit den 3 lösl. Sulfonamiden *Sulfadiazin*, *Sulfamerazin* u. *Sulfamethazin*; CHARLES FROST & CO.). Die 4 Antibiotica zeigen eine wesentlich stärkere bc. Wrkg. als die lösl. u. unlösl. Sulfonamide (**VI**), jedoch üben **VI** mit **I** eine synerget. Wrkg. aus. Ausgesprochene bst. Wrkg. weisen nur **I** u. **II** auf. — Die an Cholerabacillen durchgeführte Resistenzbest. ergab schnellen Resistenzerwerb gegenüber **I**, weniger schnellen gegenüber **II** u. nur geringen gegenüber **III** u. **IV**. — Nach den an 63 Meerschweinchen durchgeführten in vivo-Verss. scheinen **I** u. **II**, allein u. in Kombination mit **VI**, die besten Resultate zu ergeben, wenn sie gleich zu Beginn u. während der Dauer der Erkrankung verabfolgt werden. **V** zeigte ebenfalls gleich gute Wrkg., jedoch ist es durch die Anwesenheit von den lösl. Sulphaverbb. kontraindiziert bei längerer Behandlungsdauer u. bei gestörter Renalfunktion. (J. trop. Med. Hyg. **56.** 289—94. Dez. 1953. Cairo, Kasr-El-Aini Fac. of Med., Dep. of Bacteriol.) GERDA SCHULZE. 4340

H. A. E. van Tongeren, *Biochemische Eigenschaften und Bildung von Toxinen und Enzymen durch Staphylokokken, die aus Fällen sekundärer Pneumonie, welche auf Influenza folgte, isoliert wurden.* Vf. untersuchte den Einfl. von sek. Staphylokokkeninfektion an mit Influenzavirus infizierten Mäuselungen. Geprüft wurden 11 Stämme von *Micrococcus pyogenes* var. *aureus* (**P**) u. ein Stamm vom *M. pyogenes* var. *albus* (**A**). Alle Stämme zeigten starke Stoffwechselaktivität, bildeten *Lipase*, *Koagulase*, *Hyaluronidase* (**I**) u. zeigten fibrinolyt. Aktivität; **A** bildete im Vgl. zu den **P**-Stämmen sehr große **I**-Mengen. 11 Stämme (einschließlich **A**) produzierten *Leucocidin* (**III**), *α-Hämolysin* (**IV**) u. *β-Lysin* (**II**); 1 Stamm bildete nur **II** u. keine nachweisbare Menge **III**. Es ist möglich, daß **III** u. **IV** ident. sind. 8 Stämme (einschließlich **A**) bildeten ein Toxin, das bei Injektion in die Haut (Kaninchen) Nekrosen, intravenös akute oder tödliche Toxämie hervorruft; die 4 Stämme, die kein *Dermonecrotoxin* (**V**) oder *Lethaltoxin* (**VI**) bilden, produzieren lediglich Spuren von **IV**, was die Behauptung von GLENNY u. STEVENS (J. Pathol. Bacteriology **40.** [1935.] 201) stützt, daß **IV** ident. sein soll mit **V** u. **VI**. (Antonie van Leeuwenhoek **20.** 65—79. 1954. Leiden, Netherlands Inst. for Preventive Med., Dep. of Bacteriol. and exp. Pathol.) GOEBEL. 4370

J. F. McCrea, *Untersuchungen über Influenzavirus-Receptorsubstanz und ähnliche Receptorsubstanz.* 1. Mitt. *Darstellung und Eigenschaften eines homogenen Mucoids aus der Speicheldrüse vom Schaf.* Vf. beschreibt Isolierung eines elektrophoret. u. in der Ultrazentrifuge als homogen gefundenen Mucoproteins (**I**) mit Antihämagglutinationsaktivität gegen Influenza-B-Virus: (%) N 10,1; P 0,4; S 1,4, Fucose 1,1, 13,6 red. Zucker, 12,4 Hexosamin u. Aminosäuren wurden nach Säurehydrolyse in Freiheit gesetzt. UV-Spektr.: Nucleinsäure. Die Agglutination der Erythrocyten mit LEE-Virus wurde durch **I** (0,001 γ/cm^3) gehemmt. Die Hemmwrkg. geht verloren durch

Incubation von I mit receptorzerstörenden Enzymen u. durch Trypsin. Diskussion der Beziehungen von I zu anderen lösl. Mucoiden mit Antihämagglutinationsaktivität.

Versuche: Darst. u. Reinigung des Mucoproteins durch Extraktion von Schafsspeicheldrüsentrockenpulver mit W. (300 cm^3 W. auf 100 g Drüsenpulver). Zentrifugieren u. Gefriertrocknung des Filtrates (F.), Reinigung von F. durch Alkoholfraktionierung (40—60% A.) bei Ggw. von K-Acetat. Dialyse, Gefriertrocknung. Anschließend Behandlung mit Chlf.-Butanol, 3,4 g werden gelöst in 320 cm PALITZSCHs Boratpuffer, p_H 6,8, Zusatz von 140 cm^3 Chlf.-Butanol (9:1). Kräftiges Rühren der Emulsion. Zentrifugieren u. Dialyse des Filtrates, Gefriertrocknung. Die beschriebene Behandlung des Gels wird mehrere Male wiederholt; Ausbeute 1,3 g. (Biochem. J. **55**. 132—38. Aug. 1953. London, England, Lister Inst. of Preventive Med.)

BRATFISCH. 4374

Stanley M. Aronson, und **Gregory Shwartzman,** *Pathologie der Muskelveränderungen bei experimenteller, mit Hilfe von Cortison verstärkter Poliomyelitis.* Verss. an mit *Cortison* behandelten syr. Hamstern, die mit Poliomyelitisvirus infiziert worden waren, ließen das Auftreten einer nekrotisierenden Myositis erkennen. Mkr. Unterss. zeigten weiterhin eine rasch fortschreitende Hyalindegeneration, Verlust der Streifung, Ödembldg., Nekrose u. Mineralisierung. (A. M. A. Arch. Pathol. **56**. 557—71. Dez. 1953. New York, N. Y., Mount Sinai Hosp., Dep. of Microbiol.) R. KÖNIG. 4374

Pushkarnath, *Solanum jasminoides-Virus.* Beschreibung einer neuen Virusart, die aus *Solanum jasminoides Paxt* isoliert wurde u. die eine gewisse Ähnlichkeit mit dem Kartoffelvirus Y hat. Die Eigg. werden besprochen. (Current Sci. **21**. 249. Sept. 1952. Patna, Central Potatoe Res. Inst.) DOSSMANN. 4374

Fritz Kaudewitz, *Phosphoraufnahme und Phosphorabgabe bei Paramaecium aurelia.* Zur Unters. des P-Stoffwechsels von Paramaecium aurelia wurden diese mit Escherichia coli gefüttert, die zuvor in einer ^{32}P-haltigen Nährlsg. (Strohabkochung mit einem Geh. von 12 γ P/cm^3, der ^{32}P-haltiges NaH_2PO_4 bis zur Aktivität von 10 μC/cm^3 zugesetzt wurde) gezüchtet waren. P-Aufnahme u. -Ausscheidung wurden an einzelnen Individuen u. über mehrere Generationen mittels GEIGER-MÜLLER-Zählrohr gemessen. Es wird gefunden, daß der gesamte P zum Zellaufbau benötigt wird, nur ca. 1% wieder an das Außenmedium abgegeben werden, u. daß die Zelle in einem mehr stat. als dynam. Gleichgewicht verharrt. (Z. Naturforsch. **8b**. 500—12. Sept. 1953. Tübingen, Max-Planck-Inst. für Biochem.) LENHARD. 4380

J. B. Neilands, *Faktoren, welche die Ferrichrombildung durch Mikroben beeinflussen.* Zusatz von 0,2 mg Zink zu 100 cm^3 einer stark sich vermehrenden Kultur von Ustilago sphaerogena hemmt die Bldg. von *Ferrichrom* (I). Das aus Zn-Mangelzellen gewonnene I unterscheidet sich spektrophotometr. nicht von normalem. (J. biol. Chemistry **205**. 647—50. Dez. 1953. Berkeley, Calif., Univ., Dep. of Biochem.)

SCHELER. 4380

J. B. Neilands, *Eine Nachweismethode für Ferrichrom. Ferrichrom* (I) wird quantitativ durch das Verschwinden der charakterist. Absorption (425 mμ) nach Zusatz von *Cyanid* u. *Hydrosulfit* zu den Ansätzen bestimmt. Ustilago sphaerogena-Extrakten zugesetztes I wird zu 98—104% wieder gefunden. (J. biol. Chemistry **205**. 643—46. Dez. 1953. Berkeley, Calif., Univ., Dep. of Biochem.) SCHELER. 4380

Frank Macfarlane Burnet, Viruses and man. Baltimore: Penguin Bks. 1954. (197 S. m. Abb., Diagr.) $ —.50.

E_4. Pflanzenchemie. Pflanzenphysiologie. Pflanzenpathologie.

R. C. Hiltibran, C. L. Wadkins und **H. J. Nicholas,** *Die Verbreitung von Triterpenen in Rugel's Wegerich (plantago rugellü).* Vff. untersuchten den alkoh. Extrakt aus plantago rugellü u. fanden *Sitosterin* (I), *Ursolsäure* (II) u. *Oleanolsäure* (III). Die Verbreitung der Verbb. in den einzelnen Pflanzenteilen u. in den einzelnen Entwicklungsstadien ist angegeben.

Versuche: Die getrockneten Pflanzenteile werden mit 95%ig. A. extrahiert, eingeengt, 2 Std. in 2n alkoh. HCl am Rückfluß erhitzt, mit W. verd. u. mit 5%ig. $NaHCO_3$ u. 5%ig. KOH versetzt: Gemisch der K-Salze von II u. III. Nach dem Ausäthern aus der neutralen Ätherfraktion neben einem wachsartigen KW-stoff u. einem orangefarbenen Pigment *Sitosterin* (I), F. 138—140° (aus Methanol, nach chromatograph. Reinigung an Silicagel). *Acetat*, F. 127°. Die K-Salz-Ndd. u. KOH-Extrakte werden angesäuert ausgeäthert u. nach chromatograph. Reinigung an Silicagel II u. III durch Erhitzen mit Methanol getrennt (II ist gering in Methanol lösl.) u. über die Acetate gereinigt: *Oleanolsäure* (III), $C_{30}H_{48}O_3$, F. 302—303° (Aceton); *Acetat*, $C_{32}H_{50}O_4$, F. 259—261° (Methanol). *Benzoat*, F. 259—261° (Methanol). — *Ursolsäure* (II),

$C_{30}H_{48}O_3$, F. 283—285° (A.). *Acetat*, $C_{32}H_{50}O_4$, F. 286—287° (Aceton). *Monoacetylmethylester*, F. 247°. *Acetylursolsäurechlorid*, F. 221°. (J. Amer. chem. Soc. **75.** 5125—26. 20/10. 1953. Lawrence, Kans., Univ., Dep. of Biochem.) H. ULRICH. 4420

J. Gedeon und **M. Mayer**, *Die Bildung von Hämatin c (Porphyrin c)-ähnlichen Pigmenten im Bingelkraut (Mercurialis annua et perennis).* Bei der Extraktion von frischen Wurzeln (u. anderen Bestandteilen) des *Bingelkrautes* mit absol. A. erhält man eine farblose Lsg., die sich beim Stehenlassen an der Luft zunächst blau verfärbt, um dann in eine rote bis rotbraune Farbe umzuschlagen. Die roten Pigmente haben Absorptionsmaxima bei 550 u. 510 mμ, die braunen bei 570 u. 485 mμ. Die Ähnlichkeit dieser Farbstoffe mit *Hämatin c* bzw. *Porphyrin c* wird diskutiert. Das Pigment soll in der Ausgangssubstanz an ein Trägerprotein gebunden sein. — 10 Literaturangaben. (Arzneimittel-Forsch. **3.** 539—40. Okt. 1953. Kempten/Allgäu, Fa. Cefak.) SCHELER. 4420

C. Weurman und **T. Swain**, *Chlorogensäure und die enzymatische Bräunung von Äpfeln und Birnen.* Im rohen konz. Acetonextrakt von Bramley-Äpfeln werden papierchromatograph. (Butanol–Essigsäure–W. = 4 : 1 : 5) 5 Verbb. nachgewiesen, die im UV-Licht in Ggw. von NH_3 fluorescieren. Eine dieser Verbb. wird als Chlorogensäure (I) identifiziert (R_F 0,54). — Suspensionen zerkleinerter Gewebeproben (Phosphatpuffer p_H 6,7) werden beim Durchleiten von Luft schnell braun. Mit fortschreitender Bräunung nimmt die Intensität der 3 Verbb. mit niederen R_F-Werten (0,02—0,2) zu, während die von I u. der Verb. mit höherem R_F-Wert abnimmt. — Zerkleinerte Gewebeproben in Ascorbinsäure u. Thioharnstoff, die die Bräunung verhindern, zeigen nur I u. die beim Chromatographieren schneller laufende Verbindung. — In den Gemischen aus reiner I u. zerkleinerten Gewebeteilen, die von Phenolen oder Polyphenoloxydasen befreit sind, tritt beim Durchleiten von Luft starke Bräunung ein. Gleichzeitig werden die 3 Verbb. mit den kleineren R_F-Werten während der Rk. gebildet. — Brenzcatechin als Substrat ruft nur eine starke Bräunung hervor. — Ähnliche Ergebnisse werden mit der Conference-Birne erhalten. — Die Verss. zeigen, daß I eines der Substrate ist, die enzymat. Bräunung verursachen. (Nature [London] **172.** 678. 10/10. 1953. Cambridge, Low Temp. Stat., Dep. of Scient. and Industrial Res.) E. HAAS. 4420

Leo W. Mericle und **W. Gordon Whaley**, *Zellwandstrukturen in Spitzenmeristemen.* Von steril aufgezogenen Wurzelspitzen von Mais, Bohne, Zwiebel, Rettich u. Rübe werden Mikrotomschnitte angefertigt. Durch Cellulosereagentien wird der Celluloseanteil im Aufbau der jüngsten Wände festgestellt. Licht- u. elektronenmkr. Bilder zeigen, daß die Cellulose nicht in gleichmäßigen Schichten, sondern in Strängen in der Primärwand niedergelegt wird, zwischen denen sich cellulosearme oder -freie Stellen befinden. Mit zunehmendem Alter wird die Zahl oder Dicke der Cellulosestränge vermehrt. Dabei scheint die Bldg. von Primärtüpfeln zu erfolgen, die von plasmodesmaähnlichen Strukturen angefüllt sind. (Bot. Gaz. **114.** 382—92. Juni 1953. Austin, Tex., Univ. of Texas.) WERGIN. 4420

A. M. Palejew, *Zur Frage des Lagerns bei Körnerkulturen.* Durch Verss. mit Roggen, bei welchen der Geh. des Halmes an *Xylan, Cellulose, Lignin, Monosacchariden* u. *Polysacchariden* während der gesamten Vegetationsdauer, vor allem während der Glasreife, bestimmt wurde, wird festgestellt, daß für das vorwiegend während der Glasreife auftretende Lagern der teilweise Zerfall der Zellhaut verantwortlich ist, wodurch der Halm im oberen Teil bricht. (Доклады Академии Наук СССР [Ber. Akad. Wiss. UdSSR.] [N. S.] **92.** 435—38. 11/9. 1953.) LEBTAG. 4450

L. A. Chrisstewa, *Über die Beteiligung von Huminsäuren und anderen organischen Stoffen an der Ernährung der höheren Pflanzen. Humus* u. andere organ. Verbb. (*Bitumen, Vitamine*) können von den höheren Pflanzen in geringen Mengen aufgenommen werden, wenn sie in gelöster Form dargeboten werden. Die Bedeutung dieser Stoffe besteht hauptsächlich darin, daß sie beim Eintritt in die Pflanze am Aufbau entsprechender Fermentsysteme teilnehmen u. den gesamten Verlauf des Stoffwechsels im Organismus verstärken. (Почвоведение [Bodenkunde] **1953.** Nr. 10. 46—59. Okt. Cherson, Landwirtsch. Inst.) A. JACOB. 4470

K. Meenakshi und **P. Krishna Rao**, *Chlorophyllmangel in der Strigapflanze.* Vff. beobachteten an Sämlingen der Strigapflanze mit weißen u. gelben Blättern frühzeitiges Absterben vor der Blüte. Die Erscheinung, die an Zuckerrohr u. Cerealien beobachtet worden ist, beruht auf Chlorophyllmangel. (Current Sci. **21.** 248. Sept. 1952. Coimbatore, Millets Breeding Stat.) DOSSMANN. 4490

W. L. Kretowitsch, Grundlagen der Biochemie der Pflanzen. Unter der Redaktion des Akademiemitgliedes A. I. Oparina. Verlag „Sowjet. Wiss.", 1952. (487 S.) [russ.]

E5. Tierchemie. Tierphysiologie. Tierpathologie.

Howard Miller, Albert Hirschman und **Dorothy M. Kraemer,** *Calcium- und Magnesiumgehalt der Albuminoidfraktion der menschlichen Aorta.* Die Unters. der Albuminoid- u. Elastinfraktion der menschlichen Aorta ließ erkennen, daß ihr Geh. an Ca u. Mg mit zunehmendem Alter u. dem Grad der Arteriosklerose ansteigt. Hierbei werden Ca u. Mg wahrscheinlich fast nur in anorgan. Form gebunden. (A. M. A. Arch. Pathol. **56.** 607 bis 612. Dez. 1953. Brooklyn, State Univ. of New York, Coll. of Med., Dep. of Anat.) Roderich König. 4510

R. E. Glegg, D. Eidinger und **C. P. Leblond,** *Einige Kohlenhydratbestandteile der reticulären Fasern.* Als „reticuläre Fasern" (RF) werden die Fasern membranöser Struktur bezeichnet, die nach der Ag-Meth. anfärbbar sind: Membrana propria, Reticulum u. andere. Sie unterscheiden sich von weißen Bündeln der Kollagenfasern (KF). Aus den RF wurde ein *Reticulin* genannter Stoff isoliert. Zur chem. Unterscheidung beider Fasern wird die Papierchromatographie herangezogen. Nach Hydrolyse wird mit Hilfe von Permutit Q ein Filtrat gewonnen, das eindimensional aufsteigend chromatographiert wird. Es wurden in den RF *Mannose, Galaktose, Glucose* u. *Fucose* nachgewiesen. In den KF konnten diese Kohlenhydrate zwar ebenfalls festgestellt werden, jedoch in bedeutend geringeren Mengen. Es wird daraus geschlossen, daß beide Fasern die 4 gleichen Zucker enthalten, jedoch daß ihre Konz. in den RF höher als in den KF ist. Wahrscheinlich enthalten die RF einen Kohlenhydrat–Protein-Komplex, der vermutlich das Reticulin ist. (Science [Washington] **118.** 614—16. 20/11. 1953. Montreal, Can., McGill Univ., Dep. of Anatomy.) Patzsch. 4520

W. C. Hess und **C. Less,** *Der Aminosäuregehalt von Proteinen aus gesundem Schmelz und Dentin von cariösen Zähnen.* Der *Aminosäure* (I)-Geh. des Proteins aus dem gesunden Dentinanteil cariöser menschlicher Molaren ist prakt. ident. mit dem der aus dem Dentin gesunder Zähne stammenden Proteine, während der I-Geh. des gesunden Schmelzes von cariösen Zähnen von dem I-Geh. des Schmelzes gesunder Zähne zum Teil wesentlich abweicht, bes. hinsichtlich *Methionin, Tryptophan, Threonin, Alanin, Tyrosin, Leucin* u. *Oxyprolin.* (J. Dental Res. **33.** 62—64. Febr. 1954. Washington, D. C., Georgetown Univ., School of Med. and Dent., Dep. of Biol. Chem.) Klesse. 4520

E. Klenk, *Die Lipoide im chemischen Aufbau des Nervensystems.* Zusammenfassender Überblick an Hand der Literatur über den Aufbau der Nervensubstanz unter bes. Berücksichtigung der konstituierenden Lipoide, die als vermutliche Hauptträger der funktionellen Sonderstellung des Nervengewebes betrachtet werden (Membranbldg., Reizbarkeit, Reizfortleitungsvermögen). Behandelt werden die Glycerophosphatide (Lecithine, Colamincephaline, Serincephaline, Acetalphosphatide), die Sphingolipoide (Sphingomyeline, Cerebroside, Ganglioside); Hinweis, daß die vorgenannten Lipoide vornehmlich in den Markscheiden angereichert vorliegen u. daselbst zusammen mit Cholesterin über 80% der Trockensubstanz ausmachen; schemat. Darst. des vermutlichen Feinbaues der Markscheide der Nervenfaser. (Naturwissenschaften **40.** 449—52. Sept. 1953. Köln, Univ., Physiol.-Chem. Inst.) Täufel. 4520

J. N. R. Grainger und **A. J. Shillitoe,** *Histochemische Beobachtungen über Galaktogen. Galaktogen* (I) in den Albumindrüsen von *Helix pomatia* konnte histochem. von *Glykogen* (II) unterschieden werden. Die Drüsen wurden am günstigsten mit dem von Vandergrift (Bull. Johns Hopkins Hosp. **71.** [1942.] 96) angegebenen Fixierungsmittel fixiert: 80 cm^3 95%ig. A.; 12 cm^3 40%ig. Formalin; 4,5 cm^3 Eisessig; 4 g getrocknete Pikrinsäure; 0,2 g $HgCl_2$; 0,5 g Harnstoff, dann in Paraffin eingebettet u. 5 μ-Schnitte angefertigt. Nach Behandlung mit Jod u. danach mit Thiosulfat wurden folgende Rkk. durchgeführt: Schiffs Rk. (färbt I u. II); Bests Carmin-Rk. (färbt I u. II); Jod (färbt II); wss. Toluidinblau (färbt I metachromat.); Delafields Hämatoxylin (färbt weder I noch II); Eosin (färbt I); Southgates Mucicarmin (färbt I schwach); Gomoris Ag-Rk. (färbt I schwächer als II); bas. Pektinase (baut I u. II ab); Speichel- u. Malzdiastase (baut nur II ab). (Stain Technol. **27.** 81—85. März 1952. Hull, Univ. Coll., Dep. of Zool., u. Kingston Gen. Hosp.) Neckel. 4520

Ilse Schwinck, *Über den Sexualduftstoff der Pyraliden.* Der Duftstoff der Weibchen von *Plodia interpunktella Hb* ist auch bei Zimmertemp. stabil u. nicht artspezifisch. Er lockt auch Männchen einer anderen Art (*Ephestia kühniella Z*) an. (Z. vergleich. Physiol. **35.** 167—74. 1953. München, Univ., Zool. Inst.) Baumann. 4520

Naomi C. Turner, James H. Scribner und **Jack T. Bell,** *Die Beziehung zwischen titrierbarer Säure, titrierbarer Alkalinität sowie dem p_H und dem Auftreten von Zahncaries.* Nach statist. Unterss. an Speichelproben von 315 Kindern werden im Speichel von cariesfreien bzw. -resistenten Personen stets geringe Säuregrade u. hohe Alkalinität gefunden, während umgekehrt hohe Säuregrade u. geringe Alkalinität nur bei Cariesanfälligen auftreten. (J. Dental Res. **33.** 55—61. Febr. 1954. Boston, Mass., Forsyth Dental Infirmary for Children, Biochem. Labor.) KLESSE. 4552

Thomas C. Smith, Charles D. Kochakian und **Elizabeth Fondal,** *Testosteron und Gewebeatmung.* Zugabe von *Testosteron* (I) zu Ratten-, Kaninchen- oder Meerschweinchenleber- oder -nierengewebeschnitten oder -homogenaten hat in allen Fällen eine Atmungshemmung zur Folge, wobei sich allerdings die genannten Gewebe zum Teil verschieden verhalten. Die Hemmung verläuft etwa parallel zur Konzentration. *Phosphate, Pyruvat* u. *α-Ketoglutarat* erhöhen die durch I ausgelöste Atmungshemmung des Meerschweinchenleberhomogenats, während *Succinat, Malat, Oxalacetat, cis-Aconitat, Citrat, Fumarat, Ascorbat* u. *DPN* die hemmende Wrkg. von I mindern. (Amer. J. Physiol. **174.** 247—53. Aug. 1953. Oklahoma City, Okla., Med. Res. Inst. and Hosp., u. Rochester, N. Y., Univ., Dep. of Physiol. and Vityl Economics.) H. P. FIEDLER. 4559

F. X. Wohlzogen, *Quantitative Untersuchungen über Faktoren, die die Reaktion männlicher Kröten auf Choriongonadotropin beeinflussen.* Die Verss. an ♂ ausgewachsenen Wechselkröten (*Bufo viridis*) zeigen, daß die Empfindlichkeit gegenüber *Choriongonadotropin* (I) jahreszeitlichen Schwankungen unterworfen ist. Sie ist am höchsten im Frühjahr, nimmt im Sommer ab u. ist im Herbst halb so groß wie im Frühjahr. Mit zunehmenden Gewicht kommt es im allg. zu einer schwachen I-Empfindlichkeitsabnahme. Werden ca. 40—50 Versuchstiere zur Auswertung herangezogen, beträgt die Genauigkeit der Best. der relativen I-Wirksamkeit 80—125%, sofern einheitliches Tiermaterial verwendet wird. Auf die Möglichkeit, die Meth. zu einer Standard-I-Bestimmungsmeth. heranzuziehen, wird hingewiesen. (Naunyn-Schmiedebergs Arch. exp. Pathol. Pharmakol. **217.** 482—507. 1953. Wien, Univ., Physiol. Inst.) H. P. FIEDLER. 4559

Claus Overzier, *ACTH und Cortison in der inneren Medizin.* An Hand des Schrifttums (125 Arbeiten) werden die Einsatzmöglichkeiten der genannten Hormone besprochen. (Pro Medico [Mainz] **22.** 433—38. Nov. 1953. Mainz, Med. Univ.-Klinik.) H. P. FIEDLER. 4560

Ruy Perez-Tamayo, William R. Murphy und **Menard Ihnen,** *Wirkung von Cortison und teilweiser Aushungerung auf die Leberregeneration.* Die an Ratten in 6 Gruppen durchgeführten Verss. ließen erkennen, daß *Cortison* (I) die Regeneration der Leber hemmt u. zu einer Vergrößerung der Leberzellen sowohl bei sich regenerierender als auch bei n. Leber führt. Dies hängt wahrscheinlich mit einer Zunahme des Cytoplasmas zusammen. Das Gewicht der Leber wird trotz Abnahme des Körpergewichts durch I aufrechterhalten. Teilweise Aushungerung beeinflußt die Regeneration der Leber nicht. (A. M. A. Arch. Pathol. **56.** 629—36. Dez. 1953. St. Louis, Washington Univ., School of Med., Dep. of Pathol., u. Bernard Free Skin and Cancer Hosp., Labor.) RODERICH KÖNIG. 4561

William G. Shafer, *Die Wirkung von Cortison auf die Heilung von Extraktionswunden bei der Ratte.* Mit *Cortison* behandelte Ratten (insgesamt 12,5 mg *Cortone* [I; MERCK & CO., INC.]/kg Lebendgewicht), denen ein Nagezahn extrahiert worden war, zeigten gegenüber operierten unbehandelten Kontrollen bis zu 10 Tagen nach der Extraktion keine Verzögerung der Wundheilung. Erst 20 Tage danach waren die Unterschiede deutlicher: es wurden unvollständige Epithelisierung, unvollständige Sequestration u. Entzündungen festgestellt. Dieses gegenüber Befunden an anderen Tierarten (u. an mit I behandelten Rheumakranken) unterschiedliche Verh. wird durch die verhältnismäßig hohe Resistenz von Ratten gegenüber I erklärt. (J. Dental Res. **33.** 4—11. Febr. 1954. Indianapolis, Ind., Indiana Univ., School of Dent., Dep. of Oral Histopathol.) KLESSE. 4561

Erich Klein, *Die Wirkung der antithyreoidalen Behandlung auf Blutjod, Stoffwechsel und klinisches Bild der Hyperthyreosen.* Bei 42 unkomplizierten Fällen von Hyperthyreose verfolgte Vf. unter Therapie mit *1-Methyl-2-mercaptoimidazol* oder mit *Methylthiouracil* das Verh. des mit Thyroxin fast ident. „proteingebundenen Blutjods" (I), des Grundumsatzes u. des klin. Erscheinungsbildes. Abgesehen von 2 therapieresistenten Fällen schwankte das Verhältnis der zur Grundumsatznormalisierung benötigten Zeit zu der zur I-Spiegelnormalisierung erforderlichen zwischen 1,0 u. 10,3 u. lag im Mittel bei 2,9. Der Stoffwechsel wurde in 10—103, der I-Geh. in 4—34 Tagen der Behandlung normalisiert. Der klin. Verlauf ging dem Stoffwechselverh. parallel, woraus zu schließen ist, daß Symptomatik u. Stoffwechsel bei Hyperthyreosen von der Thyroxininkretion weitgehend unabhängig sind. Diskussion der Ergebnisse. —

103 Literaturangaben. (Dtsch. Arch. klin. Med. **200.** 664—77. 1953. Stuttgart-Bad Cannstatt, Krankenh.) KRUSEN. 4562

Jean Macabies, *Die Unterernährung an Stickstoff beim schweren Diabetes. Neue Angaben über Versuche mit den Faktoren, die die Unterernährung bedingen.* An Hunden mit experimentellen Diabetes (partielle oder totale Pankreatektomie, mit u. ohne Insulingaben, Alloxandiabetes) wurden folgende Beobachtungen gemacht: Der Verlauf der nach intravenöser Injektion von Alanin auftretenden Aminoacidämie ist bei allen Versuchstieren grundsätzlich gleich. Bei Verabreichung eines Proteinhydrolysates per Ösophagiesonde dauert die Aminoacidämie beim total pankreatektomierten Hund wesentlich länger an als bei den übrigen diabet. oder n. Tieren. Insulingabe verursacht beim total pankreatektomierten Versuchstier den schnellsten Abfall des Aminosäurenspiegels im Serum. Da die Insulinverabreichung nicht gleichzeitig zu erhöhter N-Ausscheidung mit dem Harn führt, muß es zu einer Integration von Aminosäuremoll. in das Gewebe kommen. Dabei bleibt die Frage offen, ob Insulin direkt in den Proteinstoffwechsel eingreift. (Montpellier méd. [3] **44 (96).** 314—31. Nov. 1953.) PATZSCH. 4564

P. V. Riising und **J. E. Holst,** *Hypoglykämiebehandlung von Polyarthritis chron. prim.* 15 Patienten mit Polyarthritis chron. prim. wurden durch Insulinhypoglykämie behandelt. Unmittelbare Ergebnisse: 4 starke Besserungen, 6 geringe Besserungen, 5 ohne Erfolg. Nachunters. nach 4—9 Monaten: 1 starke Besserung, 4 geringe Besserungen, 10 ohne Erfolg. (Ugeskr. Laeger **115.** 558—61. 9/4. 1953. Roskilde, Amts- u. Stadtkrankenhaus, Med. Abt.) B. KRAFT. 4564

Joseph F. McCloskey, Philip T. Chu und **Ella Perkins,** *Wirkung von Phoselite auf den Alloxandiabetes bei Ratten und Kaninchen.* Es wurden Verss. an 98 Albinoratten u. 92 Albinokaninchen durchgeführt, denen zuerst *Alloxanmonohydrat* (I), dann *Phoselite* (*Na-α-Oxybenzylphosphinat*; II; V. SIEGFRIED LTD., Zofingen, Schweiz) injiziert wurde. Bei gleichzeitiger Anwendung von I u. II an verschied. Körperstellen sowie bei vorheriger Applikation von II konnte keine hemmende Wrkg. auf die Entstehung des Diabetes beobachtet werden. Auch vorheriges Mischen von I u. II wirkte nicht günstiger, ließ aber ein verringertes Auftreten der Erkrankung bei der Ratte erkennen. Eine tox. Wrkg. von II wurde trotz relativ hoher Dosierung nicht beobachtet. (A. M. A. Arch. Pathol. **56.** 572—76. Dez. 1953. Philadelphia, Pa., Jefferson Med. Coll., Dep. of Pathol.) RODERICH KÖNIG. 4564

K. E. Rothschuh und **H. Bammer,** *Über positiv chronotrope Wirkungen von Acetylcholin am Froschherzstreifen.* Lsgg. von *Acetylcholin* (I) in Konzz. von $1 \cdot 10^{-3}$ bis $1 \cdot 10^{-9}$ haben auf die Leitungsgeschwindigkeit (LG) des ruhenden Herzstreifenpräp. vom Frosch einen positiv chronotropen Effekt, bei höheren Konzz. ist die Wrkg. negativ chronotrop. *Prostigmin* hat eine positiv chronotrope Wrkg., während *Physostigmin* die LG verlangsamt u. je nach Konz. u. Einwirkungsdauer zum Block führt. *Atropin* (II) beeinflußt in Konzz. von $2 \cdot 10^{-5}$ bis $5 \cdot 10^{-5}$ nicht die LG, höhere Konzz. haben eine lang anhaltende negativ chronotrope Wirkung. Nach II-Vorbehandlung hat I keine Wrkg. auf die LG. (Z. ges. exp. Med. **119.** 327—37. 1952. Würzburg u. Münster/Westf., Univv., Physiol. Institute.) H.-J. KOCH. 4569

G. Helbig, *Das Verhalten des SH-Glutathion bei der kindlichen Tuberkulose.* Die nach BANSI u. ROHRLICH (vgl. Naunyn-Schmiedebergs Arch. exp. Pathol. Pharmakol. **176.** [1934.] 609) ermittelte Konz. an red. *Glutathion* (I) im Blut gesunder Kinder lag bei Neugeborenen am höchsten, fiel dann ab u. erreichte ihren Tiefstwert bei Säuglingen zwischen 3 u. 5 Monaten. Der I-Geh. stieg dann wieder an. Bei Kindern mit tuberkulöser Meningitis fand sich ein erhöhter I-Geh., der nach Eintritt der Besserung zum Normalwert abfiel. Analoges Verh. bei Miliartuberkulose u. spezif. Infiltraten größeren Ausmaßes. Bei Hilusdrüsentuberkulose, spezif. Halslymphomen u. auch bei kleineren Infiltraten zeigte der I-Geh. keine Abweichung von der Norm· (Z. Kinderheilkunde **72.** 540—48. 1953. Würzburg, Univ.-Kinderklinik.) RUTKOWSKI. 4572

Daniel L. Kline, *Die Reinigung und Kristallisation von Plasminogen* (*Profibrinolysin*). Vf. beschreibt eine einfache reproduzierbare Meth. zur Reinigung von Plasminogen (I) aus der Plasmafraktion III nach COHN u. Mitarbeitern (C. **1947.** 1288), die auf der Widerstandsfähigkeit von I gegen Säure- u. Alkalidenaturierung sowie auf der Fällung dieses vorgereinigten Präp. in Ggw. von Phosphatpuffer beruht. Im Vgl. mit dem Serum wurde eine 425fache Steigerung der Reinheit erreicht; die Ausbeute betrug 33,2% der Ausgangsmenge des Enzyms. Aus Lsgg. dieses hochgereinigten Materials ließ sich I leicht kristallin, jedoch nicht völlig frei von Begleitsubstanzen gewinnen. (J. biol. Chemistry **204.** 949—55. Okt. 1953. New Haven, Conn., Yale Univ., Dep. of Physiol.) NEHRING. 4574

B. G. Kane, *Unangenehme (anaphylaxieähnliche) Reaktion bei intravenöser Eisentherapie.* 20 Min. nach intravenöser Fe-Verabreichung als *Uniferon* (I; UNICHEM. Labor. Bombay), 5 cm³ verd. mit 5 cm³ 25%ig. Glucoselsg., traten bei einer Patientin, die an 2 vorhergehenden Tagen je eine geringere I-Dosis gut vertragen hatte, am ganzen Körper Urticaria, Erstickungsgefühl, Atembeschwerden, Ödeme im Gesicht mit Fieber u. unregelmäßigem Puls auf. Behandlung mit *Adrenalin, Coramin, Vitamin* D_2; Normalisierung des Zustandes dauerte 8 Stunden. (Indian med. Gaz. **88.** 274. Mai 1953. Sankos T. E. Hosp.) DOSSMANN. 4575

Leopold May, Marguerite Hines, Leonard Weintraub, John Scudder und **Samuel Graff,** *Einige physikalisch-chemische Eigenschaften des Polyvinylpyrrolidons. Polyvinylpyrrolidon* (I) wird für therapeut. Zwecke als Polymeres mit einem Mol.-Gew. von 30000—40000 verwendet. Es besitzt keine Pufferkapazität, bewirkt keine Veränderung des Ionenmilieus im Serum u. kombiniert sich nicht mit den Serumproteinen. I wandert elektrophoret. mit der γ-Globulinfraktion, es ist nach 1 Woche im Serum nicht mehr zu entdecken. Die Ausscheidung wurde spektrophotometr. durch die farbige I-Jodverb., die ein Absorptionsmaximum bei 500 mμ besitzt, verfolgt. In 24 Std. sind 6,8—22,9 g von 35 g ausgeschieden, der Rest wird jedoch nur zum Teil im Serum wiedergefunden. (Surgery **35.** 191—96. Febr. 1954. New York, N. Y., Columbia Univ., Dep. of Biochem. and Surg.) SCHELER. 4576

A. S. Parkes, *Befruchtungsverhinderung durch einen Hyaluronidaseinhibitor.* Durch Verss. an Ratten konnte Vf. zeigen, daß der Zusatz von 5 mg *Rehibin* (I; Hyaluronidaseinhibitor) zu 1 ml Sperma die Empfängnis von Ratten verhinderte. Da eine spermicide Eig. von I ausgeschlossen werden kann, muß die Wrkg. auf die inhibitor. Aktivität von I gegenüber Hyaluronidase zurückgeführt werden. Von der Besamung zeitlich getrennte Applikation von I u. perorale oder parenterale Zufuhr sind ohne Einfl. auf die Fruchtbarkeit. (Lancet **265.** 1285—87. 19/12. 1953. Mill Hill, London, Nat. Inst. of Med. Res.) KRUSEN. 4582

Eduard Heilmeier, *Der gegenwärtige Stand der Ernährungsprophylaxe.* Allg. Ausführungen über den Zusammenhang zwischen Ernährungsform u. Cariesintensität (Vers. mit 22 Kindern). (Dtsch. dentist. Z. **6.** 435—37. 2/7. 1952. Kaufbeuren.) KLESSE. 4585

E. Ziegler, *Cariesprophylaxe durch Fluorierung der Milch.* Empfehlung einer Fluorierung der Milch (1 cm³ einer 2,2⁰/₀₀ig. NaF-Lsg. zu 1 Liter Milch), da dadurch eine regelmäßige F-Gabe auch an Säuglinge u. Kleinkinder (während der Zahnentw.) erreicht wird. (Schweiz. med. Wschr. **83.** 723—24. 1/8.; Schweiz. Apotheker-Ztg. **91.** 818—20. 24/10. 1953. Winterthur.) KLESSE. 4585

K. T. H. Farrer, *Der Nährwert des Hefeextraktes.* An Hand von 65 Literaturangaben wird über den Nährwert des Hefeextraktes (von Saccharomyces cerevisiae u. Torulopsis utilis) berichtet. Sein Wert beruht: a) auf dem Geh. an Vitaminen; b) auf den assimilierbaren Proteinderivv., bes. dem Lysin, das den Wert der Brot- u. anderer Cerealienproteine verbessert u. c) auf dem hohen Würzwert, der in bestimmten Krankenkostformen von Allgemeininteresse ist. (Med. J. Australia **41.** I. 67—71. 16/1. 1954. Melbourne, Kraft Foods Ltd., Res. Labor.) PATZSCH. 4585

Teresio Conti und **Dante Sabaino,** *Tierische bzw. pflanzliche Proteide und die mineralische Zusammensetzung der Knochen.* Reine Caseinernährung fördert bei Ratten das Längenwachstum von Femur u. Tibia, setzt jedoch die Bruchfestigkeit um ca. 6% herab. Ausschließliche Ernährung mit Getreidekörnern fördert die Ca-, P- u. CO_3-Ablagerung u. Erhärtung der Knochen. (Arch. Scienze med. **94** (77). 79—83. Jan. 1953. Turin, Univ., Ist. Pat. Gen.) SPEYER. 4585

B. J. Senior, E. J. Sheehy, G. F. O'Sullivan und **J. O'Donovan,** *Kupfermangel im Blut beim Rindvieh von Offaly.* Bericht über Best. der Cu-Blutspiegelwerte von 47 im Wachstum zurückgebliebener Rinder mit Durchfall; die Werte lagen fast durchweg unter ca. 0,04 mg/100 ml gegenüber vergleichbaren Werten von 0,07 mg u. mehr bei 84 gesunden Tieren. Ein- oder mehrmalige Verabfolgung von 5 g $CuSO_4$ bedingte prakt. in allen Fällen Ansteigen der Cu-Werte u. Verschwinden der Symptome. Grasunterss. auf den Cu-Geh. von Farmen mit gesundem u. krankem Vieh zeigten gleichen n. Cu-Gehalt. Dagegen ergaben Mo-Unterss. sichtbare Unterschiede; im vorliegenden Fall wird geschlossen, daß ein Mo-Überschuß im Futter die Ursache der Erkrankung ist. (Sci. Proc. Roy. Dublin Soc. [N. S.] **26.** 263—73. 25/1. 1954. Offaly, Animal Nutr. Dep. u. Agricult. Chem. Dep.) DOSSMANN. 4585

J. G. Louw, *Spurenelemente in der Ernährung von Wiederkäuern.* Nach Beschreibung der Funktionen u. der Mangelsymptome bei Mangel an Spurenelementen (*Fe, Cu, Co, Zn, J*) u. ihres Bedarfes bei der Ernährung von Wiederkäuern werden Vorschläge über ihre Verwendung bei der Fütterung gemacht. Mit einem Gemisch aus

40 (Gewichtsteile) $FeSO_4$, 20 $MnSO_4$, 15 $CuSO_4$, 1 $ZnSO_4$, 0,5 KJ, 2,5 $Na_2S_2O_3$, 1 $CoSO_4$ u. 20 $Ca_3[PO_4]_2$, in der die Salze der Spurenelemente fein vermahlen sein müssen, werden Schafe (½ Unze/Tag) u. Rinder (½—1 Unze/Tag) mit gutem Erfolg gefüttert. (Farming South Africa **28.** 411—14. Dez. 1953. Onderstepoort, Div. of Vet. Serv.) PATZSCH. 4585

E. L. R. Stokstad, *Antibiotica in der Tierernährung.* An Hand von 228 Literaturangaben wird eine Übersicht über die Bedeutung der Antibiotica in der Tierernährung gegeben, wobei bes. auf die Wrkg. bei Hühnern, Putern, Ratten, Mäusen, Meerschweinchen, Hunden, Schweinen u. Wiederkäuern, auf die Vitamin- u. Eiweißeinsparung, auf den Mineralstoffwechsel, bei Leber- u. Nierenerkrankungen, Hormonstörungen, Strahlungsschäden, auf den Wirkungsmechanismus, auf die Wrkg. auf die Intestinalflora, auf die Wrkg. der parenteralen Anwendung u. auf die Wrkg. auf das Wachstum von Kindern eingegangen wird. (Physiol. Rev. **34.** 25—51. Jan. **1954.** Pearl River, N. Y., Amer. Cyanamid Comp., Lederle Labor. Div.) PATZSCH. 4585

Paavo Roine, Terttu Ettaler und **Aune Raitio,** *Wirkung von Aureomycin und einigen anderen Antibioticis auf das Meerschweinchen.* Vgl. peroraler Gaben von (je 50 mg/kg Futter) *Aureomycin·HCl* (**I**), *Terramycin·HCl* (**II**), *Streptomycinsulfat* (**III**), *Penicillin G* (**IV**), *Chloromycetin* (**V**) u. *Sulfasuccidin* (**VI**; 10 g/kg Futter) zeigte hohe Toxizität von **I** u. **II**, Wachstumshemmung durch **III** u. **VI**, keinen Effekt von **IV** u. leichte Wachstumssteigerung nach **V**. Bakteriolog. Unters. der Darmflora ergab, daß diese nach **I**-Gabe reich an pathogenen *Listeria* (*Listerella*)-Bakterien ist. Dieses Bakterium ist empfindlich gegen **IV** u. **V**, wenig gegen **I** u. **II**. Die Umstimmung der Darmflora ist also Ursache der **I**- u. **II**-„Toxizität" bei peroraler Applikation, während sie bei parenteraler Verabfolgung nicht auftritt. (Suomen Kemistilehti B. **26.** 17—20. 1953. Helsinki, Univ., Dep. of Nutr. Chem.) SCHLOTTMANN. 4585

Masami Kuga, *Histochemische Untersuchung von Vitamin B_1.* 1. Mitt. *Trennung der Esterform von der freien Form (einfache Isolierungsmethode der Cocarboxylase).* In gesunden nicht behandelten Ratten liegt *Vitamin B_1* zum größten Teil in der Esterform (Cocarboxylase) vor; verhältnismäßig große Beträge der freien Form finden sich in der schleimigen Schicht des Eingeweides, in den Drüsenzellen des Magens u. der Nierentubuli; außerdem in der Umgebung der kleinen Gefäße. — 30 Min. nach subcutaner Injektion von 500 γ B_1 bei Ratten nimmt der Geh. an freier Form u. Esterform in jedem Organ zu. — Ratten mit B_1-Avitaminose zeigen Abnahme von B_1 in allen Organen. Die freie Form überwiegt. (J. Kyoto prefect. med. Univ. **52.** 388—91. Dez. 1952. Kyoto Pref. Med. Univ., Dep. of Pathol. [Orig.: japan., Auszug: engl. 454.]) E. HAAS. 4587

Masami Kuga, *Histochemische Untersuchung von Vitamin B_1.* 2. Mitt. *Histologische Verteilung von Vitamin B_1 in Kaninchen mit Dithizondiabetes.* (1. vgl. vorst. Ref.) Im Pankreas von gesunden Kaninchen liegt Vitamin B_1 zum größten Teil in der Esterform vor; die pankreat. Inseln enthalten die gleiche Menge B_1 wie der Exkretionsteil oder nur wenig mehr; α- u. β-Zellen der Inseln zeigen keine Unterschiede. Das Interstitium u. die Umgebung der Blutgefäße enthalten geringe Mengen B_1. — Im zuckerkranken Kaninchen ist im Anfangsstadium mit hohem Zuckergeh. im Blut der B_1-Geh. in den β-Zellen merklich vermindert. Im Stadium mit wenig Zucker im Blut nimmt B_1, hauptsächlich die Esterform, in den degenerierten u. nekrot. β-Zellen merklich ab, in den α-Zellen zu; der Exkretionsteil u. der Teil der endokrinen Sekretion zeigen Unterschiede im B_1-Gehalt. Im 2. Stadium mit hohem Zuckergeh. im Blut enthalten die β-Zellen im Gegensatz zu den α-Zellen relativ wenig B_1. Während des Endstadiums nimmt B_1 in den α-Zellen u. in dem Exkretionsteil zu, ebenso in den weniger degenerierten β-Zellen. (J. Kyoto prefect. med. Univ. **52.** 388—91. Dez. 1952. Kyoto Prefect. Med. Univ., Dep. of Pathol. [Orig.- japan., Auszug: engl. 454—55.]) E. HAAS. 4587

A. M. Schkodin und **G. P. Tichomirowa,** *Zur Polarographie des Thiamins.* Zur polarograph. Best. von *Thiamin* (**I**) wird dieses in einer 0,1 n KCl-Lsg. aufgelöst u. davon 9 ml ins Elektrolysengefäß eingebracht, anschließend die Kurve Stromstärke/Spannung aufgenommen, 1 ml Standard-**I**-Lsg. zugegeben u. der **I**-Geh. aus einer angegebenen Formel (Zusatzmeth.) berechnet. — Es bestand Proportionalität Wellenhöhe/Konz.; das Potential der Halbwelle betrug —1,25 (p_H 6) u. —1,35 (p_H 8,5); in 50%ig. wss.-alkoh. Lsg. —1,125, in wss. Acetonlsg. (70%) —1,36. — Anwesende Vitamine A, B_2, D, PP stören nicht, wohl aber *Ascorbinsäure*, zu deren Entfernung die KCl-Lsg. mit 4%ig. $KMnO_4$ versetzt wird. (Биохимия [Biochemie] **18.** 184—87. März/April 1953. Charkow, Ukrain. Wiss. Forschungsinst. für Nahrungsmittelind.) v. WILPERT. 4587

Guido Giacomo Tedeschi und **Vera Canali,** *Die Resorption und Ausscheidung des Lactoflavins und der Lactoflavinphosphorsäure.* Ratten scheiden nach einer Injektion von *Lactoflavinphosphorsäure* (I) weniger Lactoflavin (II) aus als nach Injektion von freiem **II**. Bei peroraler Gabe u. Injektion in das Lumen des Dünndarms wird **I** von n. Ratten u. solcher ohne Nebenniere leichter resorbiert als **II**. Eine Anreicherung der Nucleotide in der Leber oder anderen Organen konnte nicht festgestellt werden. Vermutlich greift I im Organismus leichter in den Stoffwechsel ein als **II**. (Ricerca sci. **23.** 1004—14. Juni 1953. Rom, Univ., Ist. di Fisiol. gen.) K. FABER. 4587

Schepp, *Gegenüberstellung der neuesten Versuche über APF und mitwirkende Faktoren.* Übersicht über deutsche Verss. zur Verwendung von APF. (animal protein factor) in der Tierernährung u. seine Beziehungen zu anderen Vitaminen bei der Futterverwertung durch Haustiere. (Dtsch. tierärztl. Wschr. **60.** 96—98. 15/2. 1953. Inst. für landwirtschaftl. Lehrfilme [INFL].) IPPEN. 4587

Leo M. Meyer, Alfredo Becerra-Garcia, Abraham Goldman und **Philip A. Stern,** *Orale Verabreichung von ^{60}Co-Vitamin-B_{12} an normale Personen, Patienten mit perniciöser Anämie und solche mit verschiedenen Krankheiten.* Klin. Bericht über Stuhlunterss. von n. Versuchspersonen u. Patienten mit Herzkrankheiten, Lebercirrhose, Lymphomatose, rheumatoider Arthritis, Myasthenia gravis u. perniciöser Anämie (p. A.). 11—100% bei Patienten obengenannter Krankheiten, 48—100% ^{60}Co wurden bei Patienten mit p.A. u. 8—41% bei n. Personen im Stuhl wiedergefunden. Nach Zugabe von 100 cm^3 neutralisiertem n. Magensaft wird die Radioaktivität in den Fäces bei Patienten mit p.A. auf 24—43% reduziert. Zugabe von 2 mg Folsäure u. 25 mg Zwölffingerdarmextrakt (vom Schwein) hatte keine Wirkung. (J. appl. Physiol. **6.** 263—68. Nov. 1953. Brooklyn, N. Y., Univ., Med. Serv., Goldwater Mem. Hosp., Welfare Island Hematol. Clin., Swedish Hosp.) BRATFISCH. 4587

R. Knackstedt und **H. Wild,** *Zur oralen Therapie der perniciösen Anämie.* Bericht über Erprobung von *Aminohepan* (I; CHEMIEWERK HOMBURG AG., Frankfurt/M.) in 7 Fällen mit perniciöser Anämie bei oraler Verabreichung. I ist ein standardisierter proteolysierter Leberhefeextrakt mit Geh. an *Vitamin B_{12}* (**II**), *Folsäure* (**III**), *B-Komplex, Aminosäuren, Desoxyribose, Citrovorumfaktor* u. *Adenosindesoxyripose.* In 100 g Fl. (Granulat) 50 (120) γ II u. 3,3 (7,5) mg **III**. Dosierung: I fl. täglich 3—5 Eßlöffel, Granulat 3 gehäufte Teelöffel, bei sehr schweren Fällen zusätzliche Fe-Verabreichung. Behandlungsdauer 3—4 Wochen bei strenger Kontrolle, anschließend Therapie mit Leber-forte-Präpp. mit standardisiertem **II**-Geh., schnelle Besserung des Allgemeinbefindens, gute Verträglichkeit. (Med. Klin. **49.** 261—65. 12/2. 1954. Düsseldorf, Med. Akad., II. Med. Klinik u. Poliklinik.) DOSSMANN. 4587

K. Schwarz und **I. Wüst,** *Untersuchungen über die Wirkung des Vitamin E auf das Blutbild und einzelne Stoffwechselgrößen.* Eine einmalige intramuskuläre Injektion von 600 mg *Vitamin E* scheint beim Gesunden keine tiefgreifenden Stoffwechseländerungen — gemessen am Verh. der Serumwerte des Cholesterins, der Harnsäure, der Chloride, des Blutzuckers u. Veränderungen des Blutbildes — zu erzielen. Lediglich die Diurese scheint bei n. Wasserhaushalt gehemmt zu werden. (Z. klin. Med. **152.** 118—28. 1953. München, Univ., II. Med. Klinik.) LEUSCHNER. 4587

J. L. Mastboom und **A. Sikkel,** *Der Wert von Vitamin E bei der Behandlung eklamptogener Schwangerschaftstoxikosen.* Da in der Literatur kein Anhalt für eine sichere Wrkg. von Vitamin E (I) bei Schwangerschaftstoxikosen feststellbar war, prüften Vff. I in täglichen Dosen von 3mal 300 mg bei beginnender Toxikose u. bereits bestehendem Hochdruck bei 15 Schwangeren. Keins der Symptome (Blutdrucksteigerung, Ödeme, Albuminurie) verringerte sich dabei unter der I-Therapie stärker als bei der üblichen Behandlung mit Bettruhe u. salzfreier Kost. (Nederl. Tijdschr. Geneeskunde **96.** 1519—25. 21/6. 1952. Amsterdam, Univ., Clin. voor Verloskunde en Gynaecol.) IPPEN. 4587

Ugo de Bellis und **Giovanni di Gruttola,** *Leberfunktionsprüfung nach Darreichung von Vitamin K bei Kindern.* Die Darreichung von *Vitamin K* ist bei Kindern ebenso wirksam wie bei Erwachsenen. Vff. führten nach massiver Darreichung von Vitamin K die Rkk. nach TAKATA-ARA u. UCKO, die Best. der Protidämie sowie der Gallenfarbstoffe u. des Urobilins im Harn durch. Die 55 Fälle gliederten sich in drei Gruppen: gesunde Kinder, Kinder mit verschied. mit Lebervergrößerung einhergehenden Krankheiten, Kinder mit akuten u. chron. Lebererkrankungen. Morgens wurde nüchtern die „basale Prothrombinämie“ bestimmt, danach sofort 50 mg Vitamin K intramuskulär injiziert, nach 8 Std. wurde nochmals die Prothrombinämie bestimmt nach QUICK. Vff. glauben der massiven Darreichung von Vitamin K eine hohe Spezifität u. Sensibilität zuschreiben zu können, bes. bei beginnender Leberinsuffizienz, auch wenn andere Teste versagen. — 46 Literaturangaben. (Pediatria [Napoli] **61.** 906—20. Nov./Dez. 1953. Neapel, Univ., Ist. di Clin., Pediatrica.) KIRMSE. 4587

Holger V. Dyggve, Henrik Dam und **Ebbe Søndergaard,** *Vergleich der Wirkung von Vitamin K_1 mit derjenigen von Synkavit beim Neugeborenen.* (Vgl. C. **1954.** 128.) Vergleichende Verss. über die Wirkungen von *Vitamin K_1* in 1%ig. wss. koll. Lsg. mit *Polyoxyäthylensorbitanmonooleat* (I) u. *Synkavit* (II; HOFFMANN-LA ROCHE, Basel) = *Tetra-Na-Salz des 2-Methyl-1.4-naphthohydrochinonbiphosphats* als sterile 1%ig. Lsg. bei Neugeborenen mit verlängerter Prothrombinzeit. Dosierung I u. II 10 u. 0,1 mg intravenös oder 10 mg oral. Bei beiden Verabreichungsarten unabhängig von der Dosierung wurde kein Unterschied zwischen I u. II in der Wrkg. auf die Prothrombinzeit festgestellt. I u. II wirken bei Neugeborenen langsamer als bei Küken mit I-Defizit. Zusätzliche orale Gabe von 50 mg *dl-α-Tocopherolacetat* = *Ephynal* (ROCHE) vor I- u. II-Injektion rief keine beschleunigte I-Wrkg. hervor. (Acta paediatrica [Uppsala] **43.** 27—31. Jan. 1954. Copenhagen, Univ., Hosp., u. Polytechnic. Inst., Dep. of Biochem. and Nutrit.) DOSSMANN. 4587

Alfonso Iovino, *Das Vitamin T.* Vf. gibt einen bibliograph. Überblick über die biol. Eigg. des *Vitamins T* u. seine therapeut. Anwendung. Die therapeut. Wrkg. ist allg. günstig. Der biol. Effekt ist nicht leicht zu werten. Es ist kein lebensnotwendiger Faktor u. kein Regulator einer essentiellen Stoffwechselfunktion. — 12 Literaturangaben. (Pediatria [Napoli] **61.** 955—59. Nov./Dez. 1953.) KIRMSE. 4587

J. A. Moncrief, K. B. Coldwater und **R. Elman,** *Die Zuckerausscheidung im Urin nach Operationen bei intravenöser Injektion von Fructose (Lävulose).* Injiziert man nach der Operation abwechselnd pro Tag 2 Liter einer 10%ig. Fructose (I)- u. 2 Liter einer 10%ig. Dextrose (II)-Lsg., so ist die Zuckerausscheidung im Harn bei II-Gabe etwa dreimal so groß wie bei I. Hierbei dürfen die Werte, die man am ersten Tag nach der Operation erhält, wegen ihrer Schwankungen nicht gewertet werden. Im klin. Verh. zeigten die Versuchspatienten bei Injektion von I u. II keinen Unterschied. Gibt man nur I, so betragen die Werte der Zuckerausscheidung ebenfalls nur $^1/_3$ von denjenigen, die man bei II-Gaben unter gleichen Versuchsbedingungen erhält. Injiziert man ein Gemisch aus I u. einem Proteinhydrolysat, so liegen die Werte für die Zuckerausscheidung etwas höher als diejenigen für I allein. (A. M. A. Arch. Surgery **67.** 57—60. Juli 1953. Jefferson Barracks, Mo., Veterans Administ.; Hosp., St. Louis, Mo., Barnes Hosp.; Washington, Univ., School of Med.) HEYNS. 4596

Walter O. Jorde, *Beitrag zum Lävulose- und Kreatinstoffwechsel.* Die nach Lävulosebelastung auftretende Lävulosämie ist bei Hepatitikern von längerer Dauer (bis zu 2 Std.) als bei Lebergesunden. Diese, verbunden mit einem stärkeren *Milchsäure*-Anstieg, stärkerem *Brenztraubensäure*-Anstieg, geringerem *Phosphat*-Umsatz u. verspätetem Anstieg des respirator. Quotienten sprechen bei Hepatitikern für eine erschwerte oxydative Endverbrennung. Es wird aus der Höhe der Milchsäurewerte auf eine Beziehung zum Niveau des Kohlenhydratumsatzes geschlossen. Kreatin- u. Kreatinphosphatzusatz zeigen keinen Effekt auf die Kohlenhydrat- bzw. Milchsäurekurven im Blut nach Lävulosebelastung. (Z. ges. exp. Med. **121.** 170—80. 1953. München, Univ., 1. Med. Klinik.) HEYNS. 4596

E. Freudenberg, *Weitere Beobachtungen zur Frage der „Cystinosis“.* Ein ausgeprägter Fall von Cystinosis, bei dem auch Ablagerungen von *Tyrosin* u. einem *Indigo*-Abkömmling gefunden wurden, heilte auf Behandlung mit *Adenosinphosphat* weitgehend. Die Krankheit wird als allg. Stoffwechselstörung mit Beziehungen zu energiereichen Phosphorverbb. diskutiert. Die in der Weltliteratur berichteten Fälle von Cystinosis werden angeführt. (Ann. paediatrici [Basel] **182.** 85—106. Febr. 1954. Basel, Kinderspital.) LEUSCHNER. 4596

G. Schettler, *Arteriosklerose und Cholesterinstoffwechsel (unter besonderer Berücksichtigung der Diätfrage).* Besprechung des Stoffwechsels des *Cholesterins* (I) u. seine Blutspiegelerhöhung bei verschied. Erkrankungen, sowie seine Beziehungen zur Arteriosklerose. Der Körper ist anschließend in der Lage, aus allen Säuren, die zu CH_3COOH abgebaut werden, I zu synthetisieren. Eine Diät von ca. 2000 cal/Tag mit 50 g Fett wird bei Arteriosklerose angeraten, lipotrope Substanzen werden für nutzlos gehalten. (Dtsch. med. Wschr. **78.** 989—93. 3/7. 1953. Marburg/Lahn, Univ., Med. Klinik.) BROSEMANN. 4596

Thomas Stapleton, *Die Reaktion der idiopathischen renalen Acidose auf orale Natriumlactatzufuhr.* Bericht über den Einfl. von *Na-Lactat* (I) auf das Elektrolytgleichgewicht von *Na*, *K* u. *Cl* bei renaler Acidose, Elektrolyt- u. Ca-Hyperämie. Es wurde keine Beeinflussung des Na-Ausscheidungsmechanismus festgestellt. Im Rahmen der Meth. war das Ansprechen auf I-Belastung n.; bei Absetzen von I kein Einfl. auf den Nierenmechanismus hinsichtlich Na, kein K-Defizit, das K-Gleichgewicht wird durch I-Therapie nicht gestört, die K-Urinkonz. blieb konstant. Der Nierendefekt scheint auf einem Unvermögen der Niere bei der Regulierung der Bicarbonatausscheidung zu beruhen. (Acta paediatrica [Uppsala] **43.** 49—63. Jan. 1954. London, St. Mary's Hosp., Med. School, Paediatric Unit.) DOSSMANN. 4596

D. Cordier und **Y. Piéry**, *Beziehungen zwischen den Veränderungen des cardialen Kaliumgehaltes und den Störungen des myocardialen Glykogenstoffwechsels, die durch Anoxie oder Kohlendioxydvergiftung hervorgerufen werden.* Die erhebliche Verminderung des cardialen Reserveglykogengeh. bei der vollständigen Anoxie (Einatmung von reinem N_2) ist begleitet von einem Absinken des myocardialen K-Spiegels. Die Vergiftung mit reinem CO_2 vermindert die cardiale Glykogenreserve dagegen nur unwesentlich. Der myocardiale K-Spiegel ist deutlich weniger vermindert als bei der Anoxie. (C. R. Séances Soc. Biol. Filiales **147.** 1412—14. Aug./Sept. 1953. Soc. de Biol. de Lyon, Labor. de Physiol. gén.) HEYNS. 4596

Emil Bozler, *Der Einfluß von Elektrolyten auf die kontraktilen Elemente des Muskels.* Muskelpräpp. vom Psoas des Kaninchens zeigten nach Behandlung mit 0,16mol. *NaCl* u. *KCl* beim Auswaschen des Elektrolyten mit dest. W. eine Tonuszunahme, die nicht auftrat, wenn statt Na^+ oder K^+ 2wertige Kationen (*$CaCl_2$* u. *$MgCl_2$*) verwendet wurden. Sie konnte aber wieder erzielt werden, wenn anschließend kurz mit *NaCl* oder *KCl* behandelt wurde. Vorausgehende Behandlung mit *Adenosintriphosphat* steigerte den beschriebenen Effekt. Parallel mit der Tonuszunahme beim Auswaschen einwertiger Kationen wurde eine Quellung u. Erhöhung der Transparenz beobachtet. p_H-Änderungen zwischen 5 u. 8 waren auf das Phänomen ohne Einfluß. Als Ursache wird eine Erhöhung des Ladungszustandes der Eiweißmoll. angenommen. Verss. mit glatten Muskeln (Magen vom Frosch, Dünndarm von Hund u. Katze) u. Herzmuskel (Vorhof u. Ventrikel von Katze u. Kaninchen) führten zu den gleichen Ergebnissen. (J. gen. Physiol. **35.** 703—10. 20/5. 1952. Columbus, O., Ohio State Univ., Dep. of Physiol.) DAUTZENBERG. 4597

G. Glimstedt, R. Håkansson, N. Jonsson, B. Lundh und **H. R. Rorsman**, *Die Sammelkanälchen der Rattenniere bei Natrium- und Kaliummangel in der Nahrung.* Die histolog. Unters. der strukturellen Veränderungen der Sammelkanälchen der Rattenniere bei Na- u. K-Mangel zeigte, daß diese an der Urinbldg., wahrscheinlich durch eine Reabsorption von Elektrolyten, beteiligt sind. (Kungl. fysiogr. Sällsk. Lund Förh. **23.** Nr. 13. 1—12. 1953. Lund, Univ., Histol. Inst.) K. MAIER. 4597

R. J. H. Oberholzer, *Funktion und Stoffwechsel des Nerven.* Überblick über den gegenwärtigen Stand der Biochemie u. Physiologie des Nerven. — 18 Literaturangaben. (Vjschr. naturforsch. Ges. Zürich **98.** 217—29. 31/12. 1953. Zürich, Univ., Physiol. Inst.) LEUSCHNER. 4598

Bernhart Ohnesorge, *Der Einfluß von Geruchs- und Geschmacksstoffen auf die Wahl der Fraßpflanzen beim großen braunen Rüsselkäfer Hylobius abietis L.* Preßsäfte von Nadelhölzern stellen stärkere Lockstoffe dar als die von anderen Pflanzen. Untersucht wurden ferner *Rohrzucker, Formaldehyd, Acetaldehyd, Essig-, Oxal-* u. *Ameisensäure, Fructose, Glucose, Galaktose, Arabinose, Mannose, Maltose, Lactose, Xylose* u. *Saccharin.* (Beitr. Entomol. **3.** 437—68. 1953. Freiburg/Br., Univ., Forstzool. Inst.) HEUSNER. 4598

Joseph Schiller, Endocrinologie. 2. Les Surrénales. Paris: Dr. J. Garnier. 1953. (108 S.) fr. 200,—.

E_6. Pharmakologie. Therapie. Toxikologie. Hygiene.

B. M. Grajewskaja, *Über einige Änderungen des Eiweißstoffwechsels im tierischen Organismus bei örtlicher und allgemeiner Röntgenbestrahlung.* Verss. an Hunden mit Best. von *Gesamt-N, Rest-N* u. *Harnstoff* (I) in Arteria femoralis, Vena femoralis u. Sinus v. cerebri zeigen, daß Dosen von 300 u. 500 r, die nicht zum Eingehen der Tiere führen, Verschiebungen im Eiweißstoffwechsel bewirken, die nach 3 Wochen ihr Maximum erreichen; es wird eine Zunahme von Gesamt-N, Rest-N u. vor allem I beobachtet. Der Stoffwechsel kehrt allmählich zur Norm zurück. Dies ist bei letaler Dosis (1000 r) nicht der Fall; dabei spielt offenbar das zentrale Nervensyst. eine wesentliche Rolle, mit dem die durch die Bestrahlung geschädigten Fermentsysteme in Verbindung stehen. (Вестник Рентгенологии и Радиологии [Nachr. Röntgenol.-Radiol.] **1953.** Nr. 5. 9—14. Sept./Okt. Zentr. Röntgen-Radiol. Inst. des Gesundheitsminist. der UdSSR, Biochem. Abt.) R. K. MÜLLER. 4601

Robert Lehmann, F. Jouan und **Jean Cottet**, *Röntgenologische Untersuchung eines neuen Gallenkontrastmittels: α-[2.4.6-Trijodphenoxy]-buttersäure oder 4114 TH.* Nach einem Überblick über die verschied. Gallenkontrastmittel mit ihren Vor- u. Nachteilen berichten Vff. über die Erfahrungen, die sie mit *α-[2.4.6-Trijodphenoxy]-buttersäure* (I) oder *4114 TH* oder *Vésipoque* bei der röntgenolog. Unters. der Gallenblase u. -wege gemacht haben. Die gute Verträglichkeit u. Kontrastwrkg. von I wird hervorgehoben. (Presse méd. **62.** 123—24. 27/1. 1954. Paris, Clin. Thérapeut. de l'Hôp. St.-Antoine.) W. Lorenz. 4601

A. G. Spencer, E. J. Ross und **H. G. L. Lloyd-Thomas,** *Kationenaustausch im Magen-Darm-Trakt.* Unter Verwendung von ^{24}Na u. ^{42}K wurden am Dünn- u. Dickdarm der Ratte Unterss. über die Wrkg. von Kationenaustauschern vorgenommen. Die Verss. ergaben, daß die Darm-Fl. einen kontinuierlichen Kationenaustausch zwischen dem Körper u. dem Harz bewirkt. Der Einfl. von Abführmitteln wurde weiterhin untersucht. (Brit. med. J. **1954.** I. 603—06. 13/3. London, Univ. Coll., Hosp., Med. School.) Roderich König. 4607

A. G. Spencer und **H. G. L. Lloyd-Thomas,** *Eine kritische Analyse der Kationenaustauschtherapie.* Es wird über Unterss. an 39 Patienten mit chron. Ödem infolge einer Herz- oder Nierenerkrankung berichtet. Als Kationenaustauschharze fanden Verwendung ein *sulfoniertes Polystyrol,* ferner *Zeo-Karb 225 H* u. *Carbo-Resin.* Bei 65% der Fälle wurde eine günstige Wrkg. beobachtet. Die Nebenerscheinungen waren geringfügiger Natur. Die Therapie wird empfohlen u. näher beschrieben, wobei jedoch zwecks Vermeidung von Komplikationen eine Auswahl der Patienten erfolgen sollte. Die Kationenaustauschtherapie ist kontraindiziert bei gewissen Magen–Darm-, Nieren- u. Lebererkrankungen. (Brit. med. J. **1954.** I. 597—603. 13/3. London, Univ. Coll., Hosp., Med. School.) Roderich König. 4607

J. C. Forbes und **G. M. Duncan,** *Wirkung von wiederholter Alkoholzufuhr auf den Ascorbinsäuregehalt der Nebennieren und auf die Entwicklung von Skorbut bei Meerschweinchen.* Die wiederholte intraperitoneale Injektion von 4 g/kg A. als 15%ig. Lsg. in 5%ig. Glucoselsg. bei Meerschweinchen führte zu einer leichten Abnahme des *Ascorbinsäure* (**I**)- u. *Cholesterin* (**II**)-Geh. der Nebennieren, wobei die größte Abnahme nach der 1. A.-Injektion auftrat. Diese Erscheinung wurde durch gleichzeitige Zufuhr von 5—10 mg/kg I nicht wesentlich beeinflußt. Die Fütterung mit I-Mangeldiät führte bei A.-behandelten nicht schneller zum Skorbut als bei den Kontrolltieren. An Skorbut verendete Tiere haben einen stark verminderten II-Geh. der Nebennieren. (Quart J. Stud. Alcohol **14.** 540—44. Dez. 1953. Richmond, Va., Med. Coll. of Virginia, Dep. of Biochem.) Krusen. 4607

Willy Maassen, *Beiträge zur Verträglichkeit und Wirksamkeit von Luftinfektionsmitteln.* 1. Mitt. *Über die Giftwirkung von verdampftem Triäthylenglykol* (*TAG*) *bei Laboratoriumstieren. Triäthylenglykol* (**I**) wurde über 44 Tage durch Beimischung zur Atemluft von Kaninchen, Meerschweinchen, Mäusen u. Ratten auf seine Toxizität untersucht. Die durchschnittliche I-Konz. betrug ca. 449 γ/Liter. Diese Menge entspricht dem 100fachen der Konz., die in der Lage sein soll (Grün u. Scholtis), alle in Tröpfchenform schwebenden Keime innerhalb von 15 Min. abzutöten. Trotzdem zeigten sich bis auf leichte euphor. Erscheinungen keinerlei Befindensverschlechterungen. Auch die histolog. Unters. der inneren Organe ergab keine Besonderheiten. (Z. Hyg. Infektionskrankh. **136.** 280—88. 1953. Kiel, Univ., Hyg. Inst.) L. Berger. 4607

Robert Hausman und **Pierre M. Dreyfus,** *Intracapilläre Niederschläge, hervorgerufen beim Kaninchen durch Natriumpolyanetholsulfonat.* Bei intravenöser Applikation von *Na-Polyanetholsulfonat* (*Liquoid*; Hoffmann-La Roche) am erwachsenen Kaninchen trat bei einer Dosis von 15 mg/kg Körpergewicht sofort der Tod der Tiere ein. In Lunge, Leber u. anderen Organen wurden Ndd. gefunden, die für diese Erscheinung verantwortlich zu machen sind. (A. M. A. Arch. Pathol. **56.** 597—606. Dez. 1953. Atlanta u. Boston, N. Y., New York Hosp.-Cornell Med. Center, Dep. of Pathol. and Med.) R. König. 4607

Allan L. Grafflin und **Ellen G. Corddry,** *Untersuchungen in vivo an der Froschleber während der Ausscheidung von Thioflavin S und Vasoflavin.* Männlichen Exemplaren von Rana pipiens werden Lsgg. von *Thioflavin S* (**I**) u. *Vasoflavin* (**II**) in Konzz. von 1:1 bis 1:64 injiziert u. die Leberexkretion von I u. II zu verschied. Zeitpunkten nach der Injektion bestimmt (Fluorescenzmikroskopie). Es werden ähnliche Ergebnisse erhalten wie mit Fluorescein (vgl. Amer. J. Anatomy **81.** [1947.] 63). Jedoch werden I u. II von der Leber langsamer ausgeschieden u. außerdem in beträchtlicher Menge im Cytoplasma der Kupffer-Zellen angereichert. — I u. II verhalten sich innerhalb weiter Grenzen ähnlich. Hauptsächlich wird die monomere Form der Farbstoffe durch die Leberzellen in die Gallenkanäle abgeführt. — Verss. mit II an weißen Mäusen zeigen, daß die Ausscheidung von II in gleicher Weise verläuft wie die von I. (Bull. Johns Hopkins Hosp. 1—21. Jan. 1954. Baltimore, Md., Johns Hopkins Univ., School of Med., Dep. of Anatomy.) E. Haas. 4607

Allan L. Grafflin und **Ellen G. Corddry,** *Untersuchungen in vivo an der Froschleber während der Ausscheidung von Äsculin.* 30 mg Äsculin pro kg werden ähnlich wie Fluorescein von der Froschleber ziemlich schnell ausgeschieden (bis zu 24 Std.); im Gegensatz dazu beträgt die Exkretionszeit bei *Thioflavin S* u. *Vasoflavin* 2 Wochen u. länger. (Bull. Johns Hopkins Hosp. **94.** 22—26. Jan. 1954. Johns Hopkins Univ., School of Med., Dep. of Anatomy.) E. HAAS. 4607

A. Fleisch und **V. Wenner,** *Die physiologischen Wirkungen von Kaffee und Kaffee-Extrakten.* Unterss. mit filtriertem Kaffee (I), lösl. Kaffee-Extrakt (II; *Nescafé*) u. coffeinfreiem Kaffee-Extrakt (III; Nescafé, coffeinfrei) an Versuchspersonen ergaben, daß durch Genuß von **I, II** u. **III** Pulsfrequenzverminderung u. Herabsetzung der Reizschwelle der Haut in annähernd gleicher Weise hervorgerufen werden. Der Tremor der Hand u. der arterielle Blutdruck werden durch **I** u. **II** erhöht, durch **III** aber nicht signifikant verändert. Bei Mäusen wurde die DL_{50} von *Coffein* (**IV**) zu 6,4—6,5 mg ermittelt. In Form von I—III wurde jedoch DL_{50} von 4,1—4,4 mg **IV** festgestellt, woraus zu schließen ist, daß die Toxizität von Kaffee nur zu $^2/_3$ durch **IV** bewirkt wird. Von **III** konnte eine DL_{50} wegen der begrenzten Aufnahmefähigkeit der Tiere nicht ermittelt werden. (Schweiz. med. Wschr. **84.** 223—26. 13/2. 1954. Lausanne, Univ., Inst. de Physiol.) KRUSEN. 4608

F. Caujolle, P. Mériel und **E. Stanislas,** *Über die pharmakologischen Eigenschaften eines Extraktes von Ruscus aculeatus L.* Der wss.-alkoh. Extrakt von Ruscus aculeatus L. ist wenig tox. u. wirkt direkt auf die vasomotor. Nerven. Er scheint sich zur Behandlung von Hämorrhoidalleiden zu eignen. (Ann. pharmac. franç. **11.** 109—20. Febr. 1953.) v. GIZYCKI. 4608

Ss. I. Scherischorina, Ss. B. Dawidsson, A. Je. Merina, W. A. Bodunowa, M. F. Schamschina und **T. P. Gawrilowa,** *Einige Angaben über die Behandlung von Kindern mit chronischer Dysenterie mit Methylenblau in Kombination mit Phthalazol.* 43 Kinder mit chron. Dysenterie, bei denen eine Behandlung mit TSCHERNOCHWOSTOW-Vaccine ohne Erfolg geblieben war, wurden 4 Tage lang 3 mal täglich mit je 0,005 g *Methylenblau* je Altersjahr des Kindes u. 8 Tage lang mit 0,2 g *Phthalazol* je 1 kg Gewicht des Kindes 1 mal täglich behandelt. Bei 25 Kindern hörte die Ausscheidung von Dysenteriebacillen auf, wurde der Stuhl normal. In 5 Fällen blieb es bei n. Stuhl bei einer Bacillenausscheidung, die durch eine 2. Kur beseitigt wurde. In 13 Fällen wurden zwar keine Bacillen festgestellt, es wurde jedoch eine leichte Dysfunktion des Darmes beobachtet. (Педиатрия [Pädiatrie] **1953.** Nr. 3. 24—26. Mai/Juni. Saratow, Med. Inst., Lehrstuhl für Mikrobiol.) LEBTAG. 4610

N. A. Schmelew, *Chemotherapeutische Mittel und Antibiotica bei der Behandlung der Lungentuberkulose.* Vf. berichtet aus eigenen Erfahrungen über Anwendungsweise u. Pharmakologie von *Streptomycin, p-Aminosalicylsäure, Phthivazid* (*Isonicotinsäurehydrazid*) u. *Tibon* bei Patienten mit Lungen-Tbc. im Rahmen einer komplexen Behandlung unter Berücksichtigung aller sonstigen wertvollen therapeut. Methoden. (Советская Медицина [Sowjet-Med.] **17.** Nr. 9. 3—8. Sept. 1953. Tbc.-Inst. der Akad. der Med. Wiss. der UdSSR.) RENTZ. 4610

K. Engelbach und **H. Seck,** *Die Bestimmung der Capillarresistenz bei lungentuberkulösen Patienten. Ihre Beeinflussung durch Neoteben und K 27.* Nach der Meth. von KÜCHMEISTER u. SCHÄRFE (Dtsch. med. Wschr. **1950.** 316) an 440 nicht mit *Neoteben* (**I**) behandelten Lungentuberkulösen vorgenommene Capillarresistenz (C.R.)-Prüfungen ergaben für etwa die Hälfte der Patienten krit. Zeiten von 8—12 Sek.; 40 lagen über 25 Sek., der Rest zwischen 3 u. 25 Sekunden. An 172 Patienten, die durchschnittlich 70 Tage lang täglich höchstens 7 mg/kg **I** erhielten, u. an 126 Patienten nach abgeschlossener I-Behandlung konnten keine wesentlichen Veränderungen der C.R. beobachtet werden. Bei 20 Patienten, die zur Verhinderung von postkaust. Exsudaten prophylakt. täglich 3 Tabletten *K 27* (*Glutaminsäure, Phenyläthylbarbitursäure, Aneurin*; CHEMIEWERK HOMBERG, Frankfurt/M.) erhielten, wurde eine innerhalb 24 Std. nach Beginn der Medikation beginnende Steigerung der C.R. festgestellt, die zu durchschnittlichen krit. Zeiten von $5{,}3 \pm 2{,}1$ Sek. führte. Nach Absetzen der *K 27*-Zufuhr geht die C.R. binnen 5 Tagen zum Ausgangswert zurück. (Beitr. Klin. Tuberkul. **110.** 426—28. 1954. Schwarzenborn, Landes-Lungenheilst. „Am Knüll".) KRUSEN. 4610

Bruno Pedini, *Weitere Bemerkungen über die Behandlung von bovinen Tuberkulosen mit Isonicotinsäurehydrazid.* An 5 Rindern, die an schwerer Lungen- u. teilweise Peritonealtuberkulose erkrankt waren, ergab Isonicotinsäurehydrazid 4 mg/kg täglich raschen Rückgang der klin. Erscheinungen u. Anstieg der Tuberkulinallergie. (Clinica veterin. **76.** 353—60. Dez. 1953. Perugia, Italien, Ist. di Patol. e Clinica Med. Vet.) GERBER. 4610

Gunnar Berg, *Nebenwirkungen und Dosierung von Isoniazid.* Vf. berichtet an Hand der Literatur u. eigener Beobachtung über Intoxikationserscheinungen unter *Isoniazid* (I)-Therapie bei Tuberkulösen, nämlich schwere Psychosen, die 2 mal zum Exitus führten, epileptiforme Krämpfe, zahlreiche Fälle von Polyneuritis u. Pellagra. Die tox. Erscheinungen traten fast immer bei erhöhten I-Dosen (8—16 mg/kg) u. bes. bei Vorliegen von Nierenfunktionsstörungen auf. Vf. empfiehlt, I nur in Dosen von 3—5 mg/kg zu verabreichen u. bei Auftreten von tox. Symptomen abzusetzen. — 24 Literaturangaben. (Beitr. Klin. Tuberkul. **110.** 441—48. 1954. Borstel über Bad Oldesloe, Tuberkulose-Forschungsinst.) KRUSEN. 4610

M. Aiazzi Mancini, *Experimentelle und klinische Bemerkungen über die akute Toxizität der Isonicotinsäurehydrazid.* Nach einem Überblick über die bisher bekannten Beobachtungen betreffend die Toxizität der *Isonicotinsäure* (I) wird diskutiert, ob die tox. Erscheinungen (Erbrechen, psychomotor. Unruhe, cerebrale Krämpfe) durch I selbst oder ein Abbauprod. hervorgerufen werden. Verss. am Hund, der auf I sehr empfindlich reagiert, zeigen, daß die durch eine Dosis von 40—50 mg/kg Körpergewicht auslösbaren Krämpfe, denen später der Tod folgt, unabhängig von der Art der Applikation sind, mit der Ausnahme, daß das Risiko bei intralumbaler Anwendung geringer ist als bei suboccipitaler. An einer Patientin, die versehentlich 5,5 g/55 kg erhalten hatte, konnte die gute Wrkg. der *Barbiburate* beobachtet werden. Bei länger dauernden Krämpfen wird *Pentothal-Narkose* empfohlen. (Minerva med. [Torino] **45.** I. 529—30. 24/2. 1954. Firenze, Univ., Ist. di Farmacol. e Clinica Tossicol.) P. G. SCHEURLEN. 4610

Guido Avellini, *Verhalten des peripheren Blutbilds bei an Tuberkulose erkrankten Rindern, die mit Isonicotinsäurehydrazid behandelt wurden.* Es kommt zur Normalisierung des weißen u. roten Blutbildes u. zu einer bes. auffallenden Eosinophilie. (Clinica veterin. **76.** 361—68. Dez. 1953. Perugia, Italien, Ist. di Patol. e Clinica Med. Vet.) GERBER. 4610

E. Lorenz, *Neuere Ergebnisse in Diagnostik und Therapie der kindlichen Tuberkulose.* Vf. spricht sich nur bei den klin. festgestellten akt. Tuberkulosen der Kinder für eine Behandlung mit *Streptomycin* u. *INH*-Präpp. (10—15 mg/kg Körpergewicht u. Tag) sowie gegebenenfalls PAS aus. Trotz der fortgeschrittenen Diagnostik u. Therapie sollte auch weiterhin wegen der bei fortgeschrittenen Fällen noch ungenügend verläßlichen Behandlungsmöglichkeiten die Prophylaxe beachtet werden. (Wiener med. Wschr. **103.** 659—63. 5/9. 1953. Graz, Univ., Kinderklinik.) BROSEMANN. 4611

W. Berblinger, *Unter Chemotherapie anatomisch fast ausgeheilte tuberkulöse Meningitis.* Tuberkulöse Meningitis konnte durch intramuskuläre u. intralumbale Zufuhr von insgesamt 490 g *Streptomycin* u. 48 g *PAS* zur fast vollständigen klin. Heilung gebracht werden. (Beitr. Klin. Tuberkul. **110.** 461—69. 1954. Davos, Schweizer. Forschungsinst. für Tuberkulose.) KRUSEN. 4611

W. D. Markuson, *Die Behandlung tuberkulosekranker Kinder und Jugendlicher mit Streptomycin und p-Aminosalicylsäure. p-Aminosalicylsäure* (I) ist indiziert bei Patienten mit einer mäßig akt. Form der Tuberkulose. Bei der progredienten Form ist die Kombination von *Streptomycin* (II) mit I zu empfehlen. Die besten Erfolge mit I u. II werden bei Kindern jeden Alters bes. in den Anfangsstadien der Erkrankung erzielt. (Советская Медицина [Sowjet-Med.] **17.** Nr. 9. 9—11. Sept. 1953. Moskau, Städt. Wiss. Tuberkuloseforschungsinst.) RENTZ. 4611

L. D. Erasmus, *Der Wert von Penicillin und Sulfadiazin, die getrennt und in Kombination in 200 Fällen von Pneumonie benutzt wurden.* Kein bemerkenswerter Unterschied wurde bei der getrennten oder kombinierten Behandlung von 200 an Pneumonie erkrankten Patienten mit *Sulfadiazin* u. *Penicillin* erhalten. (South African med. J. **27.** 733—37. 29/8. 1953. Pretoria, Univ., Dep. of Med.) RUTKOWSKI. 4611

D. P. Ssurkin und **T. K. Popowa,** *Die Wirksamkeit der Inhalation einer öligen Menthol-Penicillin-Lösung bei chronischen Tonsillitiden.* Man ließ Kinder mit chron. Tonsillitiden u. verschied. Graden tuberkulöser Intoxikation eine Lsg. von 10000 E. krist. *Penicillin* in 0,5 g fl. Paraffin mit 1% *Menthol* im Laufe von 5 Min. inhalieren. Nach 20 Inhalationen waren bei 70 von 100 behandelter Kinder die objektiven Zeichen der chron. Tonsillitis verschwunden. Eine subjektive Besserung trat in allen Fällen ein. (Педиатрия [Pädiatrie] **1953.** Nr. 5. 63—65. Sept./Okt. Zentr. klin. Kindersanatorium „Bojarka".) RENTZ. 4611

Justus Ström, *Penicillinbehandlung von Scharlach.* Übersicht über die *Penicillin* (I)-Therapie von 6500 Scharlachfällen mit Kontrollen hinsichtlich Dosierung u. Art der Behandlung mit besonderer Betonung des I-Wertes bei der Verhinderung von Komplikationen. (Acta paediatrica [Uppsala] **43.** 32—37. Jan. 1954. Stockholm, Schweden, Hosp. for Contagious Diseases.) DOSSMANN. 4611

Justus Ström, *Penicillin zur Verhinderung von Scharlach.* (Vgl. vorst. Ref.) Bericht über Bekämpfung von Streptokokkeninfektionen mit *Penicillin* (I) u. Hinweis auf die erfolgreiche Durchführung von Sanierungsmaßnahmen bei Scharlach mit 2 Tabletten I zu je 10^5 E. (Acta paediatrica [Uppsala] **43.** 38–42. Jan. 1954.)
DOSSMANN. 4611

A. Schmager und W. Gocht, *Die Wirkung parenteraler Penicillinmedikation auf die Vaginalflora.* Bei Gaben von täglich 400000 I.E. Depotpenicillin (I) kam es nach 1,6–2 Millionen I.E. zum Verschwinden DÖDERLEINscher Bakterien von der Vaginalschleimhaut, die sich 4–22 Tage nach Absetzen des I wieder einstellen. Pathogene Mikroorganismen wurden nur in ihrer Anzahl eingeschränkt. (Dtsch. med. Wschr. **78.** 986–89. 3/7. 1953. Berlin, Freie Univ., Hygien. Inst. u. Frauenklinik.)
BROSEMANN. 4611

Otto E. Bumiller, *Neuerungen in der Antibioticatherapie.* Bericht über sehr gute Erfolge mit einer Kombination von *Antibioticis* u. *Omnadin* (*Omnamycin* bzw. *Omnacillin*; FARBWERKE HOECHST) in der Mund- u. Kieferheilkunde. (Zahnärztl. Rdsch. **63.** 230–34. 20/4. 1954. Augsburg.) KLESSE. 4611

Karl Tilgner und Heinz Schierholz, *Beobachtungen über die Veränderung der euterpathogenen Streptokokkenflora durch Therapie mit antibiotischen Mitteln.* Vff. berichten über bakteriolog. Milchprobenunterss. von fünf Rinderbeständen (150 Kühe), die mehr oder weniger stark mit Streptokokken (Str.)-Mastitiden durchseucht waren. Sanierungsverss. wurden mit Antibioticis (Penicillinpräp., Penicillin–Sulfonamid-Kombinationen) durchgeführt. Mit fortschreitender Behandlungsdauer sinkt in der Regel der Prozentsatz der echten Galtfälle, die Besiedlung mit andersartigen Str. tritt mehr in den Vordergrund. Je häufiger eine Therapie mit Antibioticis erfolgt, um so mehr überwiegt die atyp. Variante des Strept. agalactiae. Mit dem Anwachsen des Anteils des atyp. Strept. agalactiae nimmt der Prozentsatz der subklin. Mastitiden zu. (Berliner Münchener tierärztl. Wschr. **67.** 90–93. 15/3. 1954. Kiel, Inst. für Tiergesundheit der Landesbauernkammer Schleswig-Holstein.) K. BÖHM. 4611

S. G. Browne, *Moniliasis nach antibiotischer Therapie.* Bericht über 1 Fall mit subakuter Amöbenhepatitis. Behandlung mit *Succinylsulfathiazol, Diodoquine, Emetinhydrochlorid* (I), *Penicillin* (II), insgesamt 6,5 · 10^6 I.E., u. *Vitamin B.* Nach der letzten I- u. II-Injektion traten Halsbeschwerden auf. Nachw. einer Moniliasisinfektion des Atmungs- u. Verdauungstraktes, die auf II zurückgeführt wird. Ablauf der Krankheit u. Gegenmaßnahmen werden eingehend diskutiert. (Lancet **266.** 393–95. 20/2. 1954. Yakusu, Belgian Congo, Baptist Mission Hosp.) DOSSMANN. 4611

F. I. Ssidorina, *Die Behandlung von Patienten mit akuten eitrigen Prozessen mit Synthomycinemulsionen.* 220 Patienten mit akuten entzündlichen Prozessen (troph. Ulcera, Karbunkeln, Phlegmonen) wurden mit einer 1%ig. *Synthomycin* (I)-Emulsion behandelt, die man nach dem chirurg. Eingriff in die Wunde einbrachte u. nach Anlegen eines asept. Verbandes für 2–3 Tage liegen ließ. Die Wundheilung erfolgte wesentlich rascher als bei Anwendung der bisherigen Behandlungsmethoden (Sulfidin, Streptocid, hyperton. NaCl-Lsg., Physiotherapie). Es wurden durch I sowohl die grampositiven als auch die gramnegativen Mikroben beeinflußt. Bei schweren Formen der akuten eitrigen Infektion sind neben der lokalen Behandlung gleichzeitige perorale Gaben von I zu empfehlen. (Советская Медицина [Sowjet-Med.] **17.** Nr. 9. 21–23. Sept. 1953. Moskau, 1. Med. Inst., Therapeut. Fak., Lehrstuhl für allg. Chir.) RENTZ. 4611

R. J. McGill und Dennis Mendel, *Polymyxin B. Eine intrathecale Reaktion.* Bericht über einen Fall von Meningitis durch Infektion mit B. faecalis-alcaligenes, die mit 6stündlich 100000 E. *Polymyxin B* (I) intrathecal u. 250000 E. I intramuskulär erfolgreich behandelt wurde. Durch die intrathecale I-Medikation wurden eine Arachnoiditis an der Cauda equina u. neurolog. Störungen hervorgerufen; im Lumbalpunktat wurden zahlreiche polymorphe u. mononucleäre Zellen u. erhöhte Proteinwerte gefunden. Vff. schließen aus diesen durch I hervorgerufenen neurotox. Erscheinungen, daß I bei intrathecaler Applikation anfänglich in nur sehr geringen Dosen gegeben werden darf. (Lancet **265.** 1293–94. 19/12. 1953. Hants, Lymington Hosp.)
KRUSEN. 4611

S. S. Manchanda, *Aureomycin bei Brucellosis.* Bericht über 9 Fälle mit Brucellosis bei positivem Erregernachweis. Nachdem diese vorher schon mit anderen Mitteln behandelt worden waren, Therapie mit *Aureomycin* (I; LEDERLE) in verschied. Dosierung, in der Mehrzahl der Fälle 2 g/Tag, Gesamtdosis 12–30,5 g. Gutes Ansprechen auf I; Fieberdauer nach Beginn der I-Therapie 3–8 Tage. Über die Häufigkeit der Rückfälle liegen wegen der Kürze der Beobachtungszeit keine sicheren Angaben vor. (Indian med. Gaz. **88.** 256–62. Mai 1953. Amritsar, V. J. Hosp.) DOSSMANN. 4611

Jessie L. Sharp, *Das Wachstum von Candida albicans während antibiotischer Therapie.* Bericht über Prüfung der Häufigkeit des Auftretens von Candida albicans in a) Rachen-, b) Sputum-, c) Rectumabstrichen bei 174 Fällen mit Pneumonie vor, während u. nach Therapie mit *Terramycin* (**I**) oder *Sulfadiazin* (**II**). In der **I**-Gruppe nach 5tägiger Kur mit im Mittel 14,2 g **I** Zunahme des %-Satzes von Candida albicans in a) von 16 auf 42, b) 32 auf 61, c) 0 auf 59. In der **II**-Gruppe keine Zunahme des Erregers während der **II**-Kur, aber 2—4 Tage danach stieg der %-Satz bei b) von 30 auf 49; bei c) von 5 auf 20. Monoliasissymptome wurden nicht beobachtet. (Lancet **266.** 390—92. 20/2. 1954. Glasgow, Univ. of Glasgow, Dep. of Infections Diseases u. Knightswood Hosp.) DOSSMANN. 4611

William G. Anlyan, Deryl Hart, Nicholas G. Georgiade und **Mary A. Poston,** *Intestinale Antisepsis mit Oxytetracycline (Terramycin) und Neomycin. Eine vergleichende Untersuchung.* Von 51 Patienten mit unkompliziertem Colon- u. Rectumtumor erhielten 22 6stündlich 500 mg *Terramycin* (**I**; PFIZER & CO. INC., Brooklyn) u. 7 Fälle 750 mg **I** über 48—54 Std., 10 weitere Fälle wurden mit *Neomycin* (**II**; COMMERCIAL SOLVENTS CORP., New York) 4stündlich 1 g 72 Std. u. 12 mit 2 g **II** 48 Std. behandelt. Die bakteriolog. Unterss. ergaben durch **I** zwar Reduzierung der Bakterien, aber keine Änderung des Gesamtspektr. der Darmflora. Dagegen wird durch **II** in beiden Dosierungen das Wachstum der gesamten intestinalen Flora völlig gehemmt, so daß **II** als das Mittel der Wahl bei intestinaler Antisepsis anzusehen ist. Nebenwirkungen sind bei **I** u. **II** die gleichen. (A. M. A. Arch. Surgery **68.** 28—32. Jan. 1954. Durham, N. C., Duke Univ., School of Med., Dep. of Surgery and Bacter.) DOSSMANN. 4611

Silvio Markees, *Stoffwechselgrundlagen und Indikationsgebiete für eine Therapie mit Cocarboxylase.* Nach Besprechung des Stoffwechsels u. der Wirkungsweise der *Brenztraubensäure* u. *Cocarboxylase* (**I**) geht Vf. auf die therapeut. Verwendungsmöglichkeiten der **I** (*Berolase* „ROCHE") bes. bei diabet. Coma, sowie hepat. u. uräm. Coma, Herzdekompensationen, Fieber, Infektionen, Toxikosen, acetonäm. Erbrechen u. spast. Formen der multiplen Sklerose ein. Zur Best. der *Brenztraubensäure* als *2.4-Dinitrophenylhydrazon* in alkal. Lsg. mittels direkter Colorimetrie sollen genügend sichere Werte ermittelt werden. (Dtsch. med. Wschr. **78.** 971—75. 3/7. 1953. Basel, F. Hoffmann-La Roche & Co. Akt.-Ges., Med. Labor.) BROSEMANN. 4614

Fritz Lasch, *Brenztraubensäure und Cocarboxylase.* Routinemäßige Brenztraubensäurebestimmungen in Blut nach MARKEES (C. **1954.** 2644), modifiziert nach WU, ergaben bei Infektionskrankheiten u. internen Krankheiten in vielen Fällen eine Erhöhung über 1 mg%, wobei der Grad der Erhöhung oft einen Rückschluß auf die Schwere der Erkrankung zuließ. Bei manchen cerebralen Erkrankungen waren die Werte isoliert im Liquor cerebrospinalis über 1 mg% erhöht. Eine Therapie mit Cocarboxylase (*Berolase* ROCHE; 3—5 mal täglich 50—100 mg intravenös) brachte in vielen Fällen schnelle Besserung. (Dtsch. med. Wschr. **78.** 975—86. 3/7. 1953. Villach, Landeskrankenhaus.) BROSEMANN. 4614

Roberto Ferrero und **Sergio Abeatici,** *Experimentelle Untersuchungen über die Anwendung von Hyaluronidase zur Prophylaxe peritonealer Adhäsionen.* Bei Kaninchen konnten postoperative Adhäsionen im Peritonealraum durch intraperitoneale Injektion von 125 E. *Hyaluronidase* verhindert werden. Die Meth. ist bei bereits vorhandenen Defekten des Peritoneums kontraindiziert. Klin. Verss. stehen noch aus. (Arch. Scienze med. **94** (**77**). 28—41. Jan. 1953. Turin, Univ., Ist. Clin. Chir. e Terap. Chir.) SPEYER. 4614

A. Pines, *Streptokinase und Streptodornase bei der Behandlung des infizierten Sembs-Zwischenraumes.* Klin. Bericht über Anwendung von *Streptokinase*- u. *Streptodornase* in Verbindung mit Antibioticis. (Tubercle **35.** 72—75. März 1954. Harefield Hosp.) BRATFISCH. 4614

J. Depaulis und **G. Deplace,** *Verwendung der Streptokinase bei den extrapleuralen blutigen Ergüssen.* Vff. berichten über Herst. der *Streptokinase* (**SK**), über ihre physikal., chem. u. biol. Eigg. u. über ihren Wirkungsmechanismus. Sie unterstreichen bes., daß **SK** nur ein physiol. Phänomen beschleunigt. An früh auftretenden Nebenwirkungen wurden ein pseudogrippales Syndrom, Arthralgien, Nausea u. Erbrechen, Urticaria, Thoraxschmerzen, Hämoptoe u. Dyspnoe u. an Spätnebenwrkg. Purpura beobachtet. Kontraindikationen: Schock, Dyspnoiker u. Kranke mit eingeschränkter Atemfunktion. Bei curativer Anwendung werden hohe Dosen gegeben, präventiv werden kleine Dosen vorgezogen. Der Zeitpunkt der Anwendung, die Wege u. die Zahl der Injektionen werden verschieden angegeben. (J. Méd. Bordeaux Sud-Ouest **130.** 1263—74. Nov. 1953.) K. BÖHM. 4614

E. Weiner, *Zur Pyriferbehandlung dystrophischer Säuglinge.* Bei Säuglingsdystrophie zeigt sich nach 3—4 Pyriferinjektionen in Abständen von 3 Tagen eine Besserung der Trinklust, ein deutlicher Gewichtsanstieg u. ein allg. Aufblüehn. Nebenerscheinungen traten nicht auf. (Therap. d. Gegenwart **91.** 420—22. Nov. 1952. Konstanz, Städt. Kinderkrankenhaus.) KERSTEIN. 4616

Saul A. Schwartz und **Hans G. Bauer,** *Eine vorläufige Untersuchung über die therapeutische Wirkung und die Toxizität eines Anticholinergicums (3-Diäthylamino-1-cyclohexyl-1-phenyl-1-äthojodids).* Vff. untersuchten die therapeut. Wrkg. u. Toxizität von *3-Diäthylamino-1-cyclohexyl-1-phenyl-1-äthojodid* = *Pathilon* (I), das sie 66 Patienten (51 Magenkranken u. 15 anderen Kranken) in Dosen von 30—375 mg für Perioden von 1—12 Wochen gaben. 20 Magenkranke reagierten sehr gut, 18 mäßig u. 13 zeigten keine Besserung. Nebenwrkg. (10 von 66 Fällen) bei höherer Dosierung: Trockenheit im Mund, Hals u. Zunge. Für Hunde (3 Monate Versuchsdauer) u. Mäuse (1 Monat Versuchsdauer) war I nur relativ wenig tox., auch die akute Toxizität war gering. (Rev. Gastroenterology **20.** 913—16. Dez. 1953. New York.) K. BÖHM. 4620

H. Solms, *Lysergsäureäthylamid (LAE), eine neues, stark sedativ wirkendes Psychoticum aus dem Mutterkorn. Vorläufige Mitteilung. Lysergsäureäthylamid* (LAE) ist hinsichtlich seiner sedativen Wrkg. neuartig. Subcutane Gaben von 0,5—0,75 mg erzeugen beim Gesunden einen schizophrenieartigen Zustand von Adynamie, Indifferenz u. Willenslähmung mit Depersonalisationsphänomenen ohne Schlaf, bei Schizophrenen aber eine Dämpfung der Erregungszustände. (Schweiz. med. Wschr. **83.** 356—60. 11/4. 1953.) v. GIZYCKI. 4622

V. Lodi und **P. Rovesti,** *Untersuchungen über die lokale Antihistaminwirkung einiger neuer synthetischer Produkte.* Besprechung der therapeut. u. kosmet. Wrkg. an der Haut wirkender Antiallergica. Es wurden untersucht: *Fargan* = *N-[2'-Dimethylaminopropyl]-phenothiazin, Antipar* = *N-[2'-Diäthylaminoäthyl]-phenothiazin, Nr. 3015* = *N-[2'-Dimethylaminoäthyl]-phenothiazin, Neoantergan* u. Zubereitungen dieser Verbb. mit Carbowax 4000, Polyäthylenglykol u. Cetylalkohol. (Riv. ital. Essenze, Profumi, Piante officin., Olii veget., Saponi **35.** 611—15. 15/12. 1953.) P. G. SCHEURLEN. 4625

H. O. Johne und **I. Grenz,** *Neuere klinische und experimentelle Erfahrungen bei der Juckreizbekämpfung.* Bericht über Verss. mit einem neuartigen Mg–Ca-Glykokoll-Komplex, *Centramin „Bastian"* (I; CHEM. TECHN. GMBH., München-Pasing), der sich bei der Behandlung des Juckreizes bei 230 Patienten außerordentlich günstig bewährt hat (Dosierung: rasche intravenöse Injektion von 5—10 cm^3). I bewirkt eine deutliche Herabminderung der Histaminreaktion. (Z. Haut- u. Geschlechtskrankh. **16.** 105—09. 15/2. 1954. Erlangen, Univ., Hautklinik.) R. KÖNIG. 4625

H. Friderich und **K. F. Rasp,** *Beitrag zur Behandlung der unspezifischen Urethritiden.* Bericht über die Behandlung von 37 Kranken, denen *Nilhistin* (I; Kombinationspräp. aus *Privin* u. *Cibazol*; Dosis: 8 Dragées/Tag) gegeben wurde. I beseitigt Stauungszustände u. ödematöse Zustände im Bereich der Endstrombahn. 29 Patienten waren nach einjähriger Behandlung rezidivfrei. (Z. Haut- u. Geschlechtskrankh. **16.** 114—16. 15/2. 1954. Tübingen, Univ., Hautklinik.) RODERICH KÖNIG. 4625

Stanley L. Block, *Wirkung von Mephenesin auf Angstzustände.* 11 psychiatr. Patienten mit Angstzuständen erhielten 1 Woche lang 4mal täglich 1,0 bzw. 1,5 g *Mephenesin* (*Tolserol*, E. R. SQUIBB & SONS) ohne günstige Beeinflussung. Bei 2 mußte wegen Durchfällen u. Erbrechen die Behandlung abgesetzt werden. (A. M. A. Arch. Neurol. Psychiatry **69.** 727—31. Juni 1953. Norfolk, Va., U. S. Public Health Service Hosp.) BROSEMANN. 4627

Jean Fabre und **Adrien Falbriard,** *Pyrazolödeme; Vergleichsuntersuchung der antidiuretischen Wirkung von Butazolidin und Pyramidon.* Da nach Vff. die antidiuret. Wrkg. von *Irgapyrin* (I), bestehend zu gleichen Teilen aus *Butazolidin* (II) u. *Pyramidon* (III) auf der II-Komponente beruht, wurden zur Klärung dieser Frage bei 17 Kranken mit II u. III Parallelverss. vorgenommen, Untersucht wurde der Einfl. von II u. III auf Diurese, Körpergewicht, Chlorurie, Glomerulofiltrat, Tubenresorption u. polynucleäre Eosinophile sowie Hemmwrkg. von I auf Hg-Diuretica. Die Konsequenzen werden besprochen. Es ergab sich bei II-Verabreichung eine ausgeprägtere Wasserretention als bei III; die II-Wrkg. beruht auf Steigerung der Tubenresorption. (Semaine Hôpitaux Paris **30.** 444—47. 30/1. 1954.) DOSSMANN. 4627

Ja. A. Ssigidin, *Über das schmerzstillende Präparat „Promedol". Promedol* (subcutan 1mal täglich 1—2 ml der 1- bzw. 2%ig. Lsg.) erwies sich an 36 Patienten mit verschied. Schmerzzuständen als ein gut wirksames Analgeticum. Die Nebenwirkungen (Schwindelgefühl, Übelkeit, Schwitzen, Puls- u. Blutdruckveränderungen) sind vor-

übergehender Natur u. nehmen bei wiederholten Injektionen ab. Gewöhnung u. Sucht wurden nicht beobachtet. Die Verabreichung von je 1 Tablette (25 mg) 3mal täglich war ohne wesentliche analget. Wirkung. (Советская Медицина [Sowjet-Med.] **17.** Nr. 10. 25—27. Okt. 1953. Moskau, 2. Med. Stalin-Inst., Therapeut. Fak.-Klinik.)
RENTZ. 4627

N. W. Kobosewa, *Amytalnatrium als Mittel zur Erhöhung der narkotisierenden Wirkung von Pentothalnatrium.* Die narkotisierende Wrkg. von *Pentothal-Na* (bis zu 2 g in Form der 2%ig. Lsg. intravenös) wird, wie an 57 Patientinnen bei verschied. operativen Eingriffen festgestellt werden konnte, durch *Amytal-Na* (0,2—0,4 g per Klysma 40Min. vor Beginn der Operation) verstärkt; der Schlaf tritt wesentlich früher ein. Es kam dabei weder zu Asphyxie noch zu Hypersalivation. (Советская Медицина [Sowjet-Med.] **17.** Nr. 10. 27—28. Okt. 1953. Inst. für Geburtshilfe u. Gynäkol. der Akad. der Med. Wiss. der UdSSR, Abt. für operative Behandlungsmeth.) RENTZ. 4627

Quintino Mingola, *Chemische Konstitution und Dämpfung des Zentralnervensystems.* Übersicht über die zentralnervös wirksamen Sedativa u. Hypnotica u. deren chem. Konst. sowie Anwendungsform. Alkohole: *2-Methyl-2-butanol*; *Dormison* [*3-Methylpentin-*(*4*)-*ol-*(*3*)]; *2-Methylpropanol-*(*2*); *3-Pentanol.* Aldehyde u. Ketone: *Chloralhydrat, Acetophenon.* Sulfone: *Sulfonal, Trional, Tetronal.* Urethane: *Hedonal, Voluntal, Aleudrin, Aponal.* Amide: *Novonal, Declonal, Neodorm, Neuronal.* Ureide: *Bromural, Adalin, Sedormid, Saridon.* Barbitursäurederivv.: *Veronal, Luminal, Phenobarbital, Evipan, Pentothal, Nirvanol, Persedon, Valamin.* Antikonvulsiv wirksame Mittel: *Rutonal* (*5-Methyl-5-phenylbarbitursäure*), *Prominal, Mebaral, N-Methyl-5-äthyl-5-phenylbarbitursäure*; *5.5-Diphenylhydantoin* (*Phenitoin, Hydantal*); *3.5.5-Trimethykoxazolidindion-*[*2.4*] (*Trimetadion*), *3.5-Dimethyl-5-äthyloxyzolidindion-*[*2.4*] (*Paradion*). *Phenyläthylacetylharnstoff* (*Phenuron*), *N-Benzyl-β-chloropropionamid* (*Hibicon*), *N-Methyl-α-phenylsuccinimid* (*Milontin*), *5-Phenyl-5-äthylhexahydropyrimidindion-*(*4.6*). (Arquivos Biologia **37.** 103—10. Nov./Dez. 1953.)
P. G. SCHEURLEN. 4627

Robert Turell, *Lang wirkende Stoffe zur Vermeidung des nach Hämorrhoidektomie auftretenden Schmerzes: Ein negativer Bericht.* Die Depotinjektion von *d-Tubocurarin* vermag den nach Hämorrhoidektomie auftretenden Schmerz nicht völlig zu beherrschen. Es droht dabei auch die Gefahr der Atemlähmung. Auch die perianale Änästhesie bietet keine Vorteile. Es werden allg. sedativ oder analget. wirkende Stoffe empfohlen. (Surgery **35.** 243—48. Febr. 1954. New York.) SCHELER. 4628

K. Hutschenreuter und **H. Matthes,** *Erfahrungen mit dem kurzwirkenden Muskelrelaxans: Bis-*[*cholin*]*-succinatdichloriddihydrat* (*HL 8606*). Bericht über klin. Anwendung von *Succicuran* (**I**; *Bernsteinsäure-bis-*[*cholinesterchloridhydrat*]; VEB DEUTSCHE HYDRIERWERKE, Rodleben), das chem. ident. ist mit Lysthenon, bei über 400 Elektrochockbehandlungen u. bei über 400 chirurg. Eingriffen. Keine Nebenwirkungen. Bei 10 Patienten trat 30 Sek. nach Injektion ein sich rasch am Stamm ausbreitendes makulöses Exanthem auf, das innerhalb 3 Min. verschwunden war. Überempfindlichkeit gegen **I** (vgl. KICKINGER, C. **1953.** 4079) wurde nicht beobachtet. (Dtsch. Gesundheitswes. **9.** 325—27. 18/3. 1954. Jena, Friedrich-Schiller-Univ., Chirurg. Klinik.)
H. WUNDERLICH. 4628

R. F. Ohlke und **G. K. Hoe,** *Suxamethoniumbromid: Brevidil-M, ein kurz wirkendes Relaxans. Bis-*[*2-dimethylaminoäthyl*]*-succinat-bis-methobromid* (**I**), F. 225°, wurde in über 500 Fällen zur Intubation oder in Form des Dauertropfes für länger andauernde Eingriffe angewendet. Zur Intubation wird **I** unmittelbar vor der Injektion mit alkal. Lsgg. von Pentothal-Natrium gemischt. Solche Lsgg. verlieren innerhalb 5 Min. ihre Aktivität bis auf 20%. (Cand. med. Assoc. J. **70.** 159—61. Febr. 1954. Montreal, Can.)
H. WUNDERLICH. 4628

Aldo Cunego, *Über den Phenylacetylharnstoff in der Behandlung der Epilepsie.* An Hand einer Kasuistik von 23 Fällen mit Epilepsie wird die günstige Wrkg. des *Phenylacetylharnstoffs* besprochen. Keine Unverträglichkeits-Rkk. in Form von Exanthemen, wie solche nach der bisherigen Behandlung mit Hydantoin gelegentlich auftraten. Die Wrkg. auf die begleitenden psych. Störungen ist gut. (Minerva med. [Torino] **45.** I. 379—83. 7/2. 1954. Verona, Ospedale Psichiatrico Provinciale.)
P. G. SCHEURLEN. 4628

Henry I. Russek, Karl F. Urbach, Alexander A. Doerner und **Burton L. Zohman,** *Wahl der Coronardilatatoren in der klinischen Praxis. Wirkungsbestimmung durch Elektrocardiogrammteste.* Insgesamt 52 Patienten mit Angina pectoris erhielten folgende Präpp. (1. Zahl = Anzahl der Patienten, 2. Zahl = Anzahl der gut beeinflußten):

Glyceryltrinitrat 52; 52, *Papaverin* 36; 14, *A*. 12; 0, *Pentaerythrittetranitrat* (*Peritrate*) 12; 8, *Aminophyllin* 14; 1, *Roniacol* (*β-Pyridylcarbinoltartrat*) 8; 0, *Visammin* (*Khellin*) 7; 0, *Octylnitrit* 15; 3, *Tolazoline* (*Priscoline*)-*HCl* 6; 0, *Tetraäthylammoniumchlorid* 8; 0, *Dioyline* (*Paverit*) 10, 2, *Heparin* 18; 0, *Bis-oxycumarin* (*Dicumarol*) 6; 0, *Morphin* 6; 0. Bei *Papaverin* u. *Aminophyllin* schienen die Erfolge besser bei intravenöser Anwendung. (J. Amer. med. Assoc. **153**. 207—11. 19/9. 1953. Staten Island, N. Y., U. S. Public Health Service Hosp., Dep. of Med.) BROSEMANN. 4630

L. I. Jegorowa und **B. W. Ljutrownik,** *Beobachtungen über die Verwendung von Pelentan bei Herzgefäßerkrankungen.* Das Antikoagulans *Pelentan* (I) wurde in Verss. an 80 Patienten mit arteriosklerot. Cardiosklerose, Coronarsklerose, Coronarthrombose, akuter Ischämie u. Myocardinfarkt als gut wirksam befunden. Dosierung: 0,15 g 2mal täglich bis zur Erniedrigung des Prothrombinspiegels auf 55—65%. Beim Myocardinfarkt ist I im akuten u. subakuten Stadium auch prophylakt. wirksam, um stromboembol. Komplikationen zu vermeiden. Während der I-Behandlung sind Prothrombinbest. u. Harnanalysen (wegen etwaiger Mikrohämaturie) vorzunehmen. Bei Patienten mit ausgesprochener Hypercholesterinämie ist mit einem starken Absinken des Prothrombins zu rechnen. I ist 4mal weniger akt. als Dicumarin. Seine Wrkg. setzt rascher ein. Der Prothrombinspiegel nimmt nach 2—3 Std. ab u. kehrt innerhalb 48 Std. zur Norm zurück. Bei Überdosierung ist *Vitamin K* anzuwenden. Die kumulierende Wrkg. ist schwach. (Советская Медицина [Sowjet-Med.] **17**. Nr. 10. 16—18. Okt. 1953.) RENTZ. 4630

B. P. Kuschelewski, O. I. Jassakowa und **G. M. Jefimowa,** *Die Behandlung des Myocardinfarkts mit Dicumarin.* 2. Mitt. (1. vgl. Клиническая Медицина [Klin. Med.] **28** (**31**). [1950.] Nr. 10.20.) Die Behandlung des Myocardinfarkts hat mit 0,1 g *Dicumarin* (I) 3mal täglich zu beginnen. Am 2. Tag werden 0,1 g I 2mal u. am 3. Tag 0,05 g I 2mal gegeben. Bei der Mehrzahl der Patienten läßt sich auf diese Weise, ohne daß es zu Komplikationen kommt, eine Senkung des Prothrombinspiegels um etwa die Hälfte erzielen. Die nachfolgenden I-Dosen (0,05—0,1 g täglich) sind der Individualität des Patienten anzupassen. Dauer der Behandlung 4 Wochen. Von 100 mit I behandelten Patienten starben 3, von den restlichen 97 wurden 71 wieder arbeitsfähig. Von 100 nicht mit I, sondern nach den üblichen Methoden behandelten Patienten starben in der gleichen Zeit 27 u. wurden nur 17 wieder arbeitsfähig. (Советская Медицина [Sowjet-Med.] **17**. Nr. 10. 10—15. Okt. 1953. Swerdlowsk, Med. Inst., Therapeut. Fak.-Klinik, u. 1. Städt. Klin. Krankenhaus.) RENTZ. 4630

Je. N. Ssolomina, *Zur Frage der Strophanthusbehandlung von Patienten mit Herzinsuffizienz.* Vf. empfiehlt die Kombination von *Strophanthin* (I) mit 10—20 ml 40%ig. Glucose intravenös sowohl bei akuter als auch chron. Herzinsuffizienz, vor allem, wenn Digitalis nicht indiziert bzw. ungenügend wirksam ist. Die I-Dosierung ist individuell, jedoch sind hohe Dosen zu vermeiden. Das Auftreten tox. Symptome ist keine absol. Kontraindikation für I. Man läßt eine Pause eintreten u. kann danach die I-Therapie wieder fortsetzen. Zur Aufrechterhaltung der Herztätigkeit ist die I-Therapie notfalls monate- u. jahrelang durchzuführen (Vf. berichtet u. a. von einem Patienten, der innerhalb von 3 Jahren 449 I-Injektionen erhalten hatte). (Советская Медицина [Sowjet-Med.] **17**. Nr. 10. 19—21. Okt. 1953. Moskau, 1. Med. Inst., San.-Hyg. Fak., Hosp., u. Propäd. Therapeut. Klin.) RENTZ. 4630

D. G. Kolessnikow, Ja. I. Chadshai, M. I. Schubow, I. G. Sos und **A. P. Prokopenko,** *Das neue einheimische Präparat „Khellin“.* Die letale Dosis von sowjet. *Khellin* (I) beträgt für Mäuse u. Kaninchen 250—300 mg/kg per os bzw. 50—60 mg/kg parenteral. In Verss. an isolierten Organen führt I zu Venenerweiterung u. Erschlaffung der Bronchialmuskulatur. Beim experimentellen Bronchialasthma des Meerschweinchens wird der Anfall durch prophylakt. I-Gaben verhindert. Bei Patienten mit chron. Coronarinsuffizienz ist I in Dosen von 20—30 mg 2—3mal täglich per os therapeut. wirksam. Asthmaanfälle werden durch 100 mg I (in 50%ig. Na-Benzoat intravenös) kupiert bzw. gemildert. (Советская Медицина [Sowjet-Med.] **17**. Nr. 10. 22—25. Okt. 1953. Charkow, Wiss. Chem.-Pharmazeut. Forschungsinst., u. Inst. für Ärztefortbldg., 1. Therapeut. Lehrstuhl.) RENTZ. 4630

Hans Pichler und **Sigbert Zollner,** *Die intravenöse Cedilanidtherapie kreislaufinsuffizienter Flimmertachycardien.* Tachyarrhythm. Cardiopathien vorwiegend arteriosklerot. Genese wurden mit *Cedilanid* (I; *Lanatosid C*) intravenös behandelt. Nach insgesamt 3 Ampullen I (1,2 mg) kam es in den meisten Fällen (nur vereinzelt waren 4 Ampullen nötig) innerhalb 12—24—48 Std. zur Abnahme der Frequenz auf 70 bis 80/Min. u. Schwinden des Pulsdefizites. Nach Erreichen der Sättigungsdosis (2—3 mg I innerhalb 2—3 Tagen) wurde auf perorale Medikation von I oder *Digilanid* (SANDOZ) umgestellt. Ernste Nebenwirkungen traten kaum auf. (Wiener med. Wschr. **103.** 663—66. 5/9. 1953. Klagenfurt, Landeskrankenhaus, II. Med. Abt.) BROSEMANN. 4630

E. Gisinger und **F. Kaindl**, *Klinische Erfahrungen mit Theophyllinglycinat und Mannithexanitrat.* Der nicht fixierte Hochdruck wurde durch *Na-Theophyllinglycinat* (I; ½—2 Ampullen zu 0,45 g täglich) gesenkt. Es wurde besser als Theophyllin-Äthylendiamin vertragen. Per os wirkte I gut auf Bronchospasmus u. Diurese (3mal täglich 1 Tablette zu 0,2 g). Wechselnder Erfolg bei Stenocardien durch I, sehr guter durch *Mannithexanitrat* (II) ohne Nebenwirkungen 3mal 1 Tablette zu 0,03 g täglich. *Antisklerol forte* (AESCH, Wien XII; Zus.: I 0,15 g, II 0,13 g, Phenyläthylbarbitursäure 0,2 g; 3—5mal 1 oder 3mal 2 Tabletten täglich) senkte den Blutdruck nur vorübergehend, beeinflußte aber die subjektiven Beschwerden günstig u. wurde meist gut vertragen. (Wiener med.Wschr. **103.** 673—76. 5/9. 1953. Wien, Univ., II. Med. Klinik.) BROSEMANN. 4630

E. Hiller, *Klinische und oscillographische Untersuchungen über die Wirksamkeit eines neuen wasserlöslichen Theophyllinderivates (DHT).* Das gut wasserlösl. *Dioxypropyltheophyllin* (I) (*DHT*, SIEGFRIED) wurde vom Vf. an einem großen Krankengut untersucht. I enthält als Zusatz Mg-α-*Oxybenzylphosphin*, das assimilationsfördernde Stoffwechselwrkg. hat u. die Glykogenese steigern soll. Die Dosierung betrug 0,2 bis 0,3 g intravenös, teils intramuskulär. Alle Injektionen waren reizlos verträglich, der Blutdruck schwankte nur in geringen Grenzen, pathol. erhöhter Blutdruck wurde gesenkt bei gleichzeitiger Erniedrigung der Pulsfrequenz. Es tritt eine Entlastung des rechten Herzens ein, es findet eine Blutverteilungskorrektur statt. Auch im EKG zeigt sich die günstige Wrkg. auf die Herzmuskeldurchblutung. Weiterhin zeigt I gute Erfolge bei Spasmen der Hirngefäße u. bei apoplekt. Erscheinungen. (Dtsch. med. Wschr. **78.** 17—19. 2/1. 1953. München, Univ., 1. Med. Klinik.) L. BERGER. 4630

André Quevauviller und **Hélène Morin**, *Pharmakometrie der wichtigsten löslichen Theophyllinderivate.* Es wurden die pharmakol. Eigg. von *Theophyllin* (I), vom *Diäthylendiaminsalz* der *Theophyllin-7-essigsäure* (II), *7-[2'-Oxyäthyl]-* (III), *7-[2'.3' Dioxypropyl]-*(IV), *Chlorhydrat* von *7-[2'-Diäthylaminoäthyl]-* (V), *Chlorhydrat* von *7-[2'-Morpholinoäthyl]-* (VI) u. *7-[2'-Piperidinoäthyl]-theophyllin* (VII) untersucht. Toxizität (DL_{50} g/kg) bei der Maus: **VII** (0,12), **I** (0,18), **V** (0,29), **III** (0,75), **VI** (1,00), **II** (1,10) u. **IV** (1,50). Analept. Wrkg. nach Injektion von Morphinhydrochlorid beim Kaninchen in fallender Reihenfolge: **VII, V, I, II, VI, III, IV.** Krampferregende Wrkg. in fallender Reihenfolge: **VII, V, I, II, VI, III, IV.** Cardioton. Wrkg. in fallender Reihenfolge: **I, V, VII, III, II, IV, VI.** Diuret. Wrkg. in fallender Reihenfolge: **II, III, I, IV, V, VI, VII.** Spasmolyt. Wrkg. in fallender Reihenfolge: **VII, V, I, VI, III, IV, II.** (Presse méd. **61.** 1480—81. 14/11. 1953. Paris, Fac. de Pharmacie, Inst. de Pharmacotechnie et de Pharmakodynamie.) v. GIZYCKI. 4630

P. C. Feraboli, *Erste Ergebnisse der Hypertoniebehandlung mit 1-Hydrazinophthalazin.* Vf. untersuchte die blutdrucksenkende Wrkg. des *1-Hydrazinophthalazins* (I; *Apresolin*, CIBA) bei 36 Hypertonikern verschied. Genese. Nur in 16% sollen Unverträglichkeitserscheinungen aufgetreten sein. Die Abnahme des systol. Druckes betrug im Mittel 29 mm Hg, der diastol. Druck soll um 11 mm Hg abgenommen haben. Gute Wrkg. auf die Nebenerscheinungen der Hypertonie, wie Kopfschmerz, Schwindel, Schlaflosigkeit. Angeblich Beseitigung der Albuminurie bei maligner Hypertonie. (Minerva med. [Torino] **45.** I. 413—16. 10/2. 1954. Torino, Univ., Ist. di Clin. Med. Generale.) P. G. SCHEURLEN. 4630

R. E. Fremont, N. M. Luger, S. N. Surks und **A. Kleinman**, *Behandlung von chirurgischem Schock mit Arterenol.* Bericht über Behandlung von 22 chirurg. u. 10 neurolog. Schockfällen mit *Arterenol* = *1-Norepinephrin* = *Levophed* (I). I-Verabreichung als Dauerinfusion von 8 mg I in 1000 ml isoton. NaCl-Lsg. oder in dest. W. mit 5% Dextrose. Steigerung der I-Konz. auf 18 bzw. 32 mg I ist zulässig. Wesentlich ist Beobachtung von Puls u. Blutdruck in 2—3 Min. Abstand während der Infusion bis zur Normalisierung. Der große Wert von I bei Bauchchirurgie, operativem u. postoperativem sowie hämorrhag. Schock wird betont. (A. M. A. Arch. Surgery **68.** 44—56. Jan. 1954. Brooklyn, N. Y., Halloran and Brooklyn Veterans Admin. Hosp.) DOSSMANN. 4630

Poul Bechgaard, H. O. Bang, A. Levin Nielsen und **E. S. Tobiassen**, *Magengeschwürbehandlung mit Banthin.* 34 Patienten mit Magengeschwüren wurden mit *Banthin* behandelt. Nach 3 Monaten waren $^2/_3$ schmerzfrei, u. bei $^1/_3$ waren die Ulcera verschwunden. Nach 1 Jahr war noch $^1/_3$ schmerzfrei, u. bei $^1/_5$ waren die Ulcera nicht nachweisbar. Daraus schließen Vff., daß Banthin lediglich ein gutes zusätzliches Mittel für die Magenulcusbehandlung wäre u. nur 3 Monate angewandt werden sollte, da eine weitere Anwendung wirkungslos sei. (Ugeskr. Laeger **115.** 553—56. 9/4. 1953. Kopenhagen, Åmtskrankenhaus Århus, Gemeindehosp.) B. KRAFT. 4645

H. O. Bang, A. Levin Nielsen und **E. S. Tobiassen,** *Banthin- und Placebobehandlung von Magengeschwüren.* 68 Patienten mit Magen–Darm-Ulcus wurden mit *Banthin* (I) (50 mg 3mal täglich) u. 66 mit Placebo behandelt. Im ersten Falle waren nach 3 Monaten 65%, im zweiten 56% als klin. geheilt anzusehen. Röntgenolog. waren die Zahlen 23 u. 14%. Aus den geringen röntgenolog. belegten Heilerfolgen schließen Vff., daß Banthin für sich allein nicht in der Lage ist, Ulcus zu heilen. Sie betrachten es nur als Adjuvans zu anderen Therapien. (Ugeskr. Laeger **115.** 556—58. 9/4. 1953. Kopenhagen, Städt. Hosp.) KRAFT. 4645

H. Broicher, *Untersuchungen über die therapeutische Wirksamkeit von Succus liquiritiae bei der Ulcuskrankheit und der Gastritis.* Bericht über 25 Ulcusfälle, die über 21—30 Tage mit *Succus liquiritiae* = *Malago* (I; A. DIEDENHOFEN, Bad Godesberg), 30—40 g/Tag, behandelt wurden. Nur in 3 Fällen deutliche Besserung, keine Abkürzung der Behandlungszeit durch I. (Med. Klin. **49.** 258—60. 12/2. 1954. Bonn, Univ., Med. Klinik.) DOSSMANN. 4645

P. R. C. Evans, *Wert einer strengen Diät, von Arzneimitteln und „Robaden" beim peptischen Geschwür.* Es wird über klin. Verss. an 111 Patienten mit pept. Geschwür berichtet. Die Kranken wurden in 4 Gruppen eingeteilt, u. zwar in solche mit strenger Diät, mit verschied. Arzneimitteln (Phenobarbiton, *l*-Hyoscyamin, Amytal-Na) allein u. unter Zusatz von „*Robaden*" (I), einem eiweißfreien Extrakt aus dem Magen u. Dünndarm frischgeschlachteter junger Tiere, ferner mit einer Heilungsdiät mit u. ohne I. Innerhalb der 4 Reihen ergaben sich keine wesentlichen Unterschiede, vor allem konnte in der 5 Monate dauernden Behandlungszeit kein besonderer Effekt des I beobachtet werden. (Brit. med. J. **1954.** I. 612—16. 13/3. Wrexham, Group of Hosp.) R. KÖNIG. 4645

Akbar Ali, *Behandlung eines Falles mit amöbischem Leberabsceß mit Resochin (Chloroquine).* Besprechung eines moribunden Falles; bei 2monatigem Klinikaufenthalt wurden während oraler *Resochin* = *Chloroquine* (I)-Therapie 5 Leberpunktionen durchgeführt; I-Verabreichung insgesamt 200 Tabletten = 50 g I, wodurch neben unterstützenden Maßnahmen, wie Verabreichung von Glucose, Vitamin C u. B-Komplex, Leberextrakten, Nicotinsäure u. Fe, völlige Heilung erzielt werden konnte. Die Vorteile von I gegenüber *Emetin* werden herausgestellt. (Indian med. Gaz. **88.** 275—76. Mai 1953. Indore, Madhya Bharat, King Edward Hosp.) DOSSMANN. 4649

Je. W. Petrowa, *Der Einfluß von Thiargen auf den Organismus bei der Behandlung der Rinderbabesiose.* Behandelt wurden mit *Thiargen* (I) 25 mit Babesiose infizierte Rinder im Alter von 3—12 Jahren. Sie erhielten 0,01 g I pro kg/Körpergewicht. 24 Tiere genasen. Bei der Kuh, die nicht mehr gerettet werden konnte, setzte die Behandlung erst am 4. Tage ein. Besserung trat ca. 12 Std. nach Beginn der Behandlung ein. Der Urin hellte sich bei 80% der behandelten Tiere innerhalb von 20—24 Std. auf. Die Temp. ging zurück. Der Puls blieb noch 2—3 Tage lang beschleunigt. Die Parasiten schwanden aus dem peripheren Blut 24—30 Std. nach Beginn der Behandlung. Die Phagocytose verstärkte sich unbedeutend. Die Leukopenie besserte sich zwar, doch noch nach 3—4 Tagen war die Norm nicht erreicht. Die Monocytose blieb längere Zeit bestehen. Eine Kuh wurde 3 Tage nach dem Kalben behandelt. Das Kälbchen wurde nicht geschädigt. Auch die trächtigen Tiere vertrugen die Behandlung gut. Es wurde weiterhin der Einfl. von I auf die Motorik des Magens bei gesunden Rindern, Pferden u. Hunden geprüft. Die therapeut. Dosen wirkten nur unbedeutend peristaltikbeschleunigend. Bei intramuskulärer Injektion von I traten starke Schwellung der Gewebe u. Muskelnekrosen auf. (Ветеринария [Tierheilkunde] **30.** Nr. 9. 29—30. Sept. 1953. Witebsk, Veterinärinst.) DU MANS. 4649

Ss. A. Woronzow, *Technisches Thiodiphenylamin, ein neues Anthelminthicum bei Hämonchose der Schafe.* Ursachen der Infektion von Schafen mit Hämonchose waren verunreinigte Weiden u. Tränken. Zahlreiche, bes. jüngere Tiere, gingen ein. In dem Magen solcher Tiere fand man 800—9000 Parasiten. Das techn. *Thiodiphenylamin* wurde zunächst im Mehlkleister verabreicht. Doch bedeutete dies einen starken Verbrauch eines Nahrungsmittels. Daher begnügte man sich mit 10%ig. Emulsion, die den Tieren mit einem Magenschlauch verabreicht oder aus Flaschen verfüttert wurde. Nach der Behandlung müssen die Tiere 3 Std. lang hungern. Diese Behandlung erwies sich als voller Erfolg; der allg. Zustand der Schafe besserte sich schlagartig, ihr Ernährungszustand innerhalb von 10—12 Tagen ebenfalls. Parasiten konnten nicht mehr gefunden werden. Es wurden mehr als 150000 Schafe mit I behandelt, ohne daß Vergiftungen auftraten. (Ветеринария [Tierheilkunde] **30.** Nr. 9. 30—31. Sept. 1953. Grosny, Landwirtschaftl. Gebietsverwaltung.) DU MANS. 4649

Heinz Haack, *Ein biologisches Antiasthmaticum in der Sicht der Allgemeinpraxis.* Bei ca. 50 Patienten bewährte sich bei allen Formen des Asthma bronchiale, auch einigen Fällen von Asthma cardiale *Cesrasthman* [Kapseln zu 0,4 g mit Extrakten von Arnica, Cola, Droscra, Ephedra, Grindelia, Guajacum u. Eridictyon (Yerba Santa); JULIUS REDEL, Baden-Baden] als zuverlässiges Antiasthmaticum. (Hippokrates **24**. 602—03. 1953. Elgershausen bei Kassel.) BROSEMANN. 4650

Robert B. Fischer, Joseph C. Muhler und **Carl J. Wust,** *Wirkungen verschiedener Fluorverbindungen auf die Oberflächenstruktur von gepulvertem Zahnschmelz.* Unter den gleichen Versuchsbedingungen wie in der C. **1953**. 6706 referierten Arbeit wurde die Wrkg. mehrerer *F-Verbb.* auf gepulverten Zahnschmelz an Hand von Elektronen- u. Röntgenbeugungsaufnahmen untersucht. *KF* verursacht hauptsächlich an der Oberfläche eine Umbildung der *Apatit-* zur CaF_2-Struktur; die Schnelligkeit dieser Umbildung nimmt zu mit fallendem p_H. Na_2SiF_6 führt eine Umbildung hauptsächlich im Innern der Partikelchen herbei, Na_2PO_3F hat keinen Einfl., auch nicht bei p_H 2. Durch SnF_2 wird die Oberfläche amorph, u. diese amorphe Substanz wird durch Erhitzen wieder kristallin. Diese Änderung ist auf das Zusammenwirken von Sn u. F zurückzuführen, da $SnCl_2$ prakt. keine Veränderung der ursprünglichen Apatitstruktur verursacht. (J. Dental Res. **33**. 50—54. Febr. 1954. Bloomington, Ind., Indiana Univ., Dep. of Chem.) KLESSE. 4655

Joseph C. Muhler, William H. Nebergall und **Harry G. Day,** *Untersuchungen über die Beziehungen zwischen Zinnfluorid und anderen Fluoriden zu der Löslichkeit von Schmelz im sauren Bereich und der Verhütung von experimenteller Zahncaries.* Wss. Lsgg. von *NaF* (p_H 3,7), *NaF* + SnF_2, SnF_2 (frisch zubereitete u. alte Lsgg., p_H 5,5 u. 3,7), $Cu(BF_4)_2$, $NaBF_4$, SnF_2 + $SnCl_2$, $NaSiF_6$, $NaSnF_6$, $Sn(BF_4)_2$, PbF_2, sowie NH_4BF_4, als Trinkwasser gegeben (10 bzw. 30 p.p.m.), hemmen mehr oder weniger deutlich die Entstehung von cariösen Defekten bei der Ratte. NaF-Lsg. bei p_H 6,5 hat keine Hemmwirkung. Die beste Wrkg. (43% Hemmung) zeigt frisch zubereitete SnF_2-Lsg. bei p_H 3,0, wobei am wenigsten F im Skelettsyst. gespeichert wird (vgl. auch C. **1953**. 7341). Mit steigendem p_H der SnF_2-Lsg. steigt auch die Menge des gespeicherten F. Die Hemmwrkg. der F-haltigen Lsgg. gegenüber Caries scheint parallel zu gehen mit der Verringerung der Löslichkeit von gepulvertem Zahnschmelz im sauren Bereich (p_H 2,3—6,5). — Zahlreiche Tabellen u. 18 Literaturstellen. (J. Dental Res. **33**. 33—49. Febr. 1954. Bloomington, Ind., Indiana Univ., Dep. of Chem.) KLESSE. 4655

Daniel S. J. Choy, *Klinische Versuche mit einem neuen plastischen Verband für Verbrennungen und chirurgische Wunden.* Bericht über Erfahrungen mit *Aeroplast* (I), bestehend zu 9,3% aus Polymeren von Oxyvinylchloridacetat u. Fettsäure u. zu 3,1% aus modifiziertem Maleinharzester in einem Äthylacetat–Aceton-Lösungsmittel u. einem F–Cl-KW-stoff als Vehikel. I-Anwendung als Spray oder durch direkte Pinselung der Wunde bei 11 Verbrennungen 1.—3. Grades, 8 Hauttransplantationen u. 31 chirurg. Läsionen. I eignet sich zur Serienbehandlung, Wundheilung wird nicht verzögert, Wunden bleiben steril, Durchsichtigkeit des Verbandes erlaubt Kontrolle des Heilungsvorganges. Aufbringen von I bewirkt kurzzeitiges Brennen wie durch *Merthiolat* oder Alkohol. (A. M. A. Arch. Surgery **68**. 33—43. Jan. 1954. Dayton, O.) DOSSMANN. 4660

Pierre Témime, *Klinische Untersuchungen mit einem neuen fungiciden Benzothiazolderivat bei oberflächlichen Mykosen.* Besprechung der Wrkg. von *Asterol* (I; ROCHE) = *2-Dimethylamino-6-[β-diäthylaminoäthoxy]-benzothiazoldihydrochlorid* als alkoh. Tinktur, Salbe u. Puder bei a) 20 Dermatomykosen, b) 18 Kopftrichophytien, Erreger Trichophyton violaceum in 15, Achorion Schönleinii in 3 Fällen, c) 2 Onychomykosen. a) 2 Versager, 7 Besserungen, 11 Heilungen, b) 15 Versager, die anschließend auf Röntgendepilation ansprachen, 3 Heilungen, c) zweifelhaftes Ergebnis. Trotz der Versager ist nach Vf. I allen anderen fungiciden Präpp. überlegen. Diskussion des Ergebnisses im Hinblick auf die verschied. Erreger. Gute Verträglichkeit bei unbehaarter Haut, bei behaarter Haut war in 11 Fällen vorübergehendes Absetzen von I wegen Ekzembldg. notwendig. (Semaine Hôpitaux Paris **30**. 438—44. 30/1. 1954. Marseille.) DOSSMANN. 4661

Harry Horwich und **Arnold Turtz,** *Experimentelle Bewertung des Hydrosulphosols.* Die Heilung schwerer Hornhautverätzungen unter Behandlung mit *Hydrosulphosol, Glutathion* oder *Cortison* wurde mit der unbehandelter Fälle verglichen. Die Therapie ergab keine Vorteile. (Amer. J. Ophthalmol. [3] **37**. Nr. 2. 239—43. Febr. 1954. New York, N. Y., Univ., Post-Graduate School of Med., Dep. of Ophthalmol.) ZEMKE. 4670

Harro Seyfarth, *Warzenbehandlung mit Varicocid?* Krit. Stellungnahme zu der von TIEGEL angegebenen Meth. der Warzenbehandlung mit *Varicocid* (C. **1952**. 3863). Bericht zweier Komplikationen, bei denen sich infolge krankhafter vegetativer Reaktionsbereitschaft ausgedehnte Nekrosen bildeten u. zum Teil Gliedmaßenverluste verursachten. (Dtsch. Gesundheitswes. **8.** 619—22. 21/5. 1953. Jena, Univ., Chirurg. Klinik.) L. BERGER. 4670

Werner Tiegel, *Warzenbehandlung mit Varicocid?* (Vgl. vorst. Ref.) Vf. hält seine Meth. der Warzenbehandlung mit *Varicocid* trotz der Kritik für ungefährlich bei Beachtung einer gegebenenfalls familiär bedingten Gefäßüberempfindlichkeit. (Dtsch. Gesundheitswes. **8.** 622—23. 21/5. 1953.) L. BERGER. 4670

W. Siegenthaler und **F. Koller,** *Zur medikamentösen Behandlung des Alkoholismus mit Antabus.* Es werden anfänglich täglich 1 g, später 0,5—1 g Antabus gegeben. Daneben werden *B-Vitamine* u. *Litrison* (Leberschutz) verabfolgt. (Schweiz. med. Wschr. **84.** 213—17. 13/2. 1954. Zürich, Univ., Med. Klinik.) KRUSEN. 4670

Knud Raby, *Untersuchungen über die Disulfiram-Alkohol-Reaktion.* **39** Versuchspersonen erhielten nach Verabreichung von 0,5—7,5 g *Disulfiram* (**I**; *Tetraäthylthiuramdisulfid, Antabus*) 50 ml absol. A. mit W. verdünnt. Bereits nach einigen Min. traten Gesichtserröten, Acetaldehydgeruch des Atems u. bald danach Pulserhöhung u. andere klin. Erscheinungen auf. Oft waren auch Erbrechen, Übelkeit u. nervöse Störungen zu beobachten. Die klin. Symptome verschwinden meist nach 1—2 Std.; sie sind wahrscheinlich auf den aus A. in Ggw. von **I** im Körper gebildeten Acetaldehyd zurückzuführen. Ihre Stärke ist im allg. von der verabreichten **I**-Menge abhängig. — 30 Literaturangaben. (Quart. J. Stud. Alcohol **14.** 545—56. Dez. 1953. Kopenhagen, State Hosp.) KRUSEN. 4670

Knud Raby, *Elektrocardiogrammänderungen nach Zufuhr von Disulfiram und Alkohol.* (Quart. J. Stud. Alcohol **14.** 557—67. Dez. 1953. Kopenhagen, State Hosp.) KRUSEN. 4670

O. Witzke, *Indikationsgebiete für Aminosäurenpräparate in der Veterinärmedizin unter besonderer Berücksichtigung von Tetrhomin und Keratyp.* Vf. berichtet über *Keratyp* (*Aminosäurengemisch*; **I**) u. *Tetrhomin* (Kombination von **I** u. *Rhodanwasserstoffsäure*), die sich bei ihm bei allen Infektionskrankheiten, bei Lumbago, bei Störungen der Lebertätigkeit, wie sie bei Acetonurie, akuten Lebererkrankungen, Fütterungs- u. puerperaler Hämoglobinurie, Hypocalcämie u. Tetanie auftreten, bei Vergiftungen u. Operationen sowie zur Hebung des Kräftezustandes in der Veterinärmedizin bewährt haben. (Berliner Münchener tierärztl. Wschr. **67.** 93—95. 15/3. 1954. Berlin.) K. BÖHM. 4670

W. Marx, *Über das Umstimmungstherapeuticum Reginerton.* Bei der Umstimmung vegetativer, dyston. u. dyshormonaler Krankheitsbilder sah Vf. nach *Reginerton* (PHARMAZEUT. FABRIK DOLORGIET, Bad Godesberg; Kombinationspräp. mit Hypericin, Diäthylbarbitursäure, Phenyldimethylpyrazolon, Ca, Chelidonin, Khellin, Papaverin u. Yohimbin) gute Erfolge. (Hippokrates **24.** 603—05. 1953. Aachen.) BROSEMANN. 4670

Otto Prokop und **Franz Schleyer,** *Zur Frage der vitalen Reaktion bei Säurevergiftungen. Beitrag zur pathologischen Anatomie der akuten Schwefelsäurevergiftung.* Es wird der makroskop. u. histolog. Befund an Brust- u. Bauchorganen eines in 12%ig. H_2SO_4 ertrunkenen Mannes beschrieben. Durch Verss. an Leichenorganen konnte eine Abgrenzung der vitalen von den postmortalen histolog. Ätzzeichen vorgenommen werden. Als vitale Zeichen wurden erkannt: In der Leber: Capillarhyperämie u. Vakuolenbldg. des Zellprotoplasmas; in der Lunge: Capillarhyperämie, Vergrößerung des Alveolarepithels, Kernschwund im Parenchym, Wandhyperchromasie der Bronchialknorpelzellen u. Hyperchromasie der peribronchialen Bindegewebszellen. (Frankfurter Z. Pathol. **63.** 138—42. 1952. Bonn, Univ., Inst. für gerichtl. Med.) B. KRAFT. 4675

Carey P. McCord, *Blei und Bleivergiftung im frühen Amerika.* **3.** Mitt. *Die Zinnära.* (2. vgl. C. **1954.** 4210.) Histor. Betrachtungen. (Ind. Med. Surgery **22.** 573—77. Dez. 1953. Ann Arbor, Mich.) KRUSEN. 4675

C. O. v. Martius, *Klinische und spektralanalytische Beobachtungen bei akuten Vergiftungen durch Thalliumsulfat.* Vf. berichtet über klin. Beobachtungen an 13 Fällen von *Tl*-Vergiftungen unter besonderer Berücksichtigung der neurit. Erscheinungen. In einigen Fällen wurden 6—8 Wochen nach der Intoxikation Exacerbationen der Vergiftungserscheinungen beobachtet. Bei 2 Graviden, die mit *Tl* vergiftet waren, konnte nach der Entbindung spektralanalyt. *Tl* in Placenta, Fruchtwasser, Milch u. in Harn u. Mekonium der Kinder nachgewiesen werden. — 50 Literaturangaben. (Dtsch. Arch. klin. Med. **200.** 596—602. 1953. Göttingen, Univ., Med. Klinik.) KRUSEN. 4675

R. Zigeuner und **H. Jaklitsch,** *Beitrag zur neurologischen Symptomatologie und Differentialdiagnostik der chronischen Barbituratintoxikation.* Entstehungsmechanismus, Symptomatologie u. Differentialdiagnose einer chron. *Veronal*-Vergiftung werden eingehend besprochen. Die Bedeutung des EEG wird herausgestellt u. kurz die angewandte Therapie (intravenöse Injektion von Novocain) beschrieben. (Med. Mschr. **8.** 81—85. Febr. 1954. Graz, Univ., Psychiatr.-neurolog. Klinik.) GOLDHAHN. 4675

Carl Clemmesen, *Neuartige Behandlung von Barbituratvergiftungen.* (Acta med. scand. **148.** 83—89. 12/3. 1954. Kopenhagen, Bispebjerg Hosp., Abt. für Psychiatrie.) GOLDHAHN. 4675

O. Rainer, *Weckmittel und Schlafmittelvergiftung.* Im Gegensatz zu NILSSON (vgl. auch CLEMMESEN, vorst. Ref.) hält Vf. bei Schlafmittelvergiftungen am Gebrauch von Weckmitteln, bes. von *Coramin*, fest. Die Begründung dafür wird gegeben u. der Vers. unternommen, die Wrkg. bekannter Weckamine chem.-physikal. zu erklären, wobei gleichzeitig auf die Bedeutung einer ungestörten Fermenttätigkeit hingewiesen wird. (Klin. Med. [Wien] **9.** 32—40. 1/1. 1954. Klagenfurt, Landeskrankenhaus.) GOLDHAHN. 4675

H. U. Köttgen und **G. Kuschinsky,** *Vergiftungen mit Phenothiazin-haltigen Wurmmitteln.* Vff. berichten über 8 Fälle mit hämolyt. Anämie bei Kindern, die *Phenothiazin* (**I**)-haltige Wurmschokolade (*Helmetina*) erhalten hatten. Die Erscheinungen waren auf **I** zurückzuführen; in 4 Fällen lag Überdosierung vor. Wegen dieser Gefahr u. der Toxizität von **I** halten Vff. Rezeptzwang u. eine andere Ausführungsform bei diesem Wurmmittel für gegeben. (Dtsch. med. Wschr. **79.** 241. 12/2. 1954. Mainz, Univ., Kinderklinik u. Pharmakol. Inst.) DOSSMANN. 4675

Åke Lundberg, *Akute Methämoglobinämie durch Anilinfarbenintoxikation. Bericht eines Falles.* Ein Vergiftungsfall mit Cyanose durch *Anilinfarben* (**I**)-Zeichentinte wurde mit O_2, Magenspülung u. Bluttransfusion behandelt. Gegen **I**-Vergiftungen wird außerdem Injektion von 10 cm^3 *Thionin* in 0,2%ig. Lsg. oder *Methylenblau* 1—2 mg/kg in 1—2%ig. Lsg. empfohlen. **I**-Spuren auf der Haut lassen sich mit 70%ig. A. entfernen. Das Krankheitsbild der Methämoglobinämie wird besprochen. (Acta paediatrica [Uppsala] **43.** 83—86. Jan. 1954. Stockholm, Kronprinzessan Lovisas Barnsjukhus, Pediatric Clinic.) DOSSMANN. 4675

Michael C. Gill-Carey, *Vergiftung mit Chlorcyclizinhydrochlorid bei einem Kinde.* Vf. beschreibt eine schwere Vergiftung mit *Chlorcyclizinhydrochlorid* (**I**) (900 mg) bei einem 16 Monate alten Kinde. Es werden fast 7 Std. lang anhaltende Krampfanfälle festgestellt, die mit krampflösenden Medikamenten (*Na-Phenobarbiton*, 1 g/Std. intramuskulär; *Paraldehyd*, 1 cm^3 intramuskulär, u. *Dexamphetaminsulfat*, 2,5 mg alle 2 Tage) bekämpft werden. Eine auffällig lange Rekonvalescenzzeit (ca. 7 Wochen), während der noch Lethargie u. Ataxie beobachtet werden, ist charakterist. für die Vergiftung mit **I**. Atmungsdepressionen sind nicht vorhanden. (Brit. med. J. **1954.** I. 687—88. 20/3. Dartford, Hosp. Group, Children's Dep.) FAHRNLAENDER. 4675

Claudio Barsi, *Die Silicose in der Ziegelindustrie.* Vf. untersuchte 175 Arbeiter einer Ziegelfabrik auf Pneumokoniose. Er stellte eine quantitativ erhöhte Anfälligkeit für Silicose fest (insgesamt 48,8%), die dem starken Staubgeh. der Arbeitsplatzumgebung u. ungenügenden hygien. Schutzmaßnahmen gegen den Staub zugeschrieben werden muß. Die chem. Unters. zweier Lehmproben ergab: 55,38 u. 53,16% Si, 22,83 u. 22,04% Al_2O_3, 8,53 u. 8,16% Fe_2O_3, 1,24 u. 3,0% CaO, Spuren von MgO. Die mineralog. Unters. wies 23,3 u. 21,4% freies kristallines Si nach. — 15 Literaturangaben. (Rass. Med. ind. **22.** 351—59. Nov./Dez. 1953. Florenz, Ist. di Med. Ind. — E. N. P. I.) KIRMSE. 4681

N. G. Trifel, *Prophylaxe der Dermatitiden bei Anwendung von Kesselsteinverhütungsmitteln.* Bei Schiffsbesatzungen beobachtete man das Auftreten von Dermatitis an den Händen (vorwiegend bei Reinemache- u. Küchenpersonal) nach Verwendung von heißem W. aus Dampfkesseln, die mit Kesselsteinverhütungsmitteln (Hauptbestandteile Na_3PO_4, NaOH, Na_2CO_3) versetzt waren. Die Erkrankungen hörten nach Nichtverwendung des Dampfkesselwassers auf. (Гигиена и Санитария [Hyg. u. Sanitätswes.] **1952.** Nr. 11. 57. Nov.) LEBTAG. 4681

Marvin L. Amdur und **Robert A. Caputi,** *Cadmiumvergiftung. Klinischer Bericht einer akuten Gruppenvergiftung.* Bericht über 4 Fälle von Cd-Vergiftung bei Arbeitern, die mit schm. Cd beschäftigt waren. Die Luft am Arbeitsplatz enthielt 1,109 mg Cd/m^3. Es traten bes. Dyspnoe, röntgenolog. sichtbare Lungenveränderungen u. Schleimhautaffektionen auf. Alle Fälle heilten ohne Folgeerscheinungen aus. Die tox. Wrkg. von Cd scheint in einer Inaktivierung der SH-Gruppe des *Acetylcholins* zu liegen. (Ind. Med. Surgery **22.** 561—66. Dez. 1953. Buffalo, N. Y.) KRUSEN. 4681

Renato Massione und **Sandro Faconti**, *Über die Fribergsche Proteinurie und das Serumproteinbild bei der Gefahr der Cadmiumintoxikation ausgesetzten Arbeitern einer Fabrik für alkalische Akkumulatoren.* Vff. untersuchten 12 Arbeiter einer Fabrik für alkal. Akkumulatoren auf Cadmiumintoxikation (mit *Cadmiumoxyd*). Nur in 2 Fällen wurde die von FRIBERG beschriebene Proteinurie nachgewiesen. In 6 Fällen war das Blutbild n., in 2 Fällen mäßig verändert, in 3 Fällen ausgesprochen patholog. mit Vermehrung der γ-Globuline. (Rass. Med. ind. **22.** 305—17. Nov./Dez. 1953. Mailand, Univ., Clin. del Lavoro „Luigi Devoto"; Ente Nazionale Prevenzione Infortuni, Sezione Sanitaria.) KIRMSE. 4681

Raineri Luvoni, *Einige durch Phenolkresolharz ausgelöste Dermatitisfälle in einer Gießerei.* Vf. berichtet über 7 Fälle von Dermatitis bei Gießereiarbeitern, die ausgelöst wurden durch *Phenolkresolharz.* Die Konkordanz mit den Resultaten des „patch test" u. die Intensität der Läsionen läßt auf eine allerg. Genese der beschriebenen Dermatitis schließen (Wrkg. des Phenols?). (Rass. Med. ind. **22.** 333—36. Nov./Dez. 1953. Mailand, Ente Nazionale Prevenzione Infortuni, Sezione Sanitaria.) KIRMSE. 4681

Heinz Grimmer, *Über Akne arteficialis durch chlorierte Naphthaline („Chlorakne").* Vf. berichtet über 49 Fälle von Chlornaphthalinakne („Chlorakne"), die in 2 Berliner Betrieben der Elektroindustrie bei der Herst. von Kondensatoren u. Spulen aufgetreten waren. Das klin. Bild, die Differentialdiagnose, die histolog. Befunde, die Pathogenese sowie Fragen der Disposition, Prophylaxe u. Therapie werden besprochen. (Z. Haut- u. Geschlechtskrankh. **16.** 97—104. 15/2. 1954. Berlin, Freie Univ., Rudolf-Virchow-Krankenhaus, Hautklinik.) R. KÖNIG. 4681

Walter Gutmann, Arbeitsschädigungen durch chemische Giftstoffe. Berlin: Verl. Volk u. Gesundheit. 1953. (104 S. m. 50 Abb.) DM 5,—.

F. Pharmazie. Desinfektion.

—, *Cyanocobalamin. Vitamin B_{12}.* Entwurf eines Arzneibuchartikels. (Ann. pharmac. franç. **11.** 151—54. Febr. 1953.) v. GIZYCKI. 4750

M. M. Harmon, *Tieftemperaturtrocknung von Gelatineschwamm.* Für die Trocknung empfindlicher Substanzen, wie Drogen u. speziell eines „Gelfoam", für chirurg. Zwecke ist eine Tieftemperaturtrocknungsanlage entwickelt worden, bei der die Luft automat. konditioniert wird, um ihre Kapazität zur Aufnahme von Feuchtigkeit bei tiefen Tempp. (unter 100° F) zu erhöhen. (Chem. Engng. Progr. **49.** 20. 28. Nr. 5. Mai 1953. Kalamazoo, Mich., Upjohn Co.) MÜHLSTEPH. 4758

Miloš Melichar, *Feststellung der Qualitätsindices von Heilmittelformen.* Zur Kontrolle u. Normung der Qualität der Produktion u. der Prodd. der Heilmittelindustrie soll der Qualitätsindex dienen. An einigen Beispielen wird die Veränderlichkeit der Qualitätsindizes an Heilmittelformen, wie Zäpfchen, Pillen u. pulverförmigen Heilmitteln, gezeigt (Gewichtsänderungen bei Ichthyolzäpfchen durch Handfertigung, Gießen, Pressen sowie handgefertigten u. maschinengefertigten Pillen; Teilchengrößenschwankungen bei pulverförmigen Heilmitteln). Hinweise auf die Wichtigkeit der GAUSSschen Fehlerkurve u. verschied. Einflüsse auf die n. Veränderlichkeit der Heilmittel. — 18 Literaturstellen. (Časopis českého Lékárnictva, vědecká Příloha **63.** 110—15. 31/8. 1950.) ROTTER. 4766

E. Soos (unter Mitarbeit von **H. Biener**), *Die Haltbarkeit und Zerfallsgeschwindigkeit von Digitalispillen.* Unter Verwendung verschied. Pillenkonstituentien wurden Digitalispillen hergestellt u. auf ihre Haltbarkeit u. Lagerbeständigkeit geprüft. Die Verss. zeigen, daß, wenn von einer standardisierten Droge ausgegangen wird, bei längerer Aufbewahrung der Pillen in allen Fällen, jedoch in Abhängigkeit von der Grundmasse, mit einer Wirkungsabnahme gerechnet werden muß. Die im DAB. 6 festgelegte Grundmasse (Extr. Faecis u. Glycerin-W.-Mischung) ist ungeeignet, das gleiche gilt für das Postonal, besser eignet sich Adeps lanae (I) (3,4 g für 5,0 g Blattdroge = 50 Pillen), das die Wirksamkeit der Pillen, luftdicht aufbewahrt, auch nach 1 Jahr nur unwesentlich beeinflußt. Die geringere Zerfallbarkeit (die übrigens nach einem eigenen Verf. geprüft wird) der mit I hergestellten Pillen dürfte nicht erschwerend ins Gewicht fallen, da eine Resorption der Droge trotzdem anzunehmen ist. (Österr. Apotheker-Ztg. **7.** 371—73. 6/6. 1953. Wien, Univ., Pharmakognost. Inst.) H. P. FIEDLER. 4766

E. Schratz, *Calendula officinalis L. Studien zur Ernährung, Blütenfüllung und Rentabilität der Drogengewinnung.* (Planta med. [Stuttgart] **2.** 4—15. Febr. 1954. Münster/Westf., Univ., Botan. Inst.) BARZ. 4782

A. Guillaume und **J. A. Wadle,** *Neue Arbeiten über die chemische Zusammensetzung von Knoblauch.* Übersicht über Isolierung u. Identifizierung von *Alliin* u. *Allicin* sowie des Ferments *Alliinase.* — 15 Literaturangaben. (France-Pharmacie **5.** 167—69. Mai 1952.) BOYE. 4782

S. Danert, *Die medizinisch genutzten Daturaarten und deren Benennung.* (Pharmazie **9.** 349—62. April 1954. Gatersleben, Deutsche Akad. der Wiss., Inst. für Kulturpflanzenforsch.) BARZ. 4782

Stanislas Binecki und **Henri Ludwicki,** *Bemerkungen zur Gewinnung von Morphin aus dem Stroh von in Polen kultiviertem Mohn.* Der Geh. verschied. Sorten Mohn (**I**) an Morphin (**II**) u. nichtphenol. Alkaloiden (**III**) variiert stark. Während nach der Meth. von KABAY eine vollständige Extraktion des **I** gelingt, ist zur restlosen Erfassung der nichtphenol. **III** eine wesentlich längere Extraktion oder die Anwendung anderer Lösemittel erforderlich. Der Verlust an nichtphenol. **III** im Laufe der Aufarbeitung beruht in erster Linie auf der 25% erreichenden Zers. des Narkotins durch Reduktionsmittel (SO_2) in Mekonin u. Hydrokotarnin. Zu Verlusten an **I** führen erst die letzten Phasen (Umkristallisieren!) der Arbeit. Die bis zum Schluß mitgeschleppten Fremdsubstanzen sind bes. Pentosane u. deren Zersetzungsprodukte. (Ann. pharmac. franç. **11.** 121—29. Febr. 1953. Warschau, Med. Akad., Inst. für chem. Technol. therapeut. Produkte.) v. GIZYCKI. 4782

Charles Robineau, *Beitrag zur Untersuchung der Giftstoffe von Oenanthe crocata L. und Cicuta virosa L.* Aus der Wurzel von *Oenanthe crocata L.* wurden isoliert: 1. eine krist. Substanz A (F. 84° [Block] bzw. 83,5° [Röhrchen], leicht lösl. in A., wenig lösl. in Ae., unlösl. in W., wenig lösl. in Bzl., Toluol, Xylol, PAe.), die sich am Licht gelb färbt u. ranzig zu riechen beginnt, wobei sie zum größten Teil in 95%ig. A. unlösl. wird. Bei längerem Aufbewahren der alkoh. Lsg. am Licht verliert A die Fähigkeit zur Kristallisation u. liefert ein gelbliches, amorphes Prod. C; 2. eine Substanz B (weiße, stark lichtbrechende Kristalle, F. 88° [Röhrchen] bzw. 89° [Block]; leicht lösl. in Bzl. u. PAe., wenig lösl. in A., unlösl. in W.) u. 3. unlösl. Harz (**I**). — Aus der frischen Wurzel von Cicuta virosa L. wurde durch Extraktion mit Bzl. ein stark riechendes, nicht kristallisierbares Harz gewonnen. Die Prodd. A u. **I** erwiesen sich als stark toxisch. (Ann. pharmac. franç. **11.** 97—103. Febr. 1953.) v. GIZYCKI. 4782

Lydia B. Mascardo und **Martin Barr,** *Die Löslichkeit von Terpinhydrat in Wasser-Alkohol-Gemischen.* Die Löslichkeit von Terpinhydrat in W.–A.-Gemischen wurde bei 25 u. 100° gemessen u. graph. wiedergegeben. (J. Amer. pharmac. Assoc., pract. Pharmacy Edit. **14.** 772—73. Dez. 1953. Philadelphia, Pa., Coll. of Pharm. and Sci.) HECK. 4790

H. D. Fifer und **S. J. Dean,** *Die Verwendung eines wässerigen Elixiers in der modernen Arzneimittelverschreibung.* Vff. schlagen für die Bereitung von schlecht schmeckenden Medikamenten, wie Cholincitrat, Tricholincitrat u. Alkalisuccinat, ein Lösungsm. vor, welches sich aus Vanillin, Benzaldehyd, Fenchelöl, Chlf., Glycerin, Orangenblütenwasser u. Saccharin in W. zusammensetzt. Das Lösungsm. ist dem Sirup in der Herabsetzung des unangenehmen Geschmacks überlegen. Dosierungen von 1 g oder mehr pro 4 cm^3 Mixtur sind möglich. (J. Amer. pharmac. Assoc., pract. Pharmacy Edit. **14.** 771—72. Dez. 1953. San Francisco, Calif., Univ. of California, Hosp., Med. Center.) HECK. 4790

H. Dausch und **E.-A. Boltes,** *Physikalische und klinische Untersuchungen über das Füllungsmaterial Plastemail.* Das vom (französ.) Hersteller als ein Gemisch von Silicatzement mit polymerisierenden Acrylaten bezeichnete Füllungsmaterial *Plastemail* ist nach den Unterss. der Vff. als ein Silicatzement anzusehen, da keine Anhaltspunkte für das Vorhandensein von Acrylverbb. in der Fl. gegeben sind, u. im Pulver theoret. maximal 3,65% polymere Acrylester enthalten sind, die prakt. aber bedeutungslos wären. (Dtsch. Zahnärztebl. **8.** 11—12. 8/1. 1954. Bonn, Univ., Klinik u. Poliklinik für Mund-, Zahn- u. Kieferkrankheiten.) KLESSE. 4798

—, *Neue Arzneimittel. Almesed Elixir* (MEYER CHEMICAL CO., INC., Detroit): Enthält im Teelöffel Pentobarbital 7,5 (mg), Phenobarbital 7,5, Homatropinmethylbromid 2,5. Spasmolyticum. — *Cilfomide* (WINTHROP-STEARNS, INC., New York): Tabletten mit Penicillin G-Kalium 300000 E. u. je 0,17 g Sulfadiazin, Sulfamerazin u. Sulfamethazin. — *Delomets* (DURST & CO., INC., Philadelphia): Tabletten mit Sulfacetamid 0,2 (g), Sulfamethazin 0,15, Sulfamerazin 0,1, Sulfadiazin 0,05. — *Manncor* (CHICAGO PHARMACAL CO., Chicago): Tabletten mit Mannithexanitrat 30 (mg), Ascorbinsäure 50, Rutin 50, Phenobarbital 15. Gegen Hypertonie. — *Oxydessin* (Hersteller wie vorst.): Tabletten mit dl-Desoxyephedrin 8 mg, Vitamin A, B_1, B_2, C, D. Gegen Fettsucht. — *Panthoderm Cream* (U. S. VITAMIN CORPORATION,

New York): 2% Panthenol. — *Rhodacin* (RHODYLL CHEMICAL CO., New York): Hautfarbene Chlorophyllpräparate. — *Salcorbine* (CHICAGO PHARMACAL CO., Chicago): Tabletten mit Na-Salicylat 5 (grain), Ascorbinsäure 100 mg, Colchicin $^1/_{155}$ grain. Gegen Arthritis. — *Salgia* (WM. S. MERRELL CO., Cincinnati): Tabletten mit Na-Salicylat 0,3 (g), p-Aminobenzoesäure 0,3, Ascorbinsäure 0,01. — *Sipremex injectabl*: (AYERST, MCKENNA & HARRISON LTD., New York): Kombination von wasserlösl. Östrogen mit wasserunlösl. Östron. — *Tace* (WM. S. MERRELL CO., Cincinnati): Kapseln mit einer öligen Lsg. von 12 mg Tri-p-anisylchloräthylen, einem synthet. Östrogen. — *Trophite* (SMITH, KLINE & FRENCH LABORATORIES, Philadelphia): Elixir mit Vitamin B_1 u. B_{12}. — *Vi-Mix Drops* (ELI LILLY & Co., Indianapolis): Polivitaminpräparat. (J. Amer. pharmac. Assoc., pract. Pharmacy Edit. **13**. 257—59. April 1952.) HOTZEL. 4800

—, *Neue Arzneimittel. Neo Tizide* (CARLO ERBA, Mailand): Isonicotinsäurehydrazidmethansulfonat als Ca-Salz. Tuberkulostaticum. Tabletten zu 50 mg. Ampullen zu 0,8 g/10 cm³. — *Nipyl* (ARTHA, Brüssel): Isopropylnicotinat. Externes Vasodilatans zur Hyperämiebehandlung als Salbe. — *Nalline* (MERCK, Rahway): Synonym: *Nalorphine*: Morphinderiv., das nicht analget. wirkt, sondern die Wrkg. von Morphin u. anderen starken Analgeticis aufhebt. Anwendung als Antidot. — *Hedulin* (WALKER LABORATORIES, Mount Vernon) u. *Phenindan* (INTERPHARM, Wien): Phenylindandion. Antikoagulans. Tabletten zu 50 mg. (Subsidia med. [Wien] **5**. 153—62. Aug. 1953.) HOTZEL. 4800

K. Vilstrup Møller, ***Neue Emulgatoren. Einiges über ihre Anwendung.*** Für die Anwendung fettlösl. Vitamine in wss. Lsg. werden die verschied. Tween-Präpp. (Tween 20, 60, 80) als Emulgiermittel empfohlen. Es werden einige Rezepte für die Herst. von Vitamin-D- u. Vitamin-A-Lsgg., bes. für tierärztliche Zwecke, mitgeteilt. — 13 Literaturhinweise. (Farmac. Tid. **63**. 597—601. 8/8. 1953. Haslev.) R. K. MÜLLER. 4808

—, *Die Stabilität von Penicillinlösungen.* Lsgg. von Benzylpenicillin mit einem Geh. von 500000 E. je ml mit Zusätzen von 4 oder 5% wasserfreiem Na-Citrat verlieren beim Aufbewahren bei 25° nach 4 Tagen über 20% ihrer Wirksamkeit. Kein Verlust der Wirksamkeit unter den gleichen Bedingungen ist bei Lsgg., die nur 100000 E. je ml enthalten, festzustellen. Lsgg. mit 50000—500000 E. je ml, mit nur 4% Na-Citrat stabilisiert, behalten ihre Wirksamkeit über 8 Tage, wenn sie bei 4° aufbewahrt werden. (Pharmac. J. **172** ([4] **118**). 229. 231. 20/3. 1954.) HECK. 4810

J. Smoleński, *Die Anwendung der Reduktion mit Aluminiumisopropylat für die technische Synthese von Chloromycetin.* In einem Schema der techn. Synth. von *Chloromycetin* (I) wird in der letzten Stufe zur Red. von α-Dichloracetamido-β-oxy-p-nitropropiophenon in Isopropylalkohol Al-Isopropylat, $Al[OCH(CH_3)_2]_3$, verwendet. Es wird bei 65° im N_2-Strom gearbeitet. Neben I entsteht Aceton (II). Das Ende der Red. wird durch negative Rk. auf II angezeigt. Das Verf. liefert eine Ausbeute von 1 kg I auf 7 kg p-Nitroäthylbenzol. (Przemysł chem. **9** (**32**). 228—31. Mai 1953. Warszawa, Inst. farmac., Zakł. technol.) R. K. MÜLLER. 4810

A. Berton, *Die Infrarotspektren in Biologie und Pharmazie.* Die Infrarotspektren erlauben die Identifizierung biol. interessanter u. pharmakodynam. Substanzen, ferner durch die charakterist. Banden funktioneller Gruppen die Feststellung derselben u. die Aufklärung der Molekularstruktur. Schließlich können sie auch zur quantitativen Analyse herangezogen werden. — 39 Literaturzitate. (Ann. pharmac. franç. **11**. 129—50. Febr. 1953. Paris, Fac. de Pharm.) v. GIZYCKI. 4880

Robert Paulais, *Über die Titration der Trinitrinlösung nach der französischen Pharmakopoe.* Der von der französ. Pharmakopoe bei der Best. von „Trinitrin" (Nitroglycerin) durch Verseifung benutzte Berechnungsfaktor 0,0757 ergibt um ca. 60% zu hohe Resultate; der Faktor (0,0454) der Schweizer Pharmakopoe ist günstiger. Da die Verseifung stets von Neben-Rkk. begleitet u. daher nie ein genaues Resultat zu erhalten ist, schlägt Vf. eine N-Best. nach DEVARDA oder eine colorimetr. Halbmikro-N-Best. als genauer vor. (Ann. pharmac. franç. **9**. 416—19. Juni 1951.) v. GIZYCKI. 4880

M. Kahane und O. Sackur, *Die Bestimmung von Diphenoloxindol und seinen Acetylderivaten.* Diphenoloxindol (I) u. seine therapeut. verwendeten Di- u. Triacetylderivv. geben mit K-Ferricyanid in Ggw. von K_2CO_3 die gleiche Farb-Rk., die mit allmählicher Vertiefung u. späterem Verblassen der Farbe verläuft. Das Maximum der Farbtiefe wird mit steigender Konz. schwächer u. tritt später ein. Als Reagens dient eine Lsg. von je 2 g K-Ferricyanid u. K_2CO_3 in 1 Liter W.; die Meßlsg. soll 0,125—1,5 mg I im ml enthalten. Bei Anwendung von 1 ml Lsg., die mit dem Reagens auf 50 ml verd. wird, u. einer 5 ml-Küvette können 12—150 γ I bestimmt werden. (Ann. pharmac. franç. **11**. 103—09. Febr. 1953.) v. GIZYCKI. 4880

H. Vasbinder und **H. R. van der Sijde**, *Titrimetrische Bestimmung von Gemischen von Trimethadion, Phenobarbital und Phenylmethylbarbitursäure. Trimethadion* (I) stört die argentometr. Best. von Barbitursäurederivv. nach BUDDE (Pharmac. Weekbl. **71.** [1934.] 1019) nicht. Es ist möglich, Phenyläthylbarbitursäure, Phenylmethylbarbitursäure u. I miteinander durch Kombination einer alkalimetr. u. einer argentometr. Titration zu bestimmen. (Pharmac. Weekbl. **88.** 801—04. 21/11. 1953. Rotterdam, Gemeente-Apotheek.) WESLY. 4880

R. Fischer und **M. Hecht**, *Zur Mikrobestimmung beider Alkaloidgruppen im Mutterkorn.* Aus 0,03—0,3 g mit PAe. entfetteten *Secale*-Präpp. werden die wasserunlösl. Basen, wie *Ergometrin*, direkt mit Bzl. bei 55—60° extrahiert, während aus wss. Lsg. die Gesamtbasen, wasserunlösl. + wasserlösl. (bes. *Ergotamin*) mit Bzl. bei p_H 5 bis 6,6 extrahiert werden. Nach Rk. mit p-Dimethylaminobenzaldehyd u. $FeCl_3$ in Ggw. von H_2SO_4 werden beide Lsgg. mit Gelbfilter photometriert u. die Differenz für die Berechnung der beiden Fraktionen angegeben. Die Extraktion bei der höheren Temp. erfordert einen besonderen Extraktionsapparat. Die Eichkurven werden mit reinen weinsauren Salzen hergestellt. Der mittlere Fehler beträgt 0,96—1,49%. — Die Meth. eignet sich bes. zur Best. von Einzelsklerotien u. damit zur laufenden Kontrolle der Züchtungsergebnisse von Mutterkornstämmen auf Alkaloidreichtum. (Mikrochem. verein. Mikrochim. Acta **38.** 538—47. 1951. Graz, Univ., Pharmakognost. Inst.) KLINGMÜLLER. 4880

F. J. Bandelin und **J. V. Tuschhoff**, *Colorimetrische Bestimmung von Thiamin in pharmazeutischen Produkten.* Eine einfache u. schnelle Meth. zur Best. von Thiamin (I) in pharmazeut. Prodd. beruht auf der Ausfällung von I als *Reineckat* (II) in Essigsäure-NH_4-Acetat-Puffer (p_H 4,5). Das I-II wird in Aceton gelöst u. bei 325 mμ colorimetr. bestimmt. Die Meth. ist spezif. für I in Mischungen mit anderen Vitaminen des B-Komplexes. Wahrscheinlich gibt nur das intakte I-Mol. als quartäres NH_4-Salz (III) ein unlösl. II, da die gewöhnlichen Zerfallsprodd. des I kein II ausfallen lassen. Andere III u. einzelne heterocycl. Amine stören. (Analytic. Chem. **25.** 1198 bis 1200. Aug. 1953. Decatur, Ill., Flint, Eaton & Co., Res. Labors.) BENISCHKE. 4880

Konrad Brandenberger, Küsnacht, Schweiz, *Schonende Gewinnung von primären herzaktiven Glykosiden* aus solche enthaltenden Pflanzen. Die frischen Pflanzen werden derart zerkleinert, daß der Pflanzensaft, der prakt. sämtliche Glykoside enthält, leicht abgetrennt werden kann. Der abgetrennte Saft wird einer Behandlung zwecks Entfernung der Gerbstoffe u. Ballaststoffe unterzogen, worauf die Glykoside aus dem gereinigten Saft mittels in W. schwer lösl. Lösungsmitteln extrahiert werden. Die prim. Glykoside werden dabei leicht gelöst. Aus dem Extrakt werden die gereinigten Glykoside abgeschieden. — Zwecks Verhinderung von fermentativen u. anderen hydrolyt. Abbau-Rkk. an den Primärglykosiden werden diese innerhalb höchstens 1 Min., vom Beginn der Zerkleinerung an gerechnet, von den Stoffen abgetrennt, welche die genannte Wrkg. ausüben. Die Präpp. werden durch physikal. Trennungsmethoden in die Komponenten aufgespalten. — Man erhält Präpp., welche prakt. die gesamten herzakt. Glykoside aus dem verarbeiteten Pflanzenmaterial enthalten. (**Schwz. P. 265 056** vom 10/5. 1949, ausg. 16/2. 1950.) M. F. MÜLLER. 4791

Farbenfabriken Bayer (Erfinder: **Hermann Schnell** und **Wilhelm Becker**), Leverkusen, *Herstellen von selbsthärtendem Verbandmaterial* (I). Man bringt auf I eine Lsg. von ungesätt., polymerisationsfähigen Verbb. (II) oder deren Gemische, z. B. Acryl-, Methacryl-, Fumar- u. Maleinsäure, in Lösungsmittel, mit denen die Polymerisate ein Gel bilden können, z. B. W., A., Glycerin, u. gegebenenfalls ein die Polymerisation beschleunigendes Redoxsyst., z. B. ein Gemisch aus K-Persulfat u. Triäthanolamin. (**D. B. P. 876 311** Kl. 30i vom 15/11. 1950, ausg. 11/5. 1953.) E. PETERSEN. 4795

*Nordmark-Werke G. m. b. H.**, Hamburg (Erfinder: **Ulrich Ebbecke**, Bonn), *Herstellen von chirurgischen Fibrinplatten.* Fibrinfäden werden in einen Rahmen gespannt, so daß sie als ein Maschenwerk in einer Ebene liegen, der Rahmen wird in eine flache Küvette gelegt, die Küvette mit Plasma-CaCl-Gemisch, z. B. aus 300 cm^3 Citratplasma, 700 cm^3 einer 25%ig. CaCl-Lsg. u. 50 cm^3 Glycerin, gefüllt; dann wird die Gerinnung durchgeführt u. das Plasmakoagulum getrocknet. (**D. B. P. 898 069** Kl. 30i vom 14/12. 1951, ausg. 20/11. 1953.) E. PETERSEN. 4795

Farbenfabriken Bayer, Deutschland (Erfinder: **Otto Bayer** und **Ernst Cauer**), *Abformmassen, besonders für den zahnärztlichen Gebrauch.* Sie bestehen aus polymerisierbaren Vinylverbb., Lösungsmitteln, die mit den Polymerisaten ein Gel bilden, Füllstoffen u. Katalysatoren. — Man vermischt z. B. 5 (Teile) Acrylamid u. 0,15 eines Reaktionsprod. von Acrylnitril u. CH_2O mit 20 SiO_2-Gel, 0,5 ZnO, 3 Zucker u. 1,2 Triäthanolamin. Nach dem Verreiben mit 50 W. erhält man eine Paste, die nach Zusatz von 0,25 $K_2S_2O_8$ in einigen Min. unter Bldg. einer elast. M. erhärtet. (**F. P. 1 027 337** vom 8/11. 1950, ausg. 11/5. 1953. Schwz. Prior. 16/11. 1949.) OPPERMANN. 4799

Ciba Akt.-Ges., Basel, Schweiz, *Herstellung von Tri-(dialkylaminoäthyl)-aminen* der Formel $N(CH_2 \cdot CH_2 \cdot NR_2)_3$, worin R gleiche oder verschied. niedere Alkylreste sind, z. B. Methyl, Äthyl, Propyl, Butyl, nach für die Herst. von Trialkylaminen an sich bekannten Verfahren. — Man setzt z. B. einen reaktionsfähigen Ester eines entsprechend substituierten Aminoäthanols mit der zur Vervollständigung der gewünschten Trialkylaminverb. notwendigen Base um. — Nach einem anderen Verf. wird ein Säureamid der Formel $N(A \cdot NR_2)_3$, worin A Äthylenreste sind, von denen mindestens einer eine Oxogruppe enthält, u. R ein niederer Alkylrest ist, mit einem Reduktionsmittel, z. B. mit einem Dimetallhydrid, wie Li-Al-Hydrid, behandelt. — Ferner kann man die neuen Verbb. erhalten, wenn man ein Amin der Formel $N(CH_2-CH_2-NY_2)_3$, worin Y für H u. niedere Alkylreste steht, durch Behandlung mit Alkylierungsmitteln in ein tritert. Amin überführt. Solche Mittel sind z. B. CH_2O in Ggw. von Ameisensäure oder ein reaktionsfähiger Ester eines niedermol. Alkohols, z. B. ein Alkylhalogenid. — Eine homogene Lsg. von 290 (Gewichtsteilen) N.N-Diäthyläthylendiamin u. 711 Diäthylaminoäthylchlorid wird bis zum Einsetzen einer heftigen exothermen Rk. erhitzt u. nach beendeter Rk. auf 50° abgekühlt, mit W. verd. u. aufgearbeitet. Man gewinnt das *Tri-(2-diäthylaminoäthyl)-amin*, $Kp._{0,15}$ 105—110°. *Trihydrochlorid*, F. 222,5—224,5°; *Tricitrat*, F. 127—130°. — Ebenso wird mit 2-Di-n-butylaminoäthylchlorid das *Bis-(2-di-n-butylaminoäthyl)-2-diäthylaminoäthylamin* in Form des *Trihydrochlorids*, F. 127,5 bis 129,5°, hergestellt. — 10 (Gewichtsteile) Tri-(2-chloräthyl)-aminhydrochlorid u. 33,4 Diisopropylamin werden in 75 Volumenteilen 95%ig. A. unter Rückfluß erhitzt. Man erhält dabei das *Tri-(2-diisopropylaminoäthyl)-amintetrahydrochlorid*, F. 246,5 bis 247,0°. — Zu einer Lsg. von 7 (Gewichtsteilen) $NaHCO_3$ in 20,3 90%ig. Ameisensäure werden 6 Tri-(2-aminoäthyl)-aminhydrochlorid gegeben u. dann 11,6 Volumenteile einer 37%ig. CH_2O-Lsg. zugesetzt. Beim Erwärmen setzt eine heftige Rk. ein. Danach wird 16 Std. auf dem Wasserbade erhitzt. Beim Aufarbeiten erhält man das *Tri-(2-dimethylaminoäthyl)-amintetrahydrochlorid* (**I**), F. 278—278,5° (Zers.). — Tri-(N.N-dimethylcarbamylmethyl)-amin wird in Tetrahydrofuran suspendiert u. mit Li-Al-Hydrid versetzt u. 24 Std. gekocht. Es entsteht dabei **I**. — *Heilmittel* u. *Zwischenprodd.* dafür. (**Oe. P. 177 764** vom 8/4. 1952, ausg. 10/3. 1954. A. Prior. 16/4. 1951.) M. F. MÜLLER. 4807

Edouard Frommel und **Laboratoire Sapos S. A.**, Genf, Schweiz, *Herstellung der $MnCl_2$-Verbindung des Acetylcholins* (**I**) durch Einw. von 2 Mol Acetylcholinchlorhydrat mit 1 Mol $MnCl_2$. **I** hat F. 157—159°; es ist nicht hygroskop., in W. leicht lösl., unlösl. in A. u. in Äther. Das Prod. **I** hat eine lang anhaltende *blutdrucksenkende* Wirkung. Vgl. Schwz. PP. 269 075—269 077; C. **1951.** II. 271. (**Schwz. P. 265 052** vom 6/5. 1947, ausg. 1/3. 1950.) M. F. MÜLLER. 4807

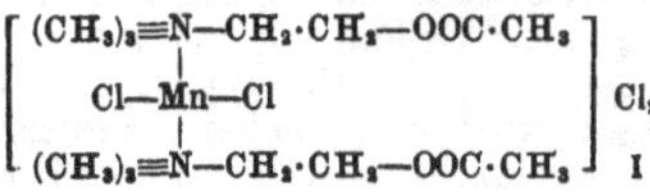
I

Troponwerke Dinklage & Co. (Erfinder: **Erwin Bumm**), Köln, *1-(p-Oxyphenyl)-2-(α-methyl-γ-phenylpropylamino)-propane* finden *pharmakol. Verwendung.* — *1-(p-Methoxyphenyl)-2-(α-methyl-γ-phenylpropylamino)-propan* (**I**), aus 1-Phenyl-3-aminobutan, p-Methoxyphenylaceton, H_2 u. Pt-Oxyd in Methanol. — *1-(p-Oxyphenyl)-2-(α-methyl-γ-phenylpropylamino)-propan* (**II**), aus **I** u. sd. konz. HBr. *Hydrochlorid*, F. 256°; *Hydrobromid*, F. 238—240°. — *1-(p-Benzyloxyphenyl)-2-(α-methyl-γ-phenylpropylamino)-propan.* — *p-Toluolsulfonsäureester des 1-(p-Oxyphenyl)-2-(α-methyl-γ-phenylpropylamino)-propan.* — **II**, aus 1-(p-Aminophenyl)-2-(α-methyl-γ-phenylpropylamino)-propan durch Diazotieren u. Verkochen. — **II**, aus p-Oxyphenylaceton, 1-Phenyl-3-aminobutan, H_2 u. Pt-Oxyd in Methanol. Entsteht hierbei in 2 diastereoisomeren Formen: 1. *Hydrochlorid*, F. 206—207°; *Hydrobromid*, F. 210—222°; 2. *Hydrobromid*, F. 238—240°. (**D. B. P. 881 663** Kl. 12q vom 3/10. 1951, ausg. 2/7. 1953. Holl. Prior. 4/10. 1950.) LANGER. 4807

Troponwerke Dinklage & Co., Köln (Erfinder: **Clemens Schöpf**, Darmstadt), *1-(o-Oxyphenyl)-1-oxy-2-aralkylaminopropane* dienen als *Therapeutica.* — *1-(o-Benzyloxyphenyl)-2-(β-phenyläthylamino)-propanon-(1)* (**I**), aus o-Benzyloxy-α-brompropiophenon u. β-Phenyläthylamin. *Hydrobromid*, F. 168—169°. — *1-(o-Oxyphenyl)-2-(β-phenyläthylamino)-propanon-(1)* (**II**), aus **I**, H_2 u. $Pd(OH)_2-BaSO_4$ in Methanol. *Hydrobromid*, F. 210—211°. — *1-(o-Oxyphenyl)-2-(β-phenyläthylamino)-propanol-(1)*, aus **II**-Hydrobromid, H_2 u. Pt-Oxyd in Methanol, F. 91—92°; *Hydrobromid*, F. 216

bis 218°. — *1-(o-Benzyloxyphenyl)-2-(γ-phenylpropylamino)-propanon-(1)-hydrobromid*, F. 159—160°. — *1-(o-Oxyphenyl)-2-(γ-phenylpropylamino)-propanol-(1)*, F. 105—106°; *Hydrobromid*, F. 192—194°. — *1-(o-Benzyloxyphenyl)-2-(α-methyl-γ-phenylpropylamino)-propanon-(1)* existiert in 2 diastereoisomeren Formen, die 2 diastereoisomere Formen von *1-(o-Oxyphenyl)-2-(α-methyl-γ-phenylpropylamino)-propanon-(1)* liefern: *Hydrobromid* vom F. 198—201° u. *Hydrobromid* vom F. 216—217° (**III**). — **III** liefert *1-(o-Oxyphenyl)-2-(α-methyl-γ-phenylpropylamino)-propanol-(1)*, F. 98—99°; *Hydrochlorid*, F. 222—223°; *Hydrobromid*, F. 216—218°. (**D. B. P. 900 938** Kl. 12q vom 13/4. 1951, ausg. 4/1. 1954. Holl. Prior. 12/5. 1950.) LANGER. 4807

Eli Lilly & Co., übert. von: **Thomas P. Carney**, Indianapolis, Ind., V. St. A., *Herstellung von Cycloalkyläthern von p-Oxybenzoylverbindungen.* Man erhitzt Cyclopenten oder Cyclohexen mit p-Oxybenzoesäure oder deren niederen Estern in Ggw. von BF_3 u. konz. H_2SO_4 auf 40—125°. — *Zwischenprodd.* zur Herst. von *Anästhetica.* (**A. P. 2 551 926** vom 25/9. 1947, ausg. 8/5. 1951.) LÜTTGEN. 4807

Ciba Akt.-Ges., Basel, Schweiz, *Herstellung von 2-(N-Phenyl-N-benzylaminomethyl)-imidazolin* (**I**) durch Umsetzung von Äthylendiamin mit einer den Rest $C_6H_5 \cdot CH_2 \cdot N(C_6H_5) \cdot CH_2 \cdot C\equiv$ abgebenden Verbindung. — 25,6 (Teile) Phenylbenzylaminoacetothioamid (F. 168—170°), welches erhalten wurde aus Phenylbenzylaminoacetonitril durch Erhitzen mit einer mit NH_3 u. H_2S gesätt. absol. alkoh. Lsg. bei 120°, werden mit 12 von 55%ig. Äthylendiamin langsam auf 130° aufgeheizt. Es entsteht die Verb. **I**, F. 120—121°. Hydrochlorid, F. 227—229°. — In eine auf 0° gekühlte Lsg. von 2,6 (Teilen) 98%ig. Äthylendiamin in 50 absol. A. werden unter Rühren 15,3 Benzylphenylglycinthioimidoäthylätherdihydrochlorid eingetragen. Man erhält daraus das Hydrochlorid von **I**, F. 227—229°. — In weiteren Beispielen wird Benzylphenylglycin oder Phenylbenzylaminoacetonitril oder Phenylbenzylaminoacetamidinhydrochlorid mit Äthylendiamin umgesetzt. — *Heilmittel.* Vgl. Schwz. PP. 269 712—269 720; C. **1951.** I. 3088. (**Schwz. P. 265 662** vom 13/3. 1946, ausg. 16/3. 1950.) M. F. MÜLLER. 4807

Ciba Akt.-Ges., Basel, Schweiz, *Herstellung von 3-Aryl-3-pyridylmonooxo-1-azacycloalkanen* der allg. Formel **I**, sowie ihrer Salze u. quaternären Verbb., bes. ihrer Alkylpyridiniumsalze. n = 1 oder 2, R = H oder ein organ. Rest, z. B. eine Alkylgruppe oder ein Acylrest. Man geht aus von Verbb. der Formel **II**, worin einer der Reste R_1 u. R_2 für einen durch Red. in die Gruppe $-CH_2 \cdot NHR$ überführbaren Rest steht u. der andere Rest eine Carboxyl- oder funktionell abgewandelte Carboxylgruppe bedeutet. Durch Behandlung mit Reduktionsmitteln entstehen cycl. Lactame. — Ebenso kann man ausgehen von Verbb. der Formel **III**, worin n u. R die oben angegebene Bedeutung haben u. die beiden Reste Y_1 u. Y_2 eine Oxygruppe u. der andere Rest eine mit Reduktionsmitteln durch 2 H-Atome ersetzbare Gruppe ist. Dieser Rest wird entsprechend reduziert. Soweit dabei am Stickstoff nichtsubstituierte Azacycloalkane entstehen, werden diese in 1-Stellung substituiert, u. es werden die erhaltenen, am Pyridinstickstoffatom nicht substituierten Verbb. quaternisiert u. bzw. oder die erhaltenen Basen in ihre Salze übergeführt. — Der β-Phenyl-β-pyridyl-(2)-β-cyanopropionsäureäthylester wird in A. gelöst u. unter NH_3-Zusatz mit H_2 in Ggw. von RANEY-Ni reduziert. Es entsteht das *3-Phenyl-3-pyridyl-(2')-5-oxopyrrolidin*, F. 158—159°. Diese Verb. wird in Tetrahydrofuran gelöst u. mit Dimethylsulfat mehrere Std. unter Rückfluß gekocht. Es bildet sich das *3-Phenyl-3-pyridyl-(2')-*

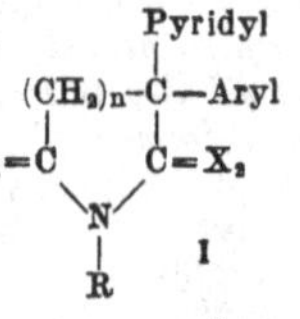

I

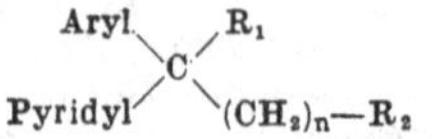

II

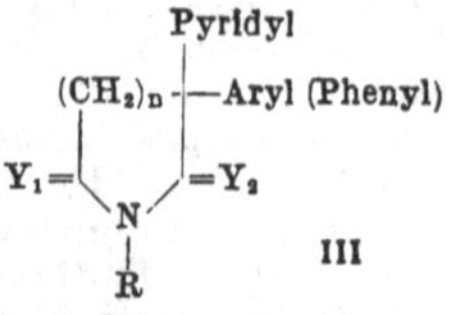

III

5-oxopyrrolidinmethosulfat **IV**, wasserlösl., hygroskop., glasartiger Körper. — γ-Phenyl-γ-pyridyl-(2)-γ-cyanobuttersäuremethylester wird in oben beschriebener Weise reduziert. Es entsteht das *3-Phenyl-3-pyridyl-(2')-6-oxopiperidin*, F. 183—186°. — In gleicher Weise wird γ-(p-Chlorphenyl)-γ-pyridyl-(2)-γ-cyanobuttersäuremethylester red. unter Bldg. von *3-(p-Chlorphenyl)-3-pyridyl-(2')-6-oxopiperidin*, F. 189—193°; *Hydrochlorid*, F. 240—250°. — Der α-Phenyl-α-pyridyl-(2)-γ-cyanobuttersäuremethylester wird red. zu *3-Phenyl-3-pyridyl-(2')-2-oxopiperidin*, F. 167—170°; *Hydrochlorid*, F. 186—193°. — 3-Phenyl-3-pyridyl-(2')-2.5-dioxopyrro-

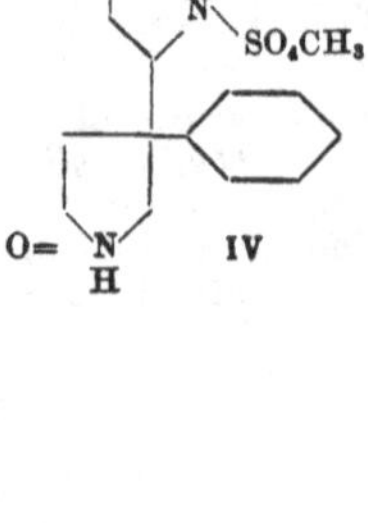

IV

lidin wird in trocknem Pyridin gelöst u. mit feinpulverisiertem P_2S_5 2 Std. bei 120 bis 130° unter Rückfluß gekocht. Es entsteht dabei das *3-Phenyl-3-pyridyl-(2')-2-oxo-5-thioketopyrrolidin*, F. 125–126°. Dieses wird mit H_2 in Ggw. von RANEY-Ni in Methanol reduziert. Es entsteht dabei das *3-Phenyl-3-pyridyl-(2')-2-oxopyrrolidin*, F. 167–168°. — 3-Phenyl-3-pyridyl-(2')-5-oxopyrrolidin wird in absol. Toluol gelöst u. mit pulverisiertem Na-Amid 4 Std. bei 120–130° unter Rühren gekocht. Nach dem Abkühlen auf 60° wird eine Lsg. von Dimethylcarbaminsäurechlorid in Toluol bei 60–80° zugegeben u. danach 4 Std. bei 110–120° gerührt. Es entsteht das *1-Dimethylcarbamyl-3-phenyl-3-pyridyl-(2')-5-oxopyrrolidin*, F. 151,5–152°. — Ebenso erhält man auch das *1-Dimethylcarbamyl-3-phenyl-3-pyridyl-(2')-2-oxopyrrolidin*, $Kp._{0,2}$ 236 bis 238°, u. das *1-Acetyl-3-phenyl-3-pyridyl-(2')-6-oxopiperidin*, $Kp._{0,2}$ 223–225°. — *Pharmakol.* Eigg., ***Heilmittel, Anticonvulsiva.*** (**Oe. P. 177 417** vom 10/2. 1953, ausg. 25/1. 1954. Schwz. Prior. 26/2. 1952.) M. F. MÜLLER. 4807

Sterling Drug, Inc., New York, übert. von: **Raymond O. Clinton**, North Greenbush, und **Stanley C. Laskowski**, Nenands, N. Y., V. St. A., *Niedere Alkylester von 4-substituierten Salicylsäure-(tert.-aminoalkyläthern)* der Formel I, worin Z = NO_2, NH_2, Alkylamino u. Oxyalkylamino, X einen niederen Alkylenrest, N(R)(R₁) eine tert. Aminogruppe u. R_2 niederes Alkyl bedeuten, wirken *anästhet.* u. *analgetisch.* — Man setzt einen 4-Nitro-2-oxybenzoesäureester mit einem Aminoalkylhalogenid zum 4-Nitrosalicylsäure-(aminoalkyläther)-ester um, red. zum 4-Aminosalicylsäure-(aminoalkyläther)-ester u. alkyliert zum 4-Aminoalkylsalicylsäure-(aminoalkyläther)-ester. — (*4-Nitrosalicylsäure* = **II**; *4-Aminosalicylsäure* = **III**); alle FF. korr. — **II**-(*β-Diäthylaminoäthyläther*)-*äthylester* (**IV**), aus **II**-Äthylester, Na · OC_2H_5-Lsg. u. β-Diäthylaminoäthylchlorid. *Hydrochlorid*, F. 144,4–145,2°. — Analog: **II**-(*γ-Piperidinopropyläther*)-*äthylesterhydrochlorid*, F. 160,4–161,6°; **II**-(*β-Diäthylaminoäthyläther*)-*n-butylesterhydrochlorid*, F. 117,6 bis 118,6°; **II**-(*β-Dimethylaminoäthyläther*)-*äthylesterhydrochlorid*, F. 202,2–202,6°; **II**-(*β-2.6-Dimethylpiperidinoäthyläther*)-*äthylesterhydrochlorid*, F. 153,0–154,0°; **II**-(*β-Morpholinoäthyläther*)-*äthylesterhydrochlorid*, F. 207,0–208,0°; **II**-(*γ-Morpholinopropyläther*)-*äthylesterhydrochlorid*, F. 142,0–144,6°; **II**-(*β-Piperidinoäthyläther*)-*äthylesterhydrochlorid*, F. 191,0–191,5°; **II**-(*β-Morpholinoäthyläther*)-*methylesterhydrochlorid*, F. 206,0–206,4°; **II**-(*β-2-Methylpiperidinoäthyläther*)-*äthylesterhydrochlorid*, F. 180,8–182,6°; **II**-(*γ-2-Methylpiperidinopropyläther*)-*äthylesterhydrochlorid*, F. 158,2 bis 159,6°; **II**-(*γ-Diäthylaminopropyläther*)-*äthylesterhydrochlorid*, F. 164,8–165,6°; **II**-(*β-Diäthylaminoäthyläther*)-*propylesterhydrochlorid*, F. 153,4–155,4°; **II**-(*β-Diäthylaminoäthyläther*)-*methylesterhydrochlorid*, F. 156,9–159,2°. — **III**-(*β-Diäthylaminoäthyläther*)-*äthylester* (**V**), aus **IV** durch Red. mit Fe in sd. alkoh. HCl. *Monohydrochlorid*, F. 134–135°; *Dihydrochlorid*, F. 173,6–173,9°; *Phosphat*, F. 168,7–169,6°. — Analog: **III**-(*β-Diäthylaminoäthyläther*)-*butylesterphosphat*, F. 154,5–155,5°; **III**-(*γ-Piperidinopropyläther*)-*äthylester*, F. 109,2–110,1°; *Phosphat*, F. 160,2–161,6°; **III**-(*β-Morpholinoäthyläther*)-*methylesterdiphosphat*, F. 151,3–152,1°; **III**-(*β-Diäthylaminoäthyläther*)-*n-propylesterphosphat*, F. 153,0–154,0°; **III**-(*γ-Diäthylaminopropyläther*)-*äthylesterphosphat*, F. 151,5–153,2°; **III**-(*β-Piperidinoäthyläther*)-*äthylester*, F. 107,3–108,5°; *Phosphat*, F. 220,8–221,4°; **III**-(*β-2-Methylpiperidinoäthyläther*)-*äthylester*, F. 91,2–92,4°; **III**-(*β-2.6-Dimethylpiperidinoäthyläther*)-*äthylesterphosphat*, F. 211,0–211,8°; **III**-(*γ-2-Methylpiperidinopropyläther*)-*äthylesterphosphat*, F. 136,4–138,3°; **III**-(*β-Morpholinoäthyläther*)-*äthylester*, F. 98,0–99,8°; *Phosphat*, F. 196,3–196,9°; **III**-(*γ-Morpholinopropyläther*)-*äthylesterphosphat*, F. 143,3 bis 144,4°; **III**-(*β-Dimethylaminoäthyläther*)-*äthylester*, F. 94,2–95,6°; *Phosphat*, F. 176,3–177,3°. — *4-n-Butylaminosalicylsäure-(β-diäthylaminoäthyläther)-äthylesterhydrochlorid*, aus **V**, Butyraldehyd, Zn u. Eisessig in Bzl., F. 160,5–161,8°. — Analog: *4-(ε-Oxy-n-amylamino)-salicylsäure-(β-diäthylaminoäthyläther)-äthylester*, Öl; *Monohydrochlorid*, F. 132,2–133,4°; *4-(γ-Oxy-β.β-dimethylpropylamino)-salicylsäure-(β-2.6-dimethylpiperidinoäthyläther)-äthylester*, F. 90,0–91,0°. (**A. P. 2 642 432** vom 5/9. 1951, ausg. 16/6. 1953.) LANGER. 4807

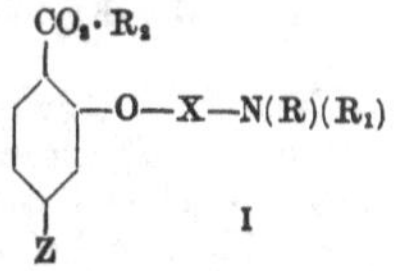

I

Bristol Laboratories, Inc., Syracuse, N. Y., übert. von: **Albert M. Mattocks**, Cleveland, O., V. St. A., *Xylenolaminoäther* der Formel $C_6H_4(CH_2OCH_2CH_2NR_1R_2)_2$ (R_1 u. R_2 = gleiche oder verschied. niedermol. Alkyle, die auch zu einem Piperidin- oder Morpholinrest geschlossen sein können) entstehen durch Rk. von Na-Dialkylaminoäthanolaten mit Xyloldibromid. — Diäthylaminoäthanol gibt mit Na in Methanol das Alkoholat u. dieses nach 4std. Erhitzen mit o-Xyloldibromid in Toluol *1.2-Bis-(diäthylaminoäthoxymethyl)-benzol*, $Kp._{0,02}$ 150–160°. —*1.2-Bis-(piperidinoäthoxymethyl)-benzol*, $Kp._{0,6}$ 212–214°. — *1.2-Bis-(morpholinoäthoxymethyl)-benzol*, $Kp._{1-2}$

220—230°. — *1.4-Bis-(piperidinoäthoxymethyl)-benzol*, Kp.$_{0,1}$ 180—190°; *Dihydrochlorid*, F. 205—206°. — *1.2-Bis-(dimethylaminoäthoxymethyl)-benzol*. — *1.4-Bis-(dimethylaminoäthoxymethyl)-benzol*. — *1.4-Bis-(morpholinoäthoxymethyl)-benzel*. — *Lokalanästhetica* an Stelle von Cocain, da sie weniger tox. sind. (**A. P. 2 567 778** vom 31/3. 1949, ausg. 11/9. 1951.) Krauss. 4807

Eastman Kodak Co., übert. von: **Leonard Weisler**, Rochester, N. Y., V. St. A., *Polyennitrile* und *Polyenamine*. Man kondensiert β-Jonon (I) oder ein C_{18}-Keton (Isoprenhomologes von I) mit Cyanessigsäure (II) oder deren Ester unter Decarboxylierung von Polyennitril, das mit AlH_3 oder $LiAlH_4$ zum Amin red. wird. — Aus I + II

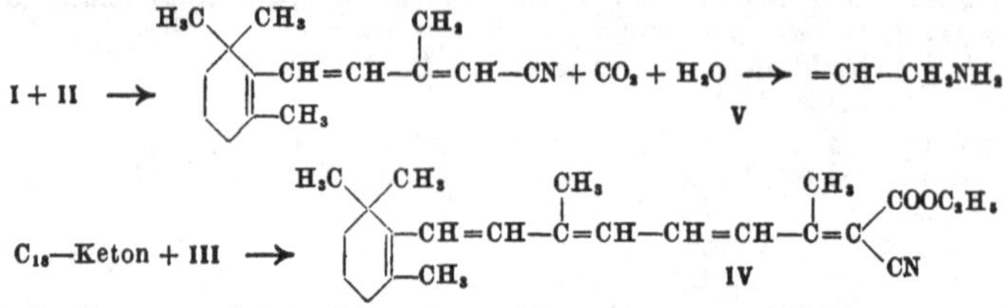

in Eisessig in Ggw. von Acetamid u. Ammoniumacetat unter Erhitzen → *β-Jonylidenacetonitril* (**V**), daraus durch Red. mit $LiAlH_4$ in Ae. *β-Jonylidenäthylamin*. — C_{18}-Keton + **II** → *Vitamin A-Nitril* → *Vitamin A-Amin*. Mit Cyanessigestersäureäthylester (**III**) → *Vitamin A-Nitriläthylacetat* (**IV**). *Heilmittel* u. Zwischenprodukte. (**A. P. 2 583 194** vom 27/4. 1948, ausg. 22/1. 1952.) Krauss. 4809

American Cyanamid Co., New York, N. Y., übert. von: **Donna B. Cosulich**, Plainfield, N. J., V. St. A., *7-Formyl-12-methyltetrahydropteroylglutaminsäure*. Man hydriert 12-Methylpteroylglutaminsäure in Ggw. von Pt-Oxyd, bis 2 Mol H_2 aufgenommen sind, u. formyliert dann das hydrierte Pteridin in 7-Stellung mittels HCOOH in Ggw. von Essigsäureanhydrid. — *Wachstumshemmende* Wrkg. gegenüber gewissen Bakterien. (**A. P. 2 659 726** vom 8/4. 1952, ausg. 17/11. 1953.) Brösamle. 4809

American Cyanamid Co., New York, N. Y. (Erfinder: **John A. Brockman jr.**, Pearl River, N. Y., und **Barbara Roth**, Middlesex Borough, N. J.), V. St. A., *Di- bzw. tetrahydrierte Formylpteroinsäure und ihre Derivate* erhält man durch Hydrierung einer Formylverb. der Formel **I** (X = OH, NH_2, Alkylaminorest; R = OH oder Aminosäurerest), wobei man 1 bzw. 2 Mol H_2 mit **I** reagieren läßt. Als **I** werden bes. Formylfolsäure u. 6-Aminoformylfolsäure verwendet. — Die hydrierten Verbb. besitzen *biolog. Aktivität*, die der der Folsäure ähnlich ist. (**D. B. P. 910 892** Kl. 12p vom 30/3. 1951, ausg. 6/5. 1954, Anmeldung bekanntgemacht 24/9. 1953. A. Priorr. 31/3. u. 29/4. 1950.)

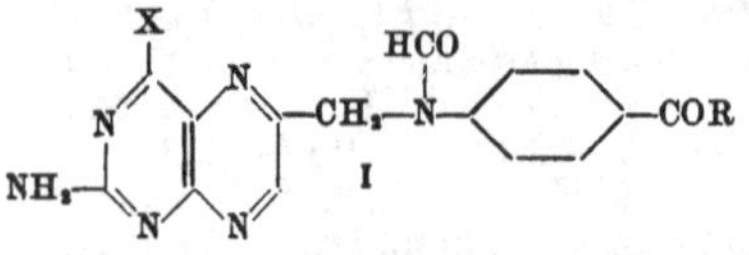

Brösamle. 4809

Merck & Co., Inc., Rahway, übert. von: **Lewis Hastings Sarett**, Princeton, N. J., V. St. A., *17-Oxysteroide*. Die Einführung einer OH-Gruppe in 17-Stellung erfolgt durch Behandeln eines Δ^{17}-20-Cyansterins mit einem Alkali- oder Erdalkalipermanganat in nichtsaurem Medium. — 3.11-Diketo-21-acetoxy-20-cyan-Δ^{17}-pregnen gibt in Aceton mit wss. $KMnO_4$ *3.11.20-Triketo-17α-oxy-21-acetoxypregnan*, $C_{23}H_{32}O_6$, aus Aceton–PAe. F. 230—231°. — 3.21-Diacetoxy-17α-oxy-11.20-diketopregnan, $C_{25}H_{36}O_7$, F. 234—237°. Vgl. A. P. 2 541 104. — *Zwischenprodukte*. (**A. P. 2 597 190** vom 15/7. 1950, ausg. 20/5. 1952.) Krauss. 4809

Upjohn Co. (Erfinder: **Paul Edwin Marlatt, Arthur Raymond Hanze, A. Vern McIntosh jr.** und **Robert Harold Levin**), Kalamazoo, Mich., V. St. A., *3.9.11-Triacyloxy-5.7-pregnadien-20-on-Addukte* der Formel **I** (Ac = Acyl einer Monocarbonsäure mit 1 bis höchstens 8 C-Atomen, Acy = Acyl einer aliphat. Carbonsäure mit 1 bis höchstens 8 C-Atomen, A = Additionsrest von Maleinsäure, -anhydrid u. -diester mit 1 bis höchstens 8 C-Atomen in der Estergruppe) erhält man durch Aufspaltung der Oxydogruppe von 9.11-Oxydo-5.7-pregnadien-20-on-Addukten der Formel **II** mit überschüssigem, nieder-

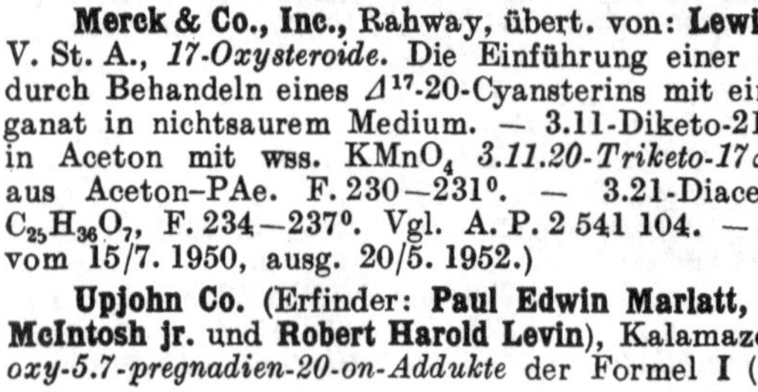

mol., aliphat. Carbonsäureanhydrid in Ggw. katalyt. Mengen $SnCl_4$ bei -50 bis $+50°$. Die Verbb. der Formel II erhält man aus 3-Oxy- oder 3-Acyloxy-5,7 9(11)-pregnatrien-20-on-Addukten mit organ. Persäuren oder konz. H_2O_2 als Oxydationsmittel. — *3 β*-Acetoxy-9.11-oxydo-5.7-pregnadien-20-on-maleinsäureanhydridaddukt gibt in Essigsäureanhydrid bei 0—4° u. wenig $SnCl_4$ *3.9.11-Triacetoxy-5.7-pregnadien-20-on-maleinsäureanhydridaddukt,* aus Aceton–Isopropyläther, F. 228—234°, 265—270° (Erweichungspunkt 235°), $[\alpha]_D^{27}$ $-84,7°$ (Chlf.). — 3-Benzoyloxy-9.11-oxydo-5.7-pregnadien-20-on-maleinsäureanhydridaddukt, F. 258—260° → *3-Benzoyloxy-9.11-diacetoxy-5.7-pregnadien-20-on-maleinsäureanhydridaddukt.* — *3-Heptanoyloxy-9.11-diacetoxy-5.7-pregnadien-20-on-maleinsäureanhydridaddukt.* — *3.9.11-Triacetoxy-5.7-pregnadien-20-on-maleinsäuredimethylesteraddukt.* — *3-Acetoxy-9.11-dipropionoxy-5.7-pregnadien-20-on-maleinsäureanhydridaddukt.* — *3-Acetoxy-9.11-dibutyroxy-5.7-pregnadien-20-on-*; *3-Benzoyloxy-9.11-dipropionoxy-5.7-pregnadien-20-on-* u. *3-Propionoxy-9.11-diacetoxy-5.7-pregnadien-20-on-maleinsäureanhydrid-*; *-maleinsäure-* u. *-maleinsäuredimethylester-*; *-diäthylester-*; *-dipropylester-*; *-diisopropyl-*; *-dibutyl-*; *-diamyl-*; *-dihexyl-*; *-diheptyl-*; *dioctylesteraddukt.* Verwendung zur Herst. von 3.9.11-Trioxy-5.7-pregnadien-20-on-maleinsäureaddukten u. deren Dialkalimetallsalzen. (**D. B. P. 894 117** Kl. 12o vom 22/8. 1951, ausg. 22/10. 1953. A. Prior. 28/9. 1950.) KRAUSS. 4809

Merck & Co., Inc., Rahway (Erfinder: **Evelyn Hodes Wilson,** East Orange, und **Max Tishler,** Westfield, N. J., V.St. A.), *$\Delta^{9,11}$-12-Ketocyclopentanopolyhydrophenanthrene* entstehen durch Isomerisierung von $\Delta^{8,9}$-12-Ketocyclopentanopolyhydrophenanthrenen mit einer Mineralsäure oder einem starken Alkali nach dem nebenst. Reaktionsschema. Aus 3 α-Acetoxy-$\Delta^{8,9}$-12-ketocholensäure in 0,6 n-methanol. HCl nach 40 Std. → *3 α-Oxy-$\Delta^{9,11}$-12-ketocholensäuremethylester,* F. 115—118°, $[\alpha]_D^{22}$ $+104°$ (1% Chlf.); daraus durch Verseifen mit methanol. NaOH *3 α-Oxy-$\Delta^{9,11}$-12-ketocholensäure,* F. 173—175°, $[\alpha]_D^{22}$ $+103°$ (1% Chlf.). — Weitere Ausgangsstoffe sind: $\Delta^{8,9}$-12-Ketopregnen; 3-Oxy-$\Delta^{8,9}$-12-ketopregnen, $\Delta^{8,9}$-12-Ketoätiocholensäure, (**D. B. P. 893 790** Kl. 12o vom 27/11. 1951, ausg. 19/10. 1953. A. Prior. 29/11. 1950.) KRAUSS. 4809

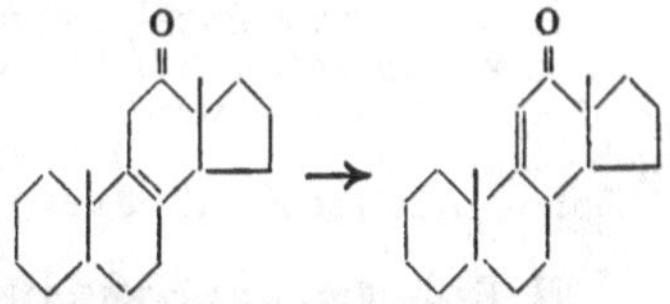

Forachemie Gesellschaft für pharmazeutische und chemisch-technische Produkte m. b. H. (Erfinder: **K. H. Hermann Klette**), München, *Abspaltung von Wasser aus Alkoholen* erfolgt nach deren Lsg. in einem Carbonsäureanhydrid durch Einleiten von trockenem Halogenwasserstoff, zweckmäßig bei erhöhter Temperatur. — Aus Pinakon in Essigsäureanhydrid bei 90—100° unter Einleiten von HCl → *Dimethylbutadien.* — Aus dem aus Dihydro-β-jonon + Acetylen in Ggw. von $NaNH_2$ u. nachfolgender partieller Hydrierung gewonnenen Äthylencarbinol wird W. abgespalten. — Di-(p-oxyphenyl)-3.4-hexandiol → *Di-(p-oxyphenyl)-hexadiendiacetat,* F. 118—120°. — Di-(p-oxyphenyl)-diäthyläthanol → *Diäthylstilböstroldipropionat,* aus Methanol, F. 104°. (**D. B. P. 895 448** Kl. 12o vom 1/11. 1949, ausg. 2/11. 1953.) KRAUSS. 4809

Syntex, S. A., Mexico City, Mexico, *Herstellung von Testosteron.* Durch Rk. von 3-Enolthioäthern von Δ^4-Androstendion, z. B. dem 3-Benzylthioenoläther, mit $LiAlH_4$ unter Ausschluß von W. u. Hydrolysieren des Reaktionsprod. mit W. wird der Enoläther des Testosterons (I) hergestellt, der mit verd. Mineralsäure, $CdCO_3$ oder $HgCl_2$ zu I hydrolysiert wird. Durch Acylieren der 3-Enolthioäther des I erhält man die entsprechenden I-Ester, z. B. das Benzoat, F. 190—194°, u. das Acetat, F. 138—140°. (**E. P. 662 400** vom 21/10. 1948, ausg. 5/12. 1951.) LÜTTGEN. 4809

Merck & Co., Inc., Rahway, N. J., V. St. A., *17-Ketosteroide.* 20-Ketopregnane mit Halogen-, Keto-, Oxy- oder Acyloxygruppen in 3- oder 11-Stellung werden mit Alkylnitrit umgesetzt u. die gebildeten Oxime hydrolysiert. — Aus 3-Oxy-11.20-pregnandion in A. in Ggw. von Na mit Äthylnitrit u. Hydrolyse mit HCl entsteht *3-Oxy-11.17-ätiocholandion,* F. 185,5—187°. — *Zwischenprod.* zur Synth. von *Nebennierenrindenhormon.* (**Schwz. P. 278 934** vom 9/3. 1949, ausg. 16/2. 1952. A. Prior. 17/3. 1948.) KRAUSS. 4809

J. L. E. Baetz, Frankreich, *Herstellung eines neuen Adrenalinderivats* durch Lösen von 2 Mol Ascorbinsäure u. 1 Mol dl-Adrenalin in Methyl- oder Äthylalkohol oder Ae. unter Erwärmen auf dem Wasserbade. Das gebildete *Adrenalinascorbat* wird in Form eines weißen Pulvers gewonnen. (**F. P. 1 002 151** vom 5/8. 1946, ausg. 3/3. 1952.) M. F. MÜLLER. 4809

Danske Andelsslagteriers Konservesfabrik A. m. b. A., übert. von: **Gustav Petersen,** Roskilde, Dänemark, *Gewinnung von Insulin und Enzymen aus Pankreas.* Das Insulin wird zuerst aus den frischen Pankreasdrüsen mit A. bei p_H 6—7 u. unter 10° extrahiert, wobei die Konz. u. Menge des verwendeten A. 70—80 Gew.-% in der Mischung betragen soll unter Berücksichtigung des Wassergeh. der Drüsen, worauf die Enzyme aus dem insulinfreien Rückstand ausgezogen werden. (**A. P. 2 637 680** vom 24/2. 1948, ausg. 5/5. 1953.) KETTNER. 4809

Commercial Solvents Corp., Terre Haute, Ind., V. St. A. (Erfinder: **E. B. Hodge**), *Herstellung von reinem, kristallisiertem Alkalipenicillin.* Man versetzt konz. wss. Lsgg. der Penicillinsalze mit mindestens 15000 Oxfordeinheiten mit in W. unlösl., niedrigen aliphat. Hydroxylverbb., bes. Butanol, u. in W. lösl. Alkali-, Erdalkali- oder NH_4-Salzen von HCl, H_2SO_4 oder H_3PO_4 bis zur Sättigung. Dann säuert man bis auf p_H 2—3 an, neutralisiert die alkoh. Schicht mit KOH, NaOH, RbOH oder NH_4OH u. dampft die Lsg. unterhalb 40° zur Kristallisation der Salze ein. (**Schwed. P. 138 392** vom 23/9. 1946, ausg. 9/12. 1952. A. Priorr. 24/9. 1945 u. 3/8. 1946.) JÜRGEN SCHMIDT. 4811

—, Curso Práctico de Farmacia Galénica. Madrid: Laboratorio de Farmacia Galénica. 1954. (62 S. m. Abb.) ptas 25,—.

G. Analyse. Laboratorium.

Serge Dousson, *Glasblasen mit trockener Luft oder einem inerten Gas.* Es wird eine Anordnung zum Glasblasen mit trockener Luft oder einem inerten Gas beschrieben. (J. Physique Radium **14**. 734. Dez. 1953. Gif-sur-Yvette. Seine et Oise, Centre d'Études nucl. de Laclay.) v. HARLEM. 5006

Nasim Andrew David, *Improvisiertes Filter für Wasserleitungen im Laboratorium.* Um zu verhindern, daß in Wasserzuleitungen, bes. auch in Wasserstandgläsern, sich Fe-Oxyde ablagern, werden in die Leitungen Pfeifenreiniger, in M- oder N-Form gebogen, eingeführt, die bei Verschmutzung leicht ausgewechselt werden können. (Chemist-Analyst **42**. 47. Juni 1953. Worcester, Mass., Brewer & Co. Inc.) MOSLÉ. 5024

H. Hadwiger, *Zur mathematischen Theorie der Gegenstromextraktion.* Die theoret. Grundlagen für den nach dem SIGNERschen Prinzip arbeitenden App. werden gegeben. Bei dem App. strömen 2 nichtmischbare Lösungsmittel in entgegengesetzter Richtung; das zu trennende Gemisch wird in die obere Phase eingeleitet. Durch rotierende Kreisscheiben wird die Einstellung des Gleichgewichtes beschleunigt. Die Fraktionen werden mit jedem Lösungsm. an den Seiten abgenommen. Die Berechnungen lassen den Schluß zu, daß die beiden Konzz. in jedem Zeitpunkt ein festes Verhältnis bilden, u. daraus folgt, daß die in gleichen Zeiträumen ausfließenden Stoffmengen ebenfalls ein gleichbleibendes Verhältnis bilden. (Experientia [Basel] **9**. 391—94. 15/10. 1953. Bern, Univ., Math. Sem. u. Inst. für allg. u. spez. org. Chem.) MIETHING. 5034

Meier E. Freed, *Eine wassergekühlte Quecksilberdichtung für Rührer.* Um beim Arbeiten mit Hg-Dichtungen zu verhindern, daß Lösungsm. entweicht u. das Hg verunreinigt, verwendet Vf. eine Hg-Dichtung, die durch W. in einem ringsum angeschmolzenen Glasmantel gekühlt wird. (Chemist-Analyst **42**. 47. Juni 1953. Philadelphia, Pa., Wyeth Inst. of applied Biochem.) MOSLÉ. 5036

A. A. K. Ibrahim und **A. M. Kabiel**, *Über das Viscosimeter mit oscillierendem Zylinder.* (Vgl. C. **1954**. 6179.) Bei einem Oscillationsviscosimeter mit einer zwischen 2 koaxialen Zylindern befindlichen nichtelast. Fl. wird für das Verhältnis der Amplitude der Oscillation des inneren Zylinders zu der dem äußeren Zylinder aufgezwungenen Amplitude eine Formel abgeleitet, deren Ergebnis mit experimentellen Befunden gute Übereinstimmung zeigt. (Nuovo Cimento [9] **9**. 864—65. 1/9. 1952. Alexandria, Univ., Fac. of Sci.) R. K. MÜLLER. 5040

A. A. K. Ibrahim und **A. M. Kabiel**, *Über das Viscosimeter mit oscillierendem Zylinder.* (Vgl. vorst. Ref.) Wenn in einer Fl. vom Viscositätskoeff. η ein äußerer Zylinder vom Innenradius b (cm) mit einer Amplitude ϑ_0 u. einer Winkelgeschwindigkeit ω in kleine Oscillationen (Frequenz n Sek.$^{-1}$) versetzt wird, sucht die Fl. die ihr erteilte oscillierende Bewegung auf einen inneren Zylinder (Radius a, Eintauchlänge L) zu übertragen, der an einem Torsionsdraht mit Rückdrehkonstante r hängt, u. lenkt ihn um einen Winkel Θ_0 ab. Dann ist $\eta = \frac{1}{2}\frac{\Theta_0}{\vartheta_0}\cdot\frac{b-a}{L}\frac{I\omega^2 - r}{a^3}\left[1-\left(\frac{\Theta_0}{\vartheta_0}\right)^2\right]^{-\frac{1}{2}}\exp\,[-3d/R]$, wobei d = (b — a)/2, R = (b + a)/2. An einem Beispiel der Literatur wird die gute Übereinstimmung mit dem Vers. gezeigt. (Nuovo Cimento [9] **10**. 87—88. 1/1. 1953.) R. K. MÜLLER. 5040

S. F. Gillette, *Ein Verfahren zur Quecksilberreinigung.* Hg wird in einem Trichter durch Glaswolle filtriert u. tropft in ein mit einer rohen Glasfritte versehenes Rohr, das in 10% ig. HNO_3 eintaucht. Anschließend wird das Hg noch 2 mal durch das Rohr in dest. W. gepreßt. (Chemist-Analyst **42.** 44—46. Juni 1953. Painesville, O., U. S. Rubber Co., Naugatuck Chem. Div.) Moslé. 5048

M. A. Jermyn und **R. Thomas,** *Verminderung der Flüssigkeitsströmung bei der Papierelektrophorese.* Bei der Elektrophorese wird die Flüssigkeitsströmung im Papier, das zur Ausschaltung der Verdampfung zwischen Glasplatten eingeklemmt ist, 1. durch den hydrostat. Fluß, 2. durch die Gleichgewichtseinstellung im Papier u. 3. durch die Elektroosmose bestimmt. 1. kann mittels eines Hebers zwischen den Elektrodengefäßen ausgeschaltet werden. 2. zeigt sich in Form eines Einwärtsflusses von beiden Enden aus, wenn kein Spannungsgefälle herrscht, wie an der Wanderung von Indicatorflecken (Trinitribenzol u. o-Nitranilin) beobachtet werden konnte, auch bei abgedichteten Rändern der Glasplatten. Wird das Papier vorher mit Pufferlsg. gesätt., tritt an Stelle des Einwärtsflusses ein leichter Auswärtsfluß auf. Ursache ist eine geringe Verdampfung von Pufferlsg. an den Streifenenden. Durch Sättigen des Papieres mit Pufferlsg. vor dem Auftragen kann auch die starke Adsorption von Proteinen am Papier vermieden werden. Zur Unters. von 3. benutzen Vff. Papiere mit bas. oder sauren Gruppen. Auf saurem oder negativem Papier wandert die Fl. zur Kathode. Bei unbehandeltem Papier wächst dieser kathod. Fluß mit dem p_H-Wert. Ein nach Oxydation mit Perjodat mit *Aminoguanidin* gekuppeltes Papier war bei $p_H \leq 5$ positiv, bei $p_H \geq 7$ zeigte es denselben Fluß wie unbehandeltes Papier. Papier, mit Br_2 u. Alkali behandelt, war stärker sauer oder negativ, zeigte bei $p_H \geq 4$ merklichen kathod. Fluß, bei p_H 2 jedoch keinen, vermutlich infolge unterdrückter Dissoziation. Ein noch stärker negatives Papier, erhalten durch HJO_4-Oxydation u. Kuppelung mit *Phenylhydrazin-p-sulfonamid*-Gruppen, zeigte keine Änderungen im kathod. Fluß, auch nicht, wenn der p_H-Wert der Pufferlsg. von 8 auf 2 gesenkt wurde. Vff. folgern daraus, daß nicht die Ladung auf dem Papier allein, sondern auch Ionen entgegengesetzter Ladung auf die Erscheinungen der Elektroosmose einwirken. Wahrscheinlich besteht hier auch ein Zusammenhang mit der Schweifbildung. (Nature [London] **172.** 728—29. 17/10. 1953. Melbourne, Australien, Commonwealth Sci. and Ind. Res. Organisat., Wool Textile Res. Labor., Biochem. Unit.) Endrass. 5054

D. S. Venkatesh und **M. Sreenivasaya,** *Ultramikropapierographie.* Mitt. über ein chromatograph. Ultramikroverf. (Papierographie), bei dem die Filterpapierstreifen durch einen vorbehandelten Baumwollfaden (Nähgarnseide als Celluloseträger) ersetzt wird. Das Verf. kann für auf- u. absteigende Verteilungschromatographie benutzt werden u. hat sich bes. bei biochem. Unterss. von Ultramikromengen bewährt. Der mit Bzl., heißem W. u. Takadiastase behandelte, dann mit W., A. u. Ae. gewaschene u. mit $^1/_{15}$ mol. Phosphatlsg. (p_H 6,2) imprägnierte u. an der Luft getrocknete Faden (ca. 400 mm lang) wird an einem mit Haken versehenen Glasstab (durch einen Holzkorken geführt u. gehalten) befestigt u. sein Ende mit Glasperle oder -ring beschwert, um ihn straff zu halten. 10 mm über dem Ring wird der Substanzflecken aufgebracht u. nach seiner Lufttrocknung das Ganze in ein auch unten mit Holzkork verschlossenes Glasrohr eingeführt (450 × 35 mm). Auf dem Bodenkorken liegt eine Filterpapierschicht, die mit W.- gesätt. Entwickler getränkt ist. Ein kleiner Glasbehälter mit Entwickler-Fl. steht auf dem feuchten Filterpapier. Nach Einstellung des Gleichgewic[illegible] Dämpfe wird der beschwerte Faden so in den Behälter getaucht, daß sich der Su[illegible]stan[illegible]cken wenigstens 5 mm über der Entwickler-Fl. befindet. Der Capillaraufstieg der Fl. beginnt sofort. Das Chromatogramm ist gewöhnlich mit mit W. gesätt. Ae. als Entwicker-Fl. in ca. 1 Std. beendet. Der Faden wird herausgenommen u., wie bereits früher beschrieben, autobiographiert. Die entsprechend umgekehrte Anordnung für absteigende Papierographie wird auch beschrieben. Erfolgreiche Anwendung des Verf. bei Aufteilung von verschied. *Penicillinen* (Mengen von 0,2—0,05 Einheiten) in fermentiertem *Bier.* Es kann für Ultramikrobest. anderer Antibiotica u. von Vitaminen herangezogen werden (Current Sci. **20.** 156—57. Juni 1951. Bangalore, Indian, Inst. of Sci., Sect. of Ferment Techn.) Wingchen. 5062

Jean Roubaud-Valette, *Entwicklung und Elution eines Chromatogramms.* (Vgl. C. **1954.** 2976.) Ist die Entw. einer zu untersuchenden Lsg. in einer Chromatographierschicht zum Stillstand gekommen, läßt sich die Verteilung der Konz. C durch eine Kurve darstellen, deren Verlauf durch die Gleichung $C = C_0(V_t - x)[1 - \log \cdot (V_t - x)/V_t]/V_t$ wiedergegeben wird. Hierin bedeuten C_0 die Konz. der zu untersuchenden Lsg., V die Geschwindigkeit der Vorderfront der Lsg. auf der Säule, V_t den Abstand der Vorderfront vom Koordinatenschnittpunkt zur Zeit t u. x die Variable auf der Abszisse. Wenn die Elution mit reinem Lösungsm. einsetzt, rückt die Lsg. in der Säule unter Deformation der Rückseite vor, es bildet sich eine Rückfront aus, deren Geschwindigkeit W < V ist. Entsprechend wird die Rückfront um so diffuser, je länger die Säule ist. Weiter wird aus der Elutionskurve, getrennt für den Vorderteil steigender Konz. u. den rückwärtigen Teil fallender Konz., die mittlere Konz. der Eluate abgeleitet u. hinsichtlich ihrer Entstehung u. Beeinflussung durch Adsorption besprochen. (J. Chim. physique Physico-Chim. biol. **50**. 435—38. Juli/Aug. 1953.) ENDRASS. 5062

Michael Lederer, *„Ansteigende" Elutionsanalyse bei der anorganischen Papierchromatographie.* (Vgl. WILLIAMS, C. **1954**. 3994.) In einem 30 cm hohen, weiten Glaszylinder werden auf Papierstreifen mit cm-Einteilung $FeCl_3$-Lsgg. mit u. ohne andere Metallsalzlsgg. aufsteigend chromatographiert. Die Entw. wird mit n-Butanol, gesätt. mit n HCl, gestartet. Hat die Lösungsfront den 1. cm erreicht, werden aus einer Bürette 2 ml konz. HCl zugesetzt usw. Ein magnet. Rührer sorgt für die Durchmischung. Als beim 11. cm die Wanderung des Fe(3)-Fleckes zu langsam wurde, setzte Vf. 4 ml konz. HCl je cm Steighöhe zu. Nach dieser Art konnte eine Mischung von Tl, Hg, Cd, Bi, Fe, Ni, Cu u. Co in 8 gut definierte Flecken aufgetrennt werden. Tl zeigte den größten, Co den kleinsten R_F-Wert. Der Fe-Fleck war jedoch ein „Komet". Nach Ansicht des Vf. ist dies auf die verschied. Löslichkeit der angenommenen Komplexe $FeCl^{2+} \rightleftharpoons FeCl_2^+ \rightleftharpoons FeCl_3 \rightleftharpoons FeCl_4^-$, die miteinander im Gleichgewicht stehen, zurückzuführen. Bei einem bestimmten krit. Wert der Konz. im Eluens entstehen Kometen. Bei anderen Entwicklersystemen wurde Ähnliches beobachtet. (Nature [London] **173**. 727. 17/10. 1953. Arcueil/Seine, France, Inst. du Radium.) ENDRASS. 5062

F. P. W. Winteringham, *Zweidimensionale Papierchromatographie radioaktiver Substanzen.* Eindimensional aufgetrennte Zonen, deren Grenzen radiometr. abgetastet werden, werden ausgeschnitten, die Ausschnitte mittels einer nichtrostenden Nadel an das untere Ende eines 2. Papierstreifens angeheftet. Dieser wird locker in den Schliff eines ERLENMEYER-Kolbens geklemmt, auf dem als Schliffstopfen ein ca. 20 cm langes, unten geschlossenes Glasrohr sitzt. Der ERLENMEYER-Kolben ist mit einem seitlichen, verschließbaren Niveaurohransatz versehen. Der Papierstreifen hängt mit den angehefteten Ausschnitten in den ERLENMEYER-Kolben bis fast auf den Boden, über dem ERLENMEYER-Rand aber außerhalb des Gefäßes am oberen Ende des verlängerten Stopfens. Durch das seitliche Ansatzstück wird eine leicht verdampfbare Fl. als Eluens eingefüllt, die Ausschnitte auf dem Papierstreifen werden aufsteigend eluiert. Erreicht die Flüssigkeitsfront den ERLENMEYER-Rand, verdampft das Eluens, u. die Substanzen der ausgeschnittenen Zone werden dort auf dem Streifen in einem engen Band (0,5 cm) konzentriert. Der verlängerte Stopfen wird vorsichtig abgenommen u. die Konzentrationszone mit einem 2. Entwicklergemisch chromatographiert. Dieser gesamte Prozeß kann wiederholt werden, so daß eine „multidimensionale" Chromatographie zustande kommt. (Nature [London] **172**. 727—28. 17/10. 1953. London, Pest Infestat. Labor., Dep. of Sci. and Ind. Res.) ENDRASS. 5062

Eugene Allen und **William Rieman III,** *Bestimmung nur einer Komponente in einer Mischung. Eine abgekürzte spektralphotometische Methode.* Ableitung u. Angabe einer mathemat. Meth., welche die Best. einer Komponente in einem Mehrkomponentengemisch aus spektralphotometr. Messungen bei nur 2 oder 3 Wellenlängen erlaubt. Für die Anwendbarkeit der Meth., welche auf einer algebraischen Behandlung des graph. Grundlinienverf. beruht, gelten gewisse Voraussetzungen. (Analytic. Chem. **25**. 1325—31. Sept. 1953. New Brunswick, N. J., Rutgers Univ., School of Chem.) EICHHOFF. 5063

Eugene Childers und **G. W. Struthers,** *Genauigkeit von Infrarotspektrometern beim Routinegebrauch.* Beschreibung von Testreihen zur Ermittlung der Reproduzierbarkeit im Laufe eines Tages u. über längere Zeiträume, sowie der Linearität der Absorptionsskalen für Ein- u. Zweistrahlspektrometer vom Typ PERKIN-ELMER, Modell 21 u. 12. Unter Verwendung von Einstrahlinstrumenten wird die Genauigkeit einer quantitativen Meth. untersucht, wenn diese von einem Analytiker, von mehreren Analytikern in einem Labor. u. von mehreren Analytikern in 2 Laborr. ausgeführt wird. Die Testreihen zeigen, daß der Fehler für eine Doppelbest. unter 0,1% absol. liegt. (Analytic. Chem. **25**. 1311—13. Sept. 1953. Charleston, W. Va., Du Pont de Nemours & Co., Inc., Polychem. Dep.) EICHHOFF. 5063

Josef Brandmüller und **Heribert Moser,** *Direkte photoelektrische Messung von Raman-Spektren mit dem Raman-Spektrographen und der Raman-Lampe der Firma Steinheil.* RAMAN-Lampe u. RAMAN-Spektrograph der Firma STEINHEIL werden mittels eines in der Kameraebene bewegten Sekundärelektronenvervielfachers (SEV) für die direkte photoelektr. Registrierung von RAMAN-Spektren umgebaut. Ausführlich beschrieben wird die Stabilisierung des benutzten Hg-Bogens, sowie die Anord-

nung des SEV. Meßergebnisse an CCl_4 werden mitgeteilt. (S.-B. math.-naturwiss. Kl. bayer. Akad. Wiss. München **1952.** 181—90. 1953. München, Univ., Phys. Inst.)
GOUBEAU. 5063

M. R. Pesce, S. L. Knesbach und **R. K. Ladisch,** *Messung des Widerstandes von Strömen in polarographischen Zellen.* Durch den Einbau eines Oscilloskops zur Erkennung des Nullpunktes in einer WHEATSTONschen Brückenschaltung, durch die der polarograph. Strom geleitet wird, kann der Widerstand des polarograph. Stromes auf ±20 Ohm bestimmt werden. (Analytic. Chem. **25.** 979—80. Juni 1953. Philadelphia, Pa., U. S. Army Quatermaster Corps, Pioneering Res. Labor.) MOSLÉ. 5066

Michael A. DeSesa, David N. Hume, Arthur C. Glamm jr. und **Donald D. DeFord,** *Polarographische Charakteristiken von Metallkationen in Acetatmedium.* Vff. bestimmen die Halbwellenpotentiale folgender Elemente in Lsgg., die 2 mol. an NH_4-*Acetat* (I), 2 mol. an *Essigsäure* (II) sind u. 0,01% *Gelatine* (III) enthalten, bzw. 1 mol. an I u. II u. 0,001% an III sind. Das p_H der Lsgg. betrug 4,8 u. die Konz. der Elemente 0,001 Mol/Liter. Die Ergebnisse der Messungen in der konz. u. verd. Lsg. sind ähnlich, stimmen aber nicht überein. Halbwellenpotentiale von *Ag*(*I*), *As*(*III*) u. *As*(*V*), *Au*(*III*), *Co*(*II*), *Cr*(*III*), *Mn*(*II*), *Fe*(*II* u. *III*), *Ga*(*III*), *Hg*(*II*), *Mo*(*VI*), *Ni*(*II*), *Pd*(*II*), *V*(*IV*), *W*(*VI*) u. *Zr*(*IV*) werden mitgeteilt, während für folgende Ionen außerdem noch die Diffusionsströme bei 25° angegeben werden: *Bi*(*III*), *Cu*(*II*), *In*(*III*), *Pb*(*II*), *Sb*(*III*), *Sn*(*II*) u. *Sn*(*IV*), *Tl*(*I*), *U*(*VI*) u. *Zn*(*II*). (Analytic. Chem. **25** 983—84. Juni 1953. Cambridge, Mass., Massachusetts Inst. of Technol., u. Evanston, Ill., Northwestern Univ.) MOSLÉ. 5066

Edgar Ebbinghaus, *Sauerstoffmessung auf magnetischer Grundlage mit stark unterdrücktem Nullpunkt.* An dem von LEHRER u. Vf. (C. **1950**. II. 84) beschriebenen elektromagnet. Sauerstoffschreiber wird durch Drehung der Ringkammer erreicht, daß die vom O_2-Geh. hervorgerufene Druckdifferenz durch die von der Heizung herrührende Druckdifferenz ausgeglichen wird, so daß für den Anfangspunkt des Meßbereiches kein Gasstrom durch das Meßröhrchen fließt. Bei einem Meßbereich von 20—21% wird eine Meßgenauigkeit von 0,01% O_2 erreicht. Diese Meßmeth. wird mit den bekannten magnet. O_2-Messungen verglichen. (Z. angew. Physik **5.** 294—97. Aug. 1953. Marl, Chem. Werke Hüls, Labor. der Betriebskontrolle.) LUCHSINGER. 5086

E. Ebbinghaus, S. Strugger und **E. Perner,** *Die Anwendung der registrierenden Sauerstoffmessung in Gasgemischen auf magnetischer Grundlage am biologischen Objekt.* (Vorl. Mitt.) Als Anwendungsbeispiel des von LEHRER u. EBBINGHAUS beschriebenen (C. **1950.** II. 84) u. von EBBINGHAUS zur Erreichung einer größeren Empfindlichkeit modifizierten (vgl. vorst. Ref.) elektromagnet. Sauerstoffschreibers auf biol. Gebiet wird der Atmungsverlauf von Hefe beschrieben. (Naturwissenschaften **40.** 143—44. Febr. 1953. Marl, Chem. Werke Hüls, u. Münster/Westf., Univ., Botan. Inst.)
LUCHSINGER. 5088

René Fabre, René Truhaut und **Paul Chéramy,** *Gleichzeitige Bestimmung von Äthylalkohol und Diäthyläther in der Atmosphäre und in biologischen Medien.* Es wurde gefunden, daß ein verd. Gemisch aus Bichromat u. HNO_3 (= Reagens A: 4,90 g $K_2Cr_2O_7$ werden mit HNO_3 [D. 1,33] zu 1000 ml ergänzt; die Lsg. wird mit dem gleichen Vol. W. verd.) *A.* bei Raumtemp. quantitativ zu Essigsäure oxydiert, während unter gleichen Bedingungen *Ae.* nicht angegriffen wird. *Ae.* wird erst durch ein Gemisch aus Bichromat + HNO_3 + H_2SO_4 (= Reagens B: 4,90 g $K_2Cr_2O_7$ wird mit HNO_3 [D. 1,33] zu 1000 ml ergänzt; die Lsg. wird mit H_2SO_4 [D. 1,84] im Verhältnis 1:1 versetzt) bei Raumtemp. zu Essigsäure oxydiert. Auf dem Verh. gegen diese beiden Reagentien beruht die Best. von A. u. Ae. nebeneinander. Ein A. u. Ae. enthaltender Luftstrom wird mit einer Geschwindigkeit von 100 ml/Min. zuerst durch eine mit Reagens A gefüllte Vorlage, dann durch eine mit Reagens B gefüllte Vorlage geleitet. Nach 30 Min. Verweilzeit zur Beendigung der Oxydation wird der Inhalt jeder Vorlage mit dem zehnfachen Vol. W. verd. u. nach Zugabe von KJ wird das in den beiden Vorlagen befindliche überschüssige Reagens mit n/10 $Na_2S_2O_3$-Lsg. titriert. 1 ml n/10 $Na_2S_2O_3$ entspricht 1,15 mg A. (1. Vorlage) u. 0,9236 mg Ae. (2. Vorlage). Aus in gesätt. wss. Pikrinsäurelsg. bei 0° gesammeltem biol. Material werden A. u. Ae. bei Wasserbadwärme durch einen Luftstrom in 2 Std. ausgetrieben u. in diesem, wie vorher angegeben, bestimmt. (C. R. hebd. Séances Acad. Sci. **232.** 2266—68. 11/6. 1951.)
K. F. MÜLLER. 5088

a) Elemente und anorganische Verbindungen.

Earle R. Caley und **George A. Simmons jr.,** *Gravimetrische Bestimmung des Lithiums durch Fällung als Trilithiumphosphat.* 2—250 mg Li lassen sich mit großer Genauigkeit durch Fällung als Phosphat in 50% ig. *2-Propanol* mit *Cholinphosphat* bestimmen.

Der Nd. wird bei 550—800° konstant geglüht. Mitfällungen von Na u. K treten bei der beschriebenen Arbeitsweise nicht auf. Die Löslichkeit des Li_3PO_4 in dem Lösungsmittelgemisch wird durch einen Korrekturfaktor berücksichtigt (0,6 mg Li für 100 ml Lsg.). Alle anderen Metalle, außer den Alkalimetallen, stören bei dieser Meth. u. müssen vorher entfernt werden. (Analytic. Chem. **25**. 1386—89. Sept. 1953. Columbus, O., Ohio State Univ., McPherson Chem. Labor.) Umland. G 273

Max B. Williams und **James H. Moser**, *Colorimetrische Bestimmung von Calcium mit Ammoniumpurpurat.* Angabe einer Meth. zur Best. von Ca in Konzz. von 0,3 bis 3 mg/Liter mit Ammoniumpurpurat (*Murexid*). Die Absorption der Probe wird bei p_H 11,3 u. 506 bzw. 505 (bei Anwesenheit von Mg^{2+}) mμ gegen eine Leerprobe gemessen. Der Einfl. von Fremdionen auf die Arbeitskurve wird untersucht. Die Genauigkeit der Meth. beträgt $\pm 1\%$. (Analytic. Chem. **25**. 1414—17. Sept. 1953. Corvallis, Ore., Oregon State Coll.) Eichhoff. G 283

A. Basiński und **St. Jakubowski**, *Neue Methoden der quantitativen Cadmiumbestimmung.* 1. Mitt. *Gravimetrische Bestimmung von Cadmium als Eisen(II)-cyanid.* Durch Umsetzung des aus Pb-Acetat u. $K_4Fe(CN)_6$ erhaltenen $Pb_2Fe(CN)_6$ mit Li_2CO_3 wird *$Li_4Fe(CN)_6$* dargestellt, das in schwachem Überschuß in neutraler Lsg. als Reagens zur quantitativen Fällung von $Cd_2Fe(CN)_6$ (**I**) geeignet ist. Der Unterschied gegenüber der elektrolyt. Best. übersteigt nicht 0,2%. Mit $Fe(CN)_6^{4-}$ schwerlösl. Salze bildende Kationen (Zn, Cu, Pb) sowie die mit **I** Komplexe bildenden K^+ u. NH_4^+ stören. (Przemysł chem. **9** (**32**). 190—93. April 1953. Thorn [Toruń], Univ. M. Kopernika, Zakł. chem. fiz.) R. K. Müller. G 289

A. Basiński und **H. Lamańska**, *Neue Methoden der quantitativen Cadmiumbestimmung.* 2. Mitt. *Maßanalytische Bestimmung des Cadmiums durch Fällung als Eisen(II)-cyanid.* (1. vgl. vorst. Ref.). Die beschriebene Rk. des Cd^{2+} mit *$Li_4Fe(CN)_6$*(I) läßt sich auch als Titrationsverf. benutzen. Eine neutrale Lsg. von $CdSO_4$ wird mit genau bemessener Menge 0,10379 mol. **I**-Lsg. u. 3 cm³ 1 mol. $Ca(NO_3)_2$-Lsg. (zur Koagulation des koll. Nd.) versetzt, mit dest. W. auf 200 cm³ verd., in eine trockene Flasche umgefüllt u. 30—60 Min. geschüttelt. Nach 10—15 Std. hat sich der Nd. völlig abgesetzt. In 100 cm³ der überstehenden Lsg. wird der **I**-Überschuß mit $KMnO_4$ zurücktitriert. Rascher gelingt die Best., wenn statt des Stehenlassens zentrifugiert wird. Auch hier stören Zn^{2+}, Pb^{2+}, Cu^{2+}, K^+ u. NH_4^+, sowie oxydierende Substanzen. (Przemysł chem. **9** (**32**). 241—42. Mai 1953.) R. K. Müller. G 289

Mihir Nath Das, *Alkalimetrische Bestimmung von Quecksilber und seine Trennung von anderen Schwermetallen.* HgO bildet in wss. Aceton einen lösl. Komplex der Bruttozus. $3\,HgO \cdot 2\,C_3H_6O$. Bei Zugabe von KJ oder $Na_2S_2O_3$ im Überschuß zu einer HgO-Lsg. in 10%ig. Aceton entstehen die Komplexe K_2HgJ_4 bzw. $Na_2Hg(S_2O_3)_2$ u. die dem Hg(II) äquivalente Menge KOH bzw. NaOH, die mit eingestellter Säure titriert werden können. Man gibt zunächst etwas Lauge im Überschuß zu der 10% Aceton enthaltenden Hg-Salzlösung. Dabei fallen die meisten Schwermetalle als Hydroxyde aus; erforderlichenfalls vervollständigt man die Fällung durch Zugabe von Soda, filtriert u. verkocht nach Ansäuern das CO_2. Dann neutralisiert man gegen Thymol- oder Phenolphthalein — bei Ggw. von Cl^- gegen einen Mischindicator aus α-Naphthol- u. Phenolphthalein 1:3 —, setzt KJ oder $Na_2S_2O_3$ zu u. titriert. An Anionen stören: Br^-, J^-, SCN^-, $S_2O_3^{2-}$, CN^-, PO_4^{3-} u. die schwachen Säuren infolge ihrer Pufferwirkung. Vorschläge zur Entfernung dieser Anionen werden gemacht. (Analytic. Chem. **25**. 1406—08. Sept. 1953. Calcutta, India, Indian Assoc. for Cult. of Sci.) Umland. G 290

Therald Moeller und **Glendall L. King**, *Elektrometrische Titrationsuntersuchungen über Thallium(III)-Salzlösungen.* Vff. haben verschied. Tl(III)-Salzlsgg. (SO_4^{2-}, Cl^-, Br^-) mit NaOH elektrometr. titriert. Die Sulfatlsgg. sind stärker komplex als die Halogenidlösungen. Bes. stabile Komplexe werden mit dem Acetation gebildet. Sie ermöglichen eine Trennung des Tl von anderen Kationen durch Kontrolle der p_H-Werte. Aus einer durch CH_3COONa auf einen p_H-Wert von 4,5 gebrachten Lsg. von Fe(III) u. Tl(III) fällt beim Erhitzen das Fe(III) quantitativ aus. Liegt das Molverhältnis Fe/Tl zwischen 1 u. 15, werden 2—8% Tl mitgefällt. (J. Amer. chem. Soc. **75**. 4852. 5/10. 1953. Urbana, Ill., Univ., Noyes Chem. Labor.) Woelk. G 297

A. D. Horton, *Spektralphotometrische Bestimmung von Zirkonium.* Angabe einer spektralphotometr. Bestimmungsmeth. für Zr mit *2-[2-Oxy-3.6-disulfo-1-naphthylazo]-phenylarsinsäure, Thoron.* Der bei Konzz. bis zu 100 γ Zr/10 ml für >6 Std. stabile Komplex hat sein Absorptionsmaximum bei 555 mμ. *Hf* zeigt ident. Verhalten. Angabe der Störmöglichkeiten durch andere Ionen. Abgesehen von Störungen durch Interferenz anderer Ionen beträgt der Fehler der Meth. im 10 γ-Bereich $\pm 5{,}9$, im 100 γ-

Bereich ±2,9%. (Analytic. Chem. **25.** 1331—33. Sept. 1953. Oak Ridge, Tenn., Analyt. Chem. Div., Oak Ridge Nat. Labor.) EICHHOFF. G 322

George Norwitz und **Maurice Codell,** *Bestimmung von Molybdän in Molybdän-Titan-Legierungen durch Fällung als Sulfid.* Vff. untersuchen verschied. Einflüsse auf die quantitative Fällung von Mo als Sulfid u. finden folgendes Verf. zur Best. des Mo günstig: 1 g Probe wird in einer großen Platinschale mit 10 cm^3 H_2O, 2 cm^3 H_2SO_4 u. in kleinen Portionen mit 5 cm^3 48%ig. HF versetzt. Nach Ablauf der Rk. werden 1,5 cm^3 30%ig. H_2O_2 zugegeben u. auf ca. 60 cm^3 mit W. aufgefüllt. Die Lsg. soll gelb sein. Ist dies nicht der Fall, wird mehr H_2O_2 zugegeben. Jetzt wird erhitzt, bis der gelbe Ti-Peroxydkomplex zerstört ist, abgekühlt, auf 80 cm^3 verd., in ein 250 cm^3-Becherglas, das 50 cm^3 H_2O enthält, gespült, etwas Filtrierschleim zugesetzt u. auf 175 cm^3 verdünnt. 5 Min. wird ein rascher, 10 Min. ein weniger rascher Strom von H_2S durchgeleitet. Nach dem Stehenlassen über Nacht wird filtriert u. mit H_2SO_4–H_2S-Lsg. gewaschen. Der Nd. wird bei 500° geglüht u. als MoO_3 ausgewogen. Bei Ggw. von >0,2% W müssen 25 cm^3 20%ig. Weinsäurelsg. zugesetzt werden u. muß mit einer H_2SO_4–H_2S-Weinsäurelsg. gewaschen werden. Es wurden Legierungen, die bis 10% Mo enthielten, untersucht. (Analytic. Chem. **25.** 1438—41. Okt. 1953. Philadelphia, Pa., Frankford Arsenal, Pitman-Dunn Labor.) BRAASCH. G 336

Louis Silverman, Lavada Moudy und **Dorothy W. Hawley,** *Kleine Mengen von Uran in Gegenwart von Eisen. Colorimetrische Bestimmung mit 8-Oxychinolin.* U läßt sich im p_H-Bereich von 5,7—9,8 mit Chlf. als Uranyloxinat quantitativ extrahieren. Störungen durch andere Elemente lassen sich ausschalten durch Komplexbldg. mit NaCN. Fe muß dazu vorher im sauren Gebiet mit KJ red. werden; das freie J wird mit $Na_2S_2O_3$ beseitigt. Extrahiert wird bei p_H 8,9. Je nach der vorhandenen U-Menge erfolgt die Extinktionsmessung bei 400, 420 oder 440 mμ. Gleichzeitige Messungen bei allen 3 Wellenlängen lassen noch vorhandene Verunreinigungen — bes. Al, aber auch Zr u. Th, die durch NaCN nicht gebunden werden — dadurch erkennen, daß die gemessenen Werte bei 400 mμ dann höher liegen, als dem bei 440 mμ ermittelten U-Geh. entspricht. Bei geringfügigen Störungen ist eine Korrektur möglich. Mit der beschriebenen Meth. können 10 γ U in Ggw. von 500 mg Fe, 50 mg Cu, 20 mg Ni oder Co ohne weitere Trennungen bestimmt werden. Die Best. neben großen Mengen Fe ist wichtig in Verbindung mit der hydrolyt. Fällung des U bei p_H 6,2 mit Pyridin, bei der es vom Fe begleitet wird. (Analytic. Chem. **25.** 1369—73. Sept. 1953. Downey, Calif., Atomic Energy Res. Dep., North Amer. Aviation, Inc.) UMLAND. G 339

Blanche L. Ingram und **Leonard Bean,** *Abtrennung von Mangan vor der Fällung von Calcium und Magnesium.* Bei der Analyse z. B. von Mn-haltigen Zementen ist nach der NH_3-Fällung eine Abscheidung des Mn erforderlich, um reine Ca-Oxalat- u. $MgNH_4PO_4$-Ndd. zu erzielen. Die bisherige Abscheidung mit $Br_2 + NH_3$ hat sich als nicht sicher erwiesen (Verf. zur colorimetr. Mn-Best. mit KJO_4 in Mn-haltigen CaO- u. $Mg_2P_2O_7$-Auswaagen vgl. Original). Nach der neuen Arbeitsvorschrift erzeugt man in schwach NH_3-haltiger Lsg. eine Fällung aus eigens zugesetztem $MnSO_4$ mit schwach überschüssigem $KMnO_4$, dann mit Alkohol. Mitgefallene Ca- u. Mg-Anteile werden mit HCl ausgewaschen u. nochmals in gleicher Weise Mn-frei gemacht. Genaue Vorschrift u. Beleganalysen (Zement u. toniger Kalkstein) vgl. Original. (Analytic. Chem. **25.** 1217—19. Aug. 1953. Washington, D. C., Nat. Bur. of Stand., Analyt. Labor.) G. LOCHMANN. G 350

M. Struszyński, Z. Marczenko und **T. Nowicka,** *Photocolorimetrische Eisenbestimmung mit α.α'-Dipyridyl.* Die aus der Rk. von Fe^{2+} mit α.α'-Dipyridyl (**I**; 0,5%ig. Lsg. in 0,2n HCl) entstehende farbige Verb. kann zur photocolorimetr. Fe-Best. im Vgl. mit einer Standardlsg. (1 cm^3 = 25 γ Fe; 0,2115 g Fe-NH_4-Alaun + 25 cm^3 2n HCl auf 1 Liter verd.) verwendet werden. Die 100—20 γ Fe/Liter enthaltende Probelsg. wird mit HCl u. Na_2SO_3. nach 10 Min. mit Pufferlsg. (25%ig. NH_4-Acetatlsg.) u. **I**-Lsg. versetzt u. nach 15 Min. colorimetriert. Optimaler p_H-Bereich 4,8—5,15, optimale Temp. 15—25°. Die mit **I** einen Nd. liefernden Ionen (Sb^{3+}, Sn^{4+}, Bi^{3+}) u. solche, die die Färbung beeinflussen (Co^{2+}, Ni^{2+}, Be^{2+}), stören; keine Störung durch Al^{3+}, Ti^{4+}, Ca^{2+}, Mg^{2+}, K^+, Na^+ u. NH_4^+. **I** ist selektiver als SCN^-. (Przemysł chem. **9** (**32**). 293—97. Juni 1953. Inst. Chem. ogóln., Zakł. analit.) R. K. MÜLLER. G 354

Harald Schäfer, *Vorlesungsversuch zur Erläuterung der Eisentitration nach Zimmermann-Reinhardt.* Aus der Beobachtung, daß beim Durchleiten von N_2 erst durch 100 ml 0,1n HCl + 1,5 ml 0,1n $KMnO_4$-Lsg., dann durch eine KJ-Stärkelsg. sich in dieser kein J_2 abscheidet, daß aber, sobald man zur ersten Lsg. 1 ml 0,1n $FeSO_4$, in 0,5n H_2SO_4 gelöst, zugibt, 10 Sek. später plötzlich die Jodstärkefarbe auftritt, ist zu schließen, daß die anfangs gehemmte Rk. zwischen MnO_4^- u. Cl^- durch die Rk.

zwischen Mn^{7+} u. Fe^{2+} induziert wird, während keine Autokatalyse vorliegt, da bei Zugabe von Fe^{3+} an Stelle von Fe^{2+} Chlor nicht freigesetzt wird. Da in geringem Überschuß zugesetztes Fe^{2+} die Entw. von Cl_2 nicht hindert, folgt, daß beide nur langsam miteinander reagieren, wodurch ein Fehler bei der Fe-Titration verursacht werden würde. Dieser wird bekanntlich durch Mn^{2+}-Zusatz vermieden, wie auch beim vorst. Vers. durch Zugabe von 400 mg $MnSO_4 \cdot H_2O$ zur ersten Lsg., so daß auch in Ggw. von Fe^{2+} die Cl_2-Entw. völlig unterdrückt wird. Geht man aber mit der HCl-Konz. über die vorschriftsmäßige Grenze von 0,2 n hinaus, macht sich mit höherer Konz. doch wieder steigende Cl_2-Entw. geltend. (Angew. Chem. **66.** 229—30. 21/4. 1954. Münster/Westf., Univ., Anorgan.-chem. Inst.) Metzener. G 354

P. G. Meerman und **H. J. Odekerken,** *Sedimentationsanalyse von Magnetit.* An Hand von Verss. wird festgestellt, daß *Magnetit* mit Hilfe der Schwebeanalyse von Beimengungen durch die n. Mittel wie Na-Polymetaphosphat oder Na-Linolat getrennt werden kann, wenn man es durch Erhitzen auf ca. 800° an der Luft oxydiert. Es genügt eine Erhitzungsdauer von 15—20 Minuten. (Fuel **32.** 62—66. Jan. 1953.)

K. Seidel. G 354

E. Mihàltz, *Bestimmung der Korngröße von Sanden an Ort und Stelle.* Die Korngrößenbest. erfolgt nicht durch Siebanalyse, sondern durch photograph. Aufnahmen auf einer mit Skala versehenen Platte. (Földtani Közlöny **82.** 51—57. Jan./März 1952.) Ensslin. 5292

Gyula Grasselly, *Elektrographische Untersuchungen an Schliffen sulfidischer Erze.* 1. Mitt. Die Meth. von Glazunov u. Jirkovsky verwendete Vf. zur Unters. vieler sulfid. Erze, indem er auf den Schliff ein mit dem Zweck entsprechenden empfindlichen Reagens getränktes Gelatinepapier legte, darauf ein mit KCl oder K_2SO_4 getränktes Filtrierpapier u. endlich eine Al- oder Cu-Platte. Im Niederspannungsstromkreis ist letztere die Kathode, das Mineral die Anode. Elektrolysiert wurde mit 2—10 mA bei 2,5—5 V, 25—60 Sek. lang. Die verschied. Mineralkörner geben auf dem Gelatinepapier scharf abgegrenzte Abdrücke. Die Meth. wurde zum Nachw. u. Feststellen der Verteilung von *Fe, Cu, Ni, Co, Ag, Sn* in sulfid. Erzen u. Mineralien ausgearbeitet. (Acta Univ. Szegediensis, Sect. Sci. natur., Acta mineralog., petrogr. **5.** 58—72. 1951. Szeged, Ungarn, Univ., Miner. u. petrogr. Inst.) Plank. 5292

b) Organische Verbindungen.

Arieh Berger, Michael Sela und **Ephraim Katchalski,** *Titration von N-Carboxy-α-aminosäureanhydriden in nichtwässerigen Lösungsmitteln.* N-Carboxy-α-aminosäureanhydride setzen sich in Ggw. von Methanol mit Na-Methylat so um, daß die entstehende Dicarbonsäure an der einen Carboxylgruppe verestert wird, während an der anderen Salzbldg. eintritt, oder umgekehrt. So wurde z. B. gefunden, daß N-Carboxyphenylalaninanhydrid 0,96 Mol. N-Carboxyphenylalaninmethylester u. 0,03 Mol. Na-Salz des N-Carbomethoxyphenylalanins liefert. Bei der Titration finden als wasserfreie Lösungsmittel Verwendung: Methanol, Bzl. + Methanol (1 + 1), Aceton, Ae., Chlf., Essigester, Acetophenon, Dimethylformamid, Pyridin, Anilin oder Butylamin. Indicator ist Thymolblau. Es wird die Durchführung einer Makro- u. einer Mikrotitration beschrieben. Der Verlauf der Polymerisation von ε.N-Carbobenzoxy-α.N-carboxy-L-lysinanhydrid wird mittels der Titration mit Na-Methylat verfolgt. (Analytic. Chem. **25.** 1554—55. Okt. 1953. Rehovoth, Israel, Weizmann Inst. of Sci.)

Fresenius. 5363

G. T. Walker, *Identifizierung der Mercaptane.* 1. Mitt. Übersicht über die qualitativen Nachweismethoden der organ. Sulfhydrylgruppe. Diskussion der Nachweise von Mercaptanen mittels 2.4-Chlorbenzol u. als Pb- bzw. Hg-Mercaptid. — 13 Literaturangaben. (Soap, Perfum. Cosmet. **26.** 1238—40. Dez. 1953.) Genest. G 600

Arnaldo Foschini und **Mario Talenti,** *Die Bestimmung von Formaldehyd in Gegenwart von Acetaldehyd und eine spezifische Reaktion dieser Verbindungen mit Ammoniak.* (Vgl. C. **1940.** I. 438.) Bei Ggw. von Acetaldehyd (I) verbraucht eine Formaldehyd (II)-Lsg. mehr NH_3. Der Mehrverbrauch hängt von der I-Menge u. von der Zeit ab u. nimmt mit beiden Größen zu. Bei einem bestimmten Verhältnis II:I wird nach ca. 24 Std. ein konstant bleibender NH_3-Verbrauch erreicht. Auch bei großem I-Überschuß wird noch keine Grenze der NH_3-Bindung erreicht. Daß nicht der gesamte I gebunden wird, ergibt sich daraus, daß das Destillat in allen Verss. etwas I enthält. Über die Art der Rk. u. der dabei entstehenden Prodd. läßt sich noch nichts aussagen. Es ist nur darauf zu achten, daß die in der früheren Mitt. vorgeschlagene Meth. der II-Best. mit NH_3 bei Ggw. von I nicht ausführbar ist, auch nicht direkt in der II-Lösung. (Chimica [Milano] [N. S.] **29** (**8**). 186—87. Juli 1953. Roma, Univ., Ist. di Merceologia.)

R. K. Müller. G 670

W. L. Dulière, *Reaktionen des Nitrons mit Halogenderivaten der Essigsäure. Beschreibung eines charakteristischen Derivates der Trichloressigsäure.* Nitron (I; 1.4-Diphenyl-3.5-endanilodihydrotriazol) gibt mit Trichloressigsäure (II) ein *Salz* **III**, F. 103°, das sich zum Nachw. von II eignet; 10 g I werden in 90 cm³ 5%ig. CH_3COOH gelöst, die Lsg. wird tropfenweise zur Lsg. von II zugefügt. Bis zu II-Konzz. von 1:600 ist der Nd. von III mit dem bloßen Auge zu erkennen, bei größeren Verdünnungen empfiehlt sich 10std. Stehenlassen u. mkr. Unters. der abzentrifugierten Kristalle. Die Lsg. von III in W. zeigt wie die von I selbst mit NaOH eine Rosafärbung u. nach einigen Tagen eine rote Abscheidung (Oxydationsprod. von I), mit NH_4OH tritt zunächst Gelbfärbung auf, dann ebenfalls die Abscheidung des roten Produktes. Monochloressigsäure gibt mit I einen viscosen Nd. (nicht quantitativ), Monojodessigsäure einen zunächst gelatinösen, nach mehreren Tagen kristallisierenden Nd., ebenfalls nicht quantitativ. (Bull. Soc. Chim. biol. **34.** 991—93. 1952. Bruxelles, Serv. d'inspect. méd. du Brabant.) G. Spaeth. G 810

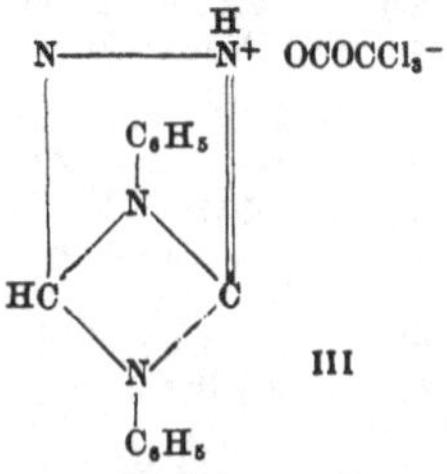
III

John F. Hedenburg und **Henry Freiser,** *Anodische Stromspannungsmessungen an Phenolen.* Die Unterss. wurden angestellt, um Methoden zu finden, die es gestatten, Phenole schnell quantitativ zu bestimmen u. sie auf ihre Verwendbarkeit als Antioxydationsmittel zu prüfen. — Nach Egloff u. Mitarbeiter (Ind. Engng. Chem. **25.** [1933.] 804) haben Phenole, sind sie wirksame Inhibitoren, Oxydationspotentiale zwischen 0,6 u. 0,9 V. — Die anod. Oxydation wurde an einer Mikro-Pt-Elektrode durchgeführt. (Messungen an der tropfenden Hg-Elektrode können nicht angestellt werden, da die anod. Oxydation der Phenole etwa im gleichen Potentialbereich erfolgt, wie die des Hg.) Mit der Pt-Elektrode erhält man Stromspannungskurven ähnlich den polarographischen. Die Halbstufenpotentiale sind reproduzierbar u. sind abhängig vom p_H der Lösung. Bei p_H 9 beträgt es für Phenol 0,52 V. Die anod. Oxydation entspricht einem einelektronigen Prozeß; sie führt zum freien Radikal Phenoxyd. Die Diffusionskoeffizienten sind nahezu proportional der Konz. u. fast unabhängig vom p_H der Lösung. Eine qualitative Unterscheidung von verschied. Phenolen in einer Mischung ist möglich, wenn die Halbstufenpotentiale um ca. 200 mV auseinander liegen. Die Genauigkeit bei der quantitativen Analyse beträgt $\pm 14\%$. (Analytic. Chem. **25.** 1355—58. Sept. 1953. Pittsburgh, Pa., Univ., Dep. of Chem.)
H. Marsen. G 1060

M. Struszyński, Z. Bellen und **N. Bellen,** *Bestimmung von Phthalsäureanhydrid in rohem Phthalsäureanhydrid.* Zur Best. von *Phthalsäureanhydrid* (**I**) in Ggw. von Malein- u. Benzoesäure, mit durch alkoh. KOH nicht fällbaren Substanzen u. in A. bzw. A. + Ae. lösl. Verbb. wird folgendes Verf. empfohlen: Man löst 0,18—0,25 g Probe in 10 cm³ rektifiziertem A., gibt 25 cm³ ca. 0,5n alkoh. KOH zu, erhitzt 15 Min. auf dem Wasserbad auf 70—75°, kühlt binnen 20 Min. auf gewöhnliche Temp. ab, versetzt mit 15 cm³ Ae., neutralisiert nach 10 Min. mit Ölsäure gegen Phenolphthalein, filtriert durch Glasfilter (G 3 oder G 4), wäscht 5mal mit 5 cm³ A. + Ae. (1 : 1) u. trocknet 2 Std. bei 160°. Nach Abkühlen im Exsiccator wägt man das erhaltene K-Phthalat u. löst es sowie den Filterrückstand in W., bringt die Lsg. in einen Kolben mit Schliffstopfen, gibt 1 cm³ konz. H_2SO_4 u. 20 cm³ 0,1n $KMnO_4$-Lsg., nach 3 Min. 0,5 g KJ zu u. titriert mit 0,1n $Na_2S_2O_3$-Lösung. X (%) = 61,13 G. 1,175 (Vk.Nk — Vt. Nt)/Q (X = I-Geh.; G = Gewicht des Nd.; Nk u. Nt, Vk u. Vt = Normalität bzw. Vol. $KMnO_4$ bzw. $Na_2S_2O_3$; Q = Einwaage). (Przemysł chem. **9** (**32**). 243—45. Mai 1953. Inst. Chem. ogóln., Zakl. analit.) R. K. Müller. G 1220

M. Struszyński und **Z. Bellen,** *Bestimmung von Isonicotinsäurehydrazid nach der Jodatmethode.* Die Oxydation von *Isonicotinsäurehydrazid* (**I**) zu Isonicotinsäure mittels KJO_3 (**II**) wird zu einem quantitativen Bestimmungsverf. für **I** ausgearbeitet: Man wägt ca. 0,2 g **I**, löst im Meßkolben mit W. auf 250 cm³, pipettiert 50 cm³ ab, versetzt sie mit 20 cm³ 5n H_2SO_4 u. 50 cm³ 0,1n **II**-Lsg., nach 3 Min. mit 15 cm³ 10%ig. KJ-Lsg. u. titriert den J_2-Überschuß mit 0,1n $Na_2S_2O_3$-Lsg. zurück. (Przemysł chem. **9** (**32**). 40. Jan. 1953. I. Ch. O., Zakł. analit.) R. K. Müller. G 3231

c) Bestandteile von Pflanzen und Tieren.

Aloysius Krieg, *Fluorescenzmikroskopischer Nachweis von Kernäquivalenten in Bakterien.* Beobachtung axialer, nach Fluorochromieren mit *Acridinorange* (Strugger) intensiv grün fluorescierender Kernspiralen u. ihrer Abhängigkeit von der Entwicklungsphase der Bakterien. (Naturwissenschaften **40.** 414. Aug. 1953. Göttingen, Zeiß-Winkel, Mikrolabor.) Blumrich. 5661

L. Paulsen und **J. Varnek,** *Schnellfärben von Spermatozoen.* Die Ausstriche werden nach der beschriebenen Meth. innerhalb 8 Min. mit Chloramin u. A. fixiert u. mit Gentianaviolett–Phenol-Lsg. gefärbt. (Scand. J. clin. Lab. Invest. **5.** 295. 1953. Aarhus, Dän., County Hosp., Med. Dep. and Surg. Dep.) BLUMRICH. 5661

Antonio Couceiro und **J. Roberto C. Freire,** *Histochemische Untersuchung des Bindegewebes des Electrophorus Electricus.* Fragmente des elektr. Gewebes werden nach geeigneter Vorbehandlung mit Toluidinblau sowie nach dem Verf. von HOTCHKISS (Arch. Biochemistry **16.** [1948.] 131) mit Überjodsäure nach SCHIFF angefärbt u. die Einw. von Hyaluronidase, Collagenase u. Pepsin auf die Färbungen untersucht. Die Ergebnisse sind in mehreren, zum Teil farbigen Abbildungen wiedergegeben. (An. Acad. brasil. Ci. **23.** 443—48. 31/12. 1951. Rio de Janeiro, Univ. do Brasil, Inst. de Biofisica.) WESLY. 5661

Konrad L. Zirm und **Rudolf Kilches,** *Eine Möglichkeit der Darstellung von Lymphknoten in vivo mit Chlorophyllin und seinen Metallderivaten.* Die Vitalfärbung von Lymphknoten ist mittels subcutaner Injektion von Mg-Chlorophyllin-Na möglich, aber auch dann, wenn statt Mg als Zentralatom Zn, Cu, Ni oder Co vorhanden sind. Die Farbe wird bei Verwendung von Zn-, Ni- u. Cu-Chlorophyllin am schönsten. (Arzneimittel-Forsch. **3.** 488—89. Sept. 1953. Lannach, Österreich, Lannacher Heilmittel G. m. b. H.) FRESENIUS. 5662

Raymond Bangle jr. und **William C. Alford,** *Die chemische Grundlage der Perjodsäure-Schiff-Reaktion von Collagenfasern unter Berücksichtigung des Perjodatverbrauchs durch Collagen und Insulin.* Es wird ein kurzer Überblick der Chemie der *Perjodsäure*-SCHIFFschen Rk. gegeben. Die Oxydation von *Collagen* (I)-Fasern in Hautgewebeschnitten (menschliche Haut) u. Hautpulver (Rinderhaut-I) durch saure *Perjodat* (II)-Lsg. (p_H 1,9) führte zu einem Prod., das eine positive rosa bis rote SCHIFFsche Rk. gab. Oxydation mit alkal. II-Lsg. (p_H 8,2) gab eine ähnliche schwach rosa Reaktion. Die Rk. zwischen dem unlösl. I-Oxydationsprod. u. SCHIFFschem Reagens wurde in Gewebeschnitten u. in vitro durch eine wss. Lsg. von Anilinchlorid, Phenylhydrazin oder Dimedon vollständig blockiert. Dies deutet auf Bldg. freier unlösl. Aldehydgruppen durch die saure II-Oxydation hin. Die saure II-SCHIFFsche Rk. der I-Fasern beruht nicht auf Ggw. von Lipiden oder Glykogen u. ist von der chem. Fixierung unabhängig. Anscheinend spielt die II-Spaltungsoxydation der *ε-Amino-δ-oxy*-Gruppierung des I-*Oxylysins* bei der Rk. keine wesentliche Rolle. Eine oxydative Spaltung der *Serin*- u. *Threonin*-Komponenten von I erfolgt wahrscheinlich nicht. Die größte Kohlenhydratfraktion in Trockenhautpulver bestand aus Nichtglucosaminpolysaccharid (III) (0,55%, berechnet als Glykogen). Der *Hexosamin*- u. *Uronsäuren*-Geh. entfetteten Hautpulvers betrug 0,047 u. $<$ 0,039%. Für die II-SCHIFFsche Rk. ist wahrscheinlich der mit I verbundene III-Komplex verantwortlich. Ein großer Teil des durch Haut-I verbrauchten II entsprach nicht dem Verbrauch durch Oxydation der darin enthaltenen Kohlenhydrate u. der benachbarten Oxyaminogruppen des Eiweißes oder dem durch nichtspezif. Adsorption von JO_4^-. Verss. mit gereinigtem *Insulin* ergaben, daß II durch Eiweiß ohne Bldg. von Aldehyd oder freiem NH_3 verbraucht werden kann. In gleicher Weise verschwindet wahrscheinlich ein Teil II bei der Oxydation von Haut-I. U. a. dürfte hierbei eine Oxydation von *Cystin*-Resten zu Cysteinsäuregruppen stattfinden. (J. Histochem. Cytochem. **2.** 62—76. Jan. 1954. Bethesda, Md., U. S. Public Health Serv., Nat. Inst. of Health.) K. MAIER. 5662

d) Medizinische und toxikologische Analyse.

W. L. Dulière, *Paradoxes Verhalten der NH_2-Gruppe gegenüber verschiedenen angeblich spezifischen Reagentien. Schnelle Durchführung einer Kjeldahl-Bestimmung. Bestimmung des Harnstoffs im Blut mit Hypobromit.* Es wird das Verh. verschiedenartiger N-haltiger Verbb. bei der Best. nach VAN SLYKE, nach SCHIFF-SOERENSEN u. mit Hypobromit untersucht. Mit Hypobromit läßt sich der N von NH_3 u. NH_4-*Salzen* (*Sulfat, Oxalat, Sulfocyanat*), *Harnstoff* (I) u. *Phenylhydrazin* quantitativ bestimmen, was eine rasche KJELDAHL-Best. [$(NH_4)_2SO_4$] erlaubt. Bei der Best. von I im *Blut* ist zu berücksichtigen, daß der geringe Geh. an Aminosäuren u. die im allg. niedrigen N-Werte, die mit Hypobromit erhalten werden (*Glykokoll* 21,5%, *Alanin* 24,0%, *Arginin* 94%, *d-Lysin* 14,7%, *Glutaminsäure* 49%, *Asparagin* 13%, *Acetamid* 0%, *Cystin* 1,15%, *Methionin* 10%, *Serin* 16,1%, *dl-Valin* 0,4%, *Isoleucin* 12,5%, *Tyrosin* 0%, *Methyltyrosin* 0%, *Dopa* 0%, *Tyramin* 0%, *l-Prolin* 4,9%, *Histidin* 26%, *Tryptophan* 0%), der gleichfalls niedrige Geh. an *Harnsäure, Kreatin* u. *Kreatinin* (je 50%) sowie der fast zu vernachlässigende Geh. an NH_4-Salzen die

I-Best. mit Hypobromit längst nicht in dem Maße verfälschen, wie dies verschiedentlich angenommen wurde. Die mit HOBr gefundenen N-Werte für *Hydroxylamin*, *Methylamin*, *Dimethylamin*, *Thiosemicarbazid*, *dl-Leucylglycylglycin*, ein *Pepton* nach WITTE, *menschliches Serumprotein* u. *Hämoglobin* u. *Piperazin* betrugen 67, 70, 13, 2, 85, 67, 25, 20—30, 30—40 bzw. 18% der Theorie. (Bull. Soc. Chim. biol. **34.** 994—97. 1952. Bruxelles, Serv. d'inspection méd. du Brabant.) SPAETH. 5727

H. Antaky, *Polarographische Untersuchung von Antibiotica: Eine Methode zur Terramycinbestimmung.* Die polarograph. Best. von *Terramycin* (I) ist in Phthalatpuffer vom p_H 3,0 u. 3,8 u. in Boratpuffer vom p_H 9,0 möglich. I kann in *Plasma* nach Verdünnung 1 : 10 mit Phthalatpuffer vom p_H 3,8 mittels einer Eichkurve polarograph. bestimmt werden. (J. Egypt. med. Assoc. **36.** 368—75. 1953. Fouad Res. Inst. u. Hosp. for trop. Diseases.) KRUSEN. 5728

Ernst Vidic, *Zum mikrochemischen Nachweis von Cliradon und Dromoran im Urin.* Die Trübungs-Rk. nach DECKERT ist nur als Vorprobe auf das Vorhandensein von Suchtmitteln im Harn zu werten. Der Zusatz von Bromwasser gibt eine größere Empfindlichkeit als ein Br–KBr-Reagens, das sich aber zur Unterscheidung von Dolantin u. Polamidon bewährt hat. Entgegen der Auffassung von BREINLICH kann aus einer Trübung nicht auf das Vorhandensein von Cliradon oder Dromoran geschlossen werden, da auch andere Arzneimittel diese Rk. geben. Ein Identifizierungsverf. ist anzuschließen. Auch das Verf. nach CRONHEIM-WARE steigert nicht die Spezifität von Br als Reagens. (Arzneimittel-Forsch. **3.** 490. Sept. 1953. Berlin, Freie Univ., Inst. für gerichtl. u. soziale Med.) FRESENIUS. 5732

Walter Paulus und **Otto Pribilla,** *Spektrophotometrische Messungen zur Kobaltreaktion der Barbiturate.* Es wird die Gültigkeit des BEERschen Gesetzes bei der Durchführung der ZWIKKER-KOPPANYI-Rk. auf Barbitursäuren im Hinblick auf die toxikolog. Analyse studiert. Es ergibt sich, daß dieses Gesetz nur im Konzentrationsbereich mol./200 bis mol./2000 für Chloroform- u. Essigesterlsgg. von *5.5-Diäthyl-*, *5-Äthyl-5-phenyl-*, *5-Äthyl-5-cyclohexyl-*, *N-Methyl-5-methyl-5-cyclohexenyl-* u. *5-Isopropyl-5-β-bromallylbarbitursäure* gültig ist. (Arzneimittel-Forsch. **3.** 478—81. Sept. 1953. Bonn, Univ., Inst. für gerichtl. Med.) GOLDHAHN. 5764

Wolfgang Telle, ABC der Laboratoriumsgeräte. Unter Mitarb. v. **Johannes Großer.** Leipzig: Fachbuchverl. 1953. (134 S. m. 390 Bild.) DM 7,80.

—, Labo 53... manuel d'appareils de laboratoire, d'instruments scientifiques et techniques, Paris: O. P. F. 1953. (464 S. + VIII m. Abb.) fr. 2400,—.

H. Angewandte Chemie.

I. Allgemeine chemische Technologie.

K. Semljannikow, *Weiteres über die Vorzüge des Systems der direkten Ammoniakverdampfung.* Das Verf. der direkten NH_3-Verdampfung stellt sich im Vgl. zum Salzkühlverf. weit billiger, sowohl apparativ (z. B. 1- statt 2-stufiger Kompressor, geringerer Metallverbrauch, größere Korrosionsfestigkeit) als auch betriebsmäßig, was rechner. näher ausgeführt wird. (Мясная Индустрия СССР [Fleisch-Ind. UdSSR] **23.** Nr. 3. 17—18. Mai/Juni 1952. Fleisch-Hauptverwaltung.) v. WILPERT. 5858

G. A. Dummett und **P. V. Clifton,** *Fortschritte in der Destillation.* 1. Mitt. An Hand der neueren Literatur geben Vff. zunächst einen Überblick über die derzeitigen theoret. Grundlagen der Destillation. Die Dest. mit Glockenböden oder Füllkörpersäulen wird eingehend erörtert, bes. in bezug auf die Leistungsfähigkeit u. die Beweglichkeit. Beschreibung der einzelnen Bauelemente. (Chem. Age **69.** 653—59. 26/9. 1953.) ROSENDAHL. 5864

G. A. Dummett und **P. V. Clifton,** *Fortschritte in der Destillation.* 2. Mitt. (1. vgl. vorst. Ref.) Anwendung neuerer Destillationsverff. zur Trennung von KW-stoffgemischen. — Beispiel: Extraktive Dest. von Toluol mit Phenol zur Trennung von Nichtaromaten. Kurze Schilderung techn. Anlagen. (Chem. Age **69.** 703—07. 3/10. 1953.) ROSENDAHL. 5864

Frank H. Slade, *Verfahrensinstrumentierung und automatische Kontrolle.* 2. Mitt. (1. vgl. C. **1954.** 2291.) Beschrieben werden: Registrierapparate für Temp. u. CO_2-Geh., Thermostaten, Ventile mit automat. Durchflußregelung, Flaschenwaschmaschinen. (Food **22.** 312—17. Aug. 1953.) STEINER. 5886

Thomas Baron und **A. K. Oppenheim,** *Fließdynamik.* Literaturübersicht 1952 über Theorie u. Praxis des Strömens von Gasen, Fll. u. Feststoffen u. von mehr-

phasigen Systemen. — 268 Zitate. (Ind. Engng. Chem. **45.** 941—51. Mai 1953. Emeryville, Calif., Shell Development Co., u. Berkeley, Calif., Univ.)
Gerhard Günther. 5906

Atlantic Refining Co., übert. von: **Arthur B. Hersberger,** Philadelphia, Pa., V. St. A., *Verhinderung der Korrosion von Metallen* in Berührung mit KW-stoffölen u. W. durch Zusatz einer geringen Menge eines Salzes einer Sulfonsäure mit einer organ. Base in Form einer quaternären Ammoniumverb. zu einer der korrodierenden Flüssigkeiten. Man setzt z. B. 0,001—1,0% eines Salzes einer Mineralölsulfonsäure mit Trimethylphenylammoniumhydroxyd zu. (**Can. P. 487 389** vom 21/7. 1941, ausg. 21/10. 1952.)
M. F. Müller. 5809

Johannes Wotschke, Grenoble, Frankreich, *Chemische Umwandlung von schwer vergasbaren Metallen, Oxyden oder anderen Stoffen.* Die Vergasung der Stoffe erfolgt in einem Raum, der von dem Lichtbogenzylinder einer Hohlelektrode u. einer dazu achsensymm. angeordneten Gegenelektrode begrenzt wird. (**Oe. P. 175 245** vom 20/9. 1951, ausg. 25/6. 1953. It. Prior. 22/9. 1950.) Wittholz. 5817

Cities Service Research and Development Co., New York, N. Y., übert. von: **William B. Hughes** und **Everett B. Fisher,** Bartlesville, Okla., V. St. A., *Oberflächenaktive Verbindungen,* die zum *Brechen von Emulsionen* dienen, erhält man durch Rk. von aliphat. Aldehyden, die mehr als 1 C-Atom enthalten, mit 1 Mol eines Gemisches aus einem Polyäthylenamin u. einem Alkylamin, das mehr als 4 C-Atome besitzt, bei erhöhter Temp. u. Neutralisieren des Reaktionsprod. mit einer propylierten Naphthalinsulfonsäure (**I**). — Man erhitzt 2 (Mol) Heptaldehyd mit 1,25 eines techn. Gemisches von Alkylaminen, die durchschnittlich 12 C-Atome enthalten, u. 0,75 Tetraäthylenpentamin auf 140°, kühlt u. neutralisiert mit **I.** (**A. P. 2 653 135** vom 4/1. 1951, ausg. 22/9. 1953.) Langer. 5825

L'Auxiliaire des Chemins de Fer et de l'Industrie, Seine, Frankreich (Erfinder: **Vialatout**), *Herstellung eines Aminaldehydkondensationsproduktes,* das als *Anionenaustauscher* wirkt u. Anionen u. Si zurückhält; es dient daher zur Wasserreinigung für Hochdruckheizanlagen, Entmineralisieren von Industriewässern, Behandeln von Zuckersäften, Reinigen von Alkoholen, Entsalzen von Meerwasser. Man regeneriert mit alkal. Lösungen. Ein Aminaldehydkondensationsprod. wird mit einer oder mehreren NO- u./oder NO_2-Gruppen enthaltenden Verbb. kondensiert, bis ein in W., Säuren u. Basen unlösl. Harz entsteht. — 55 (Teile) Cyanguanidin, 100 30%ig. Formol u. 10 Salzsäure (D. 1,19) werden 30 Min. unter Rückfluß gekocht, auf 60° gekühlt, 200 Formol u. 90 Nitroguanylharnstoff oder 70 Nitroguanidin zugegeben u. unter Rückfluß gekocht, bis entweder ein Gel entsteht, das 3 Tage bei 80° gehalten wird u. dann nach Trocknen u. Pulvern zum Adsorbieren von Si dienen kann, oder bis es noch in 210 Formol lösl. ist, worauf man es bei 2° in eine Lsg. gießt, die aus 100 m-Phenylendiamin, 60 Salzsäure (D. 1,19) u. 150 W. besteht. Es entsteht unter Temperaturanstieg auf 58° ein Gel, das nach 12std. Stehenlassen 4 Tage bei 100° gehalten wird u. wie oben verwendet werden kann. (**F. P. 1 011 169** vom 18/12. 1948, ausg. 19/6. 1952.) Pankow. 5827

Owens-Corning Fiberglas Corp., Del., übert. von: **Thomas E. Philipps,** Granville, O., V. St. A., *Herstellung von Separatoren aus mehreren Schichten.* Auf eine 30—60 mils dicke Glasmatte, die schwach mit einer Phenol-Formaldehyd-Lsg. imprägniert ist, wird eine mikroporöse Schicht 10—40 mils dick aufgebracht u. das Ganze bei 375° F gehärtet. Die mikroporöse Schicht besteht aus ca. 25 μ großen Teilchen aus Diatomeenerde (**I**), eisenfreiem Sand oder Ton oder dgl., die durch ein Bindemittel, wie Latex oder Kunststoffe, gebunden sind, einem Netzmittel u. einem Verdickungsmittel, z. B. aus 20 (Teilen) einer 3% wss. Gelatinelsg., 15 einer 40%ig. Neoprenlatexsuspension, 14 **I,** 0,5 Dibutylphenol-Na-disulfonat. — Mit letzterer Lsg. kann auch eine dünne 5—15 mils starke Glasmatte ein- oder beiderseitig imprägniert u. mit der dickeren Matte vereinigt werden. — Als Bindemittel dienen weiterhin unvulkanisierte Butadien-Styrol-Mischpolymere (**II**) im Verhältnis 40 : 60 u. 20 : 80, wobei das Verhältnis von **II** zu **I** 1 : 1 bis 1 : 4 beträgt. (**A. PP. 2 653 985** vom 28/12. 1949 u. **2 653 986** vom 24/10. 1951, beide ausg. 29/9. 1953.) Laass. 5831

Soc. An. l'Air Liquide, Soc. An. pour l'Étude et l'Exploitation des Procèdes Georges Claude, übert. von: **Eugène Gomonet,** Paris, Frankreich, *Trennen von CO_2 aus Gasen* ohne chem. Mittel mit Hilfe von Regeneratoren (**I**) durch Niederschlagen des CO_2 u. anschließendes Sublimieren. Dabei ist der letzte Teil des durch **I** geschickten Kühlgases (**II**) so gut wie CO_2-frei. Man setzt nun dieses dem in einer folgenden Kühlperiode zu verwendenden **II** zu, um damit dessen Menge zu erhöhen. (**A. P. 2 586 026** vom 8/7. 1949, ausg. 19/2. 1952. F. Prior. 21/7. 1948.) Nebelsiek. 5849

Metallgesellschaft Akt.-Ges. (Erfinder: **Georg Muth** und **Helmut Blohm**), Frankfurt/M., *Reinigung von Elektrofiltern* (I), dad. gek., daß kontinuierlich oder period. ein grobkörniger Staub (Reinigungsstaub) gleicher oder betriebsfremder Zus. des üblicherweise von I abgeschiedenen Staubes, zweckmäßig eine grobkörnige Staubfraktion, mindestens über einen Teil der Längenerstreckung der Niederschlagselektroden, gegebenenfalls mit umgekehrter Beaufschlagungsrichtung, für sich allein oder zusammen mit dem Staub im Rohgas zur elektrostat. Abscheidung gebracht wird. (**D. B. P. 861 382** Kl. 12e vom 23/1. 1951, ausg. 5/1. 1953.) HEINSEN. 5851

Metallgesellschaft Akt.-Ges. (Erfinder: **Georg Grave**), Frankfurt/M., *Betrieb von Elektrofiltern* (I). Die zu Raumladungen neigenden, staubhaltigen Gase werden einer radioakt. Bestrahlung ausgesetzt. Die Elektroden der I, bes. die Niederschlagselektroden, werden, mindestens auf einem Teil ihrer Oberfläche, mit radioakt. M., z. B. dünnen Folien, versehen. (**D. B. P. 861 995** Kl. 12e vom 7/4. 1951, ausg. 8/1. 1953.) HEINSEN. 5851

Metallgesellschaft Akt.-Ges. (Erfinder: **Georg Grave**), Frankfurt/M., *Elektrische Reinigung von Gasen oder Flüssigkeiten*, bes. zur Emulsionstrennung, mittels Gleichstromhochspannungsentladung über Funkenstrecken, bei der das elektr. Sprühfeld mit Stoßspannungen aus einem kapazitiven Energiespeicher infolge von Knallfunkenentladung unter Ausschluß einer Bogenentladung gespeist wird, dad. gek., daß außerhalb der Stoßspannung ein vorteilhaft über der unteren Sprühgrenze liegender Wechselstrom üblicher Periodenzahl aus gemeinsamem Transformator im elektr. Sprühfeld aufrechterhalten wird. — Vorrichtung. (**D. B. P. 868 591** Kl. 12e vom 21/2. 1951, ausg. 26/2. 1953.) HEINSEN. 5851

Metallgesellschaft Akt.-Ges. (Erfinder: **Michael Kruse**), Frankfurt/M., *Betrieb von Fliehkraftelektrofiltern*. Vor Eintritt des zu reinigenden Gas- oder Luftstroms in den Schleuderraum (I) werden die Schwebeteilchen elektr. unipolar, z. B. durch Reibung, aufgeladen. Der I hat keine Elektrodeneinbauten; er ist z. B. als an sich bekanntes, entladungsfreies Kondensatorfeld ausgebildet. (**D. B. P. 869 939** Kl. 12e vom 19/5. 1942, ausg. 9/3. 1953.) HEINSEN. 5851

Metallgesellschaft Akt.-Ges. (Erfinder: **Michael Kruse**), Frankfurt/M., *Betrieb von Fliehkraftstaubabscheidern* mit Absaugung eines Teilgasstromes (I) aus dem Staubsammelraum u. Rückführung dieses I in das Gas, dad. gek., daß der I, der entweder dem Wirbelraum (II) an einer Stelle hohen Unterdrucks oder hinter dem II unmittelbar dem Reingasstrom wieder zugeführt wird, vor der Rückführung in das Gas elektrostat. gereinigt wird. — 3 Abbildungen. (**D. B. P. 870 549** Kl. 12e vom 16/6. 1943, ausg. 16/3. 1953.) HEINSEN. 5851

Union Oil Co. of California, Los Angeles, übert. von: **Clyde H. O. Berg**, Long Beach, Calif., V. St. A., *Trocknen von Gasgemischen durch Adsorption*. Man führt das feste, körnige Adsorptionsmaterial (I) auf einem beweglichen Bett durch eine Adsorptionszone u. eine Desorptionszone abwärts u. leitet das Gasgemisch (II), z. B. Erdgase oder feuchte Luft, im Gegenstrom zum I durch die Adsorptionszone. Ein Teil von II wird vorher durch die erhitzte Desorptionszone geleitet u. zum Regenerieren von I benutzt. — Zeichnung. (**A. P. 2 638 999** vom 13/12. 1947, ausg. 19/5. 1953.) LÜTTGEN. 5855

Vereinigte Glanzstoff-Fabriken Akt.-Ges., Wuppertal-Elberfeld, *Entgasen viscoser Flüssigkeiten*. Die Fl. wird aus einer rotierenden Düse gegen die Innenwand eines rotierenden, glockenförmig gebildeten Kessels gesprüht u. läuft in dünner Schicht an der gegebenenfalls mit zahnförmigen Nocken versehenen Wand zu dem unteren Teil des zylinderförmig gestalteten Kessels, durch dessen feine Öffnungen die entgaste Fl. als feiner Sprühregen zur Nachentgasung in einen 2. Kessel gleicher Bauart eintritt. — Zeichnung. (**E. P. 687 455** vom 14/6. 1951, ausg. 11/2. 1953. D. Prior. 15/6. 1950.) LÜTTGEN. 5865

Farbwerke Hoechst vormals Meister Lucius & Brüning (Erfinder: **Adolf Vogt**, Bad Soden, und **Walter Gutmann**), Frankfurt/M., *Entschäumungsmittel* in wasserfreiem oder wasserarmem Zustand, gek. durch einen Geh. an mineral. oder fetten Ölen, in W. schwer- oder unlösl. Metallsalzen, H_2SO_4-Reste enthaltenden oberflächenakt. Verbb., gegebenenfalls wasserunlösl. Metallseifen, sowie an emulgierenden Substanzen, u. die daraus erhältlichen Emulsionen. (**D. B. P. 874 596** Kl. 12a vom 15/8. 1950, ausg. 23/4. 1953.) HEINSEN. 5865

Metallgesellschaft Akt.-Ges., Deutschland, *Konzentrieren von Flüssigkeiten*. Man läßt die Fl. (z. B. verd. H_2SO_4) in dünner Schicht die Innenwandung eines langen Rohres hinabrinnen u. dampft sie im Vakuum durch strahlende Wärme, die von einem zentral angeordneten Heizrohr erzeugt wird, ein. (**F. P. 1 035 504** vom 17/4. 1951, ausg. 25/8. 1953. D. Prior. 27/4. 1950.) OPPERMANN. 5865

Escher Wyss Akt.-Ges., Zürich, Schweiz, *Kristallisation.* Die Kristalle der aus dem Verdampfer mit künstlicher Umwälzung wegfließenden Sole werden in einem Abscheider abgeschieden. Dieser Salzbrei wird in eine Klassiervorr. übergeführt, die mit einem Teil der aus dem Abscheider abströmenden, fast kristallfreien Sole beschickt ist. Oben aus der Klassiervorr. gelangen die zu feinen Kristalle mit der aufsteigenden Sole in einen Verdampfer zurück, während sich die absinkenden, groben Kristalle unten in der Klassiervorr. sammeln, um für weitere Behandlung zur Verfügung zu stehen. — Zeichnung. (**Schwz. P. 289 976** vom 9/3. 1951, ausg. 16/7. 1953.) NEBELSIEK. 5869

Rütgerswerke Akt.-Ges., Frankfurt/M., *Kristallisation.* Die noch nicht kristallisierende Fl. wird ohne vorhergehende Kühlung unmittelbar einer Zentrifuge zugeführt u. erst innerhalb derselben gekühlt. (**E. P. 694 804** vom 29/11. 1950, ausg. 29/7. 1953. D. Prior. 14/12. 1949.) NEBELSIEK. 5869

Siemens-Schuckertwerke Akt.-Ges., Deutschland, *Behandeln von Flüssigkeiten oder in Flüssigkeiten verteilten pulverisierten oder granulierten Substanzen mit mechanischen Vibrationen.* Zur Herst. von Gemischen, Emulsionen, Dispersionen oder zur Sterilisation usw. läßt man auf die Fll. oder in Fll. verteilten Substanzen elast. longitudinale u./oder transversale infraakust., akust. oder ultraakust. Wellen einwirken. — Vorrichtung. (**F. P. 1 021 973** vom 12/7. 1950, ausg. 26/2. 1953. D. Prior. 15/8. 1949.) OPPERMANN. 5879

Imperial Chemical Industries Ltd., London, und **John Bryan Seed**, West Kilbride, England, *Entgasen viscoser Flüssigkeiten.* Man führt die Fl. im Kreislauf aus einem unter Druck stehenden Syst. unter Versprühen in eine unter Vakuum stehende Zone, in der die gebildeten Tröpfchen an einer senkrecht stehenden Fläche in dünner Schicht herabrieseln u. sich am Boden sammeln, von dem die Fl. in das unter Druck stehende Syst. zurückgepumpt wird. — Zeichnung. (**E. P. 672 747** vom 21/11. 1949, ausg. 28/5. 1952.) LÜTTGEN. 5881

Comp. Industrielle de Procédés et d'Applications, Soc. An., Fribourg, Schweiz, *Durchführung chemischer Reaktionen zwischen Gasen und feinverteilten Feststoffen.* Bei Durchführung chem., bes. katalyt. Rkk. nach dem Wirbelschichtverf. wird bei Feststoffen verschied. Teilchengröße ein optimaler Fluidisierungseffekt dadurch erzielt, daß das horizontale Wirbelschichtbett seitlich durch schräge Führungsschienen abgegrenzt ist, so daß sich das Bett nach oben zu verbreitert. Die Schienen können zur Abführung des Gases durch Evakuierung nach unten vertikale Bohrungen aufweisen. — Zeichnung. (**E. P. 669 680** vom 25/11. 1949, ausg. 9/4. 1952. F. Prior. 1/12. 1948.) MATTHAES. 5903

Sinclair Refining Co., New York, N. Y., übert. von: **John L. Gring**, Homewood, Ill., V. St. A., *Herstellung kugelförmiger Katalysatorteilchen.* Wss. Na-Silicatlsg. wird unter spitzem Winkel auf ein Prallblech als ein Strom von Tropfen ausgespritzt, wobei die Teilchen ihrer Größe nach in mindestens 2 Fraktionen zerlegt werden, deren Größe von der Länge der durchlaufenen Luftstrecke abhängt. Durch einen quer zur Einspritzrichtung geführten Luftstrom kann die Separierung der Teilchen nach ihrer Größe verbessert werden. Die Tropfen gewünschter Größe werden in einer verd. Säure verfestigt, die anderen Tropfen zurückgeführt. Die Verfestigungs-Fl. kann auch aus einer oberen Schicht von SO_2-haltigem Öl u. einer unteren Schicht aus verd. Säure bestehen. — Zeichnungen. (**A. P. 2 652 371** vom 20/12. 1949, ausg. 15/9. 1953.) MATTHAES. 5905

III. Elektrotechnik.

Kurt Leitner, Wartberg, Steiermark, Österreich, *Elektrowiderstand.* Der Widerstandskörper wird in beliebiger Form durch Pressen u. Sintern von Pulvern von Metallegierungen hergestellt, bes. von solchen, die gegen Oxydation beständig sind. Der elektr. Widerstand solcher Körper ist wegen der vorhandenen Hohlräume zwischen den Pulverteilchen ein Vielfaches höher als bei homogenen Werkstoffen. Andererseits ergibt sich gegenüber der Herst. durch Pressen u. Sintern von unlegierten Metallpulvern der Vorteil einer erheblichen Abkürzung der Sinterzeit bzw. bei gleichbleibender Sinterzeit eine merkliche Zähigkeitssteigerung der hergestellten Werkstoffe, die um so deutlicher wird, je mehr Legierungselemente am Aufbau des Widerstandsmaterials beteiligt sind. Stattdessen kann das neue Verf. auch dazu benutzt werden, die Sintertemp. durch entsprechende Auswahl der zu verwendenden Metallegierungspulver erheblich herabzusetzen, wodurch sich die Möglichkeit einer wesentlichen Steigerung des spezif. elektr. Widerstandes ergibt, z. B. bei Erniedrigung der Sintertemp. um 150° um 20—50%. Umgekehrt kann bei gleichbleibender Sintertemp. durch Erhöhung des Preßdruckes der spezif. elektr. Widerstand red. werden, z. B. bei Verdopplung des Preßdruckes um 20—60%. Eine weitere Möglichkeit der Veränderung, bes. der Erhöhung des elektr. Widerstandes ergibt sich durch verschied. chem. Zus. der pulverförmigen Werkstoffe, wobei außerdem die Zunder- u. Hitzebeständigkeit berücksichtigt werden kann. (**Oe. P. 173 159** vom 19/9. 1947, ausg. 25/11. 1952.) R. KLEIN. 5955

Union Carbide & Carbon Corp., N. Y., übert. von: **Harold F. Wakefield**, Bloomfield, **Sidney J. Schultz**, Cranford, und **Stanley H. Richardson**, Millington, N. J., V. St. A., *Verminderung der „Heißschrumpfung" von gehärteten Polyesterharzen*, die sich bes. bei *elektr. Isolierungen* durch Rißbldg. auswirkt, wird durch den Zusatz von in Phenol lösl. Reaktionsprodd. bewirkt, die aus einem Salz, Oxyd oder Hydroxyd von Zn, Cd, Pb, Co, Mn, V oder Ni so viel Phenol, daß mindestens 3 OH-Gruppen je 1 Metallatom entfallen, u. einer N-Verb., z. B. NH_3, NH_4OH, Harnstoff oder Alkylenpolyaminen, durch Erhitzen erhalten werden. — Geeignet sind z. B. durch 30 Min. auf 150° Erhitzung erhaltene Prodd. aus: 5 (g) CdO, 25 Diäthylentriamin (I) u. 70 Phenol oder 47 Zn · $(C_2H_3O_2)_2 \cdot 2\,H_2O$, 12 I u. 41 Phenol. — 45 Beispiele. (**A. P. 2 630 419** vom 10/9. 1949, ausg. 3/3. 1953.) MÖLLERING. 5957

Sprague Electric Co., North Adams, Mass., übert. von: **Lester A. Brooks**, East Norwalk, Conn., **Moushy Markarian** und **Mathew Nazzewski**, Adams, Mass., V. St. A., *Als Dielektrika geeignete Harze* sind die Polymerisate der Verbb. der Formel R—S—R—CH=CH_2 (R = Arylreste). — p-Vinyldiphenylsulfid, $Kp._1$ 135—140°, wird bei 120° in 24 Std., gegebenenfalls unter Zusatz von 1% Benzoylperoxyd u. gegebenenfalls in Gemisch mit Styrol, zu einem harten glasigen Harz polymerisiert. (**A. P. 2 636 022** vom 14/9. 1950, ausg. 21/4. 1953.) MÖLLERING. 5957

American Cyanamid Co., übert. von: **P. C. Schroy** und **J. Grabowski**, New York, N. Y., V. St. A., *Kunstharzmaterial zur Herstellung von elektrischen Verteilergehäusen für die Zündung von Brennkraftmaschinen.* Das Gehäusematerial besteht aus einem Gemisch von 95—50% Melamin-Formaldehyd-Harz u. 5—50% eines Phenolharzes, z. B. Kresol-Formaldehyd-Harz. (**Can. P. 487 187** vom 27/11. 1942, ausg. 14/10. 1952. A. Prior. 3/12. 1941.) M. F. MÜLLER. 5957

Philips Electrical Industries Ltd., London, England, *Elektrische Isolatoren.* Zn-haltige Mischkristalle von Ba-Tetratitanat u./oder -Trititanat oder Mischungen von diesen Kristallen mit 2 ZnO · SiO_2 werden durch Sintern oder Schmelzen der Bestandteile hergestellt. Ein oder mehrere der oxyd. Bestandteile können hierbei teilweise isomorph durch andere Oxyde in solchem Ausmaße ersetzt werden, daß die Massen einen Verlustwinkel tgδ kleiner als $10 \cdot 10^{-4}$ aufweisen. — Z. B. kann das ZnO etwa bis zur Hälfte durch CdO, MgO oder BeO u. das BaO etwa zu $^1/_3$ durch CaO, SrO, PbO oder La_2O_3 ersetzt werden. Ebenso kann TiO_2 etwa zu $^1/_4$ gegen ZrO_2, SnO_2 oder SiO_2 ausgetauscht werden. Die Prodd. sind bes. als Dielektrika geeignet. — Tabellen, Diagramme. (**E. P. 689 382** vom 22/6. 1949, ausg. 25/3. 1953. Holl. Prior. 25/6. 1948.) REINHART. 5957

Bakélite, Seine-et-Oise, Frankreich, *Phenolharzmischungen für elektrische Isolierungen.* Man verwendet Resole oder Novolake aus Formol-Phenol-, -Kresol-, -Anilin-, Furfural-Phenol-, -Anilin- usw. -Harzen, die Asbestfasern, Gesteinsmehl (Glimmer-, Kaolin- oder Bentonitpulver) u. Hartschalenmehl (Nüsse, Mandeln, Cocosnuß, Acajunuß, Öltrester) enthalten. — Eine solche Mischung besteht aus 500 (Gewichtsteilen) Novolak, 75 Hexamethylentetramin, 15 gelöschtem Kalk, 10 Stearinsäure, 160 kurzen Asbestfasern, 140 Gesteinsmehl u. 100 Nußschalenmehl. (**F. P. 1 011 372** vom 25/1. 1949, ausg. 23/6. 1952.) PANKOW. 5957

Johann Schöniger, Scheppach über Burgau/Schwab., und **Adolf M. J. Löw**, München (Erfinder: **Johann Schöniger**), *Herstellung von Elektroden für Bleiakkumulatoren.* Um eine große Oberfläche zu erhalten, werden Tafeln aus Weichaluminium (I), die in eine Vielzahl von Würfelblöcken u. Öffnungen aufgeteilt sind, in einer Gießform mit Pb umgossen, u. das I aus der Pb-Platte mit wss. NaOH herausgelöst. (**D. B. P. 904 060** Kl. 21 b vom 24/9. 1944, ausg. 15/2. 1954.) LAASS. 5971

Sprague Elektric Co., North Adams, Mass., übert. von: **Sidney D. Ross**, **Moushy Markarian** und **Walter W. Schroeder jr.**, Williamstown, V. St. A., *Herstellen von Diaphragmen für alkalische Primärelemente.* Zur Verminderung des elektr. Widerstandes wird eine Membran aus Polyvinylalkohol (I) mit hetero- oder carbocycl. tert. Aminen (II), z. B. Pyridin (III), Chinolin oder Dimethylanilin, behandelt. — Z. B. wird eine 1 mm dicke Membran aus einer 10%ig. wss. Lsg. von I gegossen u.

nach dem Trocknen 2 Std. bei 100° in **III** gelegt. — An Stelle von **III** können auch Mischungen aus **II** u. organ. Polyisocyanaten, wie 2.4-Tolylen- oder Hexamethylendiisocyanaten, verwendet werden. (**A. P. 2 648 717** vom 26/6. 1951, ausg. 11/8. 1953.) LAASS. 5971

Burndept Ltd., London, übert. von: **Alfred Linton** und **Richard W. Lewis**, Dundee, England, *Herstellen von Kunststoffdosen für galvanische Plattenzellen.* Zur Herst. der oben offenen Dosen, welche flüssigkeitsdicht, aber für den elektr. Strom leitend sein müssen, wird zunächst eine Mischung aus Graphit- u. Polyäthylen-Pulver (I) zu einer Tablette gepreßt, u. diese in dem Preßwerkzeug mit reinem I umgeben. Von der beim Preßvorgang bei erhöhter Temp. entstandenen homogenen Dose ist nur der Boden leitend. (**A. P. 2 649 492** vom 29/8. 1951, ausg. 18/8. 1953. E. Prior. 11/12. 1950.) LAASS. 5971

Ray-O-Vac Co., übert. von: **William S. Herbert**, Madison, Wis., V. St. A., *Primäre Batterie aus Flachzellen mit alkalischem Elektrolyten.* Jede Zelle besteht aus einem rohrförmigen Isolierkörper, dessen offene Enden mit übergreifenden Stahlkappen verschlossen werden. Die Innenseite der Stahlkappe, welcher die amalgamierte Zn-Platte anliegt, ist verzinnt. Der aus MnO_2, Graphit, HgO u. gegebenenfalls KOH-Lsg. bestehende Depolarisator wird in eine kleinere Metallkappe gepreßt, die in den Isolierkörper hineingeschoben werden kann u. der anderen Stahlkappe anliegt. Der Elektrolyt ist eine wss. ca. 45%ig. KOH-Lsg. mit einem Geh. von ca. 10% K_2ZnO_2. Der Elektrolyt kann entweder mit Na-Carboxymethylcellulose verdickt werden, oder man läßt ihn durch eine entsprechend dicke Scheibe aus feinporigem Celluloseschwamm oder aus „Webrilpapier" aufsaugen. (**A. P. 2 650 945** vom 8/7. 1949, ausg. 1/9. 1953.) LAASS. 5971

Soc. le Carbone-Lorraine, Genevilliers, Seine, Frankreich, *Positive Starklichtbogenkohle* mit BECK-Effekt. Der von einem aus prakt. reinem C bestehenden Mantel umschlossene Docht enthält 15—70% Metalle der Fe-Gruppe, bes. Fe, Ni, Co, Cr, Mn u. V, prakt. unter Zusatz bekannter Mineralisierungsmittel, z. B. techn. CeF_3, Rest techn. reiner C. (**D. B. P. 899 391** Kl. 21f vom 28/12. 1935, ausg. 10/12. 1953. F. Prior. 25/1. 1935.) KESSEL. 5973

Westinghouse Electric Corp., East Pittsburgh (Erfinder: **John W. Coltman** und **Richard L. Longini**, Pittsburgh), Pa., V. St. A., *Bildverstärkerröhre.* Zwischen einer Leuchtschicht u. der aus Cs–Sb bestehenden Photokathode liegt eine elektr. leitende, lichtdurchlässige Trennschicht aus S_nO oder SiO_2. Zur Herst. wird prakt. die erhitzte Leuchtschicht dem Dampf eines Sn-Salzes mit flüchtigem negativem Radikal [z. B. $SnCl_2$ oder $(C_4H_9)_2SnCl_2$] oder dem Dampf von $SiCl_4$ ausgesetzt. (**D. B. P. 896 396** Kl. 21g vom 2/2. 1951, ausg. 12/11. 1953. **Belg. P. 501 742** vom 8/3. 1951, ausg. 6/6. 1952. A. Prior. 11/3. 1950.) KESSEL. 5975

Tesla National Corp. und **Arno Kuhn**, Prag, Tschechoslowakei, *Scintillationszähler.* Die Scintillationen eines im UV emittierenden Phosphors wirken auf die Photokathode eines GEIGER-MÜLLER-Zählers. (**E. P. 689 933** vom 29/1. 1951, ausg. 8/4. 1953. Tschech. Prior. 27/1. 1950.) KESSEL. 5975

Westinghouse Electric International Co., New York, N. Y., V. St. A., *Scintillationszähler* für Röntgen- u. γ-Strahlen mit guter Röntgenäquivalenz. Der Phosphorkörper ist zusammengesetzt aus einem organ. Phosphor (z. V. Anthracen, Naphthalin, Phenanthren oder Stilben) u. einem kleineren anorgan. Anteil (z. B. Cd-Wolframat, Ca–Ti-Silicat oder -Stannat, La-Silicat–CeO_2, Ca-Orthophosphat-Stannat oder Ca-Phosphat–CeO_2). (**E. P. 687 231** vom 13/3. 1951, ausg. 11/2. 1953. A. Prior. 27/4. 1950.) KESSEL. 5975

Westinghouse Electric International Co., New York, N. Y., V. St. A., *Leuchtschichten für Gasentladungsleuchtröhren* bestehen ausschließlich aus Zn-Silicat mit Mn als Aktivator u. 0,5—10 Mol.-% Mg oder Mg u. Zr als Zusatzaktivator. (**E. P. 690 483** vom 17/3. 1949, ausg. 22/4. 1953. A. Prior. 12/5. 1948.) KESSEL. 5975

C. Lorenz Akt.-Ges., Stuttgart (Erfinder: **Wolfram Uhlmann**, Berlin), *Leuchtschirme für Kathodenstrahlröhren* enthalten einen Phosphor, der sich mindestens für eine seiner Emissionsbanden während der Beaufschlagung im unteren Momentanzustand befindet. Die Beaufschlagung des Leuchtschirmes kann durch Kathodenstrahlen erfolgen oder durch das Fluorescenz- oder Phosphorescenzleuchten eines zweiten auf ihm angebrachten Leuchtschirmes, dessen Emission prakt. mit dem Erregungsmaximum des im unteren Momentanzustandes befindlichen Phosphors möglichst zusammenfällt. Die zur Überführung des im unteren Momentanzustand befindlichen Phosphors in den Dauerzustand notwendige Temperaturerhöhung kann durch Einstrahlung von rotem oder ultrarotem Licht erzielt werden. (**D. B. P. 875 693** Kl. 21g vom 31/1. 1945, ausg. 4/5. 1953.) KESSEL. 5975

C. Lorenz Akt.-Ges., Stuttgart (Erfinder: **Christian Bürkert**, Berlin), *Leuchtschirm für Kathodenstrahlröhren.* In den Röhrenkolben wird eine chem. einfache Fl., bes. W., eingefüllt, in oder auf die das Fluorescenzmaterial gesprüht wird. (**D. B. P. 891 002** Kl. 21g vom 28/11. 1944, ausg. 24/9. 1953.) KESSEL. 5975

His Majesty's Postmaster General, London, England, *Trockengleichrichter.* TiO_2 wird durch Red. in einen Halbleiter verwandelt u. dann durch Oxydation mit einer Sperrschicht u. einer isolierenden TiO_2-Schicht bedeckt. (**E. P. 664 403** vom 20/4. 1948, ausg. 9/1. 1952.) KESSEL. 5977

Wladimir Krusser, Spanien, *Cu_2O-Trockengleichrichter.* Bei der Herst. wird die Oberfläche einer Cu_2O-Schicht elektrolyt. zu Cu red., wobei zugleich aus dem Elektrolyten noch andere Metalle, z. B. Sb oder Zn, abgeschieden werden. (**F. P. 982 608** vom 3/12. 1948, ausg. 13/6. 1951. Span. Prior. 6/12. 1947.) KESSEL. 5977

Robert Emile Mannoury, Frankreich, *Se-Trockengleichrichter.* Zur Verringerung des Rückstromes werden die Randzonen der krist. Se-Schicht durch örtlich begrenzte Erwärmung geschmolzen u. in die nichtleitende amorphe Modifikation umgewandelt. (**F. P. 1 002 922** vom 31/10. 1946, ausg. 12/3. 1952.) KESSEL. 5977

International Standard Electric Corp., V. St. A., *Se-Trockengleichrichter.* Zur Verringerung von Alterungserscheinungen werden die Elemente vor, während oder nach der elektr. Formierung für ca. 4 Std. auf ca. —60° gekühlt. (**F. P. 1 014 532** vom 1/8. 1947, ausg. 18/8. 1952.) KESSEL. 5977

N. V. Mij. tot Exploitatie van Uitvindingen, Rotterdam, Holland, *Elektrolytkondensator.* Zur Vergrößerung der Elektrodenoberfläche wird auf die Ausgangselektrode von außen durch Aufspritzen oder Aufdampfen eine dünne metall. Schicht von mkr. feiner Porosität aufgebracht, die prakt. aus demselben Metall wie die Ausgangselektrode besteht. (**D. B. P. 879 128** Kl. 21g vom 6/11. 1934, ausg. 11/6. 1953. Belg. Prior. 16/11. 1933.) KESSEL. 5983

Robert Bosch G. m. b. H., Stuttgart (Erfinder: **Helmut Maylandt**, Plochingen, und **Hermann Sträb**, Bad Boll), *Metallpapierkondensator.* Die metall. Belegungen bestehen aus silberglänzenden Al-Schichten mit einem Korndurchmesser von mindestens 50—200 mμ, die prakt. auf die Ausbrenngüte verbessernde silberglänzende Zn-Schichten aufgedampft werden. (**D. B. P. 879 417** Kl. 21g vom 17/6. 1951, ausg. 11/6. 1953.) KESSEL. 5983

Telefunken Gesellschaft für drahtlose Telegraphie m. b. H. (Erfinder: **Werner Buschbeck** und **Wilhelm Kummerer**), Berlin, *Keramik-Kondensatorplatte.* Die Ränder der Metallbelegung sind mit einem Wulst aus einer Glasurmasse von hoher DK. überzogen, die bei therm. oder mechan. Beanspruchung nicht springt oder reißt u. prakt. aus einer Feueremaille besteht. (**D. B. P. 879 418** Kl. 21g vom 26/2. 1938, ausg. 11/6. 1953.) KESSEL. 5983

Minnesota Mining & Mfg. Co., St. Paul, Minn., V. St. A., *Magnettonband.* Ein formbeständiger Celluloseacetatfilm wird z. B. ganz dünn mit der Lsg. eines Gemisches von 100 (Teilen) kautschukartigem Butadien-Acrylnitril-Mischpolymerisat (I) u. 60 in A. lösl. Phenolharz, gelöst in Methylisobutylketon (II), lackiert u. dann mit einer rotes Fe_2O_3 u. Pb-Stearat enthaltenden Lsg. eines Polyvinylchloridacetats u. I (10 : 65) in II überzogen. Die Bänder kräuseln nicht bei 65° u. reißen nicht bei Tempp. bis —50°; Taber-Abreibewert bei 300 oder mehr Gängen 25,4 μ. (**E. P. 684 970** vom 29/3. 1950, ausg. 31/12. 1952. A. Prior. 2/4. 1949.) SALZMANN. 5983

IV. Wasser. Abwasser.

Engler, *Die Behandlung des Wassers vor der Filterung.* Bericht über die physikal. (Absetzen, Grobfilterung) u. chem. Verff. (Chlorung, Fällung, Flockung, Entsäuerung), der durch Beispiele erläutert wird. Als noch offene Fragen werden angeführt: Verhinderung von Nachwuchserscheinungen, Wirksamkeit der gegenwärtigen Verff. gegen Viren u. Insekteneier, Restchlorgeh. bis zur Zapfstelle, gesundheitsschädliche Bestandteile im aufbereiteten Wasser. (Gas- u. Wasserfach, Ausg. Wasser **94.** 201—05. 15/4. 1953.) MÜHLMEISTER. 6014

C. R. Cox, *Hochleistungsfilterung von Wasser in Schnellsandfiltern. Nachdruck auf Übergang vom Filtern zur Vorbehandlung des Wassers.* Nur unter bestimmten Voraussetzungen geben Filter mit Feinsand von 0,40—0,45 mm u. Grobsand mit mehr als 0,55 mm Korngröße bei 80 Liter/m²/Min. ausreichende Sicherheit für einwandfreies Filtrat. In den meisten Fällen ist Vorbehandlung erforderlich, deren Bedingungen, Verff. (Flockung, Absetzen, Feststoff-Kontaktbecken mit Kalksoda, akt. Kieselsäure u. a., Vorchlorung), Ergebnisse u. Überwachung besprochen werden. (Water Sewage Works **100.** 400—02. Okt. 1953. Albany, N. Y., New York State Dep. of Health.) MÜHLMEISTER. 6016

Otto Hofmann, *Mit der Fluorierung des Trinkwassers zusammenhängende Rechtsfragen.* Berichtet wird über die Verhütung von Zahncaries durch die Fluorierung öffentlicher Trinkwasseranlagen. Weitere in diesem Zusammenhang stehende Einzelheiten (bzgl. der Unschädlichkeit der Fluorierung) werden besprochen. (Gas- u. Wasserfach, Ausg. Wasser **94.** 524. 15/9. 1953. Kassel.) MÜHLMEISTER. 6018

M. Čejka, *Enthärtung mit Ionenaustauschern im Wasserkreislauf.* Die Ursache des Verlustes der enthärtenden Wrkg. von „Ionex"-Filtern auf der Basis sulfonierter Kohle, die im sauren Cyclus mit der Regenerierung durch H_2SO_4 arbeiten, liegt in der Ausscheidung von $CaSO_4$ u. der Durchflußdauer der H_2SO_4 bei der Regenerierung. Auf alle Fälle muß die Konz. des $CaSO_4$ in der H_2SO_4 beim Austreten aus der untersten Schicht des Austauschers wesentlich niedriger sein als das Löslichkeitsprodukt. (Voda **32.** 134—35. Juli 1952. Kolin.) STEINER. 6020

—, *Aktivierte Kieselsäure als Flockungshilfe bei der Wasserreinigung.* Aktivierte SiO_2, aus Na_2SiO_3 durch H_2SO_4, $(NH_4)_2SO_4$, Alaun, $NaHCO_3$ oder Cl_2, als Sol abgeschieden, ist vielseitig anwendbar, erzeugt feste aufsaugende, sich schnell abscheidende Flocken u. erspart andere Chemikalien. Beschreibung des WALLACE & TIERMAN *Silactors* u. seiner Wirkungsweise, der selbsttätig aktivierte SiO_2 mit Cl_2 herstellt. (Munic.Utilities **91.** Nr. 9. 32—33. 54—55. Sept. 1953.) MÜHLMEISTER. 6024

Jósef Stiksa, *Die Abwasserreinigung.* Die Reinigung der Abwässer u. deren Reinigungsgrad werden ausführlich krit. betrachtet. Dabei werden ausländ. Methoden zu dessen Best. dargelegt u. die für die Reinigung in der letzten Zeit in der Literatur vorgeschlagenen Verff. behandelt. (Gaz, Woda Techn. sanit. **26.** 9—14. Jan. 1952.) v. WILPERT. 6036

Peter Doudoroff und **Max Katz**, *Kritische Betrachtung der Literatur über die Giftigkeit von Industrieabwässern und ihrer Bestandteile auf Fische.* 2. Mitt. *Metallsalze.* (1. vgl. Sewage ind. Wastes **22.** [1950.] 1432.) Übersicht über die Bedingungen der Giftwrkg. von Metallchloriden, -sulfaten u. -nitraten rein, in Mischungen u. im Zusammenwirken mit sonstigen Bestandteilen natürlicher Wässer. Äußerst giftig sind Cu, Ag, Hg, hochgiftig Pb, Cd, Al, Zn, Ni, Cr^{3+}, Sn, Fe, weniger giftig Co, Mn, Li, Cr^{6+}, am wenigsten Na, Ca, Sr, Mg, K, Ba. (Sewage ind. Wastes **25.** 802—39. Juli 1953. Cincinnati, O., U. S. Publ. Health Serv.) MÜHLMEISTER. 6038

W. Hermanowicz und **W. Dożańska**, *Untersuchungen über die Desinfektion städtischer Abwässer mit unter dem Bedarf liegenden Chlordosen.* Als wirksame Cl_2-Dosis wird eine solche angesprochen, bei der 99% der Bakterien vernichtet werden. Bei einer Berührungsdauer t (Min.) zwischen Cl_2 u. Abwässern beträgt die Menge (Z%) der vernichteten Bakterien $Z = 100 \cdot (1 - 10^{-Kt/2,303})$, wobei K zwischen 0,04 (bei 15° u. 5% Cl_2) u. 0,96 (bei 25° u. 100% Cl_2) liegt. (Gaz, Woda Techn. sanit. **27.** 255—62. Sept. 1953. Warszawa, Panstw. Zakl. Higieny.) R. K. MÜLLER. 6042

Sam R. Hoover, Lenore B. Jasewicz und **Nandor Porges**, *Vitamin B_{12} in aktiviertem Abwasserschlamm.* Da sich Hinweise auf das Vork. erheblicher Mengen von *Vitamin B_{12}* (I) in Klärschlamm ergeben hatten, wurden die Gehh. von rohem u. nach verschied. Verff. getrocknetem Schlamm mit der direkten Meth. mittels *Lactobacillus leichmanni*, der kombinierten Meth. mit alkal. Zerstörung von I sowie mit papierchromatograph. Trennung von anderen wachstumsfördernden Stoffen bestimmt. Die Ergebnisse der beiden letztgenannten Verff. zeigten befriedigende Übereinstimmung. Die wachstumsfördernden Stoffe neben I zeigten mit R_F 0,4 (wahrscheinlich Thymidin) u. 0,8 eine schnellere Wanderung als I. Die Ergebnisse der direkten Best. stimmten mit der Summe der Wirksamkeit der chromatograph. gestreuten wirksamen Stoffe überein. Getrockneter Schlamm enthält erheblich mehr als 3,3 μg I je g (vorgeschlagener Mindestgeh. an I für Beifuttermittel des Handels). (Science [Washington] **114.** 213. 24/8. 1951. Philadelphia, Eastern Region. Res. Labor.) SCHWAIBOLD. 6048

Egbert Möhlau, *Eine neuartige, übersichtliche Darstellungsweise der Analysenwerte bei Wasseruntersuchungen unter Mitberücksichtigung der Kationenaustauscher.* In Verbindung mit der Verwendung des H-Wofatit-Kationenaustauschers in der Wasseranalyse werden die Werte für Härte, Anionen, Kationen, Ionensummen sowie die neue analyt. Kennzahl „Gesamtmineralsäurewert" in mval/Liter angegeben. (Pharmaz. Zentralhalle Deutschland **92.** 281—85. Aug. 1953. Dresden, Bezirks-Hygiene-Inst.) FRESENIUS. 6060

M. B. Ettinger, C. C. Ruchhoft und **R. J. Lishka**, *Empfindliche 4-Aminoantipyrinmethode für Phenolverbindungen.* Zur empfindlichen Best. von *Phenolverbb.* (I) in industriellen *Abwässern* u. a. wurde die von Emerson (J. org. Chemistry **8.** [1943.] 417) vorgeschlagene Farb-Rk. zwischen **I** u. *4-Aminoantipyrin* (**II**) in Ggw. eines alkal. Oxydationsmittels verwendet. Die Meth. erlaubt die Best. von 2 Teilen **I** in 10^9 Teilen Wasser. Ausführung: 500 cm^3 der von störenden Verbb. (Verbb. mit Keto-Enolsyst., starken Oxydations- u. Reduktionsmitteln) befreiten Probe, sowie 500 cm^3 Blindprobe u. 500 cm^3 Standardlsgg. mit 0,04, 0,20 u. 1 p.p.m. **I** werden auf genau gleiche Temp. (Zimmertemp.) gebracht u. mit 6 n NH_4OH auf ein p_H von 10,0 $\pm$ 0,2 eingestellt. Die Proben werden mit je 1,0 cm^3 3%ig. wss. **II**-Lsg. vermischt u. je 10 cm^3 2%ig. wss. K-Ferricyanidlsg. werden zugegeben. Ist die entstehende rote Färbung stärker als die des 0,20 p.p.m. Standards, so wird die Extinktion der wss. Lsg. direkt bei 510 mμ gemessen u. gegen die des 1,0 p.p.m.-Standards gegenüber dem Blindvers. ausgewertet. Zeigt die Probe eine geringere Färbung als der 0,20 p.p.m.-Standard, so extrahiert man nacheinander mit 15, 10 u. 5 cm^3 Chlf., fällt die vereinigten Chloroformextrakte auf 25 cm^3 auf u. mißt die Extinktion bei 460 mμ gegen den Blindvers. u. vgl. mit analog behandelten Standardlösungen. Die Proportionalität ist in beiden Fällen linear. (Analytic. Chem. **23.** 1783—88. Dez. 1951. Cincinnati, O., Public Health Serv., Environmental Health Conter.) K. F. Müller. 6068

—, Deutsche Einheitsverfahren zur Wasser-, Abwasser- und Schlammuntersuchung. Physik., chem. u. bakteriol. Verfahren. Hrsg. im Auftr. d. Fachgruppe Wasserchemie i. d. Ges. Dt. Chemiker e. V. Bearb. v. **Ludwig-Werner Haase**. Weinheim/Bergstr.: Verl. Chemie. 1954. (180 S.) DM 12,40.

V. Anorganische Industrie.

Colasit Akt.-Ges., Wimmio, Schweiz, *Herstellung von NH_4-Salzen* aus Stickoxyden. Das N-haltige Gasgemisch wird im 1. Reaktionsraum mit Luftüberschuß unter Zusatz von Ozon gemischt u. im 2. Raum wird es dann mit NH_4OH zusammen versprüht. Die dabei sich bildenden NH_4-Salznebel, vereint mit dem Restgasgemisch, durchlaufen eine Flüssigkeitsvorlage u. einen Gegenstromwascher, wobei sie unter Vermeidung der Kristallbldg. aus der in der Vorlage befindlichen Fl. ausgewaschen werden. (**Schwz. P. 289 982** vom 5/10. 1950, ausg. 16/7. 1953.) Nebelsiek. H 243

Yorkshire Dyeware & Chemical Co. Ltd., Leeds, England (Erfinder: **Robert Kenneth Fourness**), *Erhöhung der Beständigkeit von $Na_2S_2O_4$ an der Luft.* Das $Na_2S_2O_4$ wird mit 0,1—2% eines oder mehrerer fl., wenig flüchtiger Ester gemischt, die sich von Alkoholen mit $>$5 C-Atomen ableiten, z. B. mit Dinonylphthalat. Die Ester können auch in Lsg. in einem leicht flüchtigen Lösungsm., z. B. Ae. oder CCl_4, angewendet werden. Die Estermenge soll so gering sein, daß das Pulver fließfähig bleibt. (**E. P. 695 375** vom 13/7. 1950, ausg. 12/8. 1953.) Zürn. H 253

Per Otto Stelling (Erfinder: **Per Otto Stelling** und **Gösta Lennart Flemmert**), Stockholm, Schweden, *Herstellung von feinverteiltem SiO_2.* Si oder eine Si-Legierung (**I**) werden bei erhöhter Temp. mit HCl behandelt, so daß eine Mischung aus dampfförmiger Cl–Si-Verb. u./oder Cl–Si–H-Verb. u. H_2 entsteht, die außerdem je nach der Temp. der Rk. HCl enthalten kann. In diese Mischung wird O_2 u./oder Wasserdampf eingeleitet, wodurch die Si-Verbb. zu SiO_2 u. HCl hydrolysiert werden. Der entstandene HCl kann zur Behandlung von Si zurückgeführt werden. Bei der Behandlung von Si oder einer **I** mit HCl kann zur Regelung der Temp. auch Cl_2 eingeleitet werden. Vor der Hydrolyse kann mit HCl verd. werden. — Reaktionsschema. (**D. B. P. 884 361** Kl. 12i vom 22/12. 1951, ausg. 27/7. 1953. Schwed. Prior. 20/7. 1949.) Zürn. H 261

Badische Anilin- & Soda-Fabrik (Erfinder: **Walter Ziese** und **Hans Rabe**), Ludwigshafen/Rh., *Imprägnieren von engporigem SiO_2-Gel mit wasserhaltigen Flüssigkeiten.* Zur Verhinderung des Kornzerfalls wird das Gel vor der Imprägnierung mit Luft oder anderen Gasen, die 50—100% relative Feuchtigkeit enthalten, bes. bei n. Temp., behandelt. — Abbildung. (**D. B. P. 885 397** Kl. 12i vom 22/11. 1951, ausg. 3/8. 1953.) Zürn. H 261

Chemische Fabrik Budenheim Akt.-Ges., Mainz (Erfinder: **Anton Michels**, Budenheim), *Herstellung primärer Alkaliphosphatlaugen* aus fluorarmen oder fluorfreien techn. Phosphorsäuren, die Ca, Fe, Al u. bes. Mg enthalten. Den Rohphosphorsäuren oder schon vor dem Aufschluß mit H_2SO_4 den Rohphosphaten setzt man leicht lösl. F-Verbb. in für die Ausfällung aller Verunreinigungen unzureichenden Mengen zu u. neutralisiert mit Alkalicarbonat oder -hydroxyd bis zum prim. Alkaliphosphat (**I**). Enthalten die Rohphosphate schon (wenig) F, so wird die Hälfte der H_3PO_4 mit Alkali bis zum sek. **I** abgesätt., vom Nd. befreit, das Filtrat mit der anderen Hälfte der H_3PO_4 gemischt u. das Gemisch filtriert. (**D. R. P. 757 986** Kl. 12i vom 3/7. 1943, ausg. 2/2. 1953.) Zürn. H 264

Dow Chemical Co., übert. von: **D. J. Pye** und **M. F. Le Duc**, Midland, Mich., V. St. A., *Reinigen von kaustischen Alkalilösungen*, welche Chlorate gelöst enthalten, durch Erhitzen auf Tempp. über 100°, aber unterhalb dem Kp., mit Zusatz von Eisenpulver im Überschuß derjenigen Menge, welche zur Red. des Chlorats notwendig ist. Die Lsg. wird kräftig gerührt u. absitzen gelassen. Die auf 35° abgekühlte Lsg. wird danach von dem ausgeschiedenen Fe-Nd. befreit. — Zeichnung. (**Can. P. 475 663** vom 13/12. 1946, ausg. 31/7. 1951.) M. F. MÜLLER. H 272

Charles A. Kumins, Tuckahoe, N. Y., V. St. A., *Trennen von Zirkonverbindungen von anderen Metallverbindungen*, z. B. des Cr, Sn, Bi, Sb, Ca, Ba, Ce u. a. mit Hilfe von Mandelsäure (I). Zu der angesäuerten, wss. Zr-Lsg. gibt man I im Überschuß u. erhitzt dann kurz auf 80—100°. Es fällt nur das Zr als Zr-Tetramandelat aus, das man abfiltriert, heiß auswäscht u. durch Erhitzen in ZrO_2 überführt. (**A. P. 2 630 370** vom 28/4. 1948, ausg. 3/3. 1953.) NEBELSIEK. H 322

Standard Oil Development Co., übert. von: **John B. Holtzelaw**, Roselle, und **John D. Brooks**, Elizabeth, N. J., V. St. A., *Aufarbeiten von Plumbitabfallösungen*. Man bringt die Na_2PbO_2-Lsg. (I) zunächst mit einem mercaptanhaltigen, niedriger sd. KW-stoffgemisch (II) zusammen, anschließend mit einem zweiten, aber höher sd. II u. zieht dann die verbrauchte I ab. Entweder sättigt man sie mit H_2S, wobei sich eine obere Ölschicht bildet u. eine untere Schicht, die die Na_2S-Salze enthält, oder man behandelt sie mit NaHS u. Isopropylalkohol, wobei sich 3 Phasen bilden. Im 1. Fall behandelt man die untere Schicht zwecks Neutralisation des überschüssigen H_2S mit NaOH u. konz. die Restlsg., im 2. Fall zieht man die Mittelphase ab u. dest. sie. Die obere Alkoholfraktion entfernt man u. arbeitet die untere Fraktion auf unter Gewinnung von Na_2S-Salzen. (**A. PP. 2 655 482** u. **2 655 483** vom 23/7. 1952, ausg. 13/10. 1953.) NEBELSIEK. H 328

Diamond Alkali Co., Cleveland, übert. von: **Tom S. Perrin** und **Robert G. Banner**, Painesvillle, O., V. St. A., *Wiedergewinnung von Chromaten und Vanadaten*. Man fügt eine lösl. Pb-Verb., die Pb-Ionen liefert, zu der wss. Cr- u. V-Lsg., trennt die zusammen ausgefällten Pb-Chromate u. Pb-Vanadate ab u. laugt mit H_2SO_4 bei 25 bis 70° aus. Dann trennt man das mitgebildete $PbSO_4$ ab, fügt NH_4OH bis zum p_H 3 zu u. erhitzt die Lsg., um V als $NaVO_3$ auszufällen. Cr gewinnt man aus der Restlösung. (**A. P. 2 628 154** vom 28/4. 1950, ausg. 10/2. 1953.) NEBELSIEK. H 335

Union Carbide and Carbon Corp., übert. von: **Adolph Q. Lundquist**, Grand Junction, Col., V. St. A., *Gewinnung von Uran- und Vanadinverbindungen*. Carnotit, ein U-, V- u. Ca-haltiges Erz, wird gebrochen u. mit verd. H_2SO_4 behandelt, wodurch man einen Schlamm (p_H 1,5) erhält, der alles Ca als $CaSO_4$ u. einen Teil des U u. V gelöst enthält. Die festen Bestandteile trenn man ab u. röstet sie, gemischt mit NaCl, bei 800—825°. Das erhaltene, wasserlösl. Vanadat trennt man mit W. ab u. laugt den Rückstand mit verd. H_2SO_4 aus, wodurch die restlichen Teile des U u. V in Lsg. gehen. Diese Lsg. vereinigt man mit der aus der 1. Verfahrensstufe stammenden u. gewinnt daraus getrennt U- u. V-Verbindungen. (**A. P. 2 640 754** vom 4/4. 1951, ausg. 2/6. 1953.) NEBELSIEK. H 339

VI. Silicatchemie. Baustoffe.

M. Rivière, *Die letzten Arbeiten des Ausschusses zur Untersuchung der Flammenstrahlung. Ihre Bedeutung für die keramische Industrie*. Bericht über die Arbeiten des Ausschusses. (Bull. Soc. franç. Céram. **1953**. Nr. 20. 32—39. Juli/Sept.) SCHÜTZ. 6206

John Marquis, *Die letzten Fortschritte bei den Glasuren und keramischen Farben*. Inhaltlich ident. mit der C. **1953**. 434 referierten Arbeit. (Ind. céram. **1953**. 101—06. Mai.) SCHÜTZ. 6212

Paul A. Huppert, *Cadmium- und Selenpigmente in Emails*. 2. Mitt. (1. vgl. C. **1953**. 756.) Überblick. Literaturangaben. (Ceram. Age **59**. Nr. 5. 38—39. Mai 1952. Canandaigua, N. Y.) MARKHOFF. 6212

E. G. Guerrée, *Entwicklungsmöglichkeiten der Fabriken für Baukeramik und feuerfeste Erzeugnisse*. Volkswirtschaftlich techn. Betrachtung. (Ind. céram. **1953**. 117—21. Mai.) SCHÜTZ. 6218

W. Lewcock und **J. H. Wylde**, *Das Verhalten von Silicasteinen bei Wiedererhitzung*. Beim Nacherhitzen von Silicasteinen im Labor. auf 1450° ist die Volumenabnahme bei der Quarzumwandlung von einer Porenvolumenzunahme begleitet. Tridymit wird in 2 Std. bei 1600° vollständig in Cristobalit umgewandelt. Im Labor. hergestellter Tridymit hat eine D. von 2,268, dagegen ein aus Silicasteinen präparierter eine D. von 2,258. Die techn. therm. Analyse gibt keine genauen Werte bzgl. der Mengen von Quarz, Tridymit u. Cristobalit. Es müssen noch andere SiO_2-Modifikationen vorhanden sein, welche keine oder nur ganz geringe therm. Effekte zeigen, also eine Angabe über den Geh. an Quarz, Cristobalit u. Tridymit ist keine exakte Beschreibung des Zustandes eines Silicasteines. (Trans. Brit. ceram. Soc. **52.** 225—58. Mai 1953.) SCHÜTZ. 6218

A. Lincke, *Basische, nahezu unzerstörbare Zustellung, besonders für Herde und Wandungen von Lichtbogenöfen.* Die empfohlene Mischung hat die Zus.: 100 kg Sintermagnesit, 10 kg Kaolin- oder Tonmehl, 2,5 kg Flußspat, 12 kg Wasserglas (30—40° Bé), oder 100 kg Sintermagnesit von groberer Körnung (3—7 mm), 8 kg Kaolin- oder Tonmehl, 2 kg Flußspatmehl u. 10 kg Wasserglas. Die Mischungen werden eingestampft. (Giessereipraxis **71.** 79—80. 10/3. 1953.) HOCHSTEIN. 6220

Nathan C. Rockwood, *Fortschrittliche Chemie des Zements und Betons.* 5. Mitt. *Strukturchemie einiger Mineralien der Betonzuschlagstoffe.* (4. vgl. C. **1953. 6116.**) Darst. der Gitterstruktur der in den Betonzuschlagstoffen vorkommenden Silicate. (Rock Products **56.** Nr. 1. 154—57. Jan. 1953.) K. SEIDEL. 6224

Nathan C. Rockwood, *Fortschrittliche Chemie des Zements und Betons.* 6. Mitt. *Silicate mit dreidimensionalem Gitter. Quarz und Feldspat.* (5. vgl. vorst. Ref.) Verteilung der Ionen der Silicate in ihren Gittern, Struktur von Feldspat, Albit u. Anorthit u. Auflösung des dreidimensionalen Gitters in Kettenstruktur durch Verwitterung. (Rock Products **56.** Nr. 3. 110—12. 117. März 1953.) K. SEIDEL. 6224

Nathan C. Rockwood, *Fortschrittliche Chemie des Zements und Betons.* 7. Mitt. *Die chemische Analyse gibt keinen Aufschluß über die Eignung der Silicate als Betonzuschlagstoffe.* (6. vgl. vorst. Ref.) Es wird dargetan, daß nicht die chem. Analyse allein über die Eignung der Silicate als Betonzuschlagstoffe entscheidet, sondern daß die Festigkeit der Bindung der einzelnen Bestandteile in den Mineralien u. die Möglichkeit, im Beton mit den Hydratationsprodd. des Zementes zu reagieren, ausschlaggebend ist. (Rock Products **56.** Nr. 6. 101—03. Juni 1953.) K. SEIDEL. 6224

Nathan C. Rockwood, *Fortschrittliche Chemie des Zements und Betons.* 8. Mitt. *Die Struktur des Wassers und seine Rolle im Beton.* (7. vgl. vorst. Ref.) Beschreibung des Raumgitters des W. u. der Struktur der Hydroxyde, bes. $Ca(OH)_2$, u. der Silicat- u. Aluminathydrate. (Rock Products **56.** Nr. 8. 174—76. 208. Aug. 1953.) K. SEIDEL. 6224

K. Seidel, *Über die Temperaturerhöhung einer Betonmischung bei Verwendung von warmem Zement.* Es wird an Hand von Verss. gezeigt, daß bei Verwendung von warmem Zement einerseits u. W. + Zuschlagstoff von n. Temp. andererseits nur mit einer geringen Temperaturerhöhung der Betonmischung zu rechnen ist. Es wird eine Formel zur Errechnung dieser Betonendtemp. aus den Anfangstempp. der Komponenten, dem Mischungsverhältnis u. dem Wasserzementfaktor mitgeteilt. (Zement-Kalk-Gips 6 (**42**). 413—15. Nov. 1953. Oberkassel/Siegkr., Labor. der Bonner Portlandzementwerk Akt.-Ges.) K. SEIDEL. 6224

W. Potschigmann, *Zur Aufbereitung von Kalktuffen.* Es wird die Arbeitsweise des zur Zerkleinerung von Kalktuff benutzten Prallbrechers geschildert. (Betonstein-Ztg. **19.** 299—302. Aug. 1953.) K. SEIDEL. 6226

Otto Manfred, *Sulfitablauge und technologische Keramik.* Es wird festgestellt, daß mit Hilfe von Sulfitablauge die noch immer zu hohe Bruchgefahr dünnwandiger Formlinge wie Dachziegel u. Hohlsteine erheblich herabgesetzt bzw. die Festigkeiten gesteigert u. dadurch der Abfall vermindert werden kann. Es besteht auch die Möglichkeit, durch die Verwendung der Sulfitablauge zu dünneren Wandstärken als bisher zu gelangen, was in vieler Hinsicht von Vorteil ist. (Prakt. Chem. [Wien] **4.** 229—30. Nov. 1953.) K. SEIDEL. 6228

Ewald Flister, *Kunststofferzeugnisse zur Behebung von Oberflächenschäden an Betonfahrbahndecken.* Kunststoffprodd. auf Polyvinylacetatbasis sollen zur dauerhaften Behebung von Oberflächen- u. in gewissen Umfang von Tiefenschäden an Beton verwendbar sein. Vorteilhaft wirkt sich bei ihrer Verarbeitung die einfache Verfahrenstechnik u. die schnelle Freigabe von Reparaturstellen durch kurze Trocknungszeiten aus. (Straßen- u. Tiefbau, Straßenbau u. Straßenbaustoffe **7.** 336—37. Sept. 1953.) F. C. MÜLLER. 6230

—, *Eine neue keramische Faser — Bekanntgabe eines neuen Werkstoffs.* Von der CARBORUNDUM CO. wird eine neue keram. Faser *Fiberfax*, durch Schmelzen von Al_2O_3, SiO_2 u. gewissen modifizierenden Stoffen u. Blasen des geschmolzenen Materials mit Luft oder einem Gas hergestellt. Das Prod. bildet ein lose zusammenhängendes Material mit Fasern von 0,5—10 μ Durchmesser u. bis zu 3 in. Länge. Es widersteht unverändert Tempp. bis zu 2300° F u. erweicht bei Tempp. bis gegen 3000° F nicht. Ferner besitzt es eine geringe Wärme- u. elektr. Leitfähigkeit. Es findet als Isolationsmaterial bei Strahlantrieben Verwendung u. kann z. B. als Asbestersatz, als Packungsmaterial bei hohen Tempp., als Futter bei hochbeanspruchten Bremsen, als Aschenfilter in Gasturbinen gebraucht werden. (Materials and Methods **36**. Nr. 3. 94–95. Sept. 1952.) OPPERMANN. 6234

P. W. Berg, *Einfluß der feineren bzw. gröberen Anteile eines Tones auf die Ergebnisse der Differential-Thermoanalyse.* (Vgl. C. **1954**. 4462.) Therm. Effekte, die während der Erhitzung einer Substanz erzielt wurden, sind nicht von der Korngröße abhängig. Es wurden zwei verschied. Proben eines „*ball clay*" u. Fraktionen derselben, die entweder nur die groben oder die feinen Anteile enthielten, einer Differential-Thermoanalyse unterworfen. Die erhaltenen Kurven waren verschieden. Die Abweichungen sind aber hauptsächlich durch Verschiedenheiten der Proben im *Kaolinitgeh.* bedingt. Dieser wurde sowohl thermoanalyt. als auch röntgenograph. u. chem. festgestellt. (Ber. dtsch. keram. Ges. e. V. Ver. dtsch. Emailfachleute e. V. **30**. 231–35. Okt. 1953. Kopenhagen, TH, Labor. für Mörtel, Glas u. Keramik.) STEINER. 6248

H. G. Levelink, *Die Untersuchung von Zementsand.* Die bekannten Untersuchungsverff. werden besprochen. Verschied. Proben werden in verschied. Räumen von verschied. Temp. u. Feuchtigkeit erhärtet, um die Einfll. dieser Faktoren zu prüfen. Für ein Standard-Zementuntersuchungsverf. werden folgende Forderungen aufgestellt: Sorgfältige Bemusterung; Temperaturgleichheit der für die Zementmischung nötigen Stoffe; Abdeckung des zur Mischung dienenden Kollergangs; Ausführung der Verss. unmittelbar nach der Mischung u. sofortige Überführung der Proben in einen Raum mit unveränderlicher Temp.; Ausführung der Druckprobe durch 2 glatte Druckflächen mit planparalleler Führung; Verhinderung des Austrocknens während der Erhärtung durch Abdeckung mit derselben Mischung aus der die Probestücke bestehen; Feststellung u. Berücksichtigung der Tempp. des Versuchsraumes u. der Mischung. An Hand der bei den Unterss. auftretenden Streuungen läßt sich ermitteln, inwieweit der tatsächliche Wert bei einer Anzahl von Beobachtungen erreicht wird. Die Güten verschied. handelsüblicher Zementsorten werden miteinander verglichen. (Metalen **8**. 177–79. 30/4.; 199–203. 15/5. 1953. Gieterijcentrum, Metaalinst., T.N.O.) WESLY. 6252

Willy Müller, *Verwendungsmöglichkeit des Leukimeters in der Kalkindustrie.* Es wird an Hand von Verss. mitgeteilt, daß das zur Best. des Weißkalkgeh. eines gemahlenen Branntkalkes bestimmte Leukimeter außerdem dazu benutzt werden kann, den Geh. an scharf gebranntem Kalk zu bestimmen. (Tonind.-Ztg. keram. Rdsch. **77**. 200–02. Juni 1953. Münchehof.) K. SEIDEL. 6254

Walter Dawihl, Illingen/Saar, *Auftragen von Leuchtstoffpulver auf Glas.* Als Bindemittel für die Leuchtstoffe werden Lsgg. von Alkyd-, Glyptal-, Polyvinyl- oder Polystyrolharzen verwendet, denen zur Erzielung einer rückstandfreien Verbrennung der Harze beim Einbrennen der Leuchtstoffe Oxydationsmittel wie NH_4NO_3, Nitroglykol u. zur Verbesserung der Haftfestigkeit der Leuchtschicht Arsen- oder Phosphorsäure zugesetzt ist. (**D. B. P. 879 510** Kl. 57b vom 19/10. 1951, ausg. 15/6. 1953.) KALIX. 6169

Siegfried Keller & Co., Wallisellen, Schweiz, und **Plyglass Ltd.**, Sanderstead, Surrey, England, *Lichtdurchlässiger Körper.* Dieser besteht aus zwei parallel zueinander liegenden Platten aus einem lichtdurchlässigen Stoff, wie Glas-, Kunstharz- oder dgl., zwischen denen eine Schicht aus lichtdurchlässigen Fasern, wie ein Filz oder Gewebe aus Glas-, Kunstharz- oder dgl. Fasern angeordnet ist. Diese Schicht soll mindestens mit der einen Platte festhaftend verbunden sein; hierzu werden Bindemittel, wie Acrylester, Styrolpolymerisate usw., verwendet. (**Schwz. P. 290 206** vom 30/9. 1950, ausg. 16/7. 1953.) HANS HOFFMANN. 6201

Gustav Josef Eirich und **Wilhelm Adolf Eirich**, Hardheim, *Keramische Massen.* Bindeton wird mit einer Wassermenge vermischt, welche die Wassermenge zum Plastischmachen dieser Tonmenge nicht übersteigt, u. durch mechan. Zerkleinerung in einen Tonschlicker verwandelt. Die Zerkleinerung wird bes. in einer Scheibenmühle vorgenommen, die den Ton entsprechend seiner lamellaren Struktur zerlegt. Der Tonschlicker wird mit magernden Füllstoffen vermengt u. die M. in üblicher Weise weiterverarbeitet. Das Verf. erlaubt ohne verschlickernde chem. Mittel einen Tonschlicker u. weiter Massen mit geringen Bindemittelmengen herzustellen. (**E. P. 688 498** vom 15/9. 1950, ausg. 11/5. 1953. D. Prior. 15/9. 1949.) REINHART. 6209

Gilron Products Co., Cleveland, übert. von: **Roland A. Whitbeck**, Lorain, O., V. St. A., *Oberflächenbehandlung der Bleche vor dem Emaillieren.* Um die für die Haftung von Emailüberzügen vorteilhafte Rauhigkeit u. Porigkeit der Stahlblechoberfläche auch bei der Verformung der Bleche zu bewahren, werden vor der Verformung die Vertiefungen der Oberfläche mit einer wasserlösl., haftenden u. schmierend wirkenden M. ausgefüllt, die die Deformierung der Erhebungen der Oberfläche beim Ziehen oder dgl. verhindert. Nach der Ziehbehandlung wird die M. abgelöst. (**A. P. 2 609 594** vom 18/10. 1949, ausg. 9/9. 1952.) MARKHOFF. 6213

Western Counties Brick Co. und Horace Harrison Macey, Exeter, England, *Gegenstände aus gebranntem Ton.* Formkörper aus tonigen Massen werden getrocknet u. darauf durch Tauchen oder Bestreichen mit einer wss. Suspension überzogen, die ein Färbemittel u. Bitumen in Kautschuklatex enthält. Die Körper sind nach dem Trocknen des Überzuges wasserdicht. Beim Brennen der Körper wird durch den Überzug die Bldg. von oberflächlichen Verfärbungen u. weißen Anflügen, die meist durch die Einw. schwefliger Brenngase auf die Körper entstehen, vermindert oder verhindert. (**E. P. 697 662** vom 12/9. 1950, ausg. 30/9. 1953.) REINHART. 6217

Kaiser Aluminum & Chemical Corp., Del., übert. von: **Leslie W. Austin,** San Jose, und **James C. Hicks,** Menlo Park, Calif., V. St. A., *Feuerfestes Bindemittel.* Ein wss. Schlicker aus einer fein verteilten Mg-Verb., z. B. $Mg(OH)_2$, die beim Brennen MgO bildet, u. fein verteilter Kieselsäure, die eine spezif. Oberfläche von wenigstens 6000 cm^2/g u. ein Raumgewicht von weniger als ca. 12,5 kg/28 Liter besitzt, z. B. Kieselgur, wird in der Weise zusammengesetzt, daß die SiO_2 in dem gebrannten Prod. 20—60 Gew.-% ausmacht. Der Schlicker wird entwässert, bei ca. 1100° $^1/_2$ Std. gebrannt u. zu einer Korngröße unter 0,075 mm vermahlen. Das Prod. ist nach seiner Zus. zur Bldg. von Forsteritkristallen ($2\,MgO \cdot SiO_2$) bei längerer Erhitzung auf hohe Tempp. befähigt. Es stellt ein Bindemittel für hohe Tempp. u. nichtsaure Körper dar. Als Bindemittel für n. Tempp. können der Bindemasse vorläufige Binder, wie $MgCl_2$, $MgSO_4$ oder Wasserglas, zugesetzt werden. (**A. P. 2 628 915** vom 12/1. 1949, ausg. 17/2. 1953.)
REINHART. 6219

Charles V. Litton, Redwood City, Calif., V. St. A., *Verbinden von metallischen und keramischen Körpern.* Die Körper werden derart geformt, daß sie an den Verbindungsstellen dicht aneinander schließen. Es wird eine Email- oder Glasurmasse von ca. 0,012 bis 0,025 mm Dicke an der Verbindungsstelle der Körper aufgebracht u. bis zum Schmelzen der Email oder Glasur erhitzt. Die erhaltenen Verbb. sind auch bei höheren Tempp. dicht. — Zeichnung. (**A. P. 2 647 070** vom 17/11. 1950, ausg. 28/7. 1953.)
REINHART. 6221

Comp. Générale de Télégraphie sans Fil, Paris, Frankreich, *Verbinden von Körpern, deren WAK zwischen 45 bis $60 \cdot 10^{-7}$ liegt.* Zum Verbinden z. B. von Glas u. keram. Körpern wird eine M. benutzt, die aus ca. 5,5 (Teilen) Ton, 38 Al_2O_3, 56 Kaolin, 2,29 $CaCO_3$, 6,4 Dolomit, 2 $BaCO_3$ u. 2 Pb_3O_4 besteht. Die M. hat nach dem Brennen bei ca. 1400° einen WAK von unter $50 \cdot 10^{-7}$. Der Zusatz der Pb-Verb. ermöglicht Herabsetzung der Brenntemp. der M., während der $BaCO_3$-Zusatz die elektr. Eigg. der M. verbessert; sie hat z. B. bei einer Frequenz von 10^6 einen tg δ unter $7 \cdot 10^{-4}$. (**Schwz. P. 284 688** vom 12/2. 1949, ausg. 17/11. 1952. F. Prior. 28/2. 1948. **Zusatz zu Schwz. P. 277 584; C. 1953. 275.**) REINHART. 6221

Texas Co., New York, übert. von: **Patrick J. Keating jr.,** Scarsdale, N. Y., V. St. A., *Frostbeständiger Beton.* Zum Frostbeständigmachen von Beton werden der zementhaltigen Mörtelmischung sogenannte lufteinführende Zusätze beigemischt, welche in der M. während des Mischvorganges feinverteilte Luftbläschen erzeugen. Zu diesem Zweck wird eine wss. Emulsion aus verseiftem oxydierten Paraffinwachs in Mengen von 0,005—0,014%, bezogen auf das Gewicht des Zementes, in die Mörtelmasse eingebracht. Das oxydierte Paraffinwachs soll eine Verseifungszahl von ca. 93 u. eine Neutralisationszahl von ca. 41 besitzen; die Verseifung wird durch Zusatz von Alkalioxyd durchgeführt. (**A. P. 2 625 489** vom 13/4. 1949, ausg. 13/1. 1953.)
HANS HOFFMANN. 6225

Certain-Teed Products Corp. (Erfinder: **Gilbert A. Hoggatt** und **Clarence George Shuttleworth,** Ardmore, Pa., V. St. A., *Gewinnung von $CaSO_4 \cdot ^1\!/_2 H_2O$.* Rohgips $CaSO_4 \cdot 2H_2O$) wird gebrochen u. bei ca. 225° F in hintereinander geschalteten Tanks je ca. 20—40 Min. mit $CaCl_2$-Lsg. gelaugt. — Vorrichtung. (**E. P. 695 323** vom 25/4. 1951, ausg. 5/8. 1953.) NEBELSIEK. 6227

Harold Leslie Lee, Southend-on-Sea, Essex, und **Henry William Try,** London, England, *Wasserabweisende Mischung* für Ornamente, Paneele, Putz u. ähnliche Schutzüberzüge. Man verwendet Seemuscheln mit hohem $CaCO_3$-Geh. (grießförmig), Portlandzement als Bindemittel u. zur Versteifung der Mischung ein faserförmiges Material oder Drahtgewebe, Streckmetall, Holzlatten. Durch Zusätze von granuliertem Kork oder Asbestfasern kann man die Mischung nachgebend machen u. die akust. Eigg. variieren. Beispiel: je 112 (lbs.) grobes, mittleres u. feines Seemuschelgrieß, 14 Asbestfasern u. 7 Talk. (**E. P. 688 203** vom 1/4. 1949, ausg. 4/3. 1953.) REICHELT. 6227

Hoesch Akt.-Ges. (Erfinder: **Theodor Dingmann**), Dortmund, *Gewinnung von Baustoffen aus glasig erstarrenden Stoffen.* Bei dem Verf. nach D. R. P. 706 008 werden glasig erstarrende Stoffe, wie saure Hochofenschlacken, dad. für Baustoffe geeignet gemacht, daß den schmelzfl. Schlacken 2—5% Roheisenentschwefelungsschlacke zugesetzt werden. Den so behandelten Stoffen soll nur während oder kurz vor ihrem Vergießen ein geringer Zusatz von solchen Stoffen zugegeben werden, welche bei der Gießtemp. verdampfen oder Gase entwickeln. Hierfür können Stoffe, wie Waschberge, Schlammkohle u. auch W., verwendet werden. (**D. R. P. 767 717** Kl. 80b vom 12/7. 1949, ausg. 9/4. 1953. **Zusatz zu D. R. P. 706 008; C. 1941. II. 1784.**) HANS HOFFMANN. 6229

Jean Albert Douce, Seine, Frankreich, *Baumaterial.* Man mischt Vermiculit oder entsprechende Mineralien in Ggw. von W. mit einem Bindemittel aus 2 verschied. *Klebstoffen*, von denen einer bei —20 bis zwischen 140 u. 200° u. der andere von hier ab bis zu ca. 1200° klebt; als erster ist mit Kalk behandeltes Casein (I), als zweiter köll. Ton, wie Bentonit (II), genannt. — 25 g eines aus 62,5% I u. 37,5% II mit W. angerührten Leimes wird mit 75 g Vermiculit gemischt. Die Mischung dient vor allem als Zwischenlage zwischen Platten aus Holz, Kunstholz, organ. Fasern, Sperrholz, Faserzement, Karton, Metall. Sie stellt ein leichtes *schall-* u. *wärmeisolierendes Bauelement* dar. (**F. P. 1 017 335** vom 9/5. 1950, ausg. 8/12. 1952.) PANKOW. 6229

André Châtelain, Ecublens, Vaud, Schweiz, *Formkörper.* Zur Herst. von Körpern, die wenigstens an einer Seite teilweise mit einer glänzenden Oberfläche versehen sind, werden Massen aus Zement, Kreide, Casein u. W. auf ein Gewebe aufgebracht, das auf einer biegsamen, aber undurchdringlichen Unterlage, z. B. aus Kautschuk, liegt. Darauf wird die M. in eine Form mit glattem Boden u. gegebenenfalls glatten Wänden, z. B. aus Glas, gestürzt. Die M. kann gemustert oder mit Dekoren versehen werden. Nach dem Erhärten der M. zeigt der Formkörper an den Stellen, an denen er mit den glatten Formwänden in Berührung war, eine glänzende Oberfläche. — Zeichnung. (**Schwz. P. 289 615** vom 24/6. 1950, ausg. 1/7. 1953.) REINHART. 6229

Norton Co., Worcester, übert. von: **John K. Sjogren**, Shrewsbury, Mass., V. St. A., *Herstellen von Siliciumcarbidkörpern.* Körniges SiC wird mit einer gepulverten keram. M. u. einem organ. Bindemittel gemischt, unter Druck geformt u. ansteigend bis auf 1200° in einer Atmosphäre erhitzt, die wenigstens bis zu 30% bis 400° aus Luft u. bis zu 1000° wenigstens zu 30% aus Wasserdampf besteht. Durch diese Brennweise wird die Bldg. von Kernen, d. h. Zonen mit vom übrigen Scherben abweichender chem. u. physikal. Zus., in den Körpern vermieden. Die Prodd. eignen sich als Schleifkörper. (**A. P. 2 624 932** vom 24/7. 1950, ausg. 13/1. 1953.) REINHART. 6239

Jean Cléret de Langavant, Ciments et bétons, propriétés et emplois. Paris: A. Colin. 1953. (192 S. m. Abb.). fr. 250,—.

VII. Agrikulturchemie. Schädlingsbekämpfung.

B. S. Ellis, *Der Boden.* In Südrhodesien ist das Muttergestein der bestimmende Faktor der Bodenbildung. In gut durchlässigen Böden bildet sich bei der Zers. der bas. Gesteine ein kaolinit. Tontyp u. rotgefärbte Böden entstehen. In schlecht entwässerten Böden werden nicht alle Basen entfernt u. ein Montmorillonit-Typ von Ton wird gebildet, der gewöhnlich von schwarzer oder grauschwarzer Farbe ist. Die Vegetation spielt stets eine bodenversauernde Rolle. Die Ausbldg. einer günstigen Bodenstruktur hängt von der Zers. der organ. Substanz ab. Die Tatsache, daß das Verhältnis C/N ziemlich konstant ist, deutet darauf hin, daß ein bestimmtes mikrobielles Gleichgewicht besteht. In Rhodesien wird die Einstellung dieses Gleichgewichts dadurch beeinflußt, daß lange Trockenzeiten bestehen, in denen dem Boden keine organ. Substanz zugeführt wird. Auch die Herst. von Kompost guter Beschaffenheit macht unter diesen Bedingungen Schwierigkeiten. Es wird auf die Wichtigkeit der Mineraldünger hingewiesen u. den Anhängern der Humustheorie entgegengehalten, daß die mineral. Dünger mit Hilfe der Bakterien zum Aufbau organ. Substanz dienen. Die Hauptrolle der organ. Dünger sieht der Vff. darin, daß eine langsam fließende N-Quelle geschaffen wird, daß die bei der Zers. erzeugten Polysaccharide u. Polyuronide die Krümelstruktur des Bodens erhalten u. daß der CO_2-Geh. der Bodenluft erhöht wird. Auch der Geh. der organ. Substanzen an Antibioticis kann eine Rolle spielen. (Rhodesia agric. J. **50.** 7—19. Jan./Febr. 1953.) A. JACOB. 6304

H. Vine, *Versuche über die Erhaltung der Bodenfruchtbarkeit in Ibadan, Nigeria, 1922—1951.* 1. Mitt. Als wirksames Mittel zur Erhaltung der Bodenfruchtbarkeit wird der Anbau der Gründungungspflanze Mucuna (Bengalbohne), die rasch eine dichte Bodendecke bildet, betrachtet. Wirksam scheint dabei nicht so sehr die Zufuhr von organ.

Substanz als von N zu sein. Die durch das Unterbringen der Grünmasse der Gründüngung verursachten Schwierigkeiten konnte man dadurch überwinden, daß die Gründüngung in trockenem Zustande oder erst, nachdem sie zu Asche verbrannt war, eingegraben wurde. Der Maisertrag ging dabei im Vgl. zur regulären Gründüngung nur wenig zurück. Es wird die Hypothese aufgestellt, daß die biol. Bindung von atmosphär. N im Boden während der Wachstumsperiode der Gründüngung sehr stark erhöht wird u. daß dieser Faktor wichtiger ist, als die durch das Eingraben der Gründüngungspflanzen bewirkte N-Zufuhr. Bei Düngungsverss. mit Mineraldüngern ergab sich eine gute Wrkg. von N, während P_2O_5, K_2O, CaO oder Spurenelemente keine Wrkg. zeigten. Da die Preise für die Düngemittel viel weniger gestiegen sind, als für die landwirtschaftlichen Prodd., ist heute die Anwendung von N-Düngemitteln wirtschaftlicher, als die Durchführung der Gründüngung. (Empire J. exp. Agric. **21.** 65—85. April 1953.) A. JACOB. 6304

H. G. Mundy, *Einige Probleme des Ackerbaues in Südrhodesien.* Der Charakter der Böden wird durch die Art des Muttergesteins stärker beeinflußt, als durch Klima oder Vegetation. Die Hauptfrüchte waren Mais u. Virginiatabak. Das Vieh wird nachts in offenen Kralen gehalten, wobei der Stallmist durch Regen stark entwertet wird. Die Gründüngung konnte in stärkerem Umfange erst durchgeführt werden, nachdem die Ernte durch Mechanisierung erleichtert wurde. Die Fruchtbarkeit des Bodens konnte überall dort erhalten werden, wo es gelang, seinen Geh. an organ. Substanz u. an N aufrechtzuerhalten. Wenn die Gründüngung vernachlässigt wurde, verstärkte sich die Bodenerosion. Auch die Anwendung von Kompost erwies sich als wirksam, aber zu kostspielig. Das Einfügen von Grasland in die Fruchtfolge ist dadurch erschwert, daß die dafür geeigneten Gräser oder Leguminosen die lange Trockenperiode nicht überstehen können. Als geeignetes Gras wird neuerdings auf Pennisetum purpureum hingewiesen, das in Reihen von 6—7 Fuß Abstand angebaut wird, zwischen denen in jeder Regenzeit Mucuna angebaut wird. Bei genügender Anwendung von Mineraldüngern scheint sich dieses Syst. als aussichtsreich für die Verbesserung des Bodens u. für die Futterversorgung zu erweisen. (Empire J. exp. Agric. **21.** 123—30. April 1953.) A. JACOB. 6304

Marcel Mazoyer, *Die Bedeutung des Natriums in der Landwirtschaft.* (Vortrag.) Behandelt werden: das Vorkommen von Na in Pflanzen, seine Assimilation durch Kulturpflanzen sowie sein Einfl. auf Wachstum u. Ertrag. — 21 Literaturhinweise. (Ind. chimique **41.** 101—04. April 1954.) WINIKER. 6304

Antonín Němec, *Die Verbesserung von hartem Sandboden des Waldgebietes Žehrov durch Düngung mit Basaltmehl.* Es wurden bei den einzelnen Pflanzen, entweder in die Setzlöcher vor dem Pflanzen oder nachher rings um die Setzstelle, je 1 kg *Basalt* (I) bzw. 1 kg I u. *Kalkstein* (II) gestreut. Erle u. Eiche reagieren intensiver auf die oberflächliche Streudüngung, bei der Buche war der Einfl. auch bei Düngung des Untergrunds bemerkbar. Allg. steigerte sich das Wachstum am meisten bei Anwendung von I u. II in den Setzlöchern u. auf der Bodenoberfläche. Viel geringer war die Wrkg. bei Schwarzerle, Eiche u. Buche, wenn nur um die Pflanzen nach ihrem Setzen mit I gedüngt wurde. Vor Ablauf von 3 Jahren sind größere Unterschiede im Wachstum nicht beobachtbar. Die Bodenverbesserung durch I allein wie auch durch I u. II verursacht in den Blättern der Schwarzerle einen sehr merklichen Anstieg des N- u. Ca-Geh., die P_2O_5-Resorption nimmt bei I-Düngung zu, wird aber II hinzugefügt, nimmt sie ab. Berechnet man für die A_0- u. A-Horizonte des Bodens (5 u. 20 cm Tiefe) den Ca-Bedarf, so ergibt sich unter Berücksichtigung des Ca-Geh. von I eine Mindestmenge von wenigstens 2 kg je Pflanze u. m^2. Mit dieser I-Menge zeigen Schwarzerle u. Hagebuche schon nach dem Setzen u. Düngen beachtliche Wachstumssteigerungen, ebenso die kleinblättrige Linde nach 3 Jahren. I-Düngung des Setzlochs erhöht stärker das Wachstum. Ahorn reagiert kaum auf Düngung, die Ulme überhaupt nicht. Der Verlust der Pflanzen wird bei I-Düngung verringert oder sogar völlig verhindert. Direkte II-Düngung der Setzlöcher erhöht dagegen den Pflanzenverlust. (Sborník českoslov. Akad. Zemědělské [Ann. czechoslov. Acad. Agric.] **25.** 83—96. Sept. 1952. Praha-Dejvice, Výzkumný úst. lesní hosp. [Forsch.-Inst. für Forstwirtschaft.]) FREYTAG. 6304

Antonín Němec, *Zur Frage der Verwendung von „Kapuziner"-Braunkohle zur Kulturendüngung.* Unter „*Kapuziner*" versteht man *Braunkohlen*-Abfallmassen (I) der nordböhm. Braunkohlengruben, die zur Düngung von humusarmen Böden verwendet werden können. I enthalten über 70% *Huminsäuren* u. verhältnismäßig viel anorgan. Bestandteile, unter denen SiO_2 überwiegt. Ferner sind, bei Aschegehh. bis zu 15%, 0,2—0,5 (%) *CaO*, 0,2—0,6 *MgO* u. 0,15—0,3 K_2O gefunden worden. Bes. wichtig ist aber Ggw. von 0,01—0,02 MoO_3, u. auch *Cu, Cr, Ba, Zr, Ti* u. *V*. Der *S*-Geh. beträgt 0,055—0,008%. Zum Unterschied von der eigentlichen Braunkohle weist I bedeutende saure Eigg. auf; in wss. Suspension wird ein p_H 3,00, suspendiert in einer KCl-Lsg. sogar p_H 2,3 gemessen. Die saure Rk., die Reduktionsfähigkeit u. Anwesenheit organ. Stoffe, wie z. B. *Montanwachs*, sind der direkten Anwendung als Dünger abträglich. Nach Unters. des Vf. neutralisiert man I mit bas. Gesteinsmehl, das in W. einen p_H-Wert von 8,5—8,9 aufweist. Zur Neutralisation bis zu p_H 6 in KCl-Lsg. vermischt man 1 Gew.-Teil I mit 3—4 Gew.-Teilen *Diabas* u. beläßt im feuchten Zustand, damit die Huminsäuren von den bas. Silicaten gebunden werden. Das Gesteinsmehl liefert die für die Düngung erforderlichen anorgan. Bestandteile, während N (0,8—1,4%) in I enthalten ist. (Sborník československ. Akad. Zemědělské [Ann. czechoslov. Acad. Agric.] **25.** 97—104. Sept. 1952. Praha-Dejvice, Výzkumný úst. lesní hosp. [Forsch.-Inst. für Forstwirtschaft.]) FREYTAG. 6304

J. J. Theron und **D. G. Haylett,** *Die Regenerierung von Bodenhumus unter Grasbestand.* Der starke Verlust an organ. Substanz bei jährlicher Bebauung hat es notwendig gemacht, Perioden einzuschalten, in denen das Land als Grasland genutzt wird. Die Schwierigkeit liegt darin, daß in Südafrika keine Leguminosen vorhanden sind, die zusammen mit dem Gras eine befriedigende Entw. zeigen. Es wurde daher untersucht, ob als N-Quelle Mineraldünger dienen könnten. Die stärkste Humusregenerierung wurde erzielt bei einer jährlichen Anwendung von 1000 kg $(NH_4)_2SO_4$/acre, die Heuerträge waren allerdings bei höheren N-Gaben noch höher. Bei Anwendung geringerer Gaben wurde hauptsächlich die Wurzelentw. u. damit letzten Endes die Humusregenerierung gefördert, jedoch der Grasertrag nicht gehoben. Es wird der Schluß gezogen, daß infolge des Fehlens geeigneter Leguminosen die Einschaltung von Grasflächen in die Fruchtfolge den wesentlichen Zweck der Wiederauffüllung des Humusgeh. u. der Wiederherstellung der Krümelstruktur des Bodens nur erfüllen kann, wenn das Gras den Boden für eine Periode von mehr als 3 Jahren bedeckt, nicht übertrieben abgeweidet u. außerdem stark mit N gedüngt wird. (Empire J. exp. Agric. **21.** 86—98. April 1953. Pretoria, Univ., Faculty of Agriculture.) A. JACOB. 6304

W. S. Stewart, L. J. Klotz und **H. Z. Hield,** *Die Wirkung von 2.4-D und verwandter Verbindungen auf den Fruchtabfall, die Erntemenge, Größe und Güte von Washington Navel-Orangen.* Der Bericht faßt die Untersuchungsergebnisse zusammen, die mit 2.4-D u. verwandten Verbb. in verschied. Konzz. u. Anwendungsformen bei Washington-Navel-Orangen hinsichtlich Abfall reifer u. unreifer Früchte, Erntemenge, Fruchtgröße, Güte u. Wasserfleckenempfindlichkeit in den Jahren 1946—1950 gewonnen wurden. Anwendung von 2.4-D zur richtigen Zeit wirkte sich in nahezu allen Fällen sehr günstig aus. Eine Verringerung der Erntemenge oder eine Güteminderung oder das Auftreten von Schäden an den Bäumen, soweit nach den Gebrauchsanweisungen verfahren wurde, konnten nicht beobachtet werden. (Hilgardia **21.** 161—91. Nov. 1951. Riverside, Calif., Univ., Citrus Experiment Stat.) W. LORENZ. 6304

Giuseppe Nizi, *Desinfektion von Tabakpflanzen beim Umpflanzen und Einfluß der Insekticide auf dieselben.* Bericht über vergleichende Verss. zur Desinfektion von Tabakkeimpflanzen vor dem Umpflanzen mit verschied. Insekticiden auf Basis DDT u. HCH. Hierbei zeigten sich die Pflanzen als merklich empfindlich gegen die Behandlungsmittel, auch traten bei weiterer Entw. Blattverbildungen auf. Das Blattwachstum wurde etwas gesteigert, die Assimilationsvorgänge wurden dagegen nicht beeinflußt. (Tabacco **57.** 363—92. Nov. 1953.) GRIMME. 6312

Steve Moore III, *Bekämpfung und Ausrottung von Läusen bei Küken durch Lindan.* Lindan, verdampft oder als Stäubemittel angewendet, bewährte sich bestens bei der Bekämpfung der Hühnerläuse. Eine tox. Wrkg. auf die Küken wurde nicht beobachtet. (Poultry Sci. **31.** 444—47. Mai 1952. Amherst, Univ. of Massachusetts.) GRIMME. 6312

Kali-Chemie Akt.-Ges. (Erfinder: **Kurt Scheel**), Hannover, *Herstellung von ammoncitratlöslichen Phosphatdüngemitteln aus Tonerdephosphaten.* Tonerdephosphate werden mit Mg-Verbb. nach D.P.B. **897 414** geglüht u. das Glühprod. wird abgeschreckt, wobei auf 1 (Mol) P_2O_5 im Phosphat <3, z. B. ca. 1—2 MgO, zur Einw. kommen. Man erhält gemischte Mg–Al-Phosphate, die hohen Geh. an P_2O_5 aufweisen, der in 2%ig. Citronensäure u. in neutraler Ammoncitratlsg. lösl. ist. (**D. B. P. 903 581** Kl. 16 vom 1/6. 1950, ausg. 8/2. 1954. **Zusatz zu D. B. P. 897 414; C. 1954. 2696.**) KARST. 6283

Manufactures de Produits Chimiques du Nord (Établissements Kuhlmann), Frankreich, *Stickstoffdünger.* Eine 96%ig. auf 140° erhitzte Lsg. von NH_4NO_3 wird mit NH_3-Gas behandelt u. mit gemahlenem Kalkstein, der bis 2% $MgCO_3$ enthält, vermischt. Man erhält auf diese Weise ein trockenes Prod., das unmittelbar als Dünger verwendet werden kann. (**F. P. 1 012 217** vom 7/7. 1949, ausg. 7/7. 1952.) WITTHOLZ. 6285

Phillips Petroleum Co., übert. von: **Tom E. Martin**, Bartlesville, Okla., und **Edward Edmunds**, Albuquerque, N. Mex., V. St. A., *Einstellung einer wässerigen NH_4NO_3-Lösung von bestimmter Konzentration*, die bes. als *Düngemittel* verwendet wird. Die auf übliche Weise hergestellte NH_4NO_3-Lsg., die ca. 60—85 (Gew.-%) NH_4NO_3 enthält, wird in einen Verdampfer (I) gelassen, in dem eine Temp. herrscht, die $>$Kp. einer konzentrierteren Lsg. liegt. Führt man nun 5—20 Kühlwasser in I ein, so erhält man, da der Druck ständig konstant bleibt, bei einer bestimmten, bekannten Temp. die NH_4NO_3-Lsg. der gewünschten Konzentration. (**A. P. 2 650 660** vom 15/6. 1950, ausg. 1/9. 1953.) NEBELSIEK. 6285

Ruhrchemie Akt.-Ges., Deutschland, *Lagerfähiger Mischdünger*. Kaust. Abfalllauge, bestehend aus 57 (%) $CaCO_3$, 8 $Ca(OH)_2$, 2,5 NaOH, 0,7 Na_2CO_3 u. 31,8 H_2O, wird im Trommelofen unter Zugabe von $(NH_4)_2SO_4$ getrocknet u. mit NH_4NO_3 oder solches enthaltenden Stoffen gemischt, wodurch ein nicht hygroskop. lagerbeständiger Mischdünger erhalten wird. — Zeichnung. (**F. P. 1 012 331** vom 13/7. 1949, ausg. 8/7. 1952.) WITTHOLZ. 6291

Ruhrchemie Akt.-Ges., Deutschland, *Gefärbte hygroskopisshe Düngemittel*. Kieselgur (I) wird mit einer wss. Farblsg., die z. B. 10—30 g Diamantgrün oder Malachitgrün im Liter enthält, besprüht, wobei als I ca. 10—15% Fl. absorbiert. Ein *Mischdünger* aus Ca u. NH_4NO_3 wird dann mit I bestäubt, so daß er ca. 0,5% I enthält. (**F. P. 1 012 503** vom 24/10. 1949, ausg, 11/7. 1952.) WITTHOLZ. 6291

Ernst Busch, Hamburg, *Herstellung von Düngemitteln*. Geringe Mengen gebrannter Kalk (CaO) werden mit Fischabwässern gelöscht u. während des Löschprozesses humusbildende pflanzliche Abfall- u. Verwesungsstoffe in fein verteiltem Zustande mit der M. vermischt. Unter Auflockerung der erkalteten M. können noch Rückstände, die bei der Herst. von tier. u. pflanzlichen Fetten u. Ölen anfallen, sowie eiweißhaltige Stoffe, wie Keratine, Proteine u. dgl., beigemengt werden. An Stelle von CaO kann Dolomitkalk verwendet werden. Geeignete pflanzliche Stoffe: Torfstreu, Säge-, Laub-, Stroh- u. Heumehl. (**D. B. P. 903 582** Kl. 16 vom 2/10. 1948, ausg. 8/2. 1954. F. Prior. 30/7. 1946.) KARST. 6295

Wisconsin Alumni Research Foundation, übert. von: **Folke Skoog**, Madison, Wis., V. St. A., *Förderung der Knospenbildung an Pflanzen*. Pflanzliche Gewebe, Pflanzen oder Pflanzenteile werden mit wss. Nährsalzlsgg. behandelt, die 10—40 mg/Liter eines lösl. Na-, K- oder NH_4-Phosphates, bes. KH_2PO_4, u. 1—100 mg/Liter einer Aminopurinverb., z. B. *Adenin, Adeninsulfat, Adeninsäure, Guanin, Nucleinsäure, Adenosin* u. dgl., enthalten u. ein p_H von 4—8 aufweisen. Der Lsg. kann noch 0,001—0,005 mg/Liter Indolessigsäure zugesetzt werden. Bes. geeignet für Tabakpflanzen, Möhren u. Rettiche. (**A. P. 2 653 087** vom 26/1. 1950, ausg. 22/9. 1953.) KARST. 6297

Sharples Chemicals, Inc., Philadelphia, Pa., übert. von: **Nathaniel Tischler**, Palmyra, N. J., V. St. A., *Mittel zur Regulierung des Pflanzenwachstums*. NH_4-Salze starker Mineralsäuren, bes. $(NH_4)_2SO_4$, NH_4NO_3 u. NH_4-Phosphate, Alkyl-, Alkanol- oder gemischte Alkylalkanolammoniumsalze werden mit *exo-cis-Diäthylammonium-N.-N-diäthyl-*, *exo-cis-Dibutylammonium-N.N-dibutyl-* oder *exo-cis-Na-N.N-Diäthyl-3.6-endoxohexahydrophthalamat* oder *exo-cis-N-Butyl* oder *exo-cis-N.N-Diisopropyl-3.6-endoxohexahydrophthalaminsäure* im Verhältnis von 100—1000:1 vermischt. Man erreicht Beschleunigungen oder Verzögerungen des Pflanzenwachstums u. Entblätterung der wachsenden Pflanzen. (**A. P. 2 637 640** vom 31/10. 1951, ausg. 5/5. 1953.) KARST. 6297

Sharples Chemicals, Inc., Philadelphia, Pa., übert. von: **Nathaniel Tischler**, Palmyra, N. J., V. St. A., *Mittel zur Regulierung des Pflanzenwachstums*. *exo-cis-Na-Methyl-3.6-endohexahydrophthalat* oder *exo-cis-Diisopropylammoniummethyl-3.6-endoxohexahydrophthalat* wird mit NH_4-Salzen starker Mineralsäuren, Alkyl-, Alkanol- oder gemischten Alkyl–Alkanol-Aminen im Verhältnis von 1:100—1000 vermischt. Das Gemisch wird zur Förderung des Pflanzenwachstums, zur Vernichtung von Unkräutern oder zur Entblätterung von Baumwoll-, Kartoffel-, Tomaten- oder Bohnenpflanzen verwendet. (**A. P. 2 637 641** vom 15/11. 1951, ausg. 5/5. 1953.) KARST. 6297

Sharples Chemicals, Inc., Philadelphia, Pa., übert. von: **Nathaniel Tischler**, Palmyra, N. J., V. St. A., *Pflanzenbehandlungsmittel*. Als akt. Stoff enthält das Mittel eine Verb., die in Ggw. von W. Anionen der *3.6-Endoxohexahydrophthal* bildet, ein Intensivierungsmittel, z. B. das Citrat, Tartrat, Malat u. Glykolat des NH_4, ein Netz- u. ein Feuchtmittel. Auch Verbb., die in Ggw. von W. 3.6-Endoxo-1.2-3.6-tetrahydrophthalsäure liefern, sind geeignet. Beispiele: Di-Na- oder Bis-(Triäthylammonium)-3.6-endoxohexahydrophthalat. Konz. ca. 0,001—0,1%. Förderung des Pflanzenwachstums, Unkrautvertilgung u. Entblätterung von Pflanzen. (**A. P. 2 637 642** vom 13/6. 1951, ausg. 5/5. 1953.) KARST. 6297

Aschaffenburger Zellstoffwerke Akt.-Ges., Redenfelden, Obb. (Erfinder: **Anton Koch,** Stockdorf, **Gustav Fröbrich** und **Kurt Offhaus,** München), *Herstellung hochwirksamer Wuchsstoffe* dad., daß Casein mit einem mehr als 1 C-Atom enthaltenden Alkohol, z. B. A., u. Papain hydrolysiert wird, wobei noch Cystein oder H_2S zugegen sein u. die Temp. auf 30—40° gesteigert werden kann. Nach ca. 10std. Hydrolyse wird filtriert u. das Filtrat vorsichtig getrocknet. — Die Wirksamkeit wurde geprüft an Reismehlkäfer u. Gewebekulturen als Testobjekte. (**D. B. P. 903 502** Kl. 30h vom 22/5. 1952, ausg. 8/2. 1954.) K. HEINZE. 6313

Monsanto Chemical Co., St. Louis, Mo., übert. von: **Milton Kosmin,** Dayton, O., V. St. A., *Mittel zur Entblätterung von lebenden Pflanzen.* Zur Entblätterung von Baumwoll-, Bohnen-, Erbsenpflanzen oder Nuß- u. Obstbäumen werden Öl-in-W.-Emulsionen verwendet, die 0,1—2 (%) *2-Allylmercaptobenzothiazol* u. 0,5—2 eines Emulgierungsmittels enthalten. Das Thiazol wird in organ. Lösungsmitteln, z. B. Cyclohexanon, gelöst u. die Lsg. mit W. verdünnt. Die Stengel u. das Wurzelsyst. der mit der Emulsion bespritzten Pflanzen werden nicht angegriffen, die Sonnenbestrahlung der Früchte wird begünstigt u. Insekten- u. Fungi-Befall vermindert. (**A. P. 2 637 646** vom 24/1. 1952, ausg. 5/5. 1953.) KARST. 6313

Monsanto Chemical Co., St. Louis, Mo., übert. von: **Milton Kosmin** und **Arthur Schlesinger,** Dayton, O., V. St. A., *Herbicide Mittel.* Auf die zu vernichtenden oder am Wachstum zu hindernden Pflanzen werden wss. Lsgg. oder Stäubemittel verspritzt, die 0,1—20% *Benzothiazol, 2-Chlor-* oder *2-Brombenzothiazol* als akt. Stoff enthalten. Insekticide u. fungicide Mittel können zugesetzt werden. Die Verbb. sind sehr stabil u. nichtkorrosiv. Bes. geeignet zur Bekämpfung von Unkräutern auf Parkplätzen, Bahnanlagen u. dergleichen. (**A. P. 2 653 865** vom 25/8. 1950, ausg. 29/9. 1953.) KARST. 6313

Monsanto Chemical Co., St. Louis, Mo., übert. von: **Milton Kosmin,** Dayton, O., V. St. A., *Herbicide Mittel.* Zur Vernichtung von Unkräutern auf Parkplätzen, Bahnanlagen u. dgl. werden Öl-in-W.-Emulsionen verwendet, die 1—2% *2-Vinylmercaptobenzothiazol* (**I**) u. geringe Mengen eines Emulgierungsmittels (**II**) enthalten. Man löst **I** in organ. Lösungsmitteln, bes. Cyclohexanon, fügt **II** zu u. verd. mit Wasser. Die Emulsion kann auf die Unkräuter oder den Boden aufgespritzt werden. Durch Vermischung von **I** mit festen Trägerstoffen werden Stäubemittel erhalten. Bei breitblättrigen Pflanzen, z. B. Baumwolle, Bohnen, Erbsen u. dgl., wird Blattabfall erreicht. (**A. P. 2 637 647** vom 24/1. 1952, ausg. 5/5. 1953.) KARST. 6313

Monsanto Chemical Co., St. Louis, Mo., übert. von: **Arthur H. Schlesinger,** Dayton, O., V. St. A., *Herbicide Mittel.* Zur Bekämpfung von Unkräutern u. Verhinderung unerwünschten Wachstums werden die zu behandelnden Flächen mit Öl-in-W.-Emulsionen bespritzt, die aus Lsgg. von *9-Fluorenon, 2-Methyl-, 3.6-Dimethyl-, 2-Äthyl-7-Isopropyl-1-methyl-, 3.6-Di-n-butyl-* oder *3-Isoamyl-9-fluorenon* in organ. Lösungsmitteln, z. B. Kerosin, Hexan, Bzl., Toluol, CCl_4, Ketone, Cyclhexanon u. dgl., unter Zusatz von ion. oder nichtion. Emulgiermitteln hergestellt sind. Konz. ca. 0,1—2%. (**A. P. 2 653 864** vom 26/12. 1951, ausg. 29/9. 1953.) KARST. 6313

Sharples Chemicals, Inc., Del., übert. von: **John T. Massengale,** Wyandotte, Mich., V. St. A., *Salze von N-Nitrosophenylhydroxylaminen* wirken *fungicid* u. *bactericid* u. dienen zum Behandeln von Früchten u. Samen. — *N-Nitro-N-phenylhydroxylamin.* Man red. Nitrobenzol mit NaHS in W. + $CaCl_2$ u. NaCl. *NH_4-, Cu-, Fe-, Al-, Zn-* u. *Na-Salz.* — *N-Nitroso-N-(2-chlorphenyl)-hydroxylamin-NH_4-Salz.* — *N-Nitroso-N-(3-chlorphenyl)-hydroxylamin-Cu-Salz.* (**A. P. 2 635 978** vom 21/7. 1949, ausg. 21/4. 1953.) LANGER. 6313

Reilly Tar & Chemicals Corp., V. St. A., *Fungicide Mittel.* Als solche werden die Cyclohexylmethylpyridine, bes. die Alkylcyclohexylmethylpyridine, vorgeschlagen. Z. B. *4-(4-Äthylcyclohexylmethyl)-pyridin*, $Kp._{17}$ 165°, Refraktionsindex 1,7121. Diese Stoffe werden in Öl, wie Terpentinöl, in Wachs, z. B. Polyäthylenglykol, gelöst oder mit inerten Trägerstoffen, wie Talkum oder Bentonit, vermischt u. als Imprägnier-Fl., Sprüh- oder Stäubemittel berwendet. (**F. P. 1 013 508** vom 12/5. 1949, ausg. 30/7. 1952.) WITTHOLZ. 6313

Soc. Chimique de Dreux, Frankreich, *Kupferhaltiges Fungicid,* bes. gegen *Meltau,* bestehend aus elektrolyt. gewonnenem Cu_2O, Kaolin oder Talkum, Casein bzw. einem Haftmittel. Außerdem können anorgan. fungicide Verbb., wie Pb- oder Ca-Arseniat, auch andere Insekticide, künstlicher oder natürlicher Herkunft, z. B. Pyrethrin, Rotenon, Nicotin, ohne Schwierigkeit zugegeben werden. (**F. P. 1 017 631** vom 11/5. 1950, ausg. 12/12. 1952.) WITTHOLZ. 6313

Schering Akt.-Ges., Berlin (Erfinder: **Karl Schöllkopf, Herbert Schotte, Willy Harnack,** Berlin, **Karl Görnitz,** Teltow, und **Robert Ebert,** Hamburg), *Insekticides und* *fungicides Schädlingsbekämpfumgsmittel*, enthaltend Oxydationsprodd. der Nitroverbb. von N-Phenylnaphthylamin-(1), seine Substitutionsprodd., Derivv. oder Homologen. Beispiele: Tetranitrophenylnaphthylamin-(1), Trinitrochlorphenylnaphthylamin-(1). — N-2.4.6-Trinitrophenylnaphthylamin-(1) wird durch Oxydation mit Chromsäure in seiner Wrkg. gesteigert. (**D. B. P. 900 286** Kl. 45 l vom 14/3. 1943, ausg. 21/12. 1953. Anmeldung bekanntgemacht 18/12. 1952. **Zusatz zu D. B. P. 888 034; C. 1954. 4017.**) NEBELSIEK. 6313

Kenneth C. Peer, San Francisco, und **Llewellyn W. Fancher**, Lafayette, Calif., V. St. A., *Aerosole liefernde insekticide Mittel.* Ca. 2 (Teile) KNO_3, $NaNO_3$ oder Harnstoffnitrat werden mit ca. 1—1,5 Sulfaminsäure (Aminosulfonsäure), 0,5—1 Thioharnstoff u. 1—2 eines organ. Insecticids, z. B. DDT, „Chlordan", „Lethan", Pentachlorphenol oder dgl., in festem, feinverteiltem Zustand innig vermischt. Das Gemisch wird mittels eines Streichholzes oder dgl. angezündet u. liefert zur Bekämpfung von Hausfliegen, Moskitos, Motten oder dgl. geeignete Aerosole. Die Mittel sind nicht explosiv, lagerbeständig u. einfach zu handhaben. (**A. P. 2 637 678** vom 18/10. 1949, ausg. 5/5. 1953.) KARST. 6313

Commercials Solvents Corp., übert. von: **Edward B. Hodge**, Terre Haute, Ind., V. St. A., *Insekticide Mittel.* Zur Bekämpfung von Hausfliegen, Bohnenkäfern, Apluden oder dgl. werden Lsgg., wss. Suspensionen oder Emulsionen verwendet, die ca. 0,0125—5% *2-Nitro-1-p-chlorphenyl-1-(2.4-dichlorphenyl)-propan* oder *2-Nitro-1-p-chlorphenyl-1-(2.4-dichlorphenyl)-butan* enthalten. Als Trägerstoffe können auch feste, inerte Mg- oder Al-Silicate, Pyrophyllit u. dgl. verwendet werden. Die Wrkg. kann durch Zusatz von Pyrethrum, Rotenon, Derris, Nicotin u. organ. Thiocyanaten noch verstärkt werden. (**A. P. 2 653 896** vom 10/2. 1951, ausg. 29/9. 1953.) KARST. 6313

Stauffer Chemical Co., übert. von: **Ramsey G. Campbell**, Richmond, Calif., V. St. A., *Schädlingsbekämpfungsmittel*, bes. gegen Milben, bestehend aus einem üblichen Trägerstoff im Gemisch mit 4-Chlorphenyl-4'-fluorphenylsulfon u./oder 4-Bromphenyl-4'-fluorphenylsulfon. (**A. P. 2 645 592** vom 2/3. 1950, ausg. 14/7. 1953.) NEBELSIEK. 6313

United States of America, übert. von: **Melvin S. Newman**, Columbus, O., und **William B. Wheatley**, Syracuse, N. Y., V. St. A., *Insektenabwehrmittel*, bes. gegen Aedes aegypti u. Anopheles quadrimaculatus, bestehend aus aliphat. ungesätt. Dialkoholen mit 10—14 C-Atomen, 2.5.7-Trimethyl-3-octendiol-2.5; -octindiol-2.5; 3.6.8-Trimethyl-4-nonindiol-3.6; 3.6-Dimethyl-4-octindiol-3.6; 2.4.7.9-Tetramethyl-5-decindiol-4.7 in einem geeigneten Träger. (**A. P. 2 653 894** vom 29/12. 1948, ausg. 29/9. 1953.) E. PETERSEN. 6313

Soc. des Usines Chimiques Rhône-Poulenc, Frankreich, *Abschreckmittel gegen Krähen.* Als Wirkstoff werden Arylcyanidine, z. B. Diphenylcyanidin, zusammen mit inerten Stäubemitteln, wie Talkum u. dgl., empfohlen. — Man mischt vor der Aussaat 1 Zentner Getreide, z. B. Weizen, mit 200 g obigen Prod. mittels Schaufeln. Das Prod. haftet gut an den Getreidekörnern. (**F. P. 1 017 262** vom 4/4. 1950, ausg. 5/12. 1952.) WITTHOLZ. 6313

J. R. Geigy Akt.-Ges., Basel, Schweiz, *3-[α-(3'-Methyl-4'-chlorphenyl)-β-acetyläthyl]-4-oxycumarin.* Man kocht 4-oxycumarin mit 3-Methyl-4-chlorbenzalaceton in Pyridin. F. 100—103°. Verwendung als *Rodenticid.* (**Schwz. P. 289 578** vom 25/7. 1950, ausg. 1/7. 1953. **Zusatz zu Schwz. P. 283 657; C. 1953. 8706.**) LANGER. 6313

T. Saunby, Soilless culture. Hollywood-by-the-Sea, Fla.: Transatlantic Arts. 1954. (104 S. m. Abb., Diagr.) $ 3,—.

VIII. Metallurgie. Metallographie. Metallverarbeitung.

D. Bird, *Auskleidung und Böden von Thomas-Konvertern.* (Iron Coal Trades Rev. **167.** 845—48. 9/10. 1953.) HOCHSTEIN. 6370

W. G. Patton, *Gegossene feuerfeste Stoffe als Ersatz für feuerfeste Steine im metallurgischen Ofen.* In Warmbehandlungsöfen wird durch Verwendung von gegossenen feuerfesten Auskleidungswerkstoffen eine verlängerte Haltbarkeit erzielt, da diese Stoffe im Vgl. zu feuerfesten Steinen weniger zum Abplatzen neigen. (Iron Age **170.** Nr. 25. 140—41. 18/12. 1952.) HOCHSTEIN. 6370

Christian Bruchhausen, *Auskleidung von Roheisenmischern.* Es wird der Einfl. der Mischerbauart sowie der Art der Auskleidung, der Steinformen u. der Vermauerung auf die Lebensdauer der Mischerauskleidung untersucht. Schamotte für Dauerfutter war ungeeignet, während C-Steine Vorzüge aufwiesen. Um den schädlichen Angriff des SiO_2 der Mischerschlacke zu verringern, ist eine regelmäßige Kalkzugabe erforderlich. (Stahl u. Eisen **73.** 1453—57. 5/11. 1953. Duisburg.) HOCHSTEIN. 6370

Karl Mayer, Fritz Gareis, Sigismund Kienow, Helmut Knüppel und **Gerhard Trömel,** *Die Zustellung eines 800 t-Roheisenmischers mit Dolomitsteinen.* Die Widerstandsfähigkeit gegen Schlackenangriff der verwendeten Dolomitsteine ist geringer als die eines Magnesitsteines üblicher Mischergüte. Bei einem Stillstand des Mischers oder einer Ausbesserung des Dolomitfutters besteht die Gefahr der Verwitterung der Dolomitsteine an allen Stellen, an denen die Glasur der Steine beschädigt ist. Gegen mechan. Angriff haben die Dolomitsteine günstige Widerstandsfähigkeit; außerdem lassen sie sich in kurzer Zeit aufheizen. (Stahl u. Eisen **73.** 1457—62. 5/11. 1953. Dortmund, Halden, Hörde u. Düsseldorf.) HOCHSTEIN. 6370

Karl Mayer und **Helmut Knüppel,** *Zustellung eines 800 t-Roheisenmischers mit chemisch gebundenen Magnesitsteinen.* Die Haltbarkeit des Verschleißfutters aus chem. gebundenen, ohne Mörtel verlegten Magnesitsteinen ist besser als bei gebrannten Magnesitsteinen. — Diskussion. (Stahl u. Eisen **73.** 1463—68. 5/11. 1953. Dortmund.) HOCHSTEIN. 6370

L. M. Marijenbach, *Kinetik der chemischen Reaktionen bei metallurgischen Prozessen.* Auf Grund theoret. Überlegungen wird festgestellt, daß bei Vorliegen einer exotherm. resultierenden Rk. mit dem Temperaturanstieg die Menge der reagierenden Stoffe immer verringert wird, während beim Vorliegen einer endotherm. resultierenden Rk. mit dem Temperaturanstieg die Menge der reagierenden Stoffe immer erhöht wird. (Литейное Производство [Gießereiwesen] **1952.** Nr. 7. 12—17. Juli.) HOCHSTEIN. 6380

W. Trommer, *Beitrag zu den physikalisch-chemischen Grundlagen der Stahlguß-Gießtechnik.* Zusammenstellung des in- u. ausländ. Schrifttums unter bes. Beachtung der Vereinheitlichung einiger wichtiger Fachausdrücke. (Gießerei **40.** 69—75. 5/2. 1953. Leverkusen-Schlebusch.) HOCHSTEIN. 6382

Giuseppe Ziliani und **Giuseppe Grungo,** *Vergleichsversuche über die Anwendbarkeit zweier Plattenmaterialien.* Um den Angriff von freiem Quarz durch Stahl bei Gießplattenkanälen zu vermeiden, verwendet man meist Schamotte. Vff. zeigen, daß bei n. Mn-Geh. im Stahl auch ein Material mit verhältnismäßig geringem Al_2O_3-Geh. verwendbar ist. Es werden zwei Materialien A (B) geprüft mit 75,76 (73,94)% SiO_2, 3,57 (5,95)% Fe_2O_3 u. 18,87 (18,58)% Al_2O_3, Erweichungspunkt 1580° (1400°), F. 1620° (1450°). Infolge des größeren Geh. von B an Flußmitteln u. freiem Quarz u. der Tatsache, daß B schon vor, A erst nach dem Angriff des Stahls Mullit bildet, sowie infolge des höheren tribometr. Widerstandes von A wird B ca. 10 mal so stark von Stahl angegriffen wie A, obwohl der Unterschied im Al_2O_3-Geh. gering ist. (Metallurgia ital. **43.** 476—82. Nov. 1951. Sesto S. Giovanni, Ist. sci. tecn. E. Breda.) R. K. MÜLLER. 6382

Cornelio Gianola, *Beitrag zur Kenntnis der Gußeisensorten mit Kugelgraphit und zu ihrer Verwendbarkeit.* Es wird ein Vgl. der Werte für Zugfestigkeit, Streckgrenze, Bruchdehnung, Brucheinschnürung, Schlag- u. Kerbschlagzähigkeit, Härte sowie der Gefügeausbldg. von Gußeisen mit Kugelgraphit mit 3,53 (%) C, 2,2 Si, 0,38 Mn, 0,05 Mg u. 1,4 Ni im Gußzustand u. in verschied. Wärmebehandlungszuständen (normalgeglüht, nach dem Normalglühen auf 500—660° angelassen oder nach Glühen bei 890° im Ofen auf 690° abgekühlt u. 2—4 Std. gehalten) sowie gegenüber einem Stahl mit 0,3—0,4 % C gegeben. (Rev. Métallurgie **50.** 199—207. März 1953.) HOCHSTEIN. 6404

—, *Nickel-Chrom-Gußeisen mit hoher Reibungsfestigkeit.* Es wird der Einfl. vom Cr u. Ni auf die Carbid- u. Graphit-Bldg. in Gußeisen erörtert. Zur Erzielung eines perlit. verschleißfesten Gefüges mit stabilen Carbiden müssen die Si-, Cr- u. Ni-Gehh. in Abhängigkeit von der Dicke des Gußstückes aufeinander abgestimmt sein. So sollen in einem verschleißfesten Gußeisen mit 3,1—3,3 (%) C, ca. 0,7 Mn, möglichst niedrigem S-Geh. u. unter 0,2 P bei 5—10 mm Stückdicke 2,5—1,8 Si, 1,5 Ni u. 0,4 Cr vorhanden sein, während bei 50—100 mm Dicke 1,3—1 Si, 3 Ni u. 0,58 Cr erforderlich sind. Die Gußstücke müssen von 850° in Luft oder in Öl abgeschreckt u. bei 300—400° angelassen werden. (Fonderie **1952.** 3193—94. Nov.) HOCHSTEIN. 6404

Karl Georg Speith und **Hans vom Ende,** *Die Entnahme von Sauerstoffproben aus Stahlbädern.* Die Proben werden mit einer mit einem Holzdeckel verschlossenen Tauchkokille dem Stahlbad entnommen u. dann vor der weiteren Bearbeitung im unteren Teil ausgeschmiedet. Metallograph. u. chem. Unterss. zeigen eine gleichmäßige O_2-Verteilung. Die O_2-Gehh. von THOMAS-Schmelzen vor dem Abschlacken liegen im Vgl. mit bereits bekannten Angaben in der gleichen Größenordnung. (Stahl u. Eisen **72.** 1521 bis 1523. 20/11. 1952. Duisburg-Huckingen.) HOCHSTEIN. 6408

W. Küntscher, *Baustähle von heute und morgen.* Überblick. (Metallurgie u. Giessereitechn. **3.** 499—506. Dez. 1953. Freiberg/Sa.) HOCHSTEIN. 6408

Ss. I. Gubkin, W. G. Ossipow und **A. N. Daniltschenko,** *Verformbarkeit von niedriglegiertem Baustahl bei hohen Temperaturen.* Vff. untersuchten an zylindr. Probekörpern das Verh. eines niedriglegierten Baustahles, nicht angegebener Zus., beim Stauchen durch Schlag sowie im dynam. u. stat. Zugvers., bei Tempp. bis zu 1300°. Auf Grund experimenteller Best. der die Verformungsarbeit u. Verformungsfähigkeit charakterisierenden Werte, in Abhängigkeit von Temp., Probeabmessung u. Verformungsgeschwindigkeit, werden Schlußfolgerungen bzgl. der bei der Warmverarbeitung eines solchen Stahles zu beachtenden Gesichtspunkte gezogen. (Известия Академии Наук СССР, Отделение Технических Наук [Nachr. Akad. Wiss. UdSSR] Abt. techn. Wiss. **1953.** 910—17. Juni.) EHMCKE. 6408

Georg Brückner, *Die Herstellung von Ferromangan im Elektro-, Hoch- und Niederschachtofen.* Die Verwendung von Dolomit bei der Ferromangan-Herst. aus minderwertigeren Mn-Erzen im Hochofen u. bes. im Niederschachtofen ermöglicht durch Senkung des Mn-Geh. der Schlacke ein Mn-Ausbringen, das dem Ausbringen beim Einsatz von gutem u. stückigem Mn-Erz gleichkommt. Es werden die Werte für das Mn-Ausbringen bei den verschied. Verff. angegeben u. Richtlinien für den erforderlichen Mn-Erz-Einsatz gegeben. (Metallurgie u. Gießereitechn. **3.** 508—14. Dez. 1953. Pößneck.) HOCHSTEIN. 6418

—, *Überwachung des Gasgehaltes.* Für die Herst. dichter Güsse aus Leichtmetalllegierungen ist die betriebsmäßige Feststellung des Gasgeh. der Schmelzen unerläßlich. Beschreibung eines Geräts, das gestattet, eine mit dem Tiegel aus der Schmelze entnommene Probe im luftverdünnten Raum (Unterdruck von 20 mm Hg-Säule) erstarren zu lassen u. die Blasenbldg. an der Oberfläche zu beobachten u. zu beurteilen, ob die Entgasung bereits genügt. (Light Metals **15.** 306—07. Sept. 1952.) DEUTSCH. 6420

Reinhard Kleinert, *Die Bleihütte Port Pirie, Australien,* Pb-Konzentrate u. in geringerem Maße Laugerückstände einer Zinkhütte werden im zweistufigen Verf. auf Bandapparaten geröstet. Der Materialfluß ist vollkontinuierlich, eine Verwertung der Abgase zur Säuregewinnung findet nicht statt. Der gesamte Anfall an Sinter wird in Schachtöfen verschmolzen. Die Raffination des Werkbleis erfolgt zur Entfernung des *Cu* nach der üblichen Meth., während anschließend *Sb, As,* die *Edelmetalle* u. *Zn* nach einem bes. kontinuierlichen Verf. entfernt werden. Das ausgebrachte Weichblei enthält 2,1 g Ag/t u. 0,0004 (%) Cu, 0,0035 Bi, 0,0001 As, 0,0036 Sb, 0,0 Sn, 0,0001 Cd, 0.0003 Zn, 0,0002 Fe u. 0,0004 S. (Z. Erzbergbau Metallhüttenwes. **6.** 381—88. Okt.; 435—41. Nov. 1953. Oker/Harz.) APEL. 6430

R. Bainbridge, *Die Entwicklung des Bleisinterungsverfahrens bei der Cominco.* Das Verf. der COMINCO (CONSOLIDATED MINING AND SMELTING CO. OF CANADA, LTD.) beruht auf den Rkk.: $2\,PbS + 3\,O_2 = 2\,PbO + 2\,SO_2 + 199{,}1$ kcal; $4\,CaO + 4\,SO_2 = 3\,CaSO_4 + CaS + 236{,}56$ kcal; $CaSO_4 + 2\,C = CaS + 2\,CO_2 - 33{,}4$ kcal; $CaS + 3\,CaSO_4 = 4\,CaO + 4\,SO_2 - 236{,}56$ kcal. Übersicht über die Entw. des Verf. in den letzten Jahren. (Canad. Mining metallurg. Bull. **46.** 61—66. Febr. 1953.) WESLY. 6430

Friedrich A. Wernicke, *Die Wismut-Kupfer-Erzlagerstätte von Neubulach im Schwarzwald. Untersuchungen zur Nutzbarmachung der Haldenerze.* Die verfügbaren Halden bestehen überwiegend aus oxyd. Erz, das Gangmaterial vorwiegend aus Quarz, der gelegentlich Fahlerzkörner enthält. Schwerspat ist als Gangart nur selten festzustellen. Die oberen, zum größten Teil aus gröberen Buntsandsteinstücken zusammengesetzten Teile der Halden enthalten ca. 0,16 (%) Bi, 0,32 Cu u. 35 gAg/t, die unteren, aus feingrusigem bis tonigem Material bestehenden Haldenteile ca. 0,43 Bi, 1,07 Cu u. 134 g Ag/t. Diskussion der Möglichkeit der Nutzbarmachung der Haldenerze. (Z. Erzbergbau Metallhüttenwes. **6.** 350—56. Sept. 1953. Kassel.) OPPERMANN. 6432

E. W. Palmer und **F. H. Wilson,** *Aufbau und Eigenschaften von einigen eisenhaltigen Kupfer-Nickel-Legierungen.* Die feste Löslichkeit von Fe in Cu-Legierungen mit 2—10% Ni nimmt mit der Temp. u. dem Ni-Geh. zu. Veränderungen von Festigkeitseigg., die bei verschied. Wärmebehandlungen beobachtet werden, beweisen das Auftreten von Ausscheidungshärtungen. Durch den Fe-Geh. der Legierungen werden auch ihre Erweichungstemp. u. die Zunderbldg. beeinflußt. — Diskussion. (J. Metals **4.** 55—64. Jan.; 1216—17. Nov. 1952. Waterbury, Conn., American Brass Co.) HOCHSTEIN. 6432

Ss. F. Palgujew, M. W. Smirnow und **Ss. W. Karpatschew,** *Abhängigkeit der Qualität kathodischer Nickelniederschläge von der Anwesenheit von Beimengungen im Elektrolyten.* Es wurde der starke Einfl. chlorhaltiger Schmelzbäder, des O_2-Geh. im Elektrolyten oder von Spuren von Feuchtigkeit auf die Qualität der kathod. Ni-Ndd. untersucht. Die Durchleitung von trockenem HCl durch den Schmelzelektrolyten befreit letzteren von den genannten Beimischungen u. führt zu erheblicher Verbesserung der Qualität. (Журнал Прикладной Химии [J. angew. Chem.] **26**. 50—54. Jan. 1953.) A. KUNZE. 6434

Fritz Eisenkolb, *Über phosphorlegierten Sinterstahl.* Nach kurzer Erörterung des Fe–P-Zustandsschaubildes werden die Möglichkeiten einer Zulegierung von P zu Eisen erörtert. Außer der Verarbeitung der zu Pulver zerkleinerten fertigen P-haltigen Legierung kommen für die Herst. von P-haltigem Sinterstahl der Zusatz von gepulvertem Ferrophosphor oder von reinem P, das Überziehen von Eisenpulver mit Verbb., die beim Sintern in reduzierenden Gasen ihren P an das Eisen abgeben, u. schließlich das Tränken poriger Preßteile im ungesinterten u. gesinterten Zustand mit niedrigschmelzenden Fe–P-Legierungen in Betracht. Es werden die Eigg. des P-legierten Sinterstahls ermittelt. Im Gefüge entstehen von ca. 1% P ab an den Korngrenzen Aussscheidungen von Fe_3P, die sich zunächst als Korngrenzenverdickungen, bei höheren P-Gehh. als Säume u. Bänder bemerkbar machen; bei 3% P tritt das Fe–Fe_3P-Eutektikum im Gefüge auf. Das Gefüge ist bei Verwendung von feinem Eisenpulver homogen. Nur bei sehr kurzen Sinterzeiten u. groben Pulvern zeigt das Gefüge einen durch unvollständige Diffusion bedingten ungleichmäßigen Aufbau. Die Ursache für die ermittelten günstigen mechan. Eigg. liegt darin, daß sich an der Oberfläche der Teilchen das niedrigschmelzende Fe–Fe_3P-Eutektikum bildet u., bevor P in das Innere der Teilchen abwandert, diese zu einem festen Skelettkörper vereinigt, wobei der Porenraum erheblich abnimmt. Die Festigkeitseigg. nehmen mit zunehmender Feinheit des verwendeten Pulvers ab. Korrosionsverss. zeigen, daß die Säurelöslichkeit bei ca. 1% P am größten ist, die Rostungsgeschwindigkeit dagegen mit zunehmendem P-Geh. abnimmt. Die Verschleißfestigkeit steigt an, wenn im Gefüge harte Ausscheidungen (Fe_3P) auftreten. Durch Mischen oder Überziehen von Eisenpulver mit P-abgebenden Stoffen gelangt man nach dem üblichen pulvermetallurg. Verf. zu einem Sinterstahl erhöhter Festigkeit, wie er für Massenteile erwünscht ist. — Schrifttumsangaben. (Arch. Eisenhüttenwes. **24**. 257—66. Mai/Juni 1953. Dresden.) HOCHSTEIN. 6474

A. R. E. Singer, *Die Grundlagen der technischen Kontrolle in metallurgischen Betrieben.* Möglichkeiten u. Entw. der techn. Kontrolle in der Metallurgie von Nichteisenmetallen zur Einhaltung bestimmter Qualitäten der Erzeugnisse u. der Verringerung des Ausschusses werden besprochen. (Vgl. auch C. **1954**. 5616.) (J. Amer. Soc. Naval Engr., Inc. **65**. 563—80. Aug. 1953. Univ. of Birmingham.) RUMPF. 6480

K. Lange, *Die Verwendung von Bleizylindern zur Bestimmung der Schlagarbeit von Schmiedehämmern.* Die HEIMsche Bleischlagprobe erlaubt grundsätzlich Arbeitsmessungen mit guter Genauigkeit, wobei jedoch die außerordentlich große Rekristallisationsempfindlichkeit des Weichbleis zu beachten ist. Es wird eine verbesserte Formel zur Berechnung der Schlagarbeit entwickelt. (Werkstattstechn. u. Maschinenbau **42**. 464—68. Nov. 1952. Hannover.) HOCHSTEIN. 6480

F. Gatto, *Die Prüfung der Kerbzähigkeit von Leichtmetallen.* Unters. des Einfl. der Form der Kerbe, wie Breite, Tiefe u. Abrundung der Kerbe, sowie des Grades der zufälligen Streuung bei Kerbzähigkeitsprüfungen an einigen Leichtmetallen .— 34 Literaturzitate. (Alluminio **22**. 271—86. Mai 1953. Novara, Ist. Sper. dei Metalli Leggeri, Div. Ric.) RUMPF. 6480

C. S. Yen und **T. J. Dolan,** *Eine kritische Übersicht über die Charakteristiken der Kerbempfindlichkeit bei der Ermüdung von Metallen.* Übersicht mit 54 Literaturangaben. (Univ. Illinois, Engng. Exp. Stat., Bull. Ser. Nr. 398. 1—55. März 1952.) RUMPF. 6480

Alfred Krisch, *Zu den Kerbschlagproben nach H. M. Schnadt.* Es wird gezeigt, daß die Theorie über die Kerbschlagproben nach H. M. SCHNADT sich auf die Gestaltänderungsenergie-Hypothese zurückführen läßt. — Diskussion. (Stahl u. Eisen **73**. 1215—25. 10/9. 1953. Aachen, Max-Plank-Inst. für Eisenforsch.) HOCHSTEIN. 6480

André Even, *Untersuchung von Werkstücken durch das Rissigwerden von Lacken.* Wird ein Werkstück ständiger stat. oder dynam. Beanspruchung unterworfen, so lassen sich geringe auftretende mechan. Veränderungen durch das Rissigwerden dünner, spröder u. festhaftender Lackschichten feststellen. Als Lacke werden empfohlen Lsgg. von Resinaten in CS_2 (*Stresscoat*), geschmolzene Kolophonium-Indolharze oder mikrokristalline Wachse. (Peintures, Pigments, Vernis **29**. 710—18. Sept. 1953.) STEINER. 6480

H. de Leiris, *Vergleichsuntersuchung über verschiedene Verfahren der Rißanzeige durch eindringende Flüssigkeiten.* Risse werden durch Benetzen mit fl., gefärbten

KW-stoffen u. Bestreuen mit Talkum oder SiO_2-Pulver sichtbar gemacht. Es werden Anwendungsbeispiele für große Stücke u. nicht oder schwer magnetisierbarer Teile von Werkstücken besprochen. — Diskussion. (Rev. Métallurgie **50.** 159—69. März 1953.) HOCHSTEIN. 6480

Frank C. Parker, *Fehlerauffindung durch Ultraschall.* Die Prüfung durch Ultraschall zeigt Fehlstellen in Schmiedestücken, Gußstücken u. Schweißungen viel empfindlicher an als andere Verff. der zerstörungsfreien Prüfung. Die Bewertung der Oscillogramme ist schwierig, u. es besteht Gefahr, daß auch durchaus brauchbare Stücke verworfen werden. Beispiele u. Vorschläge für Normen u. Muster als Grundlagen für die Deutung der Prüfergebnisse. (Welding Engr. **38.** Nr. 1. 26—27. 54—55. Jan. 1953.) DEUTSCH. 6480

J. D. Hislop, *Zerstörungsfreie Prüfung in der Industrie. Anwendungen, Verfahren und Auswahl.* Allg. Ausführungen über die Prüfung mit Röntgen- u. Gammastrahlen, Magnetpulververf., mit Ultraschall u. durch Öl-Aufnahme. (Machinery Market **1953.** Nr. 2728. 25—26. 27/2.; Nr. 2729. 31—32. 6/3.; Nr. 2730. 27—28. 13/3.; Nr. 2731. 27—28. 20/3.) DEUTSCH. 6480

G. A. Ukolow, *Elektroden für die Schweißung säurebeständiger Cr–Ni–Mo–Ti-Stähle.* Durch Verss. wurde nachgewiesen, daß eine Elektrode aus einem ausreichend mit Mn legiertem Stahl die Festigkeitseigg. von geschweißten Stählen mit bis 0,12 (%) C, bis 0,8 Si, bis 2 Mn, 16—19 Cr, 11—14 Ni, 2—4 Mo u. 0,3—0,6 Ti erhöht. Als Elektrodendraht wird ein Stahl mit 0,06 C, 0,58 Si, 1,36 Mn, 17,18 Cr, 16,70 Ni, 3,1 Mo u. 0,3 Ti verwendet, der im Überzug Ferromangan enthält. (Автоматическая Сварка [Automat. Schweißen] **6.** Nr. 3. 46—49. Mai/Juni 1953.) HOCHSTEIN. 6506

F. J. Winsor, *Die Lichtbogenschweißung von Kohlenstoff–Molybdänstahl-Rohren.* Es wird das Schweißverh. von 3 Sorten C-Mo-Stahlrohren mit der Zus. 0,1—0,2 (%) *C*, 0,6—0,7 *Mn*, 0,1—0,2 *Si* u. 0,5—0,6 *Mo* zusätzlich 0,1—0,3 *Cr* bei 0,02—0,03 *S* untersucht. Die Zusatzwerkstoffe enthielten 0,07—0,16 C, 0,3—1,9 Mn, 0,1—0,6 Si, 0,3—1,3 Mo sowie teilweise zusätzlich 0,4—0,9 *Cr* oder 0,16 *V*. Die Zusatzwerkstoffe waren teilweise vom Typus der H-armen Drähte, teilweise hatten sie Celluloseumhüllungen. Die Werkstoffdicken lagen bei 14—19 mm. Es wurden Stumpfnahtschweißungen hergestellt. Es wird der Einfl. von Vorwärmung u. Spannungsfreiglühung nach der Schweißung untersucht u. festgestellt, daß bei Arbeitstempp. oberhalb 425° u. mit Celluloseacetat umhüllten Zusatzwerkstoffen diese therm. Behandlungsverff. nicht erforderlich sind. Bei den Mn-Mo-Elektroden mit niedrigem H-Geh. ist diese Wärmebehandlung auch bei Tempp. unterhalb 425° nicht erforderlich. Versprödung der Schweißnaht wird wesentlich mit dem H-Geh. des Zusatzwerkstoffes in Verbindung gebracht. Der Frei-Biegevers. zur Prüfung der Schweißnahtgüte wird als von zweifelhaftem Wert angesehen. Restspannungsmessungen u. metallograph. Unterss. an den Schweißnähten werden ausgeführt. (Welding J. **30.** 817—27. Sept. 1951.) O. WERNER. 6506

Max Becker, *Erfahrungen beim Schweißen von Trümmerstählen.* Trümmerstähle müssen vor Wiederverwendung, falls sie geschweißt werden sollen, auf Schweißbarkeit untersucht werden. Es werden detaillierte Angaben über ein Prüfverf. gemacht, das auf einer Bewertung eines autogenen Brennschnittes, des Biegewinkels am abgetrennten Stück bis zum Bruch u. die Beurteilung des Aussehens der Bruchfläche beruht. Weiter werden Merkmale nicht schweißbarer Alt-Stähle u. Erfahrungen beim Schweißen derselben mitgeteilt. (Schweißtechnik **2.** 85—89. März 1952.) DEUTSCH. 6506

Jaime Estruch Battle, *Ein Universalbad für elektrolytisches Vorglätten und Polieren.* Zus. des Universalbades: H_2SO_4 25 g/Liter, HF 33 g/Liter, $B(OH)_3$ 8,3 g/Liter, Chromsäure 372 g/Liter, Citronensäure 12 g/Liter, Phthalsäureanhydrid 4,3 g/Liter, H_3PO_4 328 g/Liter; zweckmäßige Gebrauchstemp. 94°. Erforderliche Stromdichte für Cu 5—13 A/dm², Sn 7—9 A/dm², Messing 10—15 A/dm², Bronze 18—24 A/dm², Leichtmetalle 12—39 A/dm², Fe 17—40 A/dm², Zn 20—24 A/dm², Pb 29—70 A/dm². Geeignete Kathoden: Cu u. nichtrostender Stahl. Wichtig sind die Einhaltung von 55 bis 60 mm Elektrodenabstand (in Einzelfällen nur 5 mm) u. richtige Formgebung der Elektroden. Zweckmäßig ist elektrolyt. Vorglätten entsprechend dem Schleifen. Durchschnittliche Polierzeiten sind für Fe 2—4 Min., Messing 3—3,5 Min., Bronze 2—2,5 Min., Leichtmetall 2 Min., Cu 1,5 Min., Pb 6 Min., Zn 2—2,4 Min., Sn 1,5—3 Minuten. Elektrolyt. polierte Proben widerstehen salzgesätt. Nebel bis 10mal besser als mechan. polierte. Beim Gebrauch des Universalbades ist mechan. Rühren anzuwenden. Reinigung des Bades u. Ergänzung wichtiger Komponenten nur etwa alle 6 Monate, da der entsprechende Bad-Nd. frei von Elektrolytanteilen ist. (Galvano [Paris] **20.** Nr. 169 11.—13. Febr. 1951. Barcelona, Empresa Nacional de Autocamiones S. A.) ARNDT. 6514

—, *Vakuummetallisierung.* Kurze Angaben über die Eignung verschied. Metalle für die Verdampfung u. die Eigg. aufgedampfter Überzüge. (Metal Ind. [London] **82.** 13. 2/1. 1953.) MARKHOFF. 6516

Hans Reininger, *Korrosionsschutz durch aufgespritzte Metallüberzüge.* Überblick.— 26 Abbildungen u. 83 Schrifttumsangaben. (Werkstoffe u. Korrosion **4.** 156—72. Mai 1953.) MARKHOFF. 6516

E. Kretschmar, *Erfahrungen aus der Praxis des Metallspritzverfahrens.* Die Haftgrundvorbereitung erfolgt mechan. durch Strahlung mit Quarzsand oder Stahlkies, durch Drehen, Fräsen, Hobeln, Meißelhiebe, durch elektr. Lichtbogenerhitzung u. chem. durch Beizen, Phosphatieren oder Galvanisieren. Überblick über Anwendungsmöglichkeiten. — Schrifttumsüberblick. (Schweisstechnik **3.** 283—87. Sept. 1953. Halle/Saale.) MARKHOFF. 6516

Herberth E. Head, *Eine Einrichtung für die anodische Behandlung mit Chromsäure und ihre praktische Anwendung.* Beschreibung der Entw. der Anlage. Verwendet wird eine Lsg. von 2,5% CrO_3. Der Stahlbehälter wird als Kathode geschaltet u. zur Vermeidung von Kurzschlüssen werden Tafeln aus „*Herculite*" einem wärmebehandelten Glas, an den Wänden angebracht. Als Stromquelle dient ein Synchronmotor-Generator-Aggregat. Die Aufhängevorrichtungen werden am besten aus Al hergestellt. Die Teile werden kurz ohne Strom in die CrO_3-Lsg. getaucht. Badtemp. ist 95 ± 5^0F. Man beginnt mit sehr kleiner Badspannung u. erhöht diese innerhalb 6—8 Min. auf 40 V. Die Stromdichte ist anfangs 0,86—1,1 A/dm² u. fällt auf 0,11—0,32 A/dm² Die Behandlungsdauer ist 30 Minuten. p_H der Lsg. soll 0,85—1,0 sein, die D. der Lsg. 1,075—1,091. Die Filmdicke ist unter diesen Bedingungen ca. 0,00004 inch. Gespült wird in einem W. von 160—170° F. (Plating **39.** 40—41. 50. Jan. 1952. Detroit, Mich., Briggs Manufacturing Comp.) J. FISCHER. 6518

H. Kalpers, *Aus der Kolbenringherstellung.* Überblick über die Herst. gegossener Kolbenringe mit poröser Verchromung. (Werkstatt u. Betrieb **85.** 148—49. April 1952. Refrath bei Köln.) HOCHSTEIN. 6518

J. A. McWilliam, *Säurebeständige Stähle.* 2. Mitt. *Ursachen des Angriffs und Vergleichswerte für die chemische Beständigkeit.* (1. vgl. Chem. Age **61.** [1949.] 769.) Es werden die Umstände besprochen, die die chem. Beständigkeit der austenit. Stähle beeinflussen, u. Zahlenwerte für den Gewichtsverlust in verschied. Säuren (HNO_3, H_2SO_4, HCl) bei sehr verschied. Konz. für Tempp. bis zum Siedepunkt angegeben. Chem. Age **62.** 15—18. 7/1. 1950.) KREITZ. 6538

Rudolf Kürth, Babelsberg, *Schwimmaufbereitung von Erzen und sonstigen Mineralien.* In der Schwimmzelle werden die oberen Schichten der Trübe erwärmt u. die unteren gekühlt. Man erreicht hierdurch verstärkte Temperaturdifferenzen u. damit Differenzierungen in der Benutzung der Bergeteile einerseits u. in der Adsorptionsfähigkeit der Luftblasen andererseits. (**D. R. P. 764 685** Kl. 1c vom 7/3. 1939, ausg. 30/11. 1953.) W. HAUSWALD. 6363

Gebr. Böhler & Co. Akt.-Ges., Österreich, *Herstellung feuerfester Formen für die Metallgießerei.* Man wählt geeignete Kornzusammensetzungen aus Quarz, Sillimanit oder Metalloxyden u. verwendet als Bindemittel alkoh. Mischungen aus Äthylsilicaten oder Wasserglas. Die Härtung der Formlinge findet dann in einer Atmosphäre statt, die gasförmige HCl oder CO_2 aufweist. (**F. P. 1 016 672** vom 25/4. 1950, ausg. 19/11. 1952. Oe. Prior. 25/4. 1949.) BEWERSDORF. 6383

Friedrich Johannsen, Deutschland, *Herstellung von Eisenschwamm.* Zur Herst. von Eisenschwamm werden eisenhaltige Stoffe, z. B. Eisenoxyde, die auch noch Ni, Cu u. Edelmetalle enthalten können, nach Zusatz von festen Brennstoffen, wie Koks, Anthrazit, in einem Drehherdofen behandelt, wobei der feste Brennstoff in möglichst feiner Form mit einem maximalen Korn von 4 mm sowie in gleichmäßiger Verteilung in der Beschickung vorliegen muß. Zweckmäßig besitzt dieser Brennstoff in einem Betrage von 30% eine Korngröße unter 0,5 mm. Der zur Bldg. der Eisenluppen erforderliche Brennstoff wird vorzugsweise mit Druckluft in den Ofen eingeblasen u. besitzt eine Korngröße von 0,5—2 mm. (**F. P. 1 037 322** vom 21/5. 1951, ausg. 16/9. 1953. D. Prior. 22/5. 1950.) HOCHSTEIN. 6393

Stora Kopparbergs Bergslags Aktiebolag, Schweden, *Entschwefelung von Roheisen oder sonstigen Legierungsschmelzen mittels eines hochschmelzenden Oxyds solcher Metalle, die eine hohe Affinität zu Schwefel haben.* Die Entschwefelungsoxyde werden in festem feingepulverten Zustande u. unter nichtoxydierenden Bedingungen mit der Metallschmelze in Berührung gebracht bei einer den Erweichungspunkt der Oxyde nicht überschreitenden Temp., um die feste gepulverte Form während des Prozesses beizubehalten, u. unter so kräftigem Umrühren, daß die Entschwefelungs-Rk. in dem erwünschten Grad ohne äußere Wärmezufuhr durchgeführt wird. Vorzugsweise wird ein C-haltiges Material in das Entschwefelungsmittel eingemischt. Auch kann Na_2CO_3 oder eine andere Alkalimetallverb. eingemischt werden. — Abbildung. (**F. P. 1 010 183** vom 21/1. 1950, ausg. 9/6. 1952.) HOCHSTEIN. 6401

Oesterreichisch-Alpine Montangesellschaft, Wien, Österreich (Erfinder: **Otwin Cuscoleca, Felix Grohs,** Wien, **Kurt Rösner,** Leoben-Donawitz, und **Wolfgang Kühnelt,** Donawitz), *Verblasen von Roheisen im Konverter.* Beim Aufblasen von oxydierenden Gasen oder Gasgemengen, bes. von O_2, von oben auf die Badoberfläche u. bei der Erzeugung der für den Prozeß erforderlichen Wärmemenge durch die Rk. der Gase mit dem Bad wird der mittlere spezif. Flächendruck des Blasstrahles auf eine Fläche deren Entfernung von der Blasdüse der Badoberfläche von der Blasdüse entspricht, unter 0,75 kg/cm², vorzugsweise unter 0,5 kg/cm², gehalten. Bei dem Verf. wird erreicht, daß die Geschwindigkeit des auf die Badoberfläche auftreffenden Strahles etwa der Reaktionsgeschwindigkeit von O_2 mit dem Bad entspricht. (**Oe. P. 175 586** vom 17/3. 1951, ausg. 25/7. 1953.) HOCHSTEIN. 6409

Oesterreichisch-Alpine Montangesellschaft, Wien, Österreich (Erfinder: **Otwin Cuscoleca,** Velden am Wörthersee, und **Kurt Rösner,** Leoben-Donawitz), *Verblasen von Metallbädern, besonders Roheisenbädern.* Beim Aufblasen von O_2 oder sonstigen oxydierenden Medien von oben auf die Badoberfläche u. bei der Erzeugung der für den Prozeß erforderlichen Wärmemenge durch die Rk. der Blasmedien mit dem Bad wird das Blasmedium mit so geringer Energie gegen die Badoberfläche geführt, daß es nicht in das Metallbad eindringt, u. daß gegen Ende des Prozesses mit dem Bad in Rk. zu bringende Medien, bes. O_2 oder O_2-enthaltende Gase, zweckmäßig mittels einer Lanze, unter die Badoberfläche gebracht werden. (**Oe. P. 175 589** vom 7/3. 1952, ausg. 25/7. 1953.) HOCHSTEIN. 6409

Soc. d'Électro-Chimie, d'Électro-Métallurgie & des Aciéries Électriques d'Ugine (Erfinder: **René Perrin**), Paris, *Erzeugung hochwertiger Stähle.* Nach sorgfältiger Entfernung des größten Teiles der vorher im Ofen gebildeten Schlacke wird die Stahlschmelze, die einen genügend hohen Anteil an Si enthält, mit einer so beträchtlichen Menge bas. Schlacke, bestehend hauptsächlich aus Ca, Al_2O_3 u. SiO_2, die auch einen nicht unerheblichen Geh. an Eisenoxyd aufweisen kann, durchwirbelt. Diese Durchwirbelung wird derart ausgeführt, daß nach ihrer Vollendung einerseits der Geh. an Eisenoxydschlacke sehr gering ist u. andererseits der endgültige Si-Geh. des Stahles mehr als 0,05% beträgt u. die Endschlacke rein bas. Eigg. besitzt, wobei die Menge an Si im Stahlbad so hoch gewählt wird, daß auch die Fremdeinfll. neutralisiert werden. — Abbildung. (**D. B. P. 901 779** Kl. 18b vom 5/11. 1942, ausg. 14/1. 1954. F. Prior. 17/11. 1938.) HOCHSTEIN. 6409

Bernhard Matuschka, Leoben-Donawitz, Österreich, *Herstellung von Eisen und Stahl im Konverter.* Beim Frischen mit reinem O_2 oder mit einem Gemisch von O_2 mit inerten Gasen, gegebenenfalls unter Zusatz von Luft, werden dem Schmelzbad carbonat. Eisenerze, bes. verhältnismäßig eisenarme, carbonat. Eisenerzsorten, z. B. sogenannte Rohwand, zugesetzt. Durch das Verf. wird ein dem MARTIN-Stahl gleichwertiger Stahl erzeugt. (**Oe. P. 175 587** vom 3/10. 1951, ausg. 25/7. 1953.) HOCHSTEIN. 6409

Akt.-Ges. für Berg- und Hüttenbetriebe, Berlin (Erfinder: **Paul Girod†,** Cannes), *Entphosphoren von Stählen* durch Aufgießen auf eine in festem Zustand vorliegende bas., oxydierende, C enthaltende Schlackenmischung nach D. B. P. 898 446, dad. gek., daß der C-Zusatz zu der Schlacke ganz oder teilweise durch den C-Geh. des Stahlbades ersetzt ist. (**D. B. P. 904 052** Kl. 18b vom 22/6. 1939, ausg. 15/2. 1954. F. Prior. 24/6. 1938. **Zusatz zu D. B. P. 898446; C. 1954. 4709.**) HOCHSTEIN. 6409

Soc. Établissements Techniques et Industriels (S. E. T. I.), Frankreich, *Elektrolytische Mangangewinnung.* Das Mn wird aus neutralen *$MnSO_4$*-Lsgg. abgeschieden, die *Sulfide, Sulfite oder Hyposulfite* oder andere Reduktionsmittel enthalten; diese Zusätze verhindern die Bldg. von MnO_2. (**F. P. 1 035 454** vom 16/4. 1951, ausg. 25/8. 1953.) MARKHOFF. 6437

Walter W. Weil, Shaker Heights, O., V. St. A., *Elektrolytische Chromgewinnung.* Als Elektrolyt dient eine Schmelze von $CrCl_2$, in welche H_1 eingeleitet wird u. die außerdem noch Alkalichlorid enthält. Die Elektrolyse wird in einem Behälter aus hitzebeständigem Metall durchgeführt, der in seinem oberen Teil mit einem widerstandsfähigen keram. Belag ausgekleidet ist. Die Behälterwandung wird als Kathode verwendet, als Anodenmaterial dient Graphit. Der Stromverbrauch ist gering, die Reinheit des gewonnenen Cr beträgt 99%. — Abbildung. (**Schwz. P. 292 145** vom 12/2. 1951, ausg. 16/10. 1953. A. Priorr. 16/2. u. 16/12. 1950.) MARKHOFF. 6437

Westfalenhütte Dortmund Akt.-Ges. (Erfinder: **Theodor Dingmann**), Dortmund, *Abscheidung von Vanadin aus Erzen oder Schlacken.* Die Rohstoffe werden durch Aufschluß mit Säuren oder Alkalien extrahiert, u. aus den erhaltenen Lsgg. wird das V als Vanadat oder Oxyd gefällt. Das Fällungsprod. wird unter Körnen getrocknet, u. das darin enthaltene V wird ohne Zuführung von Wärme mit HCl-Gas verflüchtigt. (**D. B. P. 871 144** Kl. 12i vom 25/2. 1943, ausg. 19/3. 1953.) ZÜRN. 6441

Bruno B. A. Luzatto, Washington, D. C., V. St. A., *Durchführung schmelzflußelektrolytischer Verfahren, besonders der elektrolytischen Gewinnung von Aluminium.* Die bei der Elektrolyse entstehenden brennbaren Gase werden in einem bas. Raum gesammelt, nach Mischen mit O_2 der Oberfläche des Elektrolyten zugeleitet u. entzündet. Die Flamme schmilzt an der Auftreffstelle die auf der Badoberfläche befindliche Salzkruste, so daß an dieser Stelle die Ergänzung des Elektrolyten durch Zusatz von Al_2O_3, durchgeführt werden kann. — Abbildungen. (**A. P. 2 631 972** vom 28/6. 1948, ausg. 17/3. 1953.) MARKHOFF. 6447

Soc. An. pour l'Industrie de l'Aluminium, Schweiz, *Elektrolytische Gewinnung von Aluminium.* Als Elektrolyt wird eine Schmelze von mindestens 1 (g/Mol) Alkalichlorid auf 1 $AlCl_3$ bei Tempp. über dem F. des Al verwendet. An Stelle von Alkalichlorid kann auch ein Gemisch von Erdalkalichlorid u. $MgCl_2$ treten. Das Verhältnis $AlCl_3$: KCl kann zwischen 1 : 1 u. 1 : 12 liegen. Zur Verbesserung der Leitfähigkeit des Elektrolyten wird noch NaCl u. LiF zugesetzt. — Z. B. wird eine Schmelze aus 46,3 (Gew.-%) *$AlCl_3$*, 33,3 *KCl*, 13 *LiCl* u. 7,4 *$MgCl_2$* verwendet. Bei 700° u. 1 Amp./cm² kathod. Stromdichte ist die Spannung 2,3 Volt. Die Dampfspannung des $AlCl_3$ ist in der Schmelze so gering, daß die Elektrolyse in einem geschlossenen Behälter durchgeführt werden kann. Der Elektrolyt kann laufend durch an $AlCl_3$ angereicherter Schmelze ergänzt werden. — Abbildung. (**F. P. 1 032 307** vom 10/2. 1951, ausg. 1/7. 1953.) MARKHOFF. 6447

Aluminium-Industrie-Akt.-Ges., Chippis, Schweiz, *Elektrolytische Gewinnung von flüssigem Aluminium aus Aluminiumchloridschmelzen.* Die Elektrolyse wird oberhalb des F. des Al unter Verwendung einer Schmelze durchgeführt, die mindestens 1 (Mol) Alkalichlorid auf 1 $AlCl_3$ u. außerdem noch mindestens zwei weitere Chloride, wie Erdalkalichloride, $MgCl_2$ oder LiCl enthält. Das Mol.-Verhältnis $AlCl_3$ zu KCl soll zwischen 1 : 1 u. 1 : 12 liegen. Es wird z. B. eine Schmelze mit 46,3 (Gew.-%) *$AlCl_3$*, 33,3 *KCl*, 13 *LiCl* u. 670—730° durchgeführt werden. Der $AlCl_3$-Dampfdruck ist überraschend niedrig. (**Schwz. P. 293 187** vom 12/1. 1951, ausg. 1/12. 1953. D. Priorr. 18/11. u. 23/11. 1948.) MARKHOFF. 6447

Vereinigte Aluminium-Werke Akt.-Ges., Berlin und Bonn (Erfinder: **Carl Reschke,** Pocking/Ndb.), *Herstellung von Aluminium–Silicium-Legierungen.* Die mit C-haltigen Reduktionsmitteln brikettierten oxyd. Rohstoffe werden im elektr. Ofen red., wobei Briketts aus Tonerde, Quarzsand u. in bekannter Weise gewonnenen hochschm. Anteilen des Braunkohlendruckextraktes verwendet werden. (**D. B. P. 903 271** Kl. 40c vom 11/6. 1943, ausg. 4/2. 1954.) MARKHOFF. 6447

Vereinigte Deutsche Metallwerke Akt.-Ges. (Erfinder: **Friedrich Karl Göler v. Ravensburg**), Frankfurt/M.-Heddernheim, *Veredelung von Aluminium–Silicium-Legierungen.* Das Veredelungssalz besteht aus einem Gemisch von *NaCl*, *KCl* u. *NaF* von einer Zus. auf oder nahe bei dem quasi-bin. Schnitt, der von der NaF-Ecke des Syst. zum KCl-NaCl-Minimum führt, u. Quarzmehl. Letzteres wird zugesetzt, um die Salzschmelze zähflüssiger zu machen u. zwar in Mengen, die den F. der Grundsubstanz nicht verschiebt. (**D. B. P. 897 758** Kl. 40b vom 8/2. 1942, ausg. 23/11. 1953.) GÖTZE. 6447

Vereinigte Deutsche Metallwerke Akt.-Ges., Frankfurt/M.-Heddernheim (Erfinder: **Klaus Grassmann,** Hildesheim), *Veredelung von Aluminium-Silicium-Legierungen mit 5—20% Silicium.* Zum Veredeln werden Salzgemische verwendet, die ein Erstarrungsintervall haben, u. zwar 40 (%) *NaF*, 33 *KCl* u. 27 *NaCl* oder 50 *NaF*, 27 *KCl* u. 23 *NaCl*, deren oberer E. bei 760 bzw. 810° u. deren unterer E. bei 600° liegt. Die Salzgemische werden in Mengen von 1—1,4% des Einsatzgewichts des Metalls in die Schmelze eingebracht. (**D. B. P. 897 922** Kl. 40b vom 6/9. 1941, ausg. 26/11. 1953.) GÖTZE. 6447

Metallgesellschaft Akt.-Ges., Frankfurt/M. (Erfinder: **Friedrich Karl Göler v. Ravensburg,** Wehrda/Kr. Hünfeld, und **Gustav Gürtler,** Frankfurt/M.), *Veredelung von Aluminium–Silicium-Legierungen mit 5—20% Silicium.* Bei der bekannten Veredelung mit Na wird fl. oder festes Na in ovale Rohre aus Al oder einem in die Legierung einzulegierenden Metall eingepreßt. Bei Abtrennung der jeweils erforderlichen Na-Mengen ist bei ovalem Querschnitt ein gutes Abschließen des Rohres möglich.

Auf diese Weise werden durch oxyd. Oberflächenschichten des Na unerwünschte Rkk., wie Vergasung u. Schaumbldg. der Schmelze, vermieden. (**D. B. P. 897 923** Kl. 40b vom 29/1. 1942, ausg. 26/11. 1953.) GÖTZE. 6447

Siemens & Halske Akt.-Ges., Berlin und München (Erfinder: **Paul Ludwig Günther**, Karlsruhe), *Herstellung von Schmelzlingen aus Germanium, Silicium oder Bor.* Dem Schmelzgut wird ein chem. reines, mit der Schmelze nicht reagierendes Salz zugesetzt, das einen niedrigeren F. hat als das Schmelzgut. Als solche Salze kommen *Borate, Fluoride, Phosphate* oder *Cyanide* in Frage, sie werden vorzugsweise vor dem Einbringen des Schmelzgutes in den Tiegel eingebracht. Durch die Salze soll eine Aufnahme von Verunreinigungen aus dem Tiegel verhindert werden. (**D. B. P. 905 069** Kl. 40a vom 30/6. 1951, ausg. 25/2. 1954.) APEL. 6449

Marvin J. Udy, Niagara Falls, N. Y., V. St. A., *Herstellung eines für die Gewinnung von Chrom geeigneten Ausgangsstoffes.* Eine Schmelze eines Fe–Cr-Erzes oder einer Fe-Cr-Legierung, z. B. Ferrochrom, wird in Ggw. von Kalk u. Kieselsäure unter Zusatz von einer solchen Menge gebrannten Kalkes oxydierend behandelt, die ausreicht, um eine Calcium–Silicochromit-Schlacke zu bilden, u. gleichzeitig ein C-haltiges Reduktionsmittel, z. B. Koks, eingebracht. Das Oxydationsmittel bewirkt die vollständige Oxydation des Cr, das verschlackt, während das Reduktionsmittel die Oxydation des Fe verhindert. An Stelle des gebrannten Kalkes u. des Oxydationsmittels kann der Schmelze $CaCO_3$ zugesetzt werden. (**D. B. P. 900 140** Kl. 40a vom 6/12. 1937, ausg. 21/12. 1953.) APEL. 6449

W. C. Heraeus G. m. b. H., Hanau/M. (Erfinder: **Otto Winkler**, Balzers/Liechtenstein), *Korrosionsbeständige Werkstoffe* bestehen aus *Ta-Blech* mit geringem Gasgeh., das durch Kaltverfestigung auf VICKERShärtewerte von 150—350 kg/mm^2 verfestigt ist. Die Bleche widerstehen chem. Angriffen, bes. der Einw. von Laugen oder chem. akt. Wasserstoff u. werden hauptsächlich für Spinndüsen verwendet. (**D. B. P. 888 771** Kl. 40d vom 4/3. 1944, ausg. 3/9. 1953.) GÖTZE. 6449

Badische Anilin- & Soda-Fabrik, Deutschland, *Herstellung von Magnetpulver mit hoher Permeabilität.* Aus Eisen oder magnetisierbaren Legierungen, bes. aus durch therm. Zers. von Eisencarbonyl erzeugtem Eisenpulver wird durch eine Behandlung mit H_2 oder mit einem H_2-haltigem Gas bei einer genügend hohen Temp. u. unter hohem Druck, z. B. bei 220° u. 200 at, Magnetpulver mit hoher Permeabilität u. geringen Hysteresisverlusten erzeugt. (**F. P. 1 036 355** vom 30/4. 1951, ausg. 7/9. 1953. D. Prior. 17/5. 1950.) HOCHSTEIN. 6475

Soc. d'Électro-Chimie, d'Électro-Métallurgie et des Aciéries Électriques d'Ugine, Paris, Frankreich, *Herstellung von Dauermagneten.* Zur Herst. von *Fe–Sn*-Dauermagneten wird aus einer wss. Lsg. eines Fe- u. eines Sn-Salzes mittels eines Carbonates oder eines Bicarbonates oder eines Gemisches von beiden ein Gemisch von Fe- u. Sn-Carbonat ausgeschieden, diese Ausscheidung wird getrennt u. bei einer Temp. unterhalb von 450° zu Oxyd zersetzt. Anschließend werden die Oxyde vorzugsweise durch H_2 bei einer Temp. unter 450° red. u. das so erhaltene Metallpulver bei einer Temp., bei der die Verschlechterung der magnet. Eigg. vermieden wird, gesintert. Der Dauermagnet enthält unter 20%, vorzugsweise 4—8% Sn. (**F. P. 1 020 800** vom 26/6. 1950, ausg. 10/2. 1953.) HOCHSTEIN. 6475

Deutsche Edelstahlwerke Akt.-Ges., Krefeld (Erfinder: **Fritz Frehn** und **Werner Hotop**, Dortmund-Aplerbeck), *Herstellung und Aushärtung von Dauermagneten.* Zum Sintern wird ein Pulvergemisch aus 15—17 (%) *Ni*, 6—8 *Al*, 7—8,5 *Ti*, 23,5—28,5 *Co*, 4,5—5,5 *Cu*, Rest *Eisen* verwendet. um sowohl bei der Herst. sintertechn. Schwierigkeiten sicher auszuschließen, als auch im Dauermagneten Koerzitivkräfte von mindestens 950 Oersted bei einer Remanenz von mindestens 4500 Gauß u. bei einem Energiewert $(BH)_{max}$ von mindestens $1 \cdot 10^{-6}$ zu erreichen. Der Cu-Zusatz erfolgt vorzugsweise in Form einer geschmolzenen u. zerkleinerten Cu–Al-Vorlegierung, die 67—73 Cu u. 27—33 Al enthält. Die aus einem Abschrecken von ca. 1200° u. einem 2std. Anlassen bei ca. 620° bestehende Aushärtungsbehandlung für diese Legierung wird zweckmäßig in einem neutralen oder reduzierenden Schutzgas, bes. H_2, vorgenommen. (**Oe. P. 175 596** vom 14/11. 1950, ausg. 25/7. 1953. D. Prior. 27/5. 1949.) HOCHSTEIN. 6475

Metallwerk Plansee G. m. b. H., Österreich, *Herstellung von gesinterten Stahlgegenständen.* Die üblicherweise bei 1150 u. 1300° gesinterten Gegenstände aus legiertem u. unlegiertem Stahl mit 0,4—0,9% C werden anschließend einer ½—2std., vorzugsweise 1std., Wärmebehandlung bei Tempp. von 700—800°, zweckmäßig bei 750°, unterworfen. Vorzugsweise werden die herzustellenden Gegenstände einer Doppelsinterung unterworfen, indem sie noch bei 700—1000° einer Vorsinterung mit nachfolgender Verdichtung unterworfen werden, während die Endsinterung bei 1150—1300° erfolgt. (**F. P. 1 017 196** vom 29/12. 1947, ausg. 3/12. 1952.) HOCHSTEIN. 6475

Metal-Gas Co. Ltd., Glasgow, Schottland, *Herstellung chromierter Preßstücke aus Eisenpulvern.* Die Chromierung erfolgt durch Berührung durch gasförmige Cr-Verbb., u. zwar wird die Chromierung gleichzeitig mit der Sinterung durchgeführt. (**N. P. 80206** vom 27/8. 1949, ausg. 12/5. 1952.) JÜRGEN SCHMIDT. 6475

Comptoir d'Étirage & Profilage de Métaux, Paris, Frankreich (Erfinder: **J. Sejournet**), *Strangpressen von schwerpreßbaren Metallen in der Wärme.* Man bringt zwischen Presse u. Metall eine M. an, die nicht brennbar ist, in geschmolzenem Zustande viscos ist u. deren untere Temperaturgrenze zur Bldg. einer viscosen Schmelze niedriger ist als die des zu pressenden Materials. Die Zwischenschicht soll mindestens teilweise aus Schaumglas oder ähnlichem bestehen. Es kann manchmal auch zweckmäßig sein, zwischen Presse u. Metall mehrere Glasscheiben einzulegen, von denen dann wenigstens eine aus Schaumglas besteht. Nach Schwed. P. 137 875 wird als Zwischenschicht eine faserartige M., bes. eine dünne Lage aus Glasfasern, verwendet. (**Schwed.P P. 137 874** u. **137 875** vom 19/12. 1949 bzw. 18/1. 1950, beide ausg. 4/11. 1952. F. Priorr. 20/12. 1948 bzw. 19/1. 1949.) JÜRGEN SCHMIDT. 6491

Elektrophysikalische Anstalt Bernhard Berghaus, Vaduz, Liechtenstein (Erfinder: **Bernhard Berghaus,** Lachen, und **Hans Bucek,** Zürich, Schweiz), *Durchführung chemischer Verfahren in Gegenwart von Glimmentladungen.* Die bei der Durchführung chem. Verff., z. B. beim *Nitrieren* oder *Karburieren* von *Stahl,* angewendeten Gasentladungen werden diskontinuierlich behandelt. — Beispiel: Beim Nitrieren von Stahl in einer NH_3-Atmosphäre mit einem Druck von 6—15 mm Hg-Säule führen Impulse mit einer Zeitdauer von 0,1—0,2 Sek. u. mit einer Ionisierungsspannung von 550 V, auf die jeweils Pausen von 0,4—1,4 Sek. bei einer Ionisierungsspannung von 350 V folgen, mit einer wechselnden spezif. Belastung von 2—20 W/cm² zur Bldg. einer nitrierten Schicht von 0,4—0,5 mm Dicke nach 15 Std. Behandlung. Zur Erzielung desselben Ergebnisses waren bisher 40—60 Std. notwendig. (**D. B. P. 904491** Kl. 48b vom 2/8. 1951, ausg. 18/2. 1954. Schwz. Prior. 3/8. 1950.) VIER. 6493

Under Water Welders & Repairers Ltd., London, England, *Elektrode zum Lichtbogenschneiden unter Wasser.* Die Elektrode umfaßt einen Kern aus Kohle mit einem Kanal für die Luftzufuhr u. eine Isolierhülle. Zwischen dem Kohlekern u. der Isolierhülle ist ein Metallrohr aus gut leitendem Metall, bes. *Cu,* eingschaltet. (**Dän. P. 74513** vom 20/6. 1946, ausg. 4/8. 1952. E. Prior. 3/3. 1944.) JÜRGEN SCHMIDT. 6507

A. L. Andersen, Oslo, Norwegen, *Schweißpulver für Aluminium,* besteht aus ca. 59 (Teilen) *NaCl,* 67,5 *KCl,* 7,5 *KF* u. 4,5 $CaCl_2$, sowie gegebenenfalls etwa $BaCl_2$. (**Schwed. P. 138421** vom 21/9. 1943, ausg. 9/12. 1952. N. Prior. 1/10. 1942.) JÜRGEN SCHMIDT. 6507

Gebr. Böhler & Co. Akt.-Ges., Wien, Österreich, *Umhüllter Schweißstab.* Zum warmrißfesten Verschweißen von über 3,5 mm, vorzugsweise von über 5 mm, dicken Blechen aus rost-, säure- u. warmrißfesten Cr–Ni-Stählen dürfen die durch Nb-Geh. bei Ggw. von Mn ausgezeichneten Cr–Ni-Schweißstäbe nach dem Oe. P. 165 685 im Kerndraht höchstens 0,5 (%) Si enthalten, die gegebenenfalls einzeln oder gemeinsam vorgesehenen Zusätze an *Mo* können bis zu 6 u. an *Cu* bis 4 betragen. Den kalkbas. Hüllen der Schweißstäbe können dagegen ohne Schaden gegebenenfalls noch bis zu 13 *Ferrosilicium* zur Einführung in das Schweißgut zugesetzt werden, wenn ein übermäßiger Abbrand-Mn beim Schweißen verhindert werden soll. Da dann zu dessen Ausgleich nur noch geringere Ferromanganzusätze zur Hülle erforderlich werden, sinkt auch der durch diese unvermeidbar in das Schweißgut mit hineingebrachte schädliche P-Gehalt. (**Oe. P. 173 599** vom 23/5. 1951, ausg. 10/1. 1953. D. Prior. 9/11. 1942. **Zusatz zu Oe. P.165685; C. 1950. II. 2119.**) KLEIN. 6507

Gebr. Böhler & Co. Akt.-Ges., Wien, Österreich, *Preßmantelmasse für die Ummantelung von Schweißelektroden.* Werden bei der Herst. von Mantelelektroden die Mantelmassen durch einen Preßvorgang auf die Kerndrähte aufgebracht, so müssen die für diese M. üblichen Gemische von feinstgemahlenen Mineralien, Ferrolegierungen u. organ. Substanzen, wie Zucker, Dextrin, Cellulose oder Holzmehl durch besondere Zusätze auf der Presse verformbar, das heißt, plast. gemacht werden. Die dafür bisher verwendeten mineral. Platifizierungsmittel, wie Kaoline, Bentonite, Talk oder voluminöse Rutile, machen sich aber wegen ihrer auch nach der Trocknung bei Tempp. bis zu 350° u. darüber noch verbleibenden Feuchtigkeitsreste beim Schweißen nachteilig durch Porenbldg. u. wasserversprödete Stellen im Schweißgut bemerkbar. Die Al- u. Si-haltigen Mittel beeinflussen dazu auch die Viscosität der aus derartigen Mänteln entstehenden Schlacken meist ungünstig. Diese Nachteile werden vermieden durch *Plastifizierungsmittel* in Form von Zusätzen mindestens einer organ. Substanz mit einer Viscosität, die bei Raumtemp. etwa gleich oder größer als die von Glycerin bei Raumtemp. ist u. deren Siede- bzw. Verdampfungstemp. unterhalb der Trocknungstemp. der Mantelmasse liegt, so daß sie beim Trocknungsvorgang der Ummantelung vollständig aus dieser entfernt werden können. Bes. geeignet ist Glycerin, das bei 290—300° verdampft. Verwendbar sind auch pflanzliche Öle, wie Oliven- oder Ricinusöl, der Verdampfungstempp. bei ca. 250° liegen. Statt dessen können auch die Alkalisalze der höheren Fettsäuren, wie z. B. der Palmitin- oder Stearinsäure, die im Temperaturgebiet von 215—240° verdampfen, verwendet werden. Die beim Verdampfen dieser Alkalisalze im Mantel zurückbleibenden geringen Anteile von Alkalien sind nicht schädlich, begünstigen vielmehr die Ionisierung der Lichtbogenstrecke. (**Oe. P. 173 257** vom 11/8. 1950, ausg. 10/12. 1952.) KLEIN. 6507

Gebr. Böhler & Co. Akt.-Ges., Wien, Österreich, *Mantelelektrode mit unlegiertem oder legiertem Kerndraht und basischen Umhüllungen.* Zur Verbesserung der Verpreßbarkeit von kalkbas., Ferromangan enthaltenden Mantelmassen aus CaF_2, $CaCO_3$ u. Ferromangan, sowie mit Zusätzen von Fe- u. Stahlpulver in Mengen von 11—55% des Hüllengewichts werden der M. 0,3—2 % (bezogen auf das Gewicht der trockenen M.) *Alginat*, bes. Na- oder K-Alginat, zugesetzt. (**Oe. P. 174 778** vom 27/2. 1951, ausg. 11/5. 1953. **Zusatz zu Oe. P. 165 684; C. 1950. II. 2366.**) MARKHOFF. 6507

Jean Stéphane Tanasof, Frankreich, *Mittel zum Schweißen von rostfreiem Stahl*, besteht aus *Glaspulver* in Mischung mit $B(OH)_3$, $Na_2B_4O_7$, Na_2CO_3, $NaHCO_3$ u. gegebenenfalls *Si*. — Beispiel: 70 (%) Glaspulver, 19 $B(OH)_3$, 5 $Na_2B_4O_7$, 2,5 Na_2CO_3, 2,5 $NaHCO_3$ u. 1 Si in Pulverform. (**F. P. 1 003 861** vom 7/3. 1947, ausg. 24/3. 1952.) VIER. 6507

Eugen Dürrwächter, Pforzheim, *Verzieren von Schmuck- und Gebrauchsgegenständen aus Gold, Silber oder unedlen Metall-Legierungen mit Gold.* In die glatte Oberfläche des Gegenstandes werden Vertiefungen eingepreßt, eingeschnitten oder dgl. u. diese mit den Goldpulver (I) der gewünschten Farbe ausgefüllt. Das I wird nun in einer Presse in den Vertiefungen zusammengepreßt, dann in einem inerten Gas bei 700—900° gesintert, wobei eine feste Verschweißung mit dem Gegenstand erfolgt, erneut gepreßt u. anschließend poliert. Die gewünschte Färbung wird durch Hinzuschmelzen geringer Mengen *Ag*, *Cu*, *Ni* oder *Zn* zu 14 karätigem Gold erhalten. (**D. B. P. 854 625** Kl. 57b vom 1/11. 1949, ausg. 6/11. 1952.) LAASS. 6507

Samuel L. Cohn und **Charles C. Cohn**, V. St. A., *Chemisches Polieren und Glänzen von Aluminium und seinen Legierungen.* Die Gegenstände werden in einem Gemisch von 40—98 (%) H_3PO_4, 2—40 *W.* u. 0—50 HNO_3 bei Tempp. von 66° bis zum Kp. behandelt. Die Dauer der Behandlung ist sehr kurz. Die Oberflächen werden durch die Behandlung passiviert u. dadurch korrosionsbeständiger. — Diagramm. (**F. P. 1 005 007** vom 22/11. 1949, ausg. 7/4. 1952.) MARKHOFF. 6513

American Smelting and Refining Co., New York, übert. von: **Richard D. Taylor**, Suffern, N. Y., V. St. A., *Lösliche Anode für den kathodischen Schutz von Rohrleitungen* besteht aus einem metall. Kern, z. B. aus verzinktem Eisenband, der mit dem Anodenmetall, z. B. Zn oder Mg, umgossen ist. Der Kerndraht ist mit der im Erdboden verlegten Rohrleitung verbunden. Durch das Umgießen des Kerndrahtes mit dem Anodenmetall ist der Kontakt der Verbindungsleitung mit der Anode sehr gut. (**A. P. 2 645 612** vom 15/6. 1950, ausg. 14/7. 1953.) MARKHOFF. 6539

—, Jahrbuch der Galvanotechnik 1953. Ratgeber f. mechanische, chemische u. elektrochemische Oberflächenbehandlung. Mit Beitr. von **Heinz Anders**, u. a. 9. Aufl. Berlin-Grunewald: Metall-Verl. 1953. (420 S. m. Abb.) DM 5,40.

IX. Organische Industrie.

R. Sierbin, *Die Sulfonierung von Benzol.* Im Vgl. mit der Extraktionsmeth., der period. u. kontinuierlichen Sulfonierung von Benzoldämpfen ergibt sich eine bes. einfache apparative Gestaltung des Verf., wenn man die Sulfonierung nach SACHAROW (Журнал Прикладной Химии [J. Chim. appl.] **6**. [1929.] **1648**) in einer etwas modifizierten Emulgierapp. durchführt. In mehreren Tabellen wird der H_2SO_4-Verbrauch u. die Zus. der erhaltenen Prodd. bei verschied. Ausgangskonzz. an H_2SO_4 (bzw. Oleum) mitgeteilt. Die zeitliche Abnahme des H_2SO_4-Geh. der Sulfomasse ist beim Emulsionsverf. erheblich geringer als bei der üblichen Sulfonierung in Dampfphase. (Przemysl chem. **9**. (**32**). 72—76. Febr. 1953.) R. K. MÜLLER. H 1010

Pennsylvania Salt Mfg. Co., Philadelphia, Pa., V. St. A., *Organofluorverbindungen* erhält man bei der Einw. von Halogenfluoriden (ClF_3, ClF, BrF_5, BrF_3, JF_5, JF_7), gelöst in wasserfreiem HF, auf die zu fluorierenden organ. Verbb., vorzugsweise in der fl. Phase. (**E. P. 665 253** vom 12/9. 1949, ausg. 16/1. 1952. A. Prior. 10/9. 1948.) G. KÖNIG. 6565

Standard Oil Development Co., Elizabeth, N. J., V. St. A., *Dehydrierungkatalysator* besteht aus mindestens einem Metalloxyd mit dehydrierenden Eigg., bes. aus der 2. Gruppe des Period. Syst., auf geschmolzenes ZrO_2 aufgetragen. Aktivatoren aus der 4. u. 5. Gruppe des Period. Syst., bes. Bi_2O_3 oder ZrO_2, können in Mengen von 1—15 Gew.-% vorhanden sein. Der Träger wird vorteilhaft mit Alkalien (NH_4OH) vorbehandelt. — Aus sek. Butanol erhält man *Methyläthylketon*, aus Isopropylalkohol *Aceton*, aus A. *Acetaldehyd*, aus gesätt. KW-stoffen Olefine u. aus Monoolefinen Diolefine. (**E. P. 667 854** vom 31/5. 1950, ausg. 5/3. 1952. A. Prior. 10/1. 1950.) G. KÖNIG. 6583

N. V. de Bataafsche Petroleum Mij., Den Haag (Erfinder: **Hermann Johannes den Hertog** und **Pieter Bruin**, Amsterdam), Holland, *Durchführung von Additionsreaktionen zwischen Alkenen einerseits und Wasser oder HCl andererseits*, dad. gek., daß Alkene oder alkenhaltige Gemische u. W. oder HCl der Einw. stillen elektr. Entladungen ausgesetzt werden. Vorteilhaft werden auf 1 Mol Alkene mehr als 1 Mol W. oder HCl angewandt; Reaktionstempp. $<250^0$. Man kann W. zusammen mit H_2 anwenden. — 1 (Mol) C_2H_4, 6 W. u 3 H_2 werden bei 80—85^0 in einem Glasozonisator stillen elektr. Entladungen bei einer Potentialdifferenz von 20000 V u. 50 Perioden/Sek. ausgesetzt. Man erhält: *A.*, *1-Butanol, prim. Hexanol,* C_2H_2 u. *Alkane.* — Propen (**I**) ergibt *Hexanol* (*2.3-Dimethyl-1-butanol*), *1-Propanol*, *2-Propanol.* — Isobuten liefert *2.2.3.3-Tetramethyl-1-butanol, 2-Methyl-1-propanol* u. *2-Methyl-2-propanol.* — **I** u. HCl ergeben *Chlorhexan, Chlorhexen, Dichlorhexan, 2-Chlorpropan* u. *1-Chlorpropen.* Die höheren Alkohole u. Chlor-KW-stoffe sind Lösungsmittel für Lacke u. Harze. (**D. B. P. 906 450** Kl. 12o vom 5/8. 1951, ausg. 15/3. 1954. Anmeldung bekanntgemacht 9/7. 1953. Holl. Prior. 7/8. 1950.) G. KÖNIG. H 450

I. G. Farbenindustrie Akt.-Ges., Frankfurt/M. (Erfinder: **Gustav Wirth**, Leuna), *Katalytische Umsetzung von Kohlenoxyd mit Wasserstoff zu Kohlenwasserstoffen.* Bei einer aus mehreren Umsetzungsöfen bestehenden Anlage ist die Verwertung der Reaktionswärme durch Kondensation der Kühlmitteldämpfe trotz der in den Öfen verschied. Tempp. in einem gemeinsamen Sekundärverdampfer möglich, wenn in die Dampfleitungen zwischen den Kühlmittelräumen (bzw. hinter den Abscheidern, in denen Kühlmitteldampf u. -Fl. sich scheiden) u. dem Sekundärverdampfer Reduzierventile eingebaut sind, welche den Dampfdruck entsprechend den Tempp. in den Kühlmittelräumen regeln. (**D. R. P. 767 811** Kl. 12o vom 30/4. 1939, ausg. 12/10. 1953.) HEROLD. H 500

Lummus Co., New York, übert. von: **Ludwig Kniel**, Scarsdale, N. Y., V. St. A., *Zerlegen von Gasgemischen*, bestehend aus C_2H_6 (**I**), C_2H_4 (**II**), C_3H_8 (**III**) u. C_3H_6 (**IV**) durch fraktionierte Dest., wobei **II** u. **I** als Kopfprodd. u. **III** u. **IV** als Bodenprodd. in einer Äthanabscheidekolonne getrennt werden. Weiter fraktioniert man **II** von **I** in einer Äthylenkolonne u. **IV** von **III** in einer Propylenkolone. **IV** wird dabei als Kopfprod. durch Kompression abgetrennt. Der Vorlauf von **IV** wird in die Propylenkolonne zurückgegeben. Der restliche Teil von **IV** gelangt in die Äthylenkolonne. Man kondensiert einen Teil des komprimierten **IV** u. läßt einen Teil davon expandieren. Die Kopfprodd. der Äthanabscheidekolonne u. der Äthylenkolonne kondensiert man indirekt mit dem expandierten **IV**. Einen Teil des **IV**-Kondensats gibt man als Rückfluß in die Propylenkolonne, zieht einem Teil des **IV** als Netto-**IV**-Prod. ab u. entfernt das **II** als Kopfprod. von der Äthylenkolonne. — Zeichnung. (**A. P. 2645104** vom 17/2. 1951, ausg. 14/7. 1953.) UNGER. H 500

Union Oil Co. of California, Los Angeles, übert. von: **Orville L. Polly** und **Clyde H. O. Berg**, Long Beach, Calif., V. St. A., *Trennung gasförmiger Kohlenwasserstoffgemische* durch Behandlung mit einem selektiven Lösungsm., bestehend aus einer heterocycl. Verb. mit 2 Heteroatomen (O, S, N) u. einer geringen Menge Formamid. Dabei löst sich nur eine Komponente der KW-stoffmischung. — Beispiel: 65 bis 95 Gew.-% Dioxan, 35—5 Gew.-% Formamid. Beispiele für Heteroverbb.: Dioxan, Methyldioxan, Dioxolan, Methyldioxolan, Thioxan, Methylthioxan, Morpholin, N-Morpholinäthanol, Methylmorpholin, N-Morpholinäthanoläthyläther, N-Isopropylmorpholin, N-Aminomethylmorpholin usw. (**A. P. 2 639 782** vom 30/7. 1948, ausg. 26/5. 1953.) UNGER. H 500

Socony-Vacuum Oil Co., Inc., New York, N. Y., übert. von: **William I. Denton**, Woodburry, und **Richard B. Bishop**, Haddonfield, N. J., V. St. A., *Trennen paraffini-*

scher, olefinischer oder naphthenischer Kohlenwasserstoffe von O-haltigen organ. Verbb. erfolgt mittels Acetonitril bei 0—80° u. n. sowie höheren Drucken. Bei höheren Tempp. ist die Ggw. von W. (0—25%) angezeigt. — Skizze. (**A. P. 2 629 730** vom 25/10. 1949, ausg. 24/2. 1953.) G. KÖNIG. H 500

Atlantic Refining Co., Philadelphia, Pa., übert. von: **Edgar W. Clarke**, Laurel Springs, N. J., V. St. A., *Fraktionierung paraffinhaltiger Mischungen* mit Lösungsmitteln durch Gegenstromextraktion mit einem Lösungsm. (I), Hilfslösungsm. (II) bei Tempp., bei denen sich zwei nicht miteinander mischbare fl. Phasen bilden, deren eine die höherschm. Paraffinfraktion (III), I u. II u. deren andere die niedrigerschm. Paraffinfraktion (IV), I u. II enthält. Man trennt die Phasen, entfernt I u. II aus beiden u. führt I in die Extraktionszone in der Nähe des Punktes ein, an dem III entfernt wird; das erste II wird in der Nähe des Punktes eingeführt, an dem das Behandlungsgut eingeführt wird, das zweite II zwischen dem Punkt der Einführung des ersten II u. dem Punkt, an dem IV abgezogen wird. I besteht aus 3,2—3,8 (Vol.) Phenol pro 1 Ausgangsgemisch. Das erste II besteht aus 0,3—0,5 Kresol, ebenso das zweite II. — Zeichnung. (**A. P. 2 626 230** vom 16/9. 1947, ausg. 20/1. 1953.) UNGER. H 510

Atlantic Refining Co., Philadelphia, Pa., übert. von: **Edgar W. Clarke**, Laurel Springs, N. J., V. St. A., *Fraktionierung paraffinhaltiger Mischungen mit Lösungsmitteln* durch Gegenstromextraktion mit einem Lösungsm. (I) u. Hilfslösungsm. (II) bei solchen Tempp., daß zwei nicht miteinander mischbare Phasen gebildet werden, deren eine aus der höherschm. Fraktion (III), I u. II u. deren andere die niedrigerschm. Fraktion (IV), I u. II enthält. Man trennt die Phasen u. entfernt I u. II aus beiden, führt in die Extraktionszone I in der Nähe des Punktes ein, an dem III abgezogen wird, das erste II in der Nähe des Punktes, an dem das Behandlungsgut eingeführt wird, das zweite II zwischen dem Punkt der Einführung des ersten II u. dem Punkt, an dem IV abgezogen wird. I besteht aus 1,8—2,2 Vol. Nitrobenzol mit einem geringen Geh. an Furfurol, das zweite II aus 0,45—0,55 Vol. eines paraffin. KW-stoffs mit 8—18 C-Atomen. — Zeichnung. (**A. P. 2 626 231** vom 16/9. 1947, ausg. 20/1. 1953.) UNGER. H 510

Soc. An. Manufactures de Produits Chimiques du Nord (Établissements Kuhlmann), (Erfinder: **A. G. P. Biet**), Frankreich, *Verfahren zur ununterbrochenen Herstellung von Äthylenhalogeniden*, bes. des Dichlorids u. des Dibromids von Äthylen, durch Rk. von Äthylen mit dem Halogen in fl. oder gasförmigem Zustande, wobei das Äthylen im Verlauf der Rk. mindestens in der berechneten Menge, zweckmäßig im Überschuß zum vorhandenen Halogen vorhanden ist. — Zeichnung. (**F. P. 1 002 441** vom 2/10. 1946, ausg. 6/3. 1952.) M. F. MÜLLER. H 510

Phillips Petroleum Co., Del., übert. von: **John V. Jolly**, Phillips, Tex., V. St. A., *Trennen eines Gemisches von Kohlenwasserstoffen und HF*, erhalten z. B. beim *Alkylieren von Isoparaffinen mit Olefinen*, erfolgt durch Zerlegen in eine fl., an HF reiche, u. in eine an KW-stoff reiche, HF enthaltende Schicht. Die an HF reiche Schicht gelangt in den Kreislauf. Die an KW-stoffreiche Schicht wird fraktioniert; das Azeotrop aus niedrigsd. KW-stoffen u. HF leitet man vorzugsweise in den zur Bldg. von Schichten verwendeten Behälter. Als Bodenprod. erhält man die HF-freien fl. KW-stoffe. — Zeichnung. (**A. P. 2 615 928** vom 23/9. 1948, ausg. 28/10. 1952.) G. KÖNIG. H 510

Standard Oil Development Co., übert. von: **R. F. Robey** und **Miller W. Swaney**, Linden, N. J., V. St. A., *Gewinnung von Diolefinen aus Kohlenwasserstoffgemischen*, welche Diolefine, Olefine u. gesätt. KW-stoffe enthalten, durch selektive Extraktion mit einer wss. Lsg., welche einen Pyridin-Cu-Salz-Komplex enthält. Temp. ca. 0°. Genannt ist z. B. die Abtrennung von *Isopren*. — Durch Erhitzen der Extraktionslsg. auf 70—80° wird das Diolefin frei u. mit 90—100% Reinheit gewonnen. (**Can. P. 487 289** vom 11/11. 1942, ausg. 14/10. 1952. A. Prior. 6/9. 1941.) M. F. MÜLLER. H 520

Standard Oil Development Co., übert. von: **J. W. Packie** und **R. A. Given**, Linden, N. J., V. St. A., *Selektive Extraktion von Diolefinen aus Kohlenwasserstoffgemischen*, welche gesätt. u. ungesätt. KW-stoffe, bes. *Butadien*, enthalten, mittels einer ammoniakal. Cu-Acetatlsg. in einem mehrstufigen Verf. in mit Rührwerken versehenen Extraktoren. — Zeichnung. (**Can. P. 487 290** vom 19/5. 1943, ausg. 14/10. 1952. A. Prior. 29/8. 1942.) M. F. MÜLLER. H 520

Standard Oil Development Co., übert. von: **E. V. Fasce** und **W. H. Wood**, Linden, N. J., V. St. A., *Selektive Entfernung von Acetylen aus Diolefine enthaltenden gasförmigen Kohlenwasserstoffgemischen* durch Überleiten über einen Katalysator, welcher befähigt ist, die Acetylen-KW-stoffe bei 50—300° in Abwesenheit von H_2 zu polymeri-

sieren. Die Acetylenpolymeren werden während der katalyt. Behandlung in Abständen aus dem Reaktionsgemisch entfernt. — Der Katalysator besteht aus einem Metall der Fe-Gruppe, welches auf einem Al-Silicatträger, z. B. Bentonit oder Montmorillonit, niedergeschlagen ist, u. wird mit einer Säure, z. B. H_2SO_4, H_2SiF_6 oder HF, nachbehandelt. (**Can. P. 487 292** vom 4/10. 1945, ausg. 14/10. 1952. A. Prior. 30/11. 1944.)
M. F. MÜLLER. H 520

Gesellschaft für Linde's Eismaschinen Akt.-Ges., Höllriegelskreuth bei München, *Auswaschen von Verunreinigungen aus Rohgasen, besonders aus Acetylen*, in einer Waschvorr. mit nicht zirkulierender, sondern nur einmal durchlaufender Waschflüssigkeit. Als Waschmittel wird konz. H_2SO_4 oder ein Gemisch von H_2SO_4 u. H_3PO_4 verwendet. Der dabei aufgenommene Phosphorwasserstoff wird zweckmäßig durch Zusatz eines Oxydationsmittels beseitigt. Die dabei entstehenden nitrosen Gase oder schweflige Säure werden durch eine alkal. Nachwäsche entfernt. (**Oe. P. 175 006** vom 16/3. 1951, ausg. 26/5. 1953. D. Prior. 22/3. 1950.) M. F. MÜLLER. H 530

Monsanto Chemical Co., St. Louis, Mo., V. St. A., *Tris-(dialkylamino)-phosphate als Acetylenlösungsmittel.* Die Phosphate der allg. Formel: $OP(NR_1R_2)_3$, wobei R_1 u. R_2 Alkylreste mit 1—4 C-Atomen sind, erhält man durch Umsetzung eines Dialkylamins mit 1—4 C-Atomen in jeder Alkylgruppe mit Phosphorylchlorid in Ggw. eines inerten Lösungsm., wie Toluol, bei ca. 100°. Diese Phosphate besitzen einen geringeren Dampfdruck u. eine höhere Löslichkeit für C_2H_2 als Aceton. (**E. P. 675 294** vom 4/5. 1949, ausg. 9/7. 1952. A. Prior. 22/5. 1948.) W. HAUSWALD. H 530

Badische Anilin- & Soda-Fabrik Akt.-Ges., Ludwigshafen/Rh. (Erfinder: **Wilhelm Wenzel**, Frankfurt/M.), *Herstellung von organischen Sauerstoffverbindungen*, dad. gek., daß man durch Red. von CO mit H_2 über Katalysatoren, die Metalle der Fe-Gruppe enthalten, bei mittleren Drucken u. $<250°$ entstehende O-haltige Verbb., gegebenenfalls unter Zusatz von OH- oder Aldehydgruppen enthaltenden Verbb., unter milden Bedingungen einer wasserabspaltenden Behandlung unterwirft. Man kann die im Ausgangsgemisch vorhandenen KW-stoffe entfernen. Verwendung der niedrigmol. Reaktionsprodd. als Lösungsmittel, der mittleren als Weichmacher für *Lacke* u. der höhermol. als Weichmacher für Kunststoffe sowie einzelner als Duftstoffe. Die höhermol. Prodd. ergeben, mit sulfonierenden Mitteln behandelt, in W. lösl. Sulfonate mit guter Netzwirkung. (**D. B. P. 877 602** Kl. 12o vom 10/2. 1943, ausg. 26/5. 1953.)
G. KÖNIG. H 550

Usines de Melle, Saint-Leger-lès-Melle (Erfinder: **Henri Martin Guinot**, Versailles), Frankreich, *Hydratisieren von gasförmigen Olefinen*, wobei die Auflösung des Olefins u. die Entfernung des gebildeten Alkohols getrennt in zwei miteinander in Verbindung stehenden Gefäßen bewerkstelligt werden u. wobei das Olefin in dem einen Behälter unter Überdruck hydratisiert u. der Alkohol aus dem anderen Behälter unter n. Druck entfernt wird, dad. gek., daß man die Hydratisierungs-Fl. aus dem Normaldruckbehälter in den Überdruckbehälter mittels eines Injektors überführt, der durch Einblasen des zu behandelnden, unter Druck gesetzten Olefins betätigt wird, u. sie dann in den Normaldruckbehälter zurückfließen läßt. — Zeichnung. (**D. B. P. 907 773** Kl. 12o vom 15/9. 1940, ausg. 29/3. 1954. Anmeldung bekanntgemacht 2/7. 1953. F. Priorr. 14/9. 1939 u. 31/1. 1940.) G. KÖNIG. H 550

Standard Oil Development Co., Elizabeth, N. J., V. St. A., *Alkohole* erhält man durch Hydrieren der bei der Oxosynth. anfallenden O-haltigen organ. Verbb. u. Abscheiden der Alkohole durch Destillation. Das Bodenprod. der Dest. wird einer 2. katalyt. Hydrierung unter schärferen Bedingungen als bei der 1. Hydrierung unterworfen, wobei weitere Alkohole entstehen. — Zeichnung. (**E. P. 672 349** vom 3/2. 1950, ausg. 21/5. 1952. A. Prior. 1/4. 1949.) G. KÖNIG. H 550

Stanolind Oil & Gas Co., übert. von: **Myron B. Kratzer**, Tulsa, Okla., V. St. A., *Regenerieren von Kohlenwasserstoffsynthesekatalysatoren mit Äthanol*, bes. von Fe-Katalysatoren, welche durch C-Ablagerungen u. Fe_2C-Bldg. geschädigt sind. Der aus der Synthesezone abgezogene Katalysator wird bei 540—700° F (bes. 625—680° F) mit 40—50 (lbs.) A. auf je 50 Katalysator behandelt, wobei A. in Aceton (I) übergeführt wird; die Behandlung mit A. wird fortgesetzt, bis die I-Bldg. wesentlich abfällt. Anschließend kann eine vollständige Red. der vorhandenen Fe-Oxyde bei 1000—1400° F mittels H_2 vorgenommen werden. Die A.-Behandlung erfolgt bes. bei 150—600 lbs./sq. in. im Wirbelbettverfahren. A. u. I können durch Dest. unter Rückführung des A. getrennt werden. — Zeichnung. (**A. P. 2 632 015** vom 29/6. 1949, ausg. 17/3. 1953.)
HEROLD. H 560

Lonza Elektrizitätswerke und Chemische Fabriken Akt.-Ges., Gampel, Schweiz, *Herstellung von Acetylenalkoholen* durch Kondensation von 1-Alkinen, bes. Acetylen, mit Aldehyden oder Ketonen in Ggw. von KOH mit weniger als 15% H_2O als Katalysator u. von Lösungsmitteln mit einem Kp. oberhalb 110°. Als Katalysator wird ein Gemisch von KOH u. $Ca(OH)_2$ verwendet, welches erhalten wird durch Erhitzen von wasserhaltigem festem KOH bzw. konz. Kalilauge in einem inerten Lösungsm. auf Tempp. oberhalb 110° u. durch Zusatz von Ca-Carbid, wobei ein $KOH-Ca(OH)_2$-Gemisch entsteht. Als Lösungsmittel sind genannt: Äther, Polyäther, Acetale, Ketale oder Monoalkohole, Polyalkohole, Ätheralkohole oder aromat. KW-stoffe, wie Bzl., Toluol oder Xylol. — Aus Aceton entsteht *Dimethylhexindiol* (2.5-Dimethyl-2.5-dioxyhexin-3). (**Oe. P. 175 558** vom 19/4. 1949, ausg. 25/7. 1953. A. Prior. 19/4. 1948.) M. F. MÜLLER. H 570

Badische Anilin- & Soda-Fabrik Akt.-Ges., Ludwigshafen/Rh. (Erfinder: **Kurt Pieroh,** Ludwigshafen/Rh., und **Walter Jorde,** Wien), *Herstellung von mehrwertigen Alkoholen* durch Behandeln von Verbb., die mindestens 3 C-Atome u. mindestens eine olefin. Doppelbindung aufweisen, mit H_2O_2 in Ggw. von OsO_4, dad. gek., daß man kleine Mengen von anderen sauerstoffübertragenden Metallverbb. als OsO_4, wie Mn- oder Ce-Verbb., mit verwendet. — Allylalkohol ergibt in Ggw. von wss. H_2O_2 u. OsO_4, gemischt mit Ce-Acetat, *Glycerin.* (**D. B. P. 907 774** Kl. 12o vom 15/5. 1943, ausg. 29/3. 1954. Anmeldung bekanntgemacht 6/8. 1953.) G. KÖNIG. H 580

Shell Development Co., San Francisco, übert. von: **Kenneth D. Detling,** Berkeley, Calif., und **Vincent P. Guinn,** Somerville, Mass., V. St. A., *Ungesättigte Aldehyde und Ketone* erhält man bei der katalyt. Oxydation von offenen oder cycl. Olefinen in Ggw. von Cu_2O, aufgetragen auf oder gemischt mit Trägermassen (Bimsstein, SiC), bei 200—450° u. verschied. Drucken. Bei Kreislaufverf. ist der CO-Geh. $<0,5$ Vol.-% zu halten. Man kann aus dem Rücklaufgas das CO selektiv zu CO_2 oxydieren, dieses wirkt als inertes Verdünnungsmittel; oder man absorbiert vorhandene Olefine u. läßt die Restgase aus dem Kreislauf austreten. — Skizze. (**A. P. 2 620 358** vom 11/1. 1949, ausg. 2/12. 1952.) G. KÖNIG. H 650

N. V. de Bataafsche Petroleum Mij., Den Haag, Holland, *Ungesättigte Aldehyde oder Ketone* erhält man bei der Oxydation von Olefinen mit mindestens 3 C-Atomen in Ggw. von Cu_2O, wobei man beim Nachlassen der Aktivität des Katalysators den Olefingeh. im Reaktionsgasstrom erheblich drosselt oder einstellt. Während dieser Maßnahme erfolgt die Regenerierung des Katalysators durch O_2 oder O-haltige Gase; anschließend der Zusatz des Olefins wie vorher. (**E. P. 671 128** vom 4/1. 1950, ausg. 30/4. 1952. A. Prior. 10/1. 1949.) G. KÖNIG. H 650

Celanese Corp. of America, New York, N. Y., V. St. A., *Dehydrierungskatalysator,* bes. für Wirbelschichtverf., besteht aus feinverteiltem inakt. Al_2O_3 als Träger, der mit einer Mischung von BaO (1—4 Gewichtsteile), Cr_2O_3 (0,05—1) u. CuO (2—6) überzogen ist. Bei der Behandlung von Alkoholen leitet man diese mit Wasserdampf u. O_2 (Luft) über den Katalysator. Reaktionstempp. vorteilhaft 650—700° F u. Drucke von n. bis 30 lbs/sq. inch. — Aus Isopropylalkohol erhält man *Aceton;* aus n-Propylalkohol *Propionaldehyd.* (**E. P. 667 553** vom 21/7. 1950, ausg. 5/3. 1952. A. Prior. 23/7. 1949.) G. KÖNIG. H 650

Gutehoffnungshütte Oberhausen Akt.-Ges., Oberhausen, *Druckoxydation der niederen Glieder der Paraffinreihe,* bes. von Methan u. seinen Homologen, zu sauerstoffhaltigen Derivv., wie *Formaldehyd,* in Ggw. von kleinen Mengen Stickoxyden u. festen, Alkaliborate enthaltenden Katalysatoren, bei Drucken von 1—12 at im Kreislaufverf., dad. gek., daß das Volumenverhältnis zwischen O_2 u. CH_4 bei ca. 0,5 u. darunter liegt. (**Oe. P. 175 559** vom 31/1. 1952, ausg. 25/7. 1953. D. Prior. 24/2. 1951.) M. F. MÜLLER. H 670

Johann G. W. Opfermann & Sohn, Bergisch-Gladbach, *Herstellung von γ-Chlorbutanal* aus γ-Chlorbutyrylchlorid, in absol. Xylol gelöst, durch Hydrierung mittels eines z. B. mit in Chinolin gelöstem S vergifteten Palladium-$BaSO_4$-Katalysators bei Siedetemp. unter Rückflußkühlung. Das γ-Chlorbutanal hat den $Kp._{15}$ 45—55°. Es dient zur Durchführung von Ringsynthesen, z. B. zur Herst. von Pyrrolin u. Pyrrolidin nach GRIGNARD oder REFORMATSKI. (**Oe. P. 175 883** vom 22/8. 1950, ausg. 25/8. 1953.) M. F. MÜLLER. H 670

Standard Oil Development Co., Elizabeth, N. J., V. St. A., *Katalytische Dehydrierung von Alkoholen* der allg. Formel I, $R—C(R_1)HOH$, bei höheren Tempp. in Ggw. eines Katalysators, bestehend aus einer Mischung der Oxyde des Mg, Zn oder Be mit 6—12 Gew.-% der Oxyde des Zr, Ce oder Th, bezogen auf das Gesamtgewicht des Katalysators. Die Stabilität des Katalysators wird erhöht, wenn die Oxyde des Zr, Ce oder Th noch 6—10 Gew.-% an SiO_2, Fe_2O_3 oder Al_2O_3 enthalten. Die Katalysatormischung kann auf Träger aufgetragen sein. In I stehen R für Alkyl, Aryl, Alkaryl, Aralkyl oder cycl. Alkylradikal u. R_1 für H u. wie bei R aufgeführt. Die Katalysatorzus. ist bes. für die Dehydrierung von niedrigmol. prim. oder sek. Alkoholen anzuwen-

den. — Isopropanol ergibt neben *Aceton* noch *Mesityloxyd*; sek.-Butylalkohol liefert *Methyläthylketon* neben *3-Methylhepten-3-on-(5)*, *Methylheptanon-(3)* u. *Äthylhexanon-(2)*. (**E. P. 665 376** vom 1/3. 1949, ausg. 23/1. 1952. A. Prior. 23/8. 1948.)
G. KÖNIG. H 700

Ruhrchemie Akt.-Ges. (Erfinder: **Walter Rottig**), Oberhausen-Holten, *Abtrennung O-haltiger Verbindungen* aus Prodd. der katalyt. CO-Hydrierung mit Hilfe von Alkali- oder Erdalkalihydroxyden u./oder -carbonaten nach D. B. P. 862 151, dad. gek., daß die Behandlung des wss. Syntheseprod. mit Alkali- oder Erdalkalihydroxyden u./oder -carbonaten, bes. mit K_2CO_3 bei n. oder bis 60° erhöhter Temp., gegebenenfalls unter Rückflußkühlung, bis zur völligen Sättigung des Reaktionswassers erfolgt. Der mehrfach in den Prozeß zurückgeführte Eindampfungsrückstand wird zwecks Entfernung verunreinigender Salze von organ. Säuren mit Methylalkohol oder A. behandelt. (**D. B. P. 907 171** Kl. 12o vom 4/12. 1951, ausg. 22/3. 1954. **Zusatz zu D. B. P. 862 151; C. 1953. 6139.**)
G. KÖNIG. H 800

B. F. Goodrich Co., übert. von: **Alfred Theodore Blomquist**, New York, N. Y., V. St. A., *Herstellung niederer Carbonsäureester*. Man setzt ein Olefin der Formel $RC(CH_3)CH_2$, worin R ein Alkyl mit mindestens 2 C-Atomen bedeutet, mit CH_2O oder solchen liefernden Verbb. in Ggw. von 1—4 C-Atome aufweisenden Carbonsäuren um, z. B. Diisobutylen, CH_2O u. Eisessig zu *2-(2'.2'-Dimethylpropyl)-buten-1-ol-4-acetat*. (**E. P. 657 497** vom 12/7. 1948, ausg. 19/9. 1951. A. Prior. 16/9. 1947.)
LÜTTGEN. H 810

Sinclair Refining Co., New York, N. Y., übert. von: **John W. Teter** und **Leonard E. Olson**, Chicago, Ill., V. St. A., *Aliphatische Nitrile* entstehen aus Olefinen u. NH_3 beim Leiten über einen Katalysator, der durch Red. eines Co–Mg-Oxydgemisches auf Diatomeenerde gewonnen wird. — *Acetonitril, Propionitril, n-Butyronitril* u. *Isobutyronitril* aus einer 37% Propylen enthaltenden Olefinfraktion u. NH_3 bei 700° F u. 1500 lbs/sq. inch. (**A. P. 2 623 061** vom 11/2. 1949, ausg. 23/12. 1952.)
LANGER. H 810

Badische Anilin- & Soda-Fabrik Akt.-Ges., Ludwigshafen/Rh. (Erfinder: **Ferdinand Meyer** und **Hans Krzikalla**, Heidelberg), *Esterartige Produkte* erhält man durch Rk. von cycl. Äthern mit Carbonsäure in Ggw. von Veresterungskatalysatoren. — Beispiele: Man erhitzt 88 (Teile) Buttersäure (I), 72 Tetrahydrofuran (II), 10 konz. H_2SO_4 u. 5 ZnO mehrere Std. unter Rückfluß auf 140°, wobei man zur Entfernung des W. den Rücklauf über NaOH fließen läßt, verd. das Reaktionsgemisch mit Ae., Bzl. oder Chlf., wäscht mit W. neutral u. erhält ca. 160 *1.4-Butandioldibuttersäureester*, $Kp._{20}$ 158—160°. — *Diessigsäureester*, $Kp._{23}$ 120—123°. — Dihydrofuran + I → *1.4-Butendioldibuttersäureester*, $Kp._{22}$ 158—159°. — Salicylsäure + II → *1.4 Butandioldisalicylsäureester*, F. 127°. — Lösungsmittel, Weichmacher, Zwischenprodd., bes. für Riech- u. pharmazeut. Stoffe. (**D. B. P. 886 304** Kl. 12o vom 6/9. 1951, ausg. 13/8. 1953.)
MÜLLER-MEININGEN. H 820

Badische Anilin- & Soda-Fabrik Akt.-Ges. (Erfinder: **Adolf Hrubesch** und **Otto Schlichting**), Ludwigshafen/Rh., *Reines Adiponitril* erhält man aus 1-Cyclopentanon-imid-(2) enthaltendem Rohnitril durch Rk. mit HCN oder diesen liefernden Stoffen: $Kp._{10}$ 154—155°; n_D^{20} 1,4372; F. 1,7—2,1°. (**D. B. P. 890 951** Kl. 12o vom 14/10. 1951, ausg. 24/9. 1953.)
MÜLLER-MEININGEN. H 820

Consolidated Mining and Smelting Co., übert. von: **E. Y. Spencer, J. A. Ruffle** und **G. J. Knighton**, Montreal, Quebec, Canada, *Herstellung von Na-Isopropylxanthogenat* durch Rk. von Isopropylalkohol, CS_2 u. NaOH in einem fl. Medium, in welchem Na-Isopropylat u. CS_2 lösl. u. Na-Isopropylxanthat u. W. unlösl. sind. Solche Lösungsmittel sind z. B. Toluol, Xylol, CCl_4 u. Benzol. Die Rk. beginnt bei 25—35°, die Temp. steigert sich auf 60—70°. — Zeichnung. (**Can. P. 489 807** vom 3/6. 1946, ausg. 20/1. 1953.)
M. F. MÜLLER. H 880

Soc. An. des Manufactures des Glaces et Produits Chimiques de Saint-Gobain, Chauny & Cirey, Frankreich, *Herstellung von substituierten oder nichtsubstituierten Guanidinsalzen* durch Eintragen von geschmolzenem oder mit 5—10% W. versetztem Cyanamid oder von in einem Lösungsm. gelöstem Cyanamid in ein auf 100—180° erhitztes Salz eines Amins oder in ein NH_4-Salz. — Ein Gemisch von 80 (kg) NH_4NO_3 u. 8 W. wird auf 150° erhitzt u. bei dieser Temp. werden 155 Liter einer Lsg. von 270 g Cyanamid in 1 Liter Äthylacetat zugegeben. Es entsteht dabei *Guanidinnitrat*. — In gleicher Weise wird mit $(NH_4)_2SO_4$ das *Guanidinsulfat* erhalten u. mit Dibutylaminnitrat entsteht am *N-dibutyliertes Guanidin*. — Anilin als Hydrochlorid ergibt mit Cyanamid in Äthylacetat gelöst *Phenylguanidin* u. Methylanilin gibt *Phenylmethylguanidin*, F. 212°. (**F. P. 1 004 493** vom 30/4. 1947, ausg. 31/3. 1952.)
M. F. MÜLLER. H 880

E. I. du Pont de Nemours & Co., Wilmington, übert. von: **Glenn F. Hager**, New Castle, Del., V. St. A., *Katalytische Hydrierung von Nitrilen* zu Aminen geschieht mit $CO + H_2$ bei mindestens 200 at in Ggw. einer Carbonylverb. eines Metalls der 8. Gruppe. — Man hydriert *Acetonitril* in Methanol mit $H_2 + CO$ (2:1) in Ggw. von Co-Carbonyl bei 250° u. 850—900 at u. erhält vorwiegend *tert. Amine* neben wenig *sek. Amin.* — Analog werden hydriert: *α-Methylbuttersäurenitril, Acrylnitril, HCN.* (**A. P. 2 644 842** vom 14/6. 1950, ausg. 7/7. 1953.) LANGER. H 910

Imperial Chemical Industries Ltd., übert. von: **Arthur William Charles Taylor, Phineas Davies** und **Peter William Reynolds**, Norton-on-Tees, England, *Amine* entstehen aus Alkoholen mit 2—13 C-Atomen durch Rk. mit NH_3 u. H_2 in Ggw. eines porigen Katalysators aus der 8. Gruppe des Period. Syst., der mit einer lösl. Erdalkalibase behandelt wurde. — Beim Leiten eines azeotropen Gemisches aus A., Triäthylamin u. W. mit $NH_3 + H_2$ über einen porigen Ni-Katalysator, der mit $Ba(OH)_2$ behandelt wurde, erhält man *Mono-, Di-* u. *Triäthylamin.* — Analog: *Mono-, Di-* u. *Tripropyl-, -isopropyl-, -n-butyl-, -isobutyl-, -(3.5.5-trimethylhexyl)-, -cyclohexyl-* u. *-tetrahydrofurfurylamin.* (**A. P. 2 636 902** vom 8/12. 1949, ausg. 28/4. 1953. E. Prior. 7/1. 1949.) LANGER. H 910

John K. Wolfe, Bethesda, Md., und **Kenneth L. Temple**, Washington, D. C., V. St. A., *Aminnitrite* entstehen aus Alkyl- oder Cycloalkylaminen durch Rk. mit Alkalinitrit u. CO_2 in Methanol bei —20 bis +40°. — *Diisopropylaminnitrit.* Man löst 69 g $NaNO_2$ in 300 cm^3 Methanol u. 9 cm^3 W., trägt festes CO_2 ein, versetzt bei 0° mit 140 cm^3 Diisopropylamin u. mit weiterem CO_2, F. 136—137°. — Analog: *Diisobutylamin-, Triäthylamin-* (F. 97—98°), *Monoisopropylaminnitrit* (F. 49—50°). — Die Prodd. wirken *korrosionsverhindernd.* (**A. P. 2 635 116** vom 17/8. 1949, ausg. 14/4. 1953.) LANGER. H 910

Soc. per Azioni Clyon, Roma, Italien (Erfinder: **Franco Codignola**), *Hexamethylendiamin.* Man red. Adipinsäuredinitril in Tetradydrofuran + NaOH in Ggw. von RANEY-Ni mit H_2 bei höchstens 65° u. höchstens 30 at. (**Schwz. P. 290 891** vom 5/6. 1951, ausg. 17/8. 1953. It. Prior. 30/4. 1951.) LANGER. H 910

Shell Development Co., San Francisco, übert. von: **Richard R. Whetstone**, Berkeley, und **Seaver A. Ballard**, Orinda, Calif., V. St. A., *Diamine* entstehen aus gesätt. aliphat. Dialdehyden (**I**), deren Aldehydgruppen durch eine Kette von mindestens 4 C-Atomen getrennt sind u. die insgesamt 6—12 C-Atome enthalten, u. NH_3 oder einem prim. oder sek. Amin durch Red. mit H_2 u. einem Katalysator unter Druck, wobei die Geschwindigkeit der Einführung von **I** in die Reaktionszone nicht wesentlich größer ist als die Geschwindigkeit der Umsetzung von **I**. — *2-Oxy-1.6-hexandiamin.* Aus α-Oxyadipindialdehyd, NH_3 u. H_2 in Ggw. von RANEY-Ni bei 80—90° u. 800 bis 1000 lbs./sq.in., F. 30—35°; n_D^{20} 1,4918; *Benzoat*, F. 163—164°. — Analog: *N.N'-Diisopropyl-2-oxy-1.6-hexandiamin*, $Kp._{1-2}$ 107—108°; n_D^{20} 1,4645. — *Oberflächenakt. Substanzen* u. *Zwischenprodd. für Kunstharze.* (**A. P. 2 636 051** vom 5/4. 1948, ausg. 21/4. 1953.) LANGER. H 910

General Aniline & Film Corp., New York, N. Y., übert. von: **John W. Copenhaver**, Easton, Pa., V. St. A., *Aminoacetale* entstehen beim Erhitzen von β-Chloracetalen, die niedere Alkylgruppen enthalten, mit NH_3 bei Ausschluß von W. unter Druck auf 120—130° in einem Lösungsm., in dem NH_4Cl sich nicht löst. — *Aminodiäthylacetal.* Aus Chlordiäthylacetal u. fl. NH_3 in Bzl. bei 121—128° u. 1070 lbs./sq.in. im Autoklaven, $Kp._{71}$ 91°; n_D^{25} 1,4150; $D.^{25}_4$ 0,9152. Als Nebenprod. entsteht *β.β.β'.β'-Tetraäthoxydiäthylamin*, $Kp._2$ 107°; n_D^{25} 1,4230; $D.^{25}_4$ 0,9417. — Analog: *Aminodi-n-butylacetal*, $Kp._3$ 86°; n_D^{25} 1,4280; $D.^{25}_4$ 0,8846. — *β.β.β'.β'-Tetrabutoxydiäthylamin*, $Kp._{0,7}$ 159°; n_D^{25} 1,4352; $D.^{25}_4$ 0,9021. (**A. P. 2 628 254** vom 13/11. 1948, ausg. 10/2. 1953.) LANGER. H 930

Rohm & Haas Co., übert. von: **Robert Kunin**, V. St. A., *Gewinnung von einer oder mehreren basischen Aminosäuren aus einem Gemisch von Aminosäuren*, wie es z. B. bei der Hydrolyse von Proteinen erhalten wird, durch selektive Trennung unter Durchleiten durch eine mit *Kunstharzionenaustauschern* gefüllte Kolonne. Man geht z. B. aus von einer 1%ig. wss. Lsg. eines Gemisches von neutralen Aminosäuren, wie *Arginin, Lysin, Hystidin, Leucin* u. *Glutaminsäure.* Der p_H-Wert der Aminosäurelsg. wird beim Kontakt mit dem Harz unterhalb des isoelektr. Punktes der zu adsorbierenden Aminosäuren gehalten, so daß er über dem isoelektr. Punkt der nicht zu adsorbierenden Aminosäuren liegt. Die von dem Harz adsorbierten Aminosäuren werden durch ein Lösungsm. aus dem Harz herausgelöst. — Als ionenaustauschende Harze werden die *Polymerisate der Acrylsäure, Methacrylsäure* oder *Maleinsäure* verwendet. — Man benutzt z. B. ein Mischpolymerisat, welches erhalten wird aus 95 (Teilen) Methacrylsäure u. 5 Divinylbenzol. (**F. P. 981 195** vom 23/2. 1949, ausg. 23/5. 1951. A. Prior. 16/3. 1948.) M. F. MÜLLER. H 950

Ayerst, McKenna & Harrison Ltd., übert. von: **K. Savard**, Montreal, Quebec, Can., *Synthese von Methionin* aus Äthyl-N-(1-cyan-3-methylthiolpropyl)-carbamat durch Verseifen in wss. Medium in Ggw. von HCl, H·COOH oder Wasser. (**Can. P. 489 773** vom 28/5. 1947, ausg. 20/1. 1953.) M. F. MÜLLER. H 950

Kali-Chemie Akt.-Ges., Hannover (Erfinder: **Martin Schmeißer** und **Herbert Jenker**, München), *Herstellung von Kieselsäureestern* aus Salzen der Kieselfluorwasserstoffsäure, dad. gek., daß diese Verbb. mit Alkoholaten, bes. Al-Alkoholaten, bei erhöhter Temp. umgesetzt werden. — Aus A. u. Na_2SiF_6 in Ggw. von akt. Al-Alkoholat erhält man bei 260—300° *Tetraäthylsilicat*, Kp. 165°. (**D. B. P. 892 438** Kl. 12o vom 18/9. 1951, ausg. 22/3. 1954. Anmeldung bekanntgemacht 8/1. 1953.) G. KÖNIG. H 980

Universal Oil Products Co., übert. von: **Ted B. Haufe** und **John O. Iverson**, Chicago, Ill., V. St. A., *Dimethylphosphit* (**I**) gewinnt man bei der Rk. von gekühltem Methanol (—30 bis +10°) u. einer gekühlten Mischung von PCl_3 u. fl. CH_3Cl. Aus der Reaktionsmischung werden HCl u. CH_3Cl unter zusätzlicher Zufuhr von CH_3Cl abgetrieben; anschließend trennt man unter vermindertem Druck **I** von den höhersd. Stoffen. — Zeichnungen. (**A. P. 2 631 161** vom 26/2. 1949, ausg. 10/3. 1953.) G. KÖNIG. H 980

E. I. du Pont de Nemours & Co., Wilmington, übert. von: **Charles O. Bortwick**, Stanton, Del., V. St. A., *Titansäureester* erhält man bei der Rk. von Tetra-Alkyl-, -Aryl-, -Aralkyl- u. -Alkaryltitansäureestern mit einem Glykol der allg. Formel R—CH(OH)—CH·(R')—CH_2OH, wobei R u. R' = Alkyl-, Aryl-, Aralkyl- oder Alkarylreste, bei n. Temp. u. gegebenenfalls in Ggw. eines Verdünnungs- oder inerten Lösungsmittels. Das Verhältnis Glykol:Titansäureester soll zwischen ½:1 bis 4:1 liegen.

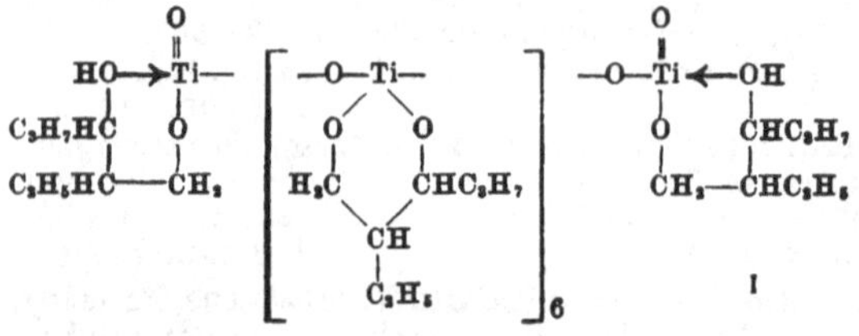

I

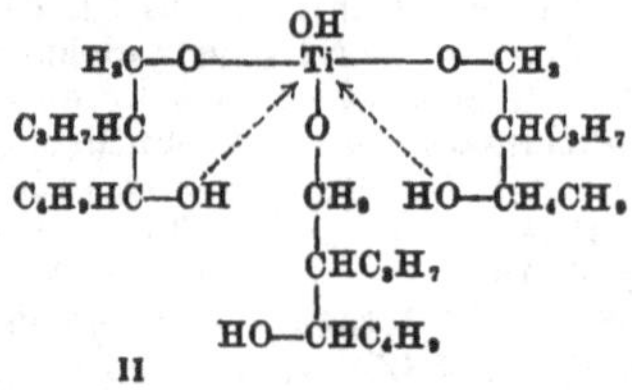

II

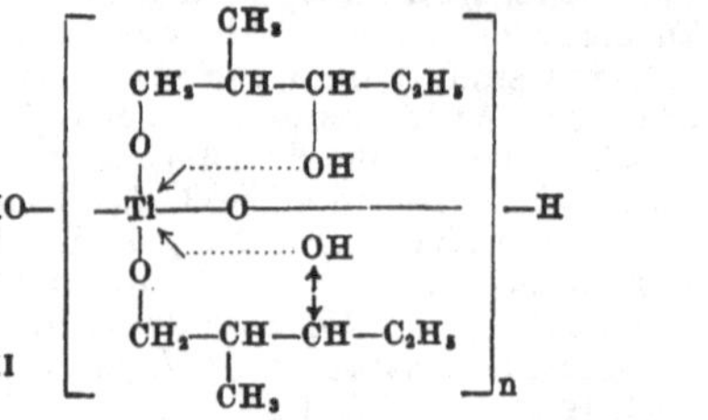

III

Es werden z. B. hergestellt: *Octylenglykoltitanat* (**I**), *Decylenglykoltitanat* (**II**) u. *Hexylenglykoltitanat* (**III**). Verwendung als Bestandteile von synthet. Fasern, Klebstoffen, Zusatzmittel zu Bzn., Behandlungsmittel für Textilien (wasserabstoßende Überzugsmassen). (**A. P. 2 643 262** vom 28/4. 1950, ausg. 23/6. 1953.) G. KÖNIG. H 980

Comp. Française Thomson-Houston, Frankreich, übert. von: **E. G. Rochow**, V. St. A., *Herstellung von Oxyden und Sulfiden des Germaniummethyls* aus Germaniummethylhalogeniden der allg. Formel $(CH_3)_nGe(X)_{4-n}$, worin X ein Halogenatom ist u. n = 1, 2 oder 3 ist. Als Ausgangsstoffe sind z. B. genannt: Methylgermaniumtrichlorid oder -tribromid, Dimethylgermaniumdichlorid oder -dibromid u. Trimethylgermaniumchlorid oder -bromid. Es können aber auch andere hydrolysierbare Verbb. benutzt werden, z. B. Dimethyldioxygermanium, Methylgermaniumtriacetat. — Die Hydrolyse des Methylgermaniumhalogenids wird mit überschüssigem W. ausgeführt, worauf H_2S in das Hydrolysiergemisch eingeleitet wird. Dabei scheidet sich das Methylgermaniumsulfid aus. Dieses wird in Ggw. eines Katalysators hydrolysiert unter Bldg. von Methylgermaniumoxyd oder -hydroxyd. Als Katalysatoren dienen z. B. H_2O_2, H_2SO_4, Essigsäure, H_3PO_4, H_2SO_4, $KMnO_4$, HNO_3. — Dimethylgermaniumdichlorid wird mit W. verrührt, danach wird 48 Std. lang H_2S eingeleitet. Aus A. krist. das gebildete Sulfid, F. 55,5° u. Kp. 302°. Es wird mit W. u. 30%ig. H_2O_2 5 Std. lang behandelt, bis die Entw. von H_2S beendet ist. Das Reaktionsgemisch wird mit $Ba(OH)_2$ alkal. gegen Phenolphthalein eingestellt u. filtriert. Das Filtrat enthält das Oxyd oder Hydroxyd vom Methylgermanium. Das W. wird unter Atmosphärendruck bis 102° abdest., u. es hinterbleibt ein sirupartiger Rückstand, welcher bei Dest. unter Vakuum gelatinös u. danach harzartig wird. (**F. P. 975 830** vom 3/12. 1948, ausg. 9/3. 1951. A. Prior. 13/12. 1947.) M. F. Müller. H 980

Jones & Laughlin Steel Corp., übert. von: **Frank P. Hazlett**, Pittsburgh, Pa., V. St. A., *Reinigung aromatischer Kohlenwasserstoffe* (Verminderung des Paraffingeh. solcher KW-stoffe.) Um den Geh. an Paraffin-KW-stoffen (I) in fl. aromat. KW-stoffen (II; aus Kohlen) zu red., wobei die I nicht sulfoniert werden können, aber mit den II überdest., behandelt man die Mischung mit wasserfreiem $AlCl_3$ u. α-Picolin bei Temp. u. Druck unterhalb des Kp. des II, bis der Geh. an I in der Mischung auf ca. 0,2 oder weniger Vol.-% gesenkt ist. (**A. P. 2 639 304** vom 11/1. 1952, ausg. 19/5. 1953.) Unger. H 1010

Solvay & Cie., Brüssel, Belgien, *Herstellung von Hexachlorbenzol* durch chlorierende Pyrolyse der Isomeren des Hexachlorcyclohexans, wobei diese im isolierten Zustande oder als Gemisch vorliegen können. Das Isomerengemisch wird in Dampfform mit Chlor im Verhältnis von mehr als 3 Mol Chlor pro Mol Hexachlorcyclohexan in eine Reaktionskammer von 350—600° eingeleitet, u. das gebildete *Hexachlorbenzol* wird durch Abkühlen kondensiert. (**Oe. P. 175 563** vom 19/4. 1952, ausg. 25/7. 1953. Belg. Prior. 5/5. 1951.) M. F. Müller. H 1010

Pillipps Petroleum Co., Del., übert. von: **William B. Whitney**, Bartlesville, Okla., V. St. A., *Trennung isomerer Aromaten*, z. B. einem p-Dialkylbenzol aus Gemischen mit dem o- u. m-Isomeren durch Behandlung mit der stöchiometr. Menge Dischwefeldichlorid, wobei die m- u. o-Isomeren selektiv geschwefelt werden. Das nicht umgesetzte p-Isomere dest. man aus der Mischung ab. (**A. P. 2 640 804** vom 27/12. 1950, ausg. 2/6. 1953.) Unger. H 1010

Sun Oil Co., übert. von: **Abraham Schneider**, Philadelphia, Pa., V. St. A., *Trennung isomerer Aromaten*, z. B. 1.2-Dialkylbenzol (o-Xylol), von 1.3-Dialkylbenzol (m-Xylol) durch Alkylieren in fl. Phase in Ggw. eines Alkylierungskatalysators (HF) mit einem Alkylierungsmittel (Isobutylen) mit mindestens einem tert. C-Atom pro Mol. Dabei wird das 1.2-Dialkylbenzol alkyliert, das 1.3-Dialkylbenzol bleibt unverändert zurück. Man trennt das 1.2-Dialkylbenzol von der Reaktionsmischung ab. (**A. P. 2 648 713** vom 22/3. 1951, ausg. 11/8. 1953.) Unger. H 1010

Standard Oil Development Co., Elizabeth, N. J., V. St. A., *p-Xylol* gewinnt man aus einer fl. Mischung der Isomeren, die gegebenenfalls noch Äthylbenzol enthält, durch Kühlen der Mischung auf —40 bis —90°, wobei sich an den gekühlten Wänden Kristalle von p-Xylol ansetzen, die abgeschabt werden. Der kristallhaltige Schlamm wird in einem weiteren gekühlten Gefäß einige Zeit gerührt, damit die p-Xylolkristalle wachsen. Man trennt die Kristalle u. wäscht sie mit einer wss., verhältnismäßig nicht mischbaren Fl., z. B. mit Methanol, das 5—50% W. enthält. — Zeichnung. (**E. P. 673 220** vom 21/2. 1950, ausg. 4/6. 1952. A. Prior. 28/5. 1949.) G. König. H 1010

N. V. Polak & Schwarz's Essencefabrieken (Erfinder: **Muus Gerrit Jan Beets** und **Emanuel Alexander Drukker**), Hilversum, Holland, *Herstellung von 2-Phenyläthanol-(1)*, dad. gek., daß man Styrolhalogenhydrin in der fl. Phase unter dem Einfl. von Hydrierungskatalysatoren u. in Ggw. von Verbb., welche imstande sind, Halogenwasserstoff zu binden, mit H_2 behandelt. (**D. B. P. 907 169** Kl. 12o vom 30/11. 1951, ausg. 22/3. 1954. Anmeldung bekanntgemacht 23/7. 1953. Holl. Prior. 14/12. 1950.) G. König. H 1070

Ruhrchemie Akt.-Ges., Oberhausen-Holten, *Herstellung von p-Sulfamidbenzoesäure.* Ein durch Seitenkettenchlorierung von p-toluolsulfonsaurem Na erhaltenes, benzylchlorid-p-sulfonsaures Na, benzalchlorid-p-sulfonsaures Na u. benzotrichlorid-p-sulfonsaures Na enthaltendes Chlorierungsgemisch wird mit PCl_5 umgesetzt; dabei entsteht ein Gemisch von p-Toluolsulfochlorid, p-Benzylchloridsulfochlorid, p-Benzalchloridsulfochlorid u. p-Benzotrichloridsulfochlorid. Dieses Gemisch wird mit wss. Polyammoniumsulfidlsg. oder mit wss. NH_3-Lsg. u. S bei erhöhtem Druck u. erhöhter Temp. nach Willgerodt in das NH_4-Salz der *p-Sulfamidbenzoesäure* übergeführt, aus dem man durch Ansäuern die freie Säure isoliert. Gegebenenfalls wird das Sulfochloridgemisch vor der Weiterverarbeitung mit einem Lösungsm., z. B. mit Dioxan oder Pyridin, verdünnt. (**Oe. P. 175 564** vom 8/10. 1951, ausg. 25/7. 1953. D. Prior. 25/7. 1951.) M. F. Müller. H 1090

Adolf Christian Joseph Opfermann (Erfinder: **Wolfgang Thiele**), Bergisch-Gladbach, *Herstellung von Acetalen*, dad. gek., daß Säurehalogenide in Ggw. von Orthoestern, bes. der Kieselsäure u. der Ameisensäure, katalyt. mit H_2, gegebenenfalls bei Überdruck, behandelt werden. Die Rk. kann in Ggw. selektiv wirkender Katalysatoren oder Katalysatorgifte von Lösungsmitteln sowie in fl. Phase bei 100—140° durchgeführt werden. In der Gasphase hält man Tempp. zwischen 200 u. 250°, gegebenenfalls in Ggw. eines inerten Trägergases, aufrecht. — Es werden hergestellt: *Benzaldehyddimethylacetal*, $Kp._{10}$ 74—78°; *Benzaldehyddiäthylacetal*, $Kp._{10}$ 86—89°; *p-Nitrobenzaldehyddimethylacetal*, $Kp._8$ 145—147°, F. 24°; *p-Nitrobenzaldehyddiäthylacetal*, $Kp._8$ 152—155°, F. 35—37°; *Isovaleraldehyddimethylacetal*, Kp. 128—129°; *Capronaldehyddiäthylacetal*, Kp. 155—158°; *p-Chlorbutyraldehyddimethylacetal*, $Kp._{12}$ 88 bis 91° bzw. $Kp._{25}$ 106—107°; *Succindialdehydtetramethylacetal*, $Kp._{12}$ 77—78°, u. *Ölaldehyddimethylacetal*, $Kp._{10}$ 185—190°. Zwischenprodd. für organ. Synthesen; Verwendung als Lösungsm., Weichmacher u. Aroma- bzw. Geruchsstoffe. Acetale des p-Nitrobenzaldehyds sind Süßstoffe. (**D. B. P. 907 292** Kl. 12o vom 17/2. 1951, ausg. 22/3. 1954. Anmeldung bekanntgemacht 23/7. 1953. Holl. Prior. 1/3. 1950.)

G. KÖNIG. H 1110

Commercial Solvents Corp., übert. von: **John B. Tindall**, Terre Haute, Ind., V. St. A., *Reduktion von Nitroolefinen* der Formel $R \cdot CH{=}C(NO_2) \cdot$Alkyl, worin R Alkyl oder Aryl bedeutet, mittels H_2 u. RANEY-Ni in einem inerten organ. Lösungsm. unter Zusatz einer Carbonsäure (K_a 1,86 $\cdot 10^{-5}$ bis 1,1 $\cdot 10^{-3}$) unter Druck führt zu einem Gemisch aus *Ketonen* u. *Aminen*, wobei die Ketone überwiegen. — *1-Phenyl-2-nitro-1-propen* gibt mit H_2 u. RANEY-Ni in verd. Ameisensäure bei 71—74° u. 1000 lbs./sq.in. *Phenylaceton* (72%) u. *2-Amino-1-phenylpropan* (7,5%). — Analoge Red. von: *1-Phenyl-2-nitro-1-buten*, *1-(p-Isopropylphenyl)-2-nitropropen*, *2-Nitro-2-hexen*, *1-Phenyl-2-nitropenten*, *1-m-Tolyl-2-nitropropen*, *1-(p-Methoxyphenyl)-2-nitropropen*, *4-Phenyl-2-nitro-2-penten*. (**A. P. 2 647 930** vom 11/5. 1949, ausg. 4/8. 1953.)

LANGER. H 1150

Commercial Solvents Corp., übert. von: **John B. Tindall**, Terre Haute, Ind., V. St. A., *Reduktion von Nitroolefinen* der Formel $R \cdot CH{=}C(NO_2) \cdot$Alkyl (R = Alkyl oder Aryl) geschieht mit H_2 u. RANEY-Ni in einem inerten organ. Lösungsm. in Ggw. einer Carbonsäure, die bei 25° eine Dissoziationskonstante zwischen $1{,}4 \cdot 10^{-5}$ u. $1{,}86 \cdot 10^{-5}$ hat. — *1-Phenyl-2-nitro-1-propen* liefert mit H_2 u. RANEY-Ni in Eisessig + Methanol bei 1000 lbs./sq.in. u. 40—100° *2-Amino-1-phenylpropan* neben wenig *Phenylaceton*. — *2-Nitro-2-hexen* gibt analog *2-Aminohexan* u. wenig *2-Hexanon*. (**A. P. 2 636 901** vom 11/5. 1949, ausg. 28/4. 1953.) LANGER. H 1150

Badische Anilin- & Soda-Fabrik (Erfinder: **Walzer Flemming**, Hermeskeil, und **Alfred Woerner**), Ludwigshafen/Rh., *Alkalisalze von Carbonsäuren*, gegebenenfalls im Gemisch mit Alkoholen, erhält man durch Erhitzen von Äthern, die mindestens eine, mit einem Äther-O-Atom verbundene CH_2-Gruppe u. in α-Stellung zu dieser eine C=C-Bindung oder einen aromat. Rest enthalten, mit wss. Alkalihydroxyd bzw. auf 150—300° unter Druck. — Man erhitzt z. B. 1 (Liter) Dibenzyläther (**I**) mit 2 NaOH (2-n.) 8 Std. im 5-Liter-Rührautoklaven auf 250° (85 at), trennt nicht umgesetzten **I** ab u. erhält durch Ansäuern der alkal. Lsg. 450 g *Benzoesäure*. Die Rk. verläuft nach folgendem Schema: $C_6H_5{-}CH_2{-}O{-}CH_2{-}C_6H_5 + 2\,NaOH + H_2O \rightarrow 2\,C_6H_5 \cdot COONa + 4\,H_2$. (**D. B. P. 876 844** Kl. 12o vom 10/3. 1942, ausg. 18/5. 1953.)

MÜLLER-MEININGEN. H 1210

Solvay & Cie., Brüssel, Belgien, *Herstellung von konzentrierten Alkali- oder Ammoniumsalzlösungen der Alkylchlorphenoxyessigsäure.* Man stellt zunächst die unlösl. Erdalkalisalze der Alkylphenoxyessigsäuren her, welche von den in W. lösl. Verunreinigungen befreit werden. Die unlösl. gereinigten Salze werden durch doppelte Umsetzung mit Alkali- oder NH_4-Hydroxyd oder -Carbonat in lösl. Alkali- oder NH_4-Salze übergeführt. Diese Umsetzung wird in Ggw. eines Überschusses des Reaktionsmittels ausgeführt, welcher im allg. nicht mehr als 25% beträgt. Der p_H-Wert der Lsg. kann durch Einleiten von CO_2 herabgesetzt werden. Das Verf. ist z. B. für das *Na-Salz* der *2-Methyl-4-chlorphenoxyessigsäure* beschrieben. (**Oe. P. 175 889** vom 2/1. 1952, ausg. 25/8. 1953. Belg. Prior. 8/1. 1951.) M. F. MÜLLER. H 1250

Sulphite Products Corp., übert. von: **I. A. Pearl**, Appleton, Wis., V. St. A., *Herstellung von Vanillinsäure aus Vanillin* durch Oxydation mit Ag_2O in wss. alkal. Lösung. — In gleicher Weise werden auch andere Aldehyde, wie Syringaaldehyd oder ortho-Vanillin, zu den entsprechenden Säuren oxydiert. Das dabei red. Ag wird mit einem Permanganat zu Ag_2O oxydiert u. wiederverwendet. Vgl. Can. P. 465 420; C. **1950.** II. 1878. (**Can. P. 487 111** vom 26/6. 1948, ausg. 7/10. 1952.)

M. F. MÜLLER. H 1250

General Aniline & Film Corp., New York, N. Y., übert. von: **William H. von Glahn**, Loudonville, und **Herman A. Bergstrom**, Delmar, N. Y., V. St. A., *Stabilisierte Diazoniumsalze* erhält man, wenn man vor ihrer Fällung eine oberflächenakt. Verb. der

Formel $R \cdot CO \cdot NH \cdot C_2H_4 \cdot N(R_1)_2$ zusetzt, wobei R einen langkettigen aliphat. KW-stoffrest von 12—18 C-Atomen u. $R_1 = CH_3$ oder C_2H_5 bedeuten. — Man diazotiert *5-(o-Tolylazo)-o-toluidin*, versetzt mit *N.N-Diäthyl-N'-oleoyläthylendiamin* (**I**), dann mit H_2SO_4 u. fällt mittels Na_2SO_4. — Analoge Prodd. aus *diazotiertem 6-(m-Tolylazo)-m-toluidin* u. *N.N-Dimethyl-N'-lauroyläthylendiamin*; *diazotiertem 2.5-Diäthoxy-4-benzoylaminoanilin* u. *N.N-Diäthyl-N'-stearoyläthylendiamin*; *diazotiertem 4-Nitro-o-anisidin* u. **I**; *diazotiertem 5-Nitro-o-toluidin* u. **I**; *diazotiertem N-(p-Methoxyphenyl)-p-phenylendiamin* u. **I**. (**A. P. 2 628 959** vom 19/11. 1949, ausg. 17/2. 1953.) LANGER. H 1310

Parke, Davis & Co., Detroit, Mich., V. St. A., übert. von: **Robert Michel Jacob,** Ablon-sur-Seine, und **Jacques Georges Robert,** Paris, Frankreich, *dl-erythro-2-(o-Carboxybenzoylamino)-1-(p-nitrophenyl)-propan-1.3-diol.* Man setzt p-Nitrobenzaldehyd mit α-Phthalimidoacetaldehyd in Dioxan in Ggw. von Triäthylamin um, red. mit Al-Isopropylat in Isopropanol u. verseift mit NaOH, F. 178—182°. (**A. P. 2 628 975** vom 23/2. 1951, ausg. 17/2. 1953. F. Prior. 28/2. 1950.) LANGER. H 1320

E. I. du Pont de Nemours & Co., übert. von: **Hilmer E. Winberg,** Wilmington, Del., V. St. A., *N-Aryl-4-aminobutanole* entstehen beim Behandeln von N-Aryl-2.3-dihydro-[6 H]-1.2-oxazinen mit H_2 u. Pd, Ni, Co oder Cu-Chromit. — *4-Anilino-1-butanol*; aus *2-Phenyl-2.3-dihydro-[6 H-]-1.2-oxazin*, H_2 u. Pd-Kohle in Dioxan bei 1500 lbs./sq.in. bei 50°, $Kp._{1,5}$ 150—151°. — Analog: *4-(o-Toluidino)-* ($Kp._{1,4}$ 143 bis 144°; n_D^{25} 1,5549) u. *4-(p-Toluidino)-1-butanol* (F. 48—51°; $Kp._{0,3}$ 126—128°). — Zwischenprodd. für *Lösungsmittel, Weichmacher* u. *Farbstoffe*. (**A. P. 2 628 978** vom 17/5. 1949, ausg. 17/2. 1953.) LANGER. H 1320

American Cyanamid Co., New York, N. Y., übert. von: **Robert P. Parker,** Somerville, und **James M. Smith jr.,** North Plainfield, N. J., V. St. A., *4-Amino-2-oxybenzoesäure*. Man behandelt *m-Aminophenol* mit CO_2 u. calciniertem K_2CO_3 in einer Kugelmühle bei 175°, wobei das entstehende W. kontinuierlich im CO_2-Strom abgeführt wird. (**A. P. 2 644 011** vom 8/11. 1950, ausg. 30/6. 1953.) LANGER. H 1350

Upjohn Co., übert. von: **David I. Waisblat** und **Barney J. Magerlein,** Kalamazoo, Mich., V. St. A., *N-Oxyalkyl-p-aminobenzoate* der Formel **I**, worin R u. R' = H oder oder Alkyl, n = 0—7, Z = H oder Arylsulfonyl, Y = —CH(OH)— oder —CO— bedeuten, dienen als *Zwischenprodukte*.

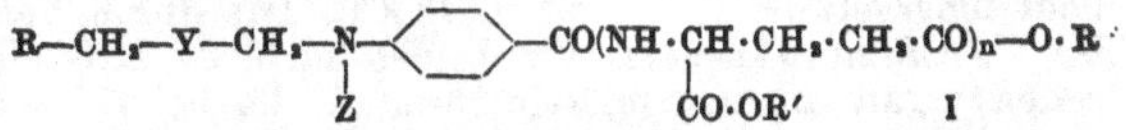

I

— *N'-[(N-p-Toluolsulfonyl)-p-aminobenzoyl]-l-glutaminsäurediäthylester* (**II**). Aus p-Toluolsulfonyl-p-aminobenzoylchlorid u. l(+)-Glutaminsäurediäthylesterhydrochlorid, F. 124—126°. — *N'-(N-2-Oxypropyl)-N-(p-toluolsulfonyl)-p-aminobenzoylglutaminsäurediäthylester* (**III**). Aus **II** u. Propylenoxyd in Pyridin. — *N'-(N-2-Ketopropyl)-N-(p-toluolsulfonyl)-p-aminobenzoylglutaminsäurediäthylester* (**IV**). Aus **III** in Bzl. u. $K_2Cr_2O_7$ in Essigsäure + H_2SO_4, F. 99—125°. *Semicarbazon*, F. 118—124°. — *N'-N-(2-Ketopropyl)-p-aminobenzoylglutaminsäurediäthylester*. Beim Behandeln von **IV** mit HBr in Eisessig + Phenol. (**A. P. 2 636 897** vom 19/8. 1950, ausg. 28/4. 1953.) LANGER. H 1350

Monsanto Chemical Co., St. Louis, Mo., übert. von: **William S. Emerson** und **Robert A. Heimsch,** Dayton, O., V. St. A., *N-Carboxyalkyl-α-amino-tolylsäuren und deren Ester* der Formel **I**, worin R = H oder Alkylgruppen mit 1—8 C-Atomen u. X u. Y = oder Alkylgruppen mit 1—4 C-Atomen, dienen als *Zwischenprodd. für synthet. Fasern u. nicht-ionogene Netzmittel.* Sie entstehen aus α-Halogentolylsäuren durch Rk. mit α-Aminocarbonsäuren bzw. deren Estern.

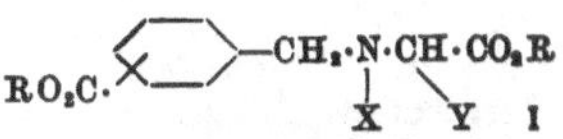

I

— *N-Carboxymethyl-N-methyl-α-amino-p-tolylsäure* (**II**). Man verseift α-Chlor-p-tolylsäurechlorid mit NaOH u. setzt mit Sarkosin in NaOH um. **II**-*Methylester*, $Kp._{1,2-1,4}$ 163—177°; n_D^{25} 1,5245. — Analog: *N-Carbo-(2-äthylhexyl)-oxymethyl-N-methyl-α-amino-p-tolylsäure-(2-äthylhexylester)*; gibt mit Polyvinylchlorid eine plast. Masse. (**A. P. 2 642 456** vom 25/4. 1950, ausg. 16/6. 1953.) LANGER. H 1350

Koppers Co., Inc., übert. von: **Robert H. Nimmo,** Pittsburgh, Pa., V. St. A., *Diphenylamin* entsteht beim Erhitzen von Anilin mit $AlCl_3$ auf 300° unter einem Druck von 198—130 lbs./sq.in. (**A. P. 2 645 662** vom 25/7. 1947, ausg. 14/7. 1953.) LANGER. H 1710

Rheinpreußen Akt.-Ges. für Bergbau und Chemie, Homberg, *Basische Äthylester der 4-Amino-2-oxybenzoesäure* entstehen aus 4-Amino-2-oxybenzoesäure (**I**) durch Verestern mit den entsprechend substituierten Aminoäthanolen oder durch Verestern mit β-Chloräthylalkohol u. Rk. des entstandenen *4-Amino-2-oxybenzoesäure-β-chloräthylesters* (F. 121—122°) mit einem sek. Amin. — I-*β-Dimethylaminoäthylester*, F. 138°; *Hydrochlorid*, F. 218°. — I-*β-Piperidinoäthylester*, F. 68°; *Monohydrat*, F. 73°; *Hydrochlorid*, F. 227°. (**Schwz. PP. 289 842, 289 843, 289 844** u. **289 845** vom 14/3. 1950, ausg. 16/7. 1953.) LANGER. H 2050

Fabriques de Produits de Chimie Organique de Couples Métalliques, Frankreich, *Katalytische Reduktion oder Hydrierung von organischen Verbindungen* in einem wss. oder wss.-alkoh. Medium unter Verwendung eines Zn–Ni-Katalysators, den man z. B. erhält durch Zusatz einer z. B. 5%ig. $NiSO_4$-Lsg. zu Zn-Pulver, welches sich unter W. befindet. — Nach diesem Verf. werden z. B. Nitrosoketone in Aminoalkohole, Äthylenverbb. in gesätt. Verbb., Oxime in prim. Amine, Aldehydo- oder Ketocarbonsäuren in Alkohole u. Nitrile in prim Amine übergeführt. — Ketone werden in Ggw. von überschüssigem NH_3 in Amine übergeführt, z. B. Cyclohexanon in Cyclohexylamin. — 5 (Teile) $NiSO_4$ werden in 80 einer 20%ig. NH_3-Lsg. gelöst u. 15 Cyclohexanon eingerührt, wobei 20 A. (95%ig) zugegeben werden. In 3 Portionen wird Zn-Staub eingerührt u. einige Std. gerührt. Es entsteht *Cyclohexylamin*. — In gleicher Weise wird Aceton in *Isopropylamin* übergeführt, u. Methyläthylketon gibt *Isobutylamin*. (**F. P. 971 429** vom 30/5. 1940, ausg. 17/1. 1951.) M. F. MÜLLER. H 2110

Michael Erlenbach und **Adolf Sieglitz,** Deutschland, *Herstellung organischer Phosphorverbindungen*. Man läßt PCl_3, O_2 u. einen KW-stoff der aliphat., cycloaliphat. oder aromat.-aliphat. Reihe, der gesätt. oder ungesätt. u. substituiert sein kann, gegebenenfalls unter Druck, miteinander reagieren. Die Rk. verläuft nach der Gleichung: $RH + 2\ PCl_3 + O_2 = R \cdot POCl_2 + POCl_3 + HCl$, wobei sich das Dichlorid der betreffenden Phosphonsäure bildet (RH = KW-stoff). Durch Verseifen des Chlorides mit H_2O oder Alkali erhält man leicht die freie Säure bzw. ihr Salz. Durch Behandeln mit Ammoniak oder substituierte Amine erhält man die entsprechenden Amide. Mit Alkoholaten erfolgt Bldg. der Diester. Die nach diesem Verf. gewonnenen Phosphorverbb. können als *Textilhilfsstoffe, Insekticide, Fungicide* u. zur Herst. *pharmazeut.* Präpp. verwendet werden. — In eine Mischung von 700 (Volumenteilen) PCl_3 u. 1400 Cyclohexan leitet man unter ständiger Kühlung bei 30° O_2 so schnell ein, daß sich die Rk. in 2 Std. vollzogen hat. Durch Dest. entfernt man den nicht umgesetzten KW-stoff u. $POCl_3$. Das durch Vakuumdest. gereinigte *Dichlorid* der *Cyclohexanphosphonsäure* bildet farblose Kristalle, die sich leicht in indifferenten organ. Lösungsmitteln lösen u. die bei 41° schmelzen. Durch Verseifen mit W. erhält man *Cyclohexanphosphonsäure* in farblosen Kristallnadeln, sie schm. bei 160—168°. Das *Diamid* der Cyclohexanphosphonsäure krist. aus Methanol in großen farblosen Blättchen; es schm. bei 198—200° unter NH_3-Entwicklung. (**F. P. 1 013 697** vom 14/4. 1949, ausg. 1/8. 1952.) HEYNE. H 2180

Soc. An. Établissements Lambiotte Frères, Frankreich, *Herstellung von Verbindungen der Di-(methylfuryl)-methanreihe* der allg. Formel I, worin R_1 u. R_2 = H bzw. ein Alkyl-, Aryl- oder heterocycl. Rest ist. —

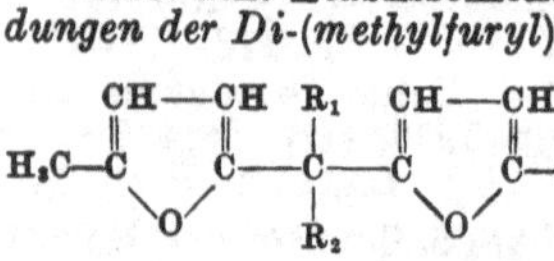

I

Man läßt auf 2-Methylfuran (I) einen aliphat., aromat. oder heterocycl. Aldehyd oder ein aliphat. Keton in Ggw. einer wasserabspaltenden Säure, wie H_2SO_4, HCl oder H_3PO_4, einwirken. — Aus I u. CH_2O in Form einer 30%ig. wss. Lsg. in Ggw. von geringen Mengen H_3PO_4 entsteht nach dem Rühren unter Kochen (1 Std.) das *Di-(methylfuryl)-methan*, $Kp._3$ 75°. — Mit Acetaldehyd entsteht in gleicher Weise *Di-(methylfuryl)-methylmethan*, $Kp._{3,5}$ 72—73°, ebenso mit Furfurol erhält man *Di-(methylfuryl)-furylmethan*, $Kp._4$ 123—125°, u. mit Aceton das *Di-(methylfuryl)-di-(methyl)-methan*, $Kp._{12}$ 120°. (**F. P. 1 004 389** vom 14/4. 1947, ausg. 28/3. 1952.) M. F. MÜLLER. H 3061

Merck & Co., Inc., übert. von: **K. Folkers, R. Mozingo** und **D. E. Wolf,** Rahway, N. J., V. St. A., *Trennung eines Gemisches der stereoisomeren cis-2-(4'-Carboxybutyl)-3.4-ureidotetrahydrothiophene* durch Überführung in den 1-Mandelsäureester. Das Gemisch der Mandelsäureester der rechts- u. linksdrehenden Verb. wird mit Äthylacetat extrahiert, u. der aus Methanol krist. Extrakt liefert den Mandelsäureester der rechtsdrehenden Verb., F. 188—189°. — Nach Can. P. 478 957 wird das Isomerengemisch mit Arginin in das entsprechende Aminosäuresalzgemisch übergeführt, welches danach aus einer wss. Isopropanollsg. fraktioniert krist. wird. (**Can. PP. 478 956** u. **478 957** vom 4/9. 1945, ausg. 27/11. 1951. A. Prior. 16/9. 1944.) M. F. MÜLLER. H 3071

Glaxo Laboratories Ltd., übert. von: **J. M. Heilbron** und **A. H. Cook,** England, *Herstellung von in 2-Stellung substituierten 5-Amino-2-aminothiazolen* (I) *und substituierten 2-Mercaptoimidazolen*. Ein α-Aminonitril, NH_2—CHR—CN, wird mit einem organ. Isothiocyanat R_1CNS kondensiert. — R ist H oder eine Alkyl-, Aryl-, Aralkyl-, Carbalkoxy- oder Carbamidogruppe. R_1 ist eine Alkyl-, Aryl-, Aralkyl- oder Acylgruppe. — Gemäß F. P. 982 236 werden die 5-Aminothiazole, welche in 2-Stellung eine substituierte Aminogruppe besitzen, durch

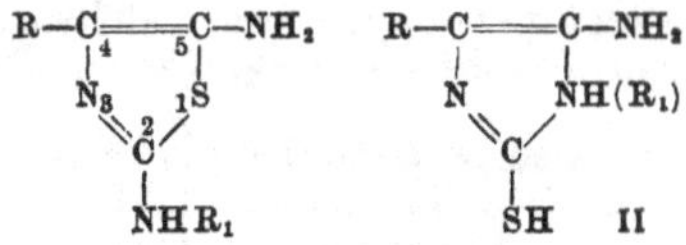

II

Behandlung mit Alkalicarbonat oder -hydroxyd in die entsprechenden 2-Mercaptoimidazole (II) übergeführt. — Benzoylisothiocyanat wird mit Aminoacetonitril in äther. Lsg. kondensiert. Es entsteht *5-Amino-2-benzamidothiazol*, F. 157°. — Aus Carbäthoxyisothiocyanat (I) u. Aminoacetonitril wird *5-Amino-2-carbäthoxyaminothiazol*, F. 124°, erhalten. — α-Aminopropionitril u. I bilden in äther. Lsg. *5-Amino-2-carbäthoxyamino-4-methylthiazol*, F. 145°. — Ebenso erhält man aus I u. α-Aminobenzylcyanid das *5-Amino-2-carbäthoxyamino-4-phenylthiazol*, F. 167°. — Methylisothiocyanat (III) u. Aminoacetonitril geben *5-Amino-2-methylaminothiazol*, F. 100°, u. III mit α-Aminocyanessigsäureäthylester liefert *5-Amino-2-methylamino-4-carbäthoxythiazol*, F. 162°. — 5-Amino-2-benzamidothiazol wird 5 Min. mit einer wss. Na_2CO_3-Lsg. unter Rückfluß gekocht. Es entsteht dabei *4-Benzamido-2-mercaptoimidazol*, F. 260° (Zers.); 5-Amino-2-carbäthoxyaminothiazol liefert dabei 4-Carbäthoxyamino-2-mercaptoimidazol, F. 173°, u. die entsprechende 4-Methylthiazolverb. gibt das *4-Carbäthoxyamino-2-mercapto-5-methylimidazol*, F. 244°. — Weiter sind genannt: *4-Amino-2-mercapto-3-methylimidazol*, F. 151°, u. *4-Amino-2-mercapto-5-carbäthoxy-3-methylimidazol*, F. 211°. (**F. PP. 982 235** u. **982 236** vom 1/3. 1949, ausg. 7/6. 1951. E. Priorr. 2/3. 1948 u. 15/2. 1949.) M. F. Müller. H 3142

F. Hoffmann-La Roche & Co. Akt.-Ges., Basel, Schweiz, *Darstellung von neuen Pyranabkömmlingen* der allg. Formel I, worin R einen ein- oder mehrfach verzweigten, gesätt. oder ungesätt. aliphat. KW-stoffrest mit mehr als 5 C-Atomen bedeutet. Man geht aus von Acetessigestern der allg. Formel R—CO—CH_2—COOR′ (R′ ist ein niedermol.

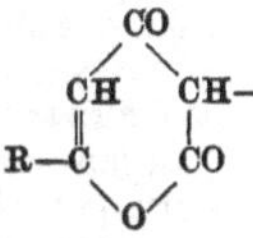

I

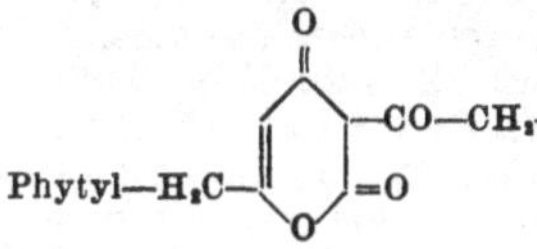

II

Alkylrest); diese werden in Ggw. eines bas. reagierenden Katalysators, bes. $NaHCO_3$, auf 180—220° erhitzt, wobei der sich bildende Alkohol abdestilliert. — 56 g (α-Methylcapronyl)-essigsäuremethylester werden mit 0,05 g $NaHCO_3$ 8 Std. bei 200—215° erhitzt. Dabei dest. 10 cm³ Methanol ab. Hierauf wird im Vakuum von 0,4 mm fraktioniert. Das erhaltene *3-(α-Methylcapronyl)-6-(α-methylpentyl)-2.3-dihydropyran-2.4-dion* dest. als orangegelbes viscoses Öl bei 165—167° über. — In analoger Weise erhält man aus (β-Methylcapronyl)-essigsäuremethylester das *3-(β-Methylcapronyl)-6-(β-methylpentyl)-2.3-dihydropyran-2.4-dion* als Gemisch der beiden stereoisomeren Verbindungen. — *3-(β-Methylvaleryl)-6-(β-methylbutyl)-2.3-dihydropyran-2.4-dion*, $Kp._{0,05}$ 135°, erhält man aus dem (β-Methylvaleryl)-essigsäuremethylester. — In weiteren Beispielen sind genannt: *3-(β.δ-Dimethylcapronyl)-6-(β.δ-dimethylpentyl)-2.3-dihydropyran-2.4-dion*, $Kp._{0,05}$ 144—147°, *3-(δ-Methylcapronyl)-6-(δ-methylpentyl)-2.3-dihydropyran-2.4-dion*, $Kp._{0,08}$ 153—154°, *3-(α.δ-Dimethylcapronyl)-6-(α.δ-dimethylpentyl)-2.3-dihydropyran-2.4-dion*, $Kp._{0,31}$ 146—147°, *3-(α.γ-Dimethylvaleryl)-6-(α.γ-dimethylbutyl)-2.3-dihydropyran-2.4-dion*, $Kp._{0,1}$ 130—135°, *3-(β-Äthylcapronyl)-6-(β-äthylpentyl)-2.3-dihydropyran-2.4-dion*, $Kp._{0,05}$ 120°, *3-(β.β-Dimethylvaleryl)-6-(β.β-dimethylbutyl)-2.3-dihydropyran-2.4-dion*, $Kp._{0,1}$ 142°, *3-(α-Äthylcapronyl)-6-(α-äthylpentyl)-2.3-dihydropyran-2.4-dion*, $Kp._{0,03}$ 151—153°, u. ein Dihydropyranderiv. der Formel II, $Kp._{0,07}$ 260—265°. (**Oe. P. 175 569** vom 2/4. 1952, ausg. 25/7. 1953. Schwz. Priorr. 29/5. u. 23/10. 1951.) M. F. Müller. H 3211

F. Hoffmann-La Roche & Co. Akt.-Ges., Basel, Schweiz, *Herstellung von Chinolyl-(3)-diäthylphosphatmethomethylsulfat*, dad. gek., daß man ein Alkalisalz des 3-Oxychinolins in Abwesenheit von W. mit einem Diäthylhalogenphosphat umsetzt u. das erhaltene *Chinolyl-(3)-diäthylphosphat* ($Kp._{1,1 \cdot 10^{-4}}$ 120—124°) mit Dimethylsulfat behandelt. Kristalle mit F. 106—107°. Die Phosphorylierungs-Rk. soll in inerter Atmosphäre, z. B. N_2, ausgeführt werden. (**Schwz. P. 295 535** vom 15/5. 1951, ausg. 1/3. 1954. E. Prior. 2/6. 1950.) Schindler. H 3231

X. Färberei. Organische Farbstoffe.

E. V. Burnthall, *p_H-Bestimmung und Betriebsüberwachung*. Beschrieben wird das p_H-Meßgerät sowie dessen prakt. Anwendung, bes. zur Überwachung der Färbeflotten.

Hingewiesen wird ferner auf die Bedeutung der ständigen p_H-Bestimmungen für die Betriebsüberwachung. (Canad. Textile J. **70.** Nr. 16. 49—50. 60. 31/7. 1953.) P. ECKERT. 7000

George L. Drake jr., Wilson A. Reeves und **John D. Guthrie,** *Mit Äthylenimin behandelte Baumwolle.* Rohbaumwolle (I) wurde als Cardenband in einem auf 10 bis 20 mm Hg evakuierten Ofen bei 100—110° mit Äthylenimin (II)-Dampf 18 Std. lang behandelt. II polymerisierte in oder auf der Faser, da es sich mit verd. Säuren oder sd. verd. NaOH-Lsg. wieder abziehen ließ, u. erhöhte die Affinität für saure Farbstoffe, deren Waschechtheit jedoch geringer als auf Wolle war. Eine echte chem. Bindung zwischen II u. I trat jedoch offenbar nicht ein. Aus mit II behandelter I wurden Gewebe hergestellt u. diese eingehend geprüft (0,33% N, Festigkeit, DP, therm. Durchlässigkeit, Knitterfestigkeit, Scheuerfestigkeit, Wetterfestigkeit). Bis auf die veränderten färber. Eigg. wurden keine besonderen Eigg. festgestellt. (Textile Res. J. **23.** 639—41. Sept. 1953. New Orleans, La., Southern Reg. Res. Labor.) ZAHN. 7016

—, *Neue Farbstoffe und Textilhilfsmittel.* Prodd. der CIBA AG., Basel: *Chlorantinlichtgrau NGLL* färbt native u. regenerierte Cellulosefasern sehr gut lichtecht. Der Farbstoff egalisiert sehr gut u. ist unempfindlich gegenüber Metallen. Geeignet auch für den Direktdruck. — *Cibabrillantrosa 3b* Mikroteig für Druck auf Baumwolle u. Celluloseregeneratfasern. — *Cibanondruckblau CB* Mikroteig für den Druck auf Baumwolle u. Geweben aus Regeneratfasern. Die Lichtechtheit ist vorzüglich, die Allgemeinechtheiten sehr gut. — *Cibascharlach 3b* Mikroteig für native u. regenerierte Cellulosefasern. Die Lichtechtheit ist sehr gut, gleichfalls die Allgemeinechtheiten. — *Echtlederdunkelblau BR* für Chromnarbenleder. — *Lyofix EW* ist ein wirksames Mittel zur Verbesserung der Naßechtheiten der Färbungen von substantiven Diazo-, Schwefel- u. Halbwollfarbstoffen sowie von Drucken mit substantiven u. Säurefarbstoffen. — *Ultravon JFN* ist ein Weichmacher, der sich durch bessere Wirksamkeit beim Auswaschen von Mineralölschmelzen aus Wolle auszeichnet. (Reyon, Zellwolle andere Chemiefasern **32.** 123. Febr. 1954.) P. ECKERT. 7018

B. Ja. Rosen, *Lichtechte Farbstoffe aus Rückständen der Gerbstoffextraktion.* Verss. mit Tamariske, der die Gerbstoffe entzogen worden waren, ergaben, daß diese Abfälle Farbstoffe enthielten, mit denen Textilfasern gefärbt werden konnten. Die Abfälle wurden mit der 50fachen Gewichtsmenge W., 1%ig. Soda- oder 1%ig. H_2SO_4-Lsg. zum Sieden erhitzt; dann wurden Textilfasern (Seide, Wolle, Baumwolle) 1—2 Std. darin gekocht. Nach dem Spülen waren die Fasern beige (W.), gelb (H_2SO_4) oder braun (Na_2CO_3) gefärbt. Neben dieser direkten Färbung wurden auch Beizen (1—10%) angewandt ($CuSO_4$, $FeSO_4$, $K_2Cr_2O_7$, NH_4-Alaun, Pb-Acetat). Mit dem Färbeextrakt von 1 kg Abfällen konnten 5 kg Wolle gefärbt werden. — Die durch die Beizen erzeugten Farben konnten durch Na_2SO_4 vertieft werden. Die Echtheitsprüfung ergab im allg. licht- seife- u. schweißbeständige Färbungen, ausgenommen $CuSO_4$. $FeSO_4$ erzeugte schweißunbeständige Färbungen. Bei der direkten Färbung ergab der wss. u. alkal. Farbextrakt Färbungen, die gegen Waschen u. Seife weniger beständig waren. (Текстильная Промышленность [Textil-Ind.] **12.** Nr. 9. 32—33. Sept. 1952.) v. WILPERT. 7020

B. Steverlynck, *Das Färben in Apparaten unter statischem Druck.* Nach allg. Ausführungen über das Färben, bes. über das Färben im App., geht Vf. auf das Färben unter Druck ein. Die hierzu erforderliche App. wird in ihren Einzelheiten beschrieben u. die Arbeitsweise (Färbebedingungen) der Anlage behandelt. Die Anwendungs- u. Ausnützungsmöglichkeiten der Packfärbeapp. u. Packfärberei werden besprochen. (Canad. Textile J. **70.** Nr. 16. 54. 57—58. 31/7. 1953. Courtrai, Belgien.) P. ECKERT. 7020

P. Colomb, *Ursprung der Fehler, Flecken, Verluste bei Färberei, Druck und Appretur.* Ausführliche Diskussion vieler im prakt. Betrieb möglicher Fehlerquellen. (Teintex **18.** 133—53. 15/3. 1953. **19.** 15—25. 15/1. 1954.) ROSSOW. 7020

—, *Fibrolane — Regenerierte Proteinfaser.* (Vgl. C. **1954.** 6862.) Im Rahmen eines Berichtes über die Entw. der Chemiefasern in England wird das Färben der *Fibrolane* behandelt. Es werden die Hauptgesichtspunkte des Färbens dieser Faserart angeführt u. dann das Färben der losen Faser u. der Stückware besprochen, u. zwar sowohl als reine Faser als auch im Gemisch mit anderen artgleichen Faserstoffen. In entsprechender Weise wird auch das Bedrucken u. Ausrüsten der Textilien aus Fibrolane behandelt. Arbeitsvorschriften u. prakt. Hinweise. (Brit. Rayon Silk J. **29.** Nr. 345. 55—57. Febr. 1953.) P. ECKERT. 7020

C. Zuber, J. P. Niederhauser, J. Gobet und **J. Chezaud,** *Der Einfluß verschiedener Farbstoffklassen auf die Lichtempfindlichkeit von Nylon.* Färbeverss. auf Nylon mit zahlreichen Farbstoffen verschied. Klassen haben ergeben, daß Chromfarbstoffe,

Neolan- u. Palatinechtfarbstoffe die Lichtwiderstandsfähigkeit von Nylon verbessern. Küpenfarbstoffe u. saure Farbstoffe setzen sie herab. Direktfarbstoff u. plastolösl. Farbstoffe beeinflussen mehr oder weniger günstig. — Ins einzelne gehende Verss. mit einer Reihe von Chromfarbstoffen zeigen, daß das Chromoxyd selbst eine Schutzwrkg. ausübt, die aber durch Farbstoffbindung verbessert wird. Tabellen über die Wrkg. verschied. Chromfarbstoffe führen nicht zu generellen Regeln. (Teintex **19.** 3—13. 15/1. 1954.) Rossow. 7028

Cassella Farbwerke Mainkur Akt.-Ges. (Erfinder: **Karl Schütz**), Frankfurt/M., *Herstellung von Schwefelfarbstoffdruckpasten,* die kupferne Druckwalzen nicht schwärzen. Den Pasten werden 1—4% wasserlösl. Salze solcher Metalle zugegeben, die mit Sulfidionen wasserlösl. Ndd. bilden, z. B. $CuSO_4$, $[Sb(C_2O_4)_2]Na$, $CdCl_2$ oder $ZnCl_2$. (**D. B. P. 904 658** Kl. 151 vom 23/8. 1951, ausg. 22/2. 1954.) Laass. 7007

Farbwerke Hoechst Akt.-Ges., vormals Meister Lucius & Brüning, Frankfurt/M. (Erfinder: **Wilhelm Seidenfaden** und **Werner Kirst,** Offenbach/M.), *Erzeugung unlöslicher brauner Azofarbstoffe auf der Faser.* An Stelle der im Hauptpatent genannten, am N-Atom acylierten 1-Amino-6-oxynaphthaline verwendet man die N-acylierten 2-Amino-7-oxynaphthaline u. entwickelt die Farbstoffe mit diazotiertem 4-Aminodiphenylamin. Zur Erzielung von Weiß- u. Bunteffekten auf braunem Grunde imprägniert man die Ware mit Alkalisalzen von 2-Acylamino-7-naphtholen u. verarbeitet sie gemäß den Ansprüchen 2—5 des Hauptpatents weiter. (**D. B. P. 898 735** Kl. 8n vom 13/1. 1951, ausg. 3/12. 1953. **Zusatz zu D. B. P. 884 491; C. 1954. 4491.**) v. Schiller. 7021

Walter Lenssen und **Werner Schilling,** Berlin-Grünau (Weitere Erfinder: **Willy Michel** und **Georg Wiegand**), *Färben von textilen Faserstoffen* mit Schwefel- oder Naphtholfarbstoffen in alkal. Bädern, dad. gek., daß Kondensationsprodd. von Sulfitcelluloseablauge (I) mit Paraffinsulfochlorid (II) oder Fettsäurechloriden u. gebenenfalls noch anderen oberflächenwirksamen Netz- u. Dispergiermitteln als Zusätze verwendet werden. — Man läßt z. B. in 2000 (Teile) kalkfreie **I** (21° Bé) bei **65°** binnen 3 Std. gleichzeitig 190 KOH (50° Bé) u. 260 **II** („Mersol D") einlaufen, trennt nach 24Std. das Unverseifbare ab u. stellt mit HCl auf p_H 4—5. Ein übliches Naphthol AS-Grundierungsbad mit 2 g/Liter dieses Kondensationsprod. bleibt völlig klar. (**D. P. [DDR] 1 206** Kl. 8m vom 12/6. 1950, ausg. 18/6. 1952 [Wirtschaftspatent].) Hoppe. 7021

Ciba Ltd., Basel, Schweiz, übert. von: **Henri Riat, Walter Anderau, Jacques Wegmann, Hans Mayer** und **Karl Menzi,** *Färben von Cellulosefasern mit metallhaltigen Komplexverbindungen.* Die Färbebäder enthalten einen metallfreien Farbstoff, der mindestens 2-Azogruppen u. mindestens einmal die Gruppe **A** (X = OH oder COOH) aufweist, ein aliphat. Amin oder NH_3 u. eine Metall-, bes. Cu-Komplexverb. einer aliphat. Amino- oder Oxycarbonsäure. — Man kocht z. B. 1 (Teil) des Farbstoffs 4.4'-Diaminodiphenyl-3.3'-dicarbonsäure ⇉ 2 Mol 1-(4'-Sulfophenyl)-3-methyl-5-pyrazolon mit 100 W., fügt 2900 W., 2 Na_2CO_3 u. 60 einer Lsg. aus 50 krist. $CuSO_4$, 50 Na-Citrat u. 100 Monoäthanolamin in 1000 W. hinzu u. färbt kochend 100 Baumwolle unter Zusatz von Na_2SO_4. Die orange Färbung ist gut licht- u. waschecht. — Weitere Beispiele. (**A. P. 2 594 803** vom 29/9. 1949, ausg. 29/4. 1952. Schwz. Prior. 8/10. 1948. **F. P. 997 010** vom 6/10. 1949, ausg. 31/12. 1951. Schwz. Priorr. 8/10. 1948 u. 16/8. 1949.) Hoppe. 7021

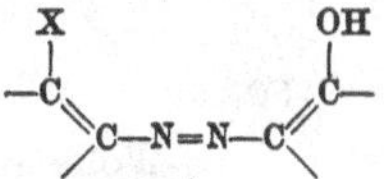

A

Union Carbide & Carbon Corp., New York, N. Y., V. St. A., *Färben von Textilien aus Polyacrylnitril* oder dessen Mischpolymeren mit anderen ungesätt. Verbb., die eine olefin. Doppelbindung enthalten. Man färbt mindestens 15 Min. bei 175° F. u. p_H 2—7 mit der wss. Lsg. eines Säure-, Direkt- oder Acetatfarbstoffes, die eine Verb., die Cu-Ionen abspaltet, z. B. $CuSO_4$, u. ein Quellmittel enthält. Zweckmäßig erfolgt die Farbstoffzugabe erst, nachdem die Lsg. 5 Min. auf das Färbegut eingewirkt hat. (**E. P. 696 984** vom 28/6. 1951, ausg. 9/9. 1953. A. Priorr. 5/7. 1950 u. 23/3. 1951.) v. Schiller. 7021

Ciba Akt.-Ges., Basel, Schweiz, *Färben von Leder,* das mit Cr-Salzen allein oder in Kombination mit anderen, von phenol. OH-Gruppen freien Gerbmitteln gegerbt wurde. Man behandelt mit Prodd. (I), die mindestens eine bas. Aminogruppe u. eine Polyalkylenglykolätherkette mit mindestens 4 Alkylengruppen enthalten, oder mit davon abgeleiteten Salzen. Die Behandlung kann vor oder während des Färbens vorgenommen werden. Geeignete I sind solche, die durch Rk. von 1 (Mol) eines Amins mit mindestens 4, z. B. 4—50, eines Alkylenoxyds erhältlich sind. — Z. B. das Umsetzungsprod. von 1 Dodecylamin mit ca. 6 Äthylenoxyd (**II**), diejenigen aus 1 Oleylamin mit 6,8 oder 16 **II**, ferner 1 Stearylamin mit 8—16 **II**. Auch Kondensationsprodd. von

1 Harzamin mit 10 II sind geeignet. (**Schwz. P. 292 381** vom 29/12. 1950, ausg. 2/11. 1953.) v. Schiller. 7025

Ciba Akt.-Ges., Basel, Schweiz, *Nachbehandlungsbad zum Verbessern der Naßechtheiten von Färbungen und Drucken* aus wasserlösl. direktziehenden Farbstoffen, deren Wasserlöslichkeit durch Anwesenheit von Sulfonsäure- oder Carbonylgruppen bedingt ist. Es enthält 0,05—0,4% eines Prod. (I), das durch Kondensation einer nichtcycl. Verb., in welcher mindestens einmal die Atomgruppierung $-N{=}C{<}^{N<}_{N<}$ vorkommt, mit einem Aldehyd u. einem Salz eines aliphat. Amins, das mindestens 2 prim. oder sek. Aminogruppen aufweist, bei einer über 100° liegenden Temp. u. durch weitere Umsetzung des entstandenen Kondensationsprod. mit einem Aldehyd erhalten worden ist. I wird derart hergestellt, daß man 63,6 (Teile) Diäthylentriamintrihydrochlorid mit 50,4 Dicyandiamid u. 37,7 Paraformaldehyd in sd. n-Butanol umsetzt u. dann 45 des entstandenen Prod. in Ggw. von NaOH bei 90—95° auf 31,5 CH_2O-Lsg. (36,8% ig) einwirken läßt. Das Bad kann auch noch ein nichtkomplexes Cu-Salz enthalten u. auch in Form eines trockenen Präp. hergestellt sein. (**Schwz. PP. 292 382** u. **292 383** vom 9/8. 1950, ausg. 2/11. 1953.) v. Schiller. 7029

Ciba Akt.-Ges., Basel, Schweiz, *Azofarbstoffe.* Diazotiertes 4-Nitro-6-chlor-3-amino-1-oxybenzol wird in alkal. Lsg. mit 4-Acetylamino-1-oxybenzol gekuppelt u. das Reaktionsprod. zusammen mit dem Farbstoff I mit Cr-abgebenden Mitteln derart behandelt, daß je 1 Mol der Ausgangsfarbstoffe an 1 Cr-Atomkomplex gebunden ist. Hierbei können die Kernsubstituenten NO_2 u. CH_3 vertauscht oder bei X eine zweite NO_2-Gruppe vorhanden sein, oder der Substituent $CH_3CO-NH-$ kann wegfallen. Braune, wasserlösl. Farbstoffe, die Wolle aus neutralem, schwach alkal. oder saurem Bade echt braun färben. (**Schwz. PP. 290 496, 290 497, 290 498** u. **290 499** vom 6/4. 1950, ausg. 1/8. 1953. **Zusätze zu Schwz. P. 286 500; C. 1954. 657.**) Kalix. 7053

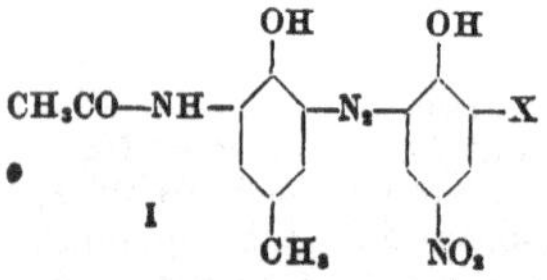

I

Ciba Akt.-Ges., Basel, Schweiz, *Azofarbstoffe.* Diazotiertes 4-Nitro-6-acetylamino-2-amino-1-oxybenzol (I) wird mit 4-Methyl-1-oxybenzol oder mit 4-Methyl-6-acetylamino-1-oxybenzol in alkal. Lsg. gekuppelt u. das Reaktionsprod. zusammen mit dem Farbstoff II mit Cr abgebenden Mitteln nach bekannten Verff. derart behandelt, daß je 1 Mol der Ausgangsfarbstoffe an 1 Cr-Atom komplex gebunden ist. II kann bei X durch $-NO_2$ oder bei Y durch $-NHCOCH_3$ substituiert sein. Ähnliche Farbstoffe erhält man, wenn statt I diazotiertes 4-Nitro-2-amino-1-oxybenzol verwendet wird. Braune, wasserlösl. Farbstoffe, die Wolle aus saurem, neutralem oder schwach alkal. Bade echt braun bis rötlich braun färben. (**Schwz. PP. 290 500, 290 501, 290 502, 290 503, 290 504, 290 505** u. **290 506**, alle vom 6/4. 1950, ausg. 1/8. 1953. **Zusätze zu Schwz. P. 286 500; C. 1954. 657.**) Kalix. 7053

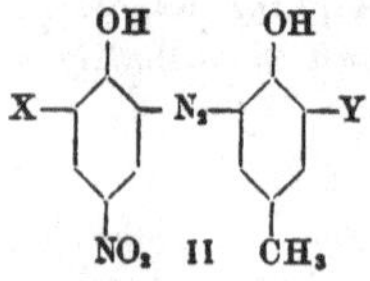

II

Ciba Ltd., Basel, Schweiz, *Zwischenprodukte* zur Herst. von *Azofarbstoffen.* Durch Rk. von I (X = Cl) mit NH_3 erhält man *2-Aminobenzol-5-sulfonsäurephenylester-1.2'-dicarbonsäure* (I, X = NH_2), F. 230—231°. — Analog werden dargestellt (II = „2-Aminobenzol-5-sulfonsäure"): II-*phenylester-1-carbonsäure*, F. 197°; II-*4'-methylphenylester-1-carbonsäure*, F. 195°; II-*4'-tert.-amylphenylester-1-carbonsäure*, F. 237—244°; II-*4'-chlorphenylester-1-carbonsäure*, F. 212°; II-*4'-methylphenylester-1.2'-dicarbonsäure*, F. 225—228° (Zers.); II-*4'-octylphenylester-1-carbonsäure*, F. 214—219° (unscharf). (**E. P. 687 789** vom 17/7. 1950, ausg. 18/2. 1953. Schwz. Priorr. 18/7. 1949 u. 13/3. 1950.) Brösamle. 7053

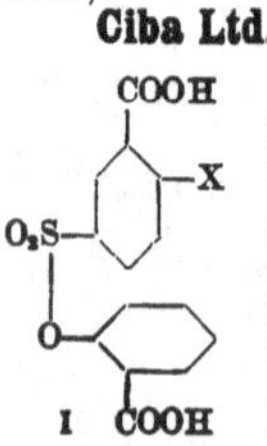

I

Sandoz Akt.-Ges., Basel, Schweiz, *Cu-haltige Disazofarbstoffe.* 1 (Mol) des symm. Harnstoffs von 2-Amino-5-oxynaphthalin-7-sulfonsäure wird mit 1 der Diazoverb. aus 1-Oxy-2-aminobenzol-4-sulfonsäure (I) u. 1 der Diazoverb. aus dem Amid von I gekuppelt u. der erhaltene Farbstoff in der üblichen Weise mit Cu-abgebenden Mitteln behandelt. Es kann auch die Diazoverb. des Methoxyderiv. von I zusammen mit der des I-Amids, ferner die Diazoverb. von I zusammen mit der des Methoxyderiv. von I-Amid, ferner die Diazoverb. von I-N-Äthyl-N-phenylamid zusammen mit der des Methoxy (statt Oxy-)-I u. schließlich die Diazoverb. von I zusammen mit der des I-Phenylamids verwendet werden. Rote, wasserlösl. Farbstoffe, die auf Fasern aus Baumwolle u. regenerierter Cellulose bordeauxrot mit guter Lichtechtheit aufziehen.

(**Schwz. PP. 289 258, 289 259, 289 260, 289 261** u. **289 262,** alle vom 26/5. 1950, ausg. 16/6. 1953. **Zusätze zu Schwz. P. 284 414; C. 1954. 657.**) KALIX. 7055

General Aniline & Film Corp., New York, N. Y., übert. von: **Edgar E. Renfrew,** Phillipsburg, N. J., und **David I. Randall,** Easton, Pa., V. St. A., *Chlormethylierte Arylaminobenzanthrone,* Zwischenprodd. zur Herst. von Farbstoffen, erhält man durch Einw. von Bis-chlormethyläther (I) auf eine Lsg. von Arylaminobenzanthronen in mindestens 95 % ig. konz. H_2SO_4 bei Tempp. von 0—65°. Es tritt hierbei Kernsubstitution in den Arylaminogruppen u. in einigen Fällen auch im Benzanthronkern ein; Rk. mit den Aminogruppen erfolgt nicht. — Zu 920 (Gewichtsteilen) 99,7 % ig. H_2SO_4 u. 80 **I** gibt man innerhalb einer Std. 101 Bz-1-p-Toluidinobenzanthron (**II**), wobei ½ Std. nach dem Beginn des Eintragens von **II** weitere 80 **I** zugegeben werden. Nach dem Eintragen der letzten Menge **II** wird noch 2 Std. weitergerührt. Temp. 30°. Nach dem Eingießen der Lsg. in 9200 W. u. Eis erhält man nach der üblichen Aufarbeitung die Verb. der Zus. **III**. Durch 15 std. Einw. von **I** auf **II** bei 63° erhält man in ähnlicher Weise die Verb. der Zus. **IV**. Ferner ist beschrieben die Herst. der Verbb. **V** u. **VI**. Durch Umsetzen der erhaltenen chlormethylierten Arylaminobenzanthrone (**VII**) mit tert. Aminen, wie Pyridin oder Trimethylamin oder mit Thioharnstoff oder dessen N-Alkyl- oder Arylsubstitutionsprodd., können wasserlösl. Farbstoffe zum Färben u. Drucken von Baumwolle u. Seide erhalten werden. Die Umsetzung der **VII** mit Phenolen, wie Resorcin, ergibt die Phenoläther, die als spritlösl. Farbstoffe verwendet werden können. (**A. P. 2 642 442** vom 13/12. 1950, ausg. 16/6. 1953.)

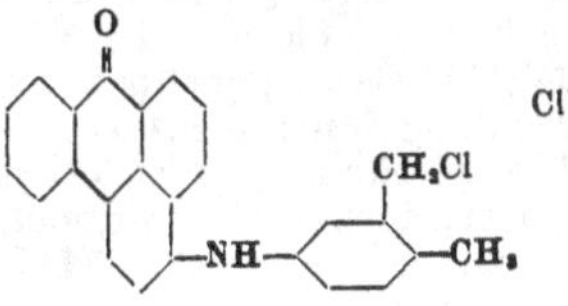
III

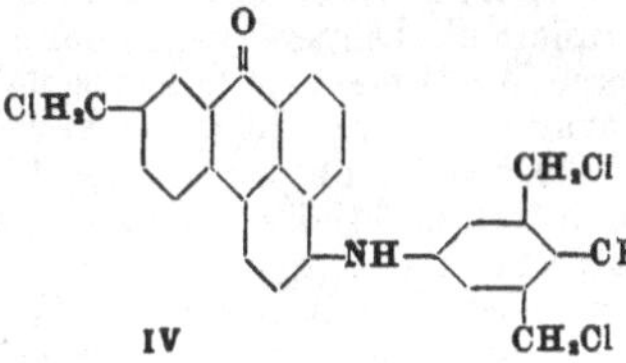
IV

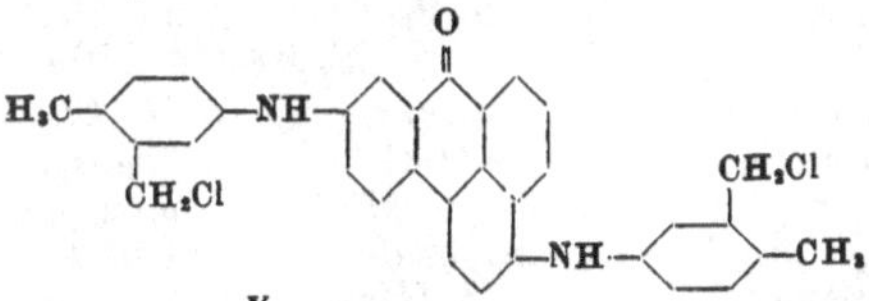
V

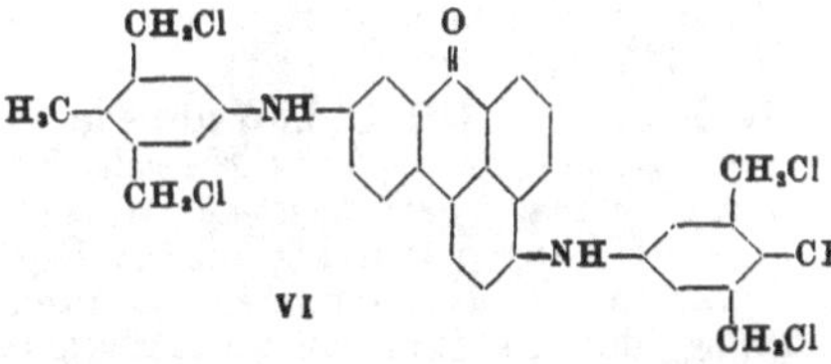
VI

ROICK. 7059

General Aniline & Film Corp., New York, N. Y., übert. von: **David I. Randall,** Easton, Pa., und **Edgar E. Renfrew,** Phillipsburg, N. J., V. St. A., *Chlormethylarylthioäther der Anthrachinonreihe* entstehen aus Arylthioäthern der Anthrachinonreihe durch Rk. mit Bis-chlormethyläther (I) in konz. H_2SO_4. Zwischenprodd. für *Farbstoffe.* — *Bis-chlormethylphenylmercapto-N-methylanthrapyridon* (**II**), aus 4-Phenylmercaptoanthrapyridon u. I in konz. H_2SO_4. — Analog: *1-Oxy-4-chlormethylphenylmercaptoanthrachinon; 1-Methylamino-4-(bis-chlormethylphenylmercapto)-anthrachinon; 1.4-* u. *1.5-Bis-(bis-chlormethylphenylmercapto)-anthrachinon.* (**A. P. 2 642 444** vom 19/1. 1951, ausg. 16/6. 1953.) LANGER. 7059

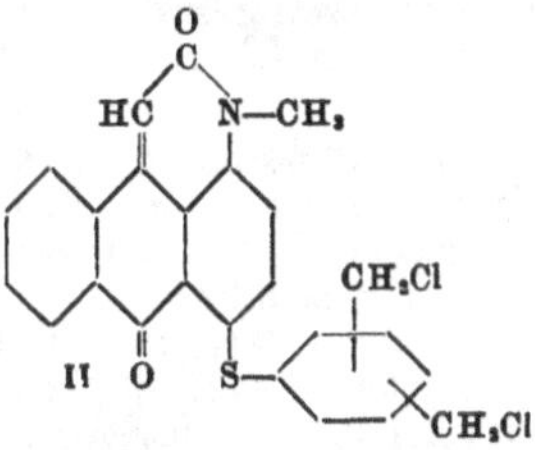

Cassella Farbwerke Mainkur Akt.-Ges. (Erfinder: **Werner Zerweck** und **Josef Riedmair**), Frankfurt/M., *Farbstoffe.* Wird 4-Methyl-6.6′-dihalogenthioindigo nach an sich bekannten Methoden in die entsprechenden Leukoschwefelsäureester bzw. deren Salze übergeführt, so liefern diese Prodd. auf der pflanzlichen Faser Färbungen u. Drucke in Rosa bis röten Tönen, die lebhafter sind, als die mit den Ausgangsküpenfarbstoffen erzielten Färbungen, u. sehr gut licht- u. naßecht sind. Die Überführung von 4-Methyl-6.6′-dichlor-bis-thionaphthenindigo in den Leukoschwefelsäureester wird beschrieben. (**D. B. P. 903 618** Kl. 22e vom 29/3. 1942, ausg. 8/2. 1954.) ROICK. 7069

Badische Anilin- & Soda-Fabrik Akt.-Ges. (Erfinder: **Fritz Mühlbauer** und **Helmut Pfitzner**), Ludwigshafen/Rh., *Erzeugung von Küpenfärbungen mit metallhaltigen Phthalocyaninen* (**I**) oder *Porphinen* (**II**). Man verküpt von hydrophilen Gruppen freie metallhaltige **I** oder **II**, deren Metall in verschied. Wertigkeiten auftreten kann, oder die Amine oder Alkohole anzulagern vermögen, in Ggw. von wasserlösl. organ. Verbb., wie Alkoholen, Ketonen, Aminen, Aminoalkoholen, Carbonsäuren, Carbonsäureamiden, Sulfonsäuren oder Sulfonsäureamiden bzw. deren wasserlösl. Salzen u. färbt mit den erhaltenen Küpen pflanzliche Fasern. Das Verf. nach D. B. P. 898 147; C. **1954**. 3574, ist hierbei ausgenommen. (**D. B. P. 903 928** Kl. 8m vom 29/3. 1950, ausg. 11/2. 1954.) v. SCHILLER. 7073

XIa. Farben. Anstriche. Lacke. Naturharze.

Charles H. Parker, *Eine Besprechung der chemischen Grundlagen und Anwendungen einiger Aminoplaste.* Kurze Behandlung des Chemismus von Aminoplasten, die für Anstrichzwecke bestimmt sind. Der Mechanismus der Härtung in Ggw. von Alkydharzen wird in vereinfachter Form angedeutet. Von mehreren Typen von Harnstoff- u. Melaminharzen werden physikal. Eigg. u. Anwendungsbereich genannt. Die Verträglichkeit von Melaminharzen mit Alkydharzen wird graph. gezeigt. (Off. Digest Federat. Paint Varnish Product. Clubs **1951**. Nr. 315. 237—44. April.) F. BRUCK. 7096

C. W. Patton, *Metallanstriche aus dispergierten Vinylharzen.* Plastisole (**I**) werden definiert als Dispersionen hochmol. Vinylchlorid- oder Vinylchloridacetatharzes (**II**) in einem Weichmacher, Organosole (**III**) als Dispersionen von **II**, die 5—50% Lösungsm. enthalten. Herst., Eigg. u. Anwendung von **I** u. **III** werden beschrieben. **I** u. **II** zeigen bei der Sandstrahlprobe gegenüber gewöhnlichen Emaillelacken doppelte Haltbarkeit. Viscosität u. Fließvermögen von **III** decken sich oft nicht, daher wird an Stelle des FORD-Bechers zum Vgl. des Fließvermögens verschied. **III** ein rotierendes Viscosimeter verwendet. Das Runzeln von **III** beim Trocknen u. dessen Verhinderung wird beschrieben, ferner geeignete Vorstreichfarben für **I** u. **III**. Rezepte von 2 bewährten Organosolen werden gegeben. (Off. Digest Federat. Paint Varnish Product. Clubs **1951**. Nr. 315. 224—32. April.) F. BRUCK. 7106

W. H. Ellis und **R. L. Le Tourneau,** *Analyse von Lackverdünnern durch die Fluorescenz–Indicator–Adsorptions-Methode.* Eine schnelle u. genaue Meth. zur gleichzeitigen Best. von aromat., gesätt. u. der Gesamtheit der KW-stoffe sowie der Summe der O-Verbb. wird angegeben. Die Ausführung der Analyse entspricht der von CRIDDLE u. LE TOURNEAU für KW-stoffe mitgeteilten (Analytic. Chem. **23**. [1951.] 1620) mit der Änderung, daß als Eluiermittel *n-Butylamin* (**I**) an Stelle von Alkoholen, da diese schon in den Lackverdünnern enthalten sind, genommen u. *Rhodamin „B"* (E. I. DU PONT DE NEMOURS & CO., INC.) als neue Farbkomponente zum Fluorescenzindicator für KW-stoffe hinzugefügt wird, um die Grenze zwischen den O-Verbb. u. dem **I** zu markieren. Einige weitere Modifikationen werden gebracht. Am weitesten wandern die gesätt. KW-stoffe (farblos), dann die aromat. (blau fluorescierend), deren Grenze gegen die vorigen maximale blaue Fluorescenz zeigt; die andere Grenze der aromat. KW-stoffe ist im gewöhnlichen Licht rot oder braun; ihnen folgen die O-Verbb. (farblos), deren Grenze gegen das **I** hellorange fluoresciert. Analysendaten zeigen, daß die Meth. über ein weiteres Zusammensetzungsgebiet der Lackverdünner anwendbar ist. (Analytic. Chem. **25**. 1269—70. Aug. 1953. Richmond, Calif., California Res. Corp.) BENISCHKE. 7154

E. Gundermann, *Güteprüfung von kalt zu verarbeitenden Dachanstrichen auf der Grundlage von Braunkohlenteerprodukten.* Es werden die Rohstoffe zur Herst. von Dachanstrichen auf Braunkohlenteerbasis besprochen u. Methoden zu ihrer Prüfung (äußere Beschaffenheit bei 20°, spezif. Gewicht, Geh. an Ölen u. pechartigen Bestandteilen sowie Paraffin u. Füllstoffen, Flüssigkeitsgrad, Streichfähigkeit, Deckvermögen, Wärmebeständigkeit, Trockenfähigkeit, Biegsamkeit, Haftvermögen, Wasserbeständigkeit) vorgeschlagen. (Chem. Techn. **4**. 496—99. Nov. 1952. Borsdorf bei Leipzig.) F. C. MÜLLER. 7158

R. Paulson, *Die Liebermann-Storch-Reaktion.* Die LIEBERMANN-STORCH-Rk. für den Nachw. von Kolophonium (**I**) ist nur für Harzsäuren mit einem Abietinsäuregerüst, das konjugierte nichtaromat. Bindungen aufweist, spezifisch. Peroxydhaltige Inhibitoren können die Violettfärbung verhindern. Altes **I** gibt eine schwächere Färbung als frisches. Oxydiertes **I** (*Vinsol*) gibt überhaupt keine Färbung, ebenso nicht Dehydroabietinsäure (oxydierte Abietinsäure). (J. Oil Colour Chemists' Assoc. **36**. 127—30. März 1953. Belper, Derbyshire, Premier Works.) SCHEIFELE. 7160

Ciba Akt.-Ges., Basel, Schweiz, *Herstellung von Pigmentpräparaten.* Eine wss. Pigment-, z. B. Indigosuspension, die ein lösl. Salz eines Polyvinylesterderiv. (**I**) enthält, das so viel Carboxylgruppen besitzt, daß das Prod. in Alkalien lösl., als freie Säure unlösl. sowie in der Hitze knetbar u. bei n. Temp. fest ist, wird mit Fällungsmitteln behandelt. Man verwendet hier ein lösl. Salz eines **I**, dessen Säurereste zum Teil freie Carboxylgruppen enthalten, z. B. eines teilweise verseiften u. hierauf mit einem

Dicarbonsäureanhydrid veresterten Polyvinylacetats (II), worin der Anteil des II 70—95 (%) u. der der Dicarbonsäure 20—5 beträgt. (**Schwz. P. 288 969** vom 26/6. 1950, ausg. 1/6. 1953. **Zusatz zu Schwz. P. 284 079; C. 1954. 3806.**) GRÄGER. 7093

I. G. Farbenindustrie Akt.-Ges., Deutschland, *Hochaktive Sikkative*, dad. gek., daß man ein Gemisch aus einbas. Carbonsäuren mit einer Äthergruppe u. einbas. aliphat. Carbonylsäuren oder ihrer Salze oder Salzgemische mit mehrwertigen Metallen (Co, Mn, Pb, Zn, Ca, Al, Cu, Fe, Hg, Bi, Sn, Cd, Cr, Ce, V usw.) mit anderen Monocarbonsäuren, z. B. Naphthensäure, Linolsäure, Harzsäuren, stabilisierenden, Gelbldg. verhindernden u. mit bas. Substanzen (Oxyden u. Hydroxyden von Schwer- oder Erdalkalimetallen) vermischt. — Man kocht z. B. 7,2 (kg) NaOH mit 130 Isoheptylalkohol, bis die Wasserbldg. aufhört. Zu dem gebildeten Alkoholat gibt man bei 135° 17,5 chloressigsaures Na. Man hält die Temp. ½ Std. auf 155°, läßt abkühlen, versetzt mit 150 Litern W. u. trennt den Alkohol ab. Dann neutralisiert man mit HNO_3 das überschüssige Alkali u. gibt zu der kochenden seifenartigen Lsg. $Pb(NO_3)_2$-Lsg., bis sich kein Nd. mehr bildet. Schließlich wäscht man zweimal mit kochendem W. u. entwässert das Sikkativ bei 120° unter red. Druck. (**F. P. 1 013 968** vom 30/7. 1943, ausg. 6/8. 1952.) OPPERMANN. 7097

Imhausen & Co. G. m. b. H. und **Karl-Heinz Imhausen** (Erfinder: **Gustav Renckhoff** und **Karl-Heinz Imhausen**), Witten/Ruhr, *Herstellung von harzartigen Kondensationsprodukten*, dad. gek., daß man solche Derivv. von aromat. KW-stoffen, die eine oder mehrere Monohalogenmethylgruppen neben einer oder mehreren Alkyl- oder Oxalkylgruppen enthalten, oder Gemische solcher Verbb. in Anwesenheit von säurebindenden Mitteln mit W. zweckmäßig bei erhöhter Temp. behandelt. Die erhaltenen Öle oder Harze sind Rohstoffe für die *Lackindustrie*. (**D. B. P. 908 536** Kl. 39c vom 30/10. 1948, ausg. 8/4. 1954. Anmeldung bekanntgemacht 2/8. 1951.) G. KÖNIG. 7097

Office National d'Études et de Recherches Aéronautiques, Frankreich, *Feuerschützende Überzüge*, bestehend aus einem Gemisch einer organ. Substanz, z. B. Polyvinylchlorid (I) oder seiner Mischpolymerisate, chloriertem Kautschuk, Siliconen, mit einer Mineralsubstanz, z. B. Talk (II), Kaolin, $MgCO_3$, u./oder nicht einem Plastifizierungsmittel, z. B. Trikresylphosphat (III). Die Zus. ist z. B. folgende: 35 (%) I, 35 III u. 30 II. (**F. P. 1 016 150** vom 11/4. 1950, ausg. 3/11. 1952.) OPPERMANN. 7107

British Cellophane Ltd., England (Erfinder: **Charles Robert Oswin**), *Überzüge aus Thermoplasten*, wie Cellulosederivv., Harzen oder Polyvinylverbb., wie Vinylacetatpolymerisaten oder -mischpolymerisaten. Lsgg. dieser Stoffe bringt man auf einen hydrophilen Hilfsträger mit glatter, nichtporöser Oberfläche, trocknet zu einer Folie, die gegebenenfalls nach Anfeuchten des Hilfsträgers, abgehoben u. auf die endgültige Unterlage aus Fasermaterial (Verpackungsmaterial) oder Glas (Verbundglas), organ. Glas oder Metall aufgebracht wird. Als Hilfsträger nimmt man z. B. Cellophan, Casein, Gelatine, Alginstoffe, die auch durch Zwischenstücke aus Papier oder Gewebe unterbrochen sein können. (**F. P. 1 014 563** vom 30/8. 1947, ausg. 19/8. 1952. E. Priorr. 26/5. 1944 u. 28/5. 1945.) PANKOW. 7107

Soc. des Usines Chimiques Rhône-Poulenc, Seine, Frankreich (Erfinder: **Lucienne Anne Marguerite Casati, Jean Louis Gonnard** und **Joseph Édouard Gustave Lahousse**), *Polyvinylchloridmischung*. Sie besteht aus einer Suspension von 34—55% Polyvinylchlorid in einem oder mehreren Plastiziermitteln u. den aus Anthracenölen extrahierten KW-stoffen (I). Die Mischungen werden auf Folien oder Bänder verarbeitet u. so direkt als Überzug auf elektr. Artikel aufgebracht u. auf 75—150° geheizt. Sie dienen als *Isoliermaterial* u. sind gegen Mikroorganismen fest. I erhält man, indem man Anthracenöle durch alkal. u. saure Behandlung, Einw. von $AlCl_3$, gegebenenfalls bei 80—100°, Behandeln mit adsorbierenden Stoffen u. fraktionierte Dest. bei $Kp._{10}$ 130—180° reinigt. — Man erhitzt eine Mischung aus 1,5 (Gewichtsteile), Polyvinylchlorid, 12,5 Butylsebacat, 1 Stabilisator 1—2 Std. auf 100° u. gibt zu der kalten M. 38 I, 10 Monomethylnaphthalin u. 37 Polyvinylchlorid, taucht in die Suspension Gegenstände u. heizt sie 2 Std. auf 120° zu einem harten, durchsichtigen hydrophoben *Überzug*. (**F. P. 1 012 727** vom 13/2. 1950, ausg. 16/7. 1952.) PANKOW. 7107

Röhm & Haas G. m. b. H., Darmstadt (Erfinder: **Otto E. Hintze**, Mexiko), *Herstellung von stabilen, beliebig mit Wasser verdünnbaren Lackemulsionen vom Öl-in-Wasser Typ* aus Lsgg. hochpolymerer Verbb. in organ. Lösungsmitteln. Lacke mit beliebigen Bindemitteln werden unter gleichzeitiger Verwendung von Casein (gelöst mittels K_2CO_3, Na_2CO_3, NH_3, Hirschhornsalz, $(NH_4)_3PO_4$, Na_3PO_4 oder $Na_2B_4O_7$) u. wasserlösl. Salzen carboxylgruppenhaltiger Polymerisate, wie der Acryl- oder Methacrylsäure, emulgiert. (**D. B. P. 900 482** Kl. 22h vom 13/4. 1943, ausg. 28/12. 1953.) GRÄGER. 7107

Reichhold Chemicals, Inc., V. St. A., *Styrol-Alkydharz.* Man erhitzt eine Lsg. eines mit Ölsäuren modifizierten Alkydharzes mit Styrol u./oder Methylmethacrylat in Ggw. eines Peroxydkatalysators u. eines aromat. Lösungsm., wobei als Öle bzw. deren Säuren genannt sind: Chines. Holzöl, dehydratisiertes Ricinusöl, gewisse Fischöle, verdicktes Leinöl, Oiticicaöl oder ihre Mischungen. — Man erhitzt 100 (Teile) Sojaöl unter indifferentem Gas auf 180°, gibt 0,1 PbO zu, heizt auf 230°, gibt 30 Glycerin zu u. hält, bis eine Probe in dem 4fachen Gewicht A.-lösl. ist, setzt 0,06 Phosphorsäure, 27 Glycerin, 100 Phthalsäureanhydrid u. 4 Maleinsäureanhydrid zu, hält 8 Std. bei 200—210° u. leitet das indifferente Gas durch die M., worauf man 605 des erhaltenen festen Harzes mit 618 Xylol auf 140° erhitzt, 150 Styrol zugibt, ½ Std. hält, 1,5 Di-tert.-butylperoxyd in 45 Xylol zugibt, ½ Std. bei 144° hält, den Zusatz von Peroxyd noch 2 mal wiederholt u. noch 3 Std. weiterheizt. Klares *Harz für Überzüge*, z. B. auf Papier. (**F. P. 1 010 270** vom 2/2. 1950, ausg. 9/6. 1952.) PANKOW. 7107

E. I. du Pont de Nemours & Co., V. St. A. (Erfinder: **Charles Marion Fields**), *Herstellung von Harzüberzügen.* Geschmolzene Folien eines synthet., linearen, gewöhnlich festen Polymeren mit bestimmtem F. werden gegen die zu überziehende Fläche (Papier, Gewebe, Holz, Metall) gepreßt u. rasch unter den F. der Folie gekühlt. Polyäthylen wird bei 120—300, bes. 220—260° aufgebracht u. auf 10—90, bes. 45—65° gekühlt; die entsprechenden Zahlen für Chloräthylen mit 20—40% Cl-Geh. sind 120 bis 190, bes. 135—160° u. gleiche Abkühlungstemp. wie vorher, für höherschm. Polyamide 235—275° u. niedrigerschm. 190°, beide werden auf 10—110, bes. 20—100° abgekühlt. Polyester, Polyesteramide, Polyanhydrid oder -äther können entsprechend verarbeitet werden. Verwendung der Gegenstände für Schutz- u. Verpackungsmaterial, Kunstleder, Bekleidungen. (**F. P. 1 014 986** vom 23/3. 1950, ausg. 26/8. 1952. A. Prior. 23/3. 1949.) PANKOW. 7107

Reichhold Chemicals, Inc., V. St. A., *Härten von Melaminharzen und Harnstoffharzen.* Die säurestabilisierbaren Melaminharze, bes. das Melamin–CH_2O-Monoalkoholharz (Melamin–CH_2O-Butanolharz) werden bes. in Mischung mit Alkydharzen mit einem Beschleuniger aus einem organ. Phosphat, z. B. aus P_2O_5 u. einem kurzkettigen einwertigen Alkohol, wie Butanol, versetzt. Das Prod. härtet bei Raumtemp. zu einem harten *Lack.* Man kann damit Papier, Holz, Leder, Kautschuk, Metall lackieren. (**F. P. 1 017 828** vom 27/3. 1950, ausg. 19/12. 1952.) PANKOW. 7107

Margarethe Helmholtz, Flensburg, Deutschland, *Metallhaltige Anstrichmittel.* Es sind ein Schwermetall, wie Pb, Cu, Sn, Cr oder Sn, u. Bindemittel, bes. chlorierte organ. Verbb. mit niedriger Viscosität, wie Chlorkautschuk, u. Weichmachungsmittel, wie hochsd., chlorierte aromat. KW-stoffe, bes. Chlordiphenyl, enthalten; außerdem ein Katalysator, der oxydationsfördernde Wrkg. auf die Metalle u. oxydationshindernd auf Fe wirkt. Geeignete Katalysatoren sind Verbb. von Platinmetallen, bes. $OsCl_2$ oder $OsSO_4$. (**N. P. 79 856** vom 12/10. 1950, ausg. 10/3. 1952. Dän. Prior. 15/10. 1949.) JÜRGEN SCHMIDT. 7107

Omnium Marocain d'Exploitation de Brevets, Marokko, *Imprägnierungsmittel für Textilien und Rostschutzmittel*, bestehend aus einem Gemisch von trocknenden Ölen (I), Standölen, 2—5% eines Kondensationsprod. (II) von Di- oder Trialkylolamin mit I u./oder nicht Natur- u. synthet. Harzen, Farbstoffen, Verdünnungsmitteln (III). — Man mischt z. B. 50 Teile Standöl aus Chines. Holzöl, 50 Teile mit Pb oder Co sikkativiertem Leinöl, 3 Teile eines **II** aus Chines. Holzöl (**IV**) in Triäthanolamin (**V**). Das Prod. verleiht Tuchen erhöhte Widerstandsfähigkeit gegen Feuchtigkeit u. Alterung u. erhöhte dielektr. Eigenschaften. — Die Zus. eines Rostschutzmittels ist z. B.: 20 Teile **II** von **IV** u. **V**, 40 Teile Standöl von **IV**, 60 Teile Leinölstandöl, 80 Teile ZnO_2, 60 Teile Glycerinphthalatharz, 1,5 Teile 6% Mn enthaltendes Mn-Resinat u. 200 Teile **III**. (**F. P. 1 010 311** vom 3/2. 1950, ausg. 10/6. 1952.) OPPERMANN. 7107

Jacques Trachet, Brüssel, Belgien, *Herstellung von korrosionsschützenden Überzügen auf Metallen.* Feste oder halbfeste gesätt. KW-stoffe werden geschmolzen u. in diesen lösl., paraffin., synthet. KW-stoffe mit hohem Mol.-Gew. (8000—20000) bei 60—95° eingeführt oder als Band durch die Schmelze durchgeführt, so daß dieses Band mit den gesätt. KW-stoffen beladen wird, das dann zum Belegen oder Umwickeln von Metallen verwendet werden kann. (**Schwz. P. 293 117** vom 16/4. 1951, ausg. 1/12. 1953. Belg. Prior. 28/4. 1950.) GRÄGER. 7107

Chemieprodukte G. m. b. H., Leverkusen-Rheindorf, *Gegen Korrosion schützende Umhüllung* für Rohrleitungen u. ähnliche Metallkörper. Ein Träger aus organ. oder anorgan. Material wird auf der einen Seite mit plast. bleibenden, chem. weitgehend indifferenten Korrosionsschutzmaterialien, auf der anderen Seite mit veredelten bituminösen oder ähnlichen Stoffen derart belegt, daß die entstehende Korrosionsschutzbinde auf ihrer einen Seite eine weiche, sich allen Formen plast. anschmiegende, hochwirksame Korrosionsschicht aufweist. Auf ihrer anderen Seite besitzt sie eine ebenfalls gegen Korrosion schützende gas- u. wasserdichte, aber gegen mechan. Verletzungen feste u. hochelast. Schicht. (**Oe. P. 175 111** vom 26/9. 1951, ausg. 10/6. 1953. D. Prior. 24/4. 1951.) WITTHOLZ. 7107

Jan Sibren de Kreij, Holland, *Überzugsmasse*, bestehend aus Steinkohlenteerpech (I), Hartparaffin (II) u. einem aromat. KW-stoff (Bzl. u. Homologe). — Man schm. z. B. 20 (Teile) II u. setzt unter Rühren 80 feingemahlenes I u. 3 Bzl. hinzu. Das nach dem Abkühlen plast. Prod. dient zum Bekleiden, z. B. von Holz, Fe, Zn, Papier, Zement. (**F. P. 1 009 537** vom 30/1. 1950, ausg. 30/5. 1952. Holl. Priorr. 30/1. u. 3/8. 1949.) OPPERMANN. 7107

Soc. Nationale d'Étude et de Construction de Moteurs d'Aviation, Frankreich (Erfinder: **Benjamin Salmon, Suzanne Pauthier** und **André Turpin**), *Sprünge bildende Lacke für die Untersuchung der Zugbeanspruchung von Werkstoffen*, dad. gek., daß sie aus Ca-Resinat mit 2,5% Ca oder Zn-Resinat mit 2,8% Zn oder einem Gemisch von beiden oder mit anderen Resinaten oder anderen Substraten bestehen. Sie werden in fester Form oder gelöst, z. B. in Estern, Alkoholen, Ketonen, verwandt. (**F. P. 1 015 249** vom 28/3. 1950, ausg. 29/8. 1952.) OPPERMANN. 7107

Georges Brus und **Pierre Legendre,** Frankreich, *Gewinnung von Harz, Harzsäuren, Terpentinöl, Resenen*, dad. gek., daß man Kolophonium (I) oder Harzpech (II) durch Behandeln mit Lösungsmitteln, Laugen, Säuren, in Harz, bestehend aus Oxysäuren, Terpentinöl, Resenen, Kolophoniumsäuren, Na-Tetraabietat, ein Abietin–Maleinsäureprod., Abietinsäure, Pyroabietinsäure u. im Falle von I oder II aus dem Terpentin von Pinus maritima in Dextropimarsäure zerlegt. (**F. P. 990 893** vom 16/7. 1949, ausg. 27/9. 1951.) OPPERMANN. 7141

XIb. Plaste (Kunstharze. Plastische Massen).

W. Tischbein, *Methoden zur Veredelung von Folien und Kunstleder aus PVC.* Vf. berichtet über Erfahrungen mit Schlußstrichpasten auf Basis Desmophen–Desmodur (*Defінal M* u. *Definal GK* der FARBENFABRIKEN BAYER AKT.-GES.) (Kunststoffe **44.** P33—34. April 1954. Leverkusen.) WINIKER. 7172

Fritz Stastny, *Styropor — ein neuartiger, poröser Kunststoff.* Nach einem Überblick über die bisherigen Methoden zur Herst. von porösem Polystyrol behandelt Vf. Lieferform u. Verarbeitung sowie Eigg. u. Anwendung von *Styropor Blockmaterial* u. *Styropor körnig* (poröses Polystyrol der BADISCHEN ANILIN & SODA-FABRIK AKT.-GES.). (Kunststoffe **44.** P25—32. April 1954. Ludwigshafen/Rh., BASF, Kunststoff-Rohstoff-Labor.) WINIKER. 7172

Konrad Meyerhans, *Chemikalienbeständigkeit von Äthoxylinharzen. Das Verhalten von Araldit-Gießharz B gegenüber Chemikalien.* Bericht über die Ergebnisse (Tabelle) von Unterss. über die Beständigkeit von *Araldit-Gießharz B* gegenüber W. u. Feuchtigkeit, Salzlsgg., Säuren u. Laugen sowie Lösungsmitteln. (Kunststoffe **44.** 135—42. April 1954. Basel.) WINIKER. 7176

Alfred Müller, *Ungesättigte Polyesterharze, eine neue Klasse von technisch bedeutungsvollen Kunststoffen.* Zusammenfassender Überblick über chem. Aufbau, allg. Eigg. u. Vorgänge bei der Härtung. — 11 Literaturhinweise. (Chemiker-Ztg. **78.** 242—47. 20/4. 1954. Ludwigshafen/Rh., Kunststoff-Rohstoff-Labor.) WINIKER. 7176

Edwin G. Fisher, *Strangpressen von Hart-PVC-Rohren.* 1. Mitt. Behandelt werden: die Beschaffenheit des Ausgangsrohstoffes, die Herst. der Spritzmischung u. die verschied. Typen von Ein- u. Mehrschneckenpressen. (Kunststoffe **44.** P35—38. 40. April 1954. London.) WINIKER. 7204

A. R. Henning, *Glasfaserverstärkungen und ihre Verwendung bei Kunststoffen.* (Vortrag.) Behandelt werden: der Mechanismus der Verstärkung, die Einflüsse der Faserbeschaffenheit auf die Eigg. von Schichtstoffen sowie die Herst. von Glasfaserträgerstoffen. (Kunststoffe **44.** 131—33. April 1954. Ravenhead, St. Helens, Lancs., Labor. der Fibreglass Ltd.) WINIKER. 7204

R. N. Haward, *Der Faktor der Beanspruchungsgeschwindigkeit in Beziehung zu den Schlagfestigkeitseigenschaften von Kunststoffen.* Der Einfl. der Beanspruchungsgeschwindigkeit bei Kunststoffen auf die zum Bruch erforderliche Energie wird erörtert mit besonderer Bezugnahme auf einfachere Prüfkörpertypen. Bei härterem oder glasigerem Material sind die Hauptfaktoren die Trägheit u. die Änderung der Bruchfestigkeit mit der Versuchszeit. Bei Materialien mit hoher Elastizität ist die Energieaufnahme viel größer u. hängt hauptsächlich davon ab, ob die hochelast. Deformation unter den Prüfbedingungen eintreten kann. Ein besonderer Fall wird betrachtet, u. es wird gefolgert, daß bei den höchsten Beanspruchungsgeschwindigkeiten die Spannungen so groß sind, daß die Bruchgeschwindigkeit höher wird als die Beanspruchungsgeschwindigkeit. Unter solchen Bedingungen fällt die Bruchenergie bei hohen Beanspruchungsgeschwindigkeiten. Trägheitsfaktoren werden diesen Effekt vermutlich verstärken. (Plastics **18**. 382—86. Nov. 1953. Petrochem. Ltd.) SCHÄFF. 7210

General Aniline & Film Corp., V. St. A. (Erfinder: **Harlan B. Freyenmuth** und **William O. Ney**), *Ultraviolettes Licht absorbierende Folien.* Wasserlösl. Stoffe (Regeneratcellulose, Polyvinylalkohole, wasserlösl. Cellulosederivv., Harnstoff-, Melamin–CH_2O-Harze, Polyacrylamid, Poly-(N-oxyalkylacrylamid), Poly-(äthylenglykolmonoacrylat), Polyvinylmethyläther, werden mit Verbb. der Formel 4-R·C_6H_4·CO—2′OH—4′-OH—6′-R—C_6H_2 (ein R = H, das andere = Sulfonat) bei p_H 5—9,5 zu Folien geformt. Genannt ist Na-2.4-Dioxybenzophenon-5-sulfonat. Verwendung für *photograph.* Filter, Verpackungsmaterial, Schutz gegen Sonnenbrand. (**F. P. 1 002 886** vom 20/12. 1949, ausg. 11/3. 1952. A. Prior. 31/12. 1948.) PANKOW. 7171

Wladimir Brandt, Seine, Frankreich, *Metallisation plastischer Massen.* Als Verdünnungsmittel für das Reduktionsmittel dient das Lösungsm. für die zu behandelnde plast. Masse. Mit einer Schablone überzieht man entfettete Plexiglasoberfläche mit einer Mischung aus 50 g Plexiglas, 25 g Pyrogallol u. 100 cm^3 Glykolmonochlorhydrin, trocknet 2 Std. bei 60°, taucht den Gegenstand in eine Mischung aus einer Lsg. aus 6 g $AgNO_3$, 6 g NaOH, 12 cm^3 25%ig. NH_3, 1 Liter W. u. einer solchen aus 100 g Zucker, 20 cm^3 8%ig. H_2SO_4 u. 1 Liter W. im Verhältnis von 20 (Volumenteilen) der ersten zu 1 der zweiten Lsg., bis sich ein Ag-Nd. gebildet hat. (**F. P. 1 015 850** vom 31/3. 1950, ausg. 24/10. 1952.) PANKOW. 7171

Phillips Petroleum Co., V. St. A. (Erfinder: **Willie Woodard Crouch** und **John Francis Howe**), *Verharzung von Olefinen und Diolefinen* und deren Verbindungen mit Schwefligsäureanhydrid unter Verwendung von Fe-Polyphosphaten, bes. Fe-Pyrophosphat (I), in Mengen von 0,1—2, bes. 0,2—0,8, Gew.-% der SO_2 + ungesätt. Verb. der Formel $R_1R_2C{=}CR_3R_4$ (R_1 u. R_2 = H oder Alkyl, R_1 u. R_4 können auch Teile eines carbocycl. Ringes sein, R_3 u. R_4 = H, Halogen, Alkyl, Alkenyl, Aryl, Aralkyl, Acetylenylrest oder Gruppen mit den genannten Resten, die auch noch andere Gruppen enthalten können; genannt sind 1- oder 2-Buten, Propylen, Isobutylen, Penten, Hexen, Cyclohexen, Styrol, α-Methyl- oder Chlorstyrol, Vinylacetylen, -chlorid, -bromid). Man arbeitet zweckmäßig in wss. Emulsion. Der Phosphatkatalysator hebt die verzögernde Wrkg. olefin. Verunreinigungen (Isobutylen) auf. Die Harze fallen als leichte, feine Pulver an. Man arbeitet bei —23 bis 60°. Man behandelt 46,7 (Gewichtsteile) 1-Buten mit 4% Isobutylengeh., 88,3 SO_2, 5 Na-Di-sek.-butylnaphthalinsulfonat, 180 W. u. 0,4 Na-Ferricitropyrophosphat 5 Std. bei 25° u. koaguliert. (**F. P. 1 017 879** vom 4/4. 1950, ausg. 19/12. 1952. A. Prior. 28/4. 1949.) PANKOW. 7173

Emilio Campos-Garcia und **Julio Campos-Garcia,** Spanien, *Mustern von Folien aus plastischen Massen,* wie Polyvinylchlorid. Die Folien werden zwischen den heißen gemusterten Druckplatten zunächst unter leichtem Druck angewärmt, dann werden Druck u. Hitze bis zum Erweichungspunkt der M. erhöht u. kurze Zeit gehalten. Zum Druckausgleich empfiehlt es sich, Zwischenlagen aus weichen Stoffen, wie plastiziertem Polyvinylchlorid, zwischen Preßplatten u. Preßmasse anzubringen. (**F. P. 1 016 097** vom 7/4. 1950, ausg. 31/10. 1952. Span. Prior. 31/1. 1950.) PANKOW. 7173

Emsig Mfg. Co., New York, N. Y., übert. von: **Charles Dangelmajer,** Nutley, N. J., V. St. A., *Herstellung von perlmutterartigen Plättchen.* Man mischt heiß härtbares, fl. Polyesterharz (I), das ungesätt. Bindungen im Mol. enthält, u. eine fl. ungesätt. Verb., die die Gruppe $CH_2{=}C{=}$ aufweist, z. B. 1 Teil Styrol u. 2 Teile I, hergestellt durch Kondensation von Propylenglykol u. Fumar- u. Phthalsäureanhydrid, mit einem Polymerisationskatalysator, z. B. 0,05 (%) Methyläthylketonperoxyd u. 0,5 Benzoylperoxyd, u. einem lichtreflektierenden Stoff, z. B. 3 Fischsilber, erhitzt im Wasserbad unter Rühren, bis die M. dick wird u. verformt vor dem Gelieren. (**A. P. 2 643 983** vom 28/3. 1950, ausg. 30/6. 1953.) LÜTTGEN. 7173

Régie des Mines de la Sarre, Saar (Erfinder: **Alfred Jäger** und **Wilhelm Münch**), *Herstellung von Resolharzen* aus Na-Phenatlaugen. Man bestimmt den Geh. der Laugen an Phenol u. Alkali u. richtet danach den Zusatz von CH_2O, W. u. freiem Phenol. — Man gibt zu 100 (Gewichtsteilen) Phenatlauge mit 43 Gew.-% trockenem Rohphenol 15,6 NaOH u. 40 29,5%ig. Formol. Das wasserunlösl. Resol kann durch Säure ausgefällt werden. (**F. P. 1 017 605** vom 5/5. 1950, ausg. 12/12. 1952.) PANKOW. 7177

United Staates of America, übert. von: **Daniel Swern** und **Edmund F. Jordan jr.,** Philadelphia, Pa., V. St. A., *Herstellung von Mischpolymerisaten.* Diallylphthalat wird in Gemisch mit einem Allylester der Stearin-, Caprin-, Capron- oder Myristinsäure bei 50—150° in Ggw. üblicher Peroxyd-Katalysatoren polymerisiert. Die Mischpolymerisate sind in sd. Aceton oder Bzl., Amylacetat oder Essigsäure löslich. (**A. P. 2 631 141** vom 3/6. 1949, ausg. 10/3. 1953.) MÖLLERING. 7177

Henkel & Cie. G. m. b. H., Düsseldorf, *Härtungsmittel für Kondensationskunststoffe*. Als solche eignen sich mehrfach chlorierte hydroaromat. Ketone, wie 2.2.6.6-Tetrachlorcyclohexanon-(1), 2.3.4.4.5.6.6-Heptachlorcyclohexanon-(1), 2.2.3.4.5.6.6-Heptachlor-4-methylcyclohexanon-(1) oder 1.1.3.4-Tetrachlor-2-ketotetrahydronaphthalin. Phenol-, Harnstoff-, Melamin- oder Anilin–Formaldehyd-Vorkondensationsprodd. können als solche oder in Lsg. mit diesen Härtern vermischt werden u. geben so stabile, in der Hitze härtbare Stoffgemische. Erst bei Tempp. oberhalb 70—80° erfolgt aus diesen Härtungsmitteln HCl-Abspaltung u. tritt eine Härtung ein. Die Stoffgemische können mit Füllmitteln als *Preßmassen* oder auch z. B. für die Herst. von *Einbrennlacken* verwendet werden. (**Schwz. P. 293 122** vom 13/1. 1951, ausg. 1/12. 1953. D. Prior. 17/4. 1950.) HERBST. 7181

Cassella Farbwerke Mainkur Akt.-Ges. (Erfinder: **Karl Keller**), Frankfurt/M., *Gießharze* nach D. B. P. 891 449 erhält man durch Kondensation der im Hauptpatent genannten aminogruppenhaltigen organ. Verbb. in Ggw. von mehrwertigen Alkoholen oder deren Gemischen mit Aldehyden, die durch Methylolgruppen substituiert sind, u. anschließende Härtung durch Zeit- oder Wärmeeinw. mit oder ohne Zusatz saurer Katalysatoren. Die Aldehyde können teilweise durch CH_2O ersetzt werden. Nach einem Beispiel werden Melamin, Äthylenglykol u. Trimethylolacetaldehyd in Ggw. von W. kondensiert. Rißfrei bleibende, wasserklare *Formstücke*. (**D. B. P. 897 480** Kl. 39c vom 3/11. 1944, ausg. 23/11. 1953. **Zusatz zu D. B. P. 891 449. C. 1954. 4501.**) SCHINDLER. 7181

Phrix-Werke Akt.-Ges., Hamburg (Erfinder: **Helmut Bock**, Hirschberg), *Herstellung von Polyurethanen* nach D. B. P. 896 720, dad. gek., daß man Verbb. der Formel R″(R‴)—N·R—O·COX, in der X eine Oxyalkyl- oder Oxyarylgruppe u. R, R″ u. R‴ Substituenten wie im Hauptpatent darstellen, bei erhöhter Temp., gegebenenfalls unter Druck oder Vakuum, der Selbstkondensation unterwirft. Nach dem Beispiel wird der Ester aus Benzoesäure u. 1.6-Aminohexanol, $H_2N\cdot(CH_2)_6\cdot OCO\cdot C_6H_5$, 10 Std. auf 260° erhitzt. Nach weiteren 6 Std. im Vakuum von 5 mm wird eine leicht verformbare, plast. M. erhalten. (**D. B. P. 901 710** Kl. 39c vom 28/11. 1942, ausg. 8/3. 1954. Anmeldung bekanntgemacht 16/4. 1953. **Zusatz zu D. B. P. 896 720; C. 1954, 4048.**) SCHINDLER. 7181

United Staates of America, übert. von: **Howard M. Teeter** und **John C. Cowan**, Peoria, Ill., V. St. A., *Herstellung von Polyamidharzen*. Ein aus äquimol. Mengen aus Citracon- oder Itaconsäureanhydrid u. ungesätt. Fettsäuren mit mehr als 7 C-Atomen (oder deren Ester oder Gemische) erhaltenes polymeres Addukt wird mit der 5 mol. Menge eines prim. Diamins bei 100—200° umgesetzt, bis ein schmelzbares Harz erhalten ist. — 2,3 (g) Polyaddukt aus Linolsäuremethylester u. Citraconsäureanhydrid werden mit 2,1 einer wss. 70%ig. Äthylendiaminlsg. in N_2-Atmosphäre auf 170° erhitzt. (**A. P. 2 641 593** vom 27/3. 1950, ausg. 9/6. 1953.) MÖLLERING. 7181

Rütgerswerke Akt.-Ges., Frankfurt/M. (Erfinder: **Georg Alaschewsky**, Mannheim, **Bernhard Schätzel**, Rüdersdorf bei Berlin, und **Walter Frost**, Saarau, Kr. Schweidnitz), *Koagulieren wässeriger Thioplastsuspensionen*. Suspensionen von Polyäthylenpolysulfid werden mit einer zur Koagulation nicht ausreichenden Menge Säure versetzt u. von der Hauptmenge des W. durch Absaugen befreit, worauf die M. das restliche W. durch Wärmebehandlung oder Lagern spontan absondert. (**D. P. B. 904 104** Kl. 39b vom 30/9. 1942, ausg. 15/2. 1954.) OVERBECK. 7185

Laboratoire de Recherches et de Contrôle du Caoutchouc et de l'Amiante, Seine, Frankreich (Erfinder: **Lucien Kahane**), *Aldehydbehandlung von Ligninmaterial*. Man behandelt Lignin (Holz, Kork, Torf) mit Aldehyden (Formol, CH_3CHO, Furfurol), auch unter Zusatz von weiterem Lignin (Schwarzlauge, Sulfitablauge, Rückstände der Papierfabrikation) von Phenolen oder N-haltigen Stoffen, wie Aminen oder Harnstoff, oder von Resorcin zur Herst. von Füllstoffen für Kautschuk oder Kunstkautschuk. Verwendung der Reaktionsprodd. als Preßmassen, Füllstoffe für plast. Massen, elektr. Isoliermaterial; nicht auskondensierte Prodd. dienen als Leime u. Klebmittel, auch zusammen mit Kautschuklsgg. oder Kunstharzen. — Holzpulver in wss. alkal. Aufschlämmung wird mit 10% Formol unter Rückfluß ca. 1 Std. gekocht, angesäuert, erneut gekocht, neutralisiert u. getrocknet. (**F. P. 1 012 791** vom 13/2. 1950, ausg. 17/7. 1952.) PANKOW. 7199

Pierre Mezin, Seine, Frankreich, *Überziehen von Gewebe oder Papier mit Kunstharzfolien*, bes. aus *Polyvinylchlorid*, Polystyrol oder Polyäthylen. Man bringt das Papier zwischen die überstehenden Kunstharzfolien u. sorgt für Entfernung von Luftblasen, erwärmt zwischen Preßplatten ohne Druckanwendung bei 50°, steigert auf 100°, preßt leicht, dann stark u. steigert auf 130—160°, worauf rasch abgekühlt wird. (**F. P. 1 012 780** vom 23/1. 1950, ausg. 17/7. 1952.) PANKOW. 7205

Émile Merle D'Aubigné, Seine, Frankreich, *Herstellung von Schichtkörpern*. Man verpreßt mit polymerisierbaren Harzen imprägniertes Papier oder Gewebe auf Cellulose-, Asbest-, Glasbasis in üblicher Weise, arbeitet das vorgepreßte Stück maschinell nach, so daß alle Abmessungen etwas kleiner als gewünscht sind u. eine etwas größer ist, imprägniert mit einem Lack, trocknet u. preßt nun heiß fertig. (**F. P. 1 012 932** vom 16/2. 1950, ausg. 21/7. 1952.) PANKOW. 7205

Dow Corning Corp., V. St. A. (Erfinder: **Orville A. Braley**), *Herstellung von Schichtstoffen* aus abwechselnden Lagen von Gewebe aus langen Glasfäden u. Lagen aus kurzfaserigem Material aus Glasfasern oder Asbestfasern, die als Gewebe oder Filz angewandt werden. Die Lagen sind mit *Organopolysiloxanharz* mit 1—1,5 CH_3- oder C_6H_5-Resten pro Si-Atom imprägniert. Der Schichtstoff dient als *elektr. Isoliermaterial.* — Man taucht Glasgewebe aus Fasern von 0,375 mm Stärke in eine 45%ig. Toluollsg., die je 33,33 Mol-% $CH_3SiO_{3/2}$, $C_6H_5SiO_{3/2}$ u. $C_6H_5(CH_3)SiO$, 0,5% Sn-Dibutyldiacetat u. 0,03% Pb-2-Äthylhexoat enthält, u. trocknet bei 110°; gleiches geschieht mit Gewebe aus kurzen Glasfasern von 0,25 mm Stärke. Man preßt beide Gewebe bei 175° u. 5,25 kg 5 Min. zusammen. (**F. P. 1 013 387** vom 1/3. 1950, ausg. 28/7. 1952.) PANKOW. 7205

British Cellophane Ltd., England (Erfinder: **George Samuel Heaven** und **Charles Robert Oswin**), *Herstellung von Schichtfolien* aus Schichten von hydrophilem Fasermaterial u. hydrophilem nicht faserhaltigem Material mittels wss. Klebstoffs, wobei der Wassergeh. des Klebstoffs oder seine Absorption durch die Faserschicht so gehalten wird, daß die nicht faserhaltigen Schichten nicht soviel davon absorbieren, daß sie zu schrumpfen beginnen. Als Klebstoff dienen wss. Lsgg. von Gelatine mit $CaCl_2$ oder $ZnCl_2$ u. Glycerin u./oder ein wasserlösl. Cellulosederiv. „Cellofas WFZ", u./oder konz. Pasten von Stärke oder Dextrin u./oder Gummi arabicum. Als Fasermaterial dient Papier, Karton, Leder, Holzfolien, die einseitig mit undurchlässigen Schichten aus Celluloseestern oder -äthern, Gummi, Harz, Wachs überzogen sein können, als faserfreie Schicht, bes. Regeneratcellulose. Das Verf. eignet sich zur Erhaltung alter Schriften u. Archive, für Verpackungsmaterial, Schläuche. In dem Klebstoff soll die Wassermenge das 10—1,5fache der trockenen Gelatine, die $CaCl_2$-Menge höchstens das 0,9fache der Gelatine betragen. (**F. P. 1 014 558** vom 29/8. 1947, ausg. 19/8. 1952. E. Priorr. 26/8. 1941 u. 18/8. 1942.) PANKOW. 7205

Reinhold Pohlenz, Velbert, Rhld., *Herstellung einer Faserplatte*. Eine Mischung aus wärmehärtbaren u. wärmeformbaren Kunstharzen, Rohkautschuk u. W. oder Wasserglas wird einer holzstoffhaltigen Füllmasse (Sägemehl) mit W. oder Wasserglaszusatz zugegeben, worauf der entstehende Teig in Formen gefüllt u. unter Hitzeeinw. gepreßt wird. Das Kunstharz kann teilweise durch Lignit, Lignin u./oder Braunkohlenfilterstaub ersetzt werden. Zweckmäßig wird die Mischung bei 220—250° unter einem Druck von 10—14 kg/cm² gepreßt. (**D. B. P. 903 672** Kl. 80b vom 17/8. 1951, ausg. 8/2. 1954.) HANS HOFFMANN. 7205

Gustave Demaret, Gironde, Frankreich, *Plastische Massen aus Pflanzenfasern* (Ginster, Rinde, Holzabfälle). Man zerkleinert die Pflanzen u. behandelt 2 Std. unter Druck im Dampfautoklav in Ggw. von 1,5—2,5%ig. organ. Säure. Man nimmt z. B. Topinambur- u. Maisstengel, die 2 Std. im Autoklav behandelt wurden, feinzerkleinerte Rinde u. Sägespäne u. 6 Std. mit einem geeigneten Reaktionsmittel eingeweichten Ginster, zerkleinert alles 2 Std. u. heizt unter Druck in einer Form bei 120°. Kondensierbare Massen können zugesetzt werden. Verwendung für therm. u. akust. Isoliermaterial u. für Platten. (**F. P. 1 000 040** vom 8/10. 1949, ausg. 7/2. 1952.) PANKOW. 7205

American Cyanamid Co., V. St. A. (Erfinder: **Richard A. M. Palese** und **Serenus H. A. Young**), *Herstellung von Faserpreßmassen*. Man imprägniert, gegebenenfalls nach vorheriger Behandlung mit Melamin-CH_2O-Harz, die trockene Fasermasse mit einem ungesätt. Polyesterharz, bes. in einem mischpolymerisierbaren Lösungsm., wie Styrol oder Diallylphthalat, härtet die M. durch Erhitzen u. preßt. Verwendung als Holzersatz. (**F. P. 979 434** vom 25/1. 1949, ausg. 26/4. 1951. A. Prior. 27/1. 1948.) PANKOW. 7205

Karl Heinrich Auer und **Albert Martin**, Saar, *Überziehen von Faserplatten* mit Folien wie Papier, Gewebe, dünnen Holzbrettern, unter Verwendung eines Kunstharzes, etwa eines Phenol-, Amyl- oder Vinylharzes, als Bindemittel durch Heißpressung. Verwendung für Möbel oder Inneneinrichtungen. (**F. P. 1 011 838** vom 14/2. 1950, ausg. 17/7. 1952.) PANKOW. 7205

XII. Kautschuk. Guttapercha. Balata.

D. H. Constable und **G. E. Hodnett,** *Die Düngung von Hevea brasiliensis in Dartonfield, Ceylon.* Die Wrkg. der einzelnen Nährstoffe wurde durch die Zunahme des Stammumfanges in der Jugend u. später durch den Ertrag an Kautschuk verfolgt. Im Jugendstadium erwiesen sich bes. P_2O_5 u. Kompost als wirksam. Auch auf den Kautschukertrag ergab P_2O_5 eine deutliche Wrkg., während die Wrkg. von Kompost in dieser Hinsicht nicht so gesichert war. (Empire J. exp. Agric. **21.** 131—36. April 1953.) A. JACOB. 7222

M. van den Tempel, *Saure Bestandteile in konserviertem Hevea-Latex.* Die Gesamtmenge an sauren Bestandteilen (höhere sowie flüchtige Fettsäuren, Phosphat u. Carbonat) im Serum von konserviertem Hevealatex (15 verschied. Proben) wurde durch analyt. Best. der Konzz. der wichtigsten Anionen ermittelt. Die Konz. der so erhaltenen Anionen wird mit der Gesamtkonz. der Kationen verglichen. Die Menge der NH_4-Ionen wird durch die Best. der KOH-Zahl u. durch Anbringung einer Korrektur für die vorhandene Carbonsäure gefunden. K wurde im Serum direkt bestimmt; andere Kationen sind zu vernachlässigen. Der Beitrag von Aminosäuren zur Ionenstärke ist im allg. von untergeordneter Bedeutung. Der p_H-Wert des Latex wird in erster Annäherung durch das Verhältnis der Konzz. von NH_4-Ionen u. NH_3-Moll. bestimmt. (Trans. Instn. Rubber Ind. **29.** 312—20. Dez. 1953. Delft, Rubber Stichting.) SCHÄFF. 7222

J. L. M. Newnham, *Bildung von Zinkseifen und Gelierung von Latex.* Der Gelierungseffekt von ZnO auf NH_3-haltigen Kautschuklatex hängt bekanntlich mit der Bldg. von Zn-Seifen zusammen. Die Bldg. dieser Zn-Seifen unter verschied. Bedingungen wurde untersucht, um den Mechanismus der Gelierung weiter aufzuklären. Dabei wurde gefunden, daß die Hauptfaktoren, welche die Zn–Ammin-Ionenbldg. in NH_3-Lsg., die bestimmte Mengen von NH_4-Salzen u. lösl. Zn enthalten, beeinflussen, der p_H-Wert u. die Temp. sind. Sinkender p_H-Wert oder steigende Temp. begünstigen die Bldg. der chem. reaktionsfähigeren niedriger-wertigen Zn–Ammin-Ionen u. so die Bldg. von Zn-Seifen, wenn Seifen vorhanden sind. Es wird angenommen, daß die Zn-Seifenbldg. im Serum des NH_3-haltigen Latex u. die anschließende Gelierung des Latex von der Ggw. von spezif. Zn–Ammin-Ionen abhängen. (Trans. Instn. Rubber Ind. **29.** 160—72. Juni 1953. Birmingham, Dunlop Res. Centre.) SCHÄFF. 7222

Manfred Wick und **Wolf Dietz,** *Eigenschaften von Siliconkautschuk.* An Hand der Literatur (32 Hinweise) geben Vff. einen Überblick über die mechan., elektr. u. chem. Eigg. von Siliconkautschuk u. vgl. dieselben mit denen anderer Elastomerer (z. B. Chloropren- u. Butadien–Acrylnitrilkautschuk). (Kunststoffe **44.** 127—31. April 1954. München, Wacker-Chemie, Silicon-Labor.) WINIKER. 7224

Joaquin Play Benosa, *Die Vulkanisationsbeschleuniger.* Kurzer Überblick über die Anwendung u. Wrkg. der wichtigsten Vulkanisationsbeschleuniger. (Goma [2] **2.** 10—15. April 1954.) WINIKER. 7228

S. C. Einhorn und **L. A. McLeod,** *Theoretische Behandlung des Kautschuk–Öl–Ruß-Masterbatch.* Die klass. Zugspannungsgleichung von FLORY für die Kautschukelastizität wurde erweitert, um auch für Polymere, die durch Ruß optimal verstärkt wurden, u. Mischungen mit großen Mengen nichtpolymerer Verschnittmittel (Öle) zu gelten. Mit der modifizierten Gleichung wurde der noch mögliche Verdünnungsgrad einer hochmol. Substanz vorausgesagt, die die gleiche Zugfestigkeit u. den gleichen Modul wie ein gegebenes Bezugspolymerisat (z. B. GR–S) haben soll. Es wird gezeigt, daß im Bereich hoher Mol.-Geww. mehr Verdünnungsmittel zur Erreichung guter Verarbeitbarkeit erforderlich ist als für die Praxis hinsichtlich Modul u. Zugfestigkeit zulässig ist. (Trans. Instn. Rubber Ind. **29.** 281—86. Dez. 1953. Sarnia, Ontario, Can., Polymer Corp. Ltd., Res. & Development Div.) SCHÄFF. 7230

C. Falconer Flint und **C. B. Featherstone,** *Weißer Faktis in kalt-vulkanisierten Kautschukimprägnierungen. Eine Laboratoriumsuntersuchung.* 1. Mitt. Mit S_2Cl_2-Lsg. vulkanisierte Kautschukimprägnierungen mit verschied. Geh. an Mineralfüllstoffen u. weißem Faktis wurden untersucht u. für die Praxis ausgewertet. Der optimale Geh. an Faktis betrug ca. 20%. Die Meth. zur Herst. u. Prüfung der Streichmassen wird beschrieben. (Trans. Instn. Rubber Ind. **29.** 287—311. Dez. 1953. Manchester, Factice Res. & Development Assoc., Res. Labor.) SCHÄFF. 7230

A. N. Gent, *Torsion von Prismen mit rechtwinkligen Querschnitten.* Viele Messungen der Änderung der Steifheit von kautschukelast. Prodd. in der Nähe der Einfriertemp. verwenden Prüfkörper mit rechtwinkligem Querschnitt, die durch Torsion deformiert werden. Vf. weist darauf hin, daß der Effekt kleiner Dehnungen auf die gemessene

Torsionssteifheit von der Form des Querschnitts wesentlich abhängt. Darauf sollte man bei der Auswahl der Prüfmeth. Rücksicht nehmen. (Trans. Instn. Rubber Ind. **29.** 173—74. Juni 1953.) SCHÄFF. 7248

Farbenfabriken Bayer Akt.-Ges. (Erfinder: **Ingofroh Dennstedt,** Köln, und **Wilhelm Berker**), Leverkusen, *Polymerisierverfahren.* Bei der Emulsionscopolymerisation von *Butadienen* mit *Vinyl*-Verbb. in Ggw. von O_2 abgebenden Mitteln wird $\leq 0^0$ in Ggw. von fl. mehrwertigen Alkoholen, wie Glykolen oder Glycerin, gearbeitet. (**D. B. P. 904 110** Kl. 39c vom 3/7. 1941, ausg. 15/2. 1954.) OVERBECK. 7225

Hercules Powder Co., übert. von: **Edwin J. Vandenberg,** Wilmington, Del., V. St. A., *Kautschukähnliche Polymerisate von Vinylverbindungen, z. B. Butadien-1.3.* Man kann bei der Emulsionspolymerisation (ca. 2%) Alkaliseife von Harz- bzw. Abietinsäure — oder nach A. P. 2 648 658 von Fettsäuren — als Emulgator verwenden, wenn als Katalysator ein tert. organ. Peroxyd mit 7—15 C-Atomen, z. B. α.α-Dimethylbenzylhydroperoxyd, u. als Aktivator ein in W. lösl. Schwermetallsalz, z. B. $Fe_2(SO_4)_3 \cdot 9\ H_2O$, dient. (**A. PP. 2 648 657** u. **2 648 658** vom 12/4. 1947, ausg. 11/8. 1953.) MÖLLERING. 7225

Phillips Petroleum Co., Del., übert. von: **Carl A. Uraneck,** Borger, und **Spencer H. Landes,** Phillips, Tex., V. St. A., *Mischpolymerisation* eines Gemisches von überwiegenden Mengen *1.3-Butadien* mit *Styrol* in wss. Emulsion in Ggw. eines Katalysators aus einer Mischung von je 0,5—5 Millimol Diisopropylbenzolhydroperoxyd (I) u. $Na_2S_2O_3$ oder $K_2S_2O_3$ (auf 100 Gewichtsteile der Monomeren) im Mol-Verhältnis 1 : 0,25 bis 1 : 2,5 zwischen 10 u. —40°. Statt I eignen sich organ. Hydroperoxyde mit 6—30 C-Atomen von der Formel RR'R''COOH, wobei R = H oder ein organ. Rest u. R' u. R'' = organ. Reste oder R'R'' zusammen = Tetra- oder Pentamethylengruppe, die mit der $R-\overset{|}{\underset{|}{C}}OOH$-Gruppe ein Cyclopentyl- oder -hexylhydroperoxyd bildet. R, R' u. R'' können reine oder gemischte KW-stoffe sein, wie Aralkyl oder Alkaryl, u. können auch andere Substituenten enthalten, wie Oxy- u. Äthergruppen, entsprechende S-Verbb. u. Halogenverbindungen. Genannt sind Diisopropylhydroperoxyd, 1-Methyl-1-hydroperoxycyclopentan, Tetrahydronaphthalin-, Phenylcyclohexan-, Oktahydrophenanthren-, Cumolhydroperoxyd, Methyläthyl-(äthoxyphenyl)-Methyldecyl-(methylphenyl)-, Dimethyldecyl-, Methylchlorphenylphenylhydroperoxymethan, tert.-Butyl-isopropylbenzolhydroperoxyd; Dimethyl-(tert.-butylphenyl)-, Dimethyl-(diisopropylphenyl)-, Dimethyl-(isopropylphenyl)-, Dimethyl-(dodecylphenyl)-, Dimethyl-(methyphenyl)-hydroperoxymethan, die entsprechenden Methyläthyl- u. Diäthylverbb., 1-Phenyl-3-methyl-3-hydroperoxybutan, Methyldecyl-(methylphenyl)-, Äthyldecylphenyl-, Dimethyldecyldecyl-, Methyldiphenyl-, Methylphenyltolyl-, Triphenyl-, Tritolylhydroperoxymethan u. die Oxydationsprodd. von Cyclohexan, Methylcyclopentan, Phenylcyclopentan u. 1.2.3.4.4a.9.10.10a-Oktahydrophenanthren. (**A. P. 2 614 098** vom 25/11. 1949, ausg. 14/10. 1952.) OVERBECK. 7225

Phillips Petroleum Co., Del., übert. von: **James E. Troyan,** Lewiston, N. Y., V. St. A., *Trennung der Reaktionskomponenten bei der Kunstkautschukherstellung.* Nach Beendigung der Emulsionspolymerisation zur Herst. von Butadienmischpolymerisaten wird die erhaltene Kunstkautschukdispersion 0,5—5 Std. auf 12—57° bei 50 mm Hg bis 2 at erhitzt, wobei nichtumgesetztes Dien als Gas entfernt wird. Gleichzeitig wird die Dispersion koaguliert, wobei die abgeschiedenen festen Anteile nicht umgesetzte Anteile der anderen Polymerisationskomponente zurückhalten. Das Serum wird dann abgetrennt, u. das Koagulat wird unter Überleiten eines inerten Gases auf 80—120° erhitzt, wodurch das Monomere entfernt wird. (**A. P. 2 615 010** vom 16/12. 1949, ausg. 21/10. 1952.) OVERBECK. 7225

Allgemeine Electricitäts-Gesellschaft, Berlin, *Vulkanisierverfahren.* Als Aktivatoren dienen anorgan. Mischoxyde bzw. Komplexverbb., die dadurch hergestellt wurden daß die Grundstoffe in solchen Verhältnissen vermischt wurden, daß sie nach der Umsetzung sich prakt. vollständig zu Mischoxyden vereinigt haben. (**D. B. P. 904 464** Kl. 39b vom 22/10. 1933, ausg. 18/2. 1954.) OVERBECK. 7229

Commonwealth Engineering Co. of Ohio, übert. von: **Elisha Betts Lewis,** Dayton, O., V. St. A., *Schwammkautschuk–Textil-Erzeugnis.* Eine Kautschukmilch–Wasserglas-Mischung wird verschäumt, u. mit dem Schaum werden *Teppichrückwände* u. andere *Belagstoffe* überzogen, worauf getrocknet u. vulkanisiert wird. (**E. P. 697 705** vom 18/9. 1951, ausg. 30/9. 1953.) OVERBECK. 7231

Soc. à Responsabilité Limitée: Établissements G. I. R. O., Seine, Frankreich, *Schlauchdichtungsmittel für Luftschläuche.* Man verwendet eine Mischung aus Kautschukmilch (60 u. 70—75%) u. Kunstharz, bes. Methylmethacrylatharz, das durch längeres Erhitzen mit wss. NH_3 oder NaOH bei 80° behandelt ist. Die Mischung erfolgt in Abwesenheit von Luft, vorzugsweise unter Überdruck. (**F. P. 1 016 016** vom 6/4. 1950, ausg. 30/10. 1952.) PANKOW. 7231

XIII. Ätherische Öle. Parfümerie. Kosmetik.

H. H. G. McKern und **M. C. Spies,** *Über die Zusammensetzung des ätherischen Öles von Eucalyptus citriodora Hook., Type.* Das Öl, das 65,8—77% dl-Citronellal enthält, wird als „Type"-Öl gehandelt. Es enthält ferner Isopulegol, Citronellol, Ameisen-, Essig- u. Citronellsäureester dieser Alkohole, α-Pinen, β-Pinen u. Isovaleraldehyd. Geraniol, Cineol, Propion-, Butter- oder Valeriansäure konnten in dem untersuchten Öl nicht nachgewiesen werden.

Versuche: Die durch Wasserdampfdest. gewonnenen Öle stammten von verschied. Bäumen (Cordalba, Queensland u. Sidney, N. S. W.). Konstanten: $D.^{15}_{15}$ 0,8660—0,8752; n_D^{20} 1,4528—1,4582; $[\alpha]_D$ ±0 bis +3,51°; EZ. 12,5—18,5; EZ. nach Acetylierung 264—300; Citronellalgeh. 65,8—77,0; lösl. in 0,5—1,5 Vol. 70% ig. Äthylalkohol. — Ein Öl mit folgenden Konstanten: D^{15}_{15} 0,9752; n_D^{20} 1,4582; $[\alpha]_D$ —0,25; lösl. in 1,3 Vol. 70% ig. A., EZ. 12,5; EZ. nach Acetylierung 264; Citronellalgeh. 65,8%, wurde der fraktionierten Dest. unterworfen. Im wss. Destillat konnten keine nennenswerten Anteile ermittelt werden. In der nichtwss. Phase der Destillationsfalle wurde Isovaleraldehyd, identifziert als Isovaleraldehyd-p-nitrophenylhydrazon, $C_{11}H_{15}O_2N_3$, gelbe Nadeln, F. 113,5°, nachgewiesen. α-Pinen wurde als Nitrosochlorid, F. 109°, bzw. nach Oxydation als Pinonsäuresemicarbazon, F. 202°, β-Pinen nach Oxydation als Nopinsäure, F. 127°, nachgewiesen. Nach Verseifung einer Ölprobe, Abtrennung der Säuren u. deren Wasserdampfdest. wurden nachgewiesen: Citronellsäure, $Kp._{10}$ 140—143°; $D.^{15}_{15}$ 0,9303; n_D^{20} 1,4549; $[\alpha]_D$ 0,5°; NZ. 169; p-Phenylphenacylester, F. 38°; S-Benzylthiuroniumsalz, F. 143°; Ameisensäure u. Essigsäure. Butter- oder Valeriansäure konnten nicht festgestellt werden. Als Alkohole wurden ermittelt: Isopulegol, $Kp._3$ 60—66°; $D.^{15}_{15}$ 0,9131; n_D^{20} 1,4732; $[\alpha]_D$ —0,25°; Isopulegol-α-naphthylurethan, F. 120°, u. Citronellol, $D.^{15}_{15}$ 0,8678; n_D^{20} 1,4574; $[\alpha]_D$ —0,55°; Citronellylallophanat, F. 107°. Sesquiterpene sind nur in Spuren nachweisbar. (J. Proc. Roy. Soc. New South Wales **87.** 24—26. 1953. Sydney, Museum of Appl. Arts and Sci.) H. P. FIEDLER. 7262

Morris B. Jacobs, *Phenylacetate als Geruch- und Geschmackstoffe.* Nach kurzer Besprechung der Nomenklatur werden von Methyl-, Äthyl-, Propyl-, Allyl-, Butyl-, Isobutyl-, Amyl-, Isoamyl- u. Dimethyloctylphenylacetat $(C_6H_5)CH_2 \cdot COO \cdot R$, Eigg. u. Verwendung in Parfüms u. Aromen angegeben. (Amer. Perfumer essent. Oil Rev. **63.** 127—29. Febr. 1954.) MÜHLMEISTER. 7276

Joseph Klosa, *Antibiotica in der Kosmetik.* Es wird über Verwendungsmöglichkeit der Antibiotica Penicillin (**I**), Gramicidin, Thyrothricin, Streptomycin, Bacitracin, Chloromycetin, Evosin (**II**), Aureomycin, Neomycin u. Terramycin zur Beseitigung von Blasen u. Quaddeln der Haut berichtet. Es wird die Inaktivierung des **I** durch äther. Öle u. andere Zusätze der Kosmetika untersucht u. über bes. günstige Ergebnisse bei Anwendung von **II** berichtet. (Riv. ital. Essenze, Profumi, Piante officin., Olii veget., Saponi **35.** 558—60. 15/11. 1953. Berlin.) STEINER. 7284

Bruno Court (Soc. An.), Frankreich, *Feste Riechstoffpräparate*, dad. gek., daß sie je nach dem Klima des Landes eine verschied. Zus. haben. Sie bestehen z. B. für warmes Klima aus 400 g Mineralwachs (**I**), 60 g Blütenwachs, 80 g Ceresin „KUHLMANN" (**II**), 242 g Bienenwachs (**III**), 217 g Parfümkomposition u. 1 g Farbstoff; für gemäßigtes Klima aus 650 g **I**, 72 g **II**, kein **III** u. sonst wie oben; für kaltes Klima aus 500 g **I**, 20 g **II**, 202 g **III** u. sonst wie oben. (**F. P. 55 021** vom 21/9. 1946, ausg. 5/6. 1951. **Zusatz zu F. P. 892 330; C. 1947. 1513.**) OPPERMANN. 7277

Karl Wielsch, Zürich, Schweiz, *Lichtschutzmittel*, gek. durch einen Geh. an einer Na-Verb. eines Sulfanilamids, bes. des *Na-Sulfanilsäureanilids.* — Beispiel: 40 (Teile) **I**; 80 Stearin; 50 Vaseline; 20 Vaselinöl; 4 Triäthanolamin; 300 Wasser. (**Schwz. P. 292 246** vom 15/12. 1948, ausg. 16/10. 1953.) E. PETERSEN. 7285

Beo Petri & Co. K. G. Fabrik pharmazeutischer, kosmetischer und chem.-technischer Präparate (Erfinder: **Otto Jacobi**), Wiesbaden, *Arbeitsschutzsalbe*, bestehend aus einer Salbengrundlage, die einen Celluloseäther, ein Fett, fettes Öl oder Wachs, einen Wasser-in-Öl- u. einen Öl-in-Wasser-Emulgator enthält, u. einer Emulsion aus einem Gemisch (ca. 3,6%) von Fettalkoholen (**I**) von mehr als 14 C-Atomen u. Wachsestern ungesätt. Fettsäuren mit **I** von 12—18 C-Atomen. (**D. B. P. 903 990** Kl. 30i vom 18/9. 1942, ausg. 15/2. 1954.) E. PETERSEN. 7285

Procter & Gamble Co., Ivorydale, übert. von: **John W. Haefele**, Cincinnati, und **Nathaniel Beverley Tucker**, Glendale, O., V. St. A., *Mittel zum Fixieren reduzierter Keratinfasern, z. B. von Haaren.* Man verwendet zur Regenerierung der Disulfidbindungen des Keratins z. B. beim *Dauerwellverfahren* auf der Basis von Thioglykolat, ca. 2%ig. Lsgg. von organ. Thiosulfaten, z. B. Na-Laurylthiosulfat, Na_2-Propylendithiosulfat, Na_3-Glyceryltrithiosulfat u. das Dithiosulfat des Dodecans. (**A. PP. 2 615 782** u. **2 615 783** vom 11/8. 1950, ausg. 28/10. 1952.) E. Petersen. 7285

Röhm & Haas G. m. b. H. (Erfinder: **Karl Schottenhammer** und **Ernst Trommsdorf**), Darmstadt, *Haarfestlegemittel,* bestehend aus hochviscosen, wasserlösl. Salzen von Polyacrylsäure u./oder ihrem Homologen, bzw. entsprechenden Mischpolymerisaten. — Beispiel: 60 (Teile) einer 10%ig. Na-Polyacrylallsg. (Viscosität = 150 cP) werden mit 2 A., Duft- u. Farbstoff versetzt u. mit W. auf 100 aufgefüllt. (**D. R. P. 758 761** Kl. 30h vom 1/7. 1939, ausg. 15/2. 1954.) E. Petersen. 7285

XIV. Zucker. Kohlenhydrate. Stärke.

Georges Naveau, *Untersuchungen über Vorkalkung und Reinigung der Zuckersäfte.* Studien über die Veränderungen, die bei der Kalkung an den verschied. Inhaltstoffen der Säfte, bes. den Proteinen, Phosphaten u. Pektinen vor sich gehen u. ihre Bedeutung für die spätere Filtration der Säfte. Besprechung der bekannten Behandlungsmethoden (Dorr, Brieghel-Müller, Wavre) mit Literaturhinweisen u. Apparatezeichnungen. — Günstige Vorbedingungen für die Filtration der Säfte werden durch die Kombination einer Vorkalkung, Sonderkalkung von 6 Min. bei 80° u. Carbonisierung nach Dorr erzielt. Es ist auf diese Weise eine kontinuierliche Filtration ohne vorhergehendes Dekantieren möglich. (Sucrerie belge **71.** 437—51. 1/15/6. 1952.) Kranz. 7412

Lester G. Davidson, *Zusammenfassung von Düngungsversuchen zu Zuckerrohr im Jahre 1951.* Auf dem Louisianaer Zuckerrohrboden wird mit einer Stickstoffdüngung, gleichgültig ob als Ammon- oder als Nitratstickstoff gegeben, von ca. 100 lbs/acre der höchste Ertrag erzielt. Nur bei sehr leichten Bodenverhältnissen wird eine zusätzliche Düngung von Kali u. Phosphorsäure empfohlen. Zusätzliche Magnesium- u. Calciumdüngungen bringen dagegen keine Ertragssteigerungen. (Sugar Bull. **30.** 361—67. 15/8. 1952.) Grütz. 7440

H. Schroo, *Die Anwendung von Gefäßversuchen bei der Untersuchung der Fruchtbarkeit von Zuckerrohrböden.* 1. Mitt. *Allgemeine Grundsätze und Technik der Gefäßversuche, mit besonderer Berücksichtigung des Zuckerrohrs.* Beschreibung der Versuchstechnik bei der Anstellung von Gefäßverss. mit Zuckerrohr. (Trop. Agric. **30.** 199—205. Okt./Dez. 1953. Trinidad, Imp. Coll. of Trop. Agric.) Beckmann. 7440

H. Schroo, *Die Anwendung von Gefäßversuchen bei der Untersuchung der Fruchtbarkeit von Zuckerrohrböden.* 2. Mitt. *Ein Gefäßversuch über kurzfristige Wirkung von Kali, Kalk und Magnesia bei Zuckerrohr auf rotem Talparo-Ton* (*Talparo Red Clay*). (1. vgl. vorst. Ref.) In Gefäßverss. mit Zuckerrohr auf einem stark ausgebleichten, stark sauren, basenarmen trop. roten Podsolboden wurde die Wrkg. von KCl, $CaCO_3$ u. $MgSO_4$ geprüft. K bewirkte eine Verlängerung der Triebe, eine Erhöhung des Gewichts der geernteten Frischsubstanz, der N-, PO_4- u. bes. der K- u. Fe-Aufnahme. Neben der Eigenwrkg. wurde durch K die Ausnutzung anderer Nährstoffe verbessert. — Kalk erhöhte die Ausbeute an Frischsubstanz, bewirkte eine Verdoppelung der PO_4-Aufnahme u. eine starke Erhöhung der Fe-Aufnahme, war ohne Einfl. auf K- oder N-Düngung, sowie auf die Ca-Aufnahme. — Mg beeinflußt das Wachstum u. die Nährstoffaufnahme ausgesprochen ungünstig. Die schädliche Wrkg. des Mg wird durch Ca gemäßigt. (Trop. Agric. **30.** 206—15. Okt./Dez. 1953.) Beckmann. 7440

T. M. Carey und **P. Robinson**, *Die Düngung von Zuckerrohr.* Die Ergebnisse von ca. 1500 Düngungsverss. zu Zuckerrohr, die in verschied. Teilen des Commonwealth zwischen 1900 u. 1943 durchgeführt wurden, werden zusammengefaßt u. die Wrkg. von N, P_2O_5 u. K_2O wird berechnet. Die Ergebnisse waren von Land zu Land, sowie für die verschied. Boden- u. Klimabedingungen innerhalb der einzelnen Länder verschieden. Wechselwirkungen zwischen den verschied. Nährstoffen traten nur wenig in Erscheinung. Zwischen $NaNO_3$ u. $(NH_4)_2SO_4$ waren kaum Unterschiede. Die Unterschiede zwischen Rohphosphat u. Superphosphat waren bedingt von der Form des angewandten Rohphosphats. Die Wrkg. von N auf Ratoon-Rohr war etwa doppelt so groß, wie auf Pflanzenrohr, P_2O_5 u. K_2O zeigten nur geringe Unterschiede. Es wurden auch einige Verss. mit Stalldünger, Gründünger, Melasse u. Kalk in die Unters. mit einbezogen. (Empire J. exp. Agric. **21.** 99—115. April 1953.) A. Jacob. 7440

Mary F. Hughes, *Flüssiger Zucker.* Bemerkungen zur Herst., Qualität u. Verwendung von Zuckersirup. (Ice Cream Rev. **37.** Nr. 5. 44—45. 82. 84. 86. Dez. 1953. Yonkers, N. Y., Refined Syrup & Sugars, Inc.) KRUSEN. 7446

P. G. Odendaal, *Bestimmung der Farbe und Trübung in Zuckerlösungen.* Zuckerlsgg. von 60° BRIX wurden auf verschied. p_H-Werte zwischen 6 u. 7 eingestellt u. die Absorptionskurven zwischen 400—700 mμ gemessen. Das Maximum an Farbintensität zeigte der Extinktionskoeff. bei 575 mμ an. Um den Farbtypus auszudrücken, wurde die Differenz zwischen den Extinktionskoeffizienten von 575 mμ u. der Komplementärwellenlänge von 474 mμ bestimmt. Die Lsg. erscheint farblos, wenn die Absorptionen bei beiden Wellenlängen gleich sind. Zur Berücksichtigung der Trübung wurden die TYNDALL-Intensität (Abszisse) u. die Absorption (Ordinate) graph. aufgetragen. Durch Extrapolation der erhaltenen Geraden auf die Ordinate kann auf dieser die der Farbe entsprechende Absorption abgelesen werden. (Int. Sugar J. **55.** 240—44. Sept. 1953. South African Bur. of Standards, Div. of Spectro-Chem.) RUTKOWSKI. 7488

R. Sutra, *Klassifizierung der verschiedenen Stärkemehlarten mit Hilfe der Möglichkeit, mit Kartoffelstärke gefälschten Tapioka zu erkennen.* Die Debyeogramme der verschied. Stärkemehle können in 2 Gruppen eingeteilt werden: den Getreide- u. den Kartoffeltyp. Der Unterschied besteht darin, daß der Getreidetyp 4 Ringe von starker Intensität (5,99; 5,31; 5,00 u. 3,89 Å) aufweist, während der Kartoffeltyp nur einen solchen (5,23 Å) hat. Bei der Umbldg. von Manioka in Tapioka tritt eine Umordnung des kristallinen Gefüges. ein, es bleiben jedoch die Ringe starker Intensität erhalten. Findet man die Ringe von 5,99 u. 3,89 Å nicht, so liegt eine Fälschung mit Kartoffelstärke vor. (Ann. Falsificat. Fraudes **45.** 195—99. Mai/Juni 1952. Inst. de Biol. phys.-chim. Serv. de Biochim.) BENISCHKE. 7490

XVI. Nahrungs-, Genuß- und Futtermittel.

John E. Hodge, *Getrocknete Lebensmittel. Chemie der Bräunungsreaktionen in Modellsystemen.* Ausführliche Übersicht mit 201 Literaturangaben. (J. agric. Food Chem. **1.** 928—43. 14/10. 1953. Peoria, Ill., Northern Reg. Res. Labor.) KRUSEN. 7630

Cs. v. Herepey-Csakanyi, *Radioaktive Substanzen als Sterilisierungsmittel in der Konservenindustrie.* Hinweis auf amerikan. Verss., bei denen durch γ-Strahlen aus ^{60}Co u. ^{182}Ta wirksame Sterilisierung von Konserven erreicht werden konnte. (Ind. Obst- u. Gemüseverwert. **38.** 404. 5/11. 1953. Montreal, Can.) KRUSEN. 7634

E. Fritsch, *Die Getreidenetzung.* Der Netzungseffekt ist stark gebunden an den Zeitfaktor bei den Bewegungseinrichtungen u. den Abstehzellen. Wichtig ist die Durchführungsform der Netzung, d. h. die Art der Verteilung des W., dessen Temp. sowie die des Getreides, ferner die Beschaffenheit der Kornoberfläche mit Furche u. Bärtchen u. der ursprüngliche Wassergehalt. Je feuchter das Getreide, um so gleichmäßiger ist es zu netzen u. um so geringer kann die Bewegungsintensität beim Netzungsvorgang sein. Im Sommer ist die Homogenität schneller zu erreichen als im Winter. (Müllerei **7.** Nr. 8. wiss. Müllerei **1954.** 9—13. 20/2.) HOFER. 7664

W. Q. Braun, O. J. Pickens und **H. T. Spannuth,** *Einfluß des Gehalts an festen und flüssigen Fetten auf die Eigenschaften der Teigmürbungsmittel.* Die Wirksamkeit der Mürbungsmittel (shortenings) (**I**) hängt wesentlich ab vom Verhältnis ihres Geh. an festen zu fl. Fetten, sowie von der Behandlungstemp. während der Lagerung u. bei der Teigbearbeitung. In Vergleichsverss. mit Keksteigen wurden 4 vollhydrierte **I** mit verschied. Geh. an festen Fetten bei Tempp. zwischen 45 u. 92° F. mehrere Wochen gelagert. Die günstigste Lagerungstemp. beträgt 70—75° F., die beste Verarbeitungstemp. ca. 70° F. Hohe Teigbearbeitungstempp. erfordern höheren Geh. an festen Fetten im **I**, Tempp. über ca. 70° F. erniedrigen den Mürbungseffekt. Die Kekse werden unansehnlich u. verlieren an Volumen. (Bakers Digest **26.** 54. Juni 1952.) KRANZ. 7674

John A. Johnson und **Byron S. Miller,** *Amylasen und Proteasen bei der Gebäckbereitung.* Während des Gär- u. Backprozesses spielen die amylalyt. u. proteolyt. Enzyme eine große Rolle. α-Amylase (**I**) wirkt stärkeverflüssigend, β-Amylase stärkeverzuckernd. Letztere ist im n. Mehl in genügendem Umfange vorhanden, **I** nicht u. muß nach Bedarf in Form von Backhilfsmitteln dem Teig zugeführt werden. Das Stärkekorn ist nur in aufgebrochenem Zustand durch die Amylasen angreifbar. Im n. Mehl sind ca. 4% der Stärke durch den Mahlprozeß aufgebrochen, dementsprechend ist die Amylasewrkg. begrenzt. Übermahlene Mehle geben klebrige Teige durch zu starken enzymat. Abbau. Während des Backprozesses spielen die Amylasen eine wichtigere Rolle als bei der Gare. Bei 60—65° (Stärkeverkleisterung) ist **I** sehr aktiv. Der Wirkungsgrad der Amylasen hängt von dem Substrat ab, aus dem sie gewonnen sind (Getreide oder Pilze). — Die Proteinasen wirken bes. teigerweichend u. führen in höherer Konz. zu klebrigen Teigen mit schwacher Gashaltefähigkeit. Während des Backprozesses sind die Proteinasen nur kurze Zeit akt. u. von geringerem Einfluß. (Bakers Digest **26.** 45. Juni 1952.) KRANZ. 7674

George G. Jones und **R. M. Smock,** *Verlängerung der Haltbarkeit von Äpfeln durch ein Eisbad vor der Lagerung.* Durch 60 Min. dauerndes Eintauchen in Eiswasser wird die Erntetemp. von Äpfeln 7½ mal so schnell auf Lagertemp. gesenkt wie durch Behandlung im Kaltlufttunnel. (Canning Trade **75.** Nr. 11. 7. 29/9. 1952. Ithaca, N. Y., Cornell Univ., Agric. Exp. Stat.) KRUSEN. 7688

K. Kirpal Singh und **P. B. Mathur,** *Kaltlagerung von Cavendish-Bananen.* Grüne Cavendish-Bananen lassen sich bei 52—55° F u. 85—90% relativer Luftfeuchtigkeit bis zu 22 Tage lagern. Tiefe Tempp. führen zu Kälteschäden. (Bull. centr. Food. technol. Res. Inst., Mysore **2.** 307. Sept. 1953. Mysore, Centr. Food Techn. Res. Inst.) KRUSEE. 7688

J. S. Pruthi, G. L. Tandon und **G. S. Siddappa,** *Entfernung von Cyanwasserstoffsäure aus jungen Bambusschößlingen.* Die vollständige Entfernung des 48—158 mg% betragenden *HCN*-Geh. von jungen Bambusschößlingen gelingt am zweckmäßigsten durch 1 std. Erhitzen in sd. W., wobei mindestens einmal das W. gewechselt werden muß. (Bull. centr. Food technol. Res. Inst., Mysore **3.** 41—42. Nov. 1953. Mysore, Centr. Food. Technol. Res. Inst.) KRUSEN. 7690

C. P. Natarajan und **D. S. Bhatia,** *Zubereitung von Agave Vera Cruz Mill.* Die Zubereitung der knolligen Stammteile von Agave Vera Cruz Mill für den menschlichen Genuß geschieht am besten durch Kochen mit verd. Säuren (Citronen-, Weinsäure) oder mit Tamarindenextrakt. Die enthaltenen Kohlenhydrate (ca. 19%) sind überwiegend Polyfructosane, die durch das Erhitzen mit Säuren zum Teil hydrolysiert werden. (Bull. centr. Food technol. Res. Inst., Mysore **3.** 39—41. Nov. 1953. Mysore, Central Food Technol. Res. Inst.) KRUSEN. 7690

Heinrich Maass, *Über die Herstellung von Sauerkraut.* Kurze Betrachtung der bakteriolog. Vorgänge bei der Sauerkrautherstellung. (Ind. Obst- u. Gemüseverwert. **38.** 407—08. 5/11. 1953. München.) KRUSEN. 7690

N. V. R. Iyengar, *Süßwarenherstellung.* Übersicht über in Indien gebräuchliche Süßwaren u. deren Herstellung. (Bull. centr. Food technol. Res. Inst., Mysore **2.** 308—12. Sept. 1953. Mysore, Centr. Food Technol. Res. Inst.) KRUSEN. 7704

J. S. Pruthi, *Farbverschlechterung in Grapefruitsaft während Lagerung.* Die geringsten Farbveränderungen wurden bei Säften gefunden, die unter Vakuum abgefüllt, mit SO_2 oder durch Pasteurisation konserviert worden waren u. sich in Dosen befanden. Zusätze von Zucker u. Na-Benzoat begünstigten Farbverschlechterungen. (Bull. centr. Food technol. Res. Inst., Mysore **3.** 43. Nov. 1953. Mysore, Central Food Technol. Res. Inst.) KRUSEN. 7706

Jaroslav Červený und **Jan Mička,** *Die Vanille.* Die *Vanille,* ihre Geschichte, botan. Eigenarten, Ernte, Trocknung u. Fermentation, Unterscheidung nach Qualität u. Herkunft (9 Verbreitungsgebiete), chem. Zus., Verfälschungen des Extraktes, Bleizahl, chem. Unterss. auf *Anisalkohol, Piperonal, Gallussäure,* techn. Herst. des Vanilleextraktes u. seine Verwendung. — Abb. u. Skizzen. (Chem. Obzor **25.** 37—41. 31/3. 52—55. 30/4. 1950.) ROTTER. 7714

D. G. Guadagni und **K. P. Dimick,** *Fruchtaromen. Apparatur und Verfahren zur Abtrennung und Bestimmung flüchtiger Bestandteile.* Beschreibung eines App. aus Glas zur Vakuumdampfdest. flüchtiger Aromen aus Früchten, der im geschlossenen Syst. bei 25—30° arbeitet. Die Aromastoffe werden so vor Hitzeschädigung u. Zers. geschützt. Die chem. Best. erfolgt nach FRIEDEMANN u. KLAAS durch alkal. Oxydation mit $KMnO_4$. (J. agric. Food. Chem. **1.** 1169—70. 9/12. 1953. Albany, Calif., Western Reg. Res. Labor.) FRESENIUS. 7714

N. H. Coonen, *Frischer Kaffee aus Vakuumbehältern.* Übersicht über die Arbeiten zur Isolierung u. Best. der Kaffeearoma- u. Geruchsstoffe, von deren Erhaltung in erster Linie die Frischheit des Kaffees abhängt. Weitgehende Erhaltung dieser sauerstoffempfindlichen Stoffe u. damit der Frische des Kaffees durch Fernhaltung des O_2 während der Lagerung. Hierzu wird frisch gerösteter Kaffee in vorher evakuierte Behälter luftdicht verschlossen. Ein möglichst hohes Vakuum ist dabei anzuwenden. Die verbleibenden O_2-Reste werden während der ersten Lagerungsmonate aufgebraucht, danach bleibt die Frische des Kaffees konstant. Nach dem Öffnen des Behälters entspricht der Kaffee in Eigg. u. weiterem Verh. gegenüber dem Luftsauerstoff n. frischem Kaffee. (Tea Coffee Trade J. **102.** 58. Mai 1952.) KRANZ. 7720

Lloyd E. Slater, *Laufende, direkte Kontrolle des p_H-Wertes durch einen neu entwickelten Apparat.* Beschreibung eines App., der an die Pasteurisieranlage angeschlossen wird u. laufende Messung des p_H-Wertes des Rahmes erlaubt bei gleichzeitiger automat. Neutralisation desselben. (Food Engng. **23.** 98—99. 155—56. 161. Sept. 1951.) KRUSEN. 7756

L. S. Malowan, *Die Wirkung des Natriumsalzes der Äthylendiamintetraessigsäure auf die Milchgerinnung.* Während Zusatz von Pepsin zu Milch eine Gerinnung verursacht, bleibt diese aus, wenn gleichzeitig noch *Äthylendiamintetraessigsäure* (I) verwandt wird. Es wird angenommen, daß I mit Ca, welches in ionisierter Form für die Gerinnung notwendig ist, eine Verb. eingeht, wie dies auch bei Zusatz von Oxalat beobachtet werden kann. (Ciencia [Mexico] **13.** 24. 1953. Panama, Univ., Dep. de Bioquím.) P. G. SCHEURLEN. 7756

E. Occhialini, *Änderungen des Tyrosingehaltes der Milch.* Die Tyrosinbestimmungen wurden im getrockneten Casein ausgeführt nach der Meth. ROSSI. Als Ausgangsmaterial für die Caseingewinnung diente Frischmilch, eine 24 Std. bei 15° gehaltene u. eine bei 75° pasteurisierte Milch. Es ergab sich, daß durch die Pasteurisierung der Tyrosingeh. etwas ansteigt. Gefundene Werte in 5 mg Casein: Frischmilch 6,9—7,1 γ, 24 Std. alte Milch 7,0—7,1 γ, pasteurisierte Milch 7,2—7,3 γ Tyrosin. (Chimica [Milano] **6.** 258—59. 1951.) GRIMME. 7756

Arnold C. Smith, Morrison Loewenstein, R. E. Anderson und **H. C. Olson,** *Die Verwendung von Ascorbinsäure nach Tocopherol zur Verhütung des Oxydationsgeschmacks bei der Lagerung von gefrorenem Rahm.* Der bei der Lagerung von gefrorenem Milchrahm (—10° F) auftretende Oxydationsgeschmack wird durch Zugabe von 50—100 mg Ascorbinsäure (I) pro 1 kg Rahm verhindert. Bei der Einlagerung im März u. April werden höhere I-Mengen benötigt als in den Sommermonaten. Der Zusatz von Tocopherol ist nicht vorteilhaft. Sofortiges Gefrieren nach dem I-Zusatz u. alsbaldiger Gebrauch nach dem Auftauen des Rahmes sind wichtig. (Milk Plant Monthly **41.** Nr. 5. 26—28. 30. Mai 1952. Stillwater, Okla., Oklahoma Agric. and Mechanical Coll.) KRANZ. 7756

C. I. Kruisheer und **P. C. Den Herder,** *Regionale Verschiedenheiten im Carotin- und Vitamin-A-Gehalt der niederländischen Butter.* Die Gehh. der aus den einzelnen Provinzen der Niederlande stammenden Sommer- u. Winterbutter an Carotin (I) u. Vitamin A (II) sind in Zahlentafeln u. Diagrammen zusammengestellt. Im Vor- u. (oder) im Nachsommer zeigen die I- u. II-Gehh. vom Nordosten zum Südwesten einen Anstieg von ca. 20%. Diese Unterschiede hängen wahrscheinlich mit der Viehfütterung, d. h. der botan. Zus. des Weidegrases, der Art der Beweidung u. des Beifutters u. anderen Faktoren, die das Futter beeinflussen, zusammen. Während der Stallperiode sind die Zusammenhänge weniger übersichtlich. In großen Zügen folgt der II-Geh. dem I-Gehalt. (Nederl. Melk- en Zuiveltijdschr. **7.** 59—69. Jan./Juni 1953. Leiden, Rijkszuivelstat.) WESLY. 7758

F. E. van Haeften und **J. W. Pette,** *Über den fischartigen Geschmack von Kühlhausbutter.* Es wurde festgestellt, daß gesalzene, gesäuerte Butter im Kühlhaus schlechter haltbar ist als ungesalzene Butter. In Sommerbutter mit hohem Cu-Geh. entsteht ein fischartiger Geschmack. Winterbutter ist nicht so haltbar wie Sommerbutter. Zugaben von Lecithin (I) haben keinen Einfl. auf die Geschmacksentwicklung. Die Peroxydzahl u. die Aldehyd-Rk. von SCHIF-VON FELLENBERG stehen in einer gewissen Beziehung zum Auftreten von Geschmacksabweichungen. Das von MULDER angegebene Schnellverf. zur Erzeugung von Geschmacksabweichungen (Netherland Milk and Dairy J. **1.** [1947.] 219. 225) erzeugt Tönungen, die mit den Geschmacksabweichungen von Kühlhausbutter nicht übereinstimmen. UV-Bestrahlung von Butterfett oder Aufbewahrung bei verschied. Tempp. verursachen keinen fischartigen, sondern höchstens einen tranigen Geschmack. Trangeschmack kann schon in reinem Butterfett entstehen; das Auftreten von Fischgeschmack ist anscheinend an die Ggw. von I geknüpft. (Nederl. Melk- en Zuiveltijdschr. **7.** 41—58. Jan./Juni 1953. Hoorn, Nederlands Inst. voor Zuivelonderzoek.) WESLY. 7758

N. D. Magruder, C. B. Knodt und **P. S. Williams,** *Ammoniakhaltige Futtermittel. Mit Ammoniak versetzte industrielle Nebenprodukte in der Fütterung von Milchkühen.* In Fütterungsverss. mit Milchkühen konnten Vff. zeigen, daß der Zusatz von 10% eines mit Ammoniak versetzten Hemicelluloseextraktes (Holzzuckerderiv., 50% Zucker, Proteinäquivalent 28,6%) zu Getreidefutter die gleichen Wirkungen hinsichtlich Gewichtszunahme zeigt wie der Zusatz von Sojakuchen. Nachteilige Einflüsse konnten nicht festgestellt werden. (J. agric. Food Chem. **1.** 944—46. 14/10. 1953. State College, Pa., Pennsylvania Agric. Exp. Stat.) KRUSEN. 7786

M. B. Drevon, *Bezugswerte des „Pekar"-Versuches und des Aschengewichtes bei der Abschätzung des Auszugsgrades der Mehle.* Es gibt keine Übereinstimmung zwischen der Klassifizierung auf Grund des Mittelwertes der PEKAR-Probe u. derjenigen, die auf dem Aschegeh. beruht. Die PEKAR-Probe erlaubt nicht einmal annäherungsweise zu sagen, ob ein Mehl nach seinem Aschegeh. den gesetzlichen Bestimmungen entspricht oder nicht. (Ann. Falsificat. Fraudes **45.** 191—95. Mai/Juni 1952. Lyon, Labor. Interregion des Subsistances Militaires.) BENISCHKE. 7798

Kieferle, Gertraud Pirner und **Ingrid Assmann,** *Neue Erkenntnisse über die Verwendung von Alkoholgemischen bei der Fettbestimmung nach Gerber.* Ausgehend von der Tatsache, daß der zur Fettbest. in Milch nach GERBER verwendete *Amylalkohol* (I) infolge seiner gärungstechn. Herst. von nicht gleichmäßiger Zus. ist u. deshalb unterschiedliche Ergebnisse liefern kann, berichten Vff. über Verss. mit dem Gemisch niederer Alkohole *Drawin M* (II; Dr. A. WACKER, Burghausen). Während Vergleichsbestimmungen mit Vollmilch keine wesentlichen Unterschiede ergaben, zeigte es sich, daß bei Rahm mit II häufig niedrigere u. dem GOTTLIEB-RÖSE-Verf. näherliegende Werte als mit I gefunden wurden. Da die Meth. nach GOTTLIEB-RÖSE den Fettgeh. am genauesten ermittelt, empfehlen Vff. zur Fettbest. nach GERBER bes. in Rahm an Stelle von I besser II zu verwenden. (Dtsch. Molkerei-Ztg. **74.** 633—36. 15/5. 1953. Weihenstephan, Südd. Vers.- u. Forschungsanst. für Milchwirtsch., Chem. u. physikal. Inst.) KRUSEN. 7856

H. L. Mitchell und **Ralph E. Silker,** *Carotin. Bestimmung in mit N.N'-Diphenyl-p-phenylendiamin behandeltem Alfalfamehl.* Bei der chromatograph. Best. von Alfalfamehl kann, wenn dieses N.N'-Diphenyl-p-phenylendiamin enthält, kein MgO enthaltendes Adsorbens verwandt werden, da sonst eine die I-Fraktion verunreinigende Gelbfärbung auftritt. Man kann das MgO durch $Ca_3(PO_4)_2$ ersetzen u. erhält dann brauchbare Ergebnisse für I. Als Lösungsm. u. zum Eluieren des I dient Skellysolve B. (J. agric. Food Chem. **1.** 1163—65. 9/12. 1953. Manhattan, Kans., Kansas Agricult. Exp. Stat.) FRESENIUS. 7868

Otto Bertram & Co., Hamburg, *Behandeln von Cerealien.* Man setzt den Cerealien Salze, die schweflige Säure abzuspalten vermögen, in fester Form, zweckmäßig als Pulver zu. Dann bleiben die Cerealien nach etwaiger Anfeuchtung einige Zeit lang sich selbst überlassen. Dient bes. zum Aufhellen u. Verbessern von durch Lagererhitzung unansehnlich gewordenem Getreide. (**D.B.P. 904 493** Kl. 53c vom 3/6. 1951, ausg. 18/2. 1954.) MAASS. 7665

Ciba Ltd., Basel, übert. von: **Hans-Heini Zweifel** und **Franz Ackermann,** Binningen, Schweiz, *Aufhellen von Mehlen und Zuckerstoffen* durch Zusatz von 0,001 bis 0,5% von Verbb. der *Cumarin-*, *Imidazol-*, *Thiazol-* oder *Oxazolreihe,* die in Lsg. im UV-Licht blau bis violett fluorescieren u. keine Farbe verursachende Atomgruppierung im Mol. besitzen, z. B. *4-Methyl-7-äthylaminocumarin* oder *Diäthylester* der *Dihydrokollidindicarbonsäure.* (**A. P. 2 646 355** vom 28/11. 1949, ausg. 21/7. 1953. Schwz. Prior. 1/12. 1948.) KRANZ. 7671

Union Starch & Refining Co., Columbus, Ind., übert. von: **James Edwin Cleland** und **Joseph B. Longenecker,** Granite City, Ill., V. St. A., *Gewinnung von Caramelfarbstoffen* (I). Caramelisierter Zuckersirup wird bei ca. 50° F mit einer wss. Mischung von Alkoholen, z. B. bestehend aus 3—6 (Teilen) CH_3OH oder A. u. 1,0 Isopropylalkohol, unter Rühren behandelt. Beim Abstehen trennt sich die Mischung in 2 Schichten, deren untere die gelösten I enthält. (**A. P. 2 637 655** vom 19/7. 1950, ausg. 5/5. 1953.) KRANZ. 7705

Ina Rinne geb. **Hansen,** Pappenheim, und **Hans Rinne,** München (Erfinder: **Albert Rinne,** Berlin), *Veredelung von Colanuß.* Die nach D. B. P. 895 560 vorbehandelte Colanuß wird unter Zusatz von Fett u. gegebenenfalls Zucker so weit zerkleinert, daß der Inhalt der Nußzellen für die Einw. des Fettes u. Zuckers freigelegt wird u. in der M. die einzelnen Nußpartikel nicht mehr erkennbar sind. (**D.B.P. 900294** Kl. 53k vom 20/5. 1944, ausg. 21/12. 1953. **Zusatz zu D. B. P. 895 560; C. 1954. 4971.**) KRANZ. 7743

Ina Rinne geb. **Hansen,** Pappenheim, und **Hans Rinne,** München (Erfinder: **Albert Rinne,** Berlin), *Veredelung von Colanuß.* Die alkal. Vorbehandlung der getrockneten Colanüsse nach D. B. P. 895 560 erfolgt mit wss.-alkal. Fll. unter Luftzutritt bei 50—80°. (**D.B.P. 900 295** Kl. 53k vom 1/6. 1944, ausg. 21/12. 1953. **Zusatz zu D. B. P. 895 560; C. 1954. 4971.**) KRANZ. 7743

Quaker Oats Co., Chicago, Ill., übert. von: **Charles B. Stevenson,** Wilmington, Calif., V. St. A., *Verbesserung des Geschmackes von Fischen, Fischerzeugnissen* oder dergleichen. Man behandelt diese Lebensmittel mit freier SO_2 in einer Konz. von 0,035% u. vertreibt dann die freie SO_2 u. die auftretenden flüchtigen Verbindungen. (**A. P. 2 656 275** vom 19/12. 1949, ausg. 20/10. 1953.) MAASS. 7753

Standard Brands, Inc., New York, übert. von: **Herbert I. Kothe,** Broux, N. Y., V. St. A., *Behandlung von Eiereiweiß.* Zur Abkürzung der Schlagzeit für die Schaumbldg. durch Zusatz des Esters eines aliphat. Alkohols mit weniger als 3 C-Atomen u. einer aliphat. mehrwertigen Säure, z. B. Wein- oder Citronensäure, vom p_H ca. 8,0, gegebenenfalls unter Zusatz eines Puffersalzes. (**A. P. 2 637 654** vom 8/2. 1950, ausg. 5/5. 1953.) KRANZ. 7755

Jacques Wiser, Antwerpen, Belgien (Erfinder: **Julius Wiser,** Ettelbrück, Luxemburg), *Entkeimung von Milch, Sahne und ähnlichen Stoffen* unter druckloser Behandlung mit O_2. Man führt nach dem Pasteurisieren in die noch warme Milch O_2 ein, worauf man die Milch kühlt u. weiterhin drucklos aufbewahrt. — Vorrichtung. (**D. B. P. 904 375** Kl. 53e vom 8/3. 1941, ausg. 18/2. 1954.) MAASS. 7757

M. & R. Dietetic Laboratories, Inc., übert. von: **Herbert E. Otting,** Westerville, und **Cecil K. Ortman,** Worthington, O., V. St. A., *Herstellung von kondensierter Milch mit vermindertem Lactosegehalt.* Man konz. eine Mischung von Magermilch u. Molke unter Vakuum bei einem Molkegeh. von 20—80% in Ggw. von zugefügtem Zucker, berechnet auf 75—80% fettfreie Trockensubstanz, konz. bis zu einem Prod. von 65—73% Trockensubstanz, kühlt u. trennt die auskrist. Lactose ab. (**A. P. 2 633 424** vom 11/6. 1949, ausg. 31/3. 1953.) MAASS. 7757

N. V. Lijempf, übert. von: **Robbert de Vletter,** Leeuwarden, Holland, *Behandeln von Milchzucker enthaltenden Erzeugnissen, besonders von gezuckerter Kondensmilch.* Man impft zur Herbeiführung der Kristallisation die Kondensmilch oder ein entsprechendes Erzeugnis mit einer Zubereitung, in der dieselbe Anzahl kleiner Milchzuckerimpfkristalle enthalten ist wie die geringstmögliche Anzahl der Milchzuckerkristalle im Enderzeugnis. Die zugesetzte Lactosezubereitung enthält Kristalle, die nicht wesentlich größer als 2 μ sind. (**A. P. 2 641 549** vom 13/3. 1950, ausg. 9/6. 1953. **E. P. 696 287** vom 14/3. 1950, ausg. 26/8. 1953. Holl. Prior. 16/3. 1949.) MAASS. 7757

Western Condensing Co., San Francisco, übert. von: **David D. Peebles,** Hillsborough, und **Murray D. Girvin,** San Anselmo, Calif., V. St. A., *Herstellung eines Milcherzeugnisses in Pulverform.* Man pasteurisiert u. konz. Magermilch im Vakuum u. vermischt mit dem Konzentrat eine W.-Fett-Emulsion, die man durch Emulgieren von 45—89% W. in 10—52% Fett unter Zusatz von 1,2—3,1% Na-Caseinat gewinnt. Anschließend wird die Mischung durch Zerstäuben getrocknet. (**A. P. 2 650 879** vom 23/10. 1950, ausg. 1/9. 1953.) MAASS. 7757

American Home Products-Corp., New York, N. Y., übert. von: **Frank H. Tinkler, Rexford C. Stribley** und **John G. Kennedy,** Mason, Mich., V. St. A., *Herstellung eines Lactoseerzeugnisses.* Man behandelt *Molke* mit proteolyt. Enzym, bis das Protein nicht mehr durch Trichloressigsäure gefällt wird, u. demineralisiert mittels *Kationen-* u. *Anionenaustauscher,* wodurch der Aschegeh. auf ca. 1%, bezogen auf die Trockensubstanz der Lsg., red. wird. Das p_H der abfließenden Lsg. beträgt 4—7. (**A. P. 2 650 166** vom 7/4. 1950, ausg. 25/8. 1953.) MAASS. 7757

General Foods Corp., New York, N. Y. (Erfinder: **Aksel G. Olsen** und **Ellis R. Fehlberg,** Hoboken, N. J.), V. St. A., *Herstellung von Milchgelee* durch den bloßen Zusatz eines Pektins, dessen Äquivalentgewicht unter 400 u. vorzugsweise zwischen 400 u. 210 liegt, zu kochender Süßmilch. (**D. B. P. 904 494** Kl. 53e vom 24/4. 1940, ausg. 18/2. 1954. A. Prior. 1/5. 1939.) MAASS. 7757

Jacob R. Katz, University City, Mo., V. St. A., *Grundmasse für Eiscreme.* Ein aus hydrierten Ölen, z. B. Soja-, Cocos- oder Erdnußöl; Zucker, Trockenstärkesirup, Vanille, Glycerylmonostearat, Na-Citrat, Na-Phosphat, $Mg(OH)_2$, einem Antioxydationsmittel u. W. bestehende Mischung wird zu einem Schaum geschlagen u. gefroren. Die pastenförmige M. wird verpackt u. dient als Ansatz zur Eiscremeherst. zusammen mit W. u. Magermilch. (**A. P. 2 658 831** vom 29/8. 1952, ausg. 10/11. 1953.) KRANZ. 7757

Ralston Purina Co., St. Louis, Mo., übert. von: **Ausie Calaway Eaves,** Brawley, Calif., V. St. A., *Trocknen von Alfalfa* unter Erhaltung des *Carotin*-Gehaltes. Frisch geschnittenes oder an der Sonne vorgetrocknetes Alfalfa wird durch Hindurchleiten eines Heißluftstromes mit einem Feuchtigkeitsgeh., der den von gesätt. Luft bei 158° F nicht übersteigt, auf 100—158° F erhitzt. Anschließend wird das Alfalfa mit einem Luftstrom von nicht über 350° F auf unter 10% Wassergeh. getrocknet. — Vorrichtung. (**A. P. 2 659 161** vom 16/4. 1949, ausg. 17/11. 1953.) KRANZ. 7787

M. Tirelli, Patologia del tabacco. Vol. I Parte Prima: Insetti e altri nocivi al tabacco. Parte Seconda: (in collaborazione con **R. Gigante**) Parassiti vegetali, virosi, altre malattie. Firenze: Vallerinni. 1953. (475 S. m. 300 Abb. u. 477 S. m. XXXIV Taf. u. Abb.)

XVII. Fette. Seifen. Wasch- u. Reinigungsmittel. Wachse. Bohnermassen usw.

A. R. S. Kartha, *Die Glyceridstruktur von natürlichen Fetten.* 2. Mitt. *Die Regel von der Verteilung des Glyceridtypus bei natürlichen Fetten.* (1. vgl. C. **1954.** 3600.) Krit. Betrachtungen über die Verteilung der konstituierenden Fettsäuren eines natürlichen Fettes auf die vorhandenen gesätt. (S) u. ungesätt. (U) Triglyceride (GS_3, GS_2U, GSU_2, GU_3); Hinweis darauf, daß die nach der Regel von der „even"- bzw. „random-distribution" errechneten Werte gegenüber den experimentell gefundenen vielfach erhebliche Diskrepanzen zeigen. Es werden Tabellen über die Glyceridzus. angegeben, die einmal nach der in der 1. Mitt. (l. c.) veröffentlichten Arbeitsweise u. zum anderen nach der Meth. der fraktionierten Kristallisation erhalten worden sind (einmal 27, zum anderen 46 natürliche Fette u. Öle betreffend; vgl. Original). Aus diesen experimentellen Befunden wird ein neues rechner. Verf. zur Ermittlung der Glyceridzus. abgeleitet; es benutzt den Wert für den Geh. in Mol-% eines Fettes an gesätt. Fettsäuren einerseits u. denjenigen an GS_3 andererseits u. liefert Werte, die mit den experimentell gefundenen in befriedigendem Einklang stehen. Die Regel, die von der wahrscheinlichen Verteilung der in den Gesamtfettsäuren jeweils enthaltenen gesätt. u. ungesätt. Fettsäuren ausgeht (graph. Darst.), beruht auf folgendem Grundgedanken: Die wahrscheinliche Zus. der Triglyceridtypen eines Fettes wird gefunden, wenn man $^1/_3$ der gesätt. Fettsäuren, repräsentiert durch die Differenz zwischen dem wahrscheinlichen u. dem tatsächlichen Geh. an GS_3, zu den ungesätt. Fettsäuren in Wechselbeziehung setzt, ohne die zusätzliche Bldg. von neuem GS_3 einzuräumen; die Art der Berechnung ist am Beispiel dargelegt (vgl. Original). (J. Amer. Oil Chemists' Soc. **30.** 326—29. Aug. 1953. Ernakulam, Indien, Maharaja' Coll.) TÄUFEL. 7870

T. N. Mehta, C. V. N. Rao und B. Y. Rao, *Sulfatation von Fettsäuren.* 1. Mitt. *Wirkung von Konzentration und von molarem Verhältnis zwischen Schwefel- und Ölsäure.* Literaturüberblick unter Hinweis auf die bei der Behandlung von ungesätt. Fettsäuren (Ölsäure) mit H_2SO_4 eintretende Sulfatation (Anlagerung von H sowie OSO_3H an die Lückenbindung) bzw. Sulfonierung (Anlagerung von OH sowie SO_3H). Im Falle der Sulfatation wird das Voranschreiten der Rk. messend verfolgt einmal durch Best. des Abfalles an freier Säure (ein H^+ der H_2SO_4 wird addiert) sowie durch Best. der JZ.; letztere Kennzahl bringt den Grad der Sulfatation nicht bindend zum Ausdruck, weil die sulfatierte Ölsäure durch Hydrolyse leicht H_2SO_4 unter Bldg. einer gesätt. Oxysäure abspaltet. Verss. mit Ölsäure (5 ml) in Lsg. von CCl_4 (15 ml) + 1 ml H_2SO_4 unterschiedlicher Konz.; Best. der freien Säure durch Titration mit KOH; Berechnung des Grades der Sulfatation (vgl. Original). Es werden variiert: Zeit der Rk., Konz. an H_2SO_4, mol. Verhältnis Öl- zu Schwefelsäure. Darst. der Ergebnisse in Tabelle u. Kurven. Es zeigt sich, daß die H_2SO_4 in den ersten Std. angelagert (Sulfatation), später aber durch Hydrolyse partiell wieder abgespalten wird; es bildet sich Oxyölsäure, die durch die H_2SO_4 teilweise in Estolide übergeführt wird. Hohe Konz. der H_2SO_4 sowie Steigerung ihrer Menge erhöht die Sulfatation. Bei der Berechnung des Grades der Sulfatation aus Abfall von SZ. u. JZ. stellt sich heraus, daß nach der JZ. die Anlagerung von H_2SO_4 größer ist als nach dem Abfall der Säurezahl. Erklärt wird dies mit der oben schon erwähnten hydrolyt. Wiederabspaltung von H_2SO_4. Die JZ. sinkt nicht auf Null ab; es wird vermutet, daß eine Wanderung der Lückenbindung stattfindet. (J. Indian chem. Soc., ind. News Edit. **15.** 111—17. 1952. Nagpur, Univ., La minarayan Inst. of Technol.) TÄUFEL. 7894

R. O. Feuge, Audrey T. Gros und E. J. Vicknair, *Veränderung von Pflanzenölen.* 14. Mitt. *Eigenschaften von Acetooleinen.* (13. vgl. C. **1954.** 3831.) Technolog. Betrachtungen über den Einfl. von Acetooleinen auf die Eigg. natürlicher Fette (F., Trübungspunkt, Plastizität in Abhängigkeit von der Temp., Stabilität). Aus gereinigtem Methyloleat werden in üblicher Weise über Monolein das 1.2-Diaceto-3-olein (I) sowie das Triolein dargestellt; ferner Darst. von gemischten Acetooleinen; schließlich Darst. von acetylierten Ölen entweder durch Umesterung mit Triacetin bzw. durch eine Glycerolyse mit angeschlossener Acetylierung. I zeigt einen F. von —18,3° (ermittelt aus der dilatometr. Kurve) einen Trübungspunkt von —35,6, einen E. von —47,8°; der F. von I liegt ca. 24° unter dem von Triolein, die resp. JZ. 57,5 bzw. 86,0; I enthält 19,5% Acetylgruppen, während das dargestellte Gemisch von Acetooleinen davon 14,3% aufweist bei einem F. von —24°. Es zeigt sich, daß durch die Acetylierung von natürlichen Ölen (Erdnuß-, Soja-, Pekan[Hickorynuß]-öl) Trübungspunkt, E. u. F. ansteigen, wobei gleichzeitig die Plastizität bei tieferer Temp. erhöht wird. Verss. mit Mischungen von Hartfett (hydriertes Baumwollsaatfett) u. acylierten Präpp. — so gemischt, daß bei Zimmertemp. Margarinekonsistenz vorliegt — lassen im Vgl. mit partiell hydriertem Öl, mit Butter bzw. mit Mischungen aus Baumwollsaatöl

u. hydriertem Baumwollsaatöl erkennen, daß durch den Zusatz von acetylierten Prodd. die Konsistenz unter Zimmertemp. herabgesetzt, über Zimmertemp. aber etwas erhöht wird. So zeigt z. B. eine margarineähnliche Mischung (79% Acetoolein u. 18,5% hochhydriertes Baumwollsaatöl) im Temperaturbereich von —15 bis +49° prakt. gleichbleibende Konsistenz. (J. Amer. Oil Chemists' Soc. **30.** 320—25. Aug. 1953. New Orleans, La., Southern Regional Res. Labor.) TÄUFEL. 7894

Y. Bagot, *Die Tung- und die Abrasinöle.* Einleitende Betrachtungen über die Öle aus der Gattung Aleurites (Euphorbiaceae), deren prakt. wichtigste diejenigen von *Aleurites fordii* (Tung- oder Holzöl) bzw. von A. montana (Abrasinöl) darstellen; Anbau (China, USA, Argentinien, Zentralafrika, Madagaskar, Indochina); Ausführungen über die Kulturen, Bau der Früchte u. Samen, Ernte, Trocknung (Einfl. des Geh. an W. auf die Säuerung), Lagerung, Schälung usw. (Oléagineux **8.** 581—93. Aug./Sept. 1953.) TÄUFEL. 7894

Y. Bagot, *Die Tung- und die Abrasinöle.* (Vgl. vorst. Ref.) Es werden unter Hinweis auf das Schrifttum eingehende Ausführungen gemacht über die Behandlung der Ölfrüchte bzw. -saaten von der Anlieferung in der Fabrik über die etwaige Trocknung, Säuberung, Lagerung, Schälung usw. bis zur Zerkleinerung, Pressung, Filtration u. Lagerung der Öle. (Oléagineux **8.** 689—97. Okt. 1953.) TÄUFEL. 7894

Y. Bagot, *Die Tung- und die Abrasinöle.* (Vgl. vorst. Ref.) Eingehende kompilator. Ausführungen über das chines. Holzöl (Zus., physikal. u. chem. Eigg., Isomerisierung, Trocknen, Gelierung beim Erhitzen u. die damit verknüpften Umsetzungen); Einfl. der SZ. des Tungöles, Lichtbrechung, JZ., Gelierzeit, Normung dieser Öle (vgl. Tabelle im Original). (Oléagineux **8.** 761—71. Nov. 1953.) TÄUFEL. 7894

T. K. Murray, J. H. Mahon, A. Wright, R. A. Chapman und **J. A. Campbell,** *Untersuchung von canadischer Margarine mit besonderer Berücksichtigung ihres Gehaltes an Vitamin A.* 30 Muster von Margarine (I) aus 15 Fabrikationen wurden analyt. untersucht auf Geh. an Vitamin A, Feuchtigkeit, Fett, Salz, Asche, Casein u. Antioxydantien. Aus den Ergebnissen wird erkannt, daß die Zus. von I-Prodd. von Canada relativ einheitlich ist. Die Durchschnitts-%-Gehh. der 30 Muster waren: 15,11 Feuchtigkeit, 80,7 Fett, 1,42 Casein, 2,96 Asche, 2,91 Salz. Der Durchschnittsgeh. an Vitamin in I aus 10 Fabrikationen (=97,5% der canad. I-Produktion) wurde zu 4062 I.E./100 g I ermittelt. (Canad. J. Technol. **29.** 147—51. März 1951.) BOYE. 7900

W. A. Peterson, *Glycerinherstellung und Reinigung.* Besprechung der Verwendungsmöglichkeiten von Glycerin u. dessen Herst. mit 9 detaillierten Zeichnungen von Glyceringewinnungsanlagen. (J. Amer. Oil Chemists' Soc. **29.** 511—20. Nov. 1952. Jersey City, N. J., Colgate-Palmolive-Peet Co.) BÖSS. 7908

M. D. Reinish, *Seifen aus Fettsäuren.* Fettsäuren sind den Fetten u. Ölen bei der Herst. von Seifen überlegen. Allg. Angaben über Rohstoffe u. Verfahren. (J. Amer. Oil Chemists' Soc. **29.** 506—10. Nov. 1952. Jersey City, N. J., Colgate-Palmolive-Peet Co.) BÖSS. 7910

F. H. Mackenzie, *Neues Phosphat für Seifen.* Mit „Hy-Phos“, einem neuen glasartigen Phosphat von hohem Kalkfällungsvermögen, ungewöhnlich hohen dispergierenden Eigg. bei p_H 10 u. darüber u. mit guten Netzeigg., lassen sich bei einem Zusatz von 30% Seifen verbessern, so daß sie sich wie synthet. Waschmittel gegenüber hartem W. verhalten. (Soap Sanit. Chemicals **28.** Nr. 11. 42—43. Nov. 1952. Ehester, American Dyewood Corp.) BÖSS. 7910

Masaya Ogawa, *Reinigungswirkung und Struktur von Natriumalkylbenzolsulfonaten.* Untersucht u. in möglichst reiner Form hergestellt wurden die Sulfonate von n-Äthyl-, n-Butyl-, n-Octyl-, Dodecyl-, Hexadecyl-, Octadecyl-, p-Di-n-butyl-, (Propyldiäthyl)-methyl-, Cyclohexyl-, Methyl-p-n-dodecyl-, Benzylnonylen- u. Cyclohexyl-p-dodecylbenzol. Die Sulfonierungsbedingungen mit rauchender H_2SO_4 sind tabellar. wiedergegeben. Untersucht wurden die Löslichkeiten der Prodd. im einzelnen sowie bin. Gemische in W. u. ihre Oberflächenspannungen, weiter die Einw. von Na-Sulfat, H_2SO_4, NaOH u. p-Kresol. (Technol. Rep. Osaka Univ. **3.** Nr. 55/73. 183—89. März 1953. [Orig.: engl.]) BOYE. 7912

Foster D. Snell, *Synthetische Reinigungsmittel.* Die außergewöhnlich starke Entw. der synthet. Waschgrundstoffe auf Erdölbasis, speziell der Alkylarylsulfonate, wird erläutert. Die Erkenntnis, daß durch Kombination mit Na-Tripolyphosphat die Synthetica auch die Anforderungen in der Baumwollwäsche (Weißwäsche) erfüllen, brachte den synthet. Waschmitteln den großen Aufschwung. Die Herst. von Alkylsulfaten auf Talgbasis wird die Ausweitung der Sulfierungsprodd. auf Erdölbasis begrenzen. Diese Entw. ist mit einem starken Rückgang der Seife verbunden. (Petroleum Refiner **32.** Nr. 11. 108—09. Nov. 1953. New York, Foster D. Snell, Inc.) GERD RICHTER. 7912

M. Martin Maglio und **John M. Hannegan,** *Antiseptische Hautreiniger.* Ein antisept. Hautreinigungsmittel mit 0,65% *VL-1* (oder 0,65% G-11) wurde in Waschverss. mit einer 0,75%ig. Hexachlorophen (I)-Lsg. 1:2 mit W. verd., verglichen. VL-1 erwies sich in seinen entkeimenden Eigg. dem I gleichwertig. — Zahlreiche Tabellen u. Literaturangaben. (Soap Sanit. Chemicals **28.** Nr. 11. 38—41. 135. Nov. 1952. St. Louis, La., Vestal Labor. Inc.) BÖSS. 7916

Pedro M.ª Yñarrairaegui, *Das Gießen mit verlorenem Wachs.* Vf. beschreibt die Grundlagen des Wachsgusses, ihre Ausführungsformen, die Anforderungen an die Wachse (geeignet z. B. 43,5% techn. Wachs + 21,5% Paraffin + 21,5% Ceresin + 13,5% Carnaubawachs), Herst. u. Auskleidung der Formen (Auskleidung z. B. mit 79% gebranntem Gips + 20% Fasertalk + 1% Beschleuniger + 180% W.), die Öfen zur Rückgewinnung von Wachs u. zum Trocknen, die Nachbehandlung der Gußstücke u. die Anwendungsgebiete. (Metalurgia y Electr. **16.** 42—50. Ende April 1952.) R. K. MÜLLER. 7924

Socrates A. Kaloyereas und **William v. Cruess,** *Verbesserungen bei der refraktometrischen Schnellmethode zur Bestimmung des Ölgehaltes von Oliven.* Zur Verbesserung der in der Literatur angegebenen refraktometr. Schnellbestimmungsmeth. wird für die Ermittlung des Ölgeh. von Oliven folgendes standardisiertes Verf. vorgeschlagen: 20 bzw. 40 g Oliven werden feinst zerkleinert (im WARING-Blendor) unter Zugabe von 70—80 ml W. auf je 10 g Oliven u. 10 ml Halowaxöl (α-Chlornaphthalin); Dauer 5 Min., Schaumbldg. vermeiden; Zentrifugieren des Ansatzes; Best. des Refraktionsindex der klaren Lsg., die eine Mischung aus Halowaxöl u. Olivenöl darstellt. Die Differenz aus Refraktionsindex des Halowaxöls minus demjenigen der Mischung (gleiche Temp.) ergibt die durch das extrahierte Olivenöl verursachte Brechungsänderung. Der Geh. der Oliven an Öl wird aus einer Eichkurve abgelesen, in der auf der Abscisse die Änderung der Lichtbrechung gegen den Ölgeh. (ermittelt durch Soxhletextraktion) aufgetragen ist. Theoret. Betrachtungen über das vorgeschlagene Verfahren. (J. Amer. Oil Chemists' Soc. **30.** 339—41. Aug. 1953. Baton Rouge, La., State Univ., u. Berkeley, Calif., Univ.) TÄUFEL. 7932

M. Mottier, *Untersuchung verschiedener fettlöslicher Farbstoffe mit Hilfe der Chromatographie auf Aluminiumoxydscheiben.* Vortrag. Nachdem die direkte Extraktion von fettlösl. Farbstoffen (I) aus Fetten sowie die Extraktion nach Verseifung der letzteren keine befriedigenden Resultate ergab, berichtet Vf. über ein Verf. der Chromatographie auf Al_2O_3-Scheiben, mit dessen Hilfe die Isolierung u. Trennung von I erfolgen kann. Die Unterss. wurden an folgenden I durchgeführt: Annato, Carotinoiden, Sudan I, III, IV u. G, Sudanrot G u. 7B, Dimethylaminoazobenzol (Buttergelb). (Mitt. Gebiete Lebensmittelunters. Hyg. [Bern] **43.** 118—23. 1952. Bern, Serv. féd. de l'hygiène publ.) R. KÖNIG. 7934

Aktiebolaget Separator, Stockholm, Schweden, *Entschleimen fetter Öle.* Man behandelt die Öle mit 5—25% Seifenlsg. bei 70—95°. (**E. P. 699 284** vom 23/4. 1952, ausg. 4/11. 1953. Schwed. Prior. 29/5. 1951.) LÜTTGEN. 7875

Hans Paul Kaufmann, Münster (Westf.), *Entstearinieren von natürlichen Fetten und Ölen durch Abkühlen,* dad. gek., daß das Ausgangsgut vor der Abkühlung einer intramol. Umesterung, z. B. durch Erhitzen mit Zn-Staub auf 200—250°, unterworfen wird. (**D. R. P. 754 147** Kl. 23a vom 24/7. 1938, ausg. 1/2. 1954.) LÜTTGEN. 7875

Jean Ballu, Frankreich, *Gewinnung von Eiweißstoffen und Ölen aus Ölkuchen* von ölhaltigen Samen durch Verrühren mit W. u. Erhitzen bei 80° bis zur Koagulation der Eiweißstoffe. Das Gemisch wird filtriert u. abgepreßt. Aus einem Ölkuchen, welcher 10(%) Öl u. 22 Eiweißstoffe enthält, wird ein Trockenprod. erhalten, welches 20(%) Fett, 42,1 Eiweißstoffe, 20,9 Kohlenhydrat, 7,9 Fasermaterial u. 9,1 Mineralstoffe enthält. (**F. P. 1 005 504** vom 30/7. 1947, ausg. 11/4. 1952.) M. F. MÜLLER. 7895

Georges Louis Quesnel, Frankreich, *Herstellung von invertierten Seifen,* dad. gek., daß man einen Ester, z. B. Glykolmonocaprylat, Buten-(2.3)-diol-(1.4)-monolaurat, Thioglykollaurat, Glycerinacetostearat, Pentaerythrittrilaurat, neutrales Glykolmonooxalat, mit einem Aldehyd, Keton, Thioaldehyd oder Thioketon, z. B. CH_2O, Benzaldehyd, Acrolein, Furfurol, Aceton, Thioaceton, mischt, bis zur Sättigung HCl-Gas einleitet u. das wasser- u. HCl-freie Prod. mit einem tert., pseudo-tert. Amin oder einem tert.-Diamin, z. B. Trimethylamin (I), Dimethylanilin, Pyridin, Picolin, Tetraäthylphenylendiamin, reagieren läßt. — Man löst z. B. 330 Teile (Gewicht) Glykolmonooleat in 1000 Teilen Bzl., gibt 45 Teile Paraldehyd hinzu, leitet in das Gemisch bei weniger als 10° trockenes HCl-Gas ein u. dekantiert die wss. Schicht ab. Nach dem Trocknen der benzol. Schicht über Na_2SO_4 u. Entfernung der HCl durch

Einleiten von CO_2 leitet man in die Lsg. bis zur Sättigung trockenes I ein u. läßt 24 Std. stehen, wobei die Seife ausfällt. — Weitere 13 Beispiele. (**F. P. 983 467** vom 28/1. 1949, ausg. 25/6. 1951.) OPPERMANN. 7911

Chimiotechnic (Union Chimique du Nord et du Rhône), Frankreich, *Herstellung von verbesserter Seife.* Der Seifenmasse wird das Sulfonierungsprod. eines Harzumwandlungsprod. zugesetzt, welches z. B. aus Kolophonium gewonnen wird, indem aus der Abietinsäure durch Entcarboxylierung u. Dehydrierung ein Gemisch von inoxydablen aromat. KW-stoffen hergestellt wird. Das Zusatzmittel wird der Seife in einer Menge von 25—100% zugesetzt, wodurch die Schaumkraft u. das Reinigungsvermögen erhöht wird. Die Seife ist anwendbar in hartem Wasser. (**F. P. 1 003 450** vom 3/1. 1947, ausg. 18/3. 1952.) M. F. MÜLLER. 7911

British Oxygen Co. Ltd. (Erfinder: **Charles Dunbar** und **John Alexander Fair**), London, England, *Reinigungsmittel,* bestehend aus Polyglykoläthern substituierter Phenole, Kresole oder Xylenole, 25—300% $Na_2H_2P_2O_7$ oder $Na_4P_2O_7$ u. gegebenenfalls anorgan. Puffern, z. B. Na_3PO_4. Die 1%ig. Lsg. soll p_H 6,5—8,5 aufweisen. (**E. P. 696 031** vom 21/3. 1950, ausg. 19/8. 1953.) LÜTTGEN. 7913

I. G. Farbenindustrie Akt.-Ges. (Erfinder: **Hellmuth Schaaf**), Frankfurt/M., *Waschverfahren.* Beim Waschen von lockerem Fasergut auf einer durchlässigen Transportvorr. durch Besprühen mit einer Wasch-Fl. werden heiße Lsgg. härtebeständiger Waschmittel verwendet u. dann gespült. (**D. R. P. 764 481** Kl. 81 vom 13/1. 1938, ausg. 4/1. 1954.) OVERBECK. 7913

Ciba Akt.-Ges., Basel, Schweiz, *Iminodicarbonsäure* der Formel **I.** *Na-Salz:* Beim Erwärmen von p-Kresol mit Iminodiessigsäure u. CH_2O in NaOH. Gelbliches Pulver, sehr leicht lösl. in Wasser. Gibt mit verschied. Metallionen Komplexverbb. u. dient zum *Auflösen von Kalkseifen.* (**Schwz. P. 288 380** vom 16/6. 1950, ausg. 16/5. 1953.) LANGER. 7913

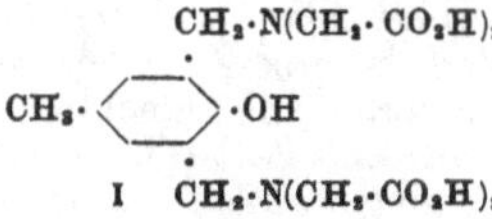

Farbenfabriken Bayer Akt.-Ges. (Erfinder: **Walter Hagge** und **Matthieu Quaedvlieg**), Leverkusen, *Textilien mit erhöhtem Gebrauchswert* erhält man durch Nachbehandlung nach jeder Wäsche mit höhermol. anionakt. oder nichtionogenen Verbb., z. B. im Spülbad. — Die Nachbehandlung erfolgt z. B. mit einer wss., 0,01%ig. Lsg. von schwach *sulfoniertem Talg* oder *Oleylsarcosid.* (**D. B. P. 902 610** Kl. 8k vom 14/1. 1950, ausg. 25/1. 1954.) MÖLLERING. 7913

Arrow Laboratories, Inc., übert. von: **Eric Eichwald**, New York, N. Y., V. St. A., *Reinigungsmittel für Autokühler,* dad. gek., daß man 38—46 (Gew.-%) $Na_3PO_4 \cdot 12 H_2O$, 30—47,5 wasserfreie 99%ig. Na_2CO_3, 1—3 $NaHCO_3 \cdot Na_2CO_3 \cdot 2 H_2O$, 1—3 $Na_2 \cdot B_4O_7 \cdot 10 H_2O$, 1—3 $NaHCO_3$, 0,25—7 Na-Citrat oder K-Citrat, 0,25—8 K-Tartrat u. 0,25—9 Na-Tartrat in kaltem, besser in heißem W. löst, u. zwar 8—10 Unzen obigen Gemisches in 1—2 Gallonen Wasser. (**A. P. 2 503 381** vom 26/11. 1948, ausg. 11/4. 1950.) OPPERMANN. 7917

Soc. de Fabrication Trinovex (Soc. à r. l.), Frankreich, *Wiedergewinnung der Lösungsmittel bei der chemischen Trockenreinigung.* Man komprimiert die zum Trocknen verwandte, lösungsmittelhaltige Luft auf ca. 2 kg/cm² u. läßt sie dann rasch in einem gekühlten Raum sich auf Atmosphärendruck ausdehnen. (**F. P. 1 032 815** vom 17/2. 1951, ausg. 6/7. 1953.) OPPERMANN. 7917

Severočeské Tukové Závody (Jiři Schicht) Národní Podnik, Tschechoslowakei, *Entfärben von Wachsen und Fetten,* dad. gek., daß man sie mit H_2O_2 u. oxydierenden Gasen, z. B. warme Luft, O_2, Stickoxyde, Chlortetroxyd, behandelt. — Man reinigt z. B. rohes *Wollfett* durch Verseifen mit einem Gemisch von Na-Silicat u. NaOH von 30° Bé bei 60°, wäscht die durch Zentrifugieren bei 90° erhaltene unverseifte Schicht mit W., versetzt mit 2—4% 30%ig. H_2O_2 u. leitet bei ca. 100° 20 Std. warme Luft ein. (**F. P. 991 533** vom 1/8. 1949, ausg. 8/10. 1951. Tschech. Prior. 3/8. 1948.) OPPERMANN. 7925

XVIIIa. Holz. Cellulose. Zellstoff. Papier. Papierdruck. Celluloid. Linoleum.

B. Ss. Tschudinow, *Zur Frage der Dauer der Wärmebehandlung von Holz.* Ein erhöhter Feuchtigkeitsgeh. im Holz vermindert dessen Wärmeleitfähigkeit; dadurch benötigt man bei einer Wärmebehandlung mehr Zeit u. nicht weniger, wie häufig angegeben wird. (Деревоперерабатывающая и Лесохимическая Промышленность [Holzverarb. holzchem. Ind.] **2.** Nr. 8. 10—11. Aug. 1953. Sibir. Holztechn. Inst.) ULMANN. 7952

Monie S. Hudson, *Lösungsmittel-Rückgewinnung aus mit Pentachlorphenol behandeltem Holz.* Es wird ein App. beschrieben, durch den das als Lösungsm. für Pentachlorphenol (I) benutzte Xylol (II) nach der Druckimprägnierung der Hölzer im Vakuum wiedergewonnen werden kann. In Tabellen u. Kurven wird die Menge des in verschied. Tiefenzonen von Douglastanne u. Kiefer aufgenommenen I bei Luftverdampfung u. bei Vakuumrückgewinnung des II, sowie die Menge des wiedergewonnenen II angegeben. Das Verf. hat den Vorteil, daß durch die schnelle Trocknung kein „Ausblühen" des I auf der Oberfläche des Holzes erfolgt, wodurch Schwierigkeiten bei Farbanstrichen vermieden werden. (Ind. Engng. Chem. **45.** 1576—83. Juli 1953. Spartanburg, S. C., Taylor-Colquitt Co.) WERGIN. 7952

Bruno Schulze und **Rudolf Müller,** *Über das Verhalten von freiem Fluorwasserstoff im Holz.* Alkalihalogenfluoride finden in der Holzschutztechnik ausgedehnte Verwendung. Diese Salze spalten im Holz Fluorwasserstoff ab. Die Methoden, Aufnahme u. Abgabe von HF durch Holz sowie die Verteilung des HF im Holz zu bestimmen, werden beschrieben. Aus den Verss. der Holzbehandlung mit gasförmigem HF werden Rückschlüsse auf den Wirkungsmechanismus der Alkalihydrogenfluoride gezogen. (Angew. Chem. **65.** 344—46. 7/7. 1953. Berlin, Labor. für Holzschutztechnik.) SEIFERT. 7952

G. Antonucci, *Die Imprägnierung des Holzes mit Methylolharnstoff- und Dimethylolharnstoffkondensaten.* (Ind. Vernice- Lack- u. Farben-Chem. **6.** 217—18. Okt. 1952.) SCHEIFELE. 7952

Hans Sadler, Fritz Bellak und **Reinfried Niel,** *Über die Bleiche von Ungerer-Zellstoffen.* Bei dem UNGERER-Verff. sind mehrere Kocher zu einer Batterie zusammengeschlossen, durch welche die Kochlauge kontinuierlich hindurchfließt. Das UNGERER-Verf. ist eine Zwischenstufe zwischen period. Aufschluß in einem Kocher u. dem kontinuierlichen Aufschluß in einer Röhrenbatterie. Untersucht wurde das Verh. der UNGERER-Zellstoffe (I) bei der Bleiche. Der Cl-Verbrauch der I läßt sich aus dem Ligningeh. nach der Tabelle des Merkblattes Nr. 2 der Faserstoffanalysenkommission ermitteln. Es gilt hierbei allerdings nicht der für Natronzellstoffe, sondern der für Sulfitzellstoff angegebene Wert. Bei Anwendung eines Dreistufenbleichverf. ist die Verteilung des Cl am besten so zu treffen, daß in der ersten sauren Stufe 60%, in der zweiten sauren Stufe 25% u. der Rest in der alkal. Hypochloritbleiche eingesetzt wird. Die Rk. in der ersten sauren Stufe verläuft so rasch, daß man mit n. Temp. auskommen kann, in der zweiten Chlorierungsstufe ist eine schwache Erhöhung auf 30° günstig. In der alkal. Stufe erweist sich eine Temp. von 45° als zweckmäßig, da bei niedrigerer Temp. sonst mit sehr langen Bleichzeiten zu rechnen ist. — 53 Literaturnachweise. (Österr. Papier-Ztg. **59.** Nr. 11. 5—6. Nov. Nr. 12. 5—7. Dez. 1953; **60.** Nr. 1. 7. 9. 11. 13. Jan. 1954. Wien, TH, Inst. für organ.-chem. Technol., Abt. für Cellulosechemie u. Papierfabrikation.) P. ECKERT. 7960

Francesco Pancirolli, *Bleichversuche mit Ozon an Sulfatzellulose.* Im Vgl. mit der Cl_2-Bleiche in 5 Stufen werden Bleichverss. mit O_3 (im Ozonisierapp.) an 30 u. 2%ig. Sulfatcellulosebrei bei p_H 3,5 durchgeführt (schon bei schwach alkal. Rk. keine Oxydationswrkg. des O_3). Die Bleichwrkg. ist beiden in Fällen dieselbe, jedoch bewirkt O_3 einen unerwünschten Celluloseabbau mit Verschlechterung der mechan. Eigenschaften. (Ind. Carta **7.** 35—38. April 1953. Milano, Staz. sperim. Cellulosa Carta Fibre tess. veget. artif.) R. K. MÜLLER. 7960

Karl J. Björkqvist, Leif Jörgensen und **Arne Wallmark,** *Der physikalische Charakter und die chemische Zusammensetzung der α-, β- und γ-Cellulose.* 1. Mitt. *Röntgenuntersuchung.* Einige alkoh. Fraktionen aus verschied. Zellstoffen u. aus hydrolysierter Fichtenholzcellulose wurden röntgenograph. untersucht u. dabei wurde folgendes festgestellt: Die Röntgendiffraktionsmethoden sind für quantitative Bestimmungen von amorphem Material im Gemisch mit Cellulose II zu unempfindlich. β-Cellulose aus Sulfitreyonzellstoff zeigt das Röntgendiagramm der Cellulose II. Die übrigen untersuchten β-Cellulosen enthalten außerdem variierende Mengen von amorphem Material. Ein Teil der γ-Cellulose aus Sulfitreyonzellstoff enthält wahrscheinlich Anteile mit krist. Gitter, die restlichen untersuchten γ-Cellulosen sind amorph. Die Ergebnisse, die durch die Röntgenunterss. der alkal. Fraktionen verschied. Zellstoffe erhalten wurden, können nicht als Beweis für die Art oder den Artunterschied dieser heterogenen Fraktionen angesehen werden. — 13 Literaturzitate. (Svensk Papperstidn. **57.** 113—18. 28/2. 1954. Säffle, Schweden, Billeruds AB., Res. Labor.) P. ECKERT. 7962

Otto Swoboda, *Umwälz-Verfahren beim Sulfitkochprozeß. Ein Beitrag zum Thema „Verkrusten".* Es werden Verbesserungen der Zirkulation vorgeschlagen u. die Konstruktionen der Umwälzanlagen beschrieben. Ferner wird die Verwendung von Dolomitkalk behandelt u. auf den Einfl. der Kochsäure bes. auf die Zurückdrängung der Dissoziation hingewiesen. In diesem Zusammenhang wurde u. a. gefunden, daß durch das notwendige Rückgasen während der Kochung nicht nur ein entsprechendes Verhältnis von Gas u. SO_2 zu CaO der Kochsäure hergestellt wird, sondern es gelangen auch damit jene organ. Stoffe in die Säure, die gemäß den Beobachtungen bei den durchgeführten Laboratoriumsverss. das Verkrusten weitgehend vermindern. Es ist unzweckmäßig, den CaO-Geh. von Kochsäuren, die für das Umwälzverf. Verwendung finden, recht hoch zu wählen, es ist aber auch nicht erforderlich, daß der CaO-Geh. deshalb unter 1,0% gesenkt wird. Als günstigster Wert dürfte die Spanne von 1,0 bis 1,1% angesehen werden, wo einerseits noch keine Verkrustungen zu befürchten sind u. andererseits die Ausbeute u. die Qualität des erkochten Stoffes noch nicht vermindert ist. (Österr. Papier-Ztg. **59.** Nr. 10. 9—11. Okt. Nr. 11. 11—13. Nov. Nr. 12. 13—15. Dez. 1953. Gratwein/Graz, Papier- u. Zellstoff-Fabrik.) P. ECKERT. 7962

Erich Wurz, *Charakterisierung und Beeinflussung des Lösungszustandes von Carboxymethylcellulosen.* In Celluloseätherlsgg. sind neben dem Cellulosesol gewisse Mengen hochgequollener Fasern, Fasertrümmer oder Fasern mit Kugelquellung vorhanden („*Quellkörpergeh.*"). Da Filtration u. Sedimentation zeitraubend u. ungenau sind, verwendete Vf. die Meth. der Zentrifugierung, die beschrieben wird. Der Quellkörpergeh. kann, wie dies oft für techn. Zwecke gefordert wird, herabgesetzt werden durch Behandeln der Carboxycellulose in der Schwingmühle oder im Naßverf. mit der Iokromühle oder noch wirkungsvoller durch ein hochtouriges Rührwerk (n = 4000 Umdrehungen/Min.). (Österr. Chemiker-Ztg. **54.** 66—68. März 1953. St. Michael, Zellulose-Fabriks Akt.-Ges., Labor.) SEIFERT. 7970

E. Kesting, *Die Herstellung und Eigenschaften von Chlordioxyd.* Inhaltlich ident. mit der C. **1953.** 2374 referierten Arbeit. (Tappi **36.** 166. April 1953; referiert nach: Paper Mill News **76.** Nr. 49. 96—108. 5/12. 1953. München, Elektrochem. Werke.) H. BECKER. 7978

W. W. Barkas und **R. Hallan,** *Bestimmung des Rückhaltevermögens von Flüssigkeiten durch feuchte Papierfasern.* Ident. mit der C. **1953.** 8482 referierten Arbeit. (Proc. techn. Sect., Brit. Paper Board Makers' Assoc. [Inc.] **34.** 289—310. Juni 1953.) H. BECKER. 7984

Milton Lesser, *Glycerin. Ein Bericht über seine Verwendung in Druckfarben, Spezialitäten und Harzen.* Vf. gibt an Hand von Rezepten aus der Zeitschriften- u. Patentliteratur einen Überblick über die vielseitigen Verwendungsmöglichkeiten von Glycerin in der Druckfarbenindustrie. (Amer. Ink Maker **30.** 34—37. 67. Aug. 1952.) DU MONT. 7988

Edgar D. Smith und **L. N. Rogers,** *Bestimmung der Pentosane in hochgereinigten Holzcellulosen.* Die TAPPI-Meth. zur Best. der *Pentosane* (**I**) ist nicht auf hochgereinigte Holzcellulosen, die $<1\%$ **I** enthalten, geeignet. Zur Best. von **I** in solchen Cellulosen wurde deshalb die TAPPI-Meth. durch Modifikation der Destillationsbedingungen verbessert, so daß 0,5—2% **I** erfaßt werden können. — Modifizierte TAPPI-Meth.: Die Destillationsgeschwindigkeit wird auf 1,5 ml/Min. herabgesetzt; die Menge des Gesamtdestillates wird auf 200 ml reduziert. Bei Holzcellulosen mit 0,5—2% **I** wird ein aliquoter Teil des Destillates 1:10 mit dest. W. verdünnt. Die UV-Absorption bei 277,5 mμ wird gegen dest. W. als Blindwert gemessen. Aus einer mit reinem Furfurol gewonnenen Eichkurve wird die Menge Gesamtaldehyd (Furfurol + Oxymethylfurfurol) abgelesen. % I = (g Gesamtaldehyd — 0,002) · 100/ Einwaage · 0,727. Der Faktor 0,727 entspricht der Überführung von **I** in Furfurol. (Analytic. Chem. **25.** 931—33. Juni 1953. Memphis, Tenn., Buckeye Cotton Oil Co.) K. F. MÜLLER. 8004

—, *Eine empfindliche Methode zur Bestimmung der Alkalilöslichkeit des Stoffes.* Eine Bearbeitung der *CCA 8*-Meth. für die Best. der Alkalilöslichkeit von Cellulose wird beschrieben. Die grundsätzlichen Änderungen gegenüber der älteren Methoden bestehen in einer Herabsetzung der Stoffkonz. von 5,0 auf 1,5 g/100 ml Lauge sowie in einer Steigerung der Behandlungsdauer von 45 auf 60 Minuten. (Svensk Papperstidn. **57.** 119—21. 28/2. 1954. Analysis Committee of Central Labor. of Cellulose Ind.) P. ECKERT. 8006

George Cramer, *Fade-Ometer Prüfverfahren.* Beschrieben wird der von der Atlas Electric Devices Co. hergestellte Fade-Ometer Modell *FDA-R* zur Messung der Veränderung von gedruckten Farben, Papier, Pappe, Lacke, Firnis, Überzugsmassen usw. bei Belichtung im Kohlelichtbogen unter standardisierten Bedingungen von Temp., Feuchtigkeit durch Vgl. mit standardisierten Farben auf standardisiertem

Papier. So ließen sich 8 Güteklassen der Lichtechtheit je nach der Belichtungsdauer ohne Farbveränderung aufstellen. (Amer. Ink Maker **30.** Nr. 12. 30—33. 65. Dez. 1952. New York, N. Y., Sinclair & Valentine Co.) DU MONT. 8014

Gregor Gruber, Lamprechtshausen, Salzburg, *Imprägnieren von Holz,* bes. von Masten, Pfosten, Bohlen, Schwellen. Der in einem offenen Tränkbad befindliche Holzkörper wird an seinem Kopf einer Absaugung u. an seinem Fuß einer Einpressung einer Tränk-Fl. (I) anderer Art als der im Tränktrog befindlichen unterworfen. Gegebenenfalls hat die durch den Holzkörper gepreßte bzw. gesaugte I eine geringere Konz. als die im Tränktrog befindliche Flüssigkeit. Auch die Temp. der dem Mastfuß zugeführten I kann niedriger sein als die des Tränkbades. — Man verwendet z. B. im Trog eine 4%ig. I aus Dinitrophenol, NaF, $K_2Cr_4O_7$ u. aus einer As-Verbindung. Die Fl. für die axiale Durchdringung des Mastes enthält außer den genannten Stoffen noch $CuSO_4$ u. nur eine Gesamtkonz. von 1%. Diese geringere Konz. der in axialer Richtung wirksamen I gegenüber der Konz. des Tränkbades besteht darin, daß auf letzteres im radialen Sinne ein verstärkter Impuls zum Eindringen in das Stamminnere ausgeübt wird. (**Oe. P. 176 014** vom 8/6. 1951, ausg. 10/9. 1953.) M. F. MÜLLER. 7953

—, (Erfinder: **Walter Voss,** Dessau, und **Egon Scholz,** Wolfen), *Imprägnieren von Holz* mit Sulfitablauge oder mit wss. Lsgg. von aus Sulfitablauge isolierten Ligninstoffen oder deren Umwandlungsprodd. zusammen mit Formaldehyd u. solchen Hilfsstoffen, wie Phenol, welche mit dem Lignin der Sulfitablauge kondensierbar sind, u. anderen Zusatzstoffen, wie Aminen, Säureamiden oder Phenolen, welche mit CH_2O kondensierbar sind. — Eichenholz wird mit einer Lsg. von 8 (Teilen) Ligninsulfonsäure, 5 einer 30%ig. CH_2O-Lsg., 1 Kreosot, 18 W. u. 0,2 KOH 4 Std. bei 10 atü nach dem Vakuumdruckverf. behandelt u. bei 115° getrocknet. Die Aufnahme beträgt 18% an Ligninharz. (**D. P. [DDR] 1 978** Kl. 38h vom 24/9. 1940, ausg. 26/11. 1953. [Ausschließungspatent].) M. F. MÜLLER. 7953

Hercules Powder Co., Wilmington, Del., übert. von: **Edwin S. Elliott,** Petersburg, Va., V. St. A., *Hitzebehandlung von celluloseglykolsaurem Natrium* mit einem $-O\cdot CH_2\cdot COOH$-Geh. von 0,5—1 Gruppe pro $C_6H_{10}O_5$-Einheit. Man erwärmt das ursprünglich in W. lösl. Salz in trockenem Zustand auf 130—210°, z. B. 175°. In W. vom p_H 6—10 bildet das behandelte Salz jetzt stark gequollene Gelteilchen, die sich gleichmäßig verteilen. — Verwendung zum Leimen von Papier, als Textilschlichte u. in Klebstoffen (**A. P. 2 639 239** vom 18/11. 1950, ausg. 19/5. 1953.) FABEL. 7971

Wacker-Chemie G. m. b. H., München, *Herstellung von Cellulosemischestern von Carbonsäuren,* wobei als höhersd. Säure die Buttersäure vorhanden ist, unter Verwendung von Holzzellstoffen mit einem 90% übersteigenden α-Cellulosegeh. u. mit einem Polymerisationsgrad, der über 500 liegt. Als Veresterungskatalysator dienen Perchlor- u. Schwefelsäure. — 100 (Gewichtsteile) Holzzellstoff, enthaltend 6% W., werden mit 200 Eisessig bei 20° vorbehandelt. Hierzu wird ein 35° warmes Reaktionsgemisch von folgender Zus. zugegeben: 64,5 (Gewichtsteile) Buttersäureanhydrid, 135 Essigsäureanhydrid, 800 Testbenzin u. 0,50 Überchlorsäure. Die Veresterung geschieht in Ggw. von H_2SO_4. Man erhält ein *Celluloseacetatbutyrat* von hoher Viscosität. (**Oe. P. 177 782** vom 25/6. 1952, ausg. 10/3. 1954. D. Prior. 26/9. 1951.) M. F. MÜLLER. 7971

Deutsche Gold- und Silberscheideanstalt vormals Roessler, Frankfurt/M., *Bleichen von Holzschliff und anderen mechanisch erzeugten Faserstoffen mit Peroxyden.* Das überschüssige Peroxyd wird nach der Erreichung des Maximums im Weißgeh. — Stoffdichte 5%, Peroxydüberschuß 7% — zur weiteren Verwendung aus der Bleichflotte durch Abpressen, Absaugen oder Filtrieren entfernt u. der Bleichvorgang nach Erhöhung der Stoffdichte um mehr als 100%, vorzugsweise mehr als 200%, z. B. auf 15% mit einer Bleichmittelmenge, die weniger als 30%, vorzugsweise weniger als 20% der gesamten Bleichmittelzugabe beträgt, zu Ende geführt. Hierbei ergibt sich ein Weißgrad von 74% bei einem Verbrauch von nur 4,3% Peroxyd. (**Oe. P. 175 786** vom 22/8. 1951, ausg. 10/8. 1953. D. Prior. 13/9. 1950.) GLAFEY. 7979

Highland Mfg. Co. und **Lloyd L. Dodge,** Highland, Ill., V. St. A., *Imprägniertes Papier.* Zur Herst. eines bedruckbaren oder später mit naßfestmachenden Stoffen zu überziehenden Papieres wird der Papierstoff oder die gebildete Bahn mit einer wss. Suspension versetzt, die 20—50(%) hydrierten Methylester des Kolophoniums, 20—50 Glycerinester von hydriertem Kolophonium u. 20—50 Paraffinwachs enthält, u. die gebildete Bahn getrocknet. (**A. P. 2 637 665** vom 20/7. 1950, ausg. 5/5. 1953.) G. VOGEL. 7987

National Cash Register Co., Dayton, O., V. St. A., *Herstellung genau ausgerichteter Druckschriften* unter Verwendung von Vervielfältigungsbogen, deren untere Fläche zusammen mit der Oberfläche des darunterliegenden Bogens farbbildend ist. Der zur Farb-Rk. benötigte Preßdruck wird mit Hilfe einer entsprechenden Druckform auf den mit den reagierenden Flächen übereinandergelegten Vervielfältigungsbogen erzeugt. — Abbildungen. (**D. B. P. 876 542** Kl. 15k vom 6/12. 1950, ausg. 15/5. 1953. **Zusatz zu D. B. P. 851 806; C. 1953. 9705.**) LAASS. 7989

United States Gypsum Co., übert. von: **James H. Conover**, Chicago, Ill., V. St. A., *Herstellung von Faserplatten*, bes. für *Isolierzwecke*. 100 (Teile) Holzschliff werden zwecks Hydratisierung der Fasern in W. aufgeschlagen u. mit 1—24 Erdalkalihydroxyd, bes. $Ca(OH)_2$, versetzt, um den Mahlgrad (z. B. von 600 auf 665—775 cm^3 nach SCHOPPER-RIEGLER) zu erhöhen. Aus dem Stoff wird, zweckmäßig nach Zusatz von naßfest machenden Mitteln (Stärkeleim, Gummi, Harz), eine dicke Bahn gebildet u. getrocknet, die trotz Dicke u. Hydratisierung gut entwässert. — Beispiel: 1500 Holzschliff werden bei 1% Stoffdichte aufgeschlagen, auf ca. 43° erwärmt u. mit einer Aufschlämmung von 360 $Ca(OH)_2$ in 1000 W. vermischt. Vor dem Ableeren wird noch eine Stärke–Wachs-Emulsion zugefügt, so daß das sehr dichte Prod. (1 m^3 = 420—756 kg) 2—3% Paraffinwachs enthält. (**A. P. 2 639 989** vom 25/4. 1946, ausg. 26/5. 1953.) G. VOGEL. 7993

XVIIIb. Textilfasern.

Hugh H. Mosher, *Verwendung von Kunstharzen und Kunststoffen in der Textilausrüstung*. Nach allg. gehaltenen Ausführungen über härtbare u. thermoplast. Kunstharze, soweit sie in der Textilindustrie verwendet werden, beschreibt Vf. folgende spezielle Anwendungen: Methylolharnstoffe für Knitterfestausrüstung, Verhinderung des Einlaufens, dauerhafte Chintzeffekte. (Amer. Dyestuff Reporter **42.** P402—06. 22/6. 1953. Newark, N. J., Arkansas Co.) ZAHN. 8032

Gustav Hayen, *Die Verwendung von plastischen Massen zum Überzug von Textilien*. Übersichtsarbeit. (Rev. Textile [N. S.] **50.** Nr. 8. 21—23. Juli/Aug. 1952.) ROSSOW. 8032

J. A. Somers, *Fluorescierende Aufheller*. Nach einigen allg. gehaltenen Ausführungen über die opt. Bleichmittel, bes. über deren Entw., führt Vf. einige derartiger Verbb. an, wobei auch auf die Abhängigkeit der Wirksamkeit von der chem. Konst. der Verbb. eingegangen wird. (Brit. Rayon Silk J. **30.** Nr. 355. 62—63. Dez. 1953.) P. ECKERT. 8032

A. J. Hall, *Nichtentflammbarmachen von Textilien. Neue Verfahren, basierend auf Phosphat–Stickstoff-Verbindungen*. Eine Verb. mit der Atomgruppierung H_2N—P(=O)—(NH)— wird hergestellt: in 90 lbs. $POCl_3$ gelöst in 90 Gallonen Hexan werden 2 Std. bei 55—75° 55 lbs. trockenes NH_3 eingeleitet u. anschließend im Autoklaven 1½ Std. auf 130° erhitzt u. nach dem Abkühlen von NH_4Cl gereinigt. Die Phosphat–Stickstoff-Verb. gibt wss. Lsgg. vom p_H 7,0—8,5. Die Gewebe werden mit dieser Lsg. imprägniert, getrocknet u. dann 5 Min. auf 150° erhitzt. Die Verb. kann kombiniert werden mit wasserlösl. CH_2O-Harnstoff- bzw. Resorcinharzen u. mit $TiCl_3$ oder $SbCl_3$-Imprägnierungen. Andere Phosphat–Stickstoff-Verb. ergibt die Imprägnierung mit CH_2O–Harnstoff oder Melamin u. Methyloldicyandiamidverbb. u. H_3PO_4 (85%), Trocknung bei 250—400° F u. Kondensation bei 320 oder 340° F. Beide Arten von Phosphat–Stickstoff-Verbb. ergeben unentflammbare, nicht nachglühende u. zum Teil waschechte Ausrüstungen. (Textile Mercury Argus **130.** 59—62. 8/1. 1954.) A. v. KÖNIG. 8036

Carl-Heinz Fischer-Bobsien, *Ein modernes Bild der Wolle in Einzeldarstellungen*. 6. Mitt. (5. vgl. C. **1954.** 6620.) An Hand des Auftretens von Alkalischäden u. Rk. bei der Wollverformung wird der Einfl. der S-Brücken des Wollkeratins von der prakt. Seite her dargelegt. Besprochen werden dann die Salzbrücken; p_H-Reaktionsmechanismus, isoelektr. Punkt, Folgen der Brückensprengung durch kochendes W., Säuren u. Alkalien. Eingegangen wird ferner auf die Alkali- u. Säurebindung der Wolle, die saure Wollfärbung sowie auf die Ursachen u. färber. Folgen der Ggw. von Säureresten. (Färber u. Chemischreiniger, Färber-Ztg. **6.** Nr. 7. 1—4. Juli 1953.) P. ECKERT. 8060

G. J. Schuringa, T. Konings und **A. J. Ultée jr.**, *Osmotisch aktive Substanzen der Allwörden-Reaktion*. Wolle (I) wurde mit 0,12—0,24 mol. Bromwasser bzw. 0,05 mol. Chlorwasser behandelt. Die vereinigten Lsgg. u. Waschflotten enthielten die Abbauprodd. aus dem Innern der Schuppenzellen, soweit diese die ALLWÖRDENschen Membranen passieren können (Fraktion A). Hierauf wurden die Bläschen durch Schütteln von I mit W. zerstört u. in der Lsg. die Fraktion B lösl., jedoch nicht diffusibler Abbauprodd. erhalten. Die Fraktionen A u. B sowie restliche I wurden auf Halogen-, N-, S- u. Cystingeh. untersucht. Die Hälfte des S in Fraktion B (Ausbeute ca. 8,5% von I) liegt als Cystin-S vor, während in der leichter diffusiblen Fraktion A (Ausbeute 20%) nur 10% des S als Cystin-S vorliegen. Die behandelte restliche I hatte ca. 70% ihres Cystin-S verloren. (Textile Res. J. **23**. 645—46. Sept. 1953. Delft, Holland, Faserforsch. Inst. T. N. O.) ZAHN. 8060

Paul B. Stam, Robert F. Kratz und **Howard J. White jr.**, *Die Quellung von Menschenhaar in Wasser und Wasserdampf.* In der 1. Mitt. (WHITE u. STAM, C. **1949**. II. 1350) wurde die Quellung einzelner Menschenhaare bei verschied. konstanten Belastungen u. Feuchtigkeiten behandelt. Vff. maßen die Quellung (Geschwindigkeit u. Gleichgewicht) mit verbesserten Methoden bei verschied. Dehnungen u. Luftfeuchtigkeiten. Im Rahmen eines ausführlichen physikal.-mathemat. Teiles wird eine theoret. Quellungsisotherme abgeleitet, welche die Meßergebnisse qualitativ zu deuten vermag. (Textile Res. J. **22**. 448—65. Juli 1952. Princeton, N. J., Text. Res. Inst., u. Princeton, Univ.) ZAHN. 8066

H. L. Vosters, *Die Filtrierbarkeit der Viscose.* 5. Mitt. (4. vgl. C. **1952**. 3923.) Bei der Filtration der Viscose ist das HAGEN-POISEUILLEsche Gesetz innerhalb gewisser Grenzen gültig. Der Filtrationsverlauf ist von verschied. Faktoren abhängig. Diese Faktoren sind während des Filtrationsvorganges laufend Veränderungen unterworfen. Es ist versucht worden, eine allg. Filtrationsgleichung für die Filtration bei konstantem Druck u. konstantem Durchsatz aufzustellen. Mit Hilfe dieser Gleichung ist es möglich, verschied. Sonderfälle der Filtration rechner. zu erfassen. Diese Gleichungen lassen sich in gleicher Weise auf die Filtration von Cellulosederivv. als auch von hochpolymeren Substanzen anwenden. Es wird eine neue Verstopfungskonstante vorgeschlagen, welche die Abhängigkeit vom anfänglichen Durchsatz berücksichtigt. Es wurde untersucht, welchen Einfl. der Geh. der Viscose an Cellulose, S, Lauge u. Zellstoffverunreinigungen sowie die Gammazahl auf die Filtrierbarkeit ausüben. — 27 Schrifttumsnachweise. (Svensk Papperstidn. **57**. 122—40. 28/2. 1954.) P. ECKERT. 8074

—, *Fibrolane. — Regenerierte Proteinfaser.* Überblick über die Eigg. der Faser, ihre Verarbeitung u. ihre Verwendungsmöglichkeiten. (Vgl. auch C. **1954**. 6834.) (Brit. Rayon Silk J. **29**. 55—57. Jan. 1953.) P. ECKERT. 8078

P.-A. Koch, *Caseinfasern: Fibrolane, Merinova.* (Vgl. C. **1954**. 3372.) In tabellar. Form werden behandelt: Begriffsbest., Fabrikatbezeichnungen, Erfinder u. Entw., Ausgangsstoffe, Herstellungsverff., chem. Zus., Eigg., Erzeugnisse, Verarbeitungseigg. u. Verwendungsgebiete, Grundpatente sowie 72 Schrifttumsnachweise. (Z. ges. Textilind. **55**. 1310—12. 1314—16. 5/11. 1953.) P. ECKERT. 8078

—, *Das Bleichen von Nylongeweben.* Es werden genaue Arbeitsvorschriften über das Bleichen mit Na-Chlorit in saurer Lsg. gegeben. Verwendet werden 3 g Na-Chlorit im Liter bei einem p_H-Wert von 3—5 unter Verwendung von Ameisensäure zum Ansäuern. Dauer 30 Min. bei 85°. Die Versuchsergebnisse werden in Tabellen wiedergegeben. (Brit. Rayon Silk J. **30**. 64. Dez. 1953.) P. ECKERT. 8080

B. W. Petuchow und **S. I. Belokonowa,** *Ein Versuch zum Lackieren von Capronfasern.* Lackieren mit 12,3%ig. *Glyptalharz* senkte den Abrieb der trockenen Capronfaser fast auf $^1/_4$, bei Naßprüfung auf ca. 70%. Ein Aufquellen der Fasern wurde bereits mit 5,5%ig. Glyptalharztränkung verhindert. Mit Perchlorvinylharz wurde der Abrieb um 5—7% vermindert. Die Harze wurden in Aceton gelöst, dann die Fasern damit getränkt u. getrocknet oder das Lösungsm. durch kaltes W. ausgefällt. Das Verf. wird für Fischernetze empfohlen. (Рыбное Хозяйство [Fischerei-Wirtsch.] **28**. Nr. 10. 14—15. Okt. 1952.) v. WILPERT. 8080

Walther Wegener, *Dehnung und Elastizität eines Perlon-Garns in Abhängigkeit von Zeit und Belastung.* Nach einer kurzen Beschreibung der Versuchsdurchführung wird auf die gesamte u. bleibende Dehnung (Restdehnung) als Funktion der Zeit eingegangen u. anschließend das räumliche Zustandsdiagramm gebracht. Es wird also über die Ergebnisse eines auf stat. Dauerstand nach dem Prinzip der konstanten Belastung beanspruchten Perlongarnes berichtet. Die mathemat. Grundlage hierfür wird gegeben u. die Untersuchungsbefunde an Hand von Diagrammen werden aufgezeigt. (Vgl. auch C. **1954**. 5660.) (Reyon, Zellwolle andere Chemiefasern **32**. 69—71. Febr. 1954.)

P. ECKERT. 8116

Michael Erlenbach und **Adolf Sieglitz,** Frankfurt/M., *Nicht korrodierendes Bleichmittel.* bestehend aus einer wss. Lsg. von Chlorit oder ClO_2, einer sich von N-Oxyden ableitenden Säure, u. gegebenenfalls einer aliphat. Sulfon- oder Carbonsäure, deren aliphat. Rest durch eine Carbonsäureamid- oder Carbonsäureestergruppe unterbrochen ist, oder deren Salzen, bes. $NaNO_3$ u. Oleylmethyltaurin oder -sarkosid. (**E. P. 696 967** vom 22/12. 1950, ausg. 9/9. 1953. D. Priorr. 27/12. 1949, 29/7. u. 31/10. 1950.) LÜTTGEN. 8027

J. R. Geigy Akt.-Ges., Basel, Schweiz, *β.β'-Diaminodiäthyläther-N.N'-tetraessigsäure* dient als *Textilhilfsmittel.* Man setzt β.β'-Diaminodiäthyläther mit CH_2O u. HCN um zu *β.β'-Diaminodiäthyläther-N.N'-tetraacetonitril* u. verseift mit sd. verd. NaOH. Kristallpulver. Bildet Komplexe mit Erdalkaliionen u. vermag Härtebildner des W. komplex zu binden. (**Schwz. P. 292 051** vom 24/10. 1950, ausg. 16/10. 1953.) LANGER. 8029

I. G. Farbenindustrie Akt.-Ges., Frankfurt/M., *Quaternäre Ammoniumverbindungen,* die als *Textilhilfsmittel* dienen, entstehen, wenn man niedrigmol. α-Halogenmonocarbonsäureester der aliphat. u. araliphat. Reihe mit tert. Aminen oder Oxyaminen der aliphat., aliphat.-aromat., aromat. oder hydroaromat. Reihe umsetzt u. die entstandenen quaternären Ester mit wasserlösl. Salzen von prim. oder sek. Aminosulfonsäuren oder Aminocarbonsäuren kondensiert. — Man erhitzt *Oleyldimethylamin* mit *Chloressigsäuremethylester,* löst in W. u. erwärmt mit *Sarkosin-Na.* (**D. R. P. 765 245** Kl. 12q vom 29/8. 1936, ausg. 4/1. 1954.) LANGER. 8029

Paul Frankfurther und **Rudolf Detsinyi,** England, *Versteifen von Textilien,* Geweben, Fäden oder Fasern. Man verwendet hierzu eine bis zu 30%ig. wss. Polyvinylacetatdispersion, deren Teilchen nicht größer als 2 Mikron sind; die Dispersion wird vor Gebrauch verdünnt. Sie ist sehr lange unverändert haltbar u. kann mit Weichmachern, wie Triacetin, vermischt werden. (**F. P. 1 016 990** vom 2/5. 1950, ausg. 27/11. 1952.) PANKOW. 8033

General Aniline & Film Corp., New York, N. Y. (Erfinder: **William W. Williams** und **Harlan B. Freyermuth,** Easton, Pa.), V. St. A., *Optische Bleichmittel.* Durch Rk. von 1 (Mol) 4.4'-Diaminostilben-2.2'-disulfonsäure (I) mit 2 Cyanurchlorid, Einw. von 2 Sulfanilamid auf das Zwischenprod. erhält man ein Zwischenprod., das mit Anilin (II) umgesetzt, eine Verb. der Formel III ergibt. Statt II kann z. B. auch Morpholin, Diäthanolamin, p-Anisidin, N-Äthylanilin oder o-Toluidin, statt I 4.4'-Diaminostilben-2.2'-dicarbonsäure angewandt werden. (**D. B. P. 899 042** Kl. 12p vom 10/8. 1951, ausg. 7/12. 1953. A. Prior. 11/8. 1950.) BRÖSAMLE. 8033

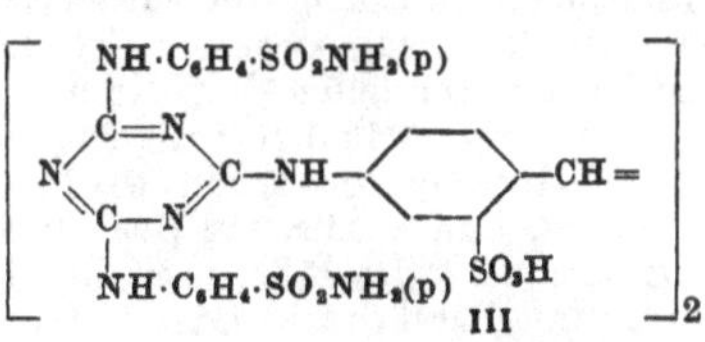

III

Établissements Agache (Soc. An. de Pérenchies), Frankreich, *Verbesserung der Widerstandsfähigkeit von Textilien.* Man behandelt sie mit einem ein Al-Salz u. Hexamethylentetramin (I) enthaltenden Bade u. erhitzt sie danach auf 100—120°. Das Bad hat z. B. die Zus.: 1000 (Teile) W., 70 $AlCl_3$, 15 NH_4Cl, 60 Harnstoff, 100 I u. 100 Glykol. (**F. P. 1 034 310** vom 22/3. 1951, ausg. 22/7. 1953.) OPPERMANN. 8037

American Viscose Corp., V. St. A. (Erfinder: **Leslie L. Walmsley** und **Raymond E. Smith**), *Stabilisieren von hauptsächlich aus regenerierter Cellulose bestehenden Geweben.* Um ein Schrumpfen solcher Gewebe bei wiederholtem Waschen sowie ein Strecken beim Zurichten zu verhindern, behandelt man sie unter gleichzeitigem Färben mit einer wss. alkal. Lsg., bestehend aus ca. 1% in W. unlösl., in Alkalien lösl. Celluloseäther, 0,01—5% Küpenfarbstoff (z. B. Indanthrenblau, Indanthrengelb), 1—5% CH_2O, 0,5—1,5% Plastifizierungsmittel u. 0,5—1,5% (vor der Neutralisation) Alkali (NaOH, KOH, LiOH). Durch Zugabe von H_2SO_4 stellt man das p_H auf 1,2—6,5 ein, wobei der Celluloseäther nicht ausfällt. (**F. P. 1 028 941** vom 7/11. 1950, ausg. 28/5. 1953. A. Prior. 25/11. 1949.) OPPERMANN. 8039

Lister & Co. Ltd., Bradford, und **George B. E. Schueler,** London, England, *Behandlung von tierischen Haaren, insbesondere von Pelz- und Wollfellen,* dad. gek., daß auf Wolle oder Haare thermoplast. Harze (I) aufgebracht u. dann eine Wärmebehandlung bei 100—160° angeschlossen wird. Vor der Behandlung mit I werden die Fasern durch eine Behandlung mit Dampf, Alkalien oder Säuren, bes. Essigsäure, weich gemacht. I werden in der Weise aufgebracht, daß man die einzelnen Komponenten mit Bürsten oder Spritzen getrennt aufträgt u. die Kondensation bzw. Polymerisation unter Anwendung von Beschleunigern in der Wärme mit rotierenden Bügelzylindern bei 120 bis 160° durchführt. Nach erfolgter Harzbildung wird 15 Min. bei 30—40° mit W. ausgewaschen zur Entfernung der in W. lösl. Stoffe u. im Warmluftstrom getrocknet. (**E. P. 648 854** vom 3/9. 1948, ausg. 17/1. 1951.) SEITZ. 8061

Badische Anilin- & Soda-Fabrik, Deutschland, *Zurichten von Fellen und Pelzen.* Man behandelt bes. tanningegerbte Felle u. Pelze, um sie geschmeidig zu machen, mit kationakt. Verbb., die im Kation mindestens einen höhermol. aliphat. Rest enthalten. Solche Verbb. sind z. B. das Hydrochlorid des Kondensationsprod. von 1 Mol Diäthyläthylendiamin u. 1 Mol Ölsäure; Hydrochloride, Lactate oder Acetate des Kondensationsprod. von Diäthanoläthylendiamin u. Stearinsäure, Sulfonium- u. Phosphoniumverbb. z. B. mit Octyl-, Dodecyl- oder Octodecenylradikal. (**F. P. 1 027 734** vom 16/11. 1950, ausg. 15/5. 1953. D. Prior. 24/11. 1949.) OPPERMANN. 8067

Reding Manufacturing Co., Inc., übert. von: **Albert O. Ryan,** Norwalk, Conn., V. St. A., *Apparatur zum Spinnen von Fäden* aus Latex, Plasten, Protein oder geschmolzenen Legierungen. Die Düse mit dem Zuführungsrohr für die Spinnlsg. ragt horizontal mitten in der birnenförmigen, mit verlängertem Ausfluß versehenen Behälter für die in gleicher Richtung strömende Begrenzungs- bzw. Kogulier-Fl.; diese besteht aus mit Methylcellulose verdicktem W. oder Säure, Salzlsgg., Glycerin, Glykol, Ricinusöl, höheren Alkoholen oder dgl. u. wird laufend umgepumpt. — Zeichnung. (**A. P. 2 617 148** vom 7/9. 1950, ausg. 11/11. 1952.) SALZMANN. 8071

Phrix-Werke Akt.-Ges., Hamburg, *Herstellung von gut filtrierbaren, auf Fäden oder Filme verarbeitbaren Viscosen.* Man läßt auf durch Tränken von Cellulose mit 16 bis 26%ig. NOH gewonnene Alkalicellulose (I) unter Zusatz von Lösungslauge u. Lösungswasser vor oder während der Sulfidierung — CS_2 einwirken, wobei man der bis zu einem Polymerisationsgrad von 250—400 vorgereiften I vor oder bes. während der Sulfidierung mindestens $^1/_5$, in der Regel die Hälfte oder mehr der Lösungslauge u. des Lösungswassers zusetzt; doch darf hierbei die NaOH-Konz. des I-Breies vor dem Zusatz des CS_2 nicht unter 10%, bes. nicht unter 13%, absinken, während die Sulfidierung wie üblich bei Tempp. über 20°, bes. bei 24—30°, erfolgt. Man kann ferner die Gesamtmenge der erforderlichen Lösungslauge u. des Lösungswassers fortlaufend während der Sulfidierung zusetzen u. die Sulfidiertemp. durch Temperieren der zugesetzten Lösungslauge u. des Lösungswassers — bes. isotherm — regeln. Zur Erzielung einer guten Alkalisierung u. schnellen Sulfidierung bzw. auch besseren Zerfaserung der Cellulose kann man ferner der Alkalisierlauge noch Netzmittel, wie sulfoniertes Ricinusöl oder Abietinsäure, oder auch organ. Fll., wie Methylalkohol, Glykol oder Glycerin, in geringer Menge zusetzen. Zur Abkürzung der Vorreife bei Verwendung von Zellstoffen höheren Polymerisationsgrades läßt man auf die I zweckmäßig geeignete Oxydationsmittel, wie Persulfat, Percarbonat oder H_2O_2, oder Reduktionsmittel, wie Na_2S, Na_2SO_3, Na_2NO, Hydrochinon oder Phenylhydrazin, einwirken. Erfindungsgemäß erhält man in einfachster Weise aus n. Cellulose in kurzer Zeit u. ohne erhöhten Energieaufwand eine faserige Viscose von guten Spinneigenschaften. (**Oe. P. 172 333** vom 1/7. 1950, ausg. 25/8. 1952. D. Priorr. 29/3. u. 20/4. 1950.) RAETZ. 8075

Ciba Akt.-Ges., Basel (Erfinder: **Werner Grubenmann,** Neue Welt, **Willy Fisch,** Binningen, **Eduard Kambli, Otto Ernst** und **Walter Hofmann,** Basel), Schweiz, *Pigmentpräparate.* Zunächst wird eine wss. Dispersion von z. B. Küpenfarbstoff, einem unlösl. Azofarbstoff oder einer gefärbten Metallkomplexverb. (Metallphthalocyanin) mit Sulfitcelluloseablauge oder dem Na-Salz eines Kondensationsprod. von CH_2O u. eines Naphthalinsulfonierungsgemisches hergestellt. Dann wird eine methylalkoh. oder mit W. u. NH_4OH hergestellte Lsg. eines Mischpolymerisats aus Vinylacetat u. Crotonsäure (Maleinsäure) zugegeben u. das Ganze mit Mineralsäure ausgefällt; nach dem Auswaschen u. heißen Durchkneten mit W. wird die M. getrocknet u. zerkleinert. — Verarbeitung u. a. in *Celluloseacetat-Spinnlösungen.* (**D. B. P. 878 714** Kl. 39b vom 11/7. 1950, ausg. 5/6. 1953. Schwz. Priorr. 5/8. 1949 u. 26/6. 1950.) SALZMANN. 8075

Courtaulds Ltd. (Erfinder: **Robert Louis Wormell**), London, England, *Proteinfäden* mit verbesserten Feuchtigkeitseigg. durch Behandlung mit CH_2O oder mehrere Metallsalze enthaltenden Härtebädern. Die so behandelten Fäden werden, gegebenenfalls nach einer Vorbehandlung mit A. oder einer A.-W.-Mischung, in Abwesenheit von Farbstoffen mit einem 35—50° warmen Veresterungsbad, welches CH_3OH oder A. u. H_2SO_4 enthält, behandelt u. nochmals gehärtet oder mit einer 2%ig. Na-Cyanatlsg. imprägniert u. 10 Min. auf 70° erhitzt. Das Veresterungsbad kann auch noch 20—25% W. (berechnet auf A.) sowie ein Dialkylsulfat enthalten. (**D. B. P. 898 658** Kl. 29b vom 29/4. 1951, ausg. 3/12. 1953. E. Priorr. 3/5. u. 21/11. 1950.) SALZMANN. 8079

Bobingen Akt.-Ges. für Textilfaser, Bobingen (Erfinder: **Fritz Wenger,** Ludwigshafen/Rh.), *Herstellung von Fasern, Borsten und Folien aus Hochpolymeren mit erhöhter*

Knickzahl. Man behandelt aus Polyamiden, Polyestern, Polyharnstoffen u. dgl. erhaltenes Gut mit einer die Oberfläche stark quellenden Polyurethan- oder Polyamid-Lsg. u. entfernt dann das Lösungsmittel. — Aus hochpolymerem Caprolactam gesponnene Fäden werden durch eine Lsg. aus 10 (g) Polyurethan aus Hexamethylendiisocyanat u. Tetramethylenglykol, 80 HCOOH u. 10 CH_2Cl_2 geführt u. getrocknet. Die Fäden haben (vor u.) nach der Behandlung: Titer (1835) 1975; Knickung in einer Ebene (2820) 8470. — Zur Nachbehandlung ist ferner eine Lsg. von 10 Hexamethylendiamin–Sebacinsäure-Kondensat in 90 HCOOH geeignet. (**D. B. P. 897 398** Kl. 8k vom 6/8. 1941, ausg. 19/11. 1953.) MÖLLERING. 8081

Alkor-Werk Karl Lissmann, München (Erfinder: **Karl Lissmann,** Pullach, und **Georg Kühl,** München), *Erzeugung von Überzügen,* bes. von nahtlosen Überzügen. Man belegt oder umlegt den zu überziehenden Gegenstand mechan. oder elektr. mit einem Faserstoffvlies, bes. durch Be- oder Umspinnen, u. unterwirft das Vlies (**I**) einer chem. oder physikal. Behandlung, die eine Verfestigung des **I** herbeiführt. Bes. wird die Er- Erzeugung des **I** über dem zu be- oder umspinnenden Gegenstand dad. vorgenommen, daß zwischen diesem u. der Spinn-Fl. eine Potentialdifferenz erzeugt wird. Ist der Gegenstand nichtleitend, so wird er z. B. mit einer Graphitschicht oder mit W. überzogen. Als Spinngut können Lsgg. oder Schmelzen von fadenbildenden Substanzen, z. B. Gelatine, Leim, Acetylcellulose, Viscose- u. Kunstharzlsgg., bes. von *Superpolyamiden* oder *Polyurethanen,* verwendet werden. — Zeichnung. (**D. B. P. 898 144** Kl. 8 l vom 11/2. 1943, ausg. 26/11. 1953.) v. SCHILLER. 8081

XIX. Brennstoffe. Erdöl. Mineralöle.

C. A. Seyler, *Charakteristische petrologische Bestandteile der Kohle.* Die Unters. des Reflexionsvermögens von natürlichen u. techn. erzeugten Kohlen u. Koksen mit dem BEREK-Photometer bei grünem Licht in Öl sowie in Luft ergab, daß das Reflexionsvermögen mit steigendem C-Geh. zunimmt. Hierbei lassen sich für Kohlen 10 verschied., für Kokse 3 verschied. jeweils an C reichere Inkohlungskomponenten unterscheiden. Die Reflexionsvermögen bilden eine geometr. Reihe von der Form $R_0 = 0{,}26 \cdot 1{,}36^{N_R}$ [R_0 = Reflexionsvermögen in Öl, 0,26 = Reflexionsvermögen der untersten Inkohlungsstufe 0 (Lignit), N_R Nummer der Inkohlungsstufe zwischen 0 u. 9 u. 1,36 die konstante Zunahme des Reflexionsvermögens von Stufe (Nn) zu Stufe]. (Fuel **31.** 159—70. April 1952. Leatherhead, Surrey, British Coal Utilisation Res. Association.) OPPERMANN. 8126

Hildegard Schroeder, *Untersuchungen über das Verhalten von Kohlen beim Erhitzen im Sauerstoffstrom.* (*Ein Beitrag zur Frage der Selbstentzündung von Kohlen.*) Die Unterss. dienten dem Zweck, die Neigung von Kohlen zur Selbstentzündung zu ermitteln. Es zeigte sich, daß größere Schichthöhe, feinere Körnung u. Verwendung von O_2 statt Luft die Initialtemp. herabsetzen, wobei als Initialtemp. die Temp. zu verstehen ist, von der aus sich eine Kohle ohne Wärmezufuhr allein durch die Reaktionswärme von C mit O_2 bis zur Selbstentzündung erhitzt. Voroxydierte Proben ergaben höhere Initialtempp. als frische. Die Höhe der Initialtemp., Brennzeiten, Erhöhung der Kohletemp. gegenüber der Rohrtemp., die Form der Temp.-Zeit-Kurven u. die Ausbldg. der im Mikroskop sichtbaren Oxydationssäume bringen die Neigung einer Kohle zu Rkk. mit O_2 u. damit auch zur Selbstentzündung zum Ausdruck. (Brennstoff-Chem. **35.** 14—23. 20/1. 1954. Essen, Steinkohlenbergbauverein, Labor. der Abt. für Kohleveredlung.) H. SCHÖBERL. 8126

P. L. Agrawal, F. Fitzgerald und **R. J. Sarjant,** *Untersuchungen über die Bildung des Koks und seine Eigenschaften.* Im Rahmen einer systemat. Unters. berichten die Vff. über die Vorgänge bei der Koksbildung speziell über die Verhältnisbeziehungen der spezif. Oberfläche der Glanz- u. Mattkohlen zu den Anteilen an C, H, O, H_2O, flüchtigen Bestandteilen, festem Kohlenstoff, C/H-Verhältnis u. der B. S. Blähziffer. Die Ergebnisse werden tabellar. u. graph. aufgezeigt u. zusammengefaßt in einer Tabelle über die Zus. der guten Kokskohle bei einem Minimum an spezif. Oberfläche. Weitere Unterss. beschäftigen sich mit der Reaktivität des Kokses. Es wird der Einfl. der Temp. des Brennstoffbettes u. der Geschwindigkeit des durch das Bett geschickten Luftstroms aufgezeigt. (Fuel **32.** 397—414. Okt. 1953. Sheffield, Dep. Fuel Technology.) BÄR. 8144

J. G. King, *Raucharme, frei brennende Brennstoffe; Die Herstellung von frei brennendem Koks in kontinuierlich arbeitender Vertikalretorte.* Bei den Bestrebungen, zu raucharmen Brennstoffen zu gelangen, um die Atmosphäre nicht zu verunreinigen, erinnert

Vf. an seine zusammen mit JAMIESON bereits im Jahre 1937 durchgeführten Verss. (vgl. C. **1938.** I. 221. u. C. **1938.** II. 2372), die er auszugsweise nochmals bringt. (Gas J. **277** (**106**). 661—62. 17/3. 1954.) K. O. MÜLLER. 8144

G. Bodmer, *Richtlinien für die Gasbeschaffenheit.* Vf. gibt die Richtlinien für die Gasbeschaffenheit bekannt, wie sie für die Schweiz als bindend erklärt wurden. Die Richtlinien werden ausführlich begründet u. die verschied. Methoden besprochen, die zu ihrer Überwachung angewendet werden können. (Schweiz. Ver. Gas- u. Wasserfachmännern, Monatsbull. **33.** 245—51. Sept. 1953.) ROSENDAHL. 8156

F. Delarozière, *Amerikanische Untersuchungen über die Auswahl von Erdölen zur Gasherstellung.* Nach einleitenden Betrachtungen über die Zus. von Ölen, die für die Carburierung von Wassergas in Frage kommen, wird an Hand des Schrifttums die Art u. Weise der Carburierung des Wassergases beschrieben. Ebenso schildert Vf. eingehend die App., mit der im Labor. die verschied. Öle durch Cracken von Erdölen erhalten werden können. Anschließend wird die Arbeitsweise zur Erhaltung eines einwandfreien Gases geschildert. (J. Usines Gaz **77.** 114—19. April. 148—53. Mai 1953.) ROSENDAHL. 8158

Jiří Žufníček, *Die Trennung von Teer und Ammoniakwasser.* Überblick über Einrichtungen u. Methoden zur Trennung von W. u. Teer, die emulgierenden Stoffe u. das Brechen von Emulsionen. KOPPERS-App. u. Druckabscheidung (2 Skizzen), Zugabe von Elektrolyten u. Netzmitteln, elektrolyt. Trennung u. Anwendung von Zentrifugen. (Paliva **32.** 4—7. Jan. 1952.) ROTTER. 8176

K. Zieborak und **T. Bogucki,** *Schwefelverbindungen in Neutralölen aus Steinkohlenteer.* Bei der sorgfältigen Rektifizierung des Neutralöls mit Best. des S in den einzelnen engen Fraktionen zeigen sich 2 Maxima des S-Geh., ein schwaches Maximum bei der Fraktion 182—186° mit 0,29% S (vermutlich Tetramethylthiophen) u. ein wesentlich ausgeprägteres Maximum bei der Fraktion um 222° mit 2,68% S, das dem Thionaphthen entspricht. In den Fraktionen des Methylnaphthalinöls wird ein ziemlich gleichmäßiger S-Geh. von ca. 0,50% festgestellt. (Przemysł chem. **9** (**32**). 345—47. Juli 1953.) R. K. MÜLLER. 8176

Geo. E. Mapstone, *Untersuchungen an Schieferölen.* 7. Mitt. *Allgemeine Untersuchungen.* (6. vgl. C. **1953.** **6174.**) Es wurde festgestellt, daß die aus der gecrackten GLEN-DAVIS-Schieferöl (I)-Gasolin-Fraktion isolierten Teerbasen ca. 1,5 mol. olefin. Basen enthalten. Die Teerbasen der Naphthafraktion zeigen gegenüber den Basen der Gasolinfraktion keine nennenswerten Unterschiede, sie enthalten jedoch keine olefin. Homologen. Methanol (**II**), das in Hexan, höheren Paraffinen u. Naphthenen nur wenig lösl. ist, ist als selektives Lösungsm. zur Behandlung von Roh-**I** geeignet; Teerbasen u. a. Inhaltstoffe des Öles mit hoher Dichte werden zu einem großen Teil von **II** herausgelöst; die übrigen Bestandteile des **I** sind in **II** unlöslich. Ferner können in **I** Indole, die mit Chinon eine Braunrotfärbung ergeben, nachgewiesen werden. Pyrrole geben übrigens die gleiche Reaktion. Die Teerbasen des Roh-**I** sind für die Emulsionsbldg. bei der Aufarbeitung von **I** verantwortlich; auch die in der wss. Phase enthaltenen Anteile haben emulgierende Eigenschaften. Die Neigung zur Emulsionsbldg. kann zum Teil durch Entfernung der im Roh-**I** enthaltenen Teerbasen durch Säurewaschung u. weiter dad. behoben werden, daß man dem Öl niedrigsd. Teerbasen, die nach Hydrolyse des Säureschlammes erhalten werden, zusetzt. Die in **I**-Emulsionen enthaltenen festen Anteile bestehen neben wenig Öl vornehmlich aus Harzen, Carbenen u. Asphaltenen, sie enthalten jedoch keine Wachse. Verss., **I** mit gleichen Teilen H_2SO_4 verschied. Konz. (10—98%) zu behandeln, um auf diese Weise Aussagen über die KW-stoffe des **I** machen zu können, schlugen fehl. Zum Schluß werden Unterss. des nach der Crackung anfallenden Kokses u. Rückstandes mitgeteilt. Wichtig ist lediglich die Feststellung, daß aus dem Rückstand ein allerdings minderwertiges Bitumen isoliert werden konnte. (J. Inst. Petroleum **39.** 354—80. Juni 1953. Chatswood, N. S. W., Coal Res. Station C. S. I. R. O.) H. P. FIEDLER. 8180

W. M. Putman und **Russell J. Cameron,** *Pyrolyse von Ölschiefern nach dem Gasverbrennungsverfahren.* In eine vertikale feuerfest ausgemauerte Retorte mit einer etwa in halber Höhe angebrachten Gasverbrennungszone wird von oben gemahlener Ölschiefer aufgegeben. Dieser wandert nach unten u. durchschreitet die Reaktions- u. Verbrennungszone. Der Schiefer wird unten abgezogen, während die Destillationsprodd. im Gegenstrom in Form eines Nebels oberhalb des Ölschieferbettes abgeführt werden. Die beschriebene Versuchsanlage setzt täglich 6 t durch. Die Temp. in der Verbrennungszone soll oberhalb 1400° F liegen, um eine hohe Verbrennungsgeschwindigkeit zu erreichen, aber unterhalb 1800° F, um zu verhindern, daß die anorgan. Bestandteile des Schiefers schmelzen. Um eine hohe Ausbeute an fl. Bestandteilen bei einem

Gasumlaufverf. zu erhalten, ist eine niedrige Pyrolysentemp., vorzugsweise 800—900° F, anzustreben; dieser Temperaturbereich stellt sich bei dem Gasverbrennungsverf. ebenfalls ein. — Abb., Versuchsbeschreibung u. Literaturhinweise im Original. (Ind. Engng. Chem. **46**. 689—93. April 1954. Rifle, Colo., Bureau of Usines, Oil-Shale Mine and Engng. Exp. Stat.) K. O. MÜLLER. 8180

M. J. Dupic, *Neue Stoffe für die Schlammbohrung.* Folgende neue Hilfsmittel werden behandelt: Algen als neues organ. Koll., das Stärkemehl der Kartoffeln u. Huminsäuren zur Verflüssigung der Bohrschlämme. (Bull. Assoc. franç. Techniciens Pétrole **1953**. Nr. 102. 51—69. 30/11.) ROSENDAHL. 8190

W. Köhler, *Moderne Destillier- und Spaltverfahren für die Verarbeitung von Braunkohlenteer.* Bebilderter Bericht einer kontinuierlich arbeitenden Destillationsanlage für Braunkohlenteer, bei der in einem einmaligen Arbeitsgang ein Paraffinöl erzeugt wird, das auf handelsüblich weißes Hartparaffin weiterverarbeitet werden kann. Eine Spaltanlage zur Gewinnung von Dieselöl ist in der Entwicklung. (Chem. Techn., Sonderh. **1952**. 25—30. Rositz (Thür.), VEB Teerverarbeitungswerk Rositz.)
K. O. MÜLLER. 8196

—, *Öle und Chemikalien. Zusammenstellungen der Untersuchungen über die Synthese von Ölen und Chemikalien der Fuel Research Station, D. S. I. R. 1952.* Es werden eingehend die Unterss. beschrieben, die über das FISCHER-TROPSCH-Verf. in einer Versuchsanlage mit einer Erzeugung von 150 kg im Tag angestellt wurden. (Petroleum [London] **16**. 317—22. Nov. 1953.) ROSENDAHL. 8200

Leo Garwin und **B. E. Steinkuhler,** *Das Verkoken schwerer Rückstandsöle. Ein Vergleich zwischen Laboratoriumsapparatur und halbtechnischer Anlage.* In einer einfachen Laboratoriumsapp., bestehend aus einem gasdicht geschlossenen Porzellantiegel mit Gasableitung u. Kondensationsanlage, sind die Ausbeuten u. Eigg. mit den in einer halbtechn., nach dem Syst. KNOWLES arbeitenden Verkokungsanlage erhaltenen vergleichbar. Die halbtechn. Anlage liefert guten Elektrodenkoks in etwa dem CONRADSON TEST entsprechender Ausbeute. Die Unterss. wurden mit Rückstandsölen, mit Ölen aus einer Viscositätsbrecheranlage, mit therm. Crackrückständen u. mit einem Primärbitumen durchgeführt. Beide Anlagen werden beschrieben. (Ind. Engng Chem. **43**. 2586—92. Nov. 1951.) SYDOW. 8216

G. Klaver, *Erdöl, Schmiermittel und Asphalt. Dem Schrifttum entlehnte Angaben auf dem Erdölgebiet.* 2. Mitt. (1. vgl. Chem. Weekbl. **43**. [1947.] 644.) Übersicht über die Veröffentlichungen auf dem Gebiete der synthet. Schmiermittel. (Chem. Weekbl. **48**. 836—38. 8/11. 1952. Amsterdam, Koninklijke-Shell, Labor.)
WESLY. 8220

Allen A. Brown, *Schmiermittel für das Ziehen von Metallen.* Es wird im Hinblick auf das Ziehen eine allg. Übersicht über das grundsätzliche Verh. u. die chem. Charakterisierung der Schmiermittel gegeben, die durch eine Reihe von Diskussionsbemerkungen ergänzt wird. (Iron Steel Engr. **30**. Nr. 6. 96—104. Juni 1953.)
K. L. WOLF. 8220

A. P. Poljanitschewa und **Ss. M. Ssawatjugina,** *Bestimmung der Feuchtigkeit von Torf mit der Ultrarotlampe.* Man verwendet eine 500-Watt-Lampe (220 V) mit parabol. Reflektor in 5—12 cm Entfernung vom Trockenschälchen (Durchmesser 10 cm), besser aus Glas als aus Al. Einwaage bei Frästorf 5—10 g, Hydromasse 10—20 g, Trocknungsgeschwindigkeit 7—9 bzw. 2½—4 Min. unter Umrühren mit Al-Draht; Abweichungen bei Hydromasse 0,2%, bei Frästorf ±1%. Das Ende der Trocknung wird nach Aufhören des Verdampfens durch schwaches Rauchen angezeigt. (Торфяная Промышленность [Torf-Ind.] **29**. Nr. 9. 25—27. Sept. 1952. Allunions Wiss. Forschungsinst. der Torfind., Torfversuchsstation.) v. WILPERT. 8244

Raimond Calaque, *Qualitätsuntersuchungen an Teer für Konverterböden.* Es werden die Anforderungen an Teer für Konverterböden erörtert. Als Ausgangsgemisch von Teer für Böden wird verwendet: 68 Teile entwässerter Teer, 27 Teile Rohanthracenöle u. 5 Teile Mittelöle. Hierdurch wird eine Erhöhung der Haltbarkeit der Böden um 10 bis 20% erreicht. (Stahl u. Eisen **73**. 1339. 8/10. 1953. Homécourt, Frankreich.)
HOCHSTEIN. 8248

Å. Rosengren, *Zur Frage der Qualitätsuntersuchung des Stahlwerksteers.* Ein bzgl. der Viscosität berichtigtes spezif. Gew. (Standardgew.) gibt einen Begriff über den allg. chem. Charakter des Teers. Die Destillationsanalyse wird zweckmäßig nicht durch einzelne Ölfraktionen, sondern durch ein n. Destillationsdiagramm angegeben. Die Viscosität, die beim Verdichten des Bodens höchstens ungefähr 100 Centistokes betragen darf, soll nicht durch die Viscosität bei einer bestimmten Temp., sondern durch jene Temp., bei der die Viscosität 100 Centistokes ist, angegeben werden. Diese Temp. kann aus einem gewöhnlichen Viscositätswert mit einem sich auf die Formel von WALTHER beziehenden Temp.-Viscositäts-Diagramm berechnet werden. Die Nützlichkeit der Best. des Erweichungspunktes beim Pech wird in Frage gestellt. Der Phenolgeh. u. die Elementaranalyse erscheinen wichtiger. Der Koksrückstand wird zweckmäßig nach einem Verf. bestimmt, bei welchem die Koksbldg. langsam vor sich geht. Die Oberflächenspannung des Teers scheint zum Verdichten des Teerdolomits beizutragen, u. deshalb hängt die Dichte des Bodens von der Oberflächenspannung des Teers ab. (Arch. Eisenhüttenwes. **25.** 11—18. Jan./Febr. 1954. Stockholm.) HOCHSTEIN. 8248

C. I. Diviš, *Neues Verfahren zur Messung kleiner Mengen Naphthalin in Gas.* Zur Best. von *Naphthalin* (**I**) in Gasen wird die bekannte Meth. zur Bldg. des **I**-Pikrates (**II**) benützt, dessen Färbung bzw. Trübung entweder visuell oder colorimetr. gemessen wird. — Es werden Standard-Lsgg. von 10, 20, 30 u. 40 mg **I** in 50 cm^3 Chlf. hergestellt, von welchen je 1 cm^3 aus einem Sublimationskölbchen durch einen milchflaschenähnlichen Kolben mit 50 cm^3 eisgekühlter Pikrinsäurelsg. (9 g in 1000 cm^3 heißem dest. W.) durch einen Gaszerteiler gesogen werden (Abb.). Der Kolben wird hierauf vorsichtig erwärmt u. die Lsg. mit der **II**-Trübung nephelometr. oder visuell (Abb.) gemessen. Mit verschied. bekannten **I**-Mengen wird eine Extinktionskurve aufgestellt, die als Eichkurve für die Best. von unbekannten **I**-Mengen dient. — Ausführliche Beschreibung. (Paliva **32.** 168—71. Juli 1952.) ROTTER. 8250

S. Kostorz, *Graphische Methode zur angenäherten Bestimmung des Toluolgehalts in einer Benzolfraktion.* Der *Toluol* (**I**)-Geh. von Bzl. läßt sich bei Konzz. bis 10% einfach dadurch ermitteln, daß man 100 cm^3 dest. u. nach Übergang von 80 cm^3 den Kp. abliest. Dieser beträgt bei 2% **I** 81,4°, 4% 82,5°, 6% 83,7°, 8% 84,8°, 10% 86,0°; er steigt also auf 1% **I** um 0,5—0,6°. Aus einer gegen den **I**-Geh. aufgetragenen Kp.-Kurve ist der **I**-Geh. unmittelbar abzulesen. (Przemysł chem. **9** (**32**). 301—03. Juni 1953. Centr. Labor. Koksochem.) R. K. MÜLLER. 8254

Lurgi Gesellschaft für Wärmetechnik m. b. H., Frankfurt/M., *Brikettieren von Steinkohlenklein mittels Sulfitablauge.* Die Lauge wird nach dem Zusatz zur Kohle vor dem Verpressen bis auf Zellpech eingedampft. Neben Sulfitablauge können auch bituminöse Bindemittel mitverwendet werden. (**D. B. P. 900 208** Kl. 10b vom 13/7. 1941, ausg. 21/12. 1953.) W. HAUSWALD. 8137

Helmut Richter, Düseldorf-Benrath, *Verbundbetrieb* von Schwelung und Kraftwerk. Man kuppelt Schweler u. Kraftwerk in der Weise, daß man zur Schwelung kontinuierlich arbeitende Entgasungsöfen mit bis zum Austragsende reichender bzw. ausdehnbarer Entgasungszone verwendet, an die sich eine Kühlanlage zur mittelbaren Übertragung der fühlbaren Kokswärme an das aufzuheizende Turbinenkondensat bzw. an zu destillierendes Zusatzwasser für Kraftwerk anschließt. Dabei dient der Schwelkoks als Grundlastbrennstoff u. das Schwelgas als Spitzen- oder Stoßlastbrennstoff, wie es das Hauptpatent 881 187 vorsieht, bei dem die Schwelung der Braunkohle nach Vortrocknen u. Brikettieren unter Verwendung von Wassergas als Spülgas erfolgt. In weiterer Ausbldg. des Verf. des Hauptpatentes kann eine Spülgasentgasung mittels Wassergas bei Tempp. oberhalb des Schwelbereiches durchgeführt werden, wodurch die Wirtschaftlichkeit des Verbundbetriebes noch erhöht wird. (**D. B. PP. 888 237** u. **888 238** Kl. 10a vom 7/2. 1942, ausg. 31/8. 1953. **Zusätze zu D. B. P. P. 881 187; C. 1954. 924.**) W. HAUSWALD. 8141

Ruhrchemie Akt.-Ges., Oberhausen-Holten, *Katalytische Methanisierung von Gasgemischen, die Kohlenstoffoxyde und Wasserstoff enthalten.* Bei der Methanisierung mit Katalysatoren aus Ni, MgO u. Kieselgur in einer Schichthöhe von 5—10 m verwendet man einen Gasdruck von mehr als 6, bes. 10—50 at. Die Temp. soll in Richtung des Gasstromes ansteigen u. beträgt am Anfang ca. 150—180° u. am Ende 180—300°. Man belastet den Katalysator mit ca. 3000 Nm^3 Reaktiongas/Std. u. m^3 Katalysator. (**Dän. P. 73 895** vom 27/1. 1950, ausg. 17/3. 1952. D. Prior. 6/4. 1949.) JÜRGEN SCHMIDT. 8159

Standard Oil Development Co., übert. von: **Warren R. Lewis jr.,** West Orange, N. J., V. St. A., *Herstellung eines hauptsächlich H_2 und CO enthaltenden Brenngases.* In einer Wirbelschicht-Reaktionszone wird ein KW-stoff, bes. CH_4, mit feinverteiltem Metalloxyd bei ca. 1400—1600 °F zur Rk. gebracht; das H_2, CO u. unveränderten KW-stoff sowie feine Metalloxydteilchen enthaltende Reaktionsprod. wird in einer 2. Reaktionzone bei ca. 2000—2500° F mit fast reinem O_2 behandelt, wobei der restliche KW-stoff umgesetzt u. die mitgerissenen Metalloxydteilchen gesintert u. agglomeriert werden. (**A. P. 2 607 670** vom 15/8. 1947, ausg. 19/8. 1952.) DEMMLER. 8163

Simon-Carves Ltd., Stockport, England, übert. von: **Dr. C. Otto & Co. G. m. b. H.**, Bochum, *Reinigen von Leuchtgas.* Man leitet das Gas in einen Scrubber, dessen unterer Teil mit konz. wss. NH_3, u. dessen mittlerer Teil mit abfließender Absorberfl. (**I**) aus dem oberen u. gekühlter u. entsäuerter **I** aus dem NH_3-Scrubber gefüllt ist. — Zeichnung. (**E. P. 694 773** vom 4/8. 1949, ausg. 29/7. 1953.) LÜTTGEN. 8165

Badische Anilin- & Soda-Fabrik Akt.-Ges., Ludwigshafen/Rh. (Erfinder: **Hans Bähr**, Herne), *Reinigen von Gasen,* die neben H_2S auch CO_2 u. gegebenenfalls NH_3 enthalten, durch Auswaschen mit W. in Ggw. von NH_3, indem man aus der bei der Kühlung der Gase oder bei der Auswaschung des NH_3 oder an beiden Stellen gebildeten NH_3-haltigen Fl. u./oder bei der selektiven H_2S-Wäsche gewonnenen Lsg. oder einem Teil dieser Fll. durch Entsäuern u. gegebenenfalls Abtreiben freies NH_3 als solches oder als wss. Lsg. gewinnt, dieses nicht nur für die Entschwefelung der Gase, sondern auch für eine selektive Entschwefelung der bei der Entsäuerung entstehenden, H_2S u. CO_2 enthaltenden Schwaden benutzt u. aus den hierbei entstehenden NH_3- u. H_2S-haltigen Wasch-Fll. durch Abtreiben eine konz. Lsg. von NH_3 u. H_2S gewinnt. — Vorrichtung. (**D. B. P. 892 969** Kl. 26d vom 16/11. 1943, ausg. 12/10. 1953.) DEMMLER. 8173

Ges. für Teerverwertung m. b. H. (Erfinder: **Walter Fischer**), Duisburg, *Stetige, fraktionierende Vakuumdestillation von Teeren* mit Vakuumwäsche vor der Vakuumpumpe, dad. gek., daß ein Teil der aus der Vakuumdest. stammenden Waschölfraktion (SOLVEY-Waschöl) als Waschmittel bei der Vakuumwäsche benutzt u. dann als Rücklauf auf eine oder mehrere Destillationskolonnen aufgegeben wird. — Schemat. Zeichnung. (**D. R. P. 755 187** Kl. 12r vom 29/11. 1939, ausg. 1/2. 1954.) R. HERBST. 8179

Standard Oil Development Co., übert. von: **Gerald E. Phillipps**, Cranford, N. J., V. St. A., *Raffination flüssigen oder halbflüssigen kohligen Materials.* Man mischt Schieferöl (**I**) mit Anteilen, die über 700° F sieden, mit gebrauchtem, nicht gebranntem Colorado-Ölschiefer (**II**) mit einem Geh. bis zu 12% brennbaren kohligen Materials von einer Teilchengröße unter 40 Microns in einem Verhältnis von 2—20 Pfund **II** pro Gallone **I**. Man verkokt die Mischung bei 700—1000° F, wobei Destillationsöl übergeht u. der Rückstand in Koks verwandelt wird. (**A. P. 2 623 843** vom 31/8. 1949, ausg. 30/12. 1952.) UNGER. 8181

Sinclair Oil & Gas Co., Tulsa, Okla., übert. von: **John Walter Nelson**, Lansing, Ill., V. St. A., *Verhütung von Korrosion an den Metallteilen in Ölquellen* u. an den Ölleitungen durch Zusatz von sehr geringen Mengen (0,2—2,0 pints auf 1000 barrels), eines Gemisches von hochmol. Wachssäuren zu den zu fördernden Flüssigkeiten. Die Wachssäuren erhält man durch vollständige Oxydation von mikrokristallinem Wachs mit 34 bis 55 C-Atomen im Mol., weitgehend unlösl. in W., mit einer Verseifungszahl von $<$ 200 u. Monocarbonsäuren enthaltend, die eine lange Kette mit $>$18 C-Atomen haben. (**A. P. 2 640 809** vom 19/12. 1950, ausg. 2/6. 1953.) GRÄGER. 8187

Soc. Civile d'Étude des Brevets Hycar, Frankreich, *Entwässern von Roherdöl,* bes. in Form von wss. Emulsionen u. Dispersionen durch Zusatz der Salze von organ. Aminbasen, wie Anilin, Diphenylamin oder Triäthanolamin, oder von NH_3 mit organ. Säuren oder Mineralsäuren. In dem Beispiel wird Diphenylaminoleat verwandt. Der dabei erhaltene wss. u. ölige Anteil wird durch Zentrifugieren getrennt. (**F. P. 1 000 572** vom 5/3. 1946, ausg. 13/2. 1952.) M. F. MÜLLER. 8191

Universal Oil Products Co., Chicago, übert. von: **Alfred E. Hoffman**, Clarendon Hills, Ill., V. St. A., *Entschwefelung von Kohlenwasserstoffen* durch Behandeln mit einer Lsg. von HF in CF_2Cl_2 oder $CFCl_3$ bei 50—200° F u. 100—500 lbs./sq. in., um die Lsg. in fl. Phase zu halten. (**A. P. 2 655 463** vom 30/11. 1950, ausg. 13/10. 1953.) UNGER. 8195

Standard Oil Development Co., übert. von: **Bowman S. Garrett**, Bellerose, N. Y., V. St. A., *Entfernung von Diolefinpolymeren aus einem Lösungsmittel der extraktiven Destillation gespaltener Kohlenwasserstoffe.* in Ggw. eines organ., polaren Lösungsm., wie Glykol, Furfurol u. Aceton. Die gesätt. KW-stoffe der Mischung dest., während die ungesätt. als Extraktlsg. mit einem nicht dest. Teil des Lösungsm. zurückbleiben. Man bringt diese Extraktlsg. in eine Desorptionszone, wo sie auf höhere Temp. unter Druck erhitzt wird. Die instabilen Bestandteile, einschließlich des leichtpolymerisierbaren Diolefins bilden höhersd. Stoffe, die unverdampft zurückbleiben, während die stabileren ungesätt. KW-stoffe aus der Lsg. abgeschieden werden. — Zeichnung. (**A. P. 2 600 106** vom 10/6. 1948, ausg. 10/6. 1952.) UNGER. 8197

Standard Oil Co., Cleveland, übert. von: **Robert E. Burk**, Cleveland Heights, O., V. St. A., *Flüssiger Katalysator* für die Umwandlung von fl. aliphat. KW-stoffen, bestehend aus fl. wasserfreier HF, in welcher bis zu 50 Mol-% BF_3 gelöst sind. (**Can. P. 489 115** vom 12/12. 1942, ausg. 23/12. 1952. A. Prior. 12/12. 1941.) M. F. MÜLLER. 8201

Socony-Vacuum Oil Co., Inc., New York, übert. von: **Ralph V. White**, Pitman, und **Phillip S. Landis**, Glassboro, N. J., V. St. A., *Stabilisierungsmittel für Spaltbenzin*, bestehend aus Reaktionsprodd. von Polyalkylenpolyaminen, z. B. Triäthylentriamin, -tetramin, Tetraäthylenpentamin oder Pentaamylenhexamin, mit Fettsäuren, z. B. Capryl-, Caprin-, Laurin- oder Stearinsäure, die durch Erhitzen der Komponenten unter Abdestillieren des Reaktionswassers erhalten wurden. Zusatz: 0,0001—1%. (**A. P. 2 622 018** vom 19/10. 1949, ausg. 16/12. 1952.) DERSIN. 8205

Anglo-Iranian Oil Co. Ltd., London (Erfinder: **Donald Albert Howes** und **Leslie Christopher Strang**, Sunbury-on-Thames), England, *Herstellung von Isoparaffinen* aus Polymerisationsprodd. von KW-stoffmischungen, die Isobuten, n-Butene u. Propen enthalten, dad. gek., daß man der Ausgangsmischung vor der Polymerisation C_3H_6 zusetzt, dessen Anteil man, bezogen auf den Isobuten-Geh. der Beschickung, je nach der jeweils geforderten Flüchtigkeit bis 100°, die durch eine A. S. T. M.-Dest. des hydrierten polymeren Destillates bis 120° bestimmt wird, zwischen 60—130° Gew.-% hält u. das erhaltene Polymerisationsprod. einer nicht destruktiven Hydrierung unterwirft. Als Katalysator wird eine Mischung von $CuHPO_4$, $CdHPO_4$ u. H_3PO_4 oder $CuHPO_4$, $CaHPO_4$ u. H_3PO_4 angewandt. Die Hydrierung wird in Ggw. eines nur NiS u. WS_3 enthaltenden Katalysators ausgeführt. — *Zusatz* zu *Motortreibstoffen*. (**D. B. P. 881 495** Kl. 12o vom 31/12. 1948, ausg. 26/6. 1953. E. Priorr. 23/12. 1940 u. 23/12. 1941.) G. KÖNIG. 8205

S. P. A. „Vetrocoke", Turin, Italien, *Fortlaufende Kristallisation von Teerölen* (Naphthalin-, Anthracenöl u. dgl.). Man leitet das Behandlungsgut fortlaufend in einen Behälter mit einem trichterförmigen Boden, der mit einem drehbaren Entladungsventil ausgestattet ist. Man kühlt auf Kristallisationstemp. durch Wärmeaustausch mit einer Kühl-Fl. ab, entfernt die Kristalle von den Behälterwänden durch Kratzer u. sammelt sie am Boden des Behälters, wo sie durch das Entladungsventil ausgebracht werden, vorzugsweise in eine Zentrifuge, während die überschüssigen Mutterlaugen durch einen Überlauf entfernt werden. — Zeichnung. (**E. P. 634 225** vom 10/6. 1947, ausg. 15/3. 1950. It. Prior. 28/12. 1946.) UNGER. 8217

Standard Française des Pétroles (Erfinder: **R. Boux de Casson** und **Lucien Hemmer**), Frankreich, *Synthetische Herstellung von Schmierölen* durch Alkylierung u. Polymerisation von Destillaten von Paraffincrackprodd. in Ggw. von aromat. KW-stoffen unter der Einw. von $AlCl_3$ als Katalysator. Die bei der Polymerisation anfallenden leichteren u. hochsd. Prodd. werden in die Rk. zurückgenommen. (**F. P. 1 005 728** vom 12/9. 1947, ausg. 15/4. 1952.) M. F. MÜLLER. 8221

Monsanto Chemical Co., St. Louis, Mo., übert. von: **John Mann Butler**, Dayton, O., V. St. A., *Viscositätsverbesserer für Mineralschmieröle*, bestehend aus öllösl., alkylierten Polystyrolen, die durch Einw. von Estern ungesätt. Fettsäuren, z. B. Methyl-, Butyl- oder Äthylhexyloleat, auf Polystyrol mit einem Mol-Gew. von 20000—100000 in Ggw. von FRIEDEL-CRAFTS-Katalysatoren erhalten wurden. Zusatz: 0,2—6%. — Man kann die Alkylierung auch in analoger Weise durch Einw. von Isopropylchlorid auf Polystyrol bewirken. (**A. PP. 2 572 557** u. **2 572 558** vom 29/1. 1948, ausg. 23/10. 1951.) DERSIN. 8221

Gulf Oil Corp., Pittsburgh, Pa., übert. von: **Herschel G. Smith**, Wallingford, und **Troy L. Cantrell**, Lansdowne, Pa., und **John G. Peters**, Audubon, N. J., V. St. A., *Korrosionsschutzmittel für Mineralschmieröle*, bestehend aus Phthalamidat-substituierten Orthophosphorsäuren oder ihren Salzen der allg. Formel (**I**), in der M ein 2wertiges Metall, z. B. Ca, R_1 einen Alkyl- oder Alkenylrest mit 8—22 C-Atomen u. R_2 H oder einen Alkylrest bedeuten. Man erhält die Verbb. durch Erhitzen der Salze 2wertiger Metalle von N-Alkyl- oder Alkenyl-N-alkylolphthalamidsäuren, z. B. des Ca-Salzes der N-Cetyl-N-propanolphthalamidsäure mit einer Lsg. von P_2O_5 in Mineralöl auf 170° F. Die erhaltenen Phosphorsäuren werden durch Neutralisieren mit Metallhydroxyden oder organ. Basen, z. B. Cocosfettsäureamiden, in die entsprechenden Salze übergeführt. Zusatz: 0,01—10%. (**A. P. 2 606 152** vom 8/11. 1949, ausg. 5/8. 1952.) DERSIN. 8221

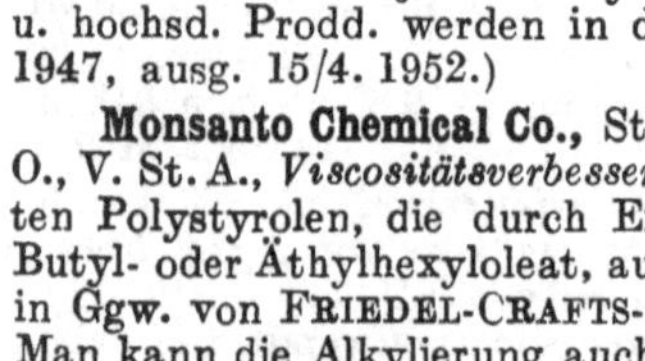

Union Oil Co. of California, Los Angeles, Calif., übert. von: **Loren L. Neff,** Long Beach, Calif., V. St. A., *Korrosionsschutzmittel für Mineralschmieröle,* bestehend aus Metallsalzen, z. B. des Ca, Zn oder Pb, von Kondensationsprodd., die durch 2—3std. Erhitzen von Aldehyden, z. B. CH_2O, mit einem Gemisch öllösl. Mineralölsulfonsäuren mit Alkylphenolen, z. B. Octylphenol, in Ggw. von Mineralöl auf 175—200° F u. anschließendes Neutralisieren mit einer Base erhalten wurden. Durch Verwendung einer überschüssigen Menge der Base, z. B. $Ca(OH)_2$, NaOH oder PbO, u. Erhitzen in Ggw. von Glycerin u. W. kann eine alkal. reagierende Komplexverb. erhalten werden, die in Mineralöl lösl. ist u. im Öl gelöste Säuren neutralisiert. Zusatz: 0,5—20%. (**A. PP. 2 619 459** vom 3/3. 1949 u. **2 619 460** vom 26/3. 1949, beide ausg. 25/11. 1952.) DERSIN. 8221

Soc. Civile d'Étude des Brevets Hycar, Frankreich, *Regenerieren von gebrauchten Schmierölen* durch Zusatz von Netzmitteln in Form von Salzen, Seifen oder Estern, bes. von Diglyceriden, z. B. der Distearinsäureester, Diölsäureester, Dipalmitinsäureester, Dimyristinsäureester, ferner Diester der Citronen- u. Phosphorsäure, z. B. Dioleyl-, Dicetyl- u. Dilaurylester, Phthalsäuremonooleyl- u. -monocetylester. Die Verunreinigungen werden ausgeschieden u. abgetrennt. Danach findet eine Entfärbung mit akt. Kohle oder mit akt. Erden statt. (**F. P. 1 000 574** vom 5/3. 1946, ausg. 13/2. 1952.) M. F. MÜLLER. 8221

Frederick Charles Bersworth, Verona, N. J., V. St. A., *Reinigung von gebrauchten Schmierölen* (I). Die I werden mit Äthylendiamintetraessigsäure (**II**) u. soviel 30%ig. NaOH, daß 2—3 (Mol) NaOH auf 1 **II** kommen, unter Erwärmen 2 Std. gerührt. Beim Abkühlen setzt sich eine wss. Schicht (**III**) ab, die gelöste Seifen u. suspendierte Verunreinigungen enthält, von der die obere ölige Schicht (**IV**) getrennt wird. **III** wird filtriert u. auf p_H 4,5 angesäuert; dann wird von den ausgefällten Fettsäuren getrennt, auf p_H 1,2 angesäuert, worauf **II** ausfällt. **IV** wird zur Neutralisation freier Fettsäuren mit NaOH versetzt, mit W. ausgewaschen u. destilliert. (**E. P. 679 914** vom 8/3. 1949, ausg. 24/9. 1952. A. Prior. 17/3. 1948.) DERSIN. 8221

Gerhard Rolf, Berlin, *Wärme- und kältebeständiges Schmiermittel,* bestehend aus Seife, gegebenenfalls mit Schmieröl u. Graphit mit einer Grundlage aus einem Fettsäureester von hoher Wärme- u. Kältebeständigkeit. — Das Schmiermittel besteht z. B. aus **66** (Gew.-%) Fettsäureester des Hexantriols (I. G.-Prod. „Elaol"), 23 Schmieröl, 5 Seifenflocken u. 6 Graphit. (**D. P. [DDR] 1684** Kl. 23c vom 29/3. 1942, ausg. 16/9. 1952 [Wirtschaftspatent].) M. F. MÜLLER. 8223

Shell Development Co., San Francisco, übert. von: **Walter H. Peterson,** Point Richmond, Calif., V. St. A., *Wasserbeständiges Schmierfett.* Der aus Mineralöl u. 1—20 Gew.-% SiO_2-Aerogel bestehenden M. sollen zur Verhinderung der Entmischung infolge Einw. von W. aliphat. Oxyverbb. mit wenigstens 8 C-Atomen in einer Menge von 0,5—40% des Aerogels zugesetzt werden, z. B. 12-Oxystearinsäure, Dodecandiol-(1.2), 1.10-Dekamethylenglykol, hydriertes Ricinusöl, Cetylalkohol, Glycerinmonostearat, Polyäthylenglykol mit Mol.-Gew. 300—800, 9.10 Dioxystearinsäure, 3.12 Dioxy- oder 9.10.16-Trioxypalmitinsäure. (**A. P. 2 573 650** vom 22/3. 1949, ausg. 30/10. 1951.) DERSIN. 8223

Shell Development Co., San Francisco, übert. von: **Denham Harman,** Berkeley, und **Roy E. Thorpe,** Castro Valley, Calif., V. St. A., *Zusatzmittel für Hochdruckschmieröle,* bestehend aus Dialkyltrihalogenalkanphosphonaten, z. B. *Diäthyltrichlormethanphosphonat* $CCl_3 \cdot PO(OC_2H_5)_2$, Kp.$_{11}$ 121°, n_D^{20} 1,4628, das durch Erhitzen von Triäthylphosphit mit CCl_4 erhalten wird. In analoger Weise gewinnt man *Di-n-butyltrichlormethanphosphonat,* Kp.$_5$ 150—155°, n_D^{20} 1,4490. Geeignet sind ferner die Reaktionsprodd. von Diäthyl-Na-phosphit (**I**), Tricyclohexylphosphit (**II**), Amylphenoxyäthyl-Li-phosphit, Trikresylphosphit, Triäthyltrithiophosphit (**III**), Tricyclohexyltrithiophosphit, Triäthylmonoselenophosphit oder Triallylphosphit mit CCl_4; oder von **I, II, III** oder Tributylphosphit mit Trichloressigsäure; oder von Trikresyldithiophosphit mit Hexachloräthan; oder von Na-Diäthyldithiophosphit mit $CHBr_3$; oder von Triamylmonothiophosphit mit $CHBr_3$; oder von Triamylmonothiophosphit mit CBr_4. Zusatz 0,01—2% zu Mineralölen. (**A. P. 2 573 568** vom 10/5. 1948, ausg. 30/10. 1951.) DERSIN. 8223

Gilron Products Co., Cleveland, übert. von: **Gilbert H. Orozco,** Euclid, und **Richard F. Roy,** Cleveland, O., V. St. A., *Wasserlösliches Schmiermittel für die Metallbearbeitung,* das einen F. von wenigstens 40° hat u. aus Polyäthylenglykol (**I**), Fettsäureestern aliphat. mehrwertiger Alkohole, z. B. Glycerinmonostearat, Polyäthylenglykololeat, Diglykolstearat oder Propylenglykolstearat, u. Alkaliboraten, z. B. Borax (**II**), K- oder Li-Borat, besteht. Beispiel: 15 (Teile) **I,** 85 **II.** Die zu bearbeitenden Metallteile werden in eine wss. Lsg. getaucht, die nach dem Trocknen einen homogenen, festhaftenden, trocknen Schmierfilm hinterläßt, der nach der Bearbeitung, z. B. durch Pressen, mit W. abgespült werden kann. (**A. P. 2 578 585** vom 11/8. 1949, ausg. 11/12. 1951.) DERSIN. 8223

American Steel & Wire Co., New Jersey, übert. von: **Frank A. Fink**, Cleveland, O., V. St. A., *Ziehfett*, bestehend aus einem trockenen Gemisch von ca. 20—30% kristallwasserhaltigem $FeSO_4$ u. 70—80% einer wasserlösl. Seife, z. B. Na-Stearat, mit einem Feuchtigkeitsgeh. von nicht mehr als 5%. (**A. P. 2 500 810** vom 29/4. 1947, ausg. 14/3. 1950.) OPPERMANN. 8223

Westinghouse Electric Corp., East Pittsburgh, Pa., übert. von: **Byron V. McBride**, Irwin, Pa., V. St. A., *Schmiermittel für Metallwellen*, bestehend aus einer wss. Dispersion von Disulfiden, Seleniden oder Telluriden des Mo, W oder Ti, unter Zusatz von 0,2—25 (Teilen) einer Cr(VI)-Verb. als Korrosionsschutzmittel, 1—5 eines Suspendier- u. 0,5—3 eines Netzmittels. Beispiel: 100 MoS_2, 2 Methylcellulose, 1,5 Netzmittel, 1 $Na_2Cr_2O_7$ u. 100 Wasser. (**A. P. 2 619 458** vom 14/5. 1949, ausg. 25/11. 1952.) DERSIN. 8223

Dow Corning Corp., übert. von: **Herbert J. Fletcher** und **Melvin J. Hunter**, Midland, Mich., V. St. A., *Schmiermittel für Metallteile*, bestehend aus fl. copolymeren Siloxanen, deren Substitutionsgrad >2 u. <3 organ. Reste je Si-Atom beträgt u. die halogenierte Arylreste u. daneben Methyl- u. Phenylreste enthalten. Sie werden durch Cohydrolyse halogenierter Arylsilane zusammen mit Methyl- u. Phenylhalogensilanen oder durch katalyt. Copolymerisation derselben Verbb. erhalten. Als Katalysatoren eignen sich z. B. Säuren oder Alkalimetallhydroxyde. Die fl. Polysiloxane können als Schmieröl oder nach Verdickung mit Alkali- oder Erdalkalisalzen höherer Fettsäuren als Schmierfette verwendet werden. Beispiel: Man löst 159 (g) Heptachlorxenyltrichlorsilan, 658 Dimethyldichlorsilan u. 65 Trimethylchlorsilan in Toluol u. versetzt mit 1025 W. u. 168 Toluol bei 15°. Man erhitzt 8 Std. auf 48—85° u. versetzt mit 853 Toluol. Nach Entfernen des Lösungsm. erhält man ein fl. Copolymer der Zus.: 5 (Mol-%) $C_{12}H_2Cl_7 \cdot SiO_{3/2}$, 85 $(CH_3)_2SiO$ u. 10 $(CH_3)_3SiO_{1/2}$. Analog werden umgesetzt: Chlorphenylmethyldichlorsilan mit Dimethyldichlorsilan u. Phenyldimethylchlorsilan. (**A. P. 2 599 984** vom 14/9. 1949, ausg. 10/6. 1952. E. Prior. 7/2. 1949. **E. P. 688 166** vom 2/1. 1951, ausg. 25/2. 1953.) DERSIN. 8223

Krupp Kohlechemie G. m. b. H. (Erfinder: **Walter Lagodny**), Wanne-Eickel, *Behandlung von festen Stoffen mit Lösungsmitteln*. Aus mehreren Bestandteilen bestehende Feststoffe werden in Fadenform mit verschied. Lösungsmitteln von verschied. Lösungsfähigkeit für die einzelnen Bestandteile nach D. B. P. 883 148 behandelt. Die Feststoffe werden verflüssigt u. gegebenenfalls bei einer Temp., die unter ihrem Erstarrungspunkt liegt (unterkühlte Schmelze), durch eine Lochplatte gepreßt u. zur Erstarrung gebracht. Die Erstarrung vor der Formgebung wird durch Rühren, Schütteln oder Beschallung verhindert. Nach dem Austreten aus der Lochplatte gelangen die Stoffe in eine Kühl-Fl. oder werden mit Luft gekühlt. Man kann als Kühl-Fl. auch die Extraktions-Fl. verwenden. Beispiel für *Paraffin*. (**D. B. P. 897 462** Kl. 23b vom 23/12. 1951, ausg. 23/11. 1953. **Zusatz zu D. B. P. 883 148; C. 1954. 1323.**) UNGER. 8227

Nostrip, Inc., New York, N. Y., V. St. A. (Erfinder: **J. M. Johnson**), *Behandlung von bituminösen Stoffen*. Man behandelt bituminöse Stoffe mit einem Prod. aus mindestens 2 (Mol) höheren Fettsäuren u. 1 Polyamin, das durch Erhitzen der Komponenten bis zur Abspaltung von W. unter Bldg. von Amidoaminseifen erhitzt wurde. Die Prodd. werden Asphaltmassen beigefügt u. verbessern die Benetzung u. Verb. von Gesteinsmaterial mit dem *Asphalt*. (**Schwed. P. 133 848** vom 2/9. 1943, ausg. 4/12. 1951. A. Prior. 2/9. 1942.) JÜRGEN SCHMIDT. 8229

Anglamol Ltd., London, England, übert. von: **Willis G. Craig**, Cleveland, O., V. St. A., *Asphaltemulsion*. Man setzt der Emulsion als Stabilisierungsmittel 0,05 bis 2% einer Verb. der allg. Formeln $R \cdot SO_3X$ oder $XO_3S \cdot R \cdot S_n \cdot R_1 \cdot SO_3X$ zu, in denen R u. R_1 die Reste von aliphat. substituierten Diphenyläthergruppen bedeuten, deren aliphat. Kette wenigstens 20 C-Atome enthält u. X Alkali-, NH_4- oder einen aliphat. substituierten Ammoniumrest, z. B. den Dimethyl- oder Isopropylammoniumrest, bedeutet. An Stelle der hydrophilen Salze alkylierter Diphenyläthersulfonsäuren kann man auch deren Sulfide oder Polysulfide verwenden, wobei n nicht >6 sein soll. Eine geeignete Verb. erhält man z. B. durch Erhitzen von Diphenyläther mit einem 20% Cl_2 enthaltenden chlorierten Paraffinwachs in Ggw. von $AlCl_3$, anschließende Sulfonierung mit Chlorsulfonsäure u. Neutralisieren des Sulfonats mit NaOH. (**E. P. 688 765** vom 12/12. 1949, ausg. 11/3. 1953.) DERSIN. 8231

Standard Oil Development Co., übert. von: **Joseph C. Roeder**, Brooklyn, N. Y., V. St. A., *Herstellung von mit Asphalt umhülltem Steinklein*. Zwecks Herst. von Straßen-

bau- oder dgl. Massen wird das mit Asphalt zu umhüllende Steinklein vor dem Vermischen mit dem Bindemittel zwecks Erhöhung der Haftfestigkeit der Einw. von monomerem *Methyltrichlorsilandämpfen* ausgesetzt; u. zwar werden die gröberen Anteile des Steinkleins in einer verdünnteren u. die feineren in einer konzentrierteren Dampfatmosphäre behandelt. Zweckmäßig werden die Dämpfe in geeigneten Konzz. einem Luftstrom beigemischt, welcher mit den verschied. Anteilen des Steinkleins in Berührung gebracht wird. (**A. P. 2 609 305** vom 24/7. 1947, ausg. 2/9. 1952.)
HANS HOFFMANN. 8237

—, Brikettierung. Technische Brennstoffverwertung. Mit Beitr. von **Erich Rammler** u. a. Berlin: Akademie-Verl. 1953. (66 S. m. Abb.) = Freiberger Forschungshefte. Reihe A, H. 15 = Die Bergakademie. Beih. DM-Ost 14,—.

XXI. Leder. Gerbstoffe.

John H. Highberger, *Ein halbes Jahrhundert Fortschritt in der Kollagen-Chemie.* Geschichtlicher Überblick von den Anfängen der analyt. Untersuchungsmeth. über die physikal.-chem. Methoden bis zu den modernsten Entwicklungen unter Verwendung der Röntgenanalyse, der Aufstellung von Strukturmodellen usw., die in ihrer speziellen Eignung für die Lederchemie gewürdigt werden. (J. Amer. Leather Chemists Assoc. **48.** 704—19. Dez. 1953. Beverly, Mass., V. St. A., Res. Div., United Shoe Machinery Corp.)
H. G. FRÖHLICH. 8334

Malcolm A. Rougvie und **Richard S. Bear**, *Eine Untersuchung der Röntgenbeugungsspektren von gequollenem Kollagen.* In einer ausführlichen Unters. verfolgten die Vff. den Quellungsvorgang von Känguruhschwanzsehnen in dest. W. einerseits u. andererseits in Abhängigkeit der relativen Luftfeuchtigkeit mittels der Röntgenanalyse. Hierbei konnten die einzelnen Phasen der Hydratation an Hand der aufgenommenen Beugungsbilder einwandfrei verfolgt werden. Die mathemat. Auswertungen sowie die erhaltenen Ergebnisse sind in 7 Figuren u. 1 Tabelle zusammengestellt u. werden ausführlich diskutiert. — 22 Literaturhinweise. (J. Amer. Leather Chemists Assoc. **48.** 735—50. Dez. 1953. Cambridge, Mass., Massachussetts Inst. of Technology, Dep. of Biol.)
H. G. FRÖHLICH. 8334

M. Nopitsch, *Lederschäden durch Mikroorganismen.* (Leather Trades' Rev. **111.** 583—86. 17/3. 1954. — C. **1953.** 9698.) H. G. FRÖHLICH. 8334

Robert Stubbings, *Der Einfluß der Arbeiten in der Wasserwerkstatt auf die Quellung der Haut.* Allg. Betrachtungen über die Beeinflussung der Quellung bes. beim Kälken u. Möglichkeiten einer Schädigung der Haut. (Leather and Shoes **127.** Nr. 4. 12—13. 23/1. 1954. Lehigh Univ., Div. of Leather Technology.) H. G. FRÖHLICH. 8334

A. W. Goetz und **H. A. Alps**, *Die Wirkung der Fleischentfernung aus grünen Häuten. Teste an Kalbsleder und Kipsen zeigen keine Beeinflussung der Salz- und Proteinverluste.* Es wurde gefunden, daß die Entfernung von Fleisch an grünen Häuten vor dem eigentlichen Weichen die Entfernung gewisser diffusionsfähiger Verbb. aus der Haut nicht beeinflußt. Beim Arbeiten mit den Entfleischmaschinen muß jedoch auf den Druck beim Entfleischen geachtet werden, da zu hohe Drücke die Quellung beim Weichen u. Kälken beeinflussen kann. (Leather and Shoes **127.** Nr. 4. 19—20. 23/1. 1954. School of Leather and Tanning Technology, Pratt Inst.) H. G. FRÖHLICH. 8334

Edwin E. Ochs, *Moderne Methode der Zweibadgerbung.* Vf. berichtet über ein vereinfachtes Zweibadverf, bei dem das aus 3% $Na_2Cr_2O_7$ u. 3% HCl bestehende 1. Bad nach 24 Std. abgelassen wird, worauf man die im Haspel verbleibenden Felle ohne weiteres mit 18% $Na_2S_2O_3$ u. 10,5% HCl red. kann, ohne die Lederqualität zu beeinträchtigen. (J. Amer. Leather Chemists Assoc. **48.** 730—34. Dez. 1953.)
H. G. FRÖHLICH. 8336

J. T. Chain, *Nachgerbung mit verringerten Chrommengen verschiedener Basizitäten.* Die ausführlichen Unterss. haben zunächst ergeben, daß die Wirksamkeit der Chromnachgerbung von der Basizität der verwendeten Chromgerblsgg. abhängt. So werden mit steigender Basizität steigende Mengen an Cr durch das Leder gebunden, während die Diffusion der Chromgerblsg. von der Basizität unabhängig ist. Zusätze von Ca-Formiat schränken die Aufnahme der Chromgerblsgg. durch das Leder wieder ein. Die Verss. werden ausführlich beschrieben. (Leathers and Shoes **127.** Nr. 4. 42—44. 23/1. 1954.) H. G. FRÖHLICH. 8336

Dominic Meo jr. und **Lawrence B. Folsom**, *Ein Überblick auf 50 Jahre Entwicklungsarbeit auf dem Gebiet der Lederöle.* Es wird ein allg. Überblick über die Entw. auf dem Gebiet der Lederöle gegeben. Hierbei werden Emulsionen, anionakt. sulfierte Öle, Fettalkoholsulfate, Alkylsulfonate, nichtionogene u. kationenakt. Prod. einschließlich ihrer sachgemäßen Anwendung besprochen. (J. Amer. Leather Chemists Assoc. **48**. 720–30. Dez. 1953.) H. G. Fröhlich. 8340

Sverre Dahl, *Colorimetrische Bestimmung von Tetrachlorhydrochinon.* Zur Best. von *Tetrachlorhydrochinon* (I), das als *Lederfungicid* verwendet wird, wurde eine colorimetr. Meth. ausgearbeitet, die auch in Ggw. von Fett, Tanninen u. ä. durchgeführt werden kann. Die Meth. beruht auf einer durch Benzoylperoxyd–Triäthylamin in Essigester entstehenden grünblauen Färbung; das Reaktionsprod., das nicht identifiziert wurde, hat ein Absorptionsmaximum bei 610 mμ. Die Färbung wird auch von *Chloranil* gegeben. Die Meth. hat eine mittlere Abweichung von 0,7 mg, die einem Fehler von 0,03% bei einer Einwaage von 2,5 g Leder entsprechen. — Ausführung: 5 ml einer 2% ig. Lsg. von Benzoylperoxyd in Essigester u. 2 ml $(C_2H_5)_3N$ läßt man in einem 50 ml-Maßkolben 30 Min. bei Raumtemp. stehen. Dann gibt man einen aliquoten Teil (1–5 ml) der Lsg. der Probe in Essigester, die nicht mehr als 0,3 mg I enthalten soll, hinzu u. läßt $1^1/_2$ Std. bei Raumtemp. unter Ausschluß von direktem Licht stehen. Nach dem Verdünnen mit Essigester mißt man die Färbung bei 610 mμ gegen Essigester. Best. von I in Leder: 2,5 g *Leder* werden im Soxhlet-App. mit Essigester extrahiert. Der Extrakt wird auf 100 ml mit Essigester aufgefüllt. Die colorimetr. Best. wird mit 1 ml dieser Lsg. ausgeführt. (Analytic. Chem. **25**. 1724–27. Nov. 1953. Washington, Nat. Bureau of Standards.) K. F. Müller. 8378

Frederick Sturgis Stout, Ardmore, Pa., V. St. A., *Zurichtung der Fleischseite von Leder, besonders Schwedenleder,* dad. gek., daß die anhaftenden Fleischteile mit einem Brenner abgesengt u. durch Bürsten entfernt werden. Zu diesem Zweck wird das Leder auf einem endlosen Band aus Asbestgewebe unter einem Syst. von Gasbrennern, welche in eine halbzylindr. Porzellanform eingebaut sind u. welche Tempp. von 400–800° ausstrahlen, vorbeigeführt. (**A. P. 2 640 343** vom 3/10. 1950, ausg. 2/6. 1953.) Seiz. 8333

Joh. A. Benckiser G. m. b. H., Chemische Fabrik, Ludwigshafen/Rh. (Erfinder: **Hermann Rudy,** Heidelberg), *Entfernen von Kalk und anderen alkalischen Verbindungen, wie Natriumsulfid, aus entkälkten Häuten oder Fellen.* Man behandelt die gekälkten Häute oder Felle mit einer rohen Citronensäure-(**I**)-Lsg., wie sie bei der Vergärung von Kohlenhydraten auf I als Rohlauge anfällt, wobei man letztere noch durch Zusatz von Abfallaugen, wie sie nach dem Ausfällen der I in Form von Ca-Citrat anfallen, verdünnen kann. Zur Erzielung von Puffer- u. Beizwirkungen kann man dem Entkälkungsbade ferner noch organ. Säuren, wie Milch-, Essig- oder Weinsäure (**II**), bes. aber Kristallisationsmutterlaugen aus der Herst. von **II** u. **I** oder deren Salzen zusetzen; auch kann man die I-Rohlauge im Gemisch mit anderen Entkälkungsmitteln, wie NH_4-Sulfaten, NH_4-Citrat, polymeren Phosphaten oder diese Verbb. enthaltenden Mutterlaugen, Melassen oder Melasseschlempen, verwenden. Die Gärlaugen können so, wie sie anfallen, verwendet werden u. besitzen als Entkälkungsmittel ausgezeichnete Eigenschaften. Sie können auch als Zusätze zu künstlichen Lederbeizen dienen. (**Oe. P. 175 331** vom 6/7. 1951, ausg. 25/6. 1953.) Raetz. 8335

Böhme Fettchemie G. m. b. H. (Erfinder: **Helmut Damm** und **Wilhelm Fischer**), Düsseldorf, *Verhinderung einer schädlichen Bakterienentwicklung in Weichflotten für tierische Häute und Felle,* dad. gek., 1. daß man den Weichflotten antibiot. wirksame Stoffe (**I**) zusetzt; 2. daß man eine Kombination von 2 oder mehreren I verwendet; 3. daß man I mit bes. Wrkg. auf proteolyt. Bakterien verwendet; 4. daß man **I** mit Polypeptidstruktur verwendet; 5. daß man I mit oberflächenakt. Eigg. verwendet; 6. daß man I in Verb. mit bekannten Weichmitteln, oberflächenakt. Substanzen oder Lösungsvermittlern verwendet; 7. daß man **I** in Verb. mit bekannten Konservierungs- u. Desinfektionsmitteln verwendet. — Sonnengetrocknete Häute werden mit 400 (%) W. im Haspel oder mit 1000 W. in der Grube bei 15–20° geweicht unter Zusatz von 0,001 *Actinomycin* im Gemisch mit 0,005 *Aureomycin.* Die so geweichten Häute sind frei von Bakterienschäden. (**D. B. P. 903 987** Kl. 28a vom 3/11. 1951, ausg. 15/2. 1954.) Seiz. 8335

Herausgeber u. verantwortlich für den Inhalt: Prof. Dr. Maximilian Pflücke, Berlin NW 7, Schiffbauerdamm 19, Fernsprecher: 42 55 71. Redaktion: Chefredakteure Dr. Eugen Klever und Prof. Dr. Maximilian Pflücke. Verlag: Akademie-Verlag GmbH, Berlin W 8, Mohrenstraße 39 (Fernsprecher 20 03 86, Postscheckkonto Berlin 350 21), u. Verlag Chemie GmbH, Weinheim/Bergstraße (Postscheckkonto Frankfurt/M. 145314 u. Berlin [West] 7430, Fernsprecher: Weinheim 2017). Bestell- u. Verlags-Nr. dieses Heftes: 1007/125/30. Das Chemische Zentralblatt erscheint wöchentlich.
Satz u. Druck: VEB Leipziger Druckhaus, Leipzig, III/18/203. VII. 54.
Veröffentlicht unter der Lizenznummer 1212 des Amtes für Literatur und Verlagswesen der Deutschen Demokratischen Republik.
Printed in Germany DDR.

FSC
www.fsc.org
MIX
Papier | Fördert gute Waldnutzung
FSC® C083411

Kolibri 360 GmbH
Ferdinand-Jühlke-Straße 7
99095 Erfurt, Deutschland
produktsicherheit@kolibri360.de